BAUPHYSIKALISCHE NACHWEISE UND BEISPIELE

BAUPHYSIKALISCHE NACHWEISE UND BEISPIELE

Wärmeschutz – Feuchteschutz – Schallschutz – Raumakustik

von

Prof. Dipl.-Ing. Peter Schmidt
Prof. Dr.-Ing. Saskia Windhausen

Begründet von
Prof. Dr.-Ing. Rainer Hohmann
Prof. Dr.-Ing. Max J. Setzer

5. Auflage

Reguvis

Bibliografische Information der Deutschen Nationalbibliothek
Die Deutsche Nationalbibliothek verzeichnet diese Publikation in der Deutschen Nationalbibliografie; detaillierte bibliografische Daten sind im Internet über
http://dnb.d-nb.de abrufbar.

Reguvis Fachmedien GmbH
Amsterdamer Str. 192
50735 Köln
www.reguvis.de
service@reguvis.de

ISBN (Print): 978-3-8462-1446-6
ISBN (E-Book): 978-3-8462-1447-3

Satz: MainTypo, Reutlingen
Druck und buchbinderische Verarbeitung: Appel & Klinger Druck und Medien GmbH, Schneckenlohe

Printed in Germany

Vorwort

Die Bauphysik hat sich in den letzten Jahrzehnten von einem ursprünglichen Nebenfach des Bauingenieurwesens und der Architektur zu einer umfangreichen Fachdisziplin mit vielen Spezialgebieten entwickelt. Die Gründe hierfür liegen einerseits in der zunehmenden Sensibilisierung für bauphysikalische Fragestellungen und andererseits in den gestiegenen Anforderungen durch zahlreiche gesetzliche und normative Vorgaben. Beispielhaft sei hier der Wärmeschutz von Gebäuden genannt, der in den letzten Jahren stetig verschärft wurde und dessen Bedeutung im Zuge der Diskussionen über die Novellierung des Gebäudeenergiegesetzes auch der breiten Öffentlichkeit bekannt wurde. Vor diesem Hintergrund hat die Bauphysik, zu der klassischerweise die Gebiete des Wärme- und Feuchteschutzes sowie der Bau- und Raumakustik zählen, sowohl in der Praxis bei der Planung und dem Entwurf von Gebäuden als auch im Studium und in der Ausbildung einen erheblichen Stellenwert erreicht.

Zur Bauphysik existieren zahlreiche Normen, Vorschriften und Gesetze, in denen die jeweiligen Anforderungen festgelegt und die zugehörigen Nachweisverfahren geregelt sind. Folglich gibt es ein breites Angebot an Fach- und Lehrbüchern sowie Nachschlagewerken zu bauphysikalischen Themen, in denen Anforderungen und Nachweise ausführlich und anschaulich erläutert werden. In vielen Fällen kommen aber Beispielrechnungen zu kurz. Hier soll das vorliegende Werk eine Lücke schließen, indem die wichtigsten Regeln und Anforderungen in den Gebieten Wärme- und Feuchteschutz sowie Schallschutz und Raumakustik kurz angegeben und anschließend anhand zahlreicher Beispiele erläutert werden. Dabei werden sowohl Beispiele mit ausführlichem Lösungsweg als auch Aufgaben mit Endergebnis zum Selbststudium angeboten. Gegenüber der vorigen Auflage wurde das Werk komplett neu bearbeitet und auf den aktuellen Stand gebracht. Auch der Titel wurde in *„Bauphysikalische Nachweise und Beispiele"* umbenannt, um die behandelten Inhalte besser zum Ausdruck zu bringen.

Das novellierte Gebäudeenergiegesetz (GEG), das am 1. Januar 2024 in Kraft getreten ist, konnte wegen des Redaktionsschlusses im November 2023 nicht mehr berücksichtigt werden. Da die wesentlichen Änderungen der GEG-Novelle die Anlagentechnik betreffen (u.a. Wärmeerzeugung zu mindestens 65 % aus erneuerbaren Energien), ergeben sich keine Auswirkungen auf die Inhalte in diesem Buch. Die hier behandelten Themen befassen sich ausschließlich mit den Bauteilen der thermischen Gebäudehülle, für die die Anforderungen nach GEG 2024 nicht geändert wurden.

Mit der Neuauflage ist auch ein Wechsel bei den Autoren verbunden. Herr *Prof. Dr.-Ing. Rainer Hohmann* und *Herr Prof. Dr.-Ing. Max. J. Setzer*, die dieses Werk begründet haben und über viele Jahre als Autoren für die Inhalte verantwortlich waren, haben die Verantwortung in neue Hände gegeben. Als Autoren konnten *Herr Prof. Dr.-Ing. Peter Schmidt* von der Universität Siegen sowie *Frau Prof. Dr.-Ing. Saskia Windhausen* von der IU Internationale Hochschule in Köln gewonnen werden. Beide Autoren danken Herrn Hohmann und Herrn Setzer für ihre langjährige Tätigkeit sowie das entgegengebrachte Vertrauen.

Ein weiterer Dank geht an *Frau Lena Ronsdorf, M.Sc.*, die bei der Durchsicht des Manuskripts sowie bei der Erstellung vieler Abbildungen und Tabellen mitgewirkt hat.

Ein besonderer Dank geht an den Reguvis Verlag, der stets mit wertvollen Hinweisen und viel Geduld unterstützend tätig war.

Siegen und Köln
November 2023

Peter Schmidt
Saskia Windhausen

Inhaltsverzeichnis

Teil A – Wärmeschutz

Teil B – Gebäudeenergiegesetz (GEG)

Teil C – Klimabedingter Feuchteschutz

Teil D – Schallschutz

Anhang

Teil A – Wärmeschutz

1 Allgemeines

Unter Wärmeschutz werden alle Maßnahmen verstanden, um Heizenergie einzusparen, CO_2-Emissionen zu reduzieren sowie ein behagliches und hygienisches Raumklima zu schaffen. Dabei lässt sich folgende Einteilung vornehmen:

1. **Energiesparender Wärmeschutz**: Wesentliche Ziele sind die Minimierung des Energiebedarfs zum Heizen und Kühlen sowie zur Warmwasserbereitung sowie die Reduzierung von CO_2-Emissionen. Die Anforderungen an den energiesparenden Wärmeschutz sind im „Gesetz zur Einsparung von Energie und zur Nutzung erneuerbarer Energien zur Wärme- und Kälteerzeugung in Gebäuden (Gebäudeenergiegesetz – GEG)" [1] festgelegt. Seit dem 1. Januar 2023 ist zusätzlich die GEG-Novelle [2] zu beachten, die u.a. eine Verschärfung der Anforderungen für zu errichtende Gebäude vorsieht. Danach darf der Jahres-Primärenergiebedarf nicht größer als der 0,55-fache Wert des zugehörigen Referenzgebäudes sein (sogenannter EH55-Standard).
2. **Mindestwärmeschutz**: Ziele sind die Vermeidung von kritischen Oberflächenfeuchten und damit die Verhinderung von Tauwasserbildung auf Bauteiloberflächen sowie die Minimierung des Risikos von Schimmelpilzwachstum. Außerdem soll durch den Mindestwärmeschutz ein behagliches und hygienisches Raumklima gewährleistet werden. Die Anforderungen an den Mindestwärmeschutz sind in DIN 4108-2 [3] festgelegt.
3. **Sommerlicher Wärmeschutz**: Ziel ist es, eine zu starke Erwärmung oder Aufheizung von Räumen und Gebäuden im Sommer infolge Sonneneinstrahlung aus Gründen der Behaglichkeit und zur Schaffung eines akzeptablen Raumklimas zu verhindern. Dabei wird angestrebt, die Raumlufttemperaturen allein durch bauliche Maßnahmen zu begrenzen. Die Anforderungen sind in DIN 4108-2 festgelegt.

Maßgebende Regelwerke für die wärmeschutztechnischen Anforderungen und Nachweise sind neben dem bereits genannten Gebäudeenergiegesetz (GEG) die Normenreihen DIN 18599 „Energetische Bewertung von Gebäuden – Berechnung des Nutz-, End- und Primärenergiebedarfs für Heizung, Kühlung, Trinkwarmwasser und Beleuchtung" (alle Teile) [4] und DIN 4108 „Wärmeschutz und Energie-Einsparung in Gebäuden" (alle Teile) [5] sowie die in diesen Regelwerken zitierten Normen und Vorschriften. Hierzu zählen insbesondere Normen mit Regeln zur Berechnung von wärmeschutztechnischen Kenngrößen und Bauteilen. Beispielhaft seien hier folgende Normen genannt:

- DIN EN ISO 6946 „Bauteile – Wärmedurchlasswiderstand und Wärmedurchgangskoeffizient – Berechnungsverfahren" [6]
- DIN EN 10211 „Wärmebrücken im Hochbau – Wärmeströme und Oberflächentemperaturen – Detaillierte Berechnungen" [7]
- DIN EN ISO 10077 „Wärmetechnisches Verhalten von Fenstern, Türen und Abschlüssen – Berechnung des Wärmedurchgangskoeffizienten" [8]

- DIN EN ISO 13788 „Wärme- und feuchtetechnisches Verhalten von Bauteilen und Bauelementen – Raumseitige Oberflächentemperatur zur Vermeidung kritischer Oberflächenfeuchte und Tauwasserbildung im Bauteilinneren – Berechnungsverfahren" [9]
- DIN EN ISO 13370 „Wärmetechnisches Verhalten von Gebäuden – Wärmetransfer über das Erdreich – Berechnungsverfahren" [10]

Die wesentlichen Regeln sowie weiterführende Hintergrundinformationen zum Wärmeschutz sind im „Bauphysik-Lehrbuch" [11] angegeben und werden dort an einfachen Beispielen erläutert.

In den nachfolgenden Abschnitten in diesem Werk werden die teilweise theoretischen und abstrakten Regelungen zum Wärmeschutz anhand geeigneter Beispiele erläutert (Abschnitt 4). Weiterhin befinden sich einige Aufgaben zum Selbststudium mit Angabe des Endergebnisses sowie wichtiger Zwischenergebnisse am Ende dieses Kapitels (Abschnitt 5). Zum Verständnis werden die wichtigsten Grundlagen und Begriffe zum Wärmeschutz zunächst in stichpunktartiger und tabellarischer Kurzform angegeben (Abschnitt 3). Für die theoretischen Grundlagen und vertiefende Informationen sowie hier nicht enthaltene Regeln wird auf das oben genannte „Bauphysik-Lehrbuch" [11] verwiesen.

Anforderungen an den energiesparenden Wärmeschutz nach dem GEG befinden sich im Teil B in diesem Werk.

2 Lernziele

Es werden folgende Lernziele mit unterschiedlichen Schwierigkeitsgraden verfolgt:

1. Beherrschung der Berechnung von wärmetechnischen Kenngrößen (z.B. Wärmedurchlasswiderstände, Wärmedurchgangskoeffizient, Wärmestromdichte und Wärmemenge, Temperaturen auf den Bauteiloberflächen und an den Schichtgrenzen unter stationären Bedingungen).
2. Beherrschung der Nachweise des Mindestwärmeschutzes von Bauteilen im Regelbereich sowie im Bereich von Wärmebrücken, wärmeschutztechnische Dimensionierung von Bauteilen.
3. Beherrschung des Nachweises des sommerlichen Wärmeschutzes nach dem Verfahren der Sonneneintragskennwerte.
4. Beherrschung der Grundlagen zur Berechnung von Wärmebrücken und deren Bewertung.

Beispiele und Aufgaben mit geringem Schwierigkeitsgrad werden mit der Bezeichnung ***„Kategorie (A)"***, solche mit höherem Schwierigkeitsgrad mit ***„Kategorie (B)"*** gekennzeichnet. Die ***„Kategorie (C)"*** kennzeichnet Beispiele und Aufgaben, für deren Lösungen neben den Regelungen der Normen geeignete ingenieurmäßige Lösungsansätze herangezogen werden müssen.

Neben ausführlichen Beispielen mit Lösungsweg (Abschnitt 4) werden am Ende dieses Kapitels einige Aufgaben mit Angabe des Endergebnisses und bei Bedarf wichtiger Zwischenergebnisse zum Selbststudium angeboten (Abschnitt 5).

3 Grundlagen

3.1 Allgemeines

In den nachfolgenden Abschnitten werden die wichtigsten Grundlagen zum Wärmeschutz in Kurzform angegeben. Für vertiefende Informationen sowie hier nicht wiedergegebene Inhalte wird auf das „Bauphysik-Lehrbuch" [11] verwiesen.

3.2 Begriffe

Einige wichtige physikalische Begriffe zum Thema Wärmeschutz sind in Tab. 3.1 angegeben.

Tab. 3.1: Physikalische Begriffe

Begriff	Erläuterung
Wärme	Wärme ist eine Energieform und kennzeichnet die kinetische Energie der Moleküle. Bei $T = 0$ K = –273,15 °C kommt die Bewegung der Moleküle zum Stillstand, d.h., die kinetische Energie ist in diesem Fall gleich null. Die zugehörige Temperatur wird als absoluter Nullpunkt bezeichnet. Mit steigender Temperatur nimmt die Bewegung der Moleküle und damit die kinetische Energie zu. Um die Temperatur eines Körpers (respektive Gases, Fluids) zu erhöhen, muss diesem Energie zugeführt werden. Umgekehrt muss einem Körper (Gas, Fluid) Energie entzogen werden, um seine Temperatur zu verringern.
Temperatur	Die Temperatur ist ein Maß für den Wärmezustand eines Körpers, eines Gases oder eines Fluids. Formelzeichen: θ Einheiten: • °C (= Grad Celsius) für die Angabe absoluter Temperaturen (z.B. Raumlufttemperatur 20 °C) • K (= Kelvin) für die Angabe von Temperaturunterschieden (z.B. Temperaturdifferenz zwischen Raumluft- und Außenlufttemperatur $\Delta\theta$) sowie für verschiedene Berechnungen (z.B. Taupunkttemperatur).

3.3 Wärmetransportmechanismen

Der Wärmetransport erfolgt durch:

- Wärmeleitung (innerhalb eines Stoffes)
- Konvektion (mittels eines strömenden Mediums als Wärmeträger)
- Strahlung (durch elektromagnetische Wellen)

3.3.1 Wärmeleitung

Die Wärmeleitung erfolgt innerhalb eines Stoffes (Feststoff, Gas, Fluid) durch den Wärmetransport zwischen den unmittelbar benachbarten Teilchen (Atome und Moleküle). Sie tritt nur bei einer Temperaturdifferenz zwischen den Bauteiloberflächen oder Schichtgrenzen auf. Physikalische Kenngröße für die Wärmeleitung ist die Wärmeleitfähigkeit λ (Dimension: [W/(mK)]). Bemessungswerte der Wärmeleitfähigkeit λ_B sind in Normen (DIN 4108-4 [12], DIN EN ISO 10456 [13]) sowie in bauaufsichtlichen Zulassungen bei nicht geregelten Bauprodukten festgelegt; siehe hierzu auch den Anhang zu diesem Werk.

Der Wärmetransport infolge Wärmeleitung kann durch die Wärmestromdichte q (in [W/m²]) ausgedrückt werden. Die Wärmemenge beschreibt den Wärmestrom, der innerhalb einer bestimmten Zeit durch das Bauteil hindurchgeht (Tab. 3.2).

Tab. 3.2: Wärmestromdichte q und Wärmemenge Q

Wärmestromdichte *q*	
$q = \frac{\Phi}{A} = \frac{\lambda}{d} \cdot \Delta\theta = \frac{\lambda}{d} \cdot (\theta_1 - \theta_2)$ [W/m²] bzw. $q = U \cdot (\theta_i - \theta_e)$ [W/m²)	q Wärmestromdichte, in W/m² Φ Wärmestrom, in W A Bauteilfläche, in m² λ Wärmeleitfähigkeit, in W/(mK) $\Delta\theta$ Temperaturdifferenz, in K d Dicke des Bauteils bzw. Schichtdicke, in m U Wärmedurchgangskoeffizient nach Tab. 3.9, in W/(m²K) θ_i Raumlufttemperatur, in °C θ_e Außenlufttemperatur, in °C
Wärmemenge *Q*	
$Q = \Phi \cdot t = q \cdot A \cdot t$ [Wh] bzw. [J]	Φ Wärmestrom, in W t Zeitdauer, in h q Wärmestromdichte, in W/m² A Bauteilfläche, in m²

3.3.2 Konvektion

Der Wärmetransport durch Konvektion setzt ein strömendes Medium (Gas, Fluid) voraus, wobei die Wärme vom Medium transportiert wird. Auslöser für Konvektion sind Temperatur-, Dichte- oder Druckunterschiede (z.B. Luftdruckunterschiede). Außerdem kann Konvektion durch mechanische Hilfsmittel (wie z.B. Ventilatoren) bewirkt werden. Der Wärmestrom durch Konvektion ist von der Strömungsgeschwindigkeit, der durchströmten Fläche und der Temperaturdifferenz abhängig. Mit der Strömungsgeschwindigkeit und der durchströmten Fläche kann der Luftvolumenstrom berechnet werden. Das Verhältnis zwischen Luftvolumenstrom und Raumluftvolumen entspricht der Luftwechselzahl oder Luftwechselrate. Sie gibt an, wie oft das (beheizte) Raumluftvolumen pro Stunde gegen die (kalte) Außenluft vollständig ausgetauscht wird. Die Zusammenhänge sind in Tab. 3.3 angegeben.

Tab. 3.3: Wärmetransport durch Konvektion

Wärmestrom durch Konvektion Φ		
$\Phi = w \cdot A \cdot \rho_L \cdot c_L \cdot Ä\theta$ [W]	w	Strömungsgeschwindigkeit, in m/h
	A	durchströmte Fläche, in m²
	ρ_L	Dichte der Luft: $\rho_L = 1{,}205$ kg/m³ bei 20 °C
	ρ_L	spezifische Wärmekapazität der Luft: $c_L = 1005$ J/(kg K) bei 20 °C
	$(\rho_L \cdot c_L)_{Luft}$	$= 1{,}205 \cdot 1005 / 3600 = 0{,}34$ Wh/(m³K)
	$\Delta\theta$	Temperaturdifferenz in K: $\Delta\theta = \theta_1 - \theta_2$
Luftvolumenstrom $\dot{V}$		
$\dot{V} = w \cdot A$ [m³]	w	Strömungsgeschwindigkeit, in m/h
	A	durchströmte Fläche, in m²
Luftwechselzahl *n*		
$n = \frac{\dot{V}}{V_R}$ [h⁻¹]	$\dot{V}$	Luftvolumenstrom, in m³/h
	V_R	Raumluftvolumen, in m³
Hinweis: Die spezifische Wärmekapazität *c* eines Stoffes gibt die Wärmemenge an, die erforderlich ist, um die Temperatur von 1 kg des betreffenden Stoffes um 1 K zu erhöhen.		

3.3.3 Strahlung

Unter Strahlung ist der Wärmetransport durch elektromagnetische Wellen zu verstehen. Ein Medium ist nicht erforderlich. Der Wärmetransport ist daher auch im luftleeren Raum möglich. Die Ausbreitung erfolgt mit Lichtgeschwindigkeit. Für den Wärmeaustausch durch Strahlung zwischen parallelen, ebenen Flächen gilt die Gleichung in Tab. 3.4. Der Aufbau der Gleichung entspricht prinzipiell der Gleichung für Wärmeleitung.

Tab. 3.4: Wärmetransport durch Strahlung

Wärmetransport durch Strahlung *q*		
$q = h_s \cdot \Delta\theta = h_s \cdot (\theta_1 - \theta_2)$ [W/m²]	h_s	Wärmeübergangskoeffizient der Strahlung, in W/(m²K): • blank polierte Metallflächen: $h_s = 0{,}12$ W/(m²K) bei 20 °C • nichtmetallische Flächen aller Art: $h_s = 5{,}0$ W/(m²K) bei 20 °C
	$\Delta\theta$	Temperaturdifferenz zwischen den Oberflächentemperaturen in K: $\Delta\theta = \theta_1 - \theta_2$

Hinweis: Die Oberfläche eines Körpers gibt umso mehr Wärme durch Strahlung an Körper mit niedrigerer Temperatur ab, je größer die Strahlungszahl *C* ist.	
Strahlungszahlen C für ausgewählte Stoffe	
Metalle (polierte Oberfläche):	C = 0,12 bis 0,26 W/(m²K⁴)
Dachpappe, Holz, Ziegelsteine:	C = 5,4 W/(m²K⁴)
Aluminiumbronzeanstrich:	C = 1,2 bis 2,3 W/(m²K⁴)
Hinweis: Der absolut schwarze Körper besitzt die größte Strahlungszahl: → $C_s = 5{,}67\ W/(m^2K^4)$ („*Stefan-Bolzmann-Konstante*") Er absorbiert die gesamte auf ihn treffende Strahlung (Absorptionsgrad $A = 1{,}0$), außerdem hat er das größte Emissionsvermögen, wenn er selbst als Strahler wirkt (Emissionsgrad $\varepsilon = 1{,}0$).	

3.4 Wärmeübergang und Wärmeübergangswiderstände

Als Wärmeübergang wird der Wärmeaustausch zwischen der Luft und einem Köper bezeichnet. Infolge der Wärmeübergangswiderstände (auf der Innen- und Außenoberfläche) werden Temperaturdifferenzen zwischen den Bauteiloberflächen und der umgebenden Luft verursacht. Für bauphysikalische Berechnungen (Gesamt-Wärmedurchlasswiderstand) werden die Wärmeübergangswiderstände innen R_{si} und R_{se} außen benötigt. Der innere Wärmeübergangswiderstand R_{si} ist außerdem abhängig von der Richtung des Wärmestroms. Bemessungswerte der Wärmeübergangswiderstände sind in DIN EN ISO 6946 festgelegt (siehe Tab. 3.5 und Abb. 3-1).

Tab. 3.5: Bemessungswerte der Wärmeübergangswiderstände (n. DIN EN ISO 6946, Tab. 7)

Richtung des Wärmestroms	**Wärmeübergangswiderstand**	
	innen R_{si} m² K/W	außen R_{se} m² K/W
aufwärts	0,10	0,04
horizontal	0,13	0,04
abwärts	0,17	0,04
Anmerkungen: 1. Die Wärmeübergangswiderstände gelten für Bauteiloberflächen, die mit der Luft in Berührung sind. Sie sind nicht anwendbar, wenn die Oberfläche einen anderen Stoff berührt. 2. Der innere Wärmeübergangswiderstand wird für folgende Randbedingungen berechnet: $\varepsilon = 0{,}9$ und h_{r0} bei 20 °C. 3. Der äußere Wärmeübergangswiderstand wird für folgende Randbedingungen ermittelt: $\varepsilon = 0{,}9$, h_{r0} bei 10 °C und Windgeschwindigkeit $v = 4$ m/s.		

4. Die Werte für die Richtung des Wärmestroms mit der Bezeichnung „horizontal" gelten für Richtungen von ±30° gegenüber der Horizontalen.
5. Bei hinterlüfteten Konstruktionen darf auf der Außenseite der gleiche Wärmeübergangswiderstand wie auf der Innenseite angesetzt werden ($R_{se} = R_{si}$).

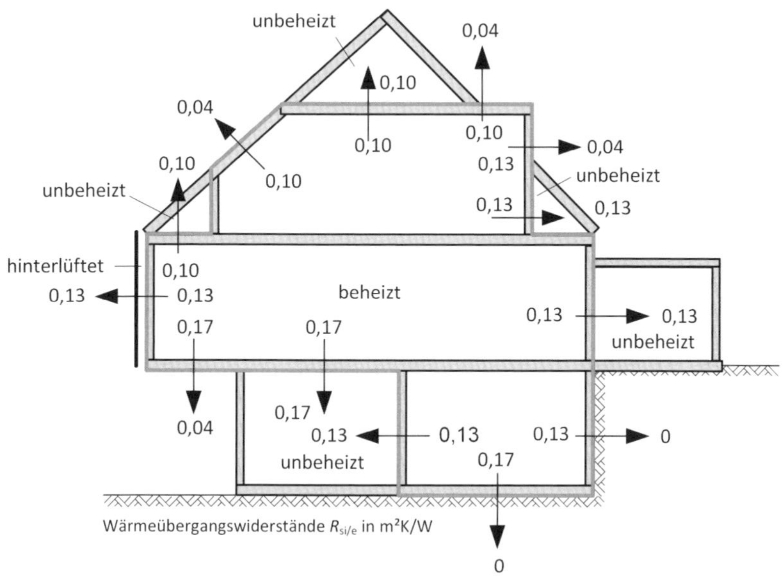

Abb. 3-1: Bemessungswerte der Wärmeübergangswiderstände für verschiedene Bauteile nach DIN EN ISO 6946

3.5 Kenngrößen für wärmeschutztechnische Berechnungen

Relevante Kenngrößen, die für viele wärmeschutztechnische Berechnungen und Nachweise benötigt werden, sind:

- Wärmedurchlasswiderstand R
- Gesamt-Wärmedurchlasswiderstand R_{tot}
- Wärmedurchgangskoeffizient U

3.5.1 Wärmedurchlasswiderstand

Der Wärmedurchlasswiderstand R (in [m²K/W]) gibt den Widerstand einer Schicht bzw. eines Bauteils gegenüber dem Wärmestrom an. Die Berechnung erfolgt nach DIN EN ISO 6946, wobei unterschieden wird, ob ein Bauteil aus homogenen oder inhomogenen Schichten besteht. Homogene Schichten liegen vor, wenn die Eigenschaften der Schicht in allen Richtungen senkrecht zum Wärmestrom konstant bleiben (konstante Dicke, gleiche Wärmeleitfähigkeit). Inhomogene Schichten sind gegeben, wenn sich die Eigenschaften in der Schicht ändern (z.B. Änderung der Dicke und/oder der Wärmeleitfähigkeit).

3.5.2 Wärmedurchlasswiderstand für homogene Schichten

Der Wärmedurchlasswiderstand R sowie der Gesamt-Wärmedurchlasswiderstand R_{tot} für homogene Schichten berechnen sich mit den Gleichungen in Tab. 3.6.

Tab. 3.6: Wärmedurchlasswiderstand für Bauteile mit homogenen Schichten (n. DIN EN ISO 6946)

Wärmedurchlasswiderstand *R*
Einschichtiges Bauteil
$R = \frac{d}{\lambda}$ [m²K/W]
Mehrschichtiges Bauteil
$R = \sum_{i=1}^{n} R_i = \frac{d_1}{\lambda_1} + \frac{d_2}{\lambda_2} + \ldots + \frac{d_n}{\lambda_n}$ [m²K/W]
d_i Dicke der Schicht i, in m l_i Bemessungswert der Wärmeleitfähigkeit der Schicht i, in W/(mK)
Gesamt-Wärmedurchlasswiderstand R_{tot}
$R_{tot} = R_{si} + R + R_{se}$ [m²K/W]
R_{si} Wärmeübergangswiderstand innen, in m²K/W R_{se} Wärmeübergangswiderstand außen, in m²K/W

3.5.3 Wärmedurchlasswiderstand für Luftschichten

Für Luftschichten ergibt sich der Wärmedurchlasswiderstand abweichend von den oben genannten Regeln in Abhängigkeit von der Art der Luftschicht. Dabei wird folgende Unterscheidung vorgenommen:

1. ruhende Luftschicht
2. schwach belüftete Luftschicht
3. stark belüftete Luftschicht

Die Art der Luftschicht (ruhend, schwach belüftet, stark belüftet) ist von der Öffnungsfläche zur Außenumgebung abhängig. Der Wärmedurchlasswiderstand für Luftschichten berechnet sich mit den Angaben in Tab. 3.7.

Tab. 3.7: Wärmedurchlasswiderstand von Bauteilen mit Luftschichten

Wärmedurchlasswiderstand R und Gesamt-Wärmedurchlasswiderstand R_{tot} bei Luftschichten

Ruhende Luftschicht

Als ruhend gilt eine Luftschicht, wenn diese zur Außenluft abgeschlossen ist oder nur kleine Öffnungen zur Außenumgebung aufweist. Dabei darf zwischen Luftschicht und Außenumgebung keine Dämmschicht vorhanden sein. Die Öffnungen dürfen folgende Werte nicht überschreiten:

- 500 mm² je m Länge (in horizontaler Richtung) für vertikale Luftschichten
- 500 mm² je m² Oberfläche für horizontale Luftschichten

Dicke der Luftschicht in mm	**Richtung des Wärmestroms**		
	Aufwärts	**Horizontal**[1)]	**Abwärts**
0	0,00	0,00	0,00
5	0,11	0,11	0,11
7	0,13	0,13	0,13
10	0,15	0,15	0,15
15	0,16	0,17	0,17
25	0,16	0,18	0,19
50	0,16	0,18	0,21
100	0,16	0,18	0,22
500	0,16	0,18	0,23

Anmerkung: Zwischenwerte können durch lineare Interpolation ermittelt werden.
[1)] Diese Werte gelten für Richtungen des Wärmestroms von ±30° zur horizontalen Ebene.

Schwach belüftete Luftschichten

Schwach belüftete Luftschichten werden durch folgende Maße für die Öffnungen zum Luftaustausch mit der Außenumgebung begrenzt:

- über 500 mm² bis < 1500 mm² je m Länge (in horizontaler Richtung) für vertikale Luftschichten;
- über 500 mm² bis < 1500 mm² je m² Oberfläche für horizontale Luftschichten.

$$R_{tot} = \frac{1500 - A_{ve}}{1000} \cdot R_{tot;nve} + \frac{A_{ve} - 500}{1000} \cdot R_{tot;ve} \quad [\text{m}^2\text{K/W}]$$

$R_{tot;nve}$ Gesamt-Wärmedurchlasswiderstand eines Bauteils mit einer ruhenden Luftschicht, in m²K/W

$R_{tot;ve}$ Gesamt-Wärmedurchlasswiderstand eines Bauteils mit einer stark belüfteten Luftschicht, in m²K/W

A_{ve} Öffnungsfläche zur Außenumgebung, in m²

Stark belüftete Luftschichten
Eine Luftschicht gilt als stark belüftet, wenn die Öffnungen zwischen Luftschicht und Außenumgebung folgende Werte überschreiten: • 1500 mm^2 je m Länge (in horizontaler Richtung) für vertikale Luftschichten; • 1500 mm^2 je m^2 Oberfläche für horizontale Luftschichten. Bei stark belüfteten Luftschichten werden für die Berechnung des Gesamt-Wärmedurchlasswiderstands des Bauteils nur die raumseitigen Schichten bis zur stark belüfteten Luftschicht angesetzt.

3.5.4 Wärmedurchlasswiderstand für inhomogene Schichten

Bei einem Bauteil mit inhomogenem Aufbau weicht die Ermittlung des Gesamt-Wärmedurchlasswiderstandes von der Berechnung nach Tab. 3.6 ab. Der Gesamt-Wärmedurchlasswiderstand berechnet sich aus einem oberen und einem unteren Grenzwert. Dafür ist der Bauteilquerschnitt in Abschnitte und Schichten zu unterteilen. Die Berechnung des Gesamt-Wärmedurchlasswiderstandes für inhomogene Bauteile erfolgt mit den Angaben in Tab. 3.8 (siehe auch Abb. 3-2). Für eine ausführliche Erläuterung wird auf das „Bauphysik-Lehrbuch, Teil A" verwiesen.

Tab. 3.8: Berechnung des Gesamt-Wärmedurchlasswiderstandes R_{tot} inhomogener Bauteile

Gesamt-Wärmedurchlasswiderstand R_{tot}		
$R_{tot} = \frac{R_{tot;upper} + R_{tot;lower}}{2}$ [m^2K/W]	$R_{tot;upper}$ $R_{tot;lower}$	oberer Grenzwert des Gesamt-Wärmedurchlasswiderstands, in m^2K/W unterer Grenzwert des Wärmedurchgangswiderstands, in m^2K/W
$\frac{1}{R_{tot;upper}} = \frac{f_a}{R_{tot;a}} + \frac{f_b}{R_{tot;b}} + \ldots + \frac{f_q}{R_{tot;q}}$ [$W/(m^2K)$]	$f_a, f_b, \ldots, f_q$ $R_{tot;a}, R_{tot;b}, \ldots, R_{tot;q}$	Teilflächen jedes Abschnittes, in m^2 Gesamt-Wärmedurchlasswiderstände von Bereich zu Bereich für jeden Abschnitt, in m^2K/W

<table>
<tr><td rowspan="6">$R_{tot;lower} = R_{si} + R_1 + R_2 + \ldots + R_n + R_{se}$ [m²K/W]
mit
$\frac{1}{R_j} = \frac{f_a}{R_{aj}} + \frac{f_b}{R_{bj}} + \ldots + \frac{f_q}{R_{qj}}$</td><td>$R_{si}$</td><td>Wärmeübergangswiderstand innen, in m^2K/W</td></tr>
<tr><td>$R_1, R_2, \ldots, R_n$</td><td>Wärmedurchlasswiderstand für jede thermisch inhomogene Schicht, in m^2K/W</td></tr>
<tr><td>R_{se}</td><td>Wärmeübergangswiderstand außen, in m^2K/W</td></tr>
<tr><td>$f_a, f_b, \ldots, f_q$</td><td>Teilflächen jedes Abschnittes, in m^2</td></tr>
<tr><td>$R_{aj}, R_{bj}, \ldots, R_{qj}$</td><td>Wärmedurchgangswiderstände des Teilbereichs a der Schicht j usw., in m^2K/W</td></tr>
<tr><td colspan="2"></td></tr>
<tr><td colspan="3">Hinweise: Die Berechnung des oberen und des unteren Grenzwertes des Gesamt-Wärmedurchlasswiderstands muss durch die Aufteilung des Bauteils in Abschnitte und Schichten in der Weise ausgeführt werden, dass das Bauteil in mj-Teile zerlegt ist, die selbst thermisch homogen sind. Das Bauteil wird dazu in Abschnitte und in Schichten geschnitten betrachtet. Der Abschnitt m (m = a, b, c, ..., q) senkrecht zu den Oberflächen des Bauteils besitzt die Teilfläche f_m. Die Schicht j (j = 1, 2, 3, ..., n) parallel zu den Oberflächen weist die Dicke d_j auf. Der Teil mj besitzt die Wärmeleitfähigkeit λ_{mj}, die Dicke d_j, die Teilfläche f_m und den Wärmedurchlasswiderstand R_{mj}. Die Teilfläche eines Abschnittes ist sein Anteil an der Gesamtfläche. Folglich ist $f_a + f_b + \ldots + f_q = 1$.</td></tr>
</table>

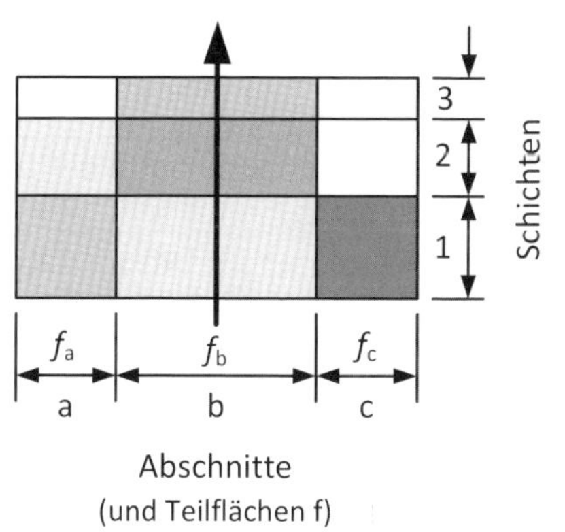

Abb. 3-2: Abschnitte und Schichten bei einem inhomogenen Bauteil

3.5.5 Wärmedurchgangskoeffizient

Der Wärmedurchgangskoeffizient U ist der Kehrwert des Gesamt-Wärmedurchlasswiderstands. Er berechnet sich für opake Bauteile mit der Gleichung in Tab. 3.9.

Tab. 3.9: Wärmedurchgangskoeffizient U für opake Bauteile

Wärmedurchgangskoeffizient *U*	
$U = \frac{1}{R_{tot}}$ [W/(m²K)]	R_{tot} Gesamtwärmedurchlasswiderstand, in m²K/W

3.5.6 Korrekturwerte für den Wärmedurchgangskoeffizienten

In bestimmten Fällen ist der Wärmedurchgangskoeffizient zu korrigieren, um etwaige konstruktionsbedingte Einflüsse zu berücksichtigen. Eine Korrektur ist beispielsweise bei Umkehrdächern, Luftspalten im Bauteil sowie bei mechanischen Befestigungselementen erforderlich.

Nachfolgend werden exemplarisch die Korrekturwerte für Umkehrdächer angegeben. Für die anderen Korrekturwerte sowie weitere Informationen wird auf das „Bauphysik-Lehrbuch – Teil A" sowie auf DIN EN ISO 6946, Anhang F verwiesen.

Korrekturwerte für Umkehrdächer

Umkehrdächer weisen die Besonderheit auf, dass die Abdichtung unterhalb der Wärmedämmschicht angeordnet ist. Das hat zur Folge, dass Regenwasser zwischen Dämmschicht und Abdichtung gelangt, wodurch der Wärmestrom durch das Bauteil erhöht wird. Dieser Einfluss ist bei der Berechnung des Wärmedurchgangskoeffizienten zu berücksichtigen, indem dieser mithilfe eines Korrekturwertes angepasst, d.h. erhöht wird. Der Korrekturwert des Wärmedurchgangskoeffizienten für Umkehrdächer ΔU_r ergibt sich mit den Angaben in Tab. 3.10.

Tab. 3.10: Korrektur des Wärmedurchgangskoeffizienten von Umkehrdächern

Korrigierter Wärmedurchgangskoeffizient U_c	
$U_c = U + \Delta U_r$ [W/(m²K)]	U Wärmedurchgangskoeffizient des Bauteils, in W/m²K ΔU_r Korrektur für Umkehrdächer, in W/m²K
Zuschlagswerte ΔU_r (n. DIN 4108-2:2013-02, Tab. 4)	
Anteil des Wärmedurchlasswiderstandes unterhalb (raumseitig) der Abdichtung am Gesamtwärmedurchlasswiderstand %	**Zuschlagswert** ΔU_r W/(m²K)
unter 10	0,05
von 10 bis 50	0,03
über 50	0
Anmerkungen: 1. Der Korrekturwert gilt nur für Dämmstoffplatten aus extrudergeschäumtem Polystyrolschaumstoff nach DIN EN 13164 [23] (XPS) in Verbindung mit DIN 4108-10 [22].	

2. Bei leichter Unterkonstruktion (flächenbezogene Masse $m' < 250$ kg/m²) muss der Wärmedurchlasswiderstand der Bauteilschichten, die sich unterhalb der Abdichtung befinden, mindestens 0,15 m²K/W betragen.

3.5.7 Wärmedurchgangskoeffizient bei keilförmigen Schichten

Beim Einsatz von keilförmigen Bauteilschichten weicht die Berechnung des Wärmedurchgangskoeffizienten von der herkömmlichen Vorgehensweise ab. Keilförmige Schichten kommen beispielsweise bei Flachdächern (Warmdächer) zum Einsatz, um das Gefälle für die Abdichtungsebene mithilfe einer keilförmigen Dämmschicht herzustellen. In Abhängigkeit von der Einteilung der Dachfläche werden unterschiedliche Formen (rechteckige oder dreieckige Grundfläche) berücksichtigt.

Die Ermittlung des Wärmedurchgangskoeffizienten von Bauteilen mit rechteckiger und dreieckiger Grundfläche ist in Tab. 3.11 angegeben (Abb. 3-3). Für weitere Formen wird auf das „Bauphysik-Lehrbuch" sowie auf DIN EN ISO 6946, Anhang E verwiesen.

Tab. 3.11: Wärmedurchgangskoeffizient U bei keilförmigen Schichten

Rechteckige Grundfläche
$U = \frac{1}{R_2} \cdot \ln\left(1 + \frac{R_2}{R_0}\right)$ [W/(m²K)]
Dreieckige Grundfläche mit dickster Stelle am Scheitelpunkt
$U = \frac{2}{R_2} \cdot \left[\left(1 + \frac{2}{R_2}\right) \cdot \ln\left(1 + \frac{R_2}{R_0}\right) - 1\right]$ [W/(m²K)]
Dreieckige Grundfläche mit dünnster Stelle am Scheitelpunkt
$U = \frac{2}{R_2} \cdot \left[1 - \frac{R_0}{R_2} \cdot \ln\left(1 + \frac{R_2}{R_0}\right)\right]$ [W/(m²K)]
U Wärmedurchgangskoeffizient, in W/(m²K) R_0 Gesamt-Wärmedurchlasswiderstand des Bauteils ohne den keilförmigen Teil, einschließlich der beiden Wärmeübergangswiderstände, in m²K/W R_2 maximaler Wärmedurchlasswiderstand des keilförmigen Teils, d.h. an der Stelle d_2, in m²K/W

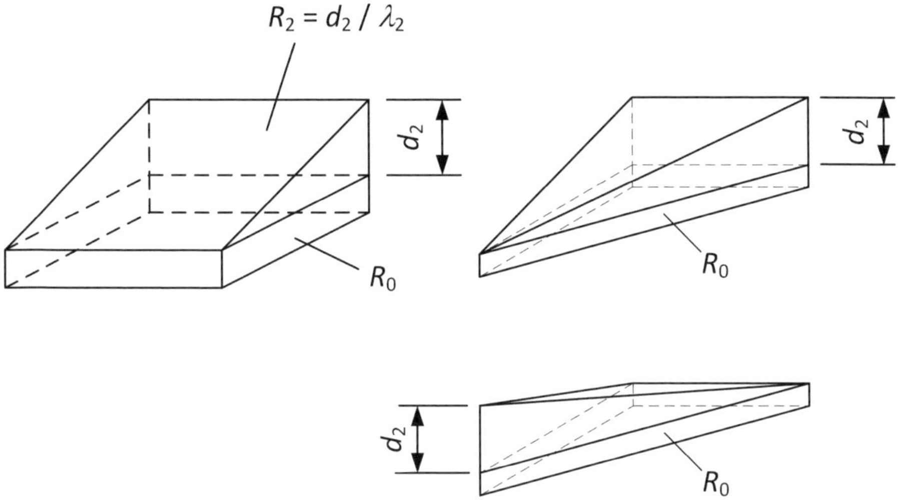

Abb. 3-3: Bezeichnungen bei keilförmigen Schichten mit rechteckiger und dreieckiger Grundfläche

Der Gesamt-Wärmedurchgangskoeffizient U der Gesamtfläche berechnet sich mit folgender Gleichung:

$$U = \frac{\Sigma U_i \cdot A_i}{\Sigma A_i}$$

Darin bedeuten:

U Gesamt-Wärmedurchgangskoeffizient, in $W/(m^2K)$

U_i Wärmedurchgangskoeffizienten der Teilflächen, in $W/(m^2K)$

A_i Teilflächen, in m^2

3.5.8 Wärmedurchgangskoeffizient für Fenster und Türen

Der Wärmedurchgangskoeffizient für Fenster U_W und Türen U_D berechnet sich mit den Regeln in DIN EN ISO 10077 [8]. Im Unterschied zum Wärmedurchgangskoeffizienten für opake Bauteile (siehe 3.4.5) ist der U_W-Wert für Fenster bzw. der U_D-Wert für Türen von der Fenster- bzw. Türfläche abhängig. Dabei gilt der Zusammenhang, dass der U_W-Wert bzw. der U_D-Wert mit kleiner werdender Fensterfläche bzw. Türfläche zunimmt und umgekehrt. Der U_W-Wert für Fenster berechnet sich mit den Angaben in Tab. 3.12. Für die Definition der Flächen (Fenster-/Türfläche, Fläche der Rahmen) siehe Abb. 3-4. Für die Definition der Umfangslänge l_g siehe Abb. 3-5.

Tab. 3.12: Wärmedurchgangskoeffizienten für Fenster U_W und Türen U_D (n. DIN EN ISO 10077-1)

Einfach verglaste Fenster
mit Einfachglas oder Mehrscheiben-Isolierglas (MIG): $U_W = \frac{\sum A_g U_g + \sum A_f U_f + \sum l_g \Psi_g + \sum l_{gb} \Psi_{gb}}{A_f + A_g}$ [W/(m²K)]
mit Verglasung (einfach, MIG) und opaken Füllungen: $U_W = \frac{\sum A_g U_g + \sum A_f U_f + \sum A_p U_p + \sum l_g \Psi_g + \sum l_p \Psi_p + \sum l_{gb} \Psi_{gb}}{A_f + A_g + A_p}$ [W/(m²K)]
Hinweis: Die Fensterfläche A_W ist die Summe der Fläche des Rahmens A_f und der Fläche der Verglasung A_g (bzw. der Fläche der Füllung A_p). Es gilt: $A_W = A_f + A_g \left(+A_p\right)$
Türen mit Verglasung und opaken Füllungen
$U_D = \frac{\sum A_g U_g + \sum A_f U_f + \sum A_p U_p + \sum l_g \Psi_g + \sum l_p \Psi_p + \sum l_{gb} \Psi_{gb}}{A_f + A_g + A_p}$ [W/(m²K)]
In den Gleichungen bedeuten: U_W Wärmedurchgangskoeffizient des Fensters, in W/(m²K) U_D Wärmedurchgangskoeffizient der Tür, in W/(m²K) U_g Wärmedurchgangskoeffizient der Verglasung, in W/(m²K) U_f Wärmedurchgangskoeffizient des Rahmens, in W/(m²K) U_p Wärmedurchgangskoeffizient der Füllung, in W/(m²K) Ψ_g längenbezogener Wärmedurchgangskoeffizient infolge des kombinierten wärmetechnischen Einflusses von Glas, Abstandhalter und Rahmen, in W/(mK) Ψ_{gb} längenbezogener Wärmedurchgangskoeffizient infolge des kombinierten wärmetechnischen Einflusses von Glas und Sprosse, in W/(mK) Ψ_p längenbezogener Wärmedurchgangskoeffizient infolge des kombinierten wärmetechnischen Einflusses von Füllung, Abstandhalter und Rahmen, in W/(mK) A_g Fläche der Verglasung, in m² A_f Fläche des Rahmens, in m² A_p Fläche der opaken Füllung(en), in m²
Für weitere Fenstertypen (Kastenfenster, Verbundfenster) sowie weitere Informationen wird auf DIN EN ISO 10077 verwiesen.

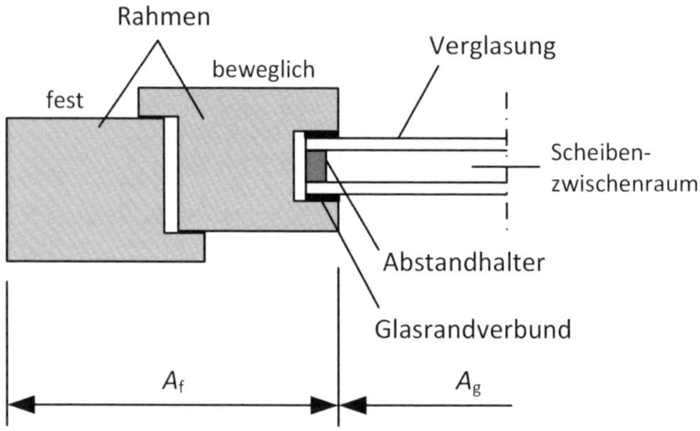

Abb. 3-4: Definition der Flächen (in Anlehnung an DIN EN ISO 10077-1, Bild 3)

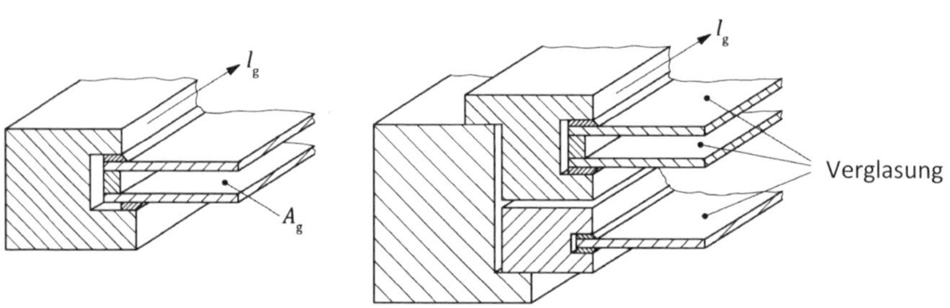

Abb. 3-5: Definition der Umfangslänge (in Anlehnung an DIN EN ISO 10077-1, Bild 1)

3.5.9 Wärmedurchgangskoeffizienten von Bauteilen des unteren Gebäudeabschlusses

Wärmedurchgangskoeffizienten von Bodenplatten und Kelleraußenwänden werden nach DIN EN ISO 13370 [10] ermittelt. Nachfolgend wird die Berechnung des Wärmedurchgangskoeffizienten exemplarisch für Bodenplatten auf Erdreich (Tab. 3.13) gezeigt. Für andere Bauteile (z.B. aufgeständerte Bodenplatten, Bodenplatten mit Randdämmung, Bauteile eines beheizten oder unbeheizten Kellergeschosses) wird auf die Norm verwiesen.

Die für die Berechnung benötigten Parameter (charakteristisches Bodenplattenmaß B und wirksame Dicke d_f) sind in Tab. 3.14 angegeben.

Tab. 3.13: Wärmedurchgangskoeffizient $U_{fg;sog}$ für Bodenplatten auf Erdreich (n. DIN EN ISO 13370, 7.1)

Bodenplatten auf Erdreich	
Für ungedämmte und leichte gedämmte Bodenplatten ($d_f < B$) gilt:	$U_{fg;sog} = \frac{2 \cdot \lambda_g}{\pi \cdot B + d_f} \cdot \ln\left(\frac{\pi \cdot B}{d_f} + 1\right)$ [W/(m²K)]

<table>
<tr><td>Für gedämmte Bodenplatten ($d_f \geq B$) gilt:</td><td>$U_{fg;sog} = \dfrac{\lambda_g}{0{,}457 \cdot B + d_f}$ [W/(m²K)]</td></tr>
<tr><td colspan="2">Darin bedeuten:
$U_{fg;sog}$ Wärmedurchgangskoeffizient für Bodenplatten auf Erdreich, in W/(m²K)
λ_g Wärmeleitfähigkeit des Erdreichs, in W/(mK); (Tab. 3.15)
B charakteristisches Bodenplattenmaß, in m (Tab. 3.14)
d_f wirksame Dicke, in m (Tab. 3.14)</td></tr>
</table>

Tab. 3.14: Charakteristisches Bodenplattenmaß B und wirksame Dicke d_f

<table>
<tr><td colspan="2">Charakteristisches Bodenplattenmaß B</td></tr>
<tr><td>$B = \dfrac{A}{0{,}5 \cdot P}$</td><td>$B$ charakteristisches Bodenplattenmaß, in m
A Fläche der Bodenplatte, in m²
P exponierter Umfang, in m</td></tr>
<tr><td colspan="2">Exponierter Umfang P:
Gesamtlänge der Außenwand, die das beheizte Gebäude von der Außenumgebung oder einem unbeheizten Raum außer dem der gedämmten Gebäudehülle trennt. Es gelten folgende Randbedingungen:
a) Bei einem freistehenden Gebäude entspricht P dem Gesamtumfang und A ist die Grundfläche.
b) Bei einem angebauten Gebäude (z.B. Reihenhaus) ist P die Summe der Wandlängen, die an die Außenumgebung grenzen. Wandlängen zu beheizten Gebäudeteilen (z.B. Haustrennwände) werden nicht berücksichtigt. A ist die Grundfläche.
c) Bei der Ermittlung von P und A werden unbeheizte Räume außerhalb der gedämmten Gebäudehülle nicht berücksichtigt.</td></tr>
<tr><td colspan="2">Wirksame Dicke d_f</td></tr>
<tr><td>$d_f = d_{w;e} + \lambda_g \cdot \left(R_{si} + R_{f;sog} + R_{se}\right)$</td><td>$d_f$ wirksame Dicke, in m
$d_{w;e}$ Gesamtdicke der Wände einschließlich aller Schichten, in m (Abb. 3-6)
λ_g Wärmeleitfähigkeit des Erdreichs, in W/(mK) (Tab. 3.15)
$R_{f;sog}$ Wärmedurchlasswiderstand der Bodenplatte einschließlich aller Dämmschichten oberhalb, unterhalb oder in der Bodenplatte, m²K/W
R_{si} Wärmeübergangswiderstand innen, in m²K/W (n. DIN EN ISO 6946)
R_{se} Wärmeübergangswiderstand außen, in m²K/W (Hinweis: Bei Bauteilen mit direktem Kontakt ans Erdreich ist $R_{se} = 0$)</td></tr>
</table>

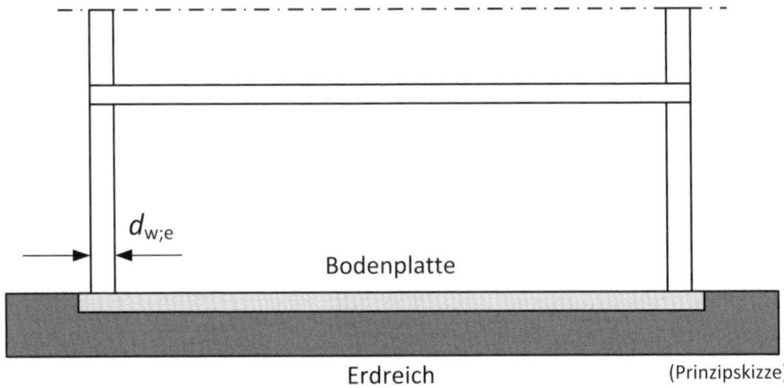

Abb. 3-6: Bodenplatte auf Erdreich mit Definition von $d_{w;e}$ (in Anlehnung an DIN EN ISO 13370, Bild 1)

Tab. 3.15: Wärmeleitfähigkeit λ_g des Erdreichs (nach DIN EN ISO 13370, Tab. 7)

Bodenart	**Wärmeleitfähigkeit** λ_g W/(mK)
Ton, Schluff	1,5
Sand, Kies	2,0
homogener Fels	3,5

3.6 Spezifische Wärmekapazität, Wärmespeicherfähigkeit

Die spezifische Wärmekapazität und die Wärmespeicherfähigkeit sind Stoffkenngrößen, die für instationäre Berechnungen (z.B. Auskühl- und Aufheizvorgänge) sowie für Nachweise des sommerlichen Wärmeschutzes benötigt werden.

3.6.1 Spezifische Wärmekapazität

Die spezifische Wärmekapazität c gibt diejenige Wärmemenge an, die erforderlich ist, um die Temperatur eines Stoffes mit einer Masse von 1 kg um 1 K zu ändern (Tab. 3.16). Rechenwerte der spezifischen Wärmekapazität für einige ausgewählte Stoffe sind in Tab. 3.17 angegeben.

Tab. 3.16: Spezifische Wärmekapazität c

$c = \dfrac{\Delta Q}{m \cdot \Delta\theta}$ [J/(kg · K)]	ΔQ Wärmemenge, die dem Stoff zugeführt oder entzogen wird, in W m Masse des Stoffes, in kg $\Delta\theta$ Temperaturdifferenz zwischen Anfangs- und Endtemperatur, in K

Beispiel: Um 1 kg Wasser um 1 K zu erwärmen, ist eine Wärmemenge von 1,163 Wh (= Watt · Stunde) = 4186,8 J (= Joule) erforderlich. Die spezifische Wärmekapazität von Wasser beträgt 4186 ≈ 4200 J.

Tab. 3.17: Rechenwerte der spezifischen Wärmekapazität c ausgewählter Stoffe nach DIN 4108-4 und DIN EN 12524

Stoff	**Spezifische Wärmekapazität *c*** J / (kg · K)
Anorganische Bau- und Dämmstoffe (z.B. Asphalt, Bitumen, Beton, Putze, Mörtel, Gips, verschiedene Steinarten)	ca. 1000
Konstruktionsholz	1600
Holzwerkstoffe (Spanplatten, OSB-Platten, Holzfaserplatten)	1700
Pflanzliche Fasern und Textilfasern (z.B. Teppichböden)	1300
Schaumkunststoffe und Kunststoffe (z.B. Polystyrol, Polyurethan, Polyethylen)	1300 ... 1800
Glas	750
Aluminium	880
Sonstige Metalle	130 bis 460
Luft (ρ = 1,25 kg/m³) (trocken)	1000
Wasser (bei ≥ 0 °C)	4186 ≈ 4200

3.6.2 Wärmespeicherfähigkeit

Die Wärmespeicherfähigkeit eines Stoffes beschreibt die Wärmemenge, die von ihm aufgenommen werden kann. Sie ist umso größer, je größer die Masse und die spezifische Wärmekapazität sind. Die Wärmespeicherfähigkeit Q_s eines Stoffes oder Bauteils ergibt sich aus der flächenbezogenen Masse m' (in kg/m²) und der spezifischen Wärmekapazität c. Für Bauteile mit homogenem Aufbau gilt die Gleichung in Tab. 3.18.

Tab. 3.18: Wärmespeicherfähigkeit Q_s

$Q_s = m' \cdot c$ [J/(m²K)]	m' flächenbezogene Masse des Stoffes, in kg/m²; $m = \rho \cdot d$ mit: ρ = Rohdichte in kg/m³; d = Schichtdicke in m c spezifische Wärmekapazität des Stoffes, in J/(kg · K)

3.7 Temperaturen in Bauteilen und auf Bauteiloberflächen

Die Kenntnis von Oberflächen- und Schichtgrenztemperaturen ist von Bedeutung für die Beurteilung eines Bauteils hinsichtlich Tauwasserbildung sowie zur Bewertung des Risikos von Schimmelpilzwachstum. Für stationäre Bedingungen (konstante Raumluft- und Außenlufttemperatur, keine Aufheiz- und Abkühlvorgänge) werden die Oberflächen- und Schichtgrenztemperaturen mit den Angaben in Tab. 3.19 berechnet.

Tab. 3.19: Rechnerische Ermittlung von Oberflächen- und Schichtgrenztemperaturen bei stationären Bedingungen (hier: Angabe für ein Bauteil mit vier Schichten; Abb. 3-7)

Oberflächentemperaturen (innen und außen) θ_{si}, θ_{si} [°C]	θ_i	Lufttemperatur innen, in °C
	θ_e	Lufttemperatur außen, in °C
$\theta_{si} = \theta_i - R_{si} \cdot U \cdot (\theta_i - \theta_e) = \theta_i - R_{si} \cdot q$	θ_{si}	Temperatur auf der Bauteiloberfläche innen, in °C
$\theta_{se} = \theta_{3-4} - R_4 \cdot q$	θ_{se}	Temperatur auf der Bauteiloberfläche außen, in °C
Temperaturen an den Schichtgrenzen θ_i [°C]	θ_{1-2}	Temperatur zwischen Schicht 1 und 2, in °C
	θ_{2-3}	Temperatur zwischen Schicht 2 und 3, in °C
	θ_{3-4}	Temperatur zwischen Schicht 3 und 4, in °C
$\theta_{1-2} = \theta_{si} - R_1 \cdot q$	U	Wärmedurchgangskoeffizient, in W/(m²K)
$\theta_{2-3} = \theta_{1-2} - R_2 \cdot q$		
$\theta_{3-4} = \theta_{2-3} - R_3 \cdot q$	R_{si}	Wärmeübergangswiderstand innen, in m²K/W
$\theta_{se} = \theta_{3-4} - R_4 \cdot q$	R_{se}	Wärmeübergangswiderstand außen, in m²K/W
$\theta_e = \theta_{se} - R_{se} \cdot q$ (Kontrolle)	$R_1, R_2, \ldots, R_i$	Wärmedurchlasswiderstand der Schicht 1, 2 …, i, in m²K/W
	q	$= U \cdot (\theta_i - \theta_e)$; Wärmestromdichte, in W/m²

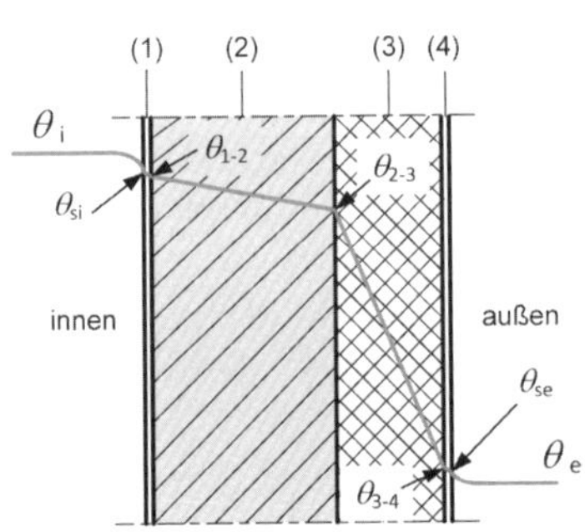

Abb. 3-7: Temperaturverlauf bei einem Bauteil mit vier Schichten (hier: Außenwand)

Außerdem können die Temperaturen zeichnerisch ermittelt werden. Hierzu werden in einem Koordinatensystem auf der x-Achse die Wärmeübergangswiderstände sowie die Wärmedurchlasswiderstände der einzelnen Schichten maßstäblich aufgetragen. Auf der y-Achse werden die Lufttemperatur innen und außen an den äußeren Begrenzungslinien der Wärmeübergangswiderstände eingetragen. Beide Temperaturpunkte werden durch eine Gerade miteinander verbunden. Die Oberflächentemperaturen sowie die Schichtgrenztemperaturen ergeben sich an den Schnittpunkten mit den lotrechten Linien, die die Grenzen der Wärmeübergangs- bzw. Wärmedurchlasswiderstände kennzeichnen, durch Ablesen an der y-Achse (Abb. 3-8).

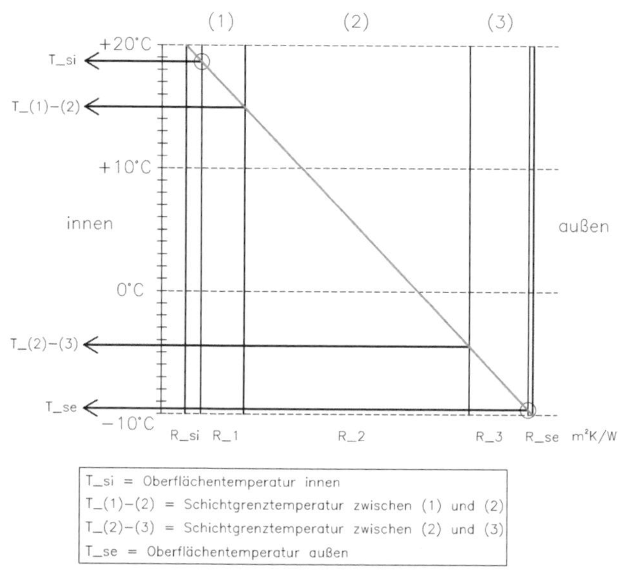

Abb. 3-8: Zeichnerische Ermittlung von Temperaturen in einem Bauteil bei stationären Bedingungen; hier: Bauteil mit drei Schichten

3.8 Wärmebrücken

3.8.1 Allgemeines

Wärmebrücken sind lokale Bereiche in der thermischen Gebäudehülle mit einem signifikant höheren Wärmedurchgang als in den unmittelbar angrenzenden Bauteilbereichen. Charakteristische Merkmale von Wärmebrücken sind ein gekrümmter Verlauf der Isothermen (Linien gleicher Temperatur) sowie die schräg aus der Bauteiloberfläche heraustretenden Adiabaten (Wärmestromlinien). Weiterhin ergeben sich im Bereich einer Wärmebrücke zum Teil deutlich geringere raumseitige Bauteiloberflächentemperaturen. Dadurch besteht hier die Gefahr der Tauwasserbildung sowie das Risiko des Schimmelpilzwachstums, wenn die kritischen Oberflächenfeuchten überschritten werden. Außerdem wird die Behaglichkeit aufgrund der geringeren raumseitigen Oberflächentemperaturen beeinträchtigt. Darüber hinaus ergeben sich erhöhte Transmissionswärmeverluste, die bei der Berechnung der Wärmeverluste im Zuge des Wärmeschutznachweises nach GEG berücksichtigt werden müssen.

Typischerweise werden verschiedene Arten von Wärmebrücken unterschieden:

- *Geometrische Wärmebrücken*. Sie liegen vor, wenn die Außenfläche eines Bauteils größer als die Innenfläche ist. Dadurch nimmt die Dichte der Wärmestromlinien (Adiabaten) nach außen ab. Die senkrecht zu den Adiabaten stehenden Isothermen verlagern sich raumwärts, sodass niedrigere Innenoberflächentemperaturen als im ungestörten, angrenzenden Normalbereich auftreten. Zu den geometrischen Wärmebrücken zählen z.B. Außenwandecken (Abb. 3-9).
- *Material- oder stoffbedingte Wärmebrücken*. Sie ergeben sich, wenn Baustoffe mit unterschiedlichen Wärmeleitfähigkeiten verwendet werden (z.B. Stahlbetonstütze in einer Mauerwerkswand aus Porenbeton).
- *Konstruktive Wärmebrücken* liegen vor, wenn verschiedene Bauteilkomponenten mit unterschiedlichen Wärmeleitfähigkeiten sowie unterschiedlichen Abmessungen konstruktiv miteinander verbunden werden. Auch in diesem Fall verlaufen die Isothermen gekrümmt.

In vielen Fällen gibt es Mischformen bzw. Wärmebrücken, die sich mehreren der oben genannten Arten zuordnen lassen.

Der in einigen Literaturquellen anzutreffende Begriff *„konvektive Wärmebrücke"* ist dagegen irreführend und entspricht nicht der normativen Definition nach DIN EN ISO 10211. Begründung: Hierunter sind Leckagen oder Undichtheiten (z.B. Fugen) in der Gebäudehülle zu verstehen, durch die Lüftungswärmeverluste auftreten. Da die für Wärmebrücken typischen Merkmale fehlen (z.B. das Auftreten von niedrigeren Innenoberflächentemperaturen), handelt es sich hierbei nicht um Wärmebrücken.

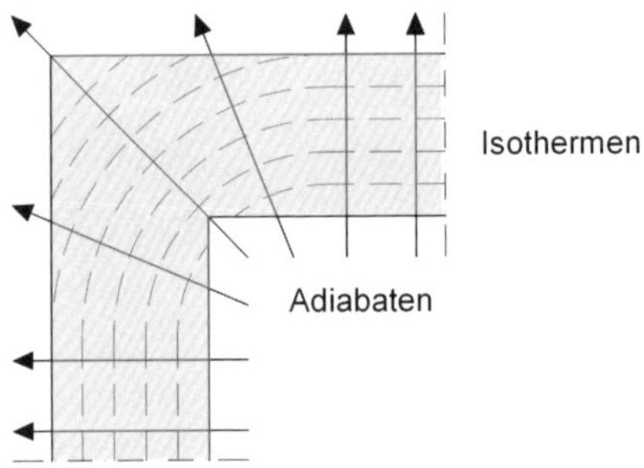

Abb. 3-9: Geometrische Wärmebrücke mit schematischem Verlauf von Isothermen und Adiabaten; hier: Außenwandecke

Die Berechnung von Wärmebrücken (Temperaturen, Wärmeströme, Kennwerte) erfolgt üblicherweise mit einer entsprechenden Software auf Basis der Methode der Finiten Elemente (FEM). Für häufig vorkommende Konstruktionen existieren Wärmebrückenkataloge, aus denen die wesentlichen Kennwerte entnommen werden können.

3.8.2 Mindestwärmeschutz im Bereich von Wärmebrücken

Mindestanforderungen an den Wärmeschutz im Bereich von Wärmebrücken sind in DIN 4108-2 geregelt. Wichtige Regeln:

1. Auskragende Balkonplatten, Attiken, freistehende Stützen sowie Wände mit $\lambda > 0{,}5$ W/(mK) sind ohne zusätzliche Wärmedämmmaßnahmen nicht zulässig.
2. Ecken von Außenbauteilen mit gleichartigem Aufbau, deren Einzelkomponenten die Anforderungen des Mindestwärmeschutzes nach DIN 4108-2 erfüllen, brauchen nicht gesondert nachgewiesen zu werden, d.h., die Mindestanforderungen gelten als erfüllt.
3. Wärmebrücken, die nach DIN 4108 Beiblatt 2 ausgeführt sind, gelten als ausreichend wärmegedämmt. Ein zusätzlicher Nachweis ist nicht erforderlich.
4. Für alle Konstruktionen, die von den Planungs- und Ausführungsbeispielen in DIN 4108 Beiblatt 2 [14] abweichen, muss der Temperaturfaktor f_{Rsi} an der ungünstigsten Stelle die Forderung $f_{Rsi} \geq 0{,}70$ erfüllen (respektive raumseitige Oberflächentemperatur $\theta_{si} \geq 12{,}6$ °C). Berechnung von f_{Rsi} nach Tab. 3.20. Fenster sind von dieser Regelung ausgenommen.

Tab. 3.20: Temperaturfaktor f_{Rsi} (n. DIN 4108-2)

$f_{Rsi} = \dfrac{\theta_{si} - \theta_e}{\theta_i - \theta_e}$ [-]	θ_i Lufttemperatur innen, in °C θ_e Lufttemperatur außen, in °C θ_{si} Temperatur auf der raumseitigen Bauteiloberfläche, in °C
Randbedingungen: • Raumlufttemperatur $\theta_i = 20$ °C • relative Luftfeuchte innen $\phi_i = 50$ % • kritische Luftfeuchte für Schimmelpilzbildung auf der Bauteiloberfläche $\phi_{si} = 80$ % • Außenlufttemperatur $\theta_e = -5$ °C • Wärmeübergangswiderstand raumseitig: $R_{si} = 0{,}25$ m²W/K (beheizte Räume) • Wärmeübergangswiderstand außen: $R_{se} = 0{,}04$ m²K/W	
Anmerkungen: Bei Bauteilen, die an das Erdreich grenzen, gelten andere Temperatur-Randbedingungen, siehe DIN 4108-2. An Fenstern ist Tauwasserbildung vorübergehend und in kleinen Mengen zulässig, wenn die Oberfläche die Feuchtigkeit nicht absorbiert und Maßnahmen zur Vermeidung eines Kontaktes mit angrenzenden feuchteempfindlichen Materialien (z.B. Mineralfaserdämmstoff) getroffen werden. Für Verbindungsmittel (z.B. Nägel, Schrauben, Drahtanker), Fensteranschlüsse an angrenzende Bauteile und Mörtelfugen von Mauerwerk ist ein Nachweis der Wärmebrückenwirkung nicht erforderlich.	

3.9 Anforderungen an den Mindestwärmeschutz

Anforderungen an den Mindestwärmeschutz sind in DIN 4108-2:2013-02 geregelt. Hierunter sind Maßnahmen zu verstehen, die ein hygienisches Raumklima sicherstellen sowie

Tauwasser- und Schimmelpilzfreiheit an Innenoberflächen von Außenbauteilen gewährleisten.

Hinweis: Für Anforderungen an den energiesparenden Wärmeschutz nach GEG siehe Teil B in diesem Werk.

3.9.1 Mindestwärmeschutz flächiger Bauteile

Bei den Anforderungen an den Mindestwärmeschutz flächiger Bauteile wird unterschieden in

- *homogene* Bauteile; ein- oder mehrschalig mit Differenzierung in schwere Bauteile (flächenbezogene Masse $m' \geq 100$ kg/m²) und leichte Bauteile ($m' < 100$ kg/m²),
- *inhomogene nicht transparente* Bauteile (z.B. Skelett-, Rahmen-, Ständerbauweisen) und
- *transparente und teiltransparente* Bauteile (Fenster, Fenstertüren, Pfosten-Riegel-Konstruktionen, Vorhangfassaden).

Homogene Bauteile mit einer flächenbezogenen Masse von $m' \geq 100$ kg/m²

Ein- und mehrschalige Bauteile mit $m' \geq 100$ kg/m², die beheizte Räume gegen die Außenluft, niedrig beheizte Bereiche sowie Bereiche mit wesentlich niedrigeren Innentemperaturen oder unbeheizte Bereiche abgrenzen, müssen mindestens den Wärmedurchlasswiderstand R nach Tab. 3.21 aufweisen.

Tab. 3.21: Mindestwerte für Wärmedurchlasswiderstände von Bauteilen (nach DIN 4108-2:2013-02, Tab. 3)

Bauteile	Beschreibung	Wärmedurchlasswiderstand des Bauteils[2)] R in m²K/W
Wände beheizter Räume		
	gegen Außenluft, Erdreich, Tiefgaragen, nicht beheizte Räume (auch nicht beheizte Dachräume oder nicht beheizte Kellerräume außerhalb der wärmeübertragenden Umfassungsfläche)	$R \geq 1{,}2$ [3)]
Dachschrägen beheizter Räume		
	gegen Außenluft	$R \geq 1{,}2$
Decken beheizter Räume nach oben und Flachdächer		
	gegen Außenluft	$R \geq 1{,}2$
	zu belüfteten Räumen zwischen Dachschrägen und Abseitenwänden bei ausgebauten Dachräumen	$R \geq 0{,}90$
	zu nicht beheizten Räumen, zu bekriechbaren oder noch niedrigeren Räumen	$R \geq 0{,}90$

Bau-teile	Beschreibung	Wärmedurchlasswiderstand des Bauteils[2)] R in m²K/W
	zu Räumen zwischen gedämmten Dachschrägen und Abseitenwänden bei ausgebauten Dachräumen	$R \geq 0{,}35$
Decken beheizter Räume nach unten[1)]		
	gegen Außenluft, gegen Tiefgarage, gegen Garagen (auch beheizte), Durchfahrten (auch verschließbare) und belüftete Kriechkeller	$R \geq 1{,}75$
	gegen nicht beheizten Kellerraum	$R \geq 0{,}90$
	unterer Abschluss (z.B. Sohlplatte) von Aufenthaltsräumen unmittelbar an das Erdreich grenzend bis zu einer Raumtiefe von 5 m	
	über einem nicht belüfteten Hohlraum, z.B. Kriechkeller, an das Erdreich grenzend	
Bauteile an Treppenräumen		
	Wände zwischen beheiztem Raum und direkt beheiztem Treppenraum, Wände zwischen beheiztem Raum und indirekt beheiztem Treppenraum, sofern die anderen Bauteile des Treppenraums die Anforderungen dieser Tabelle erfüllen	$R \geq 0{,}07$
	Wände zwischen beheiztem Raum und indirekt beheiztem Treppenraum, wenn nicht alle anderen Bauteile des Treppenraums die Anforderungen dieser Tabelle erfüllen	$R \geq 0{,}25$
	oberer und unterer Abschluss eines beheizten oder indirekt beheizten Treppenraums	wie Bauteile beheizter Räume
Bauteile zwischen beheizten Räumen		
	Wohnungs- und Gebäudetrennwände zwischen beheizten Räumen	$R \geq 0{,}07$
	Wohnungstrenndecken, Decken zwischen Räumen unterschiedlicher Nutzung	$R \geq 0{,}35$

1) Vermeidung von Fußkälte
2) Bei erdberührten Bauteilen: konstruktiver Wärmedurchlasswiderstand
Bei niedrig beheizten Räumen 0,55 m²K/W

Homogene Bauteile mit einer flächenbezogenen Masse von $m' < 100$ kg/m²

Bei ein- und mehrschaligen Bauteilen mit $m' < 100$ kg/m² wird ein erhöhter Mindestwert des Wärmedurchlasswiderstands gefordert. Es gilt:

$R \geq 1{,}75$ m²K/W

Anforderungen an inhomogene nicht transparente Bauteile

Für thermisch inhomogene Bauteile (z.B. Rahmen-, Skelett- und Holzständerbauweisen, Pfosten-Riegel-Konstruktionen) gelten folgende Anforderungen:

- Gefachbereich: $R_G \geq 1{,}75$ m²K/W
- Mittelwert für das gesamte Bauteil: $R_m \geq 1{,}0$ m²K/W

Für Rollladenkästen gelten folgende Anforderungen:

- Mittelwert für das gesamte Bauteil: $R_m \geq 1{,}0$ m²K/W
- Deckel: $R \geq 0{,}55$ m²K/W

Anforderungen an transparente und teiltransparente Bauteile

Für opake Ausfachungen von transparenten und teiltransparenten Bauteilen (z.B. Vorhangfassaden, Pfosten-Riegel-Konstruktionen, Glasdächer, Fenster, Fenstertüren und Fensterwände) gelten folgende Anforderungen bei beheizten und niedrig beheizten Räumen:

$R \geq 1{,}2$ m²K/W (bzw. $U_p \leq 0{,}73$ W/m²K)

Für Rahmen gilt:

$U_f \leq 2{,}9$ W/m²K

und Ausführung nach DIN EN ISO 10077-1

Transparente Teile der thermischen Hülle sind mindestens mit Isolierglas oder zwei Glasscheiben (z.B. Verbundfenster, Kastenfenster) auszuführen.

Mindestwärmeschutz im Bereich von Wärmebrücken

Siehe Abschnitt 3.7.2.

3.10 Sommerlicher Wärmeschutz

Maßnahmen des sommerlichen Wärmeschutzes zielen darauf ab, eine zu starke Aufheizung von Räumen im Sommer allein durch bauliche Maßnahmen zu vermeiden. Der Nachweis wird im GEG für zu errichtende Gebäude gefordert (siehe GEG § 14), indem der Sonneneintrag durch einen ausreichenden baulichen sommerlichen Wärmeschutz nach den anerkannten Regeln der Technik begrenzt wird. Die Verfahren sind in DIN 4108-2, Abschnitt 8 geregelt. Danach kann der Nachweis zur Einhaltung der Anforderungen an den sommerlichen Wärmeschutz mithilfe eines vereinfachten Verfahrens (Verfahren über Sonneneintragskennwerte) oder alternativ durch eine thermische Gebäudesimulation geführt werden.

3.10.1 Sommerklimaregionen

Zur Differenzierung unterschiedlicher sommerlicher Klimaverhältnisse ist die Bundesrepublik Deutschland in drei Sommerklimaregionen eingeteilt (Abb. 3-10):

- sommerkühle Gebiete = Region A
- gemäßigte Gebiete = Region B
- sommerheiße Gebiete = Region C

Die Sommerklimaregionen beruhen auf dem Zusammenwirken von Lufttemperatur, solarer Strahlung und dem daraus resultierenden Wärmeverhalten eines Gebäudes. Für jede Sommerklimaregion wird ein Bezugswert für die operative Innentemperatur festgelegt. Dieser ist nicht als Höchstwert zu verstehen, sondern darf im Rahmen der festgelegten Übertemperaturgradstunden überschritten werden (Tab. 3.22).

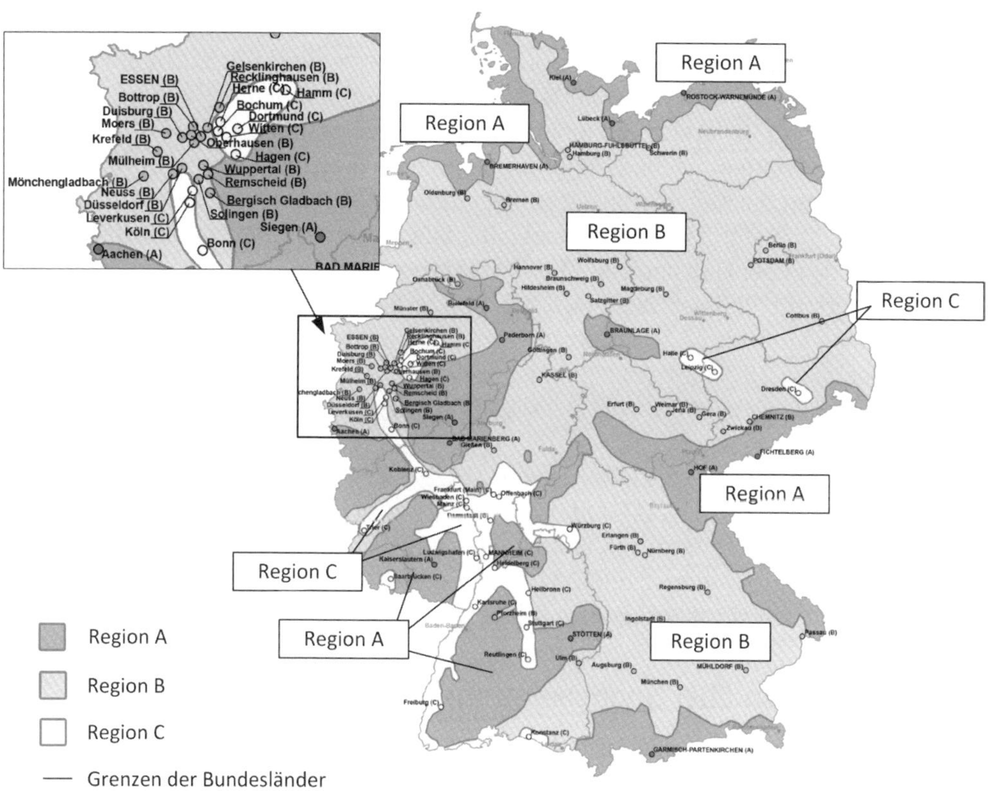

Abb. 3-10: Sommerklimaregionen für den Nachweis des sommerlichen Wärmeschutzes (nach DIN 4108-2:2013-02, Bild 1)

Tab. 3.22: Grenzwerte der operativen Innentemperaturen für die Klimaregionen (in Anlehnung an DIN 4108-2:2013-02, Tab. 9)

Sommerklimaregion	**Bezugswert der operativen Innentemperatur [a),b)] in °C**	**Anforderungswert Übertemperaturgradstunden [c)] in Kh/a**	
		Wohngebäude [d)]	**Nichtwohngebäude [e)]**
A = sommerkühl	25	1200	500
B = gemäßigt	26	1200	500
C = sommerheiß	27	1200	500

a) Eine differenzierte Festlegung des Bezugswertes der Innentemperatur ist aufgrund der Anpassung des Menschen an das vorherrschende Außenklima gewählt. Würde in allen Regionen die gleiche Anforderung an das sommerliche Raumklima wie in Region A gelten, könnte in den Regionen B und C keine für die Beleuchtung mit Tageslicht ausreichende Fenstergröße realisiert werden.

b) Die Bezugswerte der operativen Innentemperatur sind nicht als Höchstwerte zu verstehen. Sie dürfen nutzungsabhängig überschritten werden, wobei als Anforderungswert die Kenngröße „Übertemperaturgradstunden" verwendet wird.

c) Eine Übertemperaturgradstunde ergibt sich, wenn die Innentemperatur während einer Stunde in der Nutzungszeit über dem Bezugswert der operativen Innentemperatur liegt. Beispiel: Wohnnutzung, Region B, an 10 Tagen im Jahr wurde eine Innentemperatur von 27 °C festgestellt, an 15 Tagen im Jahr wurde eine Innentemperatur von 28 °C festgestellt und an 8 Tagen wurden 29 °C festgestellt (hier vereinfachend konstant über die jeweiligen Tage verteilt). Es ergibt sich folgende Übertemperaturgradstunde:
$(27 - 26) \times 10 \times 24 + (28 - 26) \times 15 \times 24 + (29 - 26) \times 8 \times 24 = 240 + 720 + 576$
$= 1536 > 1200$ Kh/a, d.h., die Anforderungen sind nicht erfüllt. Es sind zusätzliche Maßnahmen des sommerlichen Wärmeschutzes erforderlich.

d) Anwesenheitszeit Wohnnutzung 24 h/d.

e) Anwesenheitszeit Nichtwohnnutzung Montag bis Freitag 7 Uhr bis 18 Uhr.

3.10.2 Verfahren über Sonneneintragskennwerte

Das Verfahren über Sonneneintragskennwerte ist in DIN 4108-2:2013-02, Abschnitt 8.3 geregelt. Es handelt es sich um ein vereinfachtes Verfahren mit standardisierten Randbedingungen, das an bestimmte Anwendungsvoraussetzungen geknüpft ist.

Es darf in folgenden Fällen nicht angewendet werden:

- bei Räumen oder Raumbereichen, die in Verbindung mit Doppelfassaden oder transparenten Wärmedämmsystemen (TWD) stehen;
- bei Räumen, die ausschließlich über einen unbeheizten Glasvorbau belüftet werden.

Der Nachweis ist für den kritischen Raum oder kritische Raumgruppen zu führen, wobei der vorhandene Sonneneintragskennwert S_{vorh} den maximal zulässigen Sonneneintragskennwert S_{zul} nicht überschreiten darf. Der vorhandene Sonneneintragskennwert berücksichtigt die Raumgeometrie (Nettogrundfläche und Fensterflächen), den Gesamtenergiedurchlassgrad der Verglasung sowie den verwendeten Sonnenschutz. Der zulässige Sonneneintragskennwert setzt sich aus anteiligen Sonneneintragskennwerten zusammen. Die anteiligen Kennwerte berücksichtigen beispielsweise die Nutzungsart (Wohn-/Nichtwohngebäude), die Bauart (leicht/mittel/schwer), die Klimaregion, Nachtlüftungsmöglichkeiten, Möglichkeiten des Einsatzes passiver Kühlung.

Die Nachweisgleichung kann Tab. 3.23 entnommen werden. Weitere Tabellen mit Kennwerten, die für den Nachweis benötigt werden, sind im Anhang zu diesem Werk enthalten (siehe Anhang N).

Tab. 3.23: Ermittlung des vorhandenen und zulässigen Sonneneintragskennwertes

Nachweis	
$S_{vorh} \leq S_{zul}$	S_{vorh} vorhandener Sonneneintragskennwert, dimensionslos S_{zul} zulässiger Sonneneintragskennwert, dimensionslos
Vorhandener Sonneneintragskennwert S_{vorh}	
$S_{vorh} = \frac{\sum_j A_{w,j} \cdot g_{tot,j}}{A_G}$	$A_{w,j}$ Fensterfläche des j-ten Fensters, in m² $g_{tot,j}$ Gesamtenergiedurchlassgrad des Glases des j-ten Fensters einschließlich Sonnenschutz (dimensionslos). Es gilt: $g_{tot,j} = g \cdot F_c$ mit: F_c Abminderungsfaktor für Sonnenschutzvorrichtungen (dimensionslos) g Gesamtenergiedurchlassgrad des Glases für senkrechten Strahlungseinfall nach DIN EN 410 [15] (dimensionslos) A_G Nettogrundfläche des Raumes oder des Raumbereichs, in m²
Zulässiger Sonneneintragskennwert S_{zul}	
$S_{zul} = \sum S_x$	S_x anteiliger Sonneneintragskennwert, dimensionslos
Hinweis: Abminderungsfaktoren für Sonnenschutzvorrichtungen F_c nach Tab. N.1 (Anhang). Anteilige Sonneneintragskennwerte S_x nach Tab. N.2 (Anhang).	

Bestimmung der Bauart

Die Bauart kann mit folgenden Regeln bestimmt werden:

1. Ohne besonderen Nachweis ist von einer *leichten* Bauart auszugehen.
2. Vereinfachend kann von *mittlerer* Bauart ausgegangen werden, wenn folgende Eigenschaften gegeben sind:

- Stahlbetondecke;
- massive Innen- und Außenbauteile (flächenanteilig gemittelte Rohdichte ≥ 600 kg/m³);
- keine innen liegende Wärmedämmung an den Außenbauteilen;
- keine abgehängte oder thermisch abgedeckte Decke;
- keine hohen Räume (> 4,5 m) wie z.B. bei Turnhallen, Museen und ähnlichen Gebäuden.

3. Von *schwerer* Bauart ist auszugehen, wenn folgende Eigenschaften vorliegen:
   - Stahlbetondecke;
   - massive Innen- und Außenbauteile (flächenanteilig gemittelte Rohdichte ≥ 1600 kg/m³);
   - keine innen liegende Wärmedämmung an den Außenbauteilen;
   - keine abgehängte oder thermisch abgedeckte Decke;
   - keine hohen Räume (> 4,5 m) wie z.B. bei Turnhallen, Museen und ähnlichen Gebäuden.

Die wirksame Wärmekapazität darf alternativ auch nach DIN EN ISO 13788 [16] für den nachzuweisenden Raum oder Raumbereich ermittelt werden; siehe Norm.

3.10.3 Dynamisch-thermische Gebäudesimulation

Der Nachweis des sommerlichen Wärmeschutzes kann auch mit einer dynamisch-thermischen Gebäudesimulation durchgeführt werden. Dies ist beispielsweise erforderlich, wenn das vereinfachte Verfahren über Sonneneintragskennwerte nicht angewendet werden kann. Bei der Simulationsrechnung werden die aufgrund der Außenlufttemperaturen und solarer Strahlung sich ergebenden stündlichen Raumlufttemperaturen für jeden Tag eines Jahres mit einer Software berechnet. Grundlage hierfür sind Klimadaten sowie die solare Strahlung einer Datenbasis, die vom Deutschen Wetterdienst erarbeitet wurde (Testreferenzjahre). Außerdem ist das Gebäude bzw. der zu untersuchende Bereich in geeigneter Weise zu modellieren, um die Bauwerksantwort auf die Temperatur- und solaren Einwirkungen möglichst genau zu erfassen. Randbedingungen für die Simulationsrechnung sind in DIN 4108-2, Abschnitt 8.4.2 festgelegt.

Die mithilfe der Simulationsrechnung ermittelten (stündlichen) Raumlufttemperaturen werden anschließend mit den operativen Innentemperaturen verglichen, wobei bei Überschreitung (Raumlufttemperatur > operative Innentemperatur) Übertemperaturgradstunden anfallen. Der Nachweis des sommerlichen Wärmeschutzes ist erbracht, wenn die Anforderungswerte der Übertemperaturgradstunden nach Tab. 3.18 nicht überschritten werden. Für weitere Informationen wird auf DIN 4108-2 verwiesen.

3.11 Dichtheit

Anforderungen an die Dichtheit der wärmeübertragenden Umfassungsfläche von zu errichtenden Gebäuden sind im GEG § 13 geregelt. Danach ist die wärmeübertragende Umfassungsfläche einschließlich der Fugen dauerhaft luftundurchlässig nach den anerkannten Regeln der Technik abzudichten. Gleichzeitig ist ein ausreichender Mindestluftwechsel sicherzustellen, um ein hygienisches und behagliches Raumklima zu gewährleisten und schädliche Tauwasserbildung zu Schimmelpilzwachstum zu vermeiden.

Für die Ausbildung der Luftdichtheitsebene gelten die Regeln in DIN 4108-7 [17]. Als Grundsatz für die Konzeption der Luftdichtheitsebene ist die sogenannte *Stiftregel* zu beachten, die besagt, dass sich eine umlaufende Luftdichtheitsebene ergibt, wenn diese mit einem Stift gezeichnet wird, ohne diesen abzusetzen (Abb. 3-11). Bezüglich der Planung und Ausführung der Luftdichtheitsschicht sind folgende Regeln zu beachten (Auswahl):

- Bauteile aus Stahlbeton gelten als luftdicht.
- Plattenmaterialien (wie z.B. Gipsfaserplatten, Gipsplatten, Faserzementplatten, Bleche, Holzwerkstoffplatten) gelten in der Fläche als luftdicht. Im Bereich von Fugen, Anschlüssen, Stößen usw. sind besondere Maßnahmen erforderlich, wie z.B. die Abdichtung durch Dichtbänder oder Dichtstoffe.
- Stahltrapezbleche sind dagegen im Bereich ihrer Überlappungen nicht luftdicht. Hier sind besondere Maßnahmen zur Erzielung einer ausreichenden Luftdichtheit erforderlich.
- Nut-Feder-Schalungen sowie Platten als raumseitige Bekleidung sind im Bereich von Anschlüssen und Durchdringungen undicht, sofern keine gesonderten Maßnahmen ergriffen werden.

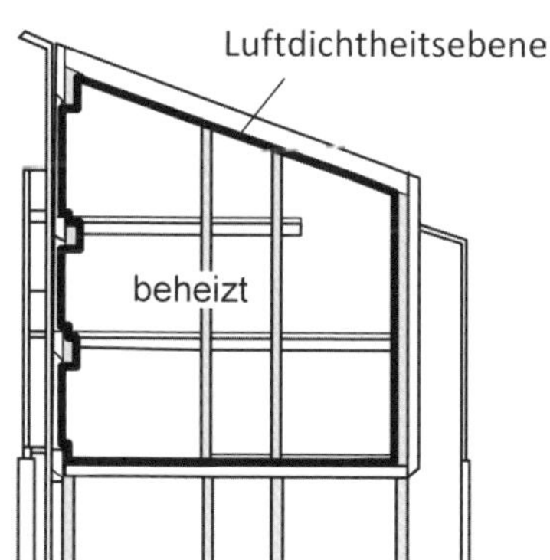

Abb. 3-11: Prinzipskizze einer umlaufenden Luftdichtheitsebene, die mit einem Stift ohne abzusetzen gezeichnet werden kann („Stiftregel") (in Anlehnung an DIN 4108-7, Bild 1)

Weiterhin enthält DIN 4108-7 Beispiele für die Anordnung und Ausführung der Luftdichtheitsschicht im Bereich von Anschlüssen und Details. Siehe hierzu exemplarisch das Beispiel in Abb. 3-12.

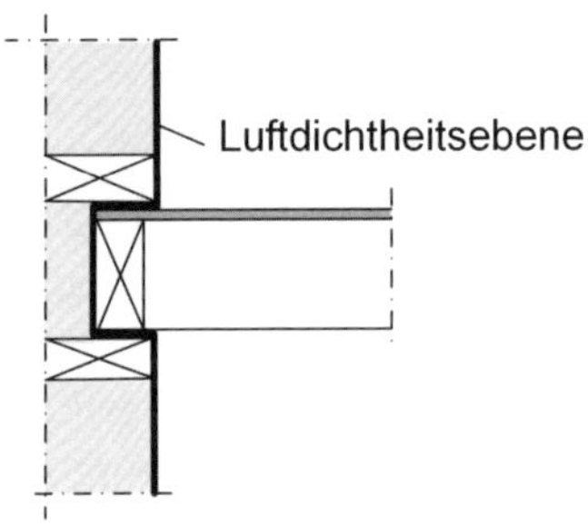

Abb. 3-12: Beispiel für eine nicht unterbrochene Luftdichtheitsebene bei einem Geschossdeckenanschluss im Holzbau (Prinzipdarstellung) (in Anlehnung an DIN 4108-7, Bild 3)

Für die Abdichtung von Fugen mit Fugendichtstoffen gilt DIN 18540 [18]. Für Funktionsfugen von Fenstern und Fenstertüren sind die Regeln in DIN EN 12207 [19] zu beachten. Fenster und Fenstertüren müssen bei Gebäuden mit bis zu zwei Vollgeschossen der Klasse 2 und bei Gebäuden mit mehr als zwei Vollgeschossen der Klasse 3 entsprechen.

Die Prüfung der Luftdichtheit von Gebäuden kann mithilfe eines „Blower-Door-Tests" durchgeführt werden. Das Messverfahren ist in DIN EN ISO 9972 [20] geregelt. Als Prüfgröße wird die Luftwechselrate bzw. Luftwechselzahl n_{50} ermittelt.

4 Beispiele

Nachfolgend werden verschiedene Beispiele zum Wärmeschutz mit ausführlichem Lösungsweg in verschiedenen Schwierigkeitsgraden (***Kategorie (A)*** (einfach), ***Kategorie (B)*** (mittel) und ***Kategorie (C)*** (schwierig) angeboten.

4.1 Beispiel 1 – Berechnung des U-Wertes einer Außenwand mit homogenen Schichten

(Kategorie A)

Für die dargestellte Außenwand mit Wärmedämmverbundsystem sind der Wärmedurchlasswiderstand R, der Gesamt-Wärmedurchlasswiderstand R_{tot} und der Wärmedurchgangskoeffizient U zu berechnen (Abb. 4-1).

Außerdem ist zu überprüfen, ob die Außenwand die Anforderungen an den Mindestwärmeschutz nach DIN 4108-2 erfüllt.

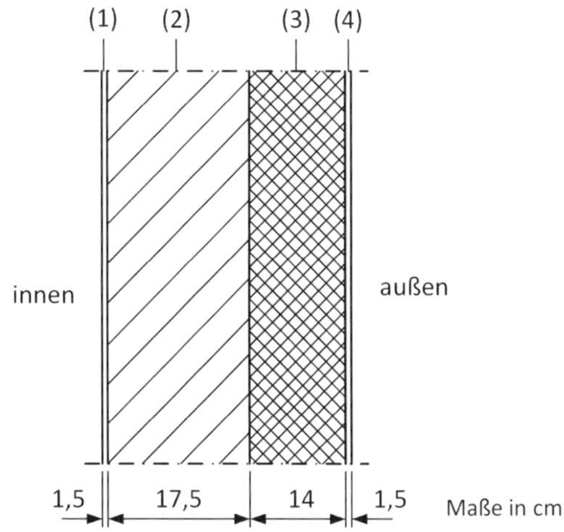

Abb. 4-1: Beispiel 1 – Außenwandkonstruktion mit Wärmedämmverbundsystem

Schichtenaufbau (von innen nach außen):

(1) Gipsputz ohne Zuschlag, $\lambda = 0,51$ W/(mK)

(2) Mauerwerk aus Kalksandstein, $\lambda = 0,70$ W/(mK)

(3) Wärmedämmung aus Polystyrol (EPS), $\lambda = 0,036$ W/(mK)

(4) Kalkzementputz, $\lambda = 1,0$ W/(mK)

Lösung:

Die Berechnung erfolgt tabellarisch (Tab. 4.1). Die Wärmedurchlasswiderstände R_i der einzelnen Bauteilschichten sowie der Gesamt-Wärmedurchlasswiderstand R_{tot} sind jeweils mit mindestens drei Nachkommastellen zu berechnen. Der Wärmedurchgangskoeffizient U ist auf zwei Nachkommastellen gerundet anzugeben.

a) Wärmedurchlasswiderstand:

Ermittlung des Wärmedurchlasswiderstandes der Schicht 1 (exemplarisch):

$$R_1 = \frac{d_1}{\lambda_1} = \frac{0,015}{0,51} = 0,029 \quad \text{m}^2\text{K/W}$$

Wärmedurchlasswiderstand des Bauteils:

$$R = \sum R_i = 0,029 + 0,500 + 3,889 + 0,015 = 4,433 \quad \text{m}^2\text{K/W}$$

b) Gesamt-Wärmedurchlasswiderstand:

$$\begin{aligned} R_{tot} &= R_{si} + R_1 + R_2 + \ldots + R_n + R_{se} \\ &= 0,13 + 0,029 + 0,500 + 3,889 + 0,015 + 0,04 = 4,353 \quad \text{m}^2\text{K/W} \end{aligned}$$

c) Wärmedurchgangskoeffizient:

$$U = \frac{1}{R_{tot}} = \frac{1}{4,353} = 0,23 \quad \text{W/m}^2\text{K}$$

Tab. 4.1: Beispiel 1 – Tabellarische Berechnung der Wärmedurchlasswiderstände der einzelnen Schichten sowie des Gesamt-Wärmedurchlasswiderstands R_{tot}

Schicht-Nr.	Bezeichnung	Dicke d	Wärme-leitfähig-keit λ	Wärmedurchlasswider-stände, Wärmeüber-gangswiderstände R, R_{si} bzw. R_{se}
		[m]	[W/(mK)]	[m²K/W]
R_{si}	Wärmeübergang innen	–	–	0,13
1	Gipsputz ohne Zuschlag	0,015	0,51	0,029
2	Mauerwerk aus Kalksandstein	0,175	0,70	0,250
3	Wärmedämmung	0,14	0,036	3,889
4	Kalkzementputz	0,015	1,0	0,015
R_{se}	Wärmeübergang außen	–	–	0,04
	Gesamt-Wärmedurchlasswiderstand: R_{tot} =			4,353 m²K/W

d) Überprüfung der Anforderungen an den Mindestwärmeschutz:

Die flächenbezogene Masse der Außenwand sei größer als 100 kg/m². Nach DIN 4108-2 gelten für flächige Bauteile mit $m' \geq 100$ kg/m² die Mindestwerte für Wärmedurchlasswiderstände nach Tab. 3.17. Für Außenwände beheizter Räume, die an die Außenluft grenzen, ist $R \geq 1{,}2$ m²K/W einzuhalten. Hier ergibt sich:

$$R_{vorh} = 4{,}433 \gg R_{min} = 1{,}2 \quad m^2K/W$$

Die Außenwand erfüllt die Anforderungen an den Mindestwärmeschutz. Es ist zu beachten, dass der Anforderungswert sich auf den Wärmedurchlasswiderstand des Bauteils bezieht, d.h., die beiden Wärmeübergangswiderstände werden nicht berücksichtigt.

4.2 Beispiel 2 – Berechnung von Wärmestromdichte und Wärmemenge

(Kategorie A)

Für die dargestellte Außenwand mit Wärmedämmverbundsystem sind die Wärmestromdichte sowie die Wärmemenge zu berechnen (Abb. 4-2).

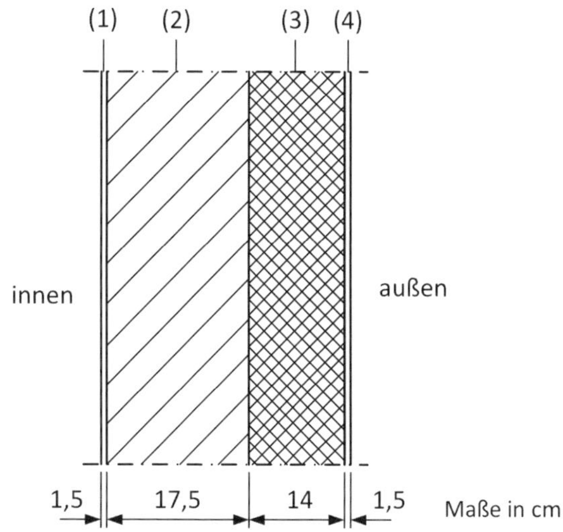

Abb. 4-2: Beispiel 2 – Außenwand mit Wärmedämmverbundsystem; Wärmestromdichte und Wärmemenge

Schichtenaufbau (von innen nach außen):

(1) Gipsputz ohne Zuschlag

(2) Mauerwerk

(3) Wärmedämmung

(4) Kalkzementputz

Randbedingungen:

- Lufttemperatur innen: +20 °C
- Lufttemperatur außen: –5 °C
- Wärmedurchgangskoeffizient: $U = 0{,}23$ W/m²K
- Fläche der Außenwand: $A = 19{,}6$ m²
- Zeitdauer: 90 Tage

a) Wärmestromdichte:

Die Wärmestromdichte berechnet sich mit den Angaben in Tab. 3.2:

$$q = U \cdot (\theta_i - \theta_e) = 0{,}23 \cdot (20 - (-5)) = 5{,}75 \approx 5{,}8 \;\; \mathrm{W/m^2}$$

b) Wärmemenge:

Die Wärmemenge für eine Zeitdauer von 90 Tagen ergibt sich bei einer Wandfläche von 19,6 m² zu (Tab. 3.2):

$$Q = \Phi \cdot t = (q \cdot A) \cdot t = (5{,}8 \cdot 19{,}6) \cdot 90 \cdot 24 \cdot 10^{-3} = 245{,}5 \;\; \mathrm{kWh}$$

4.3 Beispiel 3 – Beurteilung einer Außenwand im Bestand

(Kategorie B)

Für eine Außenwand eines Bestandsgebäudes ist zu überprüfen, ob diese noch die Anforderungen an den Mindestwärmeschutz nach den aktuellen Vorschriften erfüllt (Abb. 4-3).

Außerdem ist die raumseitige Oberflächentemperatur für die Norm-Klimabedingungen nach DIN 4108-3 [21] (innen: 20 °C, 50 % relative Luftfeuchte, außen: –5 °C, 80 % r. F.) zu berechnen und zu überprüfen, ob sich Tauwasser bildet oder die Gefahr des Schimmelpilzwachstums auf der Bauteiloberfläche besteht. Für die Überprüfung auf Tauwasser sowie Schimmelpilzwachstum ist der Wärmeübergangswiderstand innen abweichend von den Regelungen in Abschnitt 3.3 mit R_{si} = 0,25 m²K/W anzunehmen (siehe DIN 4108-3).

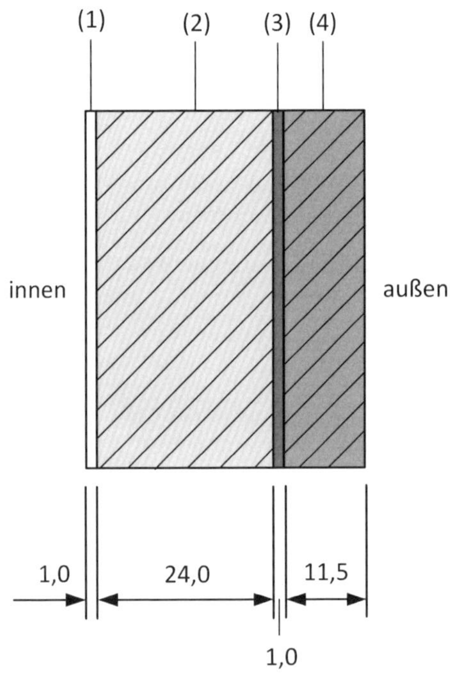

Abb. 4-3: Beispiel 3 – Außenwand eines Bestandsgebäudes

Schichtenaufbau (von innen nach außen):

(1) Gipsputz, d = 1,0 cm, ρ = 1000 kg/m³, λ = 0,34 W/(mK)

(2) Kalksandstein-Mauerwerk, d = 24 cm, ρ = 1400 kg/m³, λ = 0,70 W/(mK)

(3) Mörtelfuge aus Zementmörtel, d = 1,0 cm, ρ = 2000 kg/m³, λ = 1,6 W/(mK)

(4) Vollklinker, d = 11,5 cm, ρ = 1400 kg/m³, λ = 0,58 W/(mK)

Lösung:

a) Überprüfung des Mindestwärmeschutzes nach DIN 4108-2:

Für die Überprüfung des Mindestwärmeschutzes wird der Wärmedurchlasswiderstand R des Bauteils benötigt. Dieser berechnet sich zu (Tab. 3.6):

$$R = \frac{0{,}01}{0{,}34} + \frac{0{,}24}{0{,}70} + \frac{0{,}01}{1{,}6} + \frac{0{,}115}{0{,}58} = 0{,}576 \quad m^2K/W$$

Anforderungswert nach DIN 4108-2 für flächige Bauteile mit einer flächenbezogenen Masse von $m' \geq 100$ kg/m² (Außenwand gegen Außenluft n. Tab. 3.17): $R \geq 1{,}2$ m²K/W

Nachweis:

$$R = 0{,}576 < R_{min} = 1{,}2 \quad m^2K/W$$

Die Anforderungen an den Mindestwärmeschutz sind nicht erfüllt.

Hinweis: Die Überprüfung des Mindestwärmeschutzes nach DIN 4108-2 erfolgt mithilfe des Wärmedurchlasswiderstandes R eines Bauteils. In diesem Wert sind nicht die beiden Wärmeübergangswiderstände R_{si} und R_{se} enthalten. Es handelt sich also nicht um den Gesamt-Wärmedurchlasswiderstand R_{tot}, der sich aus den Wärmedurchlasswiderständen zuzüglich der beiden Wärmeübergangswiderstände ergibt.

b) Überprüfung auf Tauwasserbildung und Schimmelpilzwachstum:

Für die Überprüfung auf Tauwasserbildung und Schimmelpilzwachstum werden die Wärmeübergangswiderstände nach DIN 4108-3 [21] angesetzt, d.h. R_{si} = 0,25 m²K/W und R_{se} = 0,04 m²K/W.

Die Berechnung des Gesamt-Wärmedurchlasswiderstands R_{tot} erfolgt tabellarisch (Tab. 4.2).

Tab. 4.2: Beispiel 3 – Berechnung des Gesamt-Wärmedurchlasswiderstands R_{tot}

Schicht-Nr.	**Bezeichnung**	**Dicke** d	**Wärme-leitfähig-keit** λ	**Wärmedurchlasswider-stände, Wärmeüber-gangswiderstände** R, R_{si} bzw. R_{se}
		[m]	[W/(mK)]	[m²K/W]
R_{si}	Wärmeübergang innen	–	–	0,25
1	Gipsputz	0,01	0,34	0,029
2	Mauerwerk aus Kalksandstein	0,24	0,70	0,343
3	Mörtelfuge aus Zementmörtel	0,01	1,6	0,006
4	Vollklinker	0,115	0,58	0,198
R_{se}	Wärmeübergang außen	–	–	0,04
	Gesamt-Wärmedurchlasswiderstand: R_{tot} =			0,866 m²K/W

Wärmedurchgangskoeffizient:

$$U = \frac{1}{R_{tot}} = \frac{1}{0{,}866} = 1{,}15 \ \ \text{W/(m}^2\text{K)}$$

Wärmestromdichte:

$$q = U \cdot (\theta_i - \theta_e) = 1{,}15 \cdot (20 - (-5)) = 28{,}75 \ \ \text{W/m}^2$$

Raumseitige Oberflächentemperatur:

$$\theta_{si} = \theta_i - R_{si} \cdot q = 20 - 0{,}25 \cdot 28{,}75 = 12{,}8 \ \text{°C}$$

Überprüfung auf Tauwasserbildung auf der Wandinnenoberfläche:

Taupunkttemperatur bei einem Raumklima von 20 °C und 50 % relativer Luftfeuchte (siehe Teil C, Tab. 3.6): $\theta_s = 9{,}3$ °C

Nachweis:

$$\theta_{si} = 12{,}8 \text{°C} > \theta_s = 9{,}3 \ \text{°C}$$

Es bildet sich kein Tauwasser auf der Wandinnenoberfläche, da die Wandinnenoberflächentemperatur größer als die Taupunkttemperatur ist. Voraussetzung hierfür ist, dass das Raumklima dem Normklima entspricht.

Überprüfung auf Schimmelpilzwachstum auf der Wandinnenoberfläche:

Die Schimmelpilzgrenztemperatur bei einem Raumklima von θ = 20 °C und 50 % (ϕ = 0,5) relativer Luftfeuchte berechnet sich zu (siehe Teil C, Tab. 3.7):

$$\theta_{si,min} = (1{,}25 \cdot \varnothing)^{\frac{1}{8{,}02}} \cdot (109{,}8 + \theta) - 109{,}8$$

$$= (1{,}25 \cdot 0{,}5)^{\frac{1}{8{,}02}} \cdot (109{,}8 + 20) - 109{,}8 = 12{,}6 \ \text{°C}$$

Nachweis:

$$\theta_{si} = 12{,}8 \ \text{°C} > \theta_{s,min} = 12{,}6 \ \text{°C}$$

Bewertung:

Es besteht keine Gefahr des Schimmelpilzwachstums, da die Wandinnenoberflächentemperatur etwas höher als die Schimmelpilzgrenztemperatur ist.

Dieses Ergebnis ist typisch für die meisten Baukonstruktionen im Bestand, die zwar energetisch die aktuellen Anforderungen deutlich unterschreiten, aber die heutigen Anforderungen an den Mindestwärmeschutz in den meisten Fällen zwar knapp, aber dennoch erfüllen.

4.4 Beispiel 4 – Berechnung der Oberflächen- und Schichtgrenztemperaturen einer Außenwand

(Kategorie B)

Für die dargestellte Außenwand mit Wärmedämmverbundsystem (Abb. 4-4) sind die Oberflächen- und Schichtgrenztemperaturen zu berechnen.

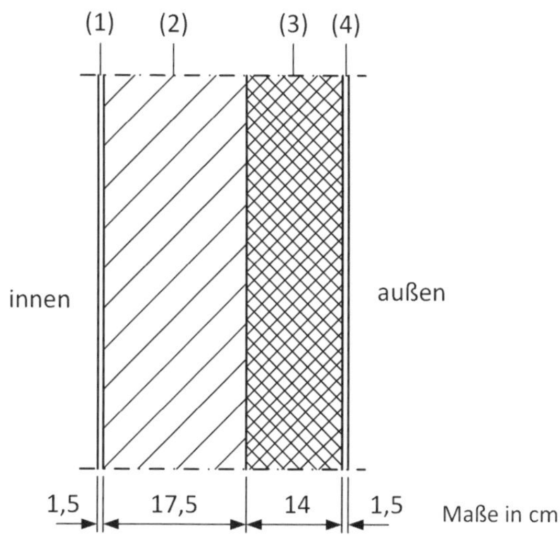

Abb. 4-4: Beispiel 4 – Außenwand mit Wärmedämmverbundsystem; hier: Oberflächentemperaturen und Schichtgrenztemperaturen

Schichtenaufbau (von innen nach außen):

(1) Gipsputz ohne Zuschlag

(2) Mauerwerk

(3) Wärmedämmung

(4) Kalkzementputz

Randbedingungen:

- Lufttemperatur innen: $\theta_i = +20$ °C
- Lufttemperatur außen: $\theta_e = -5$ °C

Für die Berechnung der Temperaturen sind die in Tab. 4.3 angegebenen Wärmedurchlasswiderstände und Wärmeübergangswiderstände zu verwenden.

Tab. 4.3: Beispiel 4 – Wärmedurchlasswiderstände und Wärmeübergangswiderstände

Schicht-Nr.	**Wärmedurchlasswiderstände, Wärmeübergangswiderstände** R, R_{si} bzw. R_{se} [m²K/W]
R_{si}	0,130
1	0,029
2	0,250
3	3,889
4	0,015
R_{se}	0,040
R_{tot}	4,353 m²K/W

Lösung:

Wärmedurchgangskoeffizient (Tab. 3.9):

$$U = \frac{1}{R_{tot}} = \frac{1}{4{,}353} = 0{,}23 \ \text{W/(m}^2\text{K)}$$

Wärmestromdichte (Tab. 3.2):

$$q = U \cdot (\theta_i - \theta_e) = 0{,}23 \cdot (20 - (-5)) = 5{,}75 \ \text{W/m}^2$$

Die Berechnung der Temperaturen erfolgt mit den Angaben in Tab. 3.19.

Oberflächentemperatur innen:

$$\theta_{si} = \theta_i - R_{si} \cdot q = 20 - 0{,}13 \cdot 5{,}75 = 19{,}25 \approx 19{,}3 \ °\text{C}$$

Ermittlung der Schichtgrenztemperaturen:

$$\theta_{1-2} = \theta_{si} - R_1 \cdot q = 19{,}3 - 0{,}029 \cdot 5{,}75 = 19{,}13 \approx 19{,}1 \ °\text{C}$$
$$\theta_{2-3} = \theta_{1-2} - R_2 \cdot q = 19{,}1 - 0{,}250 \cdot 5{,}75 = 17{,}65 \approx 17{,}7 \ °\text{C}$$
$$\theta_{3-4} = \theta_{2-3} - R_3 \cdot q = 17{,}7 - 3{,}889 \cdot 5{,}75 = -4{,}66 \approx -4{,}7 \ °\text{C}$$

Ermittlung der Oberflächentemperatur außen:

$$\theta_{se} = \theta_{3-4} - R_4 \cdot q = -4{,}7 - 0{,}015 \cdot 5{,}75 = -4{,}79 \approx -4{,}8 \ °\text{C}$$

Kontrolle:

$$\theta_e = \theta_{se} - R_{se} \cdot q = -4{,}8 - 0{,}04 \cdot 5{,}75 = -5{,}03 \approx -5{,}0 \ °\text{C}$$

4.5 Beispiel 5 – Berechnung des U-Wertes einer Außenwand mit schwach belüfteter Luftschicht

(Kategorie B)

Für die dargestellte Außenwand mit schwach belüfteter Luftschicht ist der Wärmedurchgangskoeffizient (U-Wert) zu ermitteln (Abb. 4-5).

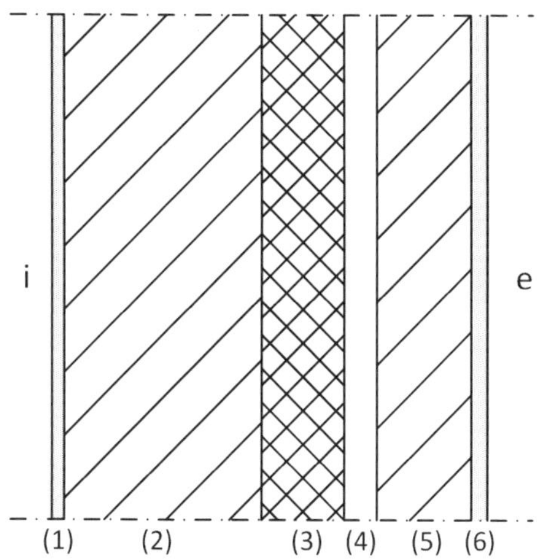

Abb. 4-5: Beispiel 5 – Außenwand mit schwach belüfteter Luftschicht

Schichtenaufbau (von innen nach außen):

(1) Gipsputz ohne Zuschlag, d = 1,5 cm, λ = 0,51 W/(mK)

(2) Mauerwerk aus Hochlochziegeln, d = 24 cm, λ = 0,45 W/(mK)

(3) Wärmedämmung, d = 10 cm, λ = 0,036 W/(mK)

(4) Schwach belüftete Luftschicht, d = 4 cm, A_{ve} = 800 mm^2

(5) Vollziegel, d = 11,5 cm, λ = 1,20 W/(mK)

(6) Kalkzementputz, d = 2,0 cm, λ = 1,0 W/(mK)

Lösung:

Der U-Wert eines Bauteils mit einer schwach belüfteten Luftschicht ergibt sich aus den beiden Gesamt-Wärmedurchlasswiderständen, die sich unter der Annahme ergeben, dass das Bauteil im ersten Fall eine ruhende Luftschicht und im zweiten Fall eine stark belüftete Luftschicht aufweist. Aus beiden Werten berechnet sich im nächsten Schritt der Gesamt-Wärmedurchlasswiderstand für das Bauteil mit schwach belüfteter Luftschicht, wobei hierbei die Größe der Lüftungsöffnungen berücksichtigt wird.

a) Ermittlung des Gesamt-Wärmedurchlasswiderstandes für die Außenwand unter der Annahme, dass die Luftschicht ruhend ist:

Der Wärmedurchlasswiderstand für die ruhende Luftschicht ergibt sich aus Tab. 3.7 durch Interpolation (horizontal gerichteter Wärmestrom).

Dicke der Luftschicht $d = 40$ mm:

$$R = 0{,}00 + \frac{0{,}110 - 0{,}00}{50 - 0} \cdot \left(40 - 0\right) = 0{,}088 \text{ m}^2\text{K/W}$$

Darin sind:

- Wärmedurchlasswiderstand für eine Dicke der Luftschicht von 0 mm: $R = 0{,}00$ m²K/W
- Wärmedurchlasswiderstand für eine Dicke der Luftschicht von 50 mm: $R = 0{,}11$ m²K/W

Die Berechnung des Gesamt-Wärmedurchlasswiderstandes $R_{tot;nve}$ für die Außenwand unter Annahme einer ruhenden Luftschicht erfolgt tabellarisch (Tab. 4.4). Dabei werden alle Schichten einschließlich der ruhenden Luftschicht berücksichtigt (Schichten Nr. 1 bis 6). Es ergibt sich folgender Wert:

$R_{tot;nve} = 3{,}714$ m²K/W

Tab. 4.4: Beispiel 5 – Gesamt-Wärmedurchlasswiderstand unter der Annahme einer ruhenden Luftschicht

Schicht-Nr.	Bezeichnung	Dicke d	Wärme-leitfähig-keit l	Wärmedurchlasswiderstände, Wärmeübergangswiderstände R, R_{si} bzw. R_{se}
		[m]	[W/(mK)]	[m²K/W]
R_{si}	Wärmeübergang innen	–	–	0,130
1	Gipsputz ohne Zuschlag	0,015	0,51	0,029
2	Mauerwerk aus Hochlochziegeln	0,24	0,45	0,533
3	Wärmedämmung	0,10	0,036	2,778
4	Luftschicht (ruhend)	0,04	–	0,088
5	Vollziegel	0,115	1,200	0,096
6	Kalkzementputz	0,02	1,0	0,020
R_{se}	Wärmeübergang außen	–	–	0,040
	Gesamt-Wärmedurchlasswiderstand: $\Sigma = R_{tot} =$			3,714 m²K/W

b) Ermittlung des Gesamt-Wärmedurchlasswiderstandes unter der Annahme, dass die Luftschicht stark belüftet ist:

Die Berechnung des Gesamt-Wärmedurchlasswiderstandes $R_{tot;ve}$ für die Außenwand unter Annahme einer stark belüfteten Luftschicht erfolgt tabellarisch (Tab. 4.5). Für die Berechnung werden nur die raumseitigen Schichten bis zur stark belüfteten Luftschicht angesetzt (Schichten Nr. 1 bis 3). Außerdem darf für den außenseitigen Wärmeübergangswiderstand der gleiche Wert, der für den raumseitigen Wärmeübergangswiderstand angenommen wird, angesetzt werden. Dies liegt daran, dass die Wärmeabgabe durch die schützenden Schichten Nr. 4 bis 6 behindert wird. Diese wirken quasi wie eine Vorsatzschale einer hinterlüfteten Konstruktion. Es ergibt sich folgender Wert:

$R_{tot;ve} = 3{,}600\ m^2K/W$

Tab. 4.5: Beispiel 5 – Gesamt-Wärmedurchlasswiderstand $R_{tot;ve}$ unter der Annahme einer stark belüfteten Luftschicht

Schicht-Nr.	**Bezeichnung**	**Dicke** *d*	**Wärme-leitfähigkeit** *l*	**Wärmedurchlasswiderstände, Wärmeübergangswiderstände** R, R_{si} bzw. R_{se}
		[m]	[W/(mK)]	[m^2K/W]
R_{si}	Wärmeübergang innen	–	–	0,130
1	Gipsputz ohne Zuschlag	0,015	0,51	0,029
2	Mauerwerk aus Hochlochziegeln	0,24	0,45	0,533
3	Wärmedämmung	0,10	0,036	2,778
4	stark belüftete Luftschicht	–	–	–
5	Vollziegel	–	–	–
6	Kalkzementputz	–	–	–
R_{se}	Wärmeübergang außen	–	–	0,013
	Gesamt-Wärmedurchlasswiderstand: $\Sigma = R_{tot} =$			3,600 m^2K/W

c) Ermittlung des Gesamt-Wärmedurchlasswiderstandes der Außenwand mit schwach belüfteter Luftschicht:

Der Gesamt-Wärmedurchlasswiderstand der Außenwand mit schwach belüfteter Luftschicht R_{tot} berechnet sich mit folgender Gleichung (Tab. 3.7):

$$R_{tot} = \frac{(1500 - A_{ve})}{1000} \cdot R_{tot;nve} + \frac{(A_{ve} - 500)}{1000} \cdot R_{tot;ve}$$

$$= \frac{(1500 - 800)}{1000} \cdot 3{,}714 + \frac{(800 - 500)}{1000} \cdot 3{,}600 = 3{,}680\ m^2K/W$$

Darin sind:

$A_{ve} = 800\ mm^2$ (Lüftungsquerschnitt)

$R_{tot;nve} = 3{,}714\ m^2K/W$ (Gesamt-Wärmedurchlasswiderstand bei ruhender Luftschicht)

$R_{tot;ve} = 3{,}600\ m^2K/W$ (Gesamt-Wärmedurchlasswiderstand bei stark belüfteter Luftschicht)

Der Gesamt-Wärmedurchlasswiderstand für die Außenwand mit schwach belüfteter Luftschicht liegt zwischen den Werten für die Fälle, dass die Luftschicht als ruhend ($R_{tot;nve}$ = 3,714 m^2K/W) bzw. als stark belüftet ($R_{tot;ve}$ = 3,600 m^2K/W) angenommen wird.

d) Wärmedurchgangskoeffizient:

Der Wärmedurchgangskoeffizient *U* (U-Wert) entspricht dem Kehrwert des Gesamt-Wärmedurchlasswiderstands R_{tot}. Der U-Wert berechnet sich zu (Tab. 3.9):

$$U = \frac{1}{R_{tot}} = \frac{1}{3{,}680} = 0{,}27\ \text{W/m}^2\text{K}$$

4.6 Beispiel 6 – Berechnung des Wärmedurchgangskoeffizienten für einen Dachquerschnitt mit inhomogenem Aufbau

(Kategorie B)

Für den in Abb. 4-6 dargestellten Dachquerschnitt mit inhomogenem Aufbau sind der Gesamt-Wärmedurchlasswiderstand R_{tot} sowie der Wärmedurchgangskoeffizient U (U-Wert) zu berechnen.

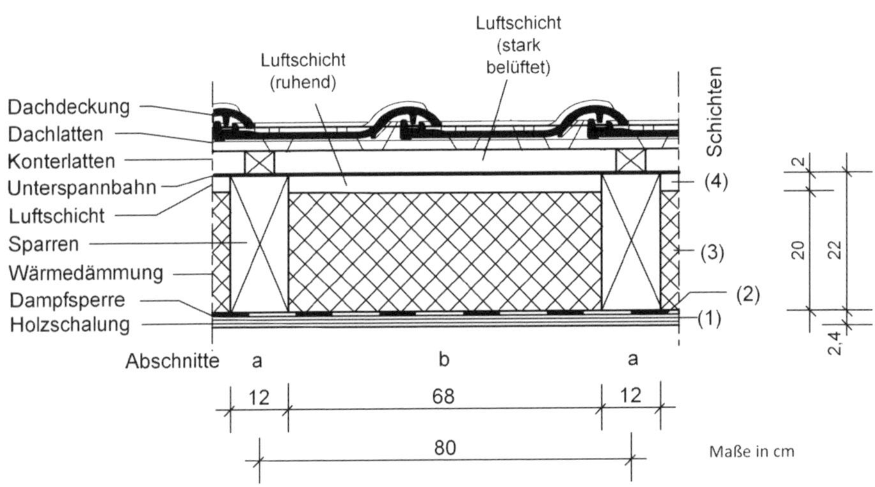

Abb. 4-6: Beispiel 6 – Dachquerschnitt mit inhomogenem Aufbau mit Darstellung der Aufteilung in Abschnitte (a und b) und Schichten (1 bis 4)

Randbedingungen:

- Dachneigung = 35° (> 30°, d.h., für die Ermittlung der Wärmeübergangswiderstände ist ein aufwärtsgerichteter Wärmestrom anzusetzen).
- Wärmeübergangswiderstände: Es ist $R_{se} = R_{si}$ (= 0,10 m²K/W) anzunehmen, da es sich um eine hinterlüftete Konstruktion handelt (Tab. 3.5).

Lösung:

a) Einteilung des Querschnitts in Abschnitte und Schichten:

Für die Berechnung wird der Dachquerschnitt in Abschnitte und Schichten aufgeteilt. Abschnitte kennzeichnen nebeneinanderliegende Bereiche und sind senkrecht zu den Oberflächen der Bauteilkomponente angeordnet. Die Abschnitte sind thermisch homogen, d.h., sie weisen einen homogenen Schichtenaufbau auf. Im vorliegenden Beispiel sind jeweils der Sparrenbereich (Abschnitt a) sowie der Gefachbereich mit der Dämmung (Abschnitt b) thermisch homogene Abschnitte. Die Abschnitte selbst werden in thermisch homogene Schichten eingeteilt. Hier ergeben sich folgende Schichten: (1) Holzschalung in Abschnitt a und b; (2) Dampfsperre in Abschnitt a und b (Hinweis: Die Dampfsperre wird bei der Berechnung nicht berücksichtigt, da sie keinen nennenswerten Einfluss auf den Wärmedurchlasswiderstand hat); (3) Sparren in Abschnitt A sowie Wärmedämmung in Abschnitt b; (4) Sparren in Abschnitt a sowie schwach belüftete Luftschicht in Abschnitt b (Annahme: R = 0,16 m²K/W nach Tab. 3.7 für d = 20 mm und aufwärtsgerichteten Wärmestrom). Die weiteren Schichten (Lattung, Dachdeckung) werden nicht angesetzt.

b) Flächenanteile:

Abschnitt a: $f_a = 12/80 = 0{,}15$

Abschnitt b: $f_b = 68/80 = 0{,}85$

c) Oberer Grenzwert des Gesamt-Wärmedurchlasswiderstands $R_{tot,upper}$:

Der obere Grenzwert des Gesamt-Wärmedurchlasswiderstands $R_{tot;upper}$ berechnet sich zu (Tab. 3.8):

$$\frac{1}{R_{tot,upper}} = \frac{f_a}{R_{tot,a}} + \frac{f_b}{R_{tot,b}} = \frac{0{,}15}{2{,}077} + \frac{0{,}85}{5{,}545} = 0{,}226 \ \text{W/m}^2\text{K}$$

$$R_{tot,upper} = \frac{1}{0{,}226} = 4{,}425 \ \text{m}^2\text{K/W}$$

mit $R_{tot,a}$ nach Tab. 4.6 und $R_{tot,b}$ nach Tab. 4.7.

Tab. 4.6: Beispiel 6 – Berechnung von $R_{tot,a}$ für Abschnitt a (Sparrenbereich)

Schicht-Nr.	**Bezeichnung**	**Dicke** d	**Wärme-leitfähigkeit** λ	**Wärmedurchlasswiderstand R, Wärmeübergangswiderstände** R_{si} bzw. R_{se}
		m	W/(mK)	m²K/W
	Wärmeübergang innen	–	–	0,100
1	Holzschalung	0,024	0,13	0,185
2	Dampfsperre[1)]	–	–	–
3, 4	Sparren	0,22	0,13	1,692
	Wärmeübergang außen	–	–	0,100
			$\Sigma = R_{tot,a} =$	2,077 m²K/W

[1)] Die Dampfsperre wird bei der Berechnung nicht berücksichtigt, da ihr Einfluss vernachlässigbar gering ist.

Tab. 4.7: Beispiel 6 – Berechnung von $R_{tot,b}$ für Abschnitt b (Gefachbereich)

Schicht-Nr.	Bezeichnung	Dicke d	Wärmeleitfähigkeit λ	Wärmedurchlasswiderstand R, Wärmeübergangswiderstände R_{si} bzw. R_{se}
		m	W/(mK)	m²K/W
	Wärmeübergang innen	–	–	0,100
1	Holzschalung	0,024	0,13	0,185
2	Dampfsperre[1)]	–	–	–
3	Wärmedämmung	0,20	0,04	5,000
4	Luftschicht[2)]			0,160
	Wärmeübergang außen	–	–	0,100
			$\Sigma = R_{tot,b} =$	5,545

[1)] Die Dampfsperre wird nicht berücksichtigt.
[2)] Für den Wärmedurchlasswiderstand der ruhenden Luftschicht (d = 20 mm) wird hier R = 0,16 m²K/W angesetzt (Tab. 3.7, aufwärtsgerichteter Wärmestrom).

d) Unterer Grenzwert des Wärmedurchgangswiderstands $R_{tot,lower}$:

Schicht Nr. 1 (Holzschalung): homogen, d.h. in den Abschnitten a und b gleich:

$R_1 = 0{,}185$ m²K/W

Schicht Nr. 2 (Dampfsperre): wird nicht berücksichtigt.

$R_2 = 0$

Schicht Nr. 3: inhomogene Schicht, bestehend aus Sparren (a) und Wärmedämmung (b)

Abschnitt a: Sparren:

$R_{3,a} = 0{,}20/0{,}13 = 1{,}538$ m²K/W

Abschnitt b: Wärmedämmung: $R_{3,b} = 0{,}20/0{,}04 = 5{,}000$ m²K/W

$$\frac{1}{R_3} = \frac{f_a}{R_{3,a}} + \frac{f_b}{R_{3,b}} = \frac{0{,}15}{1{,}538} + \frac{0{,}85}{5{,}000} = 0{,}268 \ \ \mathrm{W/m^2K}$$

Gesamt:

$$R_3 = \frac{1}{0{,}268} = 3{,}731 \ \ \mathrm{m^2K/W}$$

Schicht Nr. 4: inhomogene Schicht, bestehend aus Sparren (a) und Luftschicht (b).

Abschnitt a: Sparren:

$R_{4,a} = 0{,}02/0{,}13 = 0{,}154$ m²K/W

Abschnitt b: Luftschicht: $R_{4,b} = 0{,}16$ m²K/W

$$\frac{1}{R_4} = \frac{f_a}{R_{4,a}} + \frac{f_b}{R_{4,b}} = \frac{0,15}{0,154} + \frac{0,85}{0,16} = 6,287 \ \text{W/m}^2\text{K}$$

Gesamt:

$$R_4 = \frac{1}{6,287} = 0,159 \ \text{m}^2\text{K/W}$$

Damit ergibt sich der untere Grenzwert $R_{tot,lower}$ zu:

$$\begin{aligned} R_{tot,lower} &= R_{si} + R_1 + R_2 + R_3 + R_4 + R_{se} \\ &= 0,10 + 0,185 + 0 + 3,731 + 0,159 + 0,10 \\ &= 4,275 \ \text{m} \end{aligned}$$

e) Gesamt-Wärmedurchlasswiderstand R_{tot}:

Der Gesamt-Wärmedurchlasswiderstand R_{tot} berechnet sich zu (Tab. 3.8):

$$R_{tot} = \frac{R_{tot,upper} + R_{tot,lower}}{2} = \frac{4,425 + 4,275}{2} = 4,350 \ \text{m}^2\text{K/W}$$

f) Wärmedurchgangskoeffizient U:

Damit ergibt sich der Wärmedurchgangskoeffizient U zu (Tab. 3.9):

$$U = \frac{1}{R_{tot}} = \frac{1}{4,350} = 0,230 \ \text{W/m}^2\text{K}$$

4.7 Beispiel 7 – Berechnung des U-Wertes einer inhomogenen Außenwand

(Kategorie C)

Für die dargestellte Außenwand in Holzbauweise (Abb. 4-7) sind der obere und der untere Grenzwert des Gesamt-Wärmedurchlasswiderstands ($R_{tot;upper}$ bzw. $R_{tot;lower}$), der Gesamt-Wärmedurchlasswiderstand R_{tot} und der Wärmedurchgangskoeffizient U zu ermitteln.

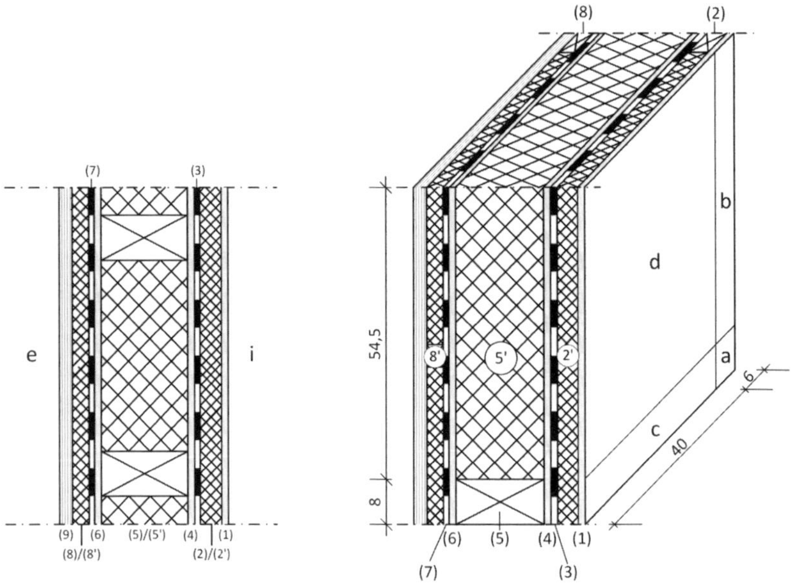

Abb. 4-7: Beispiel 7 – Außenwand in Holztafelbauweise

Schichtenaufbau (von innen nach außen):

(1) Gipsplatte, λ = 0,250 W/(mK), d = 1,25 cm

(2) Lattung, λ = 0,130 W/(mK), b/d = 6/4 cm, e = 46 cm

(2´) Wärmedämmung, λ = 0,04 W/(mK), d = 4 cm

(3) Dampfbremse

(4) Gipsfaserplatte, λ = 0,320 W/(mK), d = 1,25 cm

(5) Konstruktionsholz, λ = 0,130 W/(mK), b/d = 8/16 cm, e = 62,5 cm

(5´) Wärmedämmung, λ = 0,04 W/(mK), d = 16 cm

(6) Gipsfaserplatte, λ = 0,320 W/(mK), d = 1,25 cm

(7) Winddichtheitsschicht

(8) Lattung

(8´) Hinterlüftung (stark belüftete Luftschicht)

(9) Außenwandbekleidung aus Holz

Lösung:

Ermittlung der Flächenanteile:

$$f_a = \frac{8 \cdot 6}{62{,}5 \cdot 46} = 0{,}017$$

$$f_b = \frac{6 \cdot 54{,}5}{62{,}5 \cdot 46} = 0{,}114$$

$$f_c = \frac{8 \cdot 40}{62{,}5 \cdot 46} = 0{,}111$$

$$f_d = \frac{40 \cdot 54{,}5}{62{,}5 \cdot 46} = 0{,}758$$

Ermittlung der Gesamt-Wärmedurchlasswiderstände der jeweiligen Abschnitte:

Die Schichten (7); (8); (8′) und (9) werden nicht berücksichtigt, da diese Schichten durch eine stark belüftete Luftschicht von den anderen Bauteilschichten getrennt sind.

Für den Wärmeübergangswiderstand auf der Außenseite wird der gleiche Wert wie innen angesetzt, da eine belüftete Konstruktion vorliegt. Es gilt: $R_{si} = R_{se} = 0{,}13$ m²K/W (Tab. 3.5).

Abschnitt a:

$$R_{tot;a} = 0{,}13 + \frac{0{,}0125}{0{,}25} + \frac{0{,}04}{0{,}13} + \frac{0{,}0125}{0{,}32} + \frac{0{,}160}{0{,}13} + \frac{0{,}0125}{0{,}32} + 0{,}13 = 1{,}927 \text{ m}^2\text{K/W}$$

Abschnitt b:

$$R_{tot;b} = 0{,}13 + \frac{0{,}0125}{0{,}25} + \frac{0{,}04}{0{,}13} + \frac{0{,}0125}{0{,}32} + \frac{0{,}160}{0{,}04} + \frac{0{,}0125}{0{,}32} + 0{,}13 = 4{,}696 \text{ m}^2\text{K/W}$$

Abschnitt c:

$$R_{tot;c} = 0{,}13 + \frac{0{,}0125}{0{,}25} + \frac{0{,}04}{0{,}04} + \frac{0{,}0125}{0{,}32} + \frac{0{,}160}{0{,}13} + \frac{0{,}0125}{0{,}32} + 0{,}13 = 2{,}619 \text{ m}^2\text{K/W}$$

Abschnitt d:

$$R_{tot;d} = 0{,}13 + \frac{0{,}0125}{0{,}25} + \frac{0{,}04}{0{,}04} + \frac{0{,}0125}{0{,}32} + \frac{0{,}160}{0{,}04} + \frac{0{,}0125}{0{,}32} + 0{,}13 = 5{,}388 \text{ m}^2\text{K/W}$$

Berechnung des oberen Grenzwertes des Gesamt-Wärmedurchlasswiderstands $R_{tot;upper}$:

Die Berechnung erfolgt mit den Angaben in Tab. 3.8.

$$R_{tot;upper} = \left(\frac{f_a}{R_{tot;a}} + \frac{f_b}{R_{tot;b}} + \frac{f_c}{R_{tot;c}} + \frac{f_d}{R_{tot;d}} \right)^{-1}$$

$$= \left(\frac{0{,}017}{1{,}927} + \frac{0{,}114}{4{,}696} + \frac{0{,}111}{2{,}619} + \frac{0{,}758}{5{,}388} \right)^{-1} = 4{,}626 \text{ m}^2\text{K/W}$$

Ermittlung der Wärmedurchlasswiderstände der einzelnen Schichten:

Schicht 1 (homogen):

$$R_1 = \frac{0{,}0125}{0{,}25} = 0{,}05 \text{ m}^2\text{K/W}$$

Schichten 2 und 2′ (inhomogen, bestehend aus Lattung und Wärmedämmung, d = 4 cm):

$$\frac{1}{R_2} = \frac{0{,}017+0{,}114}{\frac{0{,}04}{0{,}13}} + \frac{0{,}111+0{,}758}{\frac{0{,}04}{0{,}04}} = 1{,}295 \;\; \mathrm{W/(m^2K)}$$

$$R_2 = \frac{1}{1{,}295} = 0{,}772 \;\; \mathrm{m^2K/W}$$

Schicht 3 (Dampfbremse) wird nicht berücksichtigt, da sie keinen nennenswerten Einfluss auf den Wärmedurchgang hat.

Schicht 4:

$$R_4 = \frac{0{,}0125}{0{,}32} = 0{,}039 \;\; \mathrm{m^2K/W}$$

Schichten 5 und 5′ (inhomogen, bestehend aus Konstruktionsholz und Wärmedämmung, d = 16 cm):

$$\frac{1}{R_5} = \frac{0{,}017+0{,}111}{\frac{0{,}16}{0{,}13}} + \frac{0{,}114+0{,}758}{\frac{0{,}16}{0{,}04}} = 0{,}322 \;\; \mathrm{W/(m^2K)}$$

$$R_5 = \frac{1}{0{,}322} = 3{,}105 \;\; \mathrm{m^2K/W}$$

Schicht 6:

$$R_6 = \frac{0{,}0125}{0{,}32} = 0{,}039 \;\; \mathrm{m^2K/W}$$

Berechnung des unteren Grenzwertes des Gesamt-Wärmedurchlasswiderstands $R_{tot;lower}$:

$$R_{tot;lower} = 0{,}13 + 0{,}05 + 0{,}772 + 0{,}039 + 3{,}105 + 0{,}039 + 0{,}13 = 4{,}265 \;\; \mathrm{m^2K/W}$$

Alternativ kann der untere Grenzwert des Gesamt-Wärmedurchlasswiderstands auch ermittelt werden, indem für jede inhomogene Schicht j eine äquivalente Wärmeleitfähigkeit $\lambda_{eq,j}$ mit folgender Gleichung ermittelt wird:

$$\lambda_{eq,j} = \lambda_{aj} \cdot f_a + \lambda_{bj} \cdot f_b + \ldots + \lambda_{qj} \cdot f_q$$

Hier sind Schicht 2 (bestehend aus (2): Lattung und (2`): Wärmedämmung) sowie Schicht 5 (bestehend aus (5): Konstruktionsholz und (5′): Wärmedämmung) inhomogen. Es ergeben sich folgende äquivalente Wärmeleitfähigkeiten und Wärmedurchlasswiderstände:

Schicht 2:

$$\begin{aligned} \lambda_{eq,2} &= \lambda_2 \cdot (f_a + f_b) + \lambda_{2'} \cdot (f_c + f_d) \\ &= 0{,}13 \cdot (0{,}017 + 0{,}114) + 0{,}04 \cdot (0{,}111 + 0{,}758) = 0{,}052 \;\; \mathrm{W/(mK)} \end{aligned}$$

$$R_{eq,2} = \frac{0{,}04}{0{,}052} = 0{,}772 \ \text{m}^2\text{K/W}$$

Schicht 5:

$$\lambda_{eq,5} = \lambda_5 \cdot (f_a + f_c) + \lambda_{5'} \cdot (f_b + f_d)$$
$$= 0{,}13 \cdot (0{,}017 + 0{,}111) + 0{,}04 \cdot (0{,}114 + 0{,}758) = 0{,}05152 \ \text{W/(mK)}$$

$$R_{eq,5} = \frac{0{,}16}{0{,}05152} = 3{,}106 \ \text{m}^2\text{K/W}$$

Die Werte entsprechen bis auf geringe Rundungsdifferenzen den oben berechneten Werten R_2 und R_5.

Ermittlung des Gesamt-Wärmedurchlasswiderstands R_{tot}:

$$R_{tot} = \frac{R_{tot;upper} + R_{tot;lower}}{2} = \frac{4{,}626 + 4{,}265}{2} = 4{,}446 \ \text{m}^2\text{K/W}$$

Ermittlung des Wärmedurchgangskoeffizienten U:

$$U = \frac{1}{R_{tot}} = \frac{1}{3{,}799} = 0{,}26 \ \text{W/}\left(\text{m}^2\text{K}\right)$$

4.8 Beispiel 8 – Berechnung des U-Wertes eines Umkehrdaches und Überprüfung der Anforderungen des GEG

(Kategorie B)

Für das dargestellte Flachdach (Abb. 4-8) eines Wohngebäudes im Bestand ist der Wärmedurchgangskoeffizient (U-Wert) zu ermitteln. Dabei ist der Korrekturwert (Zuschlagswert) für Umkehrdächer zu berücksichtigen.

Außerdem ist zu überprüfen, ob die Anforderungen des Gebäudeenergiegesetzes (GEG) nach Anlage 7 (Höchstwerte der Wärmedurchgangskoeffizienten von Außenbauteilen bei Änderung an bestehenden Gebäuden) eingehalten sind. Gegebenenfalls sind geeignete Verbesserungsmaßnahmen anzugeben, damit die Anforderungen des GEG eingehalten werden.

Hinweis: Bei einem Umkehrdach ist die Schichtenfolge im Vergleich zu einem Warmdach umgekehrt. Das bedeutet, dass sich die Dachabdichtung bei einem Umkehrdach unter der Wärmedämmung befindet. Bei einem Warmdach ist die Dachabdichtung dagegen oberhalb der Wärmedämmschicht angeordnet. Umkehrdächer werden häufig bei der energetischen Sanierung von Flachdächern ausgeführt, indem auf die – ggf. instand gesetzte – Altabdichtung eine Wärmedämmschicht aus geeignetem Dämmstoff (z.B. extrudiertes Polystyrol, XPS) aufgebracht wird. Siehe hierzu auch DIN 4108-10 [22].

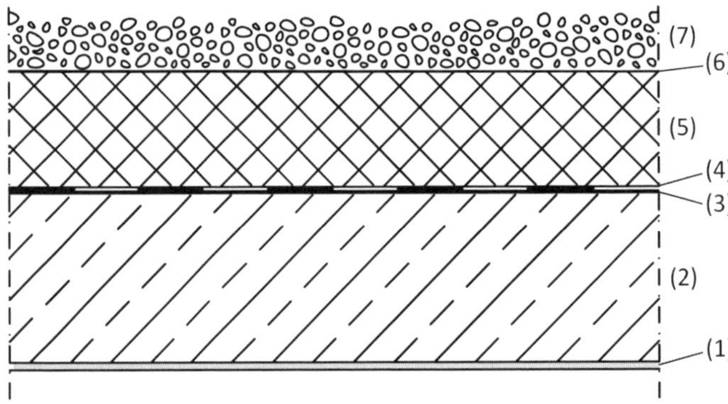

Abb. 4-8: Beispiel 8 – Wärmedurchgangskoeffizient für ein Umkehrdach

Schichtenaufbau (von innen nach außen):

(1) Gipsputz ohne Zuschlag, d = 1,5 cm, λ = 0,51 W/(mK)

(2) Stahlbeton, d = 20 cm, λ = 2,30 W/(mK)

(3) Voranstrich und Ausgleichsschicht (wird für die Berechnung vernachlässigt)

(4) Dachabdichtung (zweilagige Bitumen- bzw. Polymerbitumenbahnen), $d = 2 \times 0{,}5$ cm, λ = 0,17 W/(mK)

(5) Wärmedämmung aus extrudiertem Polystyrol (XPS), d = 18,0 cm, λ = 0,035 W/(mK)

(6) Vliesschicht (wird vernachlässigt)

(7) Kiesschicht (wird vernachlässigt)

Lösung:

a) Gesamt-Wärmedurchlasswiderstand R_{tot} (Tab. 3.6):

Die Berechnung des Gesamt-Wärmedurchlasswiderstands R_{tot} erfolgt tabellarisch; siehe Tab. 4.8.

Ermittlung des Wärmedurchlasswiderstands der Schicht 1 (exemplarisch):

$$R = \frac{d}{\lambda} = \frac{0{,}015}{0{,}51} = 0{,}029 \ \text{m}^2\text{K/W}$$

Tab. 4.8: Beispiel 8 – Gesamt-Wärmedurchlasswiderstand bei einem Umkehrdach

Schicht-Nr.	Bezeichnung	Dicke d	Wärme-leitfähigkeit λ	Wärmedurchlasswiderstände, Wärmeübergangswiderstände R, R_{si} bzw. R_{se}
		[m]	[W/(mK)]	[m²K/W]
R_{si}	Wärmeübergang innen	–	–	0,100
1	Gipsputz ohne Zuschlag	0,015	0,51	0,029
2	Stahlbetondecke	0,20	2,30	0,087
4	Abdichtung (Bitumenbahnen)	0,01	0,17	0,059
5	Wärmedämmung (XPS)	0,16	0,040	4,000
R_{se}	Wärmeübergang außen	–	–	0,04
	Gesamt-Wärmedurchlasswiderstand: $\Sigma = R_{tot} =$			4,315 m²K/W

b) Wärmedurchgangskoeffizient *U* ohne Korrektur (Tab. 3.9):

Der Wärmedurchgangskoeffizient ohne Berücksichtigung des Korrekturwertes für den Einfluss des Umkehrdaches berechnet sich zu:

$$U = \frac{1}{R_{tot}} = \frac{1}{4{,}315} = 0{,}23 \ \text{W/m}^2\text{K}$$

c) Korrekturwert ΔU_r:

Bei einem Umkehrdach ist der Wärmedurchgangskoeffizient zu korrigieren, d.h. zu erhöhen. Grund für die erforderliche Korrektur ist der Einfluss des kurzzeitig vorhandenen Wassers zwischen Dämmebene und Abdichtung nach Niederschlägen, das zu einer zeitweisen Erhöhung des Wärmedurchgangs führt.

Der Korrekturwert bzw. Zuschlagswert ist vom Anteil des Wärmedurchlasswiderstands der Bauteilschichten unterhalb der Abdichtung am Gesamt-Wärmedurchlasswiderstand abhängig (Tab. 3.10). Hier ergibt sich:

Wärmedurchlasswiderstand der Bauteilschichten unterhalb der Abdichtung:

Dies sind die Schichten (1) Gipsputz (R_1 = 0,029 m²K/W) und (2) Stahlbetondecke (R_2 = 0,087 m²K/W).

Gesamt-Wärmedurchlasswiderstand: R_{tot} = 4,315 m²K/W.

Prozentualer Anteil des Wärmedurchlasswiderstands der Bauteilschichten unterhalb der Abdichtung am Gesamt-Wärmedurchlasswiderstand:

$$\frac{R_1 + R_2}{R_{tot}} \cdot 100 = \frac{0{,}029 + 0{,}087}{4{,}315} \cdot 100 = 2{,}7\ \% < 10\ \%$$

Nach Tab. 3.10 ist bei einem Anteil von < 10 % ein Zuschlagswert von

$$\Delta U_r = 0{,}05 \;\; W/(m^2K)$$

anzusetzen.

d) Korrigierter Wärmedurchgangskoeffizient U_c:

Der korrigierte Wärmedurchgangskoeffizient U_c für das Umkehrdach ergibt sich zu (Tab. 3.10):

$$U_c = U + \Delta U_r = 0{,}23 + 0{,}05 = 0{,}28 \;\; W/m^2K$$

e) Überprüfung der Anforderungen des GEG:

Für bestehende Gebäude sind Anforderungen an den Wärmeschutz im Gebäudeenergiegesetz (GEG) definiert, die bei relevanten Änderungen (z.B. Sanierungen) einzuhalten sind. Dazu werden Höchstwerte der Wärmedurchgangskoeffizienten von Außenbauteilen festgelegt; siehe GEG, Anlage 7.

Für gegen Außenluft abgrenzende Dachflächen mit Abdichtung wird für Wohngebäude folgender Höchstwert des Wärmedurchgangskoeffizienten gefordert (GEG Anlage 7, Zeile 5c):

$$\max U = 0{,}20 \;\; W/\left(m^2K\right)$$

Hier ergibt sich:

$$\text{vorh } U = U_c = 0{,}28 > \max U = 0{,}20 \;\; W/(m^2K)$$

Der Nachweis ist nicht eingehalten, der U-Wert überschreitet den Höchstwert.

f) Verbesserungsmaßnahmen:

Damit die Anforderungen des GEG eingehalten werden, werden folgende Maßnahmen durchgeführt:

- Erhöhung der Dämmschichtdicke auf 24 cm,
- Verwendung eines Dämmstoffs mit geringerer Wärmeleitfähigkeit, $\lambda = 0{,}035$ W/(mK).

Wärmedurchlasswiderstand der Dämmschicht:

$$R_5 = \frac{0{,}24}{0{,}035} = 6{,}857 \;\; m^2K/W$$

Gesamt-Wärmedurchlasswiderstand R_{tot}:

$$R_{tot} = 0{,}10 + 0{,}029 + 0{,}087 + 0{,}059 + 6{,}857 + 0{,}04 = 7{,}172 \;\; m^2K/W$$

Wärmedurchgangskoeffizient:

$$U = \frac{1}{7{,}172} = 0{,}14 \;\; W/\left(m^2K\right)$$

Korrekturwert:

$$\frac{R_1 + R_2}{R_{tot}} \cdot 100 = \frac{0{,}029 + 0{,}087}{7{,}172} \cdot 100 = 1{,}6\ \% < 10\ \%$$

$$\Delta U_r = 0{,}05\ \ W/(m^2K)$$

Korrigierter Wärmedurchgangskoeffizient:

$$U_c = U + \Delta U_r = 0{,}14 + 0{,}05 = 0{,}19\ \ W/(m^2K)$$

Nachweis:

$$\text{vorh}\ U = U_c = 0{,}19 < \max U = 0{,}20\ \ W/(m^2K)$$

Der Nachweis ist eingehalten, die Anforderungen des GEG sind erfüllt.

Das Beispiel zeigt, dass die Korrekturwerte bei Umkehrdächern den Wärmedurchgangskoeffizienten erheblich verschlechtern, d.h. erhöhen können. Gegebenenfalls sollte daher ein Warmdach ausgeführt werden (Wärmedämmung befindet sich unterhalb der Dachabdichtung), bei dem keine Korrekturen des Wärmedurchgangskoeffizienten erforderlich sind.

4.9 Beispiel 9 – Berechnung des U-Wertes eines Flachdaches mit keilförmiger Dämmschicht

(Kategorie B)

Für das dargestellte Flachdach mit keilförmiger Dämmschicht ist der U-Wert zu ermitteln (Abb. 4-9).

Hinweis: Keilförmige Dämmschichten werden häufig bei Flachdächern angeordnet, die als Warmdächer (Abdichtung auf der Wärmedämmung) konzipiert sind. Dadurch wird das erforderliche Gefälle der Abdichtungsebene hergestellt.

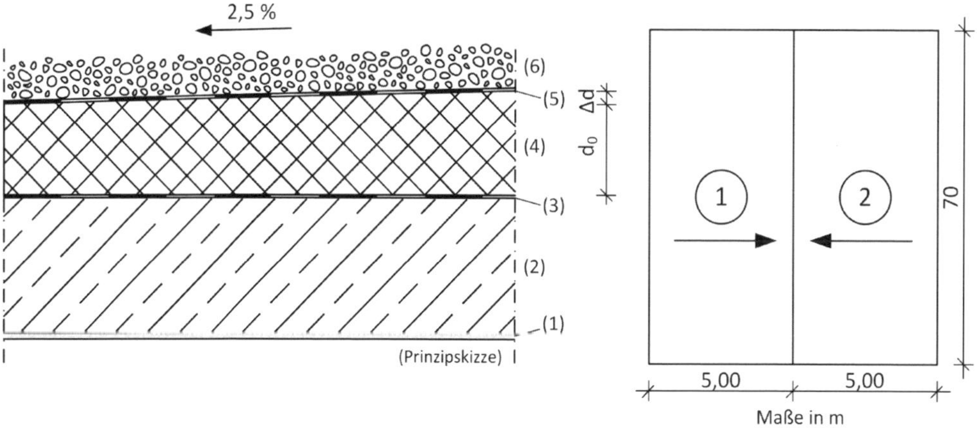

Abb. 4-9: Beispiel 9 – Flachdach mit keilförmiger Dämmschicht

Schichtenaufbau (von innen nach außen):

(1) Gipsputz ohne Zuschlag, d = 1,5 cm, λ = 0,51 W/(mK)

(2) Stahlbeton, d = 20 cm, λ = 2,30 W/(mK)

(3) Dampfsperre (darf vernachlässigt werden)

(4) Wärmedämmung aus extrudiertem Polystyrol (XPS), d_0 = 14 cm, Δd = 3,75 cm, λ = 0,040 W/(mK)

(5) Abdichtung (soll hier vernachlässigt werden)

(6) Kiesschicht (wird nicht angesetzt)

Lösung:

Ermittlung des Wärmedurchlasswiderstands der Schicht 1 (exemplarisch):

$$R = \frac{d}{\lambda} = \frac{0{,}015}{0{,}51} = 0{,}029 \ \text{m}^2\text{K/W}$$

Tabellarische Ermittlung des Gesamt-Wärmedurchlasswiderstands für den sockelförmigen Teil der Dämmschicht (ohne Keilschicht) (Tab. 4.9):

$$\begin{aligned} R_{\text{tot},0} &= R_{si} + R_1 + R_2 + \ldots + R_n + R_{se} \\ &= 0{,}10 + 0{,}029 + 0{,}087 + 3{,}500 + 0{,}04 = 3{,}756 \ \text{m}^2\text{K/W} \end{aligned}$$

Tab. 4.9: Beispiel 9 – Flachdach mit keilförmiger Dämmschicht; hier: Ermittlung des Gesamt-Wärmedurchlasswiderstands für den sockelförmigen Teil der Dämmschicht

Schicht-Nr.	**Bezeichnung**	**Dicke** d [m]	**Wärmeleitfähigkeit** λ [W/(mK)]	**Wärmedurchlasswiderstände, Wärmeübergangswiderstände** R, R_{si} bzw. R_{se} [m²K/W]
R_{si}	Wärmeübergang innen	–	–	0,100
1	Gipsputz ohne Zuschlag	0,015	0,51	0,029
2	Stahlbetondecke	0,200	2,300	0,087
3	Dampfsperre	–	–	–
4	Wärmedämmung (XPS) (ohne Keil)	0,14	0,040	3,500
5	Abdichtung	–	–	–
6	Kiesschüttung	–	–	–
R_{se}	Wärmeübergang außen	–	–	0,04
	Gesamt-Wärmedurchlasswiderstand: $\Sigma = R_{tot} = R_0 =$			3,756

Wärmedurchlasswiderstand der Keilschicht:

$$d_2 = \frac{2{,}5\ \%}{100} \cdot l = \frac{2{,}5\ \%}{100} \cdot 5{,}0 = 0{,}125\ \text{m}$$

$$R_2 = \frac{d_2}{\lambda_2} = \frac{0{,}125}{0{,}04} = 3{,}125\ \text{m}^2\text{K/W}$$

Ermittlung des Wärmedurchgangskoeffizienten einschließlich der Keildämmung:

$$U = \frac{1}{R_2} \cdot \ln\left(1 + \frac{R_2}{R_0}\right) = \frac{1}{3{,}125} \cdot \ln\left(1 + \frac{3{,}125}{3{,}756}\right) = 0{,}19\ \text{W/m}^2\text{K}$$

4.10 Beispiel 10 – Berechnung des U-Wertes eines Flachdaches mit Wärmedämmkeilen

(Kategorie C)

Das dargestellte Flachdach (Abb. 4-10) mit den Abmessungen 6,50 m × 3,0 m soll in der Mitte entwässert werden. Zur Ausbildung des Gefälles (Neigung 5°) werden Dämmkeile (d_0 = 20 cm, λ = 0,038 W/(mK)) verwendet (Abb. 4-11 und Abb. 4-12). Für die Dachdecke ist der Wärmedurchgangskoeffizient zu ermitteln. Vereinfachend werden nur die Dämmebene und die Stahlbetondecke (d = 20 cm, λ = 2,5 W/(mK)) angesetzt. Weitere Schichten werden hier vernachlässigt.

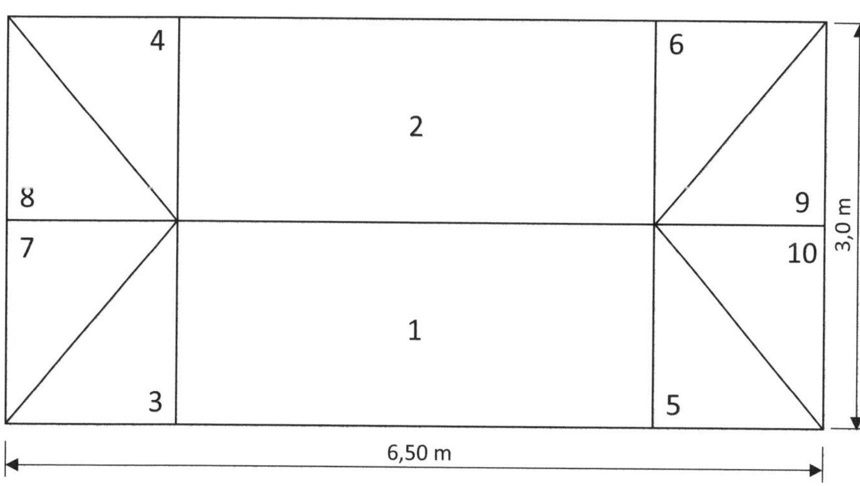

Abb. 4-10: Beispiel 10 – Flachdach mit Einteilung der Dämmkeile

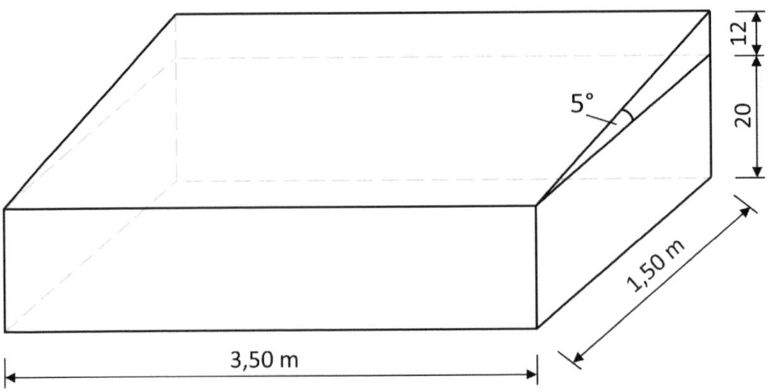

Abb. 4-11: Beispiel 10 – Rechteckförmiger Dämmkeil (Abschnitte 1 und 2)

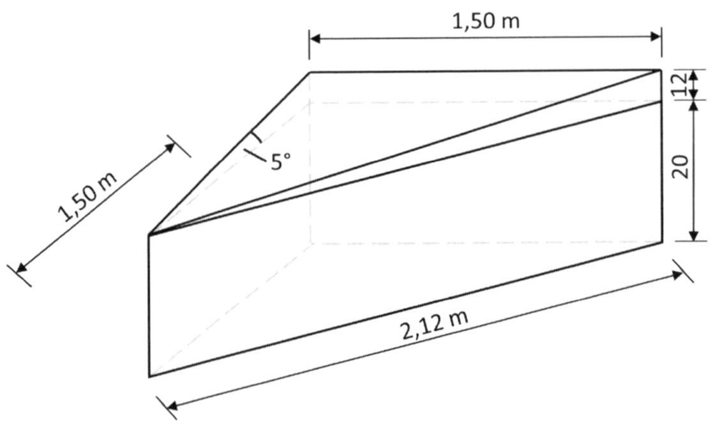

Abb. 4-12: Beispiel 10 – Dreieckförmiger Dämmkeil (Abschnitte 3 bis 10)

Berechnung der Flächen A_i für die rechteckförmigen Dämmkeile:

$A_1 = 3{,}50 \cdot 1{,}50 = 5{,}25 \text{ m}^2 = A_2$

Berechnung der Flächen A_i für die dreieckförmigen Dämmkeile:

$A_3 = 1{,}50^2/2 = 1{,}125 \text{ m}^2 = A_4 = A_5 = A_6 = A_7 = A_8 = A_9 = A_{10}$

Berechnung des Wärmedurchlasswiderstands einschließlich der Wärmeübergangswiderstände R_0 für den Teil ohne keilförmige Schicht (Stb.-Decke, $d = 20$ cm und Dämmschicht, $d = 20$ cm):

$$R_0 = 0{,}10 + \frac{0{,}20}{2{,}50} + \frac{0{,}20}{0{,}038} + 0{,}04 = 5{,}483 \text{ m}^2\text{K/W}$$

Berechnung des Wärmedurchlasswiderstands R_2:

$$R_2 = \frac{0{,}12}{0{,}038} = 3{,}158 \text{ m}^2\text{K/W}$$

Berechnung des Wärmedurchgangskoeffizienten U_i für die rechteckförmigen Dämmkeile:

$$U_1 = \frac{1}{R_2} \cdot \ln\left(1 + \frac{R_2}{R_0}\right) = \frac{1}{3{,}158} \cdot \ln\left(1 + \frac{3{,}158}{5{,}483}\right) = 0{,}144 \text{ W/}\left(\text{m}^2\text{K}\right) = U_2$$

Berechnung des Wärmedurchgangskoeffizienten U_i für die dreieckförmigen Dämmkeile:

$$U_3 = \frac{2}{R_2} \cdot \left[1 - \frac{R_0}{R_2} \cdot \ln\left(1 + \frac{R_2}{R_0}\right)\right]$$

$$= \frac{2}{3{,}158} \cdot \left[1 - \frac{5{,}483}{3{,}158} \cdot \ln\left(1 + \frac{3{,}158}{5{,}483}\right)\right] = 0{,}133 \text{ W/}\left(\text{m}^2\text{K}\right)$$

$$= U_4 = U_5 = U_6 = U_7 = U_8 = U_9 = U_{10}$$

Berechnung des Wärmedurchgangskoeffizienten U für die Gesamtfläche:

$$U = \frac{2 \cdot 0{,}144 \cdot 5{,}25 + 8 \cdot 0{,}133 \cdot 1{,}125}{2 \cdot 5{,}25 + 8 \cdot 1{,}125} = 0{,}139 \approx 0{,}14 \text{ W/}\left(\text{m}^2\text{K}\right)$$

4.11 Beispiel 11 – Wärmedurchgangskoeffizient bei Fenstern

(Kategorie B)

Für drei Fenster mit unterschiedlichen Abmessungen, aber ansonsten gleichen Komponenten (Rahmen, Verglasung, Bauart der Abstandhalter am Randverbund) soll jeweils der Wärmedurchgangskoeffizient U_w berechnet werden (Abb. 4-13).

Randbedingungen:

- Wärmedurchgangskoeffizient der Verglasung: U_g = 1,1 W/(mK)
- Wärmedurchgangskoeffizient des Rahmens: U_f = 0,9 W(mK)
- längenbezogener Wärmedurchgangskoeffizient des Randverbundes: Ψ_g = 0,080 W/(mK) (es werden Abstandhalter aus Aluminium verwendet)
- Ansichtsbreite des Rahmens: 0,12 m
- Es sind keine Sprossen vorhanden.
- Fenster 1: Breite b_w = 0,98 m, Höhe h_w = 1,23 m
- Fenster 2: Breite b_w = 0,98 m, Höhe h_w = 0,48 m
- Fenster 3: Breite b_w = 1,23 m, Höhe h_w = 1,48 m

Hinweis: Die Fenstermaße ergeben sich aus den lichten Rohbaumaßen abzüglich einer umlaufenden Fuge von 1,5 cm. Die Fensterbreite bzw. -höhe ergibt sich somit aus dem lichten Rohbaumaß minus 3 cm. Beispiel: Fenster 3: lichte Rohbaubreite: 1,26 m; Fensterbreite: 1,26 – 0,03 = 1,23 m. Die anderen Maße ergeben sich analog.

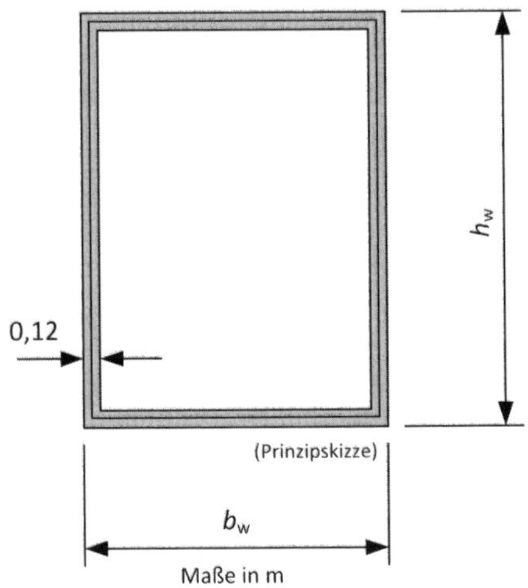

Abb. 4-13: Beispiel 11 – Fenster (Ansicht) mit Abmessungen

Lösung:

Die Berechnung des Wärmedurchgangskoeffizienten für die Fenster erfolgt mit den Angaben in Tab. 3.12.

a) Fenster 1 (0,98 m × 1,23 m):

Fensterfläche:

$$A_w = 0{,}98 \cdot 1{,}23 = 1{,}21\,\text{m}^2$$

Fläche der Verglasung:

$$A_g = (0{,}98 - 2 \cdot 0{,}12) \cdot (1{,}23 - 2 \cdot 0{,}12) = 0{,}74 \cdot 0{,}99 = 0{,}73\,\text{m}^2$$

Fläche des Rahmens:

$$A_f = 1{,}21 - 0{,}73 = 0{,}48\,\text{m}^2$$

Umfangslänge Randverbund:

$$l_g = 2 \cdot 0{,}74 + 2 \cdot 0{,}99 = 3{,}46\,\text{m}$$

Wärmedurchgangskoeffizient des Fensters U_w:

$$U_w = \frac{A_g \cdot U_g + A_f \cdot U_f +_g \cdot l_g}{A_g + A_f} = \frac{0{,}73 \cdot 1{,}1 + 0{,}48 \cdot 0{,}90 + 3{,}46 \cdot 0{,}080}{0{,}48 + 0{,}73}$$

$$= 1{,}25\,\text{W}/(\text{m}^2\text{K})$$

b) Fenster 2 (0,98 m × 0,48 m):

Fensterfläche:

$$A_w = 0{,}98 \cdot 0{,}48 = 0{,}47\,\text{m}^2$$

Fläche der Verglasung:

$$A_g = (0{,}98 - 2 \cdot 0{,}12) \cdot (0{,}48 - 2 \cdot 0{,}12) = 0{,}74 \cdot 0{,}24 = 0{,}18 \text{ m}^2$$

Fläche des Rahmens:

$$A_f = 0{,}47 - 0{,}18 = 0{,}29 \text{ m}^2$$

Umfangslänge Randverbund:

$$l_g = 2 \cdot 0{,}74 + 2 \cdot 0{,}24 = 1{,}96 \text{ m}$$

Wärmedurchgangskoeffizient des Fensters U_w:

$$U_w = \frac{A_g \cdot U_g + A_f \cdot U_f + \Psi_g \cdot l_g}{A_g + A_f} = \frac{0{,}18 \cdot 1{,}1 + 0{,}29 \cdot 0{,}90 + 1{,}96 \cdot 0{,}080}{0{,}18 + 0{,}29}$$
$$= 1{,}31 \text{ W/}(\text{m}^2\text{K})$$

c) Fenster 3 (1,23 m × 1,48 m):

Fensterfläche:

$$A_w = 1{,}23 \cdot 1{,}48 = 1{,}82 \text{ m}^2$$

Fläche der Verglasung:

$$A_g = (1{,}23 - 2 \cdot 0{,}12) \cdot (1{,}48 - 2 \cdot 0{,}12) = 0{,}99 \cdot 1{,}24 = 1{,}23 \text{ m}^2$$

Fläche des Rahmens:

$$A_f = 1{,}82 - 1{,}23 = 0{,}59 \text{ m}^2$$

Umfangslänge Randverbund:

$$l_g = 2 \cdot 0{,}99 + 2 \cdot 1{,}24 = 4{,}46 \text{ m}$$

Wärmedurchgangskoeffizient des Fensters U_w:

$$U_w = \frac{A_g \cdot U_g + A_f \cdot U_f + \Psi_g \cdot l_g}{A_g + A_f} = \frac{1{,}23 \cdot 1{,}1 + 0{,}59 \cdot 0{,}90 + 4{,}46 \cdot 0{,}080}{1{,}23 + 0{,}59}$$
$$= 1{,}23 \text{ W/}(\text{m}^2\text{K})$$

d) Beurteilung:

Der Wärmedurchgangskoeffizient für Fenster ist von der Fensterfläche abhängig. Siehe Tab. 4.10.

Tab. 4.10: Beispiel 11 – Wärmedurchgangskoeffizienten für Fenster

Nr.	Maße m	Fensterfläche m²	U_w-Wert W/(m²K)
1	0,98 × 1,23	1,21	1,25
2	0,98 × 0,48	0,47	1,31
3	1,23 × 1,48	1,82	1,23

Dabei gilt folgende Regel:

Mit zunehmender Fensterfläche wird der U_w-Wert kleiner, mit kleiner werdender Fensterfläche wird er größer, sofern die Komponenten (Verglasung, Rahmen, Randverbund usw.) nicht verändert werden.

4.12 Beispiel 12 – Wärmedurchgangskoeffizient einer Bodenplatte

Für die nachfolgend beschriebene Bodenplatte ist der Wärmedurchgangskoeffizient zu berechnen.

Aufbau (von innen nach außen):

(1) Bodenfliesen, d = 1,0 cm, λ = 1,3 W/(mK)

(2) Zementestrich, d = 6 cm, λ = 1,4 W/(mK)

(3) Trennlage: wird nicht berücksichtigt

(4) Trittschalldämmung, d = 4 cm, λ = 0,040 W/(mK)

(5) Wärmedämmung, d = 12 cm, λ = 0035 W/(mK)

(6) Abdichtung aus Bitumenbahnen, d = 1 cm, λ = 0,70 W/(mK)

(7) Stahlbeton, d = 20 cm, λ = 2,3 W/(mK)

(8) Sauberkeitsschicht: wird nicht berücksichtigt

Randbedingungen:

- Abmessungen der Bodenplatte: 10 m × 12 m
- Bodenart: Sand, λ_g = 2,0 W/(mK)
- Gesamtdicke der Wände: $d_{w;e}$ = 33 cm (einschließlich aller Schichten)

Lösung:

Charakteristisches Bodenplattenmaß B (Tab. 3.14):

$$B = \frac{A}{0{,}5 \cdot P} = \frac{120}{0{,}5 \cdot 44} = 5{,}46 \text{ m}$$

mit:

Fläche der Bodenplatte A:

$$A = 10 \cdot 12 = 120 \text{ m}^2$$

Exponierter Umfang P:

$$P = 2 \cdot (10 + 12) = 44 \text{ m}$$

Wirksame Gesamtdicke d_f:

$$d_f = d_{w;e} + \lambda_g \cdot (R_{si} + R_{f;sog} + R_{se})$$
$$= 0{,}33 + 2{,}0 \cdot (0{,}17 + 4{,}581 + 0) = 9{,}83 \text{ m}$$

mit:

$d_{w;e} = 0{,}33$ m

$\lambda_g = 2{,}0$ W/(mK) (für Boden aus Sand, Kies nach Tab. 3.15)

$R_{si} = 0{,}17$ m²K/W, $R_{se} = 0$

$R_{f;sog} = 4{,}535$ m²K/W (Berechnung siehe Tab. 4.11)

Tab. 4.11: Beispiel 12 – Berechnung des Wärmedurchlasswiderstands $R_{f;sog}$

Schicht-Nr.	**Bezeichnung**	**Dicke** d	**Wärme-leitfähig-keit** λ	**Wärmedurchlass-widerstand** R
		m	W/(mK)	m²K/W
1	Bodenfliesen	0,01	1,30	0,008
2	Zementestrich	0,06	1,40	0,043
3	Trennlage	–	–	–
4	Trittschalldämmung	0,04	0,04	1,000
5	Wärmedämmung	0,12	0,035	3,429
6	Abdichtung	0,01	0,70	0,014
7	Stahlbeton	0,20	2,3	0,087
			$R_{f;sog}$ =	4,581 m²K/W

Hier:

$$d_f = 9{,}83 \text{ m} > B = 5{,}46 \text{ m}$$

Es liegt eine gut gedämmte Bodenplatte vor (Tab. 3.13). Der Wärmedurchgangskoeffizient berechnet sich zu:

$$U_{f;sog} = \frac{\lambda_g}{0{,}457 \cdot B + d_f} = \frac{2{,}0}{0{,}457 \cdot 5{,}46 + 9{,}83} = 0{,}16 \text{ W/(m}^2\text{K)}$$

Zum Vergleich: Würde der Wärmedurchgangskoeffizient mit dem üblichen Verfahren für luftberührte Bauteile nach DIN EN ISO 6946 berechnet, ergäbe sich folgender Wert:

$$U = \frac{1}{R_{tot}} = \frac{1}{4{,}751} = 0{,}21 \text{ W/(m}^2\text{K)}$$

mit:

$$R_{tot} = 0{,}17 + 4{,}581 + 0 = 4{,}751 \text{ m}^2\text{K/W}$$

Die genaue Berechnung des U-Wertes nach DIN EN ISO 13370 unter Berücksichtigung des räumlichen Verhaltens des Wärmestroms im Erdreich (dreidimensionale Ausbreitung) führt zu geringeren Werten als nach dem Verfahren für beidseitig luftberührte Bauteile.

4.13 Beispiel 13 – Nachweis des sommerlichen Wärmeschutzes

(Kategorie B)

Für den dargestellten kritischen Raum (Abb. 4-14) ist der Nachweis des sommerlichen Wärmeschutzes zu führen. Gegebenenfalls sind geeignete Verbesserungsmaßnahmen anzugeben und ein erneuter Nachweis zu führen.

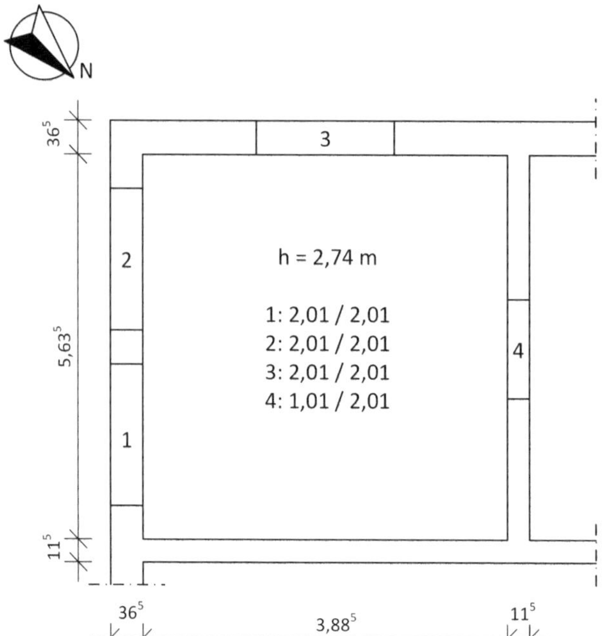

Abb. 4-14: Beispiel 13 – Kritischer Raum für den Nachweis des sommerlichen Wärmeschutzes

Bauteilaufbauten:

Decke (Abb. 4-15):

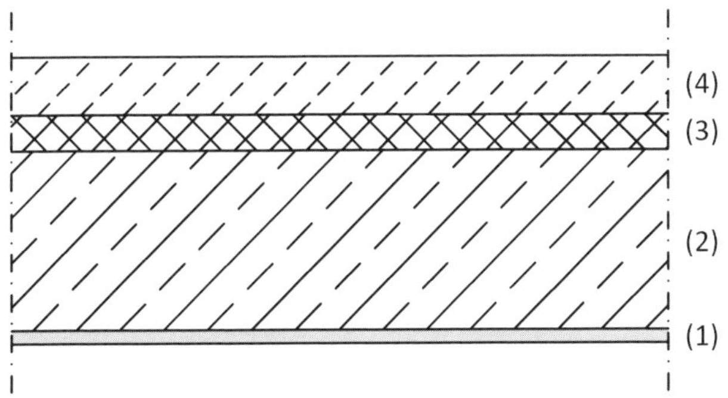

Abb. 4-15: Aufbau Decke

Schichtenaufbau (von innen nach außen):

(1) Gipsputz, $d = 0{,}015$ m, $\rho = 1200$ kg/m^3

(2) Stahlbeton, d = 0,20 m, $\rho = 2300$ kg/m^3

(3) Trittschalldämmung, $d = 0{,}04$ m

(4) Estrich, $d = 0{,}065$ m, $\rho = 2000$ kg/m^3

Flachdach (Abb. 4-16):

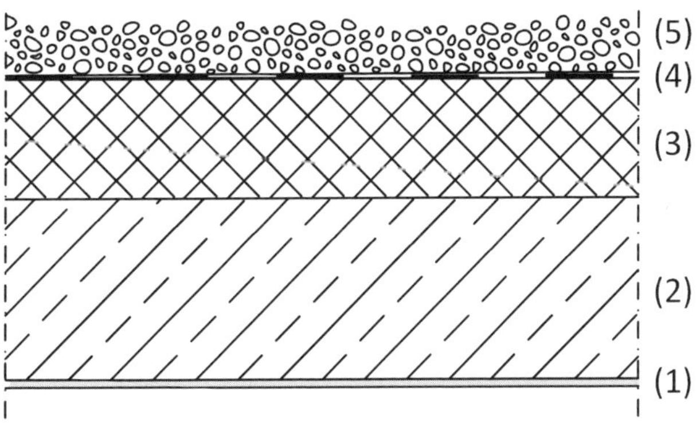

Abb. 4-16: Aufbau Flachdach

Schichtenaufbau (von innen nach außen):

(1) Gipsputz, $d = 0{,}015$ m, $\rho = 1200$ kg/m^3

(2) Stahlbeton, $d = 0{,}18$ m, $\rho = 2300$ kg/m^3

(3) Wärmedämmung, $d = 0{,}14$ m

(4) Abdichtung

(5) Kiesschüttung, $\rho = 2000$ kg/m^3

Außenwand (Abb. 4-17):

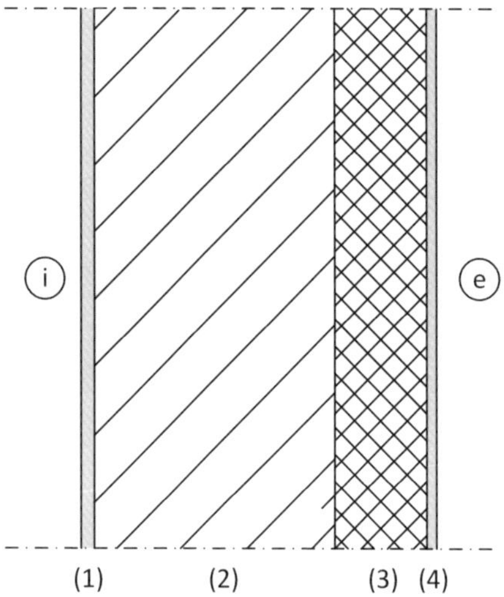

Abb. 4-17: Aufbau Außenwand

Schichtenaufbau (von innen nach außen):

(1) Gipsputz, d = 0,015 m, ρ = 1200 kg/m^3

(2) Kalksandstein-Mauerwerk, d = 36,5 cm, ρ = 1800 kg/m^3

(3) Wärmedämmung, d = 0,14 m

(4) Kalkzementputz, d = 0,02 m, ρ = 1800 kg/m^3

Innenwand

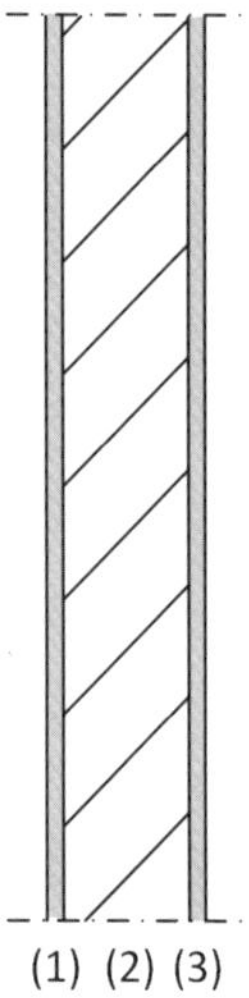

Abb. 4-18: Aufbau Innenwand

Schichtenaufbau (von innen nach außen):

(1) Gipsputz, $d = 0{,}015$ m, $\rho = 1200$ kg/m³

(2) KS-Mauerwerk, $d = 11{,}5$ cm, $\rho = 1800$ kg/m³

(3) Gipsputz, $d = 0{,}015$ m, $\rho = 1200$ kg/m³

Fenster

Dreifachverglasung; $g\perp = 0{,}55$; Sonnenschutzvorrichtung: Raffstore

Ermittlung der Fensterflächen:

$$A_{\text{w, Süd-Ost}} = 2 \cdot (2{,}01 \cdot 2{,}01) = 8{,}08 \text{ m}^2$$

$$A_{\text{w, Süd-West}} = (2{,}01 \cdot 2{,}01) = 4{,}04 \text{ m}^2$$

Ermittlung der Nettogrundfläche:

$$3 \cdot h = 3 \cdot 2{,}74 = 8{,}22 \text{ m}$$

(Breite und Länge jeweils kleiner als die dreifache Höhe)

$$A_G = (5{,}635 - 2 \cdot 0{,}015) \cdot (3{,}885 - 2 \cdot 0{,}015) = 21{,}61 \text{ m}^2$$

Ermittlung grundflächenbezogener Fensterflächenanteil:

$$f_{WG} = \frac{A_W}{A_G} = \frac{8{,}08 + 4{,}04}{21{,}61} = 0{,}56 \rightarrow 56\ \%$$

Ermittlung des vorhandenen Sonneneintragskennwertes:

Die Ermittlung des vorhandenen Sonneneintragskennwertes wird mit den Angaben in Tab. 3.23 ermittelt. Es ergibt sich:

$$S_{\text{vorh}} = \frac{\sum_{j=1}^{n} (A_{w,j} \cdot g_\perp \cdot F_c)}{A_G} = \frac{(8{,}08 \cdot 0{,}55 \cdot 0{,}25) + (4{,}04 \cdot 0{,}55 \cdot 0{,}25)}{21{,}61} = 0{,}08\ (-)$$

Ermittlung des zulässigen Sonneneintragskennwertes:

Randbedingungen:

- Nichtwohngebäude
- schwere Bauart
- Klimaregion C
- keine Nachtlüftung
- passive Kühlung

Der zulässige Sonneneintragskennwert wird nach Tab. 3.23 in Verbindung mit Tab. N.2 (siehe Anhang) berechnet. Es ergibt sich:

$$S_{zul} = \sum_{x=1}^{6} S_x = S_1 + S_2 + S_3 + S_4 + S_5 + S_6 = 0{,}011 + (-0{,}034) + 0 + 0 + 0 + 0{,}06$$
$$= 0{,}0370\ (-)$$

mit:

$S_1 = 0{,}011\ (-)$

$S_2 = a - (b \cdot f_{WG}) = 0{,}03 - (0{,}115 \cdot 0{,}56) = -0{,}034\ (-)$

$S_3 = 0$; da kein Sonnenschutzglas

$S_4 = 0$; Neigung gegenüber der Horizontalen 90°

$S_5 = 0$; keine nach Norden orientierten Fenster

$S_6 = 0{,}06\ (-)$

Nachweis:

$S_{vorh} \leq S_{zul}$

$S_{vorh} = 0{,}08 > S_{zul} = 0{,}037 \rightarrow$ Der Nachweis ist nicht erfüllt!

Maßnahmen:

Es werden folgende Verbesserungsmaßnahmen vorgesehen:

- Einbau von Fenstern mit Sonnenschutzglas ($S_3 = 0{,}03$ nach Tab. N.2)
- erhöhte Nachtlüftung ($S_1 = 0{,}083$ nach Tab. N.2)

Damit ergibt sich der zulässige Sonneneintragskennwert zu:

$S_{zul} = 0{,}083 + (-0{,}034) + 0{,}030 + 0 + 0 + 0{,}06 = 0{,}139$

Nachweis:

$S_{vorh} = 0{,}08 < S_{zul} = 0{,}139$

Der Nachweis ist erfüllt.

5 Aufgaben zum Selbststudium

5.1 Aufgabe 1 – Bemessung einer Flachdachkonstruktion

(Kategorie C)

Gegeben ist die Konstruktion eines Flachdachs (Abb. 5-1).

Skizze:

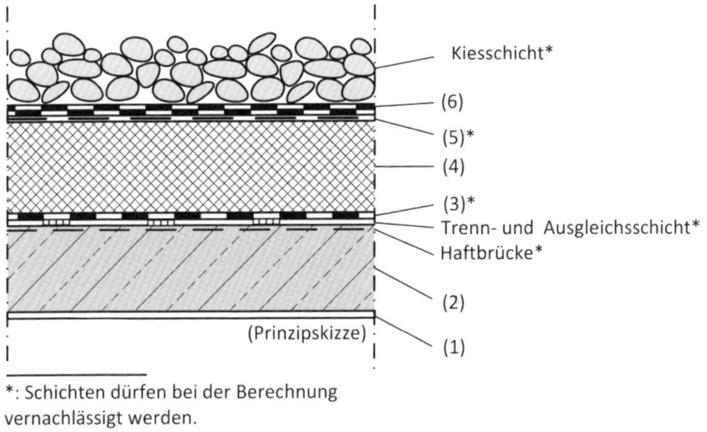

Abb. 5-1: Aufgabe 1 – Flachdach

Schichtenaufbau (von innen nach außen):

(1) Gipsputz ohne Zuschlag, d = 1,5 cm, λ = 0,51 W/(mK)

(2) Stahlbeton, d = 20 cm, λ = 2,30 W/(mK)

(3) Dampfsperre (darf bei der Berechnung vernachlässigt werden)

(4) Wärmedämmung aus expandiertem Polystyrol (EPS), λ = 0,040 W/(mK)

(5) Dampfdruckausgleichsschicht (darf vernachlässigt werden)

(6) Dachabdichtung aus Bitumenbahnen, 2-lagig, je Lage: d = 0,5 cm, λ = 0,17 W/(mK)
Kiesschicht (wird vernachlässigt)

Gesucht:

a) Für die Konstruktion ist die Dicke der Dämmschicht so zu berechnen, dass sich ein Wärmedurchgangskoeffizient von U = 0,20 W/m²K ergibt.

b) Ermitteln Sie die Wärmestromdichte q für einen U-Wert von 0,20 W/(m²K).
   - Lufttemperatur innen: +20 °C
   - Lufttemperatur außen: –5 °C

c) Berechnen Sie die Wärmemenge Q für folgende Randbedingungen (Angabe in kWh):
   - U-Wert: U = 0,20 W/(m²K)
   - Abmessungen des Flachdachs: 10 m × 12 m

- Zeitdauer: 90 Tage

d) Berechnen Sie die Oberflächentemperaturen sowie die Schichtgrenztemperaturen und stellen Sie den Temperaturverlauf zeichnerisch in einem geeigneten Maßstab dar.
   - U-Wert: $U = 0{,}20$ W/(m²K)
   - Lufttemperatur innen: +20 °C
   - Lufttemperatur außen: –5 °C

Ergebnisse:

a) Dicke der Wärmedämmschicht $d = 18{,}7$ cm; aufgerundet auf übliche Dämmstärken: $d_{WD} = 20$ cm

b) Wärmestromdichte $q = 5$ W/m²

c) Wärmemenge $Q = 1296$ kWh

d) Oberflächentemperaturen:
   - $\theta_{si} = 19{,}5$ °C
   - $\theta_{se} = -4{,}7$ °C

   Schichtgrenztemperaturen:
   - $\theta_{1-2} = 19{,}4$ °C
   - $\theta_{2-3} = 19{,}0$ °C
   - $\theta_{3-4} = 19{,}0$ °C
   - $\theta_{4-5} = -4{,}4$ °C
   - $\theta_{5-6} = -4{,}4$ °C

5.2 Aufgabe 2 – Energetische Sanierung einer Außenwand im Bestand

(Kategorie C)

Gegeben ist der in der Abbildung dargestellte Querschnitt einer Außenwand im ursprünglichen Zustand ohne Dämmung (Zustand A) und nach einer energetischen Modernisierung (Zustand B) (Abb. 5-2).

Skizze:

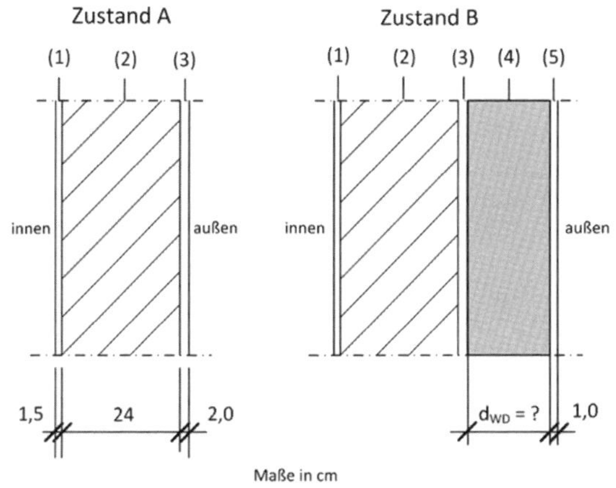

Abb. 5-2: Aufgabe 2 – Außenwandkonstruktion vor (Zustand A) und nach (Zustand B) der energetischen Sanierung

Schichtenaufbau Zustand A (von innen nach außen):

(1) Gipsputz ohne Zuschlag, d = 1,5 cm, λ = 0,51 W/(mK)

(2) Mauerwerk, d = 24 cm, λ = 0,70 W/(mK)

(3) Kalkzementputz, d = 2,0 cm, λ = 1,00 W/(mK)

Schichtenaufbau Zustand B (von innen nach außen):

(1) Gipsputz ohne Zuschlag, d = 1,5 cm, λ = 0,51 W/(mK)

(2) Mauerwerk, d = 24 cm, λ = 0,70 W/(mK)

(3) Kalkzementputz, d = 2,0 cm, λ = 1,00 W/(mK)

(4) Wärmedämmung, λ = 0,035 W/(mK) (Dicke ist gesucht)

(5) Kunstharzputz, d = 1 cm, λ = 0,70 W/(mK)

a) Berechnen bzw. ermitteln Sie für den Zustand A (ohne Dämmung) den Wärmedurchgangskoeffizienten U.

b) Die Außenwand soll energetisch modernisiert werden, indem ein Wärmedämmverbundsystem auf der Außenseite angebracht wird (Zustand B). Berechnen Sie die erforderliche Dämmschichtdicke d_{WD} unter Annahme folgender Randbedingung:

   Der U-Wert der verbesserten Wand (unter Berücksichtigung aller Schichten, Zustand A) soll $U \leq 0{,}24\ W/m^2K$ betragen.

Ergebnisse:

a) U-Wert: $U = 1{,}78\ W/m^2K$

b) d_{WD} = 12,5 cm, aufgerundet auf üblichen Dämmstärken: d_{WD} = 14 cm

5.3 Aufgabe 3 – Berechnung des U-Wertes einer hinterlüfteten Außenwand mit Vorsatzschale

(Kategorie B)

Gegeben ist die Konstruktion einer Außenwand mit hinterlüfteter Vorsatzschale aus Mauerwerk (Abb. 5-3).

Skizze:

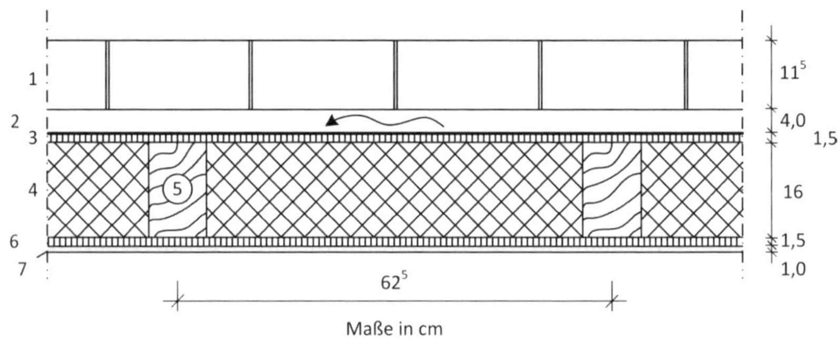

Abb. 5-3: Aufgabe 3 – Hinterlüftete Außenwand mit Vorsatzschale

Schichtenaufbau (von außen nach innen):

(1) Vorsatzschale aus Mauerwerk, Vollklinker, d = 11,5 cm, λ = 0,91 W/(mK)

(2) Luftschicht, stark belüftet, d = 4,0 cm

(3) OSB-Platte, d = 1,5 cm, λ = 0,13 W/(mK)

(4) Mineralwolle, d = 16 cm, λ = 0,035 W/(mK)

(5) Stiele aus Nadelholz C24, b = 6,0 cm, d = 16 cm, λ = 0,13 W/(mK)

(6) OSB-Platte, d = 1,5 cm, λ = 0,13 W/(mK)

(7) Innenputz, d = 1,0 cm, λ = 0,30 W/(mK)

Berechnen Sie den Wärmedurchgangskoeffizienten U für die hinterlüftete Außenwand.

Ergebnis:

$f_a = 6/62{,}5 = 0{,}096$; $f_b = 56{,}5/62{,}5 = 0{,}904$

$R_{tot;a} = 1{,}754$ m²K/W; $R_{tot;b} = 5{,}094$ m²K/W

mit:

$R_{se} = R_{si} = 0{,}13$ m²K/W (da hinterlüftete Konstruktion)

Die Schichten (1) und (2) werden nicht angesetzt, da (2) eine stark belüftete Luftschicht ist.

$R_{tot;upper} = 4{,}307$ m²K/W

$R_{tot;lower} = 4{,}149$ m²K/W

$R_{tot} = 4{,}228$ m²K/W

$U = 1 / R_{tot} = 0{,}237 = 0{,}24$ W/m²K

5.4 Aufgabe 4 – Berechnung des U-Wertes für zwei Holzbalkendecken

(Kategorie B)

Gegeben sind zwei Varianten, wie eine Holzbalkendecke (oberste Geschossdecke gegen unbeheizten Dachraum) ausgeführt werden kann. Die obere Decke ist vollständig mit Dämmung gefüllt, während die untere Decke zu knapp 60 % aus einem mit Luft gefüllten Hohlraum besteht. Berechnen Sie für beide Decken den U-Wert und stellen Sie diese gegenüber. Der Wärmestrom ist aufwärtsgerichtet.

Skizze:

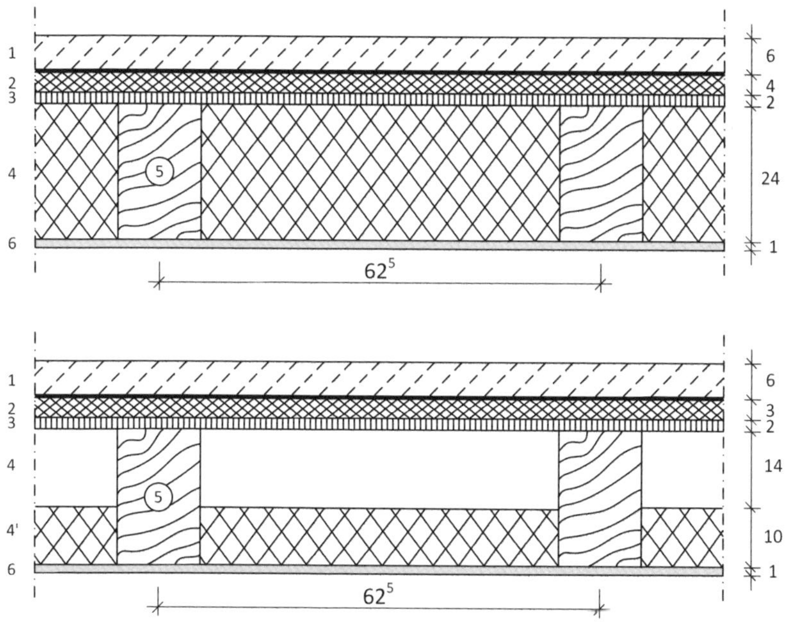

Abb. 5-4: Aufgabe 4 – Holzbalkendecken ohne Hohlraum (oben) und mit Hohlraum (unten) als oberste Geschossdecke gegen unbeheizten Dachraum

Schichtenaufbau (von oben nach unten):

(1) Zementestrich, λ = 1,40 W/(mK)

(2) Trittschalldämmung, λ = 0,032 W/(mK)

(3) OSB-Platte, λ = 0,13 W/(mK)

(4) Mineralwolle, λ = 0,040 W/(mK)

(4') Hohlraum, luftgefüllt, ruhend, R_g = 0,16 m^{2}K/W

(5) Konstruktionsholz (Nadelholz), λ = 0,13 W/(mK)

(6) Gipsplatte, λ = 0,25 W/(mK)

Ergebnisse:

Obere Decke:

$R_{tot,a} = 7{,}627\ m^2K/W$; $R_{tot;upper} = 6{,}841\ m^2K/W$

$R_{tot;b} = 3{,}473\ m^2K/W$; $R_{tot;lower} = 6{,}525\ m^2K/W$

$U = 0{,}15\ W/m^2K$

Untere Decke:

$R_{tot;a} = 3{,}975\ m^2K/W$; $R_{tot;upper} = 3{,}879\ m^2K/W$

$R_{tot;b} = 3{,}161\ m^2K/W$; $R_{tot;lower} = 3{,}530\ m^2K/W$

$U = 0{,}27\ W/m^2K$

Verschlechterung des U-Wertes: ~45 %

5.5 Aufgabe 5 – Bemessung einer hinterlüfteten Außenwand in Massivbauweise

(Kategorie B)

a) Wie groß kann die Wärmeleitfähigkeit λ der Dämmschicht maximal sein, wenn eine Wärmestromdichte q von maximal 10 W/m² gefordert wird?

Randbedingungen: $\vartheta_i = 20\ °C$, $\vartheta_e = -5\ °C$

b) Welche Dicke muss die Dämmschicht aufweisen, wenn der U-Wert der Wand maximal 0,24 W/m²K betragen darf und eine Mineralwolle der WLG 030 verwendet wird?

Skizze:

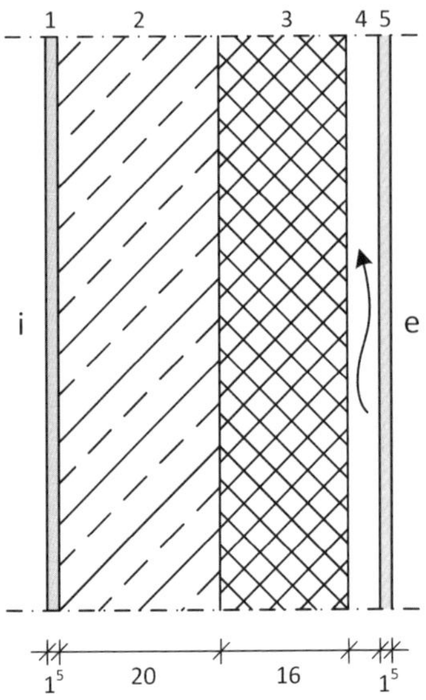

Abb. 5-5: Aufgabe 5 – Hinterlüftete Außenwand in Massivbauweise

Schichtenaufbau (von innen nach außen):

(1) Innenputz, $\lambda = 0{,}70$ W/(mK)

(2) Stahlbeton, $\lambda = 2{,}30$ W/(mK)

(3) Wärmedämmung, $\lambda = ?$

(4) Hinterlüftung (stark belüftet)

(5) Bekleidung

Kontrolle:

a) $U_{soll} \leq 0{,}40$ W/m²K ; $\lambda \leq 0{,}072$ W/(mK)

b) $d_{min} = 0{,}1167$ m ≈ 12 cm

6 Literatur

[1] Gesetz zur Vereinheitlichung des Energieeinsparrechts für Gebäude und zur Änderung weiterer Gesetze – Artikel 1: Gesetz zur Einsparung von Energie und zur Nutzung erneuerbarer Energien zur Wärme- und Kälteerzeugung in Gebäuden (Gebäudeenergiegesetz – GEG) vom 8. August 2020; Bundesgesetzblatt Jahrgang 2020 Teil I Nr. 37, ausgegeben zu Bonn am 13. August 2020

[2] Gesetz zu Sofortmaßnahmen für einen beschleunigten Ausbau der erneuerbaren Energien und weiteren Maßnahmen im Stromsektor – Artikel 18a: Änderung des Gebäudeenergiegesetzes vom 20. Juli 2022; Bundesgesetzblatt Jahrgang 2022 Teil I Nr. 28, ausgegeben zu Bonn am 28. Juli 2022

[3] DIN 4108-2:2013-02: Wärmeschutz und Energie-Einsparung in Gebäuden – Teil 2: Mindestanforderungen an den Wärmeschutz; Beuth Verlag, Berlin

[4] DIN 18599: Energetische Bewertung von Gebäuden – Berechnung des Nutz-, End- und Primärenergiebedarfs für Heizung, Kühlung, Lüftung, Trinkwarmwasser und Beleuchtung; Beuth Verlag, Berlin

[5] DIN 4108: Wärmeschutz und Energie-Einsparung in Gebäuden; Beuth Verlag, Berlin

[6] DIN EN ISO 6946:2018-03: Bauteile – Wärmedurchlasswiderstand und Wärmedurchgangskoeffizient – Berechnungsverfahren; Beuth Verlag, Berlin

[7] DIN EN ISO 10211:2018-03: Wärmebrücken im Hochbau – Wärmeströme und Oberflächentemperaturen – Detaillierte Berechnungen; Beuth Verlag, Berlin

[8] DIN EN ISO 10077: Wärmetechnisches Verhalten von Fenstern, Türen und Abschlüssen – Berechnung des Wärmedurchgangskoeffizienten; Teil 1 (2020-10): Allgemeines; Teil 2 (2018-01): Numerisches Verfahren für Rahmen; Beuth Verlag, Berlin

[9] DIN EN ISO 13788:2013-05: Wärme- und feuchtetechnisches Verhalten von Bauteilen und Bauelementen – Raumseitige Oberflächentemperatur zur Vermeidung kritischer Oberflächenfeuchte und Tauwasserbildung im Bauteilinneren – Berechnungsverfahren; Beuth Verlag, Berlin

[10] DIN EN ISO 13370:2018-03: Wärmetechnisches Verhalten von Gebäuden – Wärmetransfer über das Erdreich – Berechnungsverfahren; Beuth Verlag, Berlin

[11] Schmidt, Peter; Windhausen, Saskia: Bauphysik-Lehrbuch; 2017; Bundesanzeiger Verlag, Köln

[12] DIN 4 108-4:2020-11: Wärmeschutz und Energie-Einsparung in Gebäuden – Teil 4: Wärme- und feuchteschutztechnische Bemessungswerte; Beuth Verlag, Berlin

[13] DIN EN ISO 10456:2010-05: Baustoffe und Bauprodukte – Wärme- und feuchteschutztechnische Eigenschaften – Tabellierte Bemessungswerte und Verfahren zur Bestimmung der wärmeschutztechnischen Nenn- und Bemessungswerte; Beuth Verlag, Berlin

[14] DIN 4108 Beiblatt 2:2019-06: Wärmeschutz und Energie-Einsparung in Gebäuden; Beiblatt 2: Wärmebrücken – Planungs- und Ausführungsbeispiele; Beuth Verlag, Berlin

[15] DIN EN 410:2011-04: Glas im Bauwesen – Bestimmung der lichttechnischen und strahlungsphysikalischen Kenngrößen von Verglasungen; Beuth Verlag, Berlin

[16] DIN EN ISO 13788:2013-05: Wärme- und feuchtetechnisches Verhalten von Bauteilen und Bauelementen – Raumseitige Oberflächentemperatur zur Vermeidung kritischer Oberflächenfeuchte und Tauwasserbildung im Bauteilinneren – Berechnungsverfahren; Beuth Verlag, Berlin

[17] DIN 4108-7:2011-01: Wärmeschutz und Energie-Einsparung in Gebäuden – Teil 7: Luftdichtheit von Gebäuden – Anforderungen, Planungs- und Ausführungsempfehlungen sowie -beispiele; Beuth Verlag, Berlin

[18] DIN 18540:2014-09: Abdichten von Außenwandfugen im Hochbau mit Fugendichtstoffen; Beuth Verlag, Berlin

[19] DIN EN 12207:2017-03: Fenster und Türen – Luftdurchlässigkeit – Klassifizierung; Beuth Verlag, Berlin

[20] DIN EN ISO 9972:2018-12: Wärmetechnisches Verhalten von Gebäuden – Bestimmung der Luftdurchlässigkeit von Gebäuden; Beuth Verlag, Berlin

[21] DIN 4108-3:2018-10: Wärmeschutz und Energie-Einsparung in Gebäuden – Teil 3: Klimabedingter Feuchteschutz – Anforderungen, Berechnungsverfahren und Hinweise für Planung und Ausführung; Beuth Verlag, Berlin

[22] DIN 4108-10:2021-11: Wärmeschutz und Energie-Einsparung in Gebäuden – Teil 10: Anwendungsbezogene Anforderungen an Wärmedämmstoffe; Beuth Verlag, Berlin

[23] DIN EN 13164:2015-04: Wärmedämmstoffe für Gebäude – Werkmäßig hergestellte Produkte aus extrudiertem Polystyrolschaum (XPS) – Spezifikation; Beuth Verlag, Berlin

Teil B – Gebäudeenergiegesetz (GEG)

1 Allgemeines

Das „*Gesetz zur Einsparung von Energie und zur Nutzung erneuerbarer Energien zur Wärme- und Kälteerzeugung in Gebäuden (Gebäudeenergiegesetz – GEG)*" [1] stellt Anforderungen an den energiesparenden Wärmeschutz von zu errichtenden und bestehenden Gebäuden, an die Heizungs-, Kühl- und Raumlufttechnik sowie an die Warmwasserversorgung. Das GEG ist am 1. November 2020 in Kraft getreten und ersetzt folgende Gesetze und Verordnungen:

- Energieeinsparungsgesetz (EnEG)
- Energieeinsparverordnung (EnEV)
- Erneuerbare-Energien-Wärmegesetz (EEWärmeG)

Damit steht in Deutschland ein einheitliches Regelwerk für den Nachweis des energiesparenden Wärmeschutzes von Gebäuden unter Berücksichtigung der Anlagentechnik zur Verfügung. Es ist zu beachten, dass das GEG lediglich die Anforderungen festlegt, aber keine Rechenverfahren enthält. Diese sind in verschiedenen Normen geregelt, auf die das GEG Bezug nimmt. Beispielhaft seien hier die wichtigsten Normenreihen DIN V 18599 „*Energetische Bewertung von Gebäuden*" [2] und DIN 4108 „*Wärmeschutz und Energie-Einsparung in Gebäuden*" [3] genannt.

Mittlerweile (Stand Juli 2023) wurde eine erste Novelle des GEG verabschiedet, die am 1. Januar 2023 in Kraft getreten ist und in Artikel 18a des „*Gesetzes zu Sofortmaßnahmen für einen beschleunigten Ausbau der erneuerbaren Energien und weiteren Maßnahmen im Stromsektor*" [4] veröffentlicht wurde. Die GEG-Novelle 2023 beinhaltet im Wesentlichen Verschärfungen der Anforderungen an zu errichtende Gebäude, indem der Höchstwert des Jahres-Primärenergiebedarfs auf 55 % des Wertes des zugehörigen Referenzgebäudes abgesenkt wird; bisher betrug der Höchstwert 75 % des Wertes des zugehörigen Referenzgebäudes.

Zurzeit (Stand Juli 2023) wird der Entwurf eines Gesetzes zur Änderung des Gebäudeenergiegesetzes (sogenanntes *Heizungsgesetz*) in der Politik und Öffentlichkeit kontrovers diskutiert, wobei rein fachliche Aspekte leider eine untergeordnete Rolle spielen. In diesem Buch wird auf das zukünftige „Heizungsgesetz" nicht eingegangen, da zum Zeitpunkt des Redaktionsschlusses nur der vom Bundeskabinett beschlossene Entwurf vorlag und während des laufenden Gesetzgebungsverfahrens noch Änderungen zu erwarten sind.

Grundlage der folgenden Abschnitte ist das GEG in der Fassung vom 13. August 2020 (Inkrafttreten am 1. Januar 2020) mit Berücksichtigung der GEG-Novelle vom 20. Juli 2022 (Inkrafttreten am 1. Januar 2023).

2 Lernziele

Mit diesem Kapitel zum GEG werden folgende Lernziele verfolgt:

1. Beherrschung der wesentlichen Grundlagen zum Gebäudeenergiegesetz (GEG), d.h. Ziele des GEG, Anwendungsbereich, wichtige Begriffe (z.B. Jahres-Primärenergiebedarf, Referenzgebäude, wärmeübertragende Umfassungsfläche).
2. Nennung der wichtigsten Anforderungen an zu errichtende und bestehende Gebäude.
3. Beherrschung des grundlegenden Ablaufs des Nachweises von zu errichtenden Gebäuden.
4. Beherrschung des Nachweises von zu errichtenden Wohngebäuden nach dem vereinfachten Verfahren.
5. Beherrschung des Bauteilverfahrens bei bestehenden Gebäuden.

Die Grundlagen des GEG werden in Abschnitt 3 behandelt, wobei aufgrund des Umfangs des GEG hier nur auf die wesentlichen Punkte eingegangen werden kann. Für weiterführende Informationen wird auf den Gesetzestext des GEG verwiesen. In den weiteren Abschnitten in diesem Kapitel werden zu den oben genannten Themen Beispiele mit Lösungsweg (Abschnitt 4) und Aufgaben mit Angabe des Endergebnisses bzw. der Antwort (Abschnitt 5) angeboten. Beispiele und Aufgaben entsprechen unterschiedlichen Schwierigkeitsgraden, die mit der Bezeichnung „***Kategorie (A)***“ für leicht, „***Kategorie (B)***“ für durchschnittlich und „***Kategorie (C)***“ für schwierig bzw. aufwändig gekennzeichnet sind.

3 Grundlagen

3.1 Ziele und Zweck des Gebäudeenergiegesetzes

Das Gebäudeenergiegesetz (GEG) dient dem Ziel, den Energiebedarf für Raumwärme (Heizung), Kühlung, Lüftung und Warmwasser sowie Beleuchtung (nur bei Nichtwohngebäuden) zu minimieren und die eingesetzte Energie effizient zu nutzen. Dabei sollen zunehmend erneuerbare Energien eingesetzt werden, um die energie- und klimapolitischen Ziele der Bundesregierung nach dem Klimaschutzgesetz [5] (Klimaneutralität bis 2045) zu erreichen und unabhängig vom Import fossiler Energieträger wie Erdgas und Öl zu werden.

3.2 Struktur des GEG

Das GEG (2020/23) gliedert sich wie folgt (Abb. 3-1):

- Teil 1 – Allgemeiner Teil
- Teil 2 – Anforderungen an zu errichtende Gebäude
- Teil 3 – Bestehende Gebäude
- Teil 4 – Anlagen der Heizungs-, Kühl- und Raumlufttechnik sowie der Warmwasserversorgung

- Teil 5 – Energieausweise
- Teil 6 – Finanzielle Förderung der Nutzung erneuerbarer Energien für die Erzeugung von Wärme oder Kälte und von Energieeffizienzmaßnahmen
- Teil 7 – Vollzug
- Teil 8 – Besondere Gebäude, Bußgeldvorschriften, Anschluss- und Benutzungszwang
- Teil 9 – Übergangsvorschriften
- Anlagen

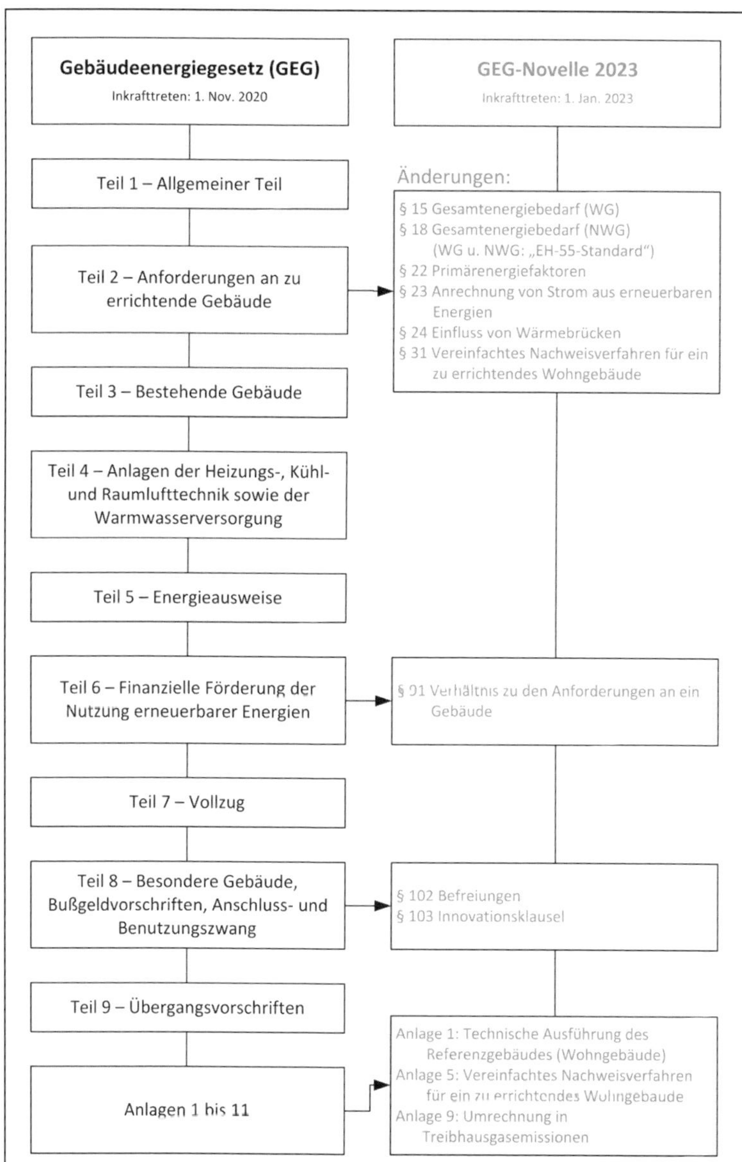

Abb. 3-1: Struktur des GEG mit Änderungen durch die GEG-Novelle 2023

3.3 Anwendungsbereich des GEG

Der Anwendungsbereich des GEG erstreckt sich auf:

1. Gebäude, deren Räume unter Einsatz von Energie beheizt oder gekühlt werden, und
2. Anlagen und Einrichtungen der Heizungs-, Kühl- und Raumlufttechnik sowie der Warmwasserversorgung. Bei Nichtwohngebäuden zählen auch Einrichtungen der Beleuchtungstechnik zum Anwendungsbereich.

Hiervon gibt es zahlreiche Ausnahmen; beispielhaft seien hier genannt (für sämtliche Ausnahmen wird auf den Gesetzestext des GEG verwiesen):

- Betriebsgebäude, die überwiegend zur Aufzucht oder zur Haltung von Tieren genutzt werden (z.B. Viehställe),
- Betriebsgebäude, soweit sie nach ihrem Verwendungszweck großflächig und lang anhaltend offen gehalten werden müssen (z.B. Flugzeughangar),
- unterirdische Bauten (z.B. U-Bahn-Stationen),
- Unterglasanlagen und Kulturräume für Aufzucht, Vermehrung und Verkauf von Pflanzen (Gewächshäuser),
- Traglufthallen und Zelte,
- Gebäude, die dazu bestimmt sind, wiederholt aufgestellt und zerlegt zu werden (temporäre Bauten), und provisorische Gebäude mit einer geplanten Nutzungsdauer von bis zu zwei Jahren,
- Gebäude, die dem Gottesdienst oder anderen religiösen Zwecken gewidmet sind (z.B. Kirchen),
- Wohngebäude, die
  - für eine Nutzungsdauer von weniger als vier Monaten jährlich bestimmt sind oder
  - für eine begrenzte jährliche Nutzungsdauer bestimmt sind und deren zu erwartender Energieverbrauch für die begrenzte jährliche Nutzungsdauer weniger als 25 % des zu erwartenden Energieverbrauchs bei ganzjähriger Nutzung beträgt (z.B. Ferienhäuser).
- sonstige handwerkliche, landwirtschaftliche, gewerbliche, industrielle oder für öffentliche Zwecke genutzte Betriebsgebäude, die nach ihrer Zweckbestimmung
  - auf eine Raum-Solltemperatur von weniger als 12 °C beheizt werden oder
  - jährlich weniger als vier Monate beheizt sowie jährlich weniger als zwei Monate gekühlt werden.

Auf Bestandteile von Anlagen der Heizungs-, Kühl- und Raumlufttechnik sowie der Warmwasserversorgung, die nicht im räumlichen Zusammenhang mit Gebäuden nach Punkt 1 (siehe oben) stehen, ist das GEG ebenfalls nicht anzuwenden.

3.4 Begriffe

Im Gebäudeenergiegesetz (GEG) werden verschiedene Begriffe definiert und verwendet, von denen nachfolgend eine Auswahl erläutert wird. Zur besseren Übersicht sind die Begriffe thematisch gegliedert:

- Gebäude und Räume (Abschnitt 3.4.1)
- Anlagen (Abschnitt 3.4.2)
- Flächen und Volumen (Abschnitt 3.4.3)
- Energiebedarfsgrößen (Abschnitt 3.4.4)

3.4.1 Gebäude und Räume

Im GEG werden *Wohngebäude* und *Nichtwohngebäude* unterschieden und hierfür unterschiedliche Anforderungen festgelegt. Zu den Wohngebäuden zählen gemäß GEG alle Gebäude, die überwiegend dem Wohnen dienen. Hierzu gehören beispielsweise Ein- und Mehrfamilienhäuser, aber auch Wohn-, Alten- und Pflegeheime. Als Nichtwohngebäude werden alle Gebäude bezeichnet, die nicht unter die Kategorie Wohngebäude fallen. Typische Nichtwohngebäude sind Büro- und Verwaltungsbauten, Schwimmbäder, Sporthallen, Kultur- und Veranstaltungsbauten, Schulen und Hochschulen (Tab. 3.1).

Tab. 3.1: Begriffsbestimmungen des GEG; hier: Gebäude und Räume (Auswahl)

Begriff	**Definition/Erläuterung**
Wohngebäude	Gebäude, die nach ihrer Zweckbestimmung überwiegend dem Wohnen dienen, einschließlich Wohn-, Alten- und Pflegeheime und ähnliche Einrichtungen
Nichtwohngebäude	Gebäude, die nicht zu den Wohngebäuden zählen (z.B. Bürogebäude, Schulen, Kindertagesstätten, Universitätsgebäude, Schwimmbäder, Hotels, Veranstaltungsgebäude)
Kleine Gebäude	Gebäude mit nicht mehr als 50 m^2 Nutzfläche
Niedrigstenergiegebäude	Ein Gebäude, das eine sehr gute Gesamtenergieeffizienz aufweist und dessen Gesamtenergiebedarf sehr gering ist. Darüber hinaus kann der Energiebedarf zu einem wesentlichen Teil aus erneuerbaren Quellen gedeckt werden.
Baudenkmäler	Nach Landesrecht geschützte Gebäude (Hinweis: Für Baudenkmäler gelten besondere Regelungen)
Beheizte bzw. gekühlte Räume	Räume, die aufgrund bestimmungsgemäßer Nutzung direkt oder durch Raumverbund beheizt bzw. gekühlt werden.

3.4.2 Anlagen

Unter Anlagen im Sinne des GEG sind technische Einrichtungen der Heizungs-, Kühl- und Raumlufttechnik sowie der Warmwasserversorgung zu verstehen. Eine Auswahl von Begriffen zum Thema Anlagen ist in Tab. 3.2 angegeben.

Tab. 3.2: Begriffsbestimmungen des GEG; hier: Anlagen

Begriff	Definition/Erläuterung
Abwärme	Wärme (oder Kälte), die aus technischen Prozessen und aus baulichen Anlagen stammenden Abluft- und Abwasserströmen entnommen wird.
Aperturfläche	Lichteintrittsfläche einer solarthermischen Anlage (beim Kollektor).
Brennwertkessel	Heizkessel, der die energetische Nutzung des in den Abgasen enthaltenen Wasserdampfs durch Kondensation des Wasserdampfs im Betrieb vorsieht.
Erneuerbare Energien	Solare Strahlungsenergie, Umweltwärme, Geothermie, Wasserkraft, Windenergie und Energie aus Biomasse.
Geothermie	Wärme, die dem Erdboden entnommen wird.
Heizkessel	Der aus Kessel und Brenner bestehende Wärmeerzeuger, der zur Übertragung der durch die Verbrennung freigesetzten Wärme an den Wärmeträger Wasser dient.
Nah-/Fernwärme	Wärme, die mithilfe eines Wärmeträgers in einem Wärmenetz verteilt wird.
Nennleistung	Die vom Hersteller festgelegte und im Dauerbetrieb unter Beachtung des vom Hersteller angegebenen Wirkungsgrades als einhaltbar garantierte größte Wärme- oder Kälteleistung in Kilowatt.
Niedertemperatur-Heizkessel	Heizkessel, der kontinuierlich mit einer Eintrittstemperatur von 35 bis 40 °C betrieben werden kann und in dem es unter bestimmten Umständen zur Kondensation des in den Abgasen enthaltenen Wasserdampfes kommen kann.
Stromdirektheizung	Gerät, mit dem Raumwärme direkt durch Ausnutzung eines elektrischen Widerstands erzeugt wird; auch in Verbindung mit Festkörper-Wärmespeichern.
Umweltwärme	Die Wärme (oder Kälte), die aus der Luft, dem Wasser oder technischen Prozessen und Abwasserströmen aus baulichen Anlagen technisch nutzbar gemachte Wärme (oder Kälte).

3.4.3 Geometrische Größen, Zone

Für die Berechnung der Kenn- und Anforderungsgrößen werden verschiedene geometrische Größen benötigt, wie z.B. die Gebäudenutzfläche, die wärmeübertragende Umfassungsfläche und das Bruttovolumen. Die Erläuterungen dieser Begriffe sind in Tab. 3.3 angegeben.

Tab. 3.3: Begriffsbestimmungen des GEG und allgemeine Begriffe; hier: Flächen, Volumen, Zone

Begriff	**Definition/Erläuterung**
Gebäudenutzfläche A_N	Nutzfläche eines Wohngebäudes. Die Berechnung erfolgt nach DIN V 18599-1:2018-09 [6]. Es gilt (A_N in m²): $A_N = 0{,}32 \cdot V_e$ bei Geschosshöhen h_G zwischen 2,5 m und 3 m. Bei Geschosshöhen h_G mit weniger als 2,5 m oder mehr als 3 m gilt: $A_N = \left(\frac{1}{h_G} - 0{,}04\right) \cdot V_e$ mit V_e = beheiztes Gebäudevolumen n. DIN V 18599-1:2018-09 [6], in m³
Nettogrundfläche A_{NGF}	Nettogrundfläche (A_{NGF}) nach den anerkannten Regeln der Technik, die beheizt oder gekühlt wird (Berechnung und Definition nach DIN V 18599-1:2018-09 [6]). Die Nettogrundfläche wird als Bezugsfläche für die energiebezogenen Angaben bei Nichtwohngebäuden verwendet.
Wärmeübertragende Umfassungsfläche A	Die wärmeübertragende Umfassungsfläche ist die äußere Begrenzung jeder Zone. Wohngebäude: Die wärmeübertragende Umfassungsfläche A eines Wohngebäudes ist nach den Bemaßungsregeln in DIN V 18599-1:2018-09 [6] so festzulegen, dass sie alle beheizten und gekühlten Räume einschließt. Für alle umschlossenen Räume sind dabei gleiche Nutzungsrandbedingungen anzunehmen (Ein-Zonen-Modell). Nichtwohngebäude: Die wärmeübertragende Umfassungsfläche (Systemgrenze) bei einem Nichtwohngebäude ist die Hüllfläche aller konditionierten Zonen nach DIN V 18599-1:2018-09 [6]. Die Hüllfläche wird durch eine stoffliche Grenze gebildet, üblicherweise durch Außenfassade, Innenflächen, Kellerdecke, oberste Geschossdecke oder Dach.

Begriff	Definition/Erläuterung
Bruttovolumen (beheiztes Gebäudevolumen) V_e	Das beheizte Gebäudevolumen V_e ist das Volumen, das von der wärmeübertragenden Umfassungsfläche A umschlossen wird. Es enthält auch die Volumina der Bauteile. Es wird anhand von Außenmaßen ermittelt. Die Berechnung erfolgt nach DIN V 18599-1:2018-09 [6].
Zone	Als Zone wird die grundlegende räumliche Berechnungseinheit für die Energiebilanzierung bezeichnet. Eine Zone fasst den Grundflächenanteil bzw. Bereich eines Gebäudes zusammen, der durch gleiche Nutzungsrandbedingungen gekennzeichnet ist und keine relevanten Unterschiede hinsichtlich der Arten der Konditionierung und anderer Zonenkriterien aufweist. Die Nutzungsrandbedingungen sind in DIN V 18599-10:2018-09 [15] festgelegt. Die Zonenkriterien sind als Teilungskriterien in DIN V 18599-1:2018-09 [6] erläutert.

3.4.4 Energiebedarfsgrößen

3.4.4.1 Allgemeines

Die Erläuterung von verschiedenen Energiebedarfsgrößen, die u.a. für den Nachweis des Wärmeschutzes benötigt werden, ist in Tab. 3.4 zusammengestellt.

Tab. 3.4: Begriffe; hier: Energiebedarfsgrößen und hiermit zusammenhängende Größen

Begriff	Definition/Erläuterung
CO_2-Äquivalent	Berechnete Stoffmasse an Treibhausgasen, welche aus dem Einsatz an Endenergie an der Gebäudegrenze entstehen. Dabei werden alle Einzelemissionen auf die Treibhauswirkung von Kohlenstoffdioxid gewichtet umgerechnet, wobei auch vorgelagerte Prozessketten außerhalb des Gebäudes (Gewinnung, Umwandlung und Verteilung) berücksichtigt werden.
Endenergiebedarf	Der Endenergiebedarf ist die berechnete Energiemenge, die der Anlagentechnik (Heizungsanlage, raumlufttechnische Anlage, Warmwasserbereitungsanlage, Beleuchtungsanlage) zur Verfügung gestellt wird, um die festgelegte Rauminnentemperatur, die Erwärmung des Warmwassers und die gewünschte Beleuchtungsqualität über das ganze Jahr sicherzustellen.

Begriff	**Definition/Erläuterung**
	Diese Energiemenge bezieht die für den Betrieb der Anlagentechnik benötigte Hilfsenergie ein. Die Endenergie wird an der „Schnittstelle" Gebäudehülle übergeben und stellt somit die Energiemenge dar, die der Verbraucher für eine bestimmungsgemäße Nutzung unter normativen Randbedingungen benötigt.
Gesamtenergiebedarf	Der Gesamtenergiebedarf ist der Jahres-Primärenergiebedarf a) eines Wohngebäudes für Heizung, Warmwasser, Lüftung und Kühlung oder b) eines Nichtwohngebäudes für Heizung, Warmwasser, Lüftung, Kühlung sowie Beleuchtung.
Luftwechsel	Luftvolumenstrom je Volumeneinheit.
Nutzwärmebedarf (Heizwärmebedarf)	Der Nutzwärmebedarf (Heizwärmebedarf) ist der rechnerisch ermittelte Wärmebedarf, der zur Aufrechterhaltung der festgelegten thermischen Raumkonditionen innerhalb einer Gebäudezone während der Heizzeit benötigt wird.
Nutzkältebedarf (Kühlbedarf)	Der Nutzkältebedarf (Kühlbedarf) ist der rechnerisch ermittelte Kühlbedarf, der zur Aufrechterhaltung der festgelegten thermischen Raumkonditionen innerhalb einer Gebäudezone benötigt wird in Zeiten, in denen die Wärmequellen eine höhere Energiemenge anbieten, als benötigt wird.
Nutzenergiebedarf für Trinkwarmwasser	Der Nutzenergiebedarf für Trinkwarmwasser ist der rechnerisch ermittelte Energiebedarf, der sich ergibt, wenn die Gebäudezone mit der im Nutzungsprofil festgelegten Menge an Trinkwarmwasser entsprechender Zulauftemperatur versorgt wird.
Nutzenergiebedarf der Beleuchtung	Der Nutzenergiebedarf der Beleuchtung ist der rechnerisch ermittelte Energiebedarf, der sich ergibt, wenn die Gebäudezone mit der im Nutzungsprofil festgelegten Beleuchtungsqualität beleuchtet wird.
Primärenergiebedarf	Der Primärenergiebedarf ist die berechnete Energiemenge, die zusätzlich zum Energieinhalt des notwendigen Brennstoffs und der Hilfsenergien für die Anlagentechnik auch die Energiemengen einbezieht, die durch vorgelagerte Prozessketten außerhalb des Gebäudes bei der Gewinnung, Umwandlung und Verteilung der jeweils eingesetzten Energieträger entstehen.

Begriff	Definition/Erläuterung
Raum-Solltemperatur	Vorgegebene Temperatur im Inneren eines Gebäudes bzw. einer Zone, die vom Nutzungsprofil abhängt und den Sollwert der Raumtemperatur bei Heiz- bzw. Kühlbetrieb repräsentiert. Die Ermittlung erfolgt nach DIN V 18599-1:2018-1 [6] in Verbindung mit DIN V 18599-10:2018-09 [15].
Verluste der Anlagentechnik	Verluste (d.h. Wärmeabgabe, Kälteabgabe), die in den technischen Prozessschritten zwischen dem Nutzenergiebedarf und dem Endenergiebedarf, d.h. bei der Übergabe, Verteilung und Speicherung, entstehen.
Wärmesenke	Wärmemenge, die der Gebäudezone entzogen wird.
Wärmequelle	Wärmemengen mit Temperaturen, die über der Innentemperatur liegen, die der Gebäudezone zugeführt werden oder innerhalb der Gebäudezone entstehen.

3.4.4.2 Jahres-Primärenergiebedarf

Eine wesentliche Größe beim Nachweis des Wärmeschutzes nach GEG ist der Jahres-Primärenergiebedarf. Dieser ist die wichtigste Anforderungsgröße beim Nachweis des Wärmeschutzes von zu errichtenden Gebäuden sowie ggf. bei bestehenden Gebäuden, sofern dieser nach dem Referenzgebäudeverfahren nachgewiesen wird. Der Jahres-Primärenergiebedarf wird in der Einheit kWh/(m^{2}a) angegeben, d.h., er bezieht sich auf 1 m^2 Gebäudenutzfläche bei Wohngebäuden bzw. auf 1 m^2 Nettogrundfläche bei Nichtwohngebäuden und ein Jahr. Der Jahres-Primärenergiebedarf wird im Zuge des Nachweises sowohl für das betrachtete Gebäude als auch für das zugehörige Referenzgebäude ermittelt. Die technische Ausführung des Referenzgebäudes ist im GEG getrennt für Wohn- und Nichtwohngebäude festgelegt.

Das Besondere an der Kenngröße Jahres-Primärenergiebedarf ist, dass die Energieaufwände für vorgelagerte Prozessketten außerhalb des Gebäudes berücksichtigt werden, d.h. Energiemengen, die durch die Förderung, Umwandlung und den Transport der Energieträger entstehen, eingerechnet sind (Abb. 3-2). Allerdings wird bei erneuerbaren Energieträgern der erneuerbare Anteil herausgerechnet, sodass sich für den Primärenergiebedarf ein geringerer Wert als für den Endenergiebedarf ergibt. Hierbei ist zu beachten, dass der Endenergiebedarf die Energiemenge angibt, die über die Systemgrenze (Gebäudegrenze) fließen muss, damit die geforderten Konditionen (Raumwärme, Kühlung, Warmwasser, Lüftung und bei Nichtwohngebäuden zusätzlich die Beleuchtung) erreicht werden. Für die Bewertung des tatsächlichen Energiebedarfs eines Gebäudes – und damit die Abschätzung der Kosten für den Betrieb – ist daher der Endenergiebedarf von entscheidender Bedeutung. Der Jahres-Primärenergiebedarf hingegen dient einzig und allein dem Nachweis nach GEG.

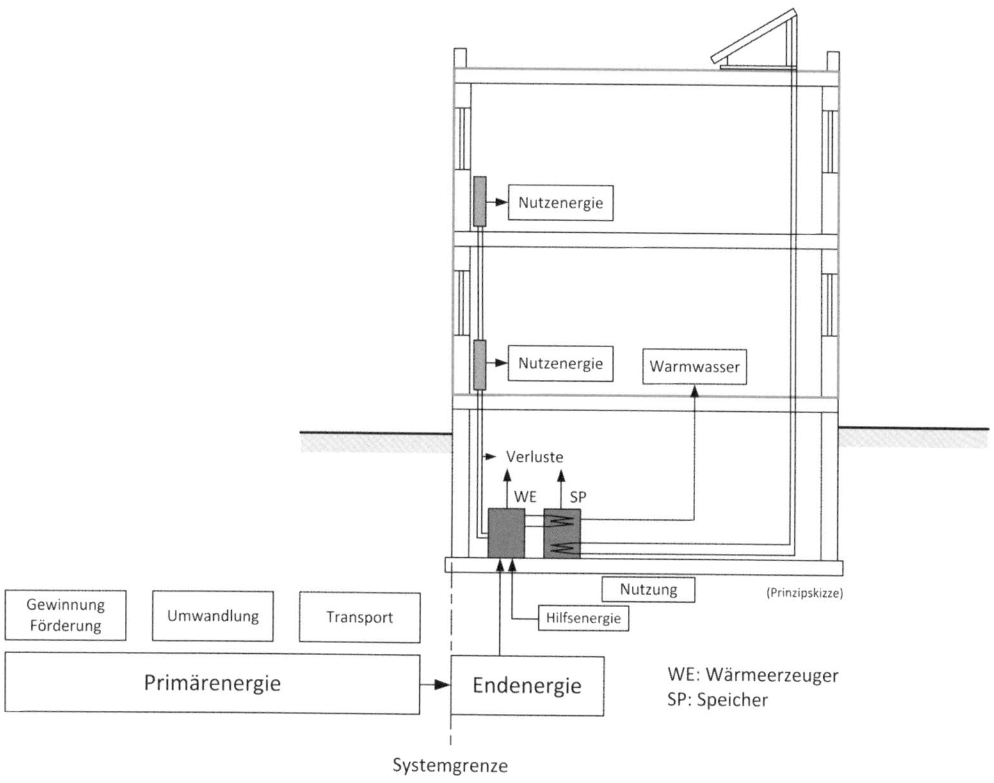

Abb. 3.2: Primärenergiebedarf (schematische Darstellung)

3.5 Bestimmung von Bezugsmaßen, Flächen und Volumina

Für die Berechnung der wärmeübertragenden Umfassungsfläche sowie des Bruttovolumens sind die Regeln in DIN V 18599-1 [6] zu beachten.

3.5.1 Bezugsmaße im Grundriss

Als Bezugsmaße zur Bestimmung der wärmeübertragenden Umfassungsfläche A und des Bruttovolumens V_e im Grundriss (horizontale Richtung) gelten folgende Maße (Abb. 3-3):

- bei Außenbauteilen die Außenmaße einschließlich eventuell vorhandener außen liegender Wärmedämmung und Putzschichten,
- bei Innenbauteilen zwischen einer temperierten Zone und einer nicht temperierten Zone das Außenmaß der temperierten Zone,
- bei Innenbauteilen zwischen zwei (auch unterschiedlich) temperierten Zonen das Achsmaß.

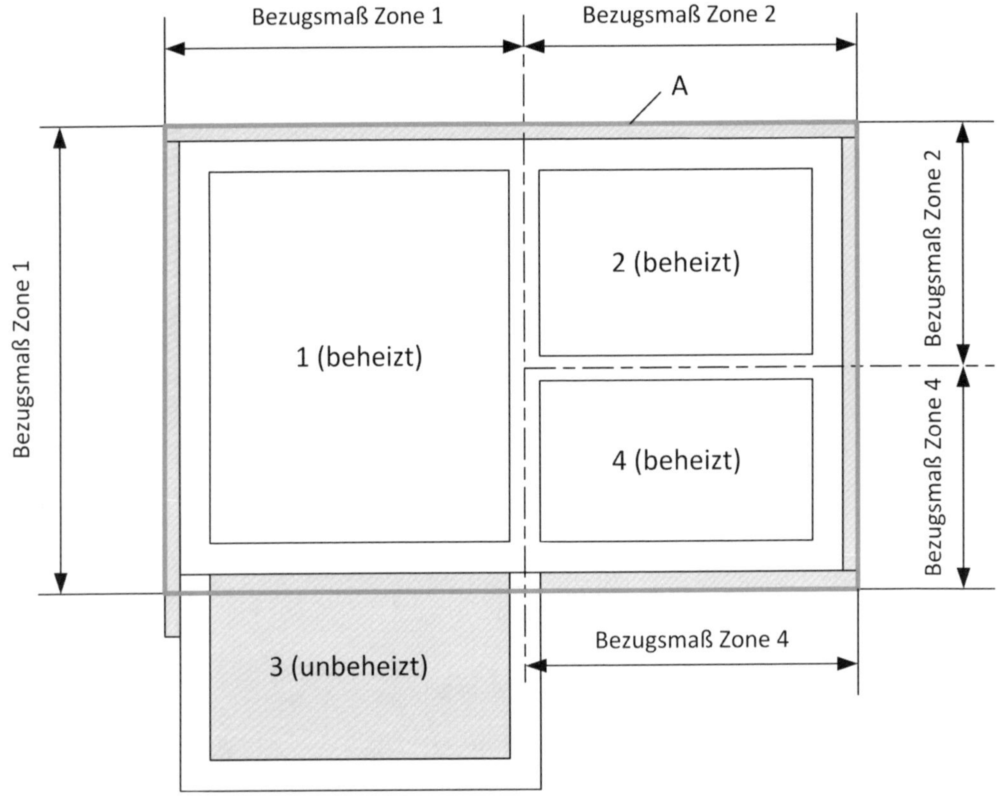

Abb. 3-3: Bezugsmaße im Grundriss; Zonen 1, 2 und 4: beheizt; Zone 3: nicht beheizt; N: Nachbargebäude (in Anlehnung an DIN V 18599-1:2018-09, Bild 7 [6])

3.5.2 Bezugsmaße im Aufriss

Als Bezugsmaße zur Bestimmung der wärmeübertragenden Umfassungsfläche A und des Bruttovolumens V_e im Aufriss (vertikale Richtung) gelten folgende Maße (Abb. 3-4):

- Bezugsmaß in allen Ebenen eines Gebäudes ist die Oberkante der Rohdecken, unabhängig von der Lage einer eventuell vorhandenen Dämmschicht. Dies gilt auch für den unteren Gebäudeabschluss, d.h. für die Bodenplatte und die Kellerdecke.
- Einzige Ausnahme ist der obere Gebäudeabschluss. Hier wird die Oberkante der obersten wärmetechnisch wirksamen Bauteilschicht als Bezugsmaß angesetzt (z.B. Außenkante Wärmedämmung).

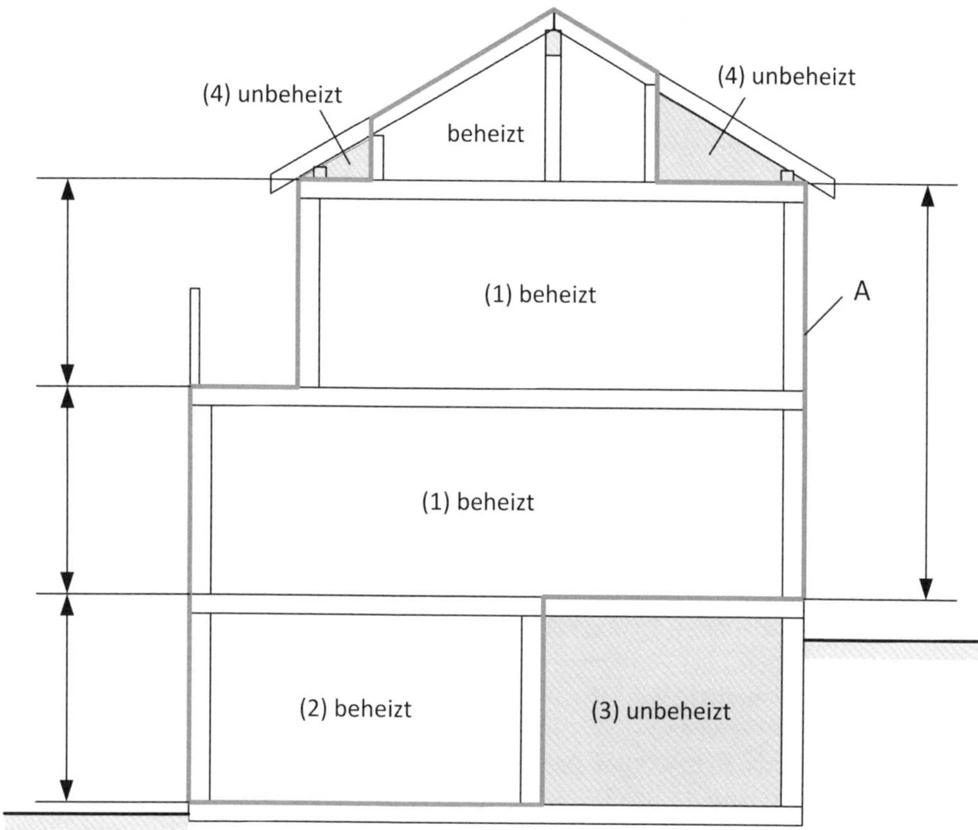

Abb. 3-4: Bezugsmaße im Aufriss; Zonen 1 und 2: beheizt; Zonen 3 und 4: nicht beheizt (in Anlehnung an DIN V 18599-1:2018-09, Bild 8 [6])

3.5.3 Fenstermaße

Für Fenster- und Turöffnungen gelten die lichten Rohbaumaße innen, d.h. das Maueröffnungsmaß, bei dem das Fenster bzw. der Blendrahmen angeschlagen wird. Putz und Bekleidungen sind dabei nicht zu berücksichtigen. Bei Dachflächenfenstern kann für das lichte Rohbaumaß das Außenmaß des Blendrahmens angenommen werden.

3.5.4 Bruttovolumen

Das Bruttovolumen V_e (beheiztes Gebäudevolumen) befindet sich innerhalb der wärmeübertragenden Umfassungsfläche *A*. Es enthält auch die Volumina der Bauteile.

3.6 Anforderungen an zu errichtende Gebäude

3.6.1 Allgemeines

An zu errichtende Gebäude werden folgende Anforderungen gestellt:

- Begrenzung des Jahres-Primärenergiebedarfs
- Einhaltung des baulichen Wärmeschutzes
- Wärmebrücken (Reduzierung auf die unbedingt erforderliche Anzahl; rechnerische Erfassung der Wärmeverluste)
- Dichtheit der Gebäudehülle
- sommerlicher Wärmeschutz

3.6.1.1 Jahres-Primärenergiebedarf

Der Jahres-Primärenergiebedarf ist die Hauptanforderungsgröße beim Nachweis des energiesparenden Wärmeschutzes nach GEG. Er wird als bezogene Größe in der Einheit kWh/(m^{2}a) angegeben, wobei sich der Wert bei Wohngebäuden auf 1 m^2 Gebäudenutzfläche und bei Nichtwohngebäuden auf 1 m^2 Nettogrundfläche bezieht. Der Jahres-Primärenergiebedarf berücksichtigt neben der energetischen Qualität der Bauteile der thermischen Gebäudehülle (wärmeübertragende Umfassungsfläche) im Wesentlichen die verwendete Anlagentechnik einschließlich der zum Betrieb erforderlichen Hilfsenergien sowie den eingesetzten Energieträger. Dabei werden auch Energieaufwände berücksichtigt, die in vorgelagerten Prozessketten durch Gewinnung, Umwandlung und Transport der verwendeten Energieträger (Primärenergie) entstehen. Bei der Ermittlung des Jahres-Primärenergiebedarfs wird der erneuerbare Anteil der Energieaufwände herausgerechnet, um die Verwendung erneuerbarer Energien gezielt zu fördern und fossile Brennstoffe schlechter zu bewerten. Durch diese Methodik wird erreicht, dass der Jahres-Primärenergiebedarf eines Gebäudes, welches mit erneuerbaren Energien betrieben wird, erheblich geringer ausfällt als bei einem exakt gleichartigen Gebäude, bei dem fossile Brennstoffe verwendet werden. Für einen objektiven Vergleich von Gebäuden hinsichtlich des tatsächlichen Energiebedarfs für die Erzeugung von Raumwärme (und Kälte), Warmwasser und Lüftung ist der Primärenergiebedarf daher nicht geeignet. Hierfür sollte ausschließlich der Endenergiebedarf herangezogen werden, der die berechnete Energiemenge angibt, die über die Gebäudegrenze (Systemgrenze) fließen muss, um die festgelegten Konditionen im Gebäude (Raumwärme, Warmwasser, Lüftung usw.) zu erreichen.

Für den Nachweis des Jahres-Primärenergiebedarfs siehe Abschnitt 3.6.2.

3.6.1.2 Baulicher Wärmeschutz

Eine weitere Anforderungsgröße beim Nachweis des Wärmeschutzes nach GEG ist der bauliche Wärmeschutz. Hierunter ist die energetische Qualität der thermischen Gebäudehülle zu verstehen, d.h., es werden Anforderungen an die Bauteile gestellt, die die wärmeübertragende Umfassungsfläche bilden. Der Grund für diesen zusätzlichen Nachweis liegt darin, dass der Nachweis des Jahres-Primärenergiebedarfs mit einer entsprechenden Anlagentechnik und Einsatz erneuerbarer Energien problemlos erreicht werden könnte, selbst wenn die Bauteile der thermischen Gebäudehülle lediglich ein Niveau des Mindestwärmeschutzes (nach DIN 4108-2 [7]) aufweisen würden. Der Nachweis des baulichen Wärmeschutzes wird bei Wohngebäuden durch die Begrenzung der Transmissionswärmeverluste und bei Nichtwohngebäuden durch die Begrenzung der mittleren Wärmedurchgangskoeffizienten der Außenbauteile erbracht. Siehe Abschnitt 3.6.3.

3.6.1.3 Wärmebrücken

Eine weitere Anforderung bezieht sich auf Wärmebrücken. Nach GEG § 12 sind Gebäude so zu errichten, dass der Einfluss konstruktiver Wärmebrücken auf den Jahres-Heizwärmebedarf so gering wie möglich gehalten wird. Dabei sind die anerkannten Regeln der Technik einzuhalten und die Maßnahmen im Einzelfall unter wirtschaftlichen Gesichtspunkten abzuwägen. Unter konstruktiven Wärmebrücken sind hier Wärmebrücken zu verstehen, die rein konstruktionsbedingt entstehen, z.B. bei lokaler Anordnung von Bauteilen mit hoher Wärmeleitfähigkeit in einem ansonsten energetisch guten Bauteil (z.B. Aussteifungsstütze aus Stahlbeton in einer Außenwand aus Porenbeton).

Die Forderung der Minimierung des Einflusses von Wärmebrücken ist dadurch begründet, dass der prozentuale Anteil der Wärmeverluste am Jahres-Heizwärmebedarf durch Wärmebrücken mit zunehmender energetischer Qualität der Bauteile der wärmeübertragenden Umfassungsfläche überproportional ansteigt. Aus diesem Grund wird im GEG auch gefordert, dass der verbleibende Einfluss von Wärmebrücken bei der Ermittlung des Jahres-Primärenergiebedarfs rechnerisch erfasst werden muss, z.B. pauschal durch Wärmebrückenzuschläge oder durch eine genaue Berechnung (GEG § 24).

3.6.1.4 Dichtheit

Weiterhin werden Anforderungen an die Dichtheit der Gebäudehülle gestellt. Nach GEG § 13 muss die wärmeübertragende Umfassungsfläche einschließlich der Fugen dauerhaft luftundurchlässig abgedichtet werden. Hierdurch sollen Lüftungswärmeverluste minimiert werden. Für die Ausbildung der Luftdichtheitsschicht ist DIN 4108-7 [8] zu beachten. Gleichzeitig ist der aus hygienischen und gesundheitlichen Gründen sowie zur Beheizung erforderliche Mindestluftwechsel sicherzustellen, z.B. um Schimmelpilzwachstum zu vermeiden. Für die Vermeidung von Schimmelpilzwachstum sind die Regelungen in DIN/TS 4108-8 [9] zu beachten.

3.6.1.5 Sommerlicher Wärmeschutz

Schließlich sind Anforderungen an den sommerlichen Wärmeschutz zu erfüllen, um eine zu starke Aufheizung von Gebäuden im Sommer zu vermeiden. Die Maßnahmen des sommerlichen Wärmeschutzes sind allein baulicher Art, wie z.B. Sonnenschutzvorrichtungen, Sonnenschutzgläser. Der Nachweis ist erbracht, wenn die Anforderungen nach DIN 4108-2:2013-02, Abschnitt 8.3 [7] eingehalten werden (Verfahren über Sonneneintragskennwerte) oder durch eine Simulationsrechnung nach DIN 4108-2:2013-02, Abschnitt 8.4 [7] gezeigt werden kann, dass die dort angegebenen Übertemperatur-Gradstunden nicht überschritten werden.

3.6.2 Anforderungen an den Jahres-Primärenergiebedarf

Die Höchstwerte des Jahres-Primärenergiebedarfs ergeben sich bei Wohn- und Nichtwohngebäuden durch Berechnung eines Referenzgebäudes, das die gleiche Geometrie, Ausrichtung und Gebäudenutzfläche (bei Wohngebäuden) bzw. Nettogrundfläche (bei

Nichtwohngebäuden) aufweist wie das zu errichtende Gebäude. Bei Nichtwohngebäuden muss das Referenzgebäude zusätzlich noch die gleiche Nutzung aufweisen wie das zu errichtende Gebäude.

Die technische Ausführung des Referenzgebäudes ist im GEG jeweils für Wohn- und Nichtwohngebäude festgelegt; siehe GEG Anlage 1 (Wohngebäude) und GEG Anlage 2 (Nichtwohngebäude). Exemplarisch ist hier die technische Ausführung des Referenzgebäudes für ein Wohngebäude angegeben (Tab. 3.5); für Nichtwohngebäude wird auf das GEG verwiesen.

Ab dem 1. Januar 2023 darf der vorhandene Jahres-Primärenergiebedarf eines zu errichtenden Gebäudes nicht größer als der 0,55-fache Wert des zugehörigen Referenzgebäudes sein. Diese Forderung gilt sowohl für Wohn- als auch für Nichtwohngebäude.

Es gilt folgende Anforderung:

$$Q''_{p} \leq 0{,}55 \cdot Q''_{p,Ref} \tag{3.1}$$

Darin bedeuten:

Q''_{p} vorhandener Jahres-Primärenergiebedarf des zu errichtenden Gebäudes, in kWh/(m^2a); bei Wohngebäuden wird als Bezugsfläche die Gebäudenutzfläche A_N, bei Nichtwohngebäuden die Nettogrundfläche A_{NGF} verwendet

$Q''_{p,Ref}$ Jahres-Primärenergiebedarf des zugehörigen Referenzgebäudes, in kWh/(m^2a)

Anmerkung: Ab 2025 ist geplant, den Höchstwert des Jahres-Primärenergiebedarfs noch weiter abzusenken. Nach derzeitigem Stand (Juli 2023) soll der Höchstwert auf den 0,40-fachen Wert des zugehörigen Referenzgebäudes abgesenkt werden ($Q''_{p} \leq 0{,}40 \cdot Q''_{p,Ref}$).

Tab. 3.5: Technische Ausführung des Referenzgebäudes für Wohngebäude (n. GEG Anlage 1)

Zeile	Bauteil/System	Referenzausführung bzw. Wert (Maßeinheit)	
		Eigenschaft (zu Zeilen 1.1 bis 4)	
1.1	Außenwand, Geschossdecke gegen Außenluft	Wärmedurchgangskoeffizient	$U = 0{,}28$ W/(m^2K)
1.2	Außenwand gegen Erdreich, Bodenplatte, Wände und Decken zu unbeheizten Räumen	Wärmedurchgangskoeffizient	$U = 0{,}35$ W/(m^2K)
1.3	Dach, oberste Geschossdecke, Wände zu Abseiten	Wärmedurchgangskoeffizient	$U = 0{,}20$ W/(m^2K)

Zeile	Bauteil/System	Referenzausführung bzw. Wert (Maßeinheit)	
		Eigenschaft (zu Zeilen 1.1 bis 4)	
1.4	Fenster, Fenstertüren	Wärmedurchgangskoeffizient	U_w = 1,3 W/(m²K)
		Gesamtenergiedurchlassgrad der Verglasung $g_\perp$	$g_\perp$ = 0,60
1.5	Dachflächenfenster	Wärmedurchgangskoeffizient	U_w = 1,4 W/(m²K)
		Gesamtenergiedurchlassgrad der Verglasung $g_\perp$	$g_\perp$ = 0,60
1.6	Lichtkuppeln	Wärmedurchgangskoeffizient	U_w = 2,7 W/(m²K)
		Gesamtenergiedurchlassgrad der Verglasung $g_\perp$	$g_\perp$ = 0,64
1.7	Außentüren, Türen gegen unbeheizte Räume	Wärmedurchgangskoeffizient	U = 1,80 W/(m²K)
2	Bauteile nach den Zeilen 1.1 bis 1.7	Wärmebrückenzuschlag	ΔU_{WB} = 0,05 W/(m²K)
3	Solare Wärmegewinne über opake Bauteile	wie das zu errichtende Gebäude	
4	Luftdichtheit der Gebäudehülle	Bemessungswert n_{50}	Bei Berechnung nach DIN V 4108-6:2003-06: mit Dichtheitsprüfung [10] DIN V 18599-2:2018-09: nach Kategorie I [11]
5	Sonnenschutzvorrichtung	keine Sonnenschutzvorrichtung	
6	Heizungsanlage	Wärmeerzeugung durch Brennwertkessel (verbessert), Erdgas, Aufstellung: für Gebäude bis zu 500 m² Gebäudenutzfläche innerhalb der thermischen Hülle für Gebäude mit mehr als 500 m² Gebäudenutzfläche außerhalb der thermischen Hülle	

Zeile	Bauteil/System	Referenzausführung bzw. Wert (Maßeinheit)	
		Eigenschaft (zu Zeilen 1.1 bis 4)	
		Auslegungstemperatur 55/45 °C, zentrales Verteilsystem innerhalb der wärmeübertragenden Umfassungsfläche, innen liegende Stränge und Anbindeleitungen, Standard-Leitungslängen nach DIN V 4701-10:2003-08, Tab. 5.3-2 [12], Pumpe auf Bedarf ausgelegt (geregelt, Δp konstant), Rohrnetz hydraulisch abgeglichen Wärmeübergabe mit freien statischen Heizflächen, Anordnung an normaler Außenwand, Thermostatventile mit Proportionalbereich 1 K nach DIN V 4701-10:2003-08 [12] bzw. P-Regler (nicht zertifiziert) nach DIN V 18599-5:2018-09 [13]	
7	Anlage zur Warmwasserbereitung	zentrale Warmwasserbereitung gemeinsame Wärmebereitung mit Heizungsanlage nach Zeile 6 bei Berechnung nach GEG § 20 Absatz 1 (Verfahren nach DIN V 18599): allgemeine Randbedingungen nach DIN V 18599-8:2018-09, Tab. 6 [14], Solaranlage mit Flachkollektor sowie Speicher ausgelegt nach DIN V 18599-8:2018-09, Abschnitt 6.4.3 [14] bei Berechnung nach GEG § 20 Absatz 2 (Verfahren nach DIN V 4108-6 [10]): Solaranlage mit Flachkollektor zur ausschließlichen Trinkwassererwärmung entsprechend den Vorgaben nach DIN V 4701-10:2003-08, Tab. 5.1-10 [12] mit Speicher, indirekt beheizt (stehend), gleiche Aufstellung wie Wärmeerzeuger, • kleine Solaranlage bei $A_N \leq 500$ m² (bivalenter Solarspeicher) • große Solaranlage bei $A_N > 500$ m² Verteilsystem innerhalb der wärmeübertragenden Umfassungsfläche, innen liegende Stränge, gemeinsame Installationswand, Standard-Leitungslänge nach DIN V 4701-10:2003-08, Tab. 5.1-2 [12] mit Zirkulation	
8	Kühlung	keine Kühlung	

Zeile	Bauteil/System	Referenzausführung bzw. Wert (Maßeinheit)	
		Eigenschaft (zu Zeilen 1.1 bis 4)	
9	Lüftung	zentrale Abluftanlage mit Außenwandluftdurchlässen (ALD), nicht bedarfsgeführt mit geregeltem DC-Ventilator, • DIN V 4701:2003-08 [12]: Anlagen-Luftwechsel $n_A = 0{,}4\ h^{-1}$ • DIN V 18599-10:2018-09 [15]: nutzungsbedingter Mindestaußenluftwechsel $n_{Nutz} = 0{,}5\ h^{-1}$	
10	Gebäudeautomation	Klasse C nach DIN V 18599-11:2018-09 [16]	

3.6.3 Anforderungen an den baulichen Wärmeschutz

Anforderungen an den baulichen Wärmeschutz werden gestellt, damit ein energetisches Mindestniveau der thermischen Gebäudehülle, d.h. der Bauteile, die die wärmeübertragende Umfassungsfläche bilden, erreicht wird.

Wohngebäude

Für zu errichtende Wohngebäude wird gefordert, dass der spezifische, auf die wärmeübertragende Umfassungsfläche bezogene Transmissionswärmeverlust den 1,0-fachen Wert des zugehörigen Referenzgebäudes nicht überschreitet (GEG § 16). Es gilt:

$$H'_T \leq 1{,}0 \cdot H'_{T,Ref} \tag{3.2}$$

Darin bedeuten:

H'_T spezifischer, auf die wärmeübertragende Umfassungsfläche bezogener Transmissionswärmeverlust des zu errichtenden Wohngebäudes, in $W/(m^2K)$

$H'_{T,Ref}$ spezifischer, auf die wärmeübertragende Umfassungsfläche bezogener Transmissionswärmeverlust des zugehörigen Referenzgebäudes, in $W/(m^2K)$

Nichtwohngebäude

Für zu errichtende Nichtwohngebäude wird gefordert, dass die mittleren Wärmedurchgangskoeffizienten der Bauteile der wärmeübertragenden Umfassungsfläche die Höchstwerte nach GEG Anlage 3 nicht überschreiten (siehe Tab. 3.6). Es gilt:

$$U_{mittel} \leq U_{max} \tag{3.3}$$

Darin bedeuten:

U_{mittel} mittlerer Wärmedurchgangskoeffizient der Bauteile der wärmeübertragenden Umfassungsfläche, in $W/(m^2K)$

U_{max} Höchstwert des Wärmedurchgangskoeffizienten der wärmeübertragenden Umfassungsfläche nach Tab. 3.6, in $W/(m^2K)$

Tab. 3.6: Höchstwerte der Wärmedurchgangskoeffizienten der wärmeübertragenden Umfassungsfläche von zu errichtenden Nichtwohngebäuden (n. GEG Anlage 3)

Zeile	**Bauteil**	**Höchstwerte der mittleren Wärmedurchgangskoeffizienten U_{max} in W/(m²K)**	
		Zonen mit Raum-Solltemperaturen im Heizfall ≥ 19 °C	Zonen mit Raum-Solltemperaturen im Heizfall von 12 °C bis < 19 °C
1	Opake Außenbauteile, soweit nicht in Bauteilen der Zeilen 3 und 4 enthalten	0,28	0,50
2	Transparente Außenbauteile, soweit nicht in Bauteilen der Zeilen 3 und 4 enthalten	1,50	2,80
3	Vorhangfassaden	1,50	3,00
4	Glasdächer, Lichtbänder, Lichtkuppeln	2,50	3,10

Hinweise zur Berechnung des mittleren Wärmedurchgangskoeffizienten U_{mittel}:

- Bei der Berechnung des mittleren Wärmedurchgangskoeffizienten sind die Bauteile entsprechend ihrem Flächenanteil zu berücksichtigen.
- Die Wärmedurchgangskoeffizienten von Bauteilen, die an unbeheizte Räume (außer Dachräume) sowie ans Erdreich grenzen, sind zusätzlich mit dem Faktor 0,5 zu multiplizieren.
- Bei der Berechnung des Mittelwerts des Wärmedurchgangskoeffizienten der Bodenplatte werden Flächen nicht berücksichtigt, die mehr als 5,0 m vom äußeren Rand des Gebäudes entfernt sind.
- Bei Zonen mit unterschiedlichen Raum-Solltemperaturen im Heizfall sind die mittleren Wärmedurchgangskoeffizienten getrennt zu ermitteln.
- Die Berechnung der Wärmedurchgangskoeffizienten ist nach folgenden Regelwerken vorzunehmen:
  - für Bauteile, die ans Erdreich grenzen: DIN V 18599-2:2018-09, Abschnitt 6.1.4.3 [11]
  - für opake Bauteile: DIN 4108-4:2020-11 [24] in Verbindung mit DIN EN ISO 6946:2018-03 [25]

3.7 Berechnungsverfahren

3.7.1 Allgemeines

Die Berechnung des Jahres-Primärenergiebedarfs erfolgt für Wohn- und Nichtwohngebäude nach DIN V 18599:2018-09 [2].

Für zu errichtende Wohngebäude, die nicht gekühlt werden, darf der Jahres-Primärenergiebedarf alternativ nach DIN V 4108-6:2003-06 [10] und DIN V 4701-10:2003-08 [12] ermittelt werden. Dieses Verfahren darf allerdings nur bis zum 31. Dezember 2023 angewendet werden; maßgebend ist das Datum der Bauantragstellung. Der bei diesem Rechenverfahren zu bestimmende Jahres-Heizwärmebedarf ist mit dem Monatsbilanzverfahren nach DIN V 4108-6:2003-06 [10] mit den in Anhang D.3 der Norm genannten Randbedingungen zu berechnen. Als Referenzklima ist abweichend von den Angaben in DIN V 4108-6 das Klima nach DIN V 18599-10:2018-08, Abschnitt 7.1 (Region Potsdam) [15] zu verwenden.

Bei beiden Rechenverfahren wird eine Energiebilanzierung von Wärmequellen (z.B. solare Wärmegewinne, interne Wärmegewinne) und Wärmesenken (z.B. Transmissionswärmeverluste, Lüftungswärmeverluste, Verluste bei der Wärmeerzeugung, Verteilung und Wärmeübergabe) innerhalb des Gebäudes vorgenommen und es werden zusätzlich die außerhalb der Gebäudegrenze entstehenden Verluste durch Gewinnung, Umwandlung und Transport des Energieträgers berücksichtigt.

Beim Nachweis des Jahres-Primärenergiebedarfs ist darauf zu achten, dass das Referenzgebäude sowie das vorhandene Gebäude mit dem gleichen Verfahren berechnet werden.

Bei Wohngebäuden werden bei der Berechnung des Jahres-Primärenergiebedarfs die Anteile für Heizung, Warmwasserbereitung, Lüftung und Kühlung berücksichtigt. Der Energiebedarf für Warmwasser ist bei Wohngebäuden in der Berechnung des Jahres-Primärenergiebedarfs je nach gewähltem Berechnungsverfahren entweder nach DIN V 18599-10:2018-09 [15] bei Anwendung des Rechenverfahrens nach DIN V 18599 oder pauschal mit 12,5 kWh/(m²a) bei Anwendung des Monatsbilanzverfahrens nach DIN V 4108-6:2003-06 [10] und DIN V 4701-10:2003-08 [12], geändert durch A1:2006-12 [17], anzusetzen.

Bei Nichtwohngebäuden ist bei der Berechnung des Jahres-Primärenergiebedarfs zusätzlich der Anteil für die eingebaute Beleuchtung zu berücksichtigen.

Für die Bilanzierung wird bei Wohngebäuden in der Regel eine Zone mit gleichen Randbedingungen (Temperatur, Nutzung, technische Ausstattung) angesetzt (Ein-Zonen-Modell). Bei Nichtwohngebäuden ist eine Einteilung in mehrere Zonen vorzunehmen, wenn sich in dem Gebäude Flächen hinsichtlich ihrer Nutzung, ihrer technischen Ausstattung, ihrer inneren Lasten oder ihrer Versorgung mit Tageslicht wesentlich unterscheiden. Die Randbedingungen für die Nutzung werden in DIN V 18599-10:2018-09 [15] geregelt.

Als Bezugsgröße für die Angabe des Jahres-Primärenergiebedarfs wird bei Wohngebäuden die Gebäudenutzfläche A_N verwendet. Die Gebäudenutzfläche ist dabei bei üblichen Geschosshöhen h_G, d.h. h_G zwischen 2,5 und 3,0 m, ausschließlich abhängig vom beheizten Gebäudevolumen V_e. Bei anderen Geschosshöhen, d.h. $h_G < 2,5$ m oder $> 3,0$ m, fließt in die Berechnung neben der Größe des beheizten Gebäudevolumens V_e außerdem die Geschosshöhe h_G mit ein. Bei Nichtwohngebäuden wird als Bezugsgröße für die Angabe des Jahres-Primärenergiebedarfs die Nettogrundfläche A_{NGF} verwendet.

3.7.2 Rechenablauf

Der prinzipielle Rechenablauf zur Ermittlung des Jahres-Primärenergiebedarfs nach DIN V 18599 stellt sich wie folgt dar:

1. Festlegen der Nutzungsrandbedingungen (nach DIN V 18599-10 [15]).
2. Zonierung des Gebäudes (nach DIN V 18599-1 [6]).
3. Ermittlung der Geometrie (Bezugsmaße, Flächen, Volumen usw.) für jede Zone.
4. Berechnung der bauphysikalischen Kennwerte der Bauteile für jede Zone (U-Werte, g-Werte usw.).
5. Ermittlung des Nutz- und Endenergiebedarfs für Beleuchtung für jede Zone (nach DIN V 18599-4 [18]).
6. Festlegung von Wärmequellen/-senken durch Lüftungssysteme in der Zone.
7. Festlegung von Wärmequellen/-senken durch Personen, Geräte, Prozesse in der Zone.
8. Erste überschlägige Bilanzierung des Nutzwärme- bzw. Nutzkältebedarfs der Zone.
9. Aufteilung der überschlägig bilanzierten Nutzenergie auf die Versorgungssysteme der Zone (Heizung, RLT-Anlagen, Kühlung).
10. Ermittlung von Wärmequellen durch die Heizung (Verteilung, Speicherung, ggf. Erzeugung) in der Zone (nach DIN V 18599-2 [11]).
11. Ermittlung von Wärmequellen durch die Trinkwarmwasserbereitung (Verteilung, Speicherung, ggf. Erzeugung) in der Zone (nach DIN V 18599-8 [14]).
12. Endgültige Bilanzierung des Nutzwärme- bzw. Nutzkältebedarfs der Zone (nach DIN V 18599-1 [6] und DIN V 18599-2 [11]).
13. Ermittlung des Nutzenergiebedarfs für Luftaufbereitung (nach DIN V 18599-3 [19]).
14. Endgültige Aufteilung der bilanzierten Nutzenergie auf die Versorgungssysteme der Zone (Heizung, RLT-Anlagen, Kühlung).
15. Ermittlung der Verluste und Hilfsenergien für Heizung (Übergabe, Verteilung, Speicherung), RLT-Anlagen, Warmwasserbereitung und Kühlsysteme.
16. Aufteilung der Nutzwärmeabgabe/Nutzkälteabgabe aller Erzeuger auf die unterschiedlichen Erzeugungssysteme.
17. Zusammenstellung der erforderlichen Energien für Heizung, Kühlung, Lüftung, Warmwasserbereitung und Beleuchtung sowie Zuordnung zu den Energieträgern.
18. Aufsummierung über alle Zonen und Bilanzierung Endenergiebedarf (nach DIN V 18599-1 [6]).
19. Energetische Bilanzierung und Ermittlung des Primärenergiebedarfs (nach DIN V 18599-1 [6]).

Aufgrund der Komplexität der Berechnungsverfahren wird hierauf nicht weiter eingegangen. Für eine Berechnung des Jahres-Primärenergiebedarfs ist in der Regel eine geeignete Software erforderlich. Dies gilt sinngemäß auch für die beiden Tabellenverfahren (nach DIN/TS 18599-12:2021-04 [20] für Wohngebäude und DIN/TS 18599-13:2020-12 [21] für Nichtwohngebäude), mit denen eine tabellarische Berechnung des Jahres-Primärenergiebedarfs und weiterer Kenngrößen möglich ist. Dies ist grundsätzlich zwar machbar, allerdings aufgrund des großen Zeitaufwands und der Fehleranfälligkeit für die Anwendung in der Praxis nicht zu empfehlen. Hierfür müssten die Berechnungsalgorithmen mindestens programmiert werden oder als Excel-Tabellen vorliegen, was zurzeit allerdings nicht angeboten wird.

3.7.3 Vereinfachtes Nachweisverfahren für Wohngebäude

Für zu errichtende Wohngebäude steht alternativ ein vereinfachtes Nachweisverfahren zur Verfügung (siehe GEG § 31). Dieses darf angewendet werden, wenn bestimmte Voraussetzungen vorliegen. Der Nachweis erfolgt, indem Bauteilanforderungen der thermischen Gebäudehülle sowie vorgegebene Anlagenkonzepte eingehalten werden.

Voraussetzungen:

Das vereinfachte Nachweisverfahren darf angewendet werden, wenn alle nachfolgend angegebenen Voraussetzungen erfüllt sind (UND-Verknüpfung):

1. **Wohngebäude:** Bei dem zu errichtenden Gebäude handelt es sich um ein Wohngebäude nach GEG § 3 Nummer 33, d.h. ein Gebäude, das nach seiner Zweckbestimmung überwiegend dem Wohnen dient (einschließlich Wohn-, Alten-, Pflegeheimen oder ähnlichen Einrichtungen). Sofern das Gebäude ein gemischt genutztes Gebäude ist, darf das vereinfachte Nachweisverfahren für den Wohngebäudeteil angewendet werden, wenn hierfür alle nachfolgend genannten Voraussetzungen erfüllt sind.
2. **Keine Klimaanlage:** Das Wohngebäude ist nicht mit einer Klimaanlage ausgestattet.
3. **Prüfung der Dichtheit:** Die Dichtheit wird nach GEG § 26 geprüft; die dort angegebenen Grenzwerte werden eingehalten.
4. **Sommerlicher Wärmeschutz:** Damit der sommerliche Wärmeschutz ohne weiteren Nachweis erfüllt ist, müssen folgende Voraussetzungen erfüllt sein:
   a. Der auf die Grundfläche bezogene Fensterflächenanteil im kritischen Raum (Raum mit der höchsten Wärmeeinstrahlung) darf nicht größer als 35 % sein.
   b. Sämtliche Fenster, die nach Ost, Süd und West orientiert sind, sind mit außen liegenden Sonnenschutzvorrichtungen ($F_c \leq 0{,}30$) versehen.
5. **Beheizte Bruttogrundfläche:** Die beheizte Bruttogrundfläche A_{BGF} muss innerhalb folgender Grenzen liegen:
   $115\ m^2 \leq A_{BGF} \leq 2300\ m^2$.
   Anmerkung: Die beheizte Bruttogrundfläche ist die Summe der Bruttogrundflächen aller beheizten Geschosse. Bei Gebäuden mit zwei oder mehr beheizten Geschossen werden nur 80 % der Bruttogrundfläche des obersten beheizten Geschosses angesetzt.

6. **Mittlere Geschosshöhe:** Die mittlere Geschosshöhe muss mindestens 2,5 m sein und darf nicht größer als 3,0 m sein.
   Anmerkung: Die mittlere Geschosshöhe ist der flächengewichtete Mittelwert der Geschosshöhen aller beheizten Geschosse des Gebäudes. Die Geschosshöhe ist das Maß von Oberkante Rohdecke des betreffenden Geschosses bis zur Oberkante Rohdecke des darüberliegenden Geschosses.
7. **Kompaktheit:** Die Kompaktheit des Gebäudes (= Verhältnis von Bruttoumfang U_{brutto} zur beheizten Bruttogrundfläche $A_{BGF,Geschoss}$ jedes beheizten Geschosses) muss folgende Bedingung erfüllen:
   $(U_{brutto}/A_{BGF})^2 \leq 20\, A_{BGF}$ eines beheizten Geschosses (mit U_{brutto} in [m], A_{BGF} in [m²]). Bei einem angebauten Gebäude ist in dem Bruttoumfang auch derjenige Anteil zu berücksichtigen, der an das Nachbargebäude grenzt.
8. **Deckungsgleichheit der Geschosse:** Bei mehrgeschossigen Gebäuden und beheizten Räumen in mehreren Geschossen müssen die beheizten Bruttogeschossflächen aller Geschosse deckungsgleich sein. Vor- und Rücksprünge sind nicht zulässig. Nur das oberste Geschoss darf eine kleinere beheizte Bruttogeschossfläche aufweisen.
9. **Geschossanzahl:** maximale Anzahl beheizter Geschosse = 6.
10. **Fensterflächenanteil:**
    a. Regelfall (außer b): maximal 30 % an der gesamten Fassadenfläche des Gebäudes.
    b. bei zweiseitig angebauten Gebäuden: maximal 35 % an der gesamten Fassadenfläche.
11. **Gesamtfläche spezieller Fenstertüren:**
    a. freistehende und einseitig angebaute Gebäude: maximal 4,5 % an der gesamten Fassadenfläche.
    b. zweiseitig angebaute Gebäude: maximal 5,5 % an der gesamten Fassadenfläche.
12. **Nördlich orientierte Fenster:** Die Fläche von nördlich orientierten Fenstern darf nicht größer sein als der Mittelwert der Fensterfläche anderer Himmelsorientierungen (Ost, Süd, West).
13. **Dachflächenfenster, Lichtkuppeln:** Der Anteil von Dachflächenfenstern, Lichtkuppeln und ähnlichen transparenten Flächen darf höchstens 6 % der Dachfläche betragen.
14. **Außentüren:** Die Gesamtfläche aller Außentüren an der beheizten Bruttogrundfläche des Gebäudes darf folgende Werte nicht überschreiten:
    a. Ein- und Zweifamilienhäuser: 2,7 %,
    b. andere Gebäude: 1,5 %.

Bauteilanforderungen

Die Bauteile der thermischen Gebäudehülle müssen die Anforderungen nach Tab. 3.7 einhalten.

Tab. 3.7: Bauteilanforderungen bei Anwendung des vereinfachten Nachweisverfahrens für ein zu errichtendes Wohngebäude (nach GEG § 31)

Bauteil	**Anforderung**
Dachflächen, oberste Geschossdecke, Dachgauben	$U \leq 0{,}14$ W/(m²K)
Fenster und sonstige transparente Bauteile	$U_W \leq 0{,}90$ W/(m²K)
Dachflächenfenster	$U \leq 1{,}0$ W/(m²K)
Außenwände, Geschossdecken nach unten gegen Außenluft	$U \leq 0{,}20$ W/(m²K)
Sonstige opake Bauteile (Kellerdecken, Wände und Decken zu unbeheizten Räumen, Wand- und Bodenflächen gegen Erdreich)	$U \leq 0{,}25$ W/(m²K)
Türen (Keller- und Außentüren)	$U_D \leq 1{,}2$ W/(m²K)
Lichtkuppeln und ähnliche Bauteile	$U \leq 1{,}5$ W/(m²K)
Spezielle Fenstertüren (mit Klapp-, Falt-, Schiebe- oder Hebemechanismus)	$U_W \leq 1{,}4$ W/(m²K)
Vermeidung von Wärmebrücken Wärmebrückenzuschlag	$\Delta U_{WB} \leq 0{,}035$ W/(m²K)
Anmerkungen: 1. Die Anforderungen sind über die gesamte Fläche des jeweiligen Bauteils einzuhalten. 2. Die Anforderungen an die Ausführung von Wärmebrücken sowie an die Luftdichtheit sind einzuhalten; siehe GEG.	

Anlagensysteme

Es dürfen folgende Anlagensysteme eingesetzt werden:

1. Sole-Wasser-Wärmepumpe mit Flächenheizsystem; zentrale Abluftanlage.
2. Wasser-Wasser-Wärmepumpe mit Flächenheizsystem; zentrale Abluftanlage.
3. Luft-Wasser-Wärmepumpe mit Flächenheizsystem; zentrale Lüftungsanlage mit Wärmerückgewinnung (Wärmebereitstellungsgrad ≥ 80 %).
4. Fernwärme mit zertifiziertem Primärenergiefaktor $f_p \leq 0{,}7$; zentrale Lüftungsanlage mit Wärmerückgewinnung (Wärmebereitstellungsgrad ≥ 80 %).
5. zentrale Biomasse-Heizungsanlage auf Basis von Holzpellets, Hackschnitzeln oder Scheitholz; zentrale Abluftanlage; Solarthermieanlage zur Trinkwarmwasser-Bereitung.

Weiterhin sind folgende Randbedingungen zu beachten:

- Aufstellungsort des Wärmeerzeugers bzw. der Wärmeübergabestation innerhalb der thermischen Gebäudehülle.
- Bei Wärmepumpen dürfen einzelne Komponenten auch außerhalb der thermischen Hülle angeordnet werden, wenn sich mindestens der Speicher sowie die Verteilung innerhalb der thermischen Hülle befinden.

- Zentrale Trinkwarmwasser-Bereitung. Bei Wärmepumpen kann die Trinkwarmwasser-Bereitung auch dezentral mittels Durchlauferhitzer erfolgen.
- Trinkwarmwasser-Zirkulation ist zulässig.
- Die zentrale Abluftanlage kann durch eine Lüftungsanlage mit Wärmerückgewinnung ersetzt werden.
- Weitere Wärmeerzeuger für Heizung und/oder Trinkwarmwasser sind nicht zulässig, auch nicht ergänzend.
- Die Anlagensysteme können durch solarthermische Anlagen ergänzt werden.

Für weitere Informationen wird auf das GEG verwiesen.

3.7.4 Vereinfachtes Nachweisverfahren für Nichtwohngebäude

Für Nichtwohngebäude darf der Jahres-Primärenergiebedarf nach einem vereinfachten Verfahren berechnet werden, wenn bestimmte Voraussetzungen vorliegen; siehe GEG § 32. Hierbei darf ein Ein-Zonen-Modell für die Berechnung zugrunde gelegt werden.

Voraussetzungen:

1. Die Summe der Nettogrundflächen aus der Hauptnutzung und den Verkehrsflächen beträgt mehr als 2/3 der gesamten Nettogrundfläche des Gebäudes.
2. Beheizung und Warmwasserbereitung erfolgen für alle Räume auf dieselbe Art.
3. Das Gebäude wird nicht gekühlt.
4. Höchstens 10 % der Nettogrundfläche des Gebäudes werden durch Glühlampen, Halogenlampen oder die Beleuchtungsart „indirekt" nach DIN V 18599:2018-09 [2] beleuchtet.

Das vereinfachte Nachweisverfahren kann für folgende Gebäude angewendet werden:

1. Bürogebäude, Verkaufseinrichtung, Gewerbebetrieb, Gaststätte.
2. Gebäude des Groß- und Einzelhandels mit maximal 1000 m² Nettogrundfläche, sofern neben der Hauptnutzung nur Büro-, Lager-, Sanitär- oder Verkehrsflächen vorhanden sind.
3. Gewerbebetriebe bis 1000 m² Nettogrundfläche, sofern neben der Hauptnutzung nur Büro-, Lager-, Sanitär- oder Verkehrsflächen vorhanden sind.
4. Schulen, Turnhallen, Kindergarten, Kindertagesstätten oder ähnliche Einrichtungen.
5. Beherbergungsstätten ohne Schwimmhalle, Sauna oder Wellnessbereich.
6. Bibliotheken.

Für weitere Angaben wird auf das GEG verwiesen.

3.8 Anforderungen an bestehende Gebäude

3.8.1 Allgemeines

Bei bestehenden Gebäuden sind Anforderungen nur bei wesentlichen Änderungen an Außenbauteilen (z.B. Austausch der Fenster, Dämmung der Außenwände) sowie bei der Erweiterung und dem Ausbau zu beachten. Wesentliche Änderungen liegen vor, wenn mehr als 10 % der jeweiligen Bauteilgruppe geändert werden sollen (Bagatellregelung). Der Nachweis kann wahlweise über das Bauteilverfahren oder über das Referenzgebäudeverfahren erbracht werden.

3.8.2 Bauteilverfahren

Beim *Bauteilverfahren* darf das geänderte Bauteil festgelegte Höchstwerte der Wärmedurchgangskoeffizienten (U-Werte) nicht überschreiten. Die einzuhaltenden U-Werte sind im GEG Anlage 7 festgelegt und sind abhängig vom Bauteil, von der Änderungsmaßnahme sowie von der Raum-Solltemperatur. Beispielsweise darf bei Wohngebäuden und Zonen von Nichtwohngebäuden mit Raum-Solltemperaturen größer gleich 19 °C bei Außenwänden ein U-Wert von 0,24 W/(m²K) nicht überschritten werden. Für Fenster und Fenstertüren ist der U_w-Wert auf maximal 1,30 W/(m²K) festgelegt, für Fenster und Fenstertüren mit Sonderverglasungen beträgt der maximale U_w-Wert 2,00 W/(m²K). Für Verglasungen ist der Höchstwert mit 1,10 W/(m²K) festgelegt (bei Sonderverglasungen 1,60 W/(m²K)). Bei Steildächern ist ein U-Wert von 0,24 W/(m²K), bei Flachdächern ein U-Wert von 0,20 W/(m²K) einzuhalten (Auszug siehe Tab. 3.8). Für genauere Angaben wird auf das GEG verwiesen.

Tab. 3.8: Höchstwerte der Wärmedurchgangskoeffizienten von Außenbauteilen bei Änderung bestehender Gebäude (n. GEG Anlage 7; Auszug)

Nummer	Erneuerung, Ersatz oder erstmaliger Einbau von Außenbauteilen	Wärmedurchgangskoeffizient *U* in W/(m²K)	
		Wohngebäude Zonen in Nichtwohngebäuden mit Raum-Solltemperatur ≥ 19 °C	Zonen in Nichtwohngebäuden mit Raum-Solltemperatur ≥ 12 °C und < 19 °C
Außenwände			
1a[1)]	Außenwände: • Ersatz oder • erstmaliger Einbau	$U \leq 0{,}24$	$U \leq 0{,}35$

Nummer	Erneuerung, Ersatz oder erstmaliger Einbau von Außenbauteilen	Wärmedurchgangskoeffizient *U* in W/(m²K)	
		Wohngebäude Zonen in Nichtwohngebäuden mit Raum-Solltemperatur ≥ 19 °C	Zonen in Nichtwohngebäuden mit Raum-Solltemperatur ≥ 12 °C und < 19 °C
1b[1),2)]	Außenwände: • Anbringen von Bekleidungen (Platten, plattenartige Bauteile), Verschalungen, Mauervorsatzschalen, Dämmschichten auf der Außenseite einer bestehenden Wand • Erneuerung des Außenputzes einer bestehenden Wand	$U \leq 0{,}24$	$U \leq 0{,}35$
Fenster, Fenstertüren, Dachflächenfenster, Glasdächer, Außentüren, Vorhangfassaden			
2a	Gegen Außenluft abgrenzende Fenster und Fenstertüren: • Ersatz oder erstmaliger Einbau des gesamten Bauteils • Einbau zusätzlicher Vor- oder Innenfenster	$U_w \leq 1{,}3$	$U_w \leq 1{,}9$
2b	Gegen Außenluft abgrenzende Dachflächenfenster: • Ersatz oder erstmaliger Einbau des gesamten Bauteils • Einbau zusätzlicher Vor- oder Innenfenster	$U_w \leq 1{,}4$	$U_w \leq 1{,}9$
2c[3)]	Gegen Außenluft abgrenzende Fenster, Fenstertüren und Dachflächenfenster: • Ersatz der Verglasung oder verglaster Flügelrahmen	$U_g \leq 1{,}1$	keine Anforderung
3a	Gegen Außenluft abgrenzende Fenster, Fenstertüren und Dachflächenfenster mit Sonderverglasungen: • Ersatz oder erstmaliger Einbau des gesamten Bauteils • Einbau zusätzlicher Vor- oder Innenfenster	U_w bzw. $U_g \leq 2{,}0$	U_w bzw. $U_g \leq 2{,}8$

Nummer	Erneuerung, Ersatz oder erstmaliger Einbau von Außenbauteilen	Wärmedurchgangskoeffizient U in W/(m²K)	
		Wohngebäude Zonen in Nichtwohngebäuden mit Raum-Solltemperatur ≥ 19 °C	Zonen in Nichtwohngebäuden mit Raum-Solltemperatur ≥ 12 °C und < 19 °C
3b[4]	Gegen Außenluft abgrenzende Fenster, Fenstertüren und Dachflächenfenster mit Sonderverglasung: • Ersatz der Sonderverglasung oder verglaster Flügelrahmen	$U_g \leq 1{,}6$	keine Anforderung
4	Einbau neuer Außentüren (ohne rahmenlose Türanlagen aus Glas, Karusselltüren und kraftbetätigte Türen)	$U = 1{,}8$ (Türfläche)	$U = 1{,}8$ (Türfläche)
Dachflächen sowie Decken und Wände gegen unbeheizte Dachräume			
5a[1]	Gegen Außenluft abgrenzende Dachflächen einschließlich Dachgauben sowie gegen unbeheizte Dachräume abgrenzende Decken (oberste Geschossdecken) und Wände (einschließlich Abseitenwänden): • Ersatz oder • erstmaliger Einbau	$U = 0{,}24$	$U = 0{,}35$
5c[1),5)]	Gegen Außenluft abgrenzende Dachflächen mit Abdichtung: • Ersatz der Abdichtung	$U = 0{,}20$	$U = 0{,}35$
Wände gegen Erdreich oder unbeheizte Räume (mit Ausnahme von Dachräumen) sowie Decken nach unten gegen Erdreich, Außenluft oder unbeheizte Räume			
6a[1]	Wände, die an Erdreich oder an unbeheizte Räume grenzen (mit Ausnahme von Dachräumen), und Decken, die beheizte Räume nach unten zum Erdreich oder zu unbeheizten Räumen abgrenzen: • Ersatz oder • erstmaliger Einbau	$U = 0{,}30$	keine Anforderung

Nummer	Erneuerung, Ersatz oder erstmaliger Einbau von Außenbauteilen	Wärmedurchgangskoeffizient *U* in W/(m²K)	
		Wohngebäude Zonen in Nichtwohngebäuden mit Raum-Solltemperatur ≥ 19 °C	Zonen in Nichtwohngebäuden mit Raum-Solltemperatur ≥ 12 °C und < 19 °C
6e[1),5)]	Decken, die beheizte Räume nach unten gegen Außenluft abgrenzen: • Anbringen oder Erneuern von außenseitigen Bekleidungen oder Verschalungen, Feuchtigkeitssperren oder Drainagen oder • Anbringen von Deckenbekleidungen auf der Kaltseite	$U = 0,24$	$U = 0,35$

1) Werden Maßnahmen nach den Nummern 1a, 1b, 5a, 5c, 6a oder 6e ausgeführt und ist die Dämmschichtdicke im Rahmen dieser Maßnahmen aus technischen Gründen begrenzt, so gelten die Anforderungen als erfüllt, wenn die nach anerkannten Regeln der Technik höchstmögliche Dämmschichtdicke eingebaut wird, wobei ein Bemessungswert der Wärmeleitfähigkeit von $\lambda = 0,035$ W/(mK) einzuhalten ist. Abweichend von Satz 1 ist ein Bemessungswert der Wärmeleitfähigkeit von $\lambda = 0,045$ W/(mK) einzuhalten, soweit Dämmmaterialien in Hohlräume eingeblasen oder Dämmmaterialien aus nachwachsenden Rohstoffen verwendet werden. Wird bei Maßnahmen nach Nummer 5b eine Dachdeckung einschließlich darunterliegender Lattungen und Verschalungen ersetzt oder neu aufgebaut, sind die Sätze 1 und 2 entsprechend anzuwenden, wenn der Wärmeschutz als Zwischensparrendämmung ausgeführt wird und die Dämmschichtdicke wegen einer innenseitigen Bekleidung oder der Sparrenhöhe begrenzt ist. Die Sätze 1 bis 3 sind bei Maßnahmen nach den Nummern 5a, 5b, und 5c nur auf opake Bauteile anzuwenden.

2) Werden Maßnahmen nach Nummer 1b ausgeführt, müssen die dort genannten Anforderungen nicht eingehalten werden, wenn die Außenwand nach dem 31. Dezember 1983 unter Einhaltung energiesparrechtlicher Vorschriften errichtet oder erneuert worden ist.

3) Bei Ersatz der Verglasung oder verglaster Flügelrahmen gelten die Anforderungen nach den Nummern 2c, 2e und 3c nicht, wenn der vorhandene Rahmen zur Aufnahme der vorgeschriebenen Verglasung ungeeignet ist. Werden bei Maßnahmen nach Nummer 2c oder bei Maßnahmen nach Nummer 2e Verglasungen oder verglaste Flügelrahmen ersetzt und ist die Glasdicke im Rahmen dieser Maßnahmen aus technischen Gründen begrenzt, so gelten die Anforderungen als erfüllt, wenn eine Verglasung mit einem Wärmedurchgangskoeffizienten von höchstens 1,3 W/(m²K) eingebaut wird. Werden Maßnahmen nach Nummer 2c an Kasten- oder Verbundfenstern durchgeführt, so gelten die Anforderungen als erfüllt, wenn eine Glastafel mit einer infrarotreflektierenden Beschichtung mit einer Emissivität $\varepsilon_n \leq 0,2$ eingebaut wird.

4) Sonderverglasungen im Sinne der Nummern 3a, 3b und 3c sind
   - Schallschutzverglasungen mit einem bewerteten Schalldämmmaß der Verglasung von $R_{w,R} \geq 40$ dB nach DIN EN ISO 717-1: 2013-06 oder einer vergleichbaren Anforderung,
   - Isolierglas-Sonderaufbauten zur Durchschusshemmung, Durchbruchhemmung oder Sprengwirkungshemmung nach anerkannten Regeln der Technik oder
   - Isolierglas-Sonderaufbauten als Brandschutzglas mit einer Einzelelementdicke von mindestens 18 mm nach DIN 4102-13: 1990-05 oder einer vergleichbaren Anforderung.

5) Werden Maßnahmen nach den Nummern 5b, 5c, 6b, 6c oder 6e ausgeführt, müssen die dort genannten Anforderungen nicht eingehalten werden, wenn die Bauteilfläche nach dem 31. Dezember 1983 unter Einhaltung energiesparrechtlicher Vorschriften errichtet oder erneuert worden ist.

3.8.3 Referenzgebäudeverfahren

Alternativ zum Bauteilverfahren kann der Nachweis, dass die geänderten Außenbauteile die Anforderungen der EnEV erfüllen, mit dem *Referenzgebäudeverfahren* geführt werden. Beim Referenzgebäudeverfahren wird der Nachweis über den Jahres-Primärenergiebedarf für das geänderte Gebäude insgesamt geführt. Die Anforderungen sind erfüllt, wenn das geänderte Gebäude insgesamt

a) den Jahres-Primärenergiebedarf des Referenzgebäudes um nicht mehr als 40 % überschreitet und

b) bei Wohngebäuden den Höchstwert des spezifischen, auf die wärmeübertragende Umfassungsfläche bezogenen Transmissionswärmeverlusts nach Tab. 3.9 nicht überschreitet bzw.

c) bei Nichtwohngebäuden den Höchstwert des mittleren Wärmedurchgangskoeffizienten der wärmeübertragenden Umfassungsfläche nach GEG Anlage 3 (siehe Tab. 3.6) nicht überschreitet.

Tab. 3.9: Höchstwerte des spezifischen, auf die wärmeübertragende Umfassungsfläche bezogenen Transmissionswärmeverlusts H'_T bei bestehenden Wohngebäuden (n. GEG § 50)

Wohngebäudetyp	**maximal H'_T** in W/(m²K)
freistehend, $A_N \leq 350$ m²	0,40
freistehend, $A_N > 350$ m²	0,50
einseitig angebaut	0,45
alle anderen Wohngebäude	0,65

Für weitere Angaben und Regeln wird auf das GEG verwiesen.

3.9 Energieausweise

Die EU-Richtlinie über die Gesamtenergieeffizienz von Gebäuden fordert u.a. die Einführung von Energieausweisen sowohl für neue als auch für bestehende Gebäude. Diese Forderung wurde bereits mit Einführung der EnEV 2007 [22] umgesetzt. Ab Juli 2009 gilt für alle Gebäude eine Ausweispflicht. Bei Gebäuden mit mehr als 1000 m² Nutzfläche und großem Publikumsverkehr (z.B. Rathäuser, Schulen, Universitäten) ist der Energieausweis an gut sichtbarer Stelle öffentlich auszuhängen (Abb. 3-5).

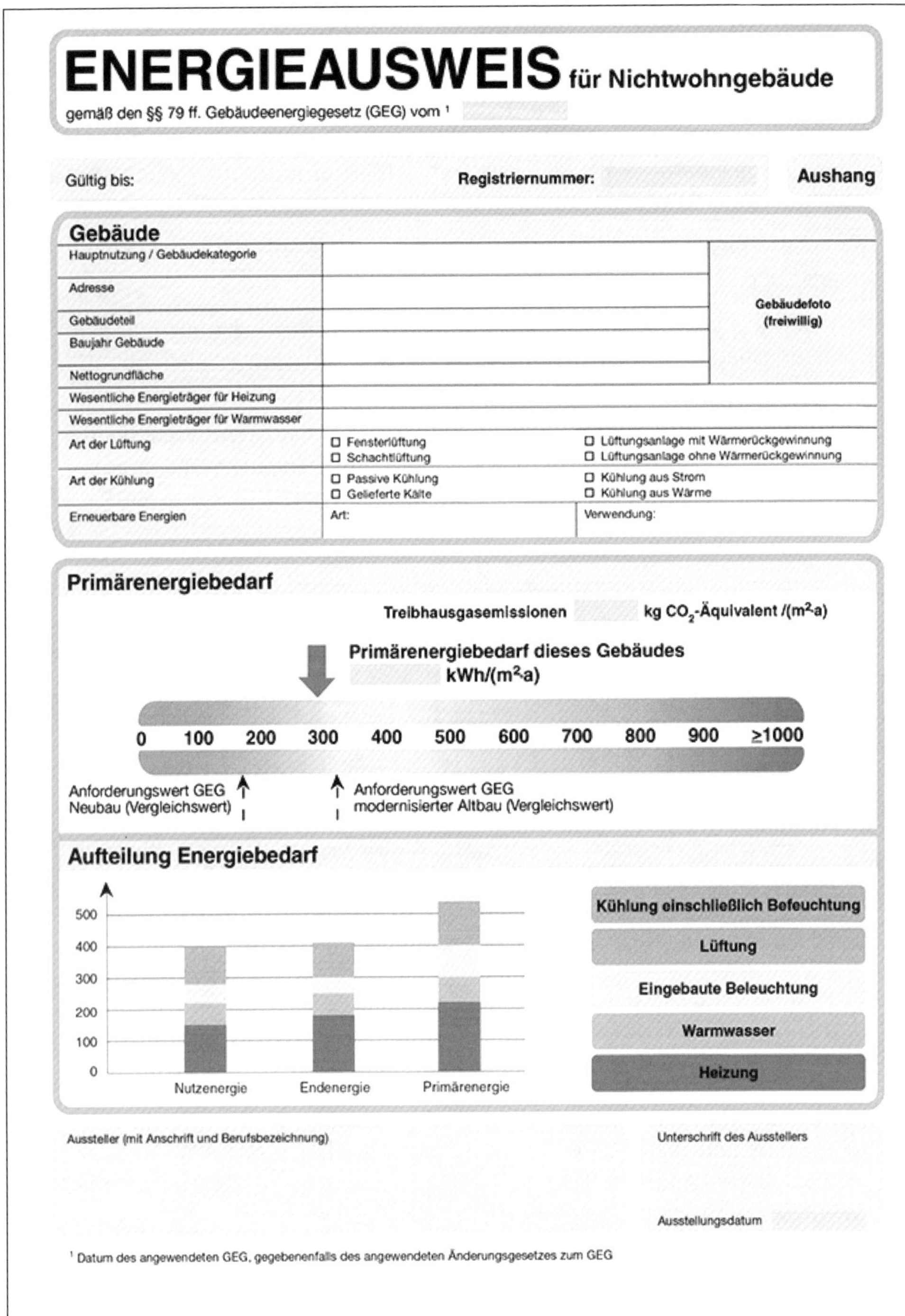

ENERGIEAUSWEIS für Nichtwohngebäude

gemäß den §§ 79 ff. Gebäudeenergiegesetz (GEG) vom [1]

Gültig bis: | Registriernummer: | Aushang

Gebäude

Hauptnutzung / Gebäudekategorie		Gebäudefoto (freiwillig)
Adresse		
Gebäudeteil		
Baujahr Gebäude		
Nettogrundfläche		
Wesentliche Energieträger für Heizung		
Wesentliche Energieträger für Warmwasser		
Art der Lüftung	☐ Fensterlüftung ☐ Schachtlüftung	☐ Lüftungsanlage mit Wärmerückgewinnung ☐ Lüftungsanlage ohne Wärmerückgewinnung
Art der Kühlung	☐ Passive Kühlung ☐ Gelieferte Kälte	☐ Kühlung aus Strom ☐ Kühlung aus Wärme
Erneuerbare Energien	Art:	Verwendung:

Primärenergiebedarf

Treibhausgasemissionen kg CO_2-Äquivalent /(m^2·a)

Primärenergiebedarf dieses Gebäudes kWh/(m^2·a)

Aufteilung Energiebedarf

Aussteller (mit Anschrift und Berufsbezeichnung)

Unterschrift des Ausstellers

Ausstellungsdatum

[1] Datum des angewendeten GEG, gegebenenfalls des angewendeten Änderungsgesetzes zum GEG

Abb. 3-5: Muster Energieausweis Nichtwohngebäude (Quelle: Bekanntmachung der Muster von Energieausweisen nach dem Gebäudeenergiegesetz vom 8. Oktober 2020, Bundesministerium für Wirtschaft und Energie, Bundesministerium des Innern, für Bau und Heimat; Bundesanzeiger)

Der Energieausweis soll Auskunft über die Gesamtenergieeffizienz und die energetische Qualität eines Gebäudes geben. Dadurch soll potenziellen Käufern oder Mietern ein Vergleich der energetischen Qualität von Gebäuden ermöglicht werden. Außerdem lässt der Energieausweis Rückschlüsse auf die zu erwartenden Heizkosten zu. Der Energieausweis soll weiterhin Anreize zur energetischen Modernisierung geben.

Das GEG unterscheidet zwei unterschiedliche Energieausweis-Typen (siehe GEG § 79). Es gibt den bedarfsorientierten (*Bedarfsausweis*) sowie den verbrauchsorientierten Energieausweis (*Verbrauchsausweis*). Ein Bedarfsausweis ist zwingend bei zu errichtenden Gebäuden auszustellen, da hier keine Verbrauchswerte vorliegen. Weiterhin ist ein Bedarfsausweis erforderlich für bestehende Gebäude, wenn diese weniger als fünf Wohnungen umfassen, nicht modernisiert sind (Anforderungsniveau WSchVO 1977 [22]) und für die der Bauantrag vor dem 1. November 1977 gestellt worden ist. Für alle anderen Gebäude besteht Wahlfreiheit zwischen Bedarfs- und Verbrauchsausweis.

Der Bedarfsausweis beruht auf berechneten Größen, die für normierte Randbedingungen für das betrachtete Gebäude ermittelt werden. Im Bedarfsausweis werden der Jahres-Primärenergiebedarf und der Endenergiebedarf jeweils in kWh/(m^{2}a) sowie der spezifische, auf die wärmeübertragende Umfassungsfläche bezogene Transmissionswärmeverlust in W/(m^{2}K) sowie weitere Daten und Kennwerte angegeben. Vorteil des Bedarfsausweises ist die objektive Bewertung der energetischen Qualität des Gebäudes, da das tatsächliche Nutzerverhalten nicht in die Berechnung einfließt. Die energetische Qualität von verschiedenen Gebäuden kann objektiv nur mithilfe eines Bedarfsausweises verglichen werden, da die Randbedingungen gleich sind und das Nutzerverhalten normiert ist.

Der Verbrauchsausweis verwendet dagegen einen Energieverbrauchskennwert, der aus den tatsächlichen Verbräuchen der letzten drei Jahre bzw. Abrechnungsperioden ermittelt wird. Bei der Berechnung des Energieverbrauchskennwertes wird eine Bereinigung durch einen Klimafaktor vorgenommen, um die in Deutschland vorkommenden unterschiedlichen Klimaregionen (z.B. Mittelgebirge mit geringeren Temperaturen als die Küstengebiete oder das Rheintal) zu berücksichtigen. Weiterhin sind längere Leerstände bei der Ermittlung des Energieverbrauchskennwertes angemessen zu berücksichtigen. Allerdings ist zu beachten, dass der Energieverbrauchskennwert (Angabe in kWh/(m^{2}a)) stark vom tatsächlichen Nutzerverhalten abhängig ist. Untersuchungen haben gezeigt, dass hier große Schwankungen möglich sind. Aus diesem Grund ist der Verbrauchsausweis für den Vergleich mit anderen Gebäuden nur bedingt geeignet. Außerdem gibt er nur eingeschränkt Auskunft über die tatsächliche energetische Qualität des Gebäudes und lässt auch keine genauen Rückschlüsse auf die zu erwartenden Heizkosten zu.

Beide Ausweistypen enthalten außerdem konkrete Angaben zu möglichen Modernisierungsempfehlungen. Der Energieausweis darf nur von berechtigten Personen ausgestellt werden und ist dem Eigentümer oder Vermieter vom Aussteller zu erläutern. Die Gültigkeit eines Energieausweises beträgt zehn Jahre. Danach oder nach Modernisierungen bzw. Änderungen ist ein neuer Energieausweis auszustellen. Für weitere Angaben wird auf das GEG verwiesen.

3.10 Sonstige Regelungen und Ausblick

Das GEG sieht Betriebsverbote für Heizkessel und Ölheizungen sowie Nachrüstverpflichtungen bei Anlagen (z.B. Austausch alter Heizkessel, Dämmung von Wärmeverteilungs- und Warmwasserleitungen) und bei Gebäuden (z.B. Dämmung oberster Geschossdecken) vor; genauere Angaben siehe GEG § 71 und § 72. Allerdings existieren zahlreiche Ausnahmen, siehe GEG § 73. Auf eine Wiedergabe wird hier verzichtet, da in Kürze mit Änderungen zu rechnen ist (Stand Juli 2023). Der Vollzug des GEG wird durch private Nachweise (Fachunternehmererklärungen) sowie Kontrollen durch den Bezirksschornsteinfegermeister überprüft. Für weitere Regelungen wird auf den Gesetzestext des GEG verwiesen.

Für 2024 wird eine weitere Novelle des GEG erwartet. Wesentliche Änderung gegenüber der bisherigen Fassung ist die Vorgabe, dass zukünftig nur noch Heizungen eingebaut werden dürfen, die mindestens 65 % der eingesetzten Energie aus erneuerbaren Quellen beziehen. Diese Forderung ist nur mit Wärmepumpen zu erfüllen und bedeutet de facto das Aus für konventionelle Gas- und Ölheizungen. Auch Wärmeerzeuger, die mit Biomasse betrieben werden, dürfen nach den Planungen zumindest für zu errichtende Gebäude nicht mehr eingesetzt werden. Obwohl ein erster Entwurf des GEG 2024 vorliegt, wird hier auf eine Wiedergabe und Kommentierung verzichtet, da das Gesetzgebungsverfahren zurzeit (Juli 2023) noch läuft und aufgrund der massiven Kritik am Gesetzesentwurf noch mit wesentlichen Änderungen zu rechnen ist. Es wird daher auf die entsprechenden Quellen im Internet verwiesen.

4 Beispiele

4.1 Beispiel 1 – Lage der wärmeübertragenden Umfassungsfläche

(Kategorie B)

In den dargestellten Aufriss eines Wohngebäudes ist die Lage der wärmeübertragenden Umfassungsfläche *A* einzuzeichnen (Abb. 4-1).

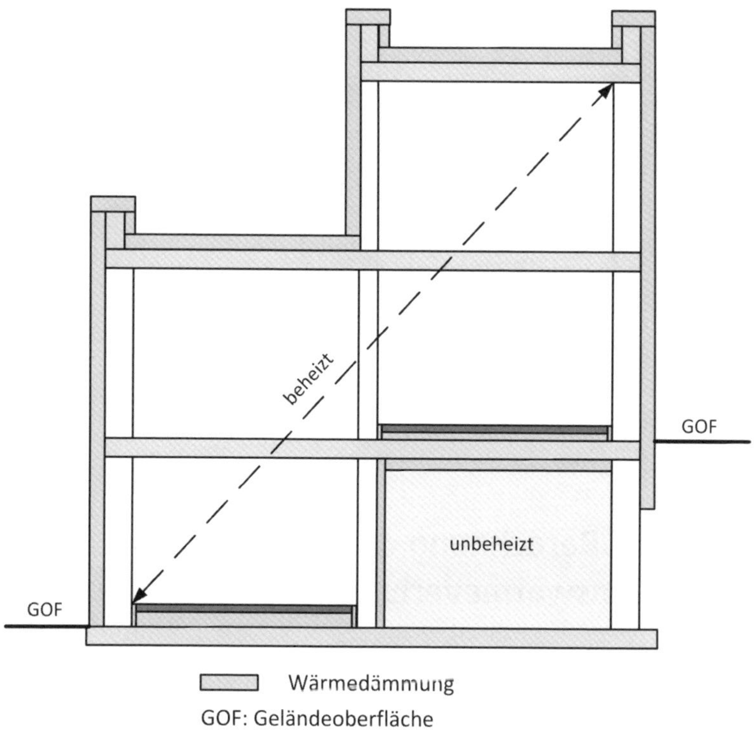

Abb. 4-1: Beispiel 1 – Schnitt durch ein Wohngebäude zur Kennzeichnung der Lage der wärmeübertragenden Umfassungsfläche

Lösung:

Bezugsmaß für vertikale Abmessungen ist die Oberkante der Rohdecke in allen Geschossen, unabhängig von der Lage der Wärmedämmung. Das bedeutet, dass in diesem Beispiel die Lage der wärmeübertragenden Umfassungsfläche bei der Kellerdecke zum unbeheizten Keller auf der Oberkante der Rohdecke anzunehmen ist, obwohl unterseitig eine Wärmedämmung vorhanden ist (Abb. 4-2).

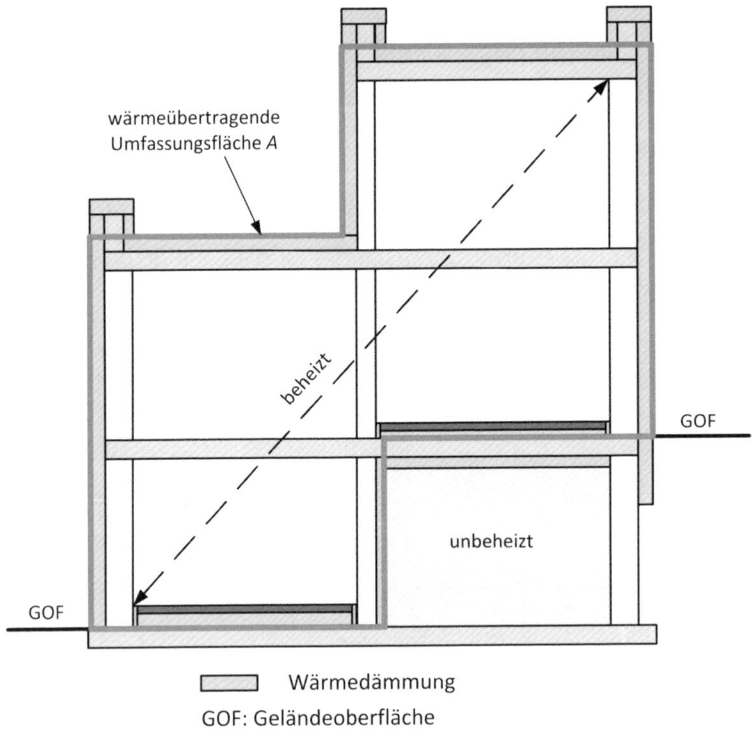

Abb. 4-2: Beispiel 1 – Lösung

4.2 Beispiel 2 – Berechnung des Transmissionswärmeverlusts bei einem Wohngebäude

(Kategorie B)

Für den dargestellten Raum eines zu errichtenden Wohngebäudes ist der Transmissionswärmeverlust zu berechnen (Abb. 4-3).

Randbedingungen:

- Der Raum grenzt an zwei Seiten an beheizte Zonen (gleiche Raum-Solltemperatur wie in dem betrachteten Raum), d.h., Transmissionswärmeverluste sind nur über folgende Bauteile möglich:
  - zwei Außenwände mit Fenster und Tür
  - Dach
  - Bodenplatte
  - Wärmebrücken WB 1 bis WB 4 (wie in Abb. 4-3 gekennzeichnet)
- ***Abmessungen*** *(Bezugsmaße, die direkt verwendet werden können):*
  - Raum: $b = 6$ m, $d = 4$ m, $h = 3$ m

- Fenster (1): 2,50 × 1,50 m
- Tür (2): 1,25 × 2,00 m

- ***Temperaturkorrekturfaktoren:***
  - Bodenplatte: $F_x = 0{,}6$; alle anderen Flächen: $F_x = 1{,}0$
  - Wärmebrücken: WB 1, WB 2, WB 4: $F_x = 1{,}0$; WB 3: $F_x = 0{,}6$
- ***U-Werte:***
  - Dach: $U = 0{,}15$ W/(m²K)
  - Außenwände: $U = 0{,}20$ W/(m²K)
  - Fenster und Tür: $U_w = 1{,}30$ W/(m²K)
  - Bodenplatte: $U = 0{,}30$ W/(m²K)
- ***Wärmebrücken*** *(die Transmissionswärmeverluste sind genau zu berechnen):*
  - WB 1 (Dach–Außenwand): $\psi = -0{,}10$ W/(mK) (negatives Vorzeichen)
  - WB 2 (Außenwand–Außenwand): $\psi = -0{,}15$ W/(mK) (negatives Vorzeichen)
  - WB 3 (Außenwand–Bodenplatte): $\psi = +0{,}05$ W/(mK)
  - WB 4 (Anschluss Fenster/Tür an Außenwand): $\psi = +0{,}20$ W/(mK)
  - Weitere Wärmebrücken sollen in diesem Beispiel nicht berücksichtigt werden.

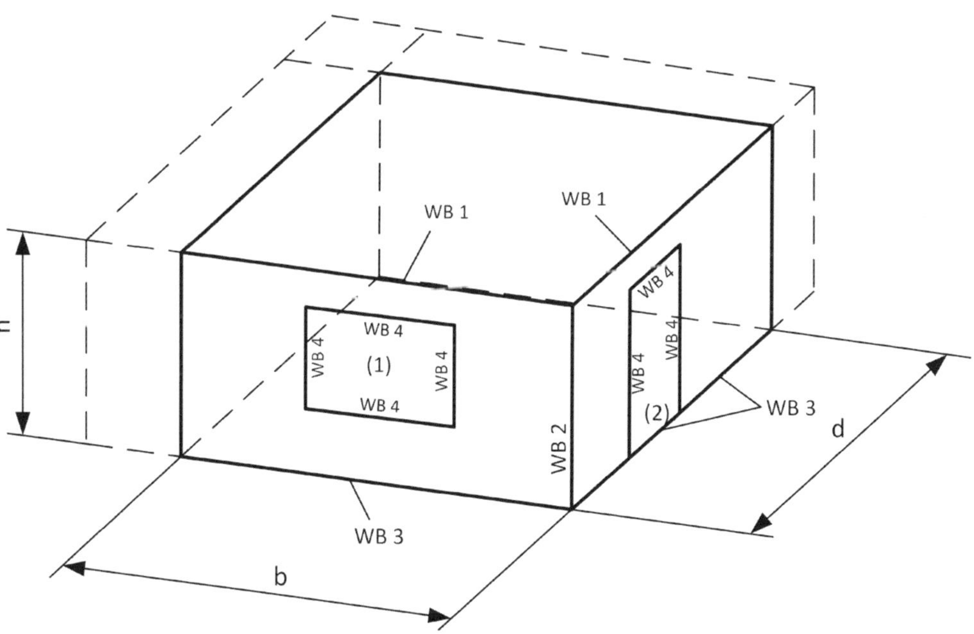

Abb. 4-3: Beispiel 2 – Berechnung des Transmissionswärmeverlusts

Im Einzelnen sind folgende Punkte zu bearbeiten:

1. Berechnen Sie für den Raum den spezifischen Transmissionswärmeverlust H_T.
2. Berechnen Sie für den Raum den Transmissionswärmeverlust für den Monat Januar $Q_{l,M}$ (Angabe in kWh). Es sind die Klimabedingungen für den Referenzort Potsdam anzusetzen ($\theta_{e,M}$ = 1,0 °C, 31 Tage). Raumlufttemperatur: θ_i = 19 °C.

Lösung:

Zu 1.: Spezifischer Transmissionswärmeverlust

Flächen:

Für die Ermittlung des spezifischen Transmissionswärmeverlusts werden die Flächen der Außenbauteile benötigt:

- Bodenplatte: $b \times d = 6{,}0 \times 4{,}0 = 24\ m^2$
- Dach: $b \times d = 6{,}0 \times 4{,}0 = 24\ m^2$
- Fassade Vorderseite: $b \times h = 6{,}0 \times 3{,}0 = 18\ m^2$
- Fenster Vorderseite: $2{,}5 \times 1{,}5 = 3{,}75\ m^2$
- Außenwand Vorderseite: $18{,}0 - 3{,}75 = 14{,}25\ m^2$
- Fassade Seite rechts: $d \times h = 4{,}0 \times 3{,}0 = 12\ m^2$
- Tür Seite rechts: $1{,}25 \times 2{,}0 = 2{,}5\ m^2$
- Außenwand Seite rechts: $12{,}0 - 2{,}5 = 9{,}5\ m^2$

Spezifischer Transmissionswärmeverlust über die Regelbauteile:

Die Berechnung des spezifischen Transmissionswärmeverlusts erfolgt tabellarisch (Tab. 4.1).

Tab. 4.1: Beispiel 2 – Berechnung des spezifischen Transmissionswärmeverlusts für die Außenbauteile (Regelquerschnitte ohne Wärmebrücken)

Bauteil	Fläche A m^2	Wärme-durchgangs-koeffizient U $W/(m^2K)$	Temperatur-korrekturfaktor F_x (-)	Spezifischer Transmissions-wärmeverlust H_T W/K
Bodenplatte	24,0	0,30	0,6	4,32
Außenwand Vorderseite	14,25	0,20	1,0	2,85
Außenwand Seite rechts	9,5	0,20	1,0	1,90
Fenster Vorderseite	3,75	1,30	1,0	4,88
Tür Seite rechts	2,5	1,30	1,0	3,25
Dach	24,0	0,15	1,0	3,60
			Summe = $H_{T,RQ}$ =	**20,80**

Wärmebrücken:

Im Rahmen dieses Beispiels sollen nur die Wärmeverluste der angegebenen Wärmebrücken durch eine genaue Berechnung berücksichtigt werden. Weitere Wärmebrücken werden vereinfachend nicht angesetzt. Die Wärmeverluste durch Wärmebrücken ergeben sich zu:

$$H_{T,WB} = \sum \Psi_j \cdot l_j = (6{,}0 + 4{,}0) \cdot (-0{,}10) + 3{,}0 \cdot (-0{,}15) + 0{,}6 \cdot (6{,}0 + 4{,}0) \cdot 0{,}05$$
$$+ (2 \cdot 2{,}5 + 2 \cdot 1{,}5) \cdot 0{,}20 + (1{,}25 + 2 \cdot 2{,}0) \cdot 0{,}20 = 1{,}5 \text{ W/K}$$

Gesamt:

$$H_T = H_{T,RQ} + H_{T,WB} = 20{,}8 + 1{,}5 = 22{,}3 \text{ W/K}$$

Der Transmissionswärmeverlust für den hier betrachteten Raum beträgt $H_T = 22{,}3$ W/K.

Zu 2.: Transmissionswärmeverlust für den Monat Januar

Der Transmissionswärmeverlust für einen Monat ergibt sich mit folgender Gleichung (in kWh):

$$Q_{l,M} = 0{,}024 \cdot H_T \cdot (\theta_i - \theta_{e,M}) \cdot t_M$$

Darin bedeuten:

$Q_{l,M}$ Transmissionswärmeverlust in einem Monat, in kWh

H_T spezifischer Transmissionswärmeverlust, in W/K

θ_i Raum-Solltemperatur (in der Regel ≥ 19 °C), in °C

$\theta_{e,M}$ Außenlufttemperatur für den betrachteten Monat, in °C (Januar: $\theta_{e,M} = 1{,}0$ °C)

t_M Tage im Monat (Januar: $t_M = 31$ Tage)

Faktor 0,024: Umrechnung von Wd (Watt × Tage) in kWh (Kilowattstunden)

Hier ergibt sich:

$$Q_{l,M} = 0{,}024 \cdot H_T \cdot (\theta_i - \theta_{e,M}) \cdot t_M = 0{,}024 \cdot 22{,}3 \cdot (19 - 1{,}0) \cdot 31 = 298{,}6 \text{ kWh}$$

Für den betrachteten Raum ergeben sich im Januar rechnerische Transmissionswärmeverluste in Höhe von $Q_{l,M} = 298{,}6$ kWh.

4.3 Beispiel 3 – Erforderliche Dicke einer Wärmedämmschicht bei einem Flachdach

(Kategorie A)

Das Flachdach eines Nichtwohngebäudes (Raum-Solltemperatur ≥ 19 °C) soll energetisch saniert werden. Dazu soll auf der gesamten Dachfläche eine Wärmedämmschicht aufgebracht werden. Da die Altabdichtung noch funktionsfähig ist, soll diese auf dem Dach belassen und die Dämmschicht auf der bestehenden Abdichtung aufgebracht werden, sodass sich ein Umkehrdach ergibt.

Welche Dicke muss die Dämmschicht mindestens aufweisen, damit die Anforderungen an bestehende Gebäude nach GEG eingehalten werden?

Randbedingungen:

- Dämmstoff: extrudiertes Polystyrol (XPS) nach DIN EN 13164 [28], $\lambda_B = 0{,}038$ W/(mK), $d = ?$
- Aufbau der bestehenden Flachdachdachkonstruktion (von innen nach außen):
  - (1) Gipsputz, $d = 1{,}0$ cm, $\lambda_B = 0{,}43$ W/(mK)
  - (2) Stahlbetondecke, $d = 20$ cm, $\lambda_B = 2{,}3$ W/(mK)
  - (3) Dachabdichtung aus Bitumenbahnen, zweilagig, je Lage: $d = 1{,}0$ cm, $\lambda_B = 0{,}17$ W/(mK)
  - Weitere Schichten (z.B. Kiesschicht) werden hier nicht berücksichtigt.
- Wärmeübergangswiderstände sind nach DIN EN ISO 6946 anzusetzen.
- Eine Abminderung des Wärmedurchgangskoeffizienten aufgrund der Ausführung als Umkehrdach soll zunächst vereinfachend nicht angesetzt werden, müsste in der Praxis aber berücksichtigt werden. Hierzu soll abgeschätzt werden, welche Dicke der Dämmschicht bei Berücksichtigung des Korrekturwertes für Umkehrdächer erforderlich ist.

Lösung:

Anforderungen:

Anforderungen an den Wärmedurchgangskoeffizienten für bestehende Gebäude, die bei Änderungen an Außenbauteilen einzuhalten sind, sind in GEG Anlage 7 festgelegt. Für Flachdächer mit Abdichtung von Nichtwohngebäuden mit einer Raum-Solltemperatur von ≥ 19 °C gilt GEG Anlage 7, Nummer 5c:

$$U \leq 0{,}20 \;\; \text{W/(m}^2\text{K)}$$

Vorhandener Wärmedurchlasswiderstand:

Die Berechnung des Wärmedurchlasswiderstands der bestehenden Dachkonstruktion erfolgt tabellarisch (Tab. 4.2).

Tab. 4.2: Beispiel 3 – Wärmedurchlasswiderstand der bestehenden Dachkonstruktion

Schicht	Dicke d m	Wärmeleitfähigkeit λ W/(mK)	Wärmedurchlass-widerstand R m²K/W
(1) Gipsputz	0,01	0,43	0,023
(2) Stahlbetondecke	0,20	2,3	0,087
(3) Abdichtung	0,02	0,17	0,118
		R_{vorh} =	0,228 m²K/W

Wärmeübergangswiderstände:

- innen: $R_{si} = 0{,}10\ m^2K/W$
- außen: $R_{se} = 0{,}04\ m^2K/W$

Erforderlicher Gesamt-Wärmedurchlasswiderstand:

$$R_{tot,erf} = \frac{1}{U_{max}} = \frac{1}{0{,}20} = 5{,}0\ \ W/(m^2K)$$

Erforderliche Dämmschichtdicke:

Die erforderliche Dämmschichtdicke ergibt sich aus folgender Gleichung und Auflösen nach d_{WD}:

$$R_{vorh} + R_{si} + R_{se} + \frac{d_{WD}}{\lambda_{WD,B}} \geq R_{tot,erf}$$

$$d_{WD} \geq (R_{tot,erf} - R_{vorh} - R_{si} - R_{se}) \cdot \lambda_{WD,B}$$
$$= (5{,}0 - 0{,}228 - 0{,}10 - 0{,}04) \cdot 0{,}038 = 0{,}176\ m \cong 0{,}18\ m$$

Kontrolle (für eine Dämmschichtdicke von 18 cm):

$$R_{tot,neu} = R_{vorh} + R_{si} + R_{se} + \frac{d_{WD}}{\lambda_{WD,B}} = 0{,}228 + 0{,}10 + 0{,}04 + \frac{0{,}18}{0{,}038} = 5{,}104\ \ m^2K/W$$

$$U_{neu} = \frac{1}{5{,}104} = 0{,}196 < U_{max} = 0{,}20\ \ W/(m^2K)$$

Die Dicke der Wärmedämmschicht muss mindestens 0,18 m bzw. 18 cm betragen, damit die Anforderung nach GEG Anlage 7 erfüllt wird.

Hinweis: Da der Wärmedurchgangskoeffizient für Umkehrdächer mit einem Korrekturwert verringert werden muss, ist eine größere Dicke zu wählen. Der Korrekturwert ist nach DIN EN ISO 6946, Anhang F.4 zu berechnen. Alternativ darf auch das Verfahren nach DIN 4108-2 verwendet werden. Nach DIN 4108-2, 5.2.2 ist der Korrekturwert (Zuschlagswert) vom Anteil des Wärmedurchlasswiderstands raumseitig der Abdichtung am Gesamtwärmedurchlasswiderstand abhängig. Für den ungünstigsten Fall ergibt sich ein Zuschlagswert von $\Delta U = 0{,}05\ W/(m^2K)$. Sofern dieser Zuschlagswert in diesem Beispiel angesetzt wird, müsste folgende Dämmschichtdicke eingehalten werden:

$$U_{neu} + \Delta U \leq U_{max}$$

$$U_{neu} \leq U_{max} - \Delta U = 0{,}20 - 0{,}05 = 0{,}15\ \ W/(m^2K)$$

$$R_{tot,erf} = \frac{1}{0{,}15} = 6{,}67\ \ m^2K/W$$

$$d_{WD} \geq (R_{tot,erf} - R_{vorh} - R_{si} - R_{se}) \cdot \lambda_{WD,B}$$
$$= (6{,}67 - 0{,}228 - 0{,}10 - 0{,}04) - 0{,}038 = 0{,}24\ m$$

Bei Berücksichtigung des Korrekturwertes für Umkehrdächer nach DIN 4108-2 (ungünstigster Wert mit $\Delta U = 0{,}05$ W/(m²K)) ist eine Dämmschichtdicke von mindestens 0,24 m (bzw. 24 cm) erforderlich.

4.4 Beispiel 4 – Ermittlung Wärmebrückenzuschlag

(Kategorie C)

Für einen Bungalow mit Flachdach wurde ein Transmissionswärmeverlust von $H_T = 67{,}79$ W/K ermittelt.

Welcher Wärmebrückenzuschlag (ΔU_{WB}) wurde bei der Berechnung zugrunde gelegt und welcher Kategorie nach DIN 4108, Beiblatt 2 gehören die Wärmebrücken an?

Randbedingungen:

Abmessungen:

- Abmessungen Bungalow: $b/d/h$ = 10,0/8,0/2,6 m (Quader)
- Abmessungen Fenster: b/d = 1,01/1,26 m (insgesamt sind drei Fenster vorhanden)
- Abmessungen Haustür: b/d = 1,01/2,26 m

Temperaturkorrekturfaktoren:

- Bodenplatte: $F_x = 0{,}6$
- alle anderen Bauteile: $F_x = 1{,}0$

Wärmedurchgangskoeffizienten (U-Werte):

- Fenster: $U_W = 0{,}8$ W/m²K
- Haustür: $U_D = 1{,}3$ W/m²K
- Außenwand: $U = 0{,}21$ W/m²K
- Bodenplatte: $U = 0{,}24$ W/m²K
- Dach: $U = 0{,}24$ W/m²K

Lösung:

Der Transmissionswärmeverlust ermittelt sich mit folgender Gleichung:

$$H_T = \Sigma\left(F_{xi} \cdot U_i \cdot A_i\right) + \Delta U_{WB} \cdot A$$

Daraus kann durch Auflösen nach ΔU_{WB} der Wärmebrückenzuschlag berechnet und schließlich die Kategorie der hier angenommenen Wärmebrücken bestimmt werden.

Flächenberechnung:

Dach: $10 \times 8 = 80$ m²

Bodenplatte: $10 \times 8 = 80$ m²

Fenster: $3 \times 1{,}01 \times 1{,}26 = 3 \times 1{,}27 = 3{,}81$ m²

Haustür: $1{,}01 \times 2{,}26 = 2{,}28$ m²

Außenwände: $2 \times 10 \times 2{,}6 + 2 \times 8 \times 2{,}6 - 2{,}28 - 3{,}81 = 87{,}5$ m²

Fläche insgesamt: $A = 80 + 80 + 87{,}5 + 3{,}81 + 2{,}28 = 253{,}6\ m^2$
(wärmeübertragende Umfassungsfläche)

Anteile an H_T:

Wände: $H_T = 1{,}0 \times 0{,}21 \times 87{,}5 = 18{,}38$ W/K

Dach: $H_T = 1{,}0 \times 0{,}24 \times 80 = 19{,}20$ W/K

Fenster: $H_T = 1{,}0 \times 0{,}8 \times 3{,}81 = 3{,}05$ W/K

Tür: $H_T = 1{,}0 \times 1{,}3 \times 2{,}28 = 2{,}96$ W/K

Bodenplatte: $H_T = 0{,}6 \times 0{,}24 \times 80 = 11{,}52$ W/K

Spezifischer Transmissionswärmeverlust über Wärmebrücken:

$$H_{T,WB} = 67{,}79 - 18{,}38 - 19{,}20 - 3{,}05 - 2{,}96 - 11{,}52 = 12{,}68 \text{ W/K}$$

Wärmebrückenzuschlag:

$$\Delta U_{WB} = 12{,}68/253{,}6 = 0{,}05 \text{ W/m}^2\text{K}$$

Für den Wärmebrückenzuschlag wurde der Wert $\Delta U_{WB} = 0{,}05$ W/m²K angenommen. Das bedeutet, dass die Wärmebrücken der Kategorie A nach Beiblatt 2 der DIN 4108 zuzuordnen sind.

4.5 Beispiel 5 – Nachweis des baulichen Wärmeschutzes für ein zu errichtendes Wohngebäude

(Kategorie B)

Für einen freistehenden Bungalow mit Flachdach soll der spezifische, auf die wärmeübertragende Umfassungsfläche A bezogene Transmissionswärmeverlust H'_T ermittelt werden. Außerdem ist zu überprüfen, ob die Anforderungen des baulichen Wärmeschutzes eingehalten sind.

Randbedingungen:

- Es handelt sich um ein zu errichtendes Wohngebäude.
- Kennwerte der Außenbauteile:

Bauteil	Fläche A_i m²	Wärmedurchgangs-koeffizient U_i W/(m²K)	Temperatur-korrekturfaktor F_{xi}
Dach	140	0,10	1,0
Bodenplatte	140	0,30	0,6
Fenster	3 × 1,01 × 1,26 = 3,81	1,10	1,0
Haustür	2,28	1,80	
Außenwände	124,8	0,15	

- Die Wärmebrücken sind der Kategorie B nach DIN 4108, Beiblatt 2 zugeordnet.
- Für das Referenzgebäude wurde ein spezifischer Transmissionswärmeverlust von $H_{T,Ref} = 85$ W/K berechnet.

Lösung:

Wärmeübertragende Umfassungsfläche:

$A = 410{,}89\ m^2$

Spezifischer Transmissionswärmeverlust:

Die Berechnung der spezifischen Transmissionswärmeverluste der Außenbauteile $H_{T,RQ}$ erfolgt tabellarisch (Tab. 4.3).

Tab. 4.3: Beispiel 5 – Berechnung der spezifischen Transmissionswärmeverluste der Außenbauteile

Bauteil	Rechnung	Spezifischer Transmissionswärmeverlust H_T W/K
Wände	$1{,}0 \cdot 0{,}15 \cdot 124{,}8\ m^2 =$	18,72
Dach	$1{,}0 \cdot 0{,}10 \cdot 140 =$	14,0
Fenster	$1{,}0 \cdot 1{,}1 \cdot 3{,}81 =$	4,19
Tür	$1{,}0 \cdot 1{,}8 \cdot 2{,}28 =$	4,10
Bodenplatte	$0{,}6 \cdot 0{,}30 \cdot 140 =$	25,2
	Summe: $H_{T,RQ} =$	66,22

Wärmebrücken:

$H_{T,WB} = \Delta U_{WB} \cdot A = 0{,}03 \cdot 410{,}89 = 12{,}33$ W/K

Gesamt:

$H_T = 66{,}22 + 12{,}33 = 78{,}55$ W/K

Bezogen auf die wärmeübertragende Umfassungsfläche:

$H'_T = H_T/A = 78{,}55/410{,}89 = 0{,}19\ W/(m^2K)$

Nachweis:

$H'_T = 0{,}19\ W/(m^2K) < H'_{T,Ref} = 85/410{,}89 = 0{,}21\ W/(m^2K)$

Der Nachweis des baulichen Wärmeschutzes ist erbracht.

4.6 Beispiel 6 – Nachweis des baulichen Wärmeschutzes bei einem zu errichtenden Nichtwohngebäude

(Kategorie B)

Für ein zu errichtendes Nichtwohngebäude sollen die Anforderungen an den baulichen Wärmeschutz nachgewiesen werden (Abb. 4-4).

Randbedingungen:

- Das Nichtwohngebäude besteht aus einem quaderförmigen Baukörper mit ebenen Außenflächen.
- Abmessungen: Länge 40,0 m, Breite 20,0 m, Höhe = 17,5 m (Außenmaße)
- Bodenplatte: U = 0,35 W/(m²K)
- Dach: U = 0,15 W/(m²K)
- Fenster: U_W = 1,30 W/(m²K); die Fensterfläche beträgt 70 % der Fläche der Fassade an den Längsseiten.
- Wandflächen der Längsseiten: U = 0,25 W/(m²K); die Wandfläche beträgt 30 % der Fläche der Fassade an den Längsseiten.
- Giebelwände: U = 0,20 W/(m²K)
- Nichtwohngebäude; alle Zonen mit Raum-Solltemperaturen ≥ 19 °C

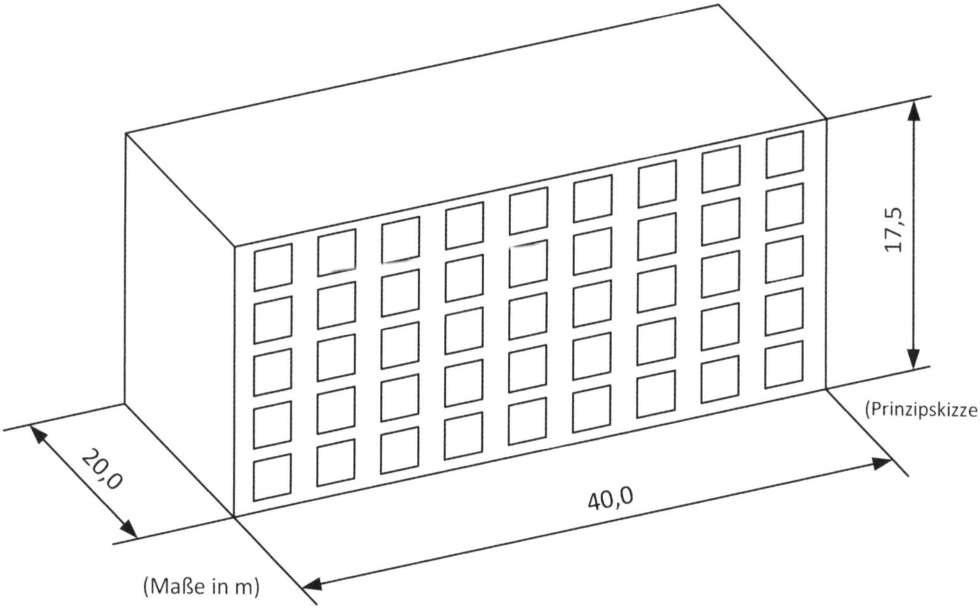

Abb. 4-4: Beispiel 6 – Baulicher Wärmeschutz bei einem zu errichtenden Nichtwohngebäude

Lösung:

Der bauliche Wärmeschutz bei zu errichtenden Nichtwohngebäuden wird mithilfe der mittleren Wärmedurchgangskoeffizienten der Außenbauteile geführt. Die Anforderungen sind in GEG Anlage 3 festgelegt, indem Höchstwerte der mittleren Wärmedurchgangskoeffizienten vorgegeben werden. Es gelten folgende Anforderungen:

- opake Außenbauteile (GEG Anlage 3, Nummer 1): $U_{\text{Mittel,max}} = 0{,}28$ W/(m²K)
- transparente Außenbauteile (GEG Anlage 3, Nummer 2): $U_{\text{Mittel,max}} = 1{,}5$ W/(m²K)

Flächen:

Bodenplatte:

Bei der Bodenplatte werden Flächen, die mehr als 5,0 m vom äußeren Rand entfernt sind, nicht berücksichtigt.

$$A = 20 \cdot 40 - (20 - 2 \cdot 5) \cdot (40 - 2 \cdot 5) = 500 \text{ m}^2$$

Dach:

$$A = 20 \cdot 40 = 800 \text{ m}^2$$

Längswände:

$$A = 2 \cdot 40 \cdot 17{,}5 \cdot 0{,}3 = 420 \text{ m}^2$$

Giebelwände:

$$A = 2 \cdot 20 \cdot 17{,}5 = 700 \text{ m}^2$$

Fenster:

$$A = 2 \cdot 40 \cdot 17{,}5 \cdot 0{,}7 = 980 \text{ m}^2$$

Gesamt:

Fläche opaker Bauteile:

$$A = 500 + 800 + 420 + 700 = 2420 \text{ m}^2$$

Fläche transparenter Bauteile:

$$A_W = 980 \text{ m}^2$$

Mittlerer Wärmedurchgangskoeffizient opaker Außenbauteile:

Der Wärmedurchgangskoeffizient der Bodenplatte ist nach GEG Anlage 7 mit dem Faktor 0,5 zu multiplizieren. Es ergibt sich:

$$
\begin{aligned}
U_{\text{Mittel,vorh}} &= 0{,}5 \cdot \frac{500}{2420} \cdot 0{,}35 \quad \text{(Bodenplatte)} \\
&\quad + \frac{800}{2420} \cdot 0{,}15 \quad \text{(Dach)} \\
&\quad + \frac{420}{2420} \cdot 0{,}25 \quad \text{(Längswände)} \\
&\quad + \frac{700}{2420} \cdot 0{,}20 \quad \text{(Giebelwände)} \\
&= 0{,}19 < U_{\text{Mittel,max}} = 0{,}28 \quad \text{W/(m}^2\text{K)}
\end{aligned}
$$

Mittlerer Wärmedurchgangskoeffizient transparenter Außenbauteile:

Hier sind nur Fenster als transparente Außenbauteile vorhanden. Es ergibt sich:

$$U_{\text{Mittel,vorh}} = U_{\text{W}} = 1{,}30 < U_{\text{Mittel,max}} = 1{,}50 \;\; \text{W/(m}^2\text{K)}$$

Der Nachweis des baulichen Wärmeschutzes ist erfüllt.

4.7 Beispiel 7 – Nachweis für ein zu errichtendes Wohngebäude nach dem vereinfachten Verfahren

(Kategorie C)

Für ein zu errichtendes Wohngebäude soll der Nachweis nach dem vereinfachten Verfahren nach GEG § 31 geführt werden. Es ist zu beachten, dass das Nachweisverfahren mit Herausgabe der GEG-Novelle 2023 geändert wurde. Maßgebend sind daher die Regelungen in der GEG-Novelle 2023.

Beschreibung:

- zweigeschossiges Wohngebäude (Erdgeschoss, Dachgeschoss) als Einfamilienhaus, nicht unterkellert.
- Baukörper: Quader (Bungalow mit Flachdach)
- Abmessungen (Außenmaße): Breite 8,0 m, Tiefe 11,0 m, Höhe 5,5 m
- Geschosshöhe: 2,75 m
- keine Klimaanlage
- Die Prüfung der Dichtheit wurde nach GEG § 26 durchgeführt; $n_{50} = 0{,}5\ \text{h}^{-1}$.
- Fensterflächenanteil im kritischen Raum (sommerlicher Wärmeschutz): 30 %
- Sonnenschutzvorrichtungen ($F_c = 0{,}25$) vor sämtlichen Fenstern mit Ost-, Süd- und Westorientierung
- beheizte Bruttogrundfläche: Erdgeschoss: 88 m², Dachgeschoss: 88 m²
- Anzahl Geschosse: 2
- Fensterflächenanteil an der gesamten Fassadenfläche:
  - Nord: 8,0 m²

  - Ost: 10,0 m^2
  - Süd: 15,0 m^2
  - West: 12,0 m^2
  - gesamte Fensterfläche: 45,0 m^2
  - Fassadenfläche: $2 \cdot (8{,}0 \cdot 5{,}5) + 2 \cdot (11{,}0 \cdot 5{,}5) = 209$ m^2
- Gesamtfläche spezieller Fenstertüren an der gesamten Fassadenfläche: 4,5 %
- Fläche nördlich orientierter Fenster: 8,0 m^2
- Dachflächenfenster, Lichtkuppeln und ähnliche Bauteile sind nicht vorhanden.
- Außentüren: 2 Türen je 1,01 × 2,01 m

Bauteile:

Dach (Aufbau von innen nach außen):

- Gipsputz, d = 1,0 cm, λ_B = 0,39 W/(mK)
- Stahlbetondecke, d = 20 cm, λ_B = 2,3 W/(mK)
- Dampfsperre (wird nicht berücksichtigt)
- Wärmedämmung aus EPS, d = 24 cm, λ_B = 0,035 W/(mK)
- Abdichtung aus Bitumenbahnen, zweilagig (werden nicht berücksichtigt)
- Wurzelschutzschicht (wird nicht berücksichtigt)
- Dränschicht (wird nicht berücksichtigt)
- Begrünung (wird nicht berücksichtigt)

Außenwände (Aufbau von innen nach außen):

- Gipsputz, d = 1,0 cm, λ_B = 0,39 W/(mK)
- Mauerwerk aus Porenbeton-Plansteinen (PP), d = 30 cm, λ_B = 0,15 W/(mK)
- Wärmedämmung aus EPS, d = 12 cm, λ_B = 0,040 W/(mK)
- Außenputz als Kunstharzputz, d = 1,0 cm, λ_B = 0,25 W/(mK)

Bodenplatte (Aufbau von innen nach außen):

- keramische Bodenfliesen, d = 1,0 cm, λ_B = 1,5 W/(mK)
- Zementestrich, d = 10 cm, λ_B = 1,4 W/(mK)
- Trittschalldämmung, d = 4,0 cm, λ_B = 0,040 W/(mK)
- Wärmedämmung aus XPS, d = 12,0 cm, λ_B = 0,038 W/(mK)
- Abdichtung mit PMBC, d = 0,5 cm, λ_B = 0,17 W/(mK)
- Bodenplatte aus Stahlbeton, d = 20,0 cm, λ_B = 2,3 W/(mK)

Fenster: U_W = 0,90 W/(m^{2}K)

Außentüren: U_D = 1,2 W/(m^{2}K)

Wärmebrücken werden vermieden; die Anforderung ist erfüllt.

Anlagentechnik:

- Wärmeerzeuger (Raumwärme): Luft-Wasser-Wärmepumpe mit Flächenheizung zur Wärmeübergabe (Fußbodenheizung); Wärmebereitstellungsgrad ≥ 80 %.
- Wärmeerzeuger, Wärmespeicher und Wärmeverteilung sind innerhalb der thermischen Hülle angeordnet; ausgenommen ist der Wärmetauscher der Wärmepumpe einschließlich der Versorgungsleitungen.
- Zentrale Abluftanlage mit Wärmerückgewinnung.
- Trinkwarmwasser-Erzeugung erfolgt dezentral mit Durchlauferhitzern.

Lösung:

Prüfung der Voraussetzungen:

1. Das nachzuweisende Gebäude ist ein Wohngebäude.
2. Es ist nicht mit einer Klimaanlage ausgestattet.
3. Die Prüfung der Dichtheit erfolgt nach GEG § 26; die Grenzwerte werden eingehalten.
4. Ein Nachweis des sommerlichen Wärmeschutzes ist nicht erforderlich, da
   a) der kritische Raum einen Fensterflächenanteil bezogen auf die Grundfläche des Raums von 30 % < 35 % aufweist und
   b) alle Fenster, die nach Osten, Süden und Westen orientiert sind, mit außen liegenden Sonnenschutzvorrichtungen mit einem Abminderungsfaktor $F_c = 0{,}25 < 0{,}35$ ausgestattet sind.
5. Die beheizte Bruttogrundfläche insgesamt beträgt $A_{BGF,gesamt} = 88 + 0{,}8 \cdot 88 = 158{,}4$ m² und ist damit größer als 115 m² und kleiner als 2300 m². Hinweis: Beim obersten beheizten Geschoss werden nur 80 % der beheizten Bruttogrundfläche angesetzt.
6. Die mittlere Geschosshöhe beträgt 2,75 m und ist damit größer als 2,5 m und kleiner als 3,0 m.
7. Kompaktheit des Gebäudes:

   Bruttogrundfläche eines beheizten Geschosses:

   $$A_{BGF} = 8{,}0 \cdot 11{,}0 = 88{,}0 \text{ m}^2$$

   Bruttoumfang der beheizten Bruttogrundfläche:

   $$U_{brutto} = 2 \cdot 8{,}0 + 2 \cdot 11{,}0 = 38{,}0 \text{ m}$$

   Anforderung:

   $$U_{brutto}^2 \leq 20 \cdot A_{BGF}$$

   Nachweis:

   $$U_{brutto}^2 = 38{,}0^2 = 1444 \text{m}^2 \leq 20 \cdot A_{BGF} = 20 \cdot 88{,}0 = 1760 \text{ m}^2$$

8. Beide beheizten Geschosse (Erdgeschoss, Dachgeschoss) sind im Grundriss deckungsgleich. Es gibt keine Vor- und Rücksprünge.

9. Anzahl der Geschosse: 2 < 6. Die zulässige Geschosszahl ist eingehalten.
10. Fensterflächenanteil an der gesamten Fassadenfläche:

$$\frac{A_W}{A_{Fassade}} = \frac{45{,}0}{209{,}0} = 0{,}215 \equiv 21{,}5\ \% < 30\ \%$$

11. Gesamtfläche spezieller Fenstertüren: 4,5 % ≤ 4,5 %.
12. Begrenzung der Fläche von nach Norden orientierten Fenstern:

$$A_{W,Nord} = 8{,}0\ m^2$$

Mittelwert der Fensterflächen anderer Orientierungen (Ost: 10,0 m^2; Süd: 15,0 m^2, West: 12,0 m^2):

$$A_{W,Mittel} = \frac{10{,}0 + 15{,}0 + 12{,}0}{3} = 12{,}33\ m^2$$

Nachweis:

$$A_{W,Nord} = 8{,}0\ m^2 < A_{W,Mittel} = 12{,}33\ m^2$$

13. Dachflächenfenster, Lichtkuppeln und ähnliche Bauteile sind nicht vorhanden.
14. Begrenzung der Fläche der Außentüren:

Anforderung:

$$A_D \leq 0{,}027 \cdot A_{BGF,gesamt}$$

Fläche der Außentüren:

$$A_D = 2 \cdot 1{,}01 \cdot 2{,}01 = 4{,}06\ m^2$$

Gesamte beheizte Bruttogrundfläche:

$$A_{BGF,gesamt} = 2 \cdot A_{BGF} = 2 \cdot 88 = 172\ m^2$$

Nachweis:

$$A_D = 4{,}06\ m^2 \leq 0{,}027 \cdot A_{BGF,gesamt} = 0{,}027 \cdot 172 = 4{,}64\ m^2$$

Sämtliche Voraussetzungen sind erfüllt.

Prüfung der Anforderungen an die Bauteile:

Dach ($U \leq 0{,}14$ W/(m²K)):

Schicht	d m	λ_B W/(mK)	R_{si}, R_{se} R m²K/W
Wärmeübergang innen	–	–	0,10
Gipsputz	0,01	0,39	0,026
Stahlbetondecke	0,20	2,3	0,087
Dampfsperre	–	–	–
Wärmedämmung	0,24	0,035	6,857
weitere Schichten	–	–	–
Wärmeübergang außen	–	–	0,04
		R_{tot} =	7,110 m²K/W
		$U = 1/R_{tot} = 1/7{,}110$ =	0,141 W/(m²K)

Nachweis: $U = 0{,}141 < 0{,}15$ W/(m²K)

Außenwände ($U \leq 0{,}20$ W/(m²K)):

Schicht	d m	λ_B W/(mK)	R_{si}, R_{se} R m²K/W
Wärmeübergang innen	–	–	0,13
Gipsputz	0,01	0,39	0,026
Mauerwerk	0,30	0,15	2,000
Wärmedämmung	0,12	0,040	3,000
Außenputz	0,01	0,25	0,040
Wärmeübergang außen	–	–	0,04
		R_{tot} =	5,236 m²K/W
Gesamtdicke =	0,44 m	$U = 1/R_{tot} = 1/5{,}236$ =	0,191 W/(m²K)

Nachweis: $U = 0{,}191 < 0{,}20$ W/(m²K)

Bodenplatte ($U \leq 0{,}25$ W/(m²K)):

Die Berechnung des Wärmedurchgangskoeffizienten erfolgt nach DIN EN ISO 13370 [29].

Charakteristisches Bodenplattenmaß B:

$$B = \frac{A}{0{,}5 \cdot P} = \frac{8{,}0 \cdot 11{,}0}{0{,}5 \cdot (2 \cdot 8{,}0 + 2 \cdot 11{,}0)} = 4{,}63 \text{ m}$$

Wirksame Gesamtdicke d_f:

$$d_f = d_{w,e} + \lambda_g \cdot (R_{si} + R_{f,sog} + R_{se}) = 0,44 + 2,0 \cdot (0,17 + 4,412 + 0) = 9,60 \text{ m}$$

Darin ist:

$d_{w,e}$ Gesamtdicke der Außenwände; hier: $d_{w,e}$ = 0,44 m (siehe oben)

λ_g Wärmeleitfähigkeit des Erdreichs; hier: λ_g = 2,0 W/(mK) für Sand und Kies (n. DIN EN ISO 13370, Tab. 7)

R_{si} Wärmeübergangswiderstand innen; hier: R_{si} = 0,17 m²K/W

R_{se} Wärmeübergangswiderstand außen; hier: R_{se} = 0

$R_{f,sog}$ Wärmedurchlasswiderstand der Bodenplatte; hier: $R_{f,sog}$ = 4,421 m²K/W; Berechnung siehe nachfolgende Tabelle

Berechnung $R_{f,sog}$:

Schicht	d m	λ_B W/(mK)	R m²K/W
keramische Bodenfliesen	0,01	1,5	0,067
Zementestrich	0,10	1,4	0,071
Trittschalldämmung	0,04	0,04	1,000
Wärmedämmung	0,12	0,038	3,158
Abdichtung	0,005	0,17	0,029
Bodenplatte	0,20	2,3	0,087
		R =	4,412 m²K/W

Hier ist: d_f = 9,60 m > B = 4,63 m, d.h., es liegt im Sinne der DIN EN ISO 13370 eine gut gedämmte Bodenplatte vor. Der Wärmedurchgangskoeffizient der Bodenplatte berechnet sich für diesen Fall mit folgender Gleichung:

$$U_{fg,sog} = \frac{\lambda_g}{0,457 \cdot B + d_f} = \frac{2,0}{0,457 \cdot 4,63 + 9,60} = 0,17 \text{ W/(m}^2\text{K)}$$

Nachweis: $U = U_{fg,sog}$ = 0,17 < 0,25 W/(m²K)

Fenster: U_W = 0,90 ≤ 0,90 W/(m²K)

Außentüren: U_D = 1,2 ≤ 1,2 W/(m²K)

Wärmebrücken: ΔU_{WB} =0,035 ≤ 0,035 W/(m²K)

Anlagentechnik:

Die Anforderungen sind eingehalten.

Ergebnis:

Alle Nachweise sind erbracht; das zu errichtende Wohngebäude erfüllt sämtliche Anforderungen nach GEG § 31 (vereinfachtes Nachweisverfahren) und kann so ausgeführt werden.

5 Fragen und Aufgaben

5.1 Frage- und Aufgabenstellungen

1. Welche Ziele werden mit dem Gebäudeenergiegesetz (GEG) verfolgt? Nennen Sie mindestens zwei Kernziele.
2. Ein Ferienhaus wird nur an zwölf Wochen im Jahr genutzt. Gilt für dieses Objekt das GEG? Begründung!
3. Was ist unter einem Referenzgebäude zu verstehen?
4. Müssen Wärmeverluste infolge Wärmebrücken bei der Berechnung des Jahres-Primärenergiebedarfs laut GEG berücksichtigt werden? Falls ja, wie werden die Wärmeverluste rechnerisch berücksichtigt?
5. Aus welchem Grund werden zusätzlich zum Jahres-Primärenergiebedarf auch Anforderungen an den baulichen Wärmeschutz gestellt?
6. Mit welcher Kenngröße wird der bauliche Wärmeschutz bei Wohngebäuden nachgewiesen?
7. Aus welchem Grund werden Anforderungen an die Dichtheit der wärmeübertragenden Umfassungsfläche gestellt?
8. Wie wird die Dichtheit der Gebäudehülle geprüft? Nennen Sie das Verfahren sowie die Kenngröße und ihre Einheit.
9. Wie groß darf der Wärmedurchgangskoeffizient einer Außenwand bei einem bestehenden Wohngebäude höchstens sein, wenn relevante Änderungen durchgeführt werden, z.B. nachträglich ein Wärmedämmverbundsystem aufgebracht wird? Für den Nachweis soll das Bauteilverfahren verwendet werden.
10. Was ist der Unterschied zwischen einem Bedarfsausweis und einem Verbrauchsausweis?
    Welche Vor- und Nachteile haben die Ausweisarten?
11. Welche Anforderungen müssen zu errichtende Wohngebäude nach dem GEG erfüllen? Nennen Sie die wesentlichen Anforderungen.
12. Welche Bezugsfläche in der Kenngröße Jahres-Primärenergiebedarf wird bei Wohngebäuden und bei Nichtwohngebäuden zugrunde gelegt?
13. Nennen Sie zwei Forderungen, welche das GEG in Bezug auf Nachrüstung von Anlagen und Gebäuden stellt.
14. Worin liegt der grundlegende Unterschied zwischen dem Referenzgebäudeverfahren und dem Bauteilverfahren beim Nachweis eines bestehenden geänderten Wohngebäudes?
15. Welche Anforderungen hinsichtlich des Wärmeschutzes sind an eine Haustrennwand (z.B. zwischen zwei aneinandergrenzenden Reihenhäusern) zu erfüllen?
16. Was bedeutet die sogenannte Bagatellregelung bei der energetischen Sanierung von Bauteilen bei bestehenden Gebäuden?

17. Sind beim Austausch von Fenstern in einem bestehenden Wohngebäude Anforderungen des GEG zu berücksichtigen? Geben Sie ggf. die Anforderung(en) an.

18. Sie wollen eine Wohnung neu mieten. Der Vermieter legt Ihnen einen Energieausweis in Form eines Verbrauchsausweises vor und behauptet, dass sein Gebäude energetisch sehr gut sei, weil im Verbrauchsausweis ein niedriger Verbrauchskennwert angegeben ist. Wie schätzen Sie seine Aussage ein? Hat er recht? Würden Sie die Wohnung mieten, weil der Vermieter mit geringen Heizkosten prahlt?

19. Welche Dicke muss die Dämmschicht eines Wärmedämmverbundsystems aufweisen, das im Zuge einer energetischen Sanierung bei einem Wohngebäude auf die Außenwände aufgebracht werden soll? Wärmeleitfähigkeit des Dämmstoffs λ_B = 0,040 W/(mK). Der Wärmedurchlasswiderstand der bestehenden Bauteilschichten beträgt insgesamt R_{vorh} = 0,492 m²K/W. Wärmeübergangswiderstände sind nach DIN EN ISO 6946 anzusetzen.

20. Für ein zu errichtendes Wohngebäude soll der spezifische, auf die wärmeübertragende Umfassungsfläche bezogene Transmissionswärmeverlust H'_T berechnet werden.

    Randbedingungen:
    - Der Baukörper ist ein Quader; Abmessungen: Grundfläche 8,0 m × 12,0 m, Höhe 5,5 m (Außenmaße).
    - Fensterfläche: 25 % der Fassadenfläche.
    - Wärmedurchgangskoeffizienten: Bodenplatte: U = 0,30 W/(m²K), Außenwände: U = 0,20 W/(m²K), Fenster: U_W = 1,30 W/(m²K), Dach: U = 0,15 W/(m²K).
    - Wärmeverluste durch Wärmebrücken sollen pauschal durch einen Wärmebrückenzuschlag berücksichtigt werden. Wärmebrücken der Kategorie A nach Beiblatt 2 der DIN 4108 [27].
    - Vereinfachend soll als Temperaturkorrekturfaktor für die Bodenplatte F_x = 0,6 angenommen werden.

5.2 Lösungen

1. Einsparung von Energie für Raumwärme, Kühlung, Lüftung und Warmwasser. Stärkung des Einsatzes von erneuerbaren Energien. Erreichung der Klimaschutzziele der Bundesregierung.

2. Nein, das GEG ist in diesem Fall nicht auf das Ferienhaus anzuwenden. Wohngebäude, die für eine Nutzungsdauer von weniger als vier Monaten bestimmt sind, sind vom Anwendungsbereich ausgenommen. Siehe GEG § 2 Absatz (8) a).

3. Das Referenzgebäude ist ein Gebäude, dessen technische Ausführung im GEG festgelegt ist und das die gleiche Geometrie, Gebäudenutzfläche (bei Wohngebäuden) bzw. Nettogrundfläche (bei Nichtwohngebäuden) und Ausrichtung wie das zu errichtende Gebäude hat. Bei Nichtwohngebäuden hat das Referenzgebäude zusätzlich die gleiche Nutzung wie das zu errichtende Gebäude. Siehe GEG §§ 15 und 18. Die technische Ausführung ist für Wohngebäude in GEG Anlage 1 und für Nichtwohngebäude in GEG Anlage 2 festgelegt.

4. Wärmeverluste sind bei der Berechnung des Jahres-Heizwärmebedarfs zu berücksichtigen. Die Verluste können pauschal mittels eines Wärmebrückenzuschlags oder durch eine genaue Berechnung erfasst werden. Siehe GEG § 24.
5. Ohne Anforderungen an den baulichen Wärmeschutz könnte der Nachweis des Jahres-Primärenergiebedarfs allein mit einer effizienten Anlagentechnik, die ausschließlich mit erneuerbaren Energien arbeitet, erbracht werden. Damit auch die thermische Gebäudehülle einen Mindeststandard erfüllt, ist zusätzlich zum Nachweis des Jahres-Primärenergiebedarfs der Nachweis des baulichen Wärmeschutzes zu erfüllen.
6. Bei Wohngebäuden wird für den Nachweis des baulichen Wärmeschutzes die Kenngröße „spezifischer, auf die wärmeübertragende Umfassungsfläche bezogener Transmissionswärmeverlust H'_T in [W/(mK)]" verwendet. Siehe GEG § 16.
7. Anforderungen an die Dichtheit der wärmeübertragenden Umfassungsfläche werden gestellt, um Lüftungswärmeverluste über Fugen und Leckagen zu minimieren. Siehe GEG § 13.
8. Die Dichtheit wird mit dem Blower-Door-Test überprüft. Prüfverfahren nach DIN EN ISO 9972 Anhang NA [26]. Kenngröße ist die Luftwechselzahl oder Luftwechselrate n_{50} in [h^{-1}].
9. Anforderungen an den Wärmedurchgangskoeffizienten für bestehende Gebäude bei Änderungen sind in GEG Anlage 7 angegeben. Für die Bauteilgruppe Außenwände ist der Höchstwert des Wärmedurchgangskoeffizienten mit $U = 0{,}24$ W/(m²K) festgelegt.
10. Ein Bedarfsausweis ist ein Energieausweis mit berechneten Kenngrößen, die für festgelegte Randbedingungen ermittelt werden. Ein Verbrauchsausweis hingegen ist ein Energieausweis, dessen Kennwerte auf tatsächlichen Verbräuchen beruhen, wobei zu beachten ist, dass diese stark vom Nutzerverhalten abhängig sind. Vorteile Bedarfsausweis: Objektive Vergleichbarkeit von Gebäuden ist aufgrund normierter Nutzungsrandbedingungen gegeben. Nachteil Bedarfsausweis im Bestand: aufwendige Erstellung. Vorteil Verbrauchsausweis: schnelle Ermittlung der Verbrauchskennwerte, da diese in der Regel vorliegen. Nachteil Verbrauchsausweis: keine Vergleichbarkeit mit anderen Gebäuden, da die Verbrauchskennwerte vom Nutzerverhalten abhängig sind.
11. An Wohngebäude werden folgende Anforderungen gestellt:
    a. Grundsatz Niedrigstenergiegebäude einschließlich Jahres-Primärenergiebedarf (GEG § 10) (Gesamtenergiebedarf) (GEG § 10).
    b. Baulicher Wärmeschutz (Anforderungsgröße ist der spezifische, auf die wärmeübertragende Umfassungsfläche bezogene Transmissionswärmeverlust).
    c. Mindestwärmeschutz (GEG § 11).
    d. Minimierung der Anzahl konstruktiver Wärmebrücken (GEG § 12).
    e. Dichtheit der wärmeübertragenden Umfassungsfläche (GEG § 13).
    f. Sommerlicher Wärmeschutz (GEG § 14).
    g. Anforderungen zur Nutzung erneuerbarer Energien (GEG Abschnitt 4).

12. Wohngebäude: Gebäudenutzfläche A_N. Nichtwohngebäude: Nettogrundfläche A_{NGF}.
13. a) Dämmung von Wärmeverteilungs- und Warmwasserleitungen (GEG § 71). Bisher ungedämmte, zugängliche Wärmeverteilungs- und Warmwasserleitungen in nicht beheizten Räumen müssen mit einer Dämmung versehen werden; Anforderungen nach GEG Anlage 8. b) Betriebsverbot für alte Heizkessel. Heizkessel, die mit flüssigen oder gasförmigen Brennstoff betrieben werden und die ab dem 1. Januar 1991 eingebaut oder aufgestellt wurden, dürfen nach Ablauf von 30 Jahren nach Einbau oder Aufstellung nicht mehr betrieben werden (GEG § 72).
14. Bauteilverfahren: Der Nachweis wird nur für das geänderte Bauteil geführt, indem der Wärmedurchgangskoeffizient des geänderten Bauteils den Höchstwert nach GEG Anlage 7 nicht überschreiten darf.
    Referenzgebäudeverfahren: Der Nachweis wird für das gesamte Gebäude mit den geänderten Bauteilen und ggf. geänderter Anlagentechnik über den Jahres-Primärenergiebedarf geführt. Dabei darf der vorhandene Jahres-Primärenergiebedarf nicht größer als der 1,4-fache Wert des zugehörigen Referenzgebäudes sein. Außerdem wird gefordert, dass der spezifische, auf die wärmeübertragende Umfassungsfläche bezogene Transmissionswärmeverlust nicht größer als der 1,4-fache Wert des Referenzgebäudes sein darf (GEG § 50).
15. Sofern aneinandergereihte Wohngebäude gleichzeitig errichtet werden, dürfen sie hinsichtlich der Anforderungen der §§ 12 (Wärmebrücken), 14 (Sommerlicher Wärmeschutz), 15 (Gesamtenergiebedarf) und 16 (Baulicher Wärmeschutz) wie ein Gebäude behandelt werden. Ansonsten muss die Haustrennwand die Anforderungen an den Mindestwärmeschutz erfüllen.
16. Die Bagatellregelung besagt, dass die Anforderungen an Außenbauteile bestehender Gebäude nur eingehalten werden müssen, wenn mindestens 10 % der gesamten Fläche der jeweiligen Bauteilgruppe geändert werden (GEG § 48).
17. Ja, sofern mehr als 10 % der Fensterfläche ausgetauscht werden, sind die Anforderungen nach GEG Anlage 7 einzuhalten. Für Fenster von Wohngebäuden darf der Wärmedurchgangskoeffizient nicht größer als 1,30 W/(m²K) sein (GEG Anlage 7, Nummer 2a).
18. Der Vermieter hat nicht recht. Der Verbrauchskennwert im Verbrauchsausweis wird stark durch das Nutzerverhalten beeinflusst. Insofern kann hieraus nicht auf die zukünftigen Verbräuche und somit die Heizkosten geschlossen werden. Die Wohnung sollte aufgrund des Arguments geringer Heizkosten nicht gemietet werden.
19. Die Dämmschicht muss eine Dicke von mindestens 14 cm aufweisen, damit der Wärmedurchgangskoeffizient der Außenwand nicht größer als 0,24 W/(m²K) wird; Anforderung für Bauteilgruppe Außenwände nach GEG Anlage 7.
20. Lösung: $H'_T = 0{,}38$ W/(m²K).

    Zwischenergebnisse:
    - $A = 412$ m²
    - Bodenplatte: $H_T = 17{,}28$ W K; Dach: $H_T = 14{,}4$ W/K; Außenwände: $H_T = 33{,}0$ W/K; Fenster: $H_T = 71{,}5$ W/K; Wärmebrücken: $\Delta U_{WB} \cdot A = 0{,}05 \cdot 412 = 20{,}6$ W/K

- Transmissionswärmeverlust insgesamt: H_T = 156,8 W/K
- spezifischer, auf die wärmeübertragende Umfassungsfläche bezogener Transmissionswärmeverlust: H'_T = 156,8/412 = 0,38 W(m²K)

6 Literatur

[1] Gesetz zur Einsparung von Energie und zur Nutzung erneuerbarer Energien zur Wärme- und Kälteerzeugung in Gebäuden (Gebäudeenergiegesetz – GEG); veröffentlicht in: Gesetz zur Vereinheitlichung des Energieeinsparrechts für Gebäude und zur Änderung weiterer Gesetze vom 8. August 2020; Bundesgesetzblatt Jahrgang 2020 Teil I Nr. 37, ausgegeben zu Bonn am 13. August 2020

[2] DIN V 18599:2018-09: Energetische Bewertung von Gebäuden – Berechnung des Nutz-, End- und Primärenergiebedarfs für Heizung, Kühlung, Lüftung, Trinkwarmwasser und Beleuchtung; Teile 1 bis 11; Beuth Verlag, Berlin

[3] DIN 4108: Wärmeschutz und Energie-Einsparung in Gebäuden; Teile 2, 3, 4, 7, 10; verschiedene Ausgabedaten; Beuth Verlag, Berlin

[4] Gesetz zu Sofortmaßnahmen für einen beschleunigten Ausbau der erneuerbaren Energien und weiteren Maßnahmen im Stromsektor, Artikel 18a Änderung des Gebäudeenergiegesetzes vom 20. Juli 2022; Bundesgesetzblatt Jahrgang 2022 Teil I Nr. 29, ausgegeben zu Bonn am 28. Juli 2022

[5] Bundes-Klimaschutzgesetz (KSG) vom 12. Dezember 2019; Bundesgesetzblatt Teil I, S. 2513; geändert durch Artikel 1 des Gesetzes vom 18. August 2021 (Bundesgesetzblatt Teil I, S. 3905); Inkrafttreten der Gesetzesnovelle am 31. August 2021

[6] DIN V 18599-1:2018-09: Energetische Bewertung von Gebäuden – Berechnung des Nutz-, End- und Primärenergiebedarfs für Heizung, Kühlung, Lüftung, Trinkwarmwasser und Beleuchtung – Teil 1: Allgemeine Bilanzierungsverfahren, Begriffe, Zonierung und Bewertung der Energieträger; Beuth Verlag, Berlin

[7] DIN 4108-2:2013-02: Wärmeschutz und Energie-Einsparung in Gebäuden – Teil 2: Mindestanforderungen an den Wärmeschutz; Beuth Verlag, Berlin

[8] DIN 4108-7:2011-01: Wärmeschutz und Energie-Einsparung in Gebäuden – Teil 7: Luftdichtheit von Gebäuden – Anforderungen, Planungs- und Ausführungsempfehlungen und -beispiele; Beuth Verlag, Berlin

[9] DIN/TS 4108-8:2022-09: Wärmeschutz und Energie-Einsparung in Gebäuden – Teil 8: Vermeidung von Schimmelwachstum in Wohngebäuden; Beuth Verlag, Berlin

[10] DIN V 4108-6:2003-06: Wärmeschutz und Energie-Einsparung in Gebäuden – Teil 6: Berechnung des Jahresheizwärme- und des Jahresheizenergiebedarfs; Beuth Verlag, Berlin

[11] DIN V 18599-2:2018-09: Energetische Bewertung von Gebäuden – Berechnung des Nutz-, End- und Primärenergiebedarfs für Heizung, Kühlung, Lüftung, Trinkwarmwasser und Beleuchtung – Teil 2: Nutzenergiebedarf für Heizen und Kühlen von Gebäudezonen; Beuth Verlag, Berlin

[12] DIN V 4701-10:2003-08: Energetische Bewertung heiz- und raumlufttechnischer Anlagen – Teil 10: Heizung, Trinkwassererwärmung. Lüftung; Beuth Verlag, Berlin

[13] DIN V 18599-5:2018-09: Energetische Bewertung von Gebäuden – Berechnung des Nutz-, End- und Primärenergiebedarfs für Heizung, Kühlung, Lüftung, Trinkwarmwasser und Beleuchtung – Teil 5: Endenergiebedarf von Heizsystemen; Beuth Verlag, Berlin

[14] DIN V 18599-8:2018-09: Energetische Bewertung von Gebäuden – Berechnung des Nutz-, End- und Primärenergiebedarfs für Heizung, Kühlung, Lüftung, Trinkwarmwasser und Beleuchtung – Teil 8: Nutz- und Endenergiebedarf von Warmwasserbereitungssystemen; Beuth Verlag, Berlin

[15] DIN V 18599-10: 2018-09: Energetische Bewertung von Gebäuden – Berechnung des Nutz-, End- und Primärenergiebedarfs für Heizung, Kühlung, Lüftung, Trinkwarmwasser und Beleuchtung – Teil 10: Nutzungsrandbedingungen, Klimadaten; Beuth Verlag, Berlin

[16] DIN V 18599-11:2018-09: Energetische Bewertung von Gebäuden – Berechnung des Nutz-, End- und Primärenergiebedarfs für Heizung, Kühlung, Lüftung, Trinkwarmwasser und Beleuchtung – Teil 11: Gebäudeautomation; Beuth Verlag, Berlin

[17] DIN V 4701-10/A1:2006-12: Energetische Bewertung heiz- und raumlufttechnischer Anlagen – Teil 10: Heizung, Trinkwassererwärmung. Lüftung, Änderung A1; Beuth Verlag, Berlin

[18] DIN V 18599-4:2018-09: Energetische Bewertung von Gebäuden – Berechnung des Nutz-, End- und Primärenergiebedarfs für Heizung, Kühlung, Lüftung, Trinkwarmwasser und Beleuchtung – Teil 4: Nutz- und Endenergiebedarf für Beleuchtung; Beuth Verlag, Berlin

[19] DIN V 18599-3:2018-09: Energetische Bewertung von Gebäuden – Berechnung des Nutz-, End- und Primärenergiebedarfs für Heizung, Kühlung, Lüftung, Trinkwarmwasser und Beleuchtung – Teil 3: Nutzenergiebedarf für die energetische Luftaufbereitung; Beuth Verlag, Berlin

[20] DIN/TS 18599-12:2021-04: Energetische Bewertung von Gebäuden – Berechnung des Nutz-, End- und Primärenergiebedarfs für Heizung, Kühlung, Lüftung, Trinkwarmwasser und Beleuchtung – Teil 12: Tabellenverfahren für Wohngebäude; Beuth Verlag, Berlin

[21] DIN/TS 18599-13:2020-12: Energetische Bewertung von Gebäuden – Berechnung des Nutz-, End- und Primärenergiebedarfs für Heizung, Kühlung, Lüftung, Trinkwarmwasser und Beleuchtung – Teil 13: Tabellenverfahren für Nichtwohngebäude; Beuth Verlag, Berlin

[22] Verordnung über energiesparenden Wärmeschutz und energiesparende Anlagentechnik bei Gebäuden (Energieeinsparverordnung – EnEV) vom 24. Juli 2007; Gültigkeitszeitraum vom 1. Oktober 2007 bis 30. September 2009; BGBl I 2007, S. 2684; historische Verordnung, zurückgezogenes Dokument (EnEV 2007)

[23] Verordnung über einen energiesparenden Wärmeschutz bei Gebäuden (Wärmeschutzverordnung – WschVO) vom 11. August 1977; Gültigkeitszeitraum 1. November 1977 bis 31. Dezember 1984 (1. WSchVO); BGBl I 1977, S. 1554; historische Verordnung, zurückgezogenes Dokument (WSchVO 1977)

[24] DIN 4108-4:2020-11: Wärmeschutz und Energie-Einsparung in Gebäuden – Teil 4: Wärme- und feuchteschutztechnische Bemessungswerte; Beuth Verlag, Berlin

[25] DIN EN ISO 6946:2018-03: Bauteile – Wärmedurchlasswiderstand und Wärmedurchgangskoeffizient – Berechnungsverfahren; Beuth Verlag, Berlin

[26] DIN EN ISO 9972-2018-12: Wärmetechnisches Verhalten von Gebäuden – Bestimmung der Luftdurchlässigkeit von Gebäuden – Differenzdruckverfahren; Beuth Verlag, Berlin

[27] DIN 4108 Beiblatt 2:2019-06: Wärmeschutz und Energie-Einsparung in Gebäuden; Beiblatt 2: Wärmebrücken – Planungs- und Ausführungsbeispiele; Beuth Verlag, Berlin

[28] DIN EN 13164:2015-04: Wärmedämmstoffe für Gebäude – Werkmäßig hergestellte Produkte aus extrudiertem Polystyrolschaum (XPS) – Spezifikation; Beuth Verlag, Berlin

[29] DIN EN ISO 13370:2018-03: Wärmetechnisches Verhalten von Gebäuden – Wärmetransfer über das Erdreich – Berechnungsverfahren; Beuth Verlag, Berlin

Teil C – Klimabedingter Feuchteschutz

1 Allgemeines

Unter dem Begriff *Feuchteschutz* werden alle Maßnahmen verstanden, die eine Durchfeuchtung von Bauteilen verhindern. Eine Durchfeuchtung von Bauteilen kann Schäden an der Baukonstruktion verursachen, die raumklimatischen und hygienischen Verhältnisse beeinträchtigen (z.B. Schimmelpilzbildung) sowie die physikalischen und energetischen Eigenschaften vieler Baustoffe verschlechtern (z.B. höhere Wärmeleitfähigkeit). Aus diesen Gründen ist ein wirkungsvoller und dauerhafter Schutz der Baukonstruktion vor nachteiligen Feuchteeinwirkungen zwingend erforderlich. Zu den Maßnahmen des Feuchteschutzes zählen sowohl alle Formen von Abdichtungen als auch Maßnahmen, die darauf abzielen, schädliche Tauwasserbildung auf Bauteiloberflächen sowie im Bauteilinneren zu vermeiden. Letztere werden üblicherweise unter dem Begriff *klimabedingter Feuchteschutz* zusammengefasst und bilden die Grundlage der nachfolgenden Abschnitte. Relevante Regelwerke zum klimabedingten Feuchteschutz sind die nationale Norm DIN 4108-3 [1] sowie das internationale Dokument DIN EN ISO 13788 [2].

Abdichtungen werden in diesem Kapitel nicht behandelt, es wird auf die entsprechenden Normen (DIN 18531 bis DIN 18535 ([3] bis [7]) in Verbindung mit DIN 18195 [8]) sowie auf die einschlägige Literatur (z.B. [9] und [10]) verwiesen.

Die wesentlichen Regeln sowie weiterführende Hintergrundinformationen zu den Anforderungen an den klimabedingten Feuchteschutz sowie die zugehörigen Rechen- und Nachweisverfahren sind im *Bauphysik-Lehrbuch, Teil C – Feuchteschutz* [11] angegeben und erläutert. Ziel der nachfolgenden Abschnitte zum Thema des klimabedingten Feuchteschutzes ist es, die teilweise recht theoretisch gehaltenen und abstrakten Regeln der Normen anhand weiterer Praxisbeispiele anschaulich zu erläutern. Dabei werden Beispiele mit ausführlichem Lösungsweg (Abschnitt 4) sowie ergänzende Aufgaben zum Selbststudium mit Angabe des Endergebnisses sowie wichtiger Zwischenergebnisse angeboten (Abschnitt 5). Die zum Verständnis benötigten Grundlagen und wichtigsten Formeln werden nachfolgend kurz in meist stichpunktartiger sowie tabellarischer Form angegeben (Abschnitt 3). Für genauere Informationen wird auf das bereits genannte Bauphysik-Lehrbuch [11] sowie auf die Normen – insbesondere DIN 4108-3 – und die einschlägige Literatur verwiesen.

2 Lernziele

Es werden folgende Lernziele mit unterschiedlichen Schwierigkeitsgraden verfolgt:

1. Kenntnis und Bedeutung der relevanten physikalischen Kenngrößen im Zusammenhang mit Aufgaben des klimabedingten Feuchteschutzes sowie des Feuchtetransports durch Diffusion (z.B. Wasserdampfgehalt, Wasserdampfteildruck, Sättigungsdampfdruck, relative Luftfeuchte, Taupunkttemperatur, Wasserdampf-Diffusionswider-

standszahl usw.). Sichere Anwendung der Formeln und Gleichungen zur Ermittlung der relevanten Kenngrößen.

2. Sichere Beherrschung der grundlegenden Regeln für die Durchführung von feuchteschutztechnischen Nachweisen nach dem Periodenbilanzverfahren nach DIN 4108-3 (z.B. Überprüfung der Tauwasserbildung im Bauteilinneren).
3. Kenntnisse über Bauteile, für die kein rechnerischer Tauwassernachweis erforderlich ist. Kenntnisse über Maßnahmen des Schlagregenschutzes von Außenwänden und Fassaden.

Beispiele und Aufgaben mit geringem Schwierigkeitsgrad werden mit der Bezeichnung ***„Kategorie (A)"***, solche mit mittlerem bzw. höherem Schwierigkeitsgrad mit ***„Kategorie (B)"*** bzw. ***„Kategorie (C)"*** gekennzeichnet. Die ***„Kategorie (C)"*** wird außerdem verwendet, wenn für die Bearbeitung neben den Regelungen der Normen geeignete ingenieurmäßige Lösungsansätze herangezogen werden müssen.

3 Grundlagen

3.1 Allgemeines

In den folgenden Abschnitten werden die wichtigsten Grundlagen angegeben, die für die rechnerische Überprüfung von Bauteilen hinsichtlich kritischer Luftfeuchten und Tauwasserbildung auf der Oberfläche sowie im Bauteilinneren benötigt werden. Mit diesen Angaben können die Lösungswege der Beispiele in Abschnitt 4 sowie die Aufgaben in Abschnitt 5 nachvollzogen werden. Für weitere Informationen wird auf das bereits zitierte Bauphysik-Lehrbuch sowie auf die genannten Normen (DIN 4108-3 und DIN EN ISO 13788) verwiesen.

3.2 Physikalische Grundlagen

3.2.1 Wasserdampfgehalt der Luft

Begriffe und Erläuterungen zum Wasserdampfgehalt in der Luft sind in Tab. 3.1 angegeben.

Tab. 3.1: Begriffe zum Wasserdampfgehalt der Luft

Begriff	**Formelzeichen/ Einheit**	**Beschreibung**
Feuchte Feuchtigkeit	–	Wird in der Bauphysik für Wasser in seinen drei Aggregatzuständen (gasförmig, flüssig, gefroren) verwendet.
Wasserdampf	–	Wasser im gasförmigen Aggregatzustand.
Wasserdampfgehalt der Luft	c, in g/m^3	Dieser Wert gibt die Wasserdampf- bzw. Feuchtigkeitsmenge an, die in einem Kubikmeter Luft enthalten ist.

Begriff	**Formelzeichen/ Einheit**	**Beschreibung**
Sättigungs-menge	c_{sat}, in g/m³	Dieser Wert gibt die maximal aufnehmbare Wasserdampfmenge der Luft an. Die Sättigungsmenge ist temperaturabhängig. Mit steigender Lufttemperatur kann die Luft mehr Wasserdampf aufnehmen, d.h., die Sättigungsmenge steigt. Es besteht ein nichtlinearer Zusammenhang zwischen der Lufttemperatur und der Sättigungsmenge, d.h., die Sättigungsmenge steigt mit zunehmender Lufttemperatur überproportional an.

Zusammenhang zwischen Sättigungsmenge und Lufttemperatur siehe Abb. 3-1.

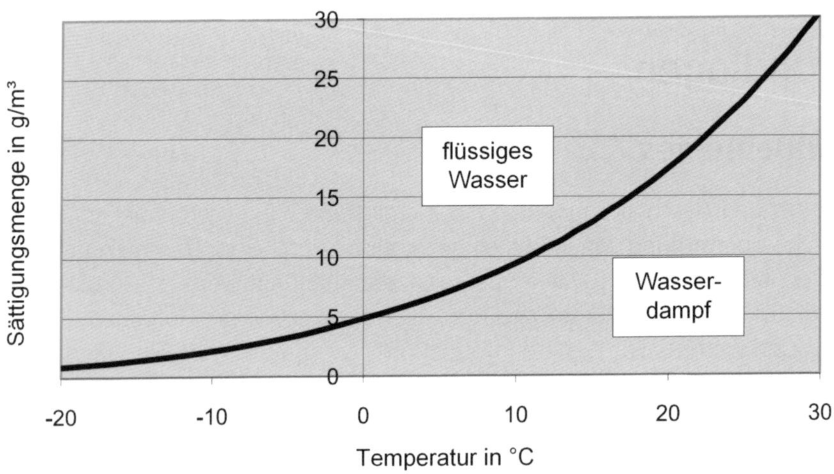

Abb. 3-1: Zusammenhang zwischen Sättigungsmenge und Lufttemperatur

3.2.2 Relative Luftfeuchte

Die *relative Luftfeuchte* gibt das Verhältnis zwischen der vorhandenen Wasserdampfmenge in der Luft zur Sättigungsmenge an (Tab. 3.2).

Tab 3.2: Relative Luftfeuchte

$\phi = \frac{c}{c_{sat}}$ bzw. $\phi = \frac{c}{c_{sat}} \cdot 100$ [–] oder [%]	c vorhandene Wasserdampfmenge, in g/m³ c_{sat} Sättigungsmenge, in g/m³

Es gelten folgende Regelungen:

- Die vorhandene Wasserdampfmenge c in der Luft kann nicht größer als die Sättigungsmenge c_{sat} sein, d.h., die relative Luftfeuchte kann nur Zahlenwerte zwischen 0 und 1 (bzw. 0 und 100 %) annehmen. Wenn die vorhandene Wasserdampfmenge die

Sättigungsmenge überschreitet (z.B. beim Abkühlen der Luft), dann wird überschüssiger Wasserdampf in flüssiger Form als Tauwasser oder Nebel ausgeschieden.

- Eine relative Luftfeuchte von 0,5 oder 50 % bedeutet beispielsweise, dass die Luft zur Hälfte oder zu 50 % mit Wasserdampf gesättigt ist. Dies bedeutet, dass die Luft noch einmal die gleiche Menge an Wasserdampf aufnehmen könnte.
- Weiterhin hängt die relative Luftfeuchte auch von der Lufttemperatur ab. Wird die Luft abgekühlt (z.B. durch Nachtabsenkung der Heizung), dann steigt die relative Luftfeuchte, wenn Feuchtigkeit weder zu- noch abgeführt wird. Umgekehrt sinkt beim Erwärmen der Luft die relative Luftfeuchtigkeit (z.B. beim Lüften im Winter).

3.2.3 Wasserdampfteildruck, Sättigungsdampfdruck

Berechnung des Wasserdampfteildrucks (Partialdruck) sowie des Sättigungsdampfdrucks nach Tab. 3.3. Tabellierte Werte des Sättigungsdampfdrucks für baupraktisch vorkommende Temperaturen siehe Tab. 3.4.

Tab. 3.3: Wasserdampfteildruck p und Sättigungsdampfdruck p_{sat}

Wasserdampfteildruck *p*	
$p = \phi \cdot p_{sat}$ [Pa]	ϕ relative Luftfeuchte, dimensionslos oder in % p_{sat} Sättigungsdampfdruck, in Pa
Sättigungsdampfdruck	
$p_{sat} = 610{,}5 \cdot \exp\left(\frac{17{,}269 \cdot \theta}{237{,}3 + \theta}\right)$ [Pa] für $\theta \geq 0$ °C	θ Lufttemperatur, in °C
$p_{sat} = 610{,}5 \cdot \exp\left(\frac{21{,}875 \cdot \theta}{265{,}5 + \theta}\right)$ [Pa] für $\theta < 0$ °C	

Tab. 3.4: Sättigungsdampfdruck p_{sat} im Temperaturbereich von –10 bis +30,9 °C (n. DIN 4108-3:2014-11, Tab. C.1)

Temperatur	**Sättigungsdampfdruck p_{sat} Pa für Temperaturschritte in Zehntel °C**									
°C	,0	,1	,2	,3	,4	,5	,6	,7	,8	,9
30	4241	4265	4289	4314	4339	4364	4389	4414	4439	4464
29	4003	4026	4050	4073	4097	4120	4144	4168	4192	4216
28	3778	3800	3822	3844	3867	3889	3912	3934	3957	3980
27	3563	3584	3605	3626	3648	3669	3691	3712	3734	3756
26	3359	3379	3399	3419	3440	3460	3480	3501	3522	3542
25	3166	3185	3204	3223	3242	3261	3281	3300	3320	3340
24	2982	3000	3018	3036	3055	3073	3091	3110	3128	3147

Temperatur °C	**Sättigungsdampfdruck p_{sat} Pa für Temperaturschritte in Zehntel °C** ,0	,1	,2	,3	,4	,5	,6	,7	,8	,9
23	2808	2825	2842	2859	2876	2894	2911	2929	2947	2964
22	2642	2659	2675	2691	2708	2724	2741	2757	2774	2791
21	2486	2501	2516	2532	2547	2563	2579	2594	2610	2626
20	**2337**	2351	2366	2381	2395	2410	2425	2440	2455	2470
19	2196	2210	2224	2238	2252	2266	2280	2294	2308	2323
18	2063	2076	2089	2102	2115	2129	2142	2155	2169	2182
17	1937	1949	1961	1974	1986	1999	2012	2024	2037	2050
16	1817	1829	1841	1852	1864	1876	1888	1900	1912	1924
15	1704	1715	1726	1738	1749	1760	1771	1783	1794	1806
14	1598	1608	1619	1629	1640	1650	1661	1672	1683	1693
13	1497	1507	1517	1527	1537	1547	1557	1567	1577	1587
12	1402	1411	1420	1430	1439	1449	1458	1468	1477	1487
11	1312	1321	1330	1338	1347	1356	1365	1374	1383	1393
10	1227	1236	1244	1252	1261	1269	1278	1286	1295	1303
9	1147	1155	1163	1171	1179	1187	1195	1203	1211	1219
8	1072	1080	1087	1094	1102	1109	1117	1124	1132	1140
7	1001	1008	1015	1022	1029	1036	1043	1050	1058	1065
6	935	941	948	954	961	967	974	981	988	994
5	872	878	884	890	897	903	909	915	922	928
4	813	819	824	830	836	842	848	854	860	866
3	757	763	768	774	779	785	790	796	801	807
2	705	710	715	721	726	731	736	741	747	752
1	656	661	666	671	676	680	685	690	695	700
0	611	615	619	624	629	633	638	642	647	652
–0	611	605	601	596	591	586	581	576	571	567
–1	562	557	553	548	544	539	535	530	526	521
–2	517	513	509	504	500	496	492	488	484	479
–3	475	471	468	464	460	456	452	448	444	441
–4	437	433	430	426	422	419	415	412	408	405
–5	**401**	398	394	391	388	384	381	378	375	371
–6	368	365	362	359	356	353	350	347	344	341
–7	338	335	332	329	326	323	320	318	315	312
–8	309	307	304	301	299	296	294	291	288	286

Temperatur °C	Sättigungsdampfdruck p_{sat} Pa für Temperaturschritte in Zehntel °C									
	,0	,1	,2	,3	,4	,5	,6	,7	,8	,9
–9	283	281	278	276	274	271	269	266	264	262
–10	259	257	255	252	250	248	246	244	241	239
Hinweis: Markierte Zellen kennzeichnen die Norm-Klimabedingungen.										

3.2.4 Taupunkttemperatur

Die Taupunkttemperatur ist diejenige Lufttemperatur, bei der es zur Tauwasserbildung kommt. Sie ist abhängig von der relativen Luftfeuchte und der Lufttemperatur. Berechnung nach Tab. 3.5, tabellierte Werte im Bereich von +10 °C bis +30 °C nach Tab. 3.6.

Tab. 3.5: Taupunkttemperatur

1 $\theta_s = \dfrac{237{,}3 \cdot \ln\left(\dfrac{\phi \cdot p_{sat}}{610{,}5}\right)}{17{,}269 - \ln\left(\dfrac{\phi \cdot p_{sat}}{610{,}5}\right)}$ wenn $p_{sat} \geq 610{,}5$ Pa	[°C]	θ_s Taupunkttemperatur, in °C p_{sat} Sättigungsdampfdruck für die jeweils herrschende Lufttemperatur, in Pa ϕ relative Luftfeuchte, als Dezimalzahl im Intervall zwischen 0 und 1
2 $\theta_s = \dfrac{265{,}6 \cdot \ln\left(\dfrac{\phi \cdot p_{sat}}{610{,}5}\right)}{21{,}875 - \ln\left(\dfrac{\phi \cdot p_{sat}}{610{,}5}\right)}$ wenn $p_{sat} \geq 610{,}5$ Pa	[°C]	

Tab. 3.6: Taupunkttemperatur der Luft in Abhängigkeit von Temperatur und relativer Luftfeuchte (n. DIN 4108-3:2014-11, Tab. C.3)

Temperatur °C	Taupunkttemperatur θ_s °C bei einer relativen Luftfeuchte von %													
	30	35	40	45	50	55	60	65	70	75	80	85	90	95
30	10,5	12,9	14,9	16,8	18,4	20,0	21,4	22,7	23,9	25,1	26,2	27,2	28,2	29,1
29	9,7	12,0	14,0	15,9	17,5	19,0	20,4	21,7	23,0	24,1	25,2	26,2	27,2	28,1
28	8,8	11,1	13,1	15,0	16,6	18,1	19,5	20,8	22,0	23,1	24,2	25,2	26,2	27,1
27	8,0	10,2	12,3	14,1	15,7	17,2	18,6	19,9	21,1	22,2	23,3	24,3	25,2	26,1
26	7,1	9,4	11,4	13,2	14,8	16,3	17,6	18,9	20,1	21,2	22,3	23,3	24,2	25,1
25	6,2	8,5	10,5	12,2	13,9	15,3	16,7	18,0	19,1	20,3	21,3	22,3	23,2	24,1
24	5,4	7,6	9,6	11,3	12,9	14,4	15,8	17,0	18,2	19,3	20,3	21,3	22,3	23,1

Temperatur °C	**Taupunkttemperatur θ_s °C bei einer relativen Luftfeuchte von %**													
23	4,5	6,7	8,7	10,4	12,0	13,5	14,8	16,1	17,2	18,3	19,4	20,3	21,3	22,2
22	3,6	5,8	7,8	9,5	11,1	12,5	13,9	15,1	16,3	17,4	18,4	19,4	20,3	21,2
21	2,8	5,0	6,9	8,9	102	11,6	12,9	14,2	15,3	16,4	17,4	18,4	19,3	20,2
20	1,9	4,1	6,0	7,7	9,3	10,7	12,0	13,2	14,4	15,4	16,4	17,4	18,3	19,2
19	1,1	3,2	5,1	6,8	8,4	9,8	11,1	12,3	13,4	14,5	15,5	16,4	17,3	18,2
18	0,2	2,3	4,2	5,9	7,4	8,8	10,1	11,3	12,5	13,5	14,5	15,4	16,3	17,2
17	-0,6	1,4	3,3	5,0	6,5	7,9	9,2	10,4	11,5	12,5	13,5	14,5	15,3	16,2
16	-1,4	0,6	2,4	4,1	5,6	7,0	8,2	9,4	10,5	11,6	12,6	13,5	14,4	15,2
15	-2,1	-0,3	1,5	3,2	4,7	6,0	7,3	8,5	9,6	10,6	11,6	12,5	13,4	14,2
14	-2,9	-1,1	0,6	2,3	3,8	5,1	6,4	7,5	8,6	9,6	10,6	11,5	12,4	13,2
13	-3,7	-1,8	-0,2	1,4	2,8	4,2	5,4	6,6	7,7	8,7	9,6	10,5	11,4	12,2
12	-4,4	-2,6	-1,0	0,5	1,9	3,3	4,5	5,6	6,7	7,7	8,7	9,6	10,4	11,2
11	-5,2	-3,4	-1,8	-0,4	1,0	2,3	3,5	4,7	5,7	6,7	7,7	8,6	9,4	10,2
10	-6,0	-4,2	-2,6	-1,2	0,1	1,4	2,6	3,7	4,8	5,8	6,7	7,6	8,4	9,2

3.2.5 Schimmelpilz-Grenztemperatur

Die Schimmelpilz-Grenztemperatur ist diejenige Temperatur, bei deren Unterschreitung Schimmelpilzwachstum auf Bauteiloberflächen zu erwarten ist. Sie ist abhängig von der Lufttemperatur und der relativen Luftfeuchte im Raum. Zum Schimmelpilzwachstum kommt es, wenn die oberflächennahe relative Luftfeuchte für einen bestimmten Zeitraum (ca. eine Woche) mindestens 80 % beträgt. Die Schimmelpilz-Grenztemperatur berechnet sich mit der Gleichung in Tab. 3.7.

Tab. 3.7: Schimmelpilz-Grenztemperatur

Gleichung	Legende
$\theta_{si,min} = (1{,}25 \cdot \phi)^{1/8{,}02} \cdot (109{,}8 + \theta) - 109{,}8$ [°C]	ϕ relative Luftfeuchte als Dezimalzahl im Intervall zwischen 0 und 1, dimensionslos θ Lufttemperatur, in °C

3.3 Wasserdampfdiffusion

3.3.1 Allgemeines

Unter Wasserdampfdiffusion ist die Bewegung von Wasserdampfmolekülen in einem Gasgemisch (z.B. Luft) zum Ausgleich des Dampfgehaltes oder des Dampfteildrucks bei gleichbleibendem Gesamtdruck zu verstehen. Aufgrund ihrer Eigenbewegung (Molekularbewegung) bewegen sich die Wasserdampfmoleküle vom höheren zum niedrigeren Potenzial, d.h. von Bereichen mit höherem Wasserdampfteildruck in Bereiche mit niedrigerem Wasserdampfteildruck. Voraussetzung für Wasserdampfdiffusion ist demnach ein Wasserdampf-Druckgefälle.

3.3.2 Massestromdichte

Die Wasserdampfdiffusion ist neben dem Dampfdruckgefälle auch von der Wasserdampfdurchlässigkeit des Stoffes abhängig. Diese kann durch den Diffusionskoeffizienten ausgedrückt werden. Die Menge an diffundierenden Molekülen durch einen Stoff wird allgemein mit Massestromdichte beschrieben. Die Berechnung erfolgt mit den Angaben in Tab. 3.8. Formal ist die Gleichung genauso aufgebaut wie die Formel zur Berechnung der Wärmestromdichte q (Hinweis: Es gilt: $q = U \times \Delta\theta$).

Tab. 3.8: Massestromdichte $\dot{m}$

Formel	Symbol	Bedeutung
$\dot{m} = -D \cdot \frac{\Delta c}{\Delta x}$ [g/h]	D	Diffusionskoeffizient, in m^2/h
	c	Feuchtekonzentration, in kg/m^3
	x	Weglänge, in m
	$\Delta c / \Delta x$	Konzentrations- bzw. Potenzialgefälle

3.3.3 Wasserdampf-Diffusionskoeffizient und Wasserdampf-Diffusionsleitkoeffizient

Weitere wichtige Kenngrößen für die Beschreibung der Wasserdampfdiffusion sind der Wasserdampf-Diffusionskoeffizient und der Wasserdampf-Diffusionsleitkoeffizient; siehe Tab. 3.9.

Tab. 3.9: Wasserdampf-Diffusionskoeffizient D_0 und Wasserdampf-Diffusionsleitkoeffizient δ_0

Wasserdampf-Diffusionskoeffizient		
$D_0 = 0{,}023 \cdot 10^{-3} \cdot \frac{p_0}{p} \cdot \left(\frac{T}{273}\right)^{1{,}81}$ [m²/h]	p_0	normaler atmosphärischer Luftdruck, $p_0 = 101325$ Pa = 1013 hPa
	p	Luftdruck, in Pa
	T	absolute Temperatur, in K
Wasserdampf-Diffusionsleitkoeffizient in Luft δ_0		
$\delta_0 = \frac{D_0}{R_V \cdot T}$ [kg/(m · s · Pa)]	D_0	Wasserdampf-Diffusionskoeffizient, in m^2/h (bei +10 °C ist $D_0 = 2{,}5 \cdot 10^{-6}$, in m^2/s)
	R_V	spezifische Gaskonstante für Wasserdampf (= 461,5 (J/(kg·K)), in J/(kg·K)
	T	absolute Temperatur, in K (bei +10 °C ist $T = 273{,}15 + 10 = 283{,}15$ K)

Näherungswert des Wasserdampf-Diffusionsleitkoeffizienten in Luft δ_0 (für Temperaturen zwischen –5 °C und +20 °C)
Der Wasserdampf-Diffusionsleitkoeffizient in Luft δ_0 ändert sich bei den im Bauwesen üblichen Temperaturen zwischen –5 °C und +20 °C nur geringfügig. Für feuchteschutztechnische Berechnungen darf daher folgender Näherungswert verwendet werden:
$\delta_0 = 2{,}0 \cdot 10^{-10}$ [kg/(m·s·Pa)]

3.3.4 Wasserdampf-Diffusionswiderstandszahl

Die Wasserdampf-Diffusionswiderstandszahl μ ist der Quotient aus Wasserdampf-Diffusionsleitkoeffizient in Luft δ_0 und Wasserdampf-Diffusionsleitkoeffizient in einem Stoff δ. Die Wasserdampf-Diffusionswiderstandszahl wird für die Berechnung der wasserdampfdiffusionsäquivalenten Luftschichtdicke benötigt und ist eine der grundlegenden Kenngrößen für die Beschreibung der Wasserdampfdiffusion durch Baustoffe. Sie wird insbesondere für die Überprüfung von Bauteilen hinsichtlich Tauwasserbildung im Bauteilinneren benötigt. Es gilt die Gleichung in Tab. 3.10.

Tab. 3.10: Wasserdampf-Diffusionswiderstandszahl μ

Wasserdampf-Diffusionswiderstandszahl μ		
$\mu = \frac{\delta_0}{\delta}$ [–]	δ_0	Wasserdampf-Diffusionsleitkoeffizient in Luft, in kg/(m·s·Pa)
	δ	Wasserdampf-Diffusionsleitkoeffizient in einem Stoff, in kg/(m·s·Pa)

Richtwerte der Wasserdampf-Diffusionswiderstandszahlen für Stoffe sind in DIN 4108-4 [12] sowie DIN EN ISO 10456 [13] festgelegt; siehe auch Anhang in diesem Buch, Tab. A.1.1 bis A.1.6. Für viele Baustoffe wird ein Wertebereich für μ angeben (z.B. Gipsputz: μ = 4/10 n. DIN 4108-44, Tab. 1). In diesem Fall ist derjenige Wert zu verwenden, der zu ungünstigeren Auswirkungen führt, z.B. eine höhere Tauwassermasse ergibt.

3.3.5 Wasserdampfdiffusionsäquivalente Luftschichtdicke

Die wasserdampfdiffusionsäquivalente Luftschichtdicke s_d ist die Dicke einer ruhenden Luftschicht, die den gleichen Wasserdampf-Diffusionswiderstand hat wie die betrachtete Bauteilschicht bzw. das aus mehreren Schichten zusammengesetzte Bauteil. Sie wird für feuchteschutztechnische Nachweise hinsichtlich der Überprüfung auf Tauwasserbildung im Bauteilinneren benötigt. Die Berechnung erfolgt mit den Angaben in Tab. 3.11.

Tab. 3.11: Wasserdampfdiffusionsäquivalente Luftschichtdicke s_d für ein- und mehrschichtige Bauteile

Wasserdampfdiffusionsäquivalente Luftschichtdicke s_d		
$s_d = \mu \cdot d$ [m]	μ	Wasserdampf-Diffusionswiderstandszahl, dimensionslos
	d	Schichtdicke, in m

Für mehrschichtige ebene Bauteile	
$s_d = \mu_1 \cdot d_1 + \mu_2 \cdot d_2 + \ldots + \mu_n \cdot d_n = \sum \mu_j \cdot d_j$ [m]	
j Index für die Einzelschichten, j = 1, 2, …, n n Anzahl der Einzelschichten	
Je nach Größe der wasserdampfdiffusionsäquivalenten Luftschichtdicke s_d wird folgende Fallunterscheidung vorgenommen:	
• diffusionsoffene Schicht:	$s_d \leq 0{,}5$ m
• diffusionsbremsende Schicht:	$0{,}5 \text{ m} < s_d \leq 10$ m
• diffusionshemmende Schicht:	$10 \text{ m} < s_d \leq 100$ m
• diffusionssperrende Schicht:	$100 \text{ m} < s_d < 1500$ m
• diffusionsdichte Schicht:	$s_d \geq 1500$ m

3.3.6 Wasserdampf-Diffusionsdurchlasswiderstand

Der Wasserdampf-Diffusionsdurchlasswiderstand Z_p einer Bauteilschicht bzw. eines Bauteils ergibt sich mit den Angaben in Tab. 3.12. Z_p wird für die Berechnung der Wasserdampf-Diffusionsstromdichte in einem Bauteil benötigt (siehe Tab. 3.13).

Tab. 3.12: Dampfdruckbezogener Wasserdampf-Diffusionsdurchlasswiderstand Z_p und auf die absolute Luftfeuchte bezogener Wasserdampf-Diffusionsdurchlasswiderstand Z_v

Dampfdruckbezogener Wasserdampf-Diffusionsdurchlasswiderstand Z_p	
$Z_p = 5 \cdot 10^9 \cdot \mu \cdot d = 5 \cdot 10^9 \cdot s_d$ [m² · s · Pa/kg]	
μ	Wasserdampf-Diffusionswiderstandszahl, dimensionslos
d	Schichtdicken, in m
s_d	wasserdampfdiffusionsäquivalente Luftschichtdicke, in m
$5 \cdot 10^9$	Kehrwert des Wasserdampf-Diffusionsleitkoeffizienten der Luft bei Bezugstemperatur, in kg/(m·s·Pa)
Mehrere Baustoffschichten hintereinander	
$Z_p = 5 \cdot 10^9 \cdot (\mu_1 \cdot d_1 + \mu_2 \cdot d_2 + \ldots + \mu_n \cdot d_n) = 5 \cdot 10^9 \cdot (s_{d,1} + s_{d,2} + \ldots + s_{d,n})$	
Auf die absolute Luftfeuchte bezogener Wasserdampf-Diffusionsdurchlasswiderstand Z_v	
$Z_v = 4 \cdot 10^4 \cdot \mu \cdot d = 4 \cdot 10^4 \cdot s_d$ [s/m]	
$4 \cdot 10^4$	gerundeter Kehrwert des Wasserdampf-Diffusionskoeffizienten in Luft nach Schirmer D_0 bei der Bezugstemperatur 10 °C, in s/m²

Mehrere Baustoffschichten hintereinander
$Z_v = 4 \cdot 10^4 \cdot (\mu_1 \cdot d_1 + \mu_2 \cdot d_2 + \ldots + \mu_n \cdot d_n) = 4 \cdot 10^4 \cdot (s_{d,1} + s_{d,2} + \ldots + s_{d,n})$

3.3.7 Wasserdampf-Diffusionsstromdichte

Die Wasserdampf-Diffusionsstromdichte g ist der Quotient aus Dampfdruckgefälle und Wasserdampf-Diffusionsdurchlasswiderstand. Die Größe wird für die Berechnung der Tauwassermasse und der Verdunstungsmasse in Bauteilen benötigt. Die Berechnung erfolgt mit den Angaben in Tab. 3.13.

Tab. 3.13: Wasserdampfdiffusionsstromdichte g

$g = \frac{\delta_0}{\mu} \cdot \frac{\Delta p}{d} = \delta_0 \cdot \frac{\Delta p}{s_d} = \frac{\Delta p}{Z_p} = \frac{p_i - p_e}{Z_p}$ [kg/(m² · s)]	
δ_0	Wasserdampf-Diffusionsleitkoeffizient in Luft, in kg/(m·s·Pa)
μ	Wasserdampf-Diffusionswiderstandszahl, dimensionslos
d	Schichtdicke, in m
s_d	wasserdampfdiffusionsäquivalente Luftschichtdicke, in m
Z_p	dampfdruckbezogener Wasserdampf-Diffusionsdurchlasswiderstand einer Baustoffschicht, in m²·s·Pa/kg
Δp	raumseitige Erhöhung des Wasserdampfteildrucks gegenüber außen, in Pa
p_i	Wasserdampfteildruck raumseitig, in Pa
p_e	Wasserdampfteildruck außenseitig, in Pa

3.4 Vermeidung kritischer Luftfeuchten an Bauteiloberflächen

3.4.1 Allgemeine Anforderungen sowie Berechnungs- und Ausführungshinweise

Zur Vermeidung von Tauwasserbildung an Bauteiloberflächen sowie zur Minimierung des Risikos von Schimmelpilzwachstum dürfen bestimmte maximale Werte der (oberflächennahen) relativen Luftfeuchte nicht überschritten werden (kritische Luftfeuchte). Tauwasserbildung an Bauteiloberflächen entsteht, wenn die Oberflächentemperatur θ_{si} die Taupunkttemperatur θ_S unterschreitet, d.h., wenn $\theta_{si} < \theta_S$ ist. Die Voraussetzungen für Schimmelpilzwachstum sind gegeben, wenn die oberflächennahe relative Luftfeuchte Werte von 80 % erreicht bzw. überschreitet.

Nach DIN 4108-3 sind folgende kritische Werte der relativen Luftfeuchte (r. F.) an Oberflächen festgelegt (kritische Luftfeuchte):

- für Tauwasserbildung: $\phi_{si,cr} = 1{,}0$ (entsprechend 100 % r. F.)
- für Schimmelpilzwachstum: $\phi_{si,cr} = 0{,}8$ (entsprechend 80 % r. F.)

Darüber hinaus können weitere Anforderungen bestehen, z.B. zur Vermeidung der Korrosion von Baustoffen; siehe DIN 4108-3.

Damit die genannten kritischen Werte für die oberflächennahe relative Luftfeuchte nicht überschritten werden, dürfen die raumseitigen Oberflächentemperaturen der Bauteile bestimmte Mindestwerte nicht unterschreiten. Diese Mindestoberflächentemperaturen hängen vom Raumklima ab, d.h., sie werden von der Raumlufttemperatur und der relativen Luftfeuchte der Raumluft bestimmt.

Als Raumklima werden folgende normierte Randbedingungen angenommen (Normklima n. DIN 4108-3):

- Lufttemperatur: $\theta_i = 20$ °C
- relative Luftfeuchte: $\phi_i = 0{,}5$ bzw. 50 %

Unter Annahme stationärer Randbedingungen (d.h. weder Feuchteeintrag in den noch Feuchteabführung aus dem betrachteten Raum) ergeben sich bei dem oben angegebenen Raumklima folgende Mindestwerte $\theta_{si,min}$ für die raumseitigen Oberflächentemperaturen:

- Vermeidung von Tauwasserbildung: $\theta_{si,min} = 9{,}3$ °C
- Vermeidung von Schimmelpilzwachstum: $\theta_{si,min} = 12{,}6$ °C

Die niedrigste raumseitige Oberflächentemperatur $\theta_{si,min}$ berechnet sich mit den Angaben in Tab. 3.14.

Tab. 3.14: Mindestwert der raumseitigen Oberflächentemperatur und zugehöriger Sättigungsdampfdruck (n. DIN 4108-3, A.1)

Mindestwert der raumseitigen Oberflächentemperatur $\theta_{si,min}$

$$\theta_{si,min} = \frac{237{,}3 \cdot \ln\left(\frac{p_{sat,si}}{610{,}5}\right)}{17{,}269 - \ln\left(\frac{p_{sat,si}}{610{,}5}\right)} \quad [°C]$$

$\theta_{si,min}$ Mindestwert der raumseitigen Oberflächentemperatur, in °C

$p_{sat,si}$ Sättigungsdampfdruck für den kritischen Mindestwert der raumseitigen Oberflächentemperatur, in Pa

Hinweis: Die obige Gleichung gilt nur für Raum- und Oberflächentemperaturen über 0 °C und für Wasserdampfteildrücke über 610,5 Pa.

Sättigungsdampfdruck für den kritischen Mindestwert der raumseitigen Oberflächentemperatur $p_{sat,si}$

$$p_{sat,si} = p_{sat}\left(\theta_{si,min}\right) = \frac{p_i}{\phi_{si,cr}} = \frac{\phi_i}{\phi_{si,cr}} \cdot p_{sat}\left(\theta_i\right) \quad [Pa]$$

$\theta_{si,min}$ Mindestwert der raumseitigen Oberflächentemperatur, in °C

$p_{sat,si}$ bzw. $p_{sat}(\theta_{si,min})$ Sättigungsdampfdruck für den kritischen Mindestwert der raumseitigen Oberflächentemperatur, in Pa

$p_{sat}(\theta_i)$ Sättigungsdampfdruck für die Raumlufttemperatur, in Pa (n. Tab. 3.4)

ϕ_i relative Luftfeuchte der Raumluft (als Dezimalzahl)

p_i	Wasserdampfteildruck der Raumluft ($p_i = \phi_i \cdot p_{sat,i}$), in Pa
$\phi_{si,cr}$	kritischer Wert der relativen Luftfeuchte an der raumseitigen Oberfläche (als Dezimalzahl zwischen 0 und 1); Vermeidung von Tauwasser: $\phi_{si,cr} = 1{,}0$; Vermeidung von Schimmelpilzwachstum: $\phi_{si,cr} = 0{,}8$

3.4.2 Berechnung für ebene und thermisch homogene Bauteile ohne Wärmebrücken

Tauwasserbildung sowie Schimmelpilzwachstum auf der raumseitigen Oberfläche von ebenen und thermisch homogenen Bauteilen werden vermieden, wenn die Anforderungen an den Mindestwärmeschutz nach DIN 4108-2 [14] eingehalten werden. Voraussetzung hierfür ist eine übliche Nutzung der Räume.

Der Mindestwert des Wärmedurchlasswiderstands R_{min} eines ebenen und thermisch homogenen Bauteils ohne Wärmebrücken berechnet sich mit den Angaben in Tab. 3.15. Der Bemessungstemperaturfaktor $f_{Rsi,min}$ für die raumseitige Bauteiloberfläche ergibt sich unter Annahme der standardisierten Klimarandbedingungen, die in DIN 4108-2 zugrunde gelegt werden, nach Tab. 3.16.

Tab. 3.15 Mindestwert für den Wärmedurchlasswiderstand R_{min} und Bemessungstemperaturfaktor für raumseitige Oberflächen $f_{Rsi,min}$

Mindestwert für den Wärmedurchlasswiderstand R_{min}
$R_{min} = \frac{R_{si}}{1 - f_{Rsi,min}} - (R_{si} + R_{se})$ [m²K/W]
$f_{Rsi,min} = \frac{\theta_{si,min} - \theta_e}{\theta_i - \theta_e}$ [–]
$\theta_{si,min}$ Mindestwert der raumseitigen Oberflächentemperatur, in °C $f_{Rsi,min}$ Bemessungstemperaturfaktor für raumseitige Oberfläche, dimensionslos (n. Tab. 3.16) R_{si}, R_{se} raumseitiger und außenseitiger Wärmeübergangswiderstand, in m²K/W θ_i, θ_e raumseitige und außenseitige Lufttemperatur, in °C

Tab. 3.16: Bemessungstemperaturfaktor für die raumseitige Bauteiloberfläche (n. DIN 4108-3, A.1)

Kriterium bzw. Anforderung	**$f_{Rsi,min}$ [-]**	**Bemerkung**
Vermeidung von Tauwasserbildung	0,57	mit $\phi_{si,cr} = 1{,}0$ (entsprechend 100 % r. F.)
Vermeidung von Schimmelpilzwachstum	0,70	mit $\phi_{si,cr} = 0{,}8$ (entsprechend 80 % r. F.)
Beispiel zur Vermeidung von materialbedingten Korrosionsvorgängen	0,88	mit $\phi_{si,cr} = 0{,}6$ (entsprechend 60 % r. F.)

3.4.3 Berechnung für Wärmebrücken

Im Bereich von Wärmebrücken darf die raumseitige Oberflächentemperatur an der ungünstigsten Stelle den Mindestwert von $\theta_{si,min}$ = 12,6 °C nicht unterschreiten. Dieses Kriterium dient zur Vermeidung von Schimmelpilzwachstum unter Annahme der Norm-Klimabedingungen. Die Anforderung kann auch durch den dimensionslosen Temperaturfaktor f_{Rsi} ausgedrückt werden, der in diesem Fall mindestens 0,70 betragen muss (Tab. 3.17).

Tab. 3.17: Anforderungen an den Mindestwärmeschutz im Bereich von Wärmebrücken

<table>
<tr><td>$f_{Rsi} = \frac{\theta_{si} - \theta_e}{\theta_i - \theta_e} \geq 0{,}70 \quad [-]$</td><td>$\theta_{si}$ raumseitige Oberflächentemperatur im Bereich der Wärmebrücke an der ungünstigsten Stelle, in °C
θ_i Raumlufttemperatur, in °C
θ_e Außenlufttemperatur, in °C</td></tr>
<tr><td colspan="2">Norm-Klimabedingungen:
Raumlufttemperatur θ_i = +20 °C, relative Luftfeuchte innen ϕ_i = 50 % (bzw. 0,5)
Außenlufttemperatur: θ_e = –5 °C, relative Luftfeuchte außen: ϕ_e = 80 % (bzw. 0,8)</td></tr>
</table>

Die raumseitige Oberflächentemperatur bei Wärmebrücken ist mit numerischen Verfahren (z.B. nach der Methode der Finiten Elemente) zu berechnen. Dabei sind die Anforderungen der DIN EN ISO 10211 [15] zu beachten.

3.5 Tauwasser im Bauteilinneren

Tauwasser im Bauteilinneren kann Schäden verursachen (z.B. Durchfeuchtung von Bauteilen) und ist daher zu begrenzen. Die Anforderungen und zugehörigen Nachweisverfahren sind in DIN 4108-3 (Periodenbilanzverfahren) sowie DIN EN ISO 13788 (Monatsbilanzverfahren) geregelt. Nachfolgend wird nur das Periodenbilanzverfahren nach DIN 4108-3 (sogenanntes *Glaserverfahren*) erläutert. Für die weiteren Verfahren (Monatsbilanzverfahren nach DIN EN ISO 13788) sowie hygrothermische Simulationen wird auf die Normen sowie Literatur verwiesen.

3.5.1 Gründe für Tauwasserbildung im Bauteilinneren

Tauwasser kann sich im Bauteilinneren nur dann bilden, wenn ein Dampfdruckgefälle über den Bauteilquerschnitt besteht und der Wasserdampfteildruck im Bauteilinneren den Sättigungsdampfdruck erreicht. Zur Feststellung, ob und an welcher Stelle im Querschnitt Tauwasser ausfällt, ist die Verteilung des Wasserdampfteildrucks mit der Verteilung des Wasserdampfsättigungsdrucks über den gesamten Querschnitt zu vergleichen.

Die vorhandene Dampfdruckverteilung im Bauteilquerschnitt ist dabei von den Wasserdampfteildrücken auf der Innen- und Außenseite des Bauteils abhängig. Außerdem beeinflusst der Verlauf des Sättigungsdampfdrucks die Dampfdruckverteilung im Querschnitt, wobei hier zu beachten ist, dass der Wasserdampfteildruck nicht größer als der Sättigungsdampfdruck sein darf (es gilt: $p \leq p_{sat}$). Der Sättigungsdampfdruck im Querschnitt ist wiederum von der Temperaturverteilung abhängig, da den Temperaturen an den Schichtgrenzen sowie an den Bauteiloberflächen exakte Sättigungsdampfdrücke zugeordnet werden können.

3.5.2 Periodenbilanzverfahren nach DIN 4108-3

Das Periodenbilanzverfahren (auch *Glaserverfahren*) dient zur Überprüfung, ob sich in einem Bauteilquerschnitt Tauwasser bildet. Außerdem können hiermit Tauwasser- und Verdunstungsmasse berechnet werden. Das Glaserverfahren geht von konstanten Klimabedingungen sowohl für die Tauperiode (Dezember bis Februar) als auch für die Verdunstungsperiode (Juni bis August) aus (sogenanntes Blockklima; Tab. 3.19).

3.5.2.1 Anwendungsbereich

Das Glaserverfahren nach DIN 4108-3 kann nur für ebene und homogene Bauteile angewendet werden. Bei inhomogenen Bauteilen darf stellvertretend für den gesamten Querschnitt der Gefachbereich untersucht werden.

Das Glaserverfahren gilt dagegen nicht für unbeheizte und gekühlte Räume, Räume mit abweichenden Klimabedingungen oder hoher Feuchtelast (z.B. Schwimmbäder), erdberührte Bauteile, Bauteile zu unbeheizten Räumen und Kellern sowie nicht für Dächer mit Begrünung. Für genauere Informationen zum Anwendungsbereich siehe DIN 4108-3. Für die zuvor genannten Fälle wird auf DIN 4108-3, Anhang D (Hygrothermische Simulationen) und DIN EN ISO 13788 verwiesen.

3.5.2.2 Vorgehensweise

1. Berechnung der Schichtgrenztemperaturen θ_j (Temperaturverlauf) für den Bauteilquerschnitt und Bestimmung der zugehörigen Sättigungsdrücke p_{sat}.
2. Berechnung der äquivalenten Luftschichtdicken s_d der einzelnen Baustoffschichten. Sind zwei Diffusionswiderstandszahlen μ angegeben, dann ist derjenige Wert zu verwenden, der zur größeren Tauwassermasse M_c führt (Hinweis: Für Schichten, die $s_{d,c}$ bilden, wird der kleinere Wert μ verwendet; für Schichten, die $(s_{d,T} - s_{d,c})$ bilden, wird der größere Wert μ verwendet. Die Schritte 1 und 2 werden zweckmäßigerweise tabellarisch durchgeführt (siehe Formular in Tab. 3.18).
3. Zeichnung des Diffusionsdiagramms:
   a) Äquivalente Luftschichtdicken s_d auftragen (x-Achse).
   b) Sättigungsdampfdrücke p_{sat} einzeichnen (y-Achse).
4. Verlauf des vorhandenen Wasserdampfteildrucks p ins Diffusionsdiagramm einzeichnen. Der Verlauf zwischen dem vorhandenen Wasserdampfdruck innen (p_i) und außen (p_e) ist eine Gerade. Dabei gilt: vorhandener Wasserdampfteildruck innen: p_i = 1168 Pa; vorhandener Wasserdampfteildruck außen: p_e = 321 Pa. Bedingung: Der vorhandene Wasserdampfteildruck p darf nicht größer als der Sättigungsdampfdruck p_{sat} werden, d.h., die Linie des vorhandenen Wasserdampfteildrucks muss immer unterhalb der Linie des Sättigungsdampfdrucks p_{sat} liegen bzw. darf sie höchstens berühren. Es gilt: $p \leq p_{sat}$! Gegebenenfalls ergibt sich daher ein geknickter Verlauf von p.

5. Es können folgende Fälle unterschieden werden:
   a) Berühren sich die Gerade des Wasserdampfteildrucks und die Kurve des Sättigungsdampfdrucks nicht, so fällt kein Tauwasser aus. In diesem Fall verläuft die Linie des Wasserdampfteildrucks gerade und enthält keinen Knick.
   b) Die Verbindungslinie des Wasserdampfteildrucks zwischen p_i und p_e würde den Kurvenzug des Sättigungsdampfdrucks schneiden. In diesem Fall sind von den Werten p_i und p_e die Tangenten an die Linie des Sättigungsdrucks zu konstruieren, da der Wasserdampfteildruck nicht größer als der Sättigungsdruck sein kann. Die Berührungsstellen der Tangenten mit dem Kurvenzug des Sättigungsdampfdrucks bestimmen bzw. begrenzen den Ort bzw. den Bereich des Tauwasserausfalls im Bauteil. Der Wasserdampfteildruck verläuft in diesem Fall geknickt.

Tab. 3.18: Formular zur tabellarischen Berechnung der Schichtgrenztemperaturen θ, der Sättigungsdampfdrücke p_{sat} und der diffusionsäquivalenten Luftschichtdicken s_d

Schicht	**d** (m)	**μ** (-)	**$s_d = \mu \cdot d$** (m)	λ (W/mK)	**R_{si}/R_{se} d/λ** (m^2K/W)	**θ** (°C)	**p_{sat}** (Pa)
Wärmeübergang innen					0,25*	20*	2337*
					0,04*		
Wärmeübergang außen						−5*	401*
		$s_{d,T}$ =		$\Sigma = R_{tot}$ =		m^2K/W	
			$\Rightarrow U = 1/R_{tot}$ =			$W/(m^2K)$	
*) Regelfall (Normklima n. DIN 4108-3)							

3.5.2.3 Wärmeübergangswiderstände

Für die Berechnung der Oberflächentemperaturen sowie der Schichtgrenztemperaturen beim Periodenbilanzverfahren sind folgende Wärmeübergangswiderstände zu verwenden:

- raumseitig: R_{si} = 0,25 m²K/W
- außenseitig: R_{se} = 0,04 m²K/W (bei Bauteilen, die an die Außenluft grenzen)

Für weitere Bauteile (z.B. an unbeheizte Räume) wird auf DIN 4108-3 sowie [11] verwiesen.

3.5.2.4 Klimabedingungen

Beim Glaserverfahren werden konstante Klimabedingungen sowohl für die Tauperiode als auch für die Verdunstungsperiode vorausgesetzt (Blockklima) (Tab. 3.19).

Tab. 3.19: Klimabedingungen für die Beurteilung der Tauwasserbildung und Verdunstung im Bauteilinneren (n. DIN 4108-3:2018-10, Tab. A.3)

Klima	**Temperatur**	**Relative Luftfeuchte**	**Wasserdampfteildruck**	**Dauer** t		
	θ	φ	p	**Tage d**	**Stunden h**	**Sekunden s**
Tauperiode (von Dezember bis Februar)						
Innenklima	20 °C	50 %	1168 Pa	90	2160	$7776 \cdot 10^3$
Außenklima	–5 °C	80 %	321 Pa			
Verdunstungsperiode (von Juni bis August)						
Wasserdampfteildruck Innenklima			1200 Pa	90	2160	$7776 \cdot 10^3$
Wasserdampfteildruck Außenklima			1200 Pa			
Sättigungsdampfdruck im Tauwasserbereich: • Wände, die Aufenthaltsräume gegen Außenluft abschließen • Decken unter nicht ausgebauten Dachräumen			1700 Pa			
• Dächer, die Aufenthaltsräume gegen Außenluft abschließen			2000 Pa			
Anmerkung: In der Verdunstungsperiode werden im Rahmen des Perioden-Bilanzverfahrens nicht die Temperaturen und Luftfeuchten, sondern nur die gerundeten Wasserdampfteildrücke als Randbedingung angegeben.						

3.5.2.5 Fallunterscheidung

Es werden vier Fälle unterschieden:

- Fall a): Wasserdampfdiffusion ohne Tauwasserausfall im Bauteilquerschnitt.
- Fall b): Wasserdampfdiffusion mit Tauwasserausfall in einer Ebene des Bauteilquerschnitts.
- Fall c): Wasserdampfdiffusion mit Tauwasserausfall in zwei Ebenen des Bauteilquerschnitts.
- Fall d): Wasserdampfdiffusion mit Tauwasserausfall in einem Bereich des Bauteilquerschnitts.

3.5.2.6 Fall a): Wasserdampfdiffusion ohne Tauwasserausfall

Der Wasserdampfteildruck liegt unterhalb des Sättigungsdampfdrucks. Es bildet sich kein Tauwasser im Bauteilinneren (Abb. 3-2).

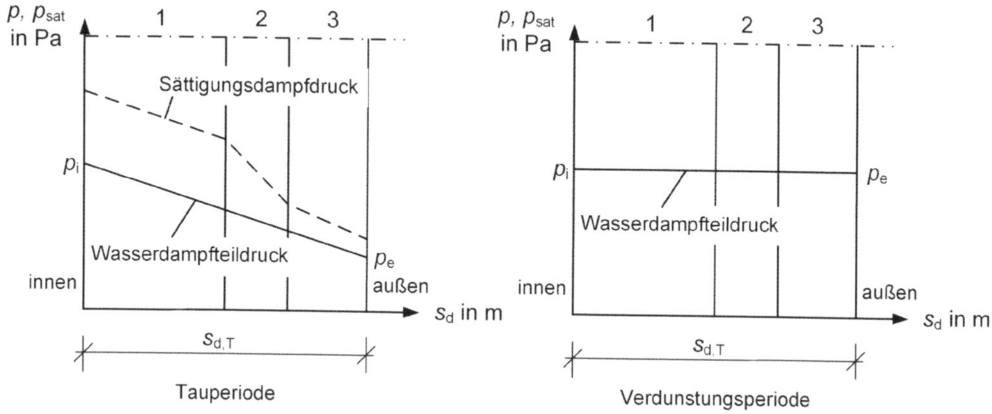

Abb. 3-2: Diffusionsdiagramme für Fall a) (kein Tauwasserausfall, keine Verdunstung)

3.5.2.7 Fall b): Wasserdampfdiffusion mit Tauwasserausfall (Tauperiode) und nach dem Tauwasserausfall (Verdunstungsperiode) in einer Ebene des Bauteilquerschnitts

Im Diffusionsdiagramm für die Tauperiode berührt die Linie des Wasserdampfteildrucks p die Linie des Sättigungsdampfdrucks p_{sat} in einer Ebene (d.h. an einer Schichtgrenze) und verläuft geknickt. Es kommt zur Tauwasserbildung in der Ebene, die durch den Knick im Verlauf des Wasserdampfteildrucks gekennzeichnet ist. Die Tauwassermasse ergibt sich aus dem Knickwinkel zwischen dem Verlauf des Wasserdampfteildrucks von der Innenoberfläche bis zur Tauwasserebene und dem anschließenden Verlauf von der Tauwasserebene bis zur Außenoberfläche.

Die Diffusionsdiagramme für die Tauperiode und die Verdunstungsperiode sind in Abb. 3-3 dargestellt. Tauwassermasse M_c und Verdunstungsmasse M_{ev} berechnen sich mit den Angaben in Tab. 3.20.

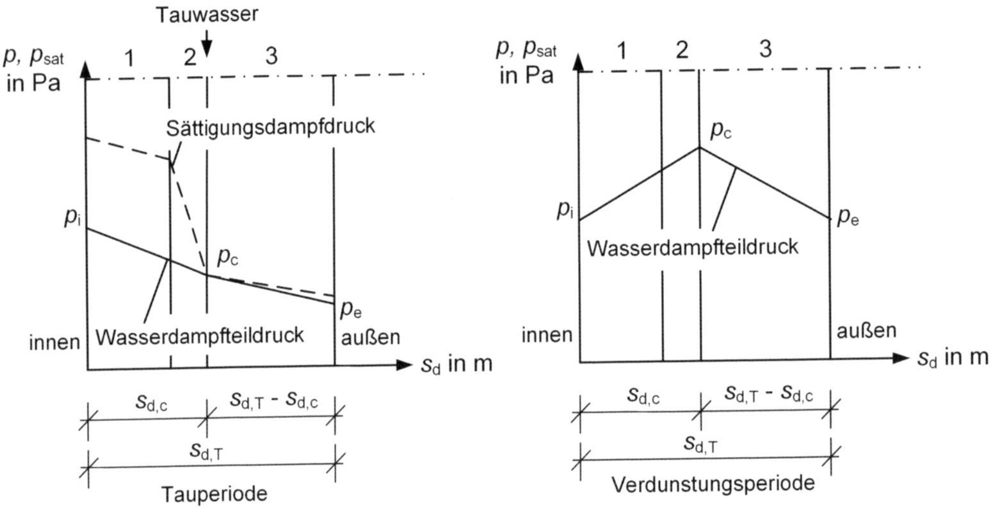

Abb. 3-3: Diffusionsdiagramme für Fall b) (Tauwasser in einer Ebene, Verdunstung aus der Tauwasserebene)

Tab. 3.20: Tauwasser in einer Ebene (Fall b)) – Berechnung von Tauwassermasse M_c sowie Verdunstungsmasse M_{ev}

Tauwasser in einer Ebene (Fall b))	
Tauwasserrate g_c	
$g_c = \delta_0 \left(\frac{p_i - p_c}{s_{d,c}} - \frac{p_c - p_e}{s_{d,T} - s_{d,c}} \right)$ [kg/(m²s)]	
p_i Wasserdampfteildruck raumseitig, in Pa p_e Wasserdampfteildruck außenseitig, in Pa p_c Sättigungsdampfdruck an der Stelle des Tauwasserausfalls, in Pa $s_{d,T}$ Summe der s_d-Werte aller Einzelschichten des Bauteils, in m $s_{d,c}$ Summe der s_d-Werte aller Einzelschichten von der Innenoberfläche bis zur Tauwasserebene, in m δ_0 Wasserdampf-Diffusionsleitkoeffizient in Luft, in kg/(m·s·Pa); $\delta_0 = 2 \cdot 10^{-10}$ kg/(m·s·Pa)	
Flächenbezogene Tauwassermasse M_c	
$M_c = g_c \cdot t_c$ [kg/m²]	t_c Dauer der Tauperiode, in s $t_c = 7776 \cdot 10^3$ s
Verdunstungsrate g_{ev}	
$g_{ev} = \delta_0 \left(\frac{p_c - p_i}{s_{d,c}} + \frac{p_c - p_e}{s_{d,T} - s_{d,c}} \right)$ [kg/m²s]	

Flächenbezogene Verdunstungsmasse M_{ev}	
$M_{ev} = g_{ev} \cdot t_{ev}$ [kg/m²]	t_{ev} Dauer der Verdunstungsperiode, in s $t_{ev} = 7776 \cdot 10^3$ s

3.5.2.8 Fall c): Wasserdampfdiffusion mit Tauwasserausfall (Tauperiode) und nach dem Tauwasserausfall (Verdunstungsperiode) in zwei Ebenen des Bauteilquerschnitts

Die Diffusionsdiagramme für die Tauperiode und die Verdunstungsperiode für den Fall c) (Tauwasser in zwei Ebenen) sind in Abb. 3-4 dargestellt. Tauwassermasse M_c und Verdunstungsmasse M_{ev} berechnen sich mit den Angaben in Tab. 3.21.

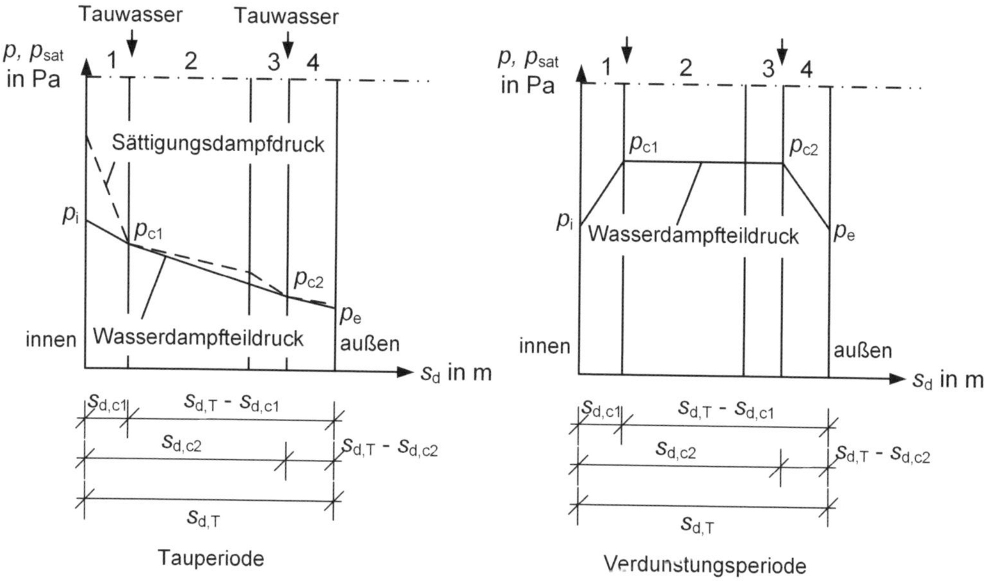

Abb. 3-4: Diffusionsdiagramme für Fall c) (Tauwasser in zwei Ebenen mit Verdunstung aus den beiden Tauwasserebenen)

Tab. 3.21: Tauwasser in zwei Ebenen (Fall c)) – Berechnung von Tauwassermasse M_c sowie Verdunstungsmasse M_{ev}

Tauwasser in zwei Ebenen (Fall c))
Tauwasserrate g_{c1} (1. Tauwasserebene)
$g_{c1} = \delta_0 \left(\frac{p_i - p_{c1}}{s_{d,c1}} - \frac{p_{c1} - p_{c2}}{s_{d,c2} - s_{d,c1}} \right)$ [kg/m²s]

p_i	Wasserdampfteildruck raumseitig, in Pa
p_e	Wasserdampfteildruck außenseitig, in Pa
p_c	Sättigungsdampfdruck an der Stelle des Tauwasserausfalls, in Pa
$s_{d,c1}$	Summe der s_d-Werte aller Einzelschichten von der Innenoberfläche bis zur 1. Tauwasserebene, in m
$s_{d,c2}$	Summe der s_d-Werte aller Einzelschichten von der Innenoberfläche bis zur 2. Tauwasserebene, in m
δ_0	Wasserdampf-Diffusionsleitkoeffizient in Luft, in kg/(m·s·Pa); $\delta_0 = 2 \cdot 10^{-10}$ kg/(m·s·Pa)

Flächenbezogene Tauwassermasse M_{c1}

$M_{c1} = g_{c1} \cdot t_c$ [kg/m²]	t_c Dauer der Tauperiode, in s $t_c = 7776 \cdot 10^3$ s

Tauwasserrate g_{c2} (2. Tauwasserebene)

$$g_{c2} = \delta_0 \left(\frac{p_{c1} - p_{c2}}{s_{d,c2} - s_{d,c1}} - \frac{p_{c2} - p_e}{s_{d,T} - s_{d,c2}} \right) \quad [\text{kg/m}^2\text{s}]$$

Flächenbezogene Tauwassermasse M_{c2}

$M_{c2} = g_{c2} \cdot t_c$ [kg/m²]	t_c Dauer der Tauperiode, in s $t_c = 7776 \cdot 10^3$ s

Flächenbezogene Tauwassermasse gesamt M_c

$$M_c = M_{c1} + M_{c2} \quad [\text{kg/m}^2]$$

Verdunstungsrate g_{ev1} (1. Tauwasserebene)

$$g_{ev1} = \delta_0 \left(\frac{p_c - p_i}{s_{d,c1}} \right) \quad [\text{kg/m}^2\text{s}]$$

Verdunstungsrate g_{ev2} (2. Tauwasserebene)

$$g_{ev2} = \delta_0 \left(\frac{p_c - p_e}{s_{d,T} - s_{d,c2}} \right) \quad [\text{kg/m}^2\text{s}]$$

Ist zu einem Zeitpunkt ($t_{ev1} < t_{ev}$ bzw. $t_{ev2} < t_{ev}$) die Tauwassermasse in der ersten bzw. zweiten Tauwasserebene verdunstet, so ergibt sich die flächenbezogene Verdunstungsmasse M_{ev} in kg/m², die während der Verdunstungsperiode t_{ev} insgesamt aus dem Bauteil abgeführt werden kann.

Benötigte Verdunstungszeit t_{ev1}

$$t_{ev1} = \frac{M_{c1}}{g_{ev1}} \quad [\text{s}]$$

Benötigte Verdunstungszeit t_{ev2}
$t_{ev2} = \dfrac{M_{c2}}{g_{ev2}}$ [s]
Flächenbezogene Verdunstungsmasse M_{ev} Es werden zwei Austrocknungsfälle unterschieden.
Fall 1) $t_{ev1} > t_{ev}$ und $t_{ev2} > t_{ev}$
$M_{ev1} = g_{ev1} \cdot t_{ev}$ $M_{ev2} = g_{ev2} \cdot t_{ev}$ $M_{ev} = M_{ev1} \cdot M_{ev2}$
Fall 2) $t_{ev1} < t_{ev}$ und $t_{ev2} < t_{ev}$
Falls $t_{ev1} < t_{ev2}$, gelten folgende Gleichungen:
$M_{ev1} = g_{ev1} \cdot t_{ev}$ $M_{ev2} = g_{ev2} \cdot t_{ev1} + \left(\delta_0 \dfrac{p_{c2} - p_i}{s_{d,c2}} + \right) \cdot (t_{ev} - t_{ev1})$ $M_{ev} = M_{ev1} \cdot M_{ev2}$
Falls $t_{ev} > t_{ev2}$, gelten folgende Gleichungen:
$M_{ev2} = g_{ev2} \cdot t_{ev}$ $M_{ev2} = g_{ev1} \cdot t_{ev2} + \left(g_{ev1} + \delta_0 \dfrac{p_{c1} - p_e}{s_{d,T} - s_{d,c1}} + \right) \cdot (t_{ev} - t_{ev2})$ $M_{ev} = M_{ev1} \cdot M_{ev2}$
t_{ev} Dauer der Verdunstungsperiode, in s $t_{ev} = 7776 \cdot 10^3$ s

3.5.2.9 Fall d): Wasserdampfdiffusion mit Tauwasserausfall (Tauperiode) und nach dem Tauwasserausfall (Verdunstungsperiode) in einem Bereich des Bauteilquerschnitts

Die Diffusionsdiagramme für die Tauperiode und die Verdunstungsperiode für den Fall d) (Tauwasser in einem Bereich) sind in Abb. 3-5 dargestellt. Tauwassermasse M_c und Verdunstungsmasse M_{ev} berechnen sich mit den Angaben in Tab. 3.22.

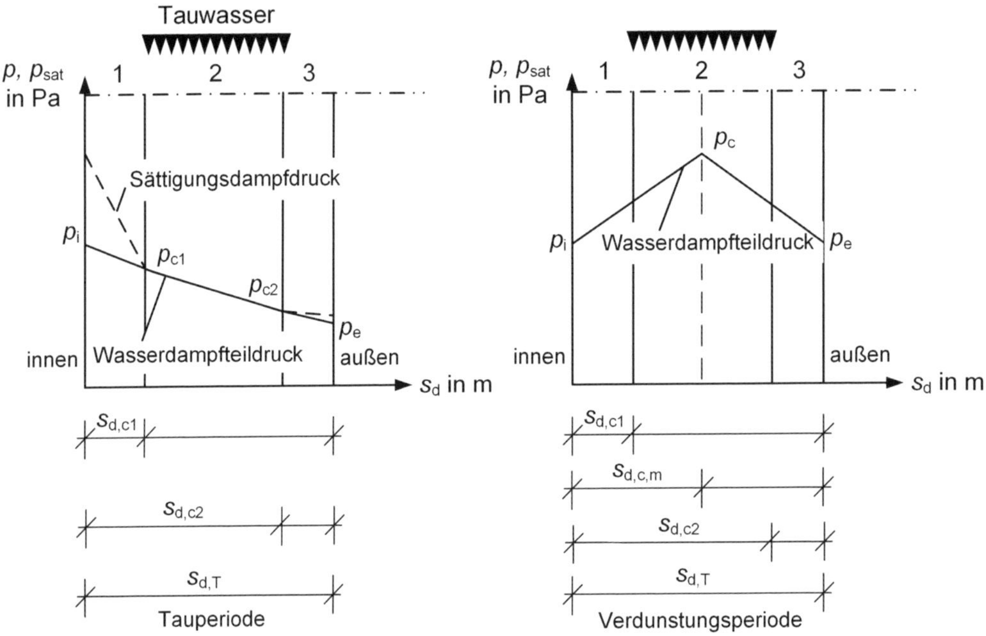

Abb. 3-5: Diffusionsdiagramme für Fall d) (Tauwasser in einem Bereich mit Verdunstung aus dem Tauwasserbereich)

Tab. 3.22: Tauwasser in einem Bereich (Fall d)) – Berechnung von Tauwassermasse M_c sowie Verdunstungsmasse M_{ev}

Tauwasser in einem Bereich (Fall d))	
Tauwasserrate g_c	
$g_c = \delta_0 \left(\frac{p_i - p_{c1}}{s_{d,c1}} - \frac{p_{c2} - p_e}{s_{d,T} - s_{d,c2}} \right)$ [kg/m²s]	
p_i Wasserdampfteildruck raumseitig, in Pa p_e Wasserdampfteildruck außenseitig, in Pa p_{c1}, p_{c2} Sättigungsdampfdruck an der Stelle des Tauwasserausfalls, in Pa $s_{d,c1}$ Summe der s_d-Werte aller Einzelschichten von der Innenoberfläche bis zur 1. Tauwasserebene, in m $s_{d,c2}$ Summe der s_d-Werte aller Einzelschichten von der Innenoberfläche bis zur 2. Tauwasserebene, in m $s_{d,T}$ Summe der s_d-Werte aller Einzelschichten des Bauteils, in m δ_0 Wasserdampf-Diffusionsleitkoeffizient in Luft, in kg/(m·s·Pa) $\delta_0 = 2 \cdot 10^{-10}$ kg/(m·s·Pa)	
Flächenbezogene Tauwassermasse M_c	
$M_c = g_c \cdot t_c$ [kg/m²]	t_c Dauer der Tauperiode, in s $t_c = 7776 \cdot 10^3$ s

Verdunstungsrate g_{ev}	
$g_{ev} = \delta_0 \left(\frac{p_c - p_i}{s_{d,c,m}} - \frac{p_c - p_e}{s_{d,T} - s_{d,c,m}} \right)$ [kg/m²s]	
$s_{d,c,m} = s_{d,c1} + 0{,}5 \cdot (s_{d,c2} - s_{d,c1})$ [m]	
Flächenbezogene Verdunstungsmasse M_{ev}	
$M_{ev} = g_{ev} \cdot t_{ev}$ [kg/m²s]	t_{ev} Dauer der Verdunstungsperiode, in s $t_{ev} = 7776 \cdot 10^3$ s

3.5.2.10 Anforderungen und Nachweise

Tauwasserbildung im Bauteilinneren wird innerhalb gewisser Grenzen toleriert. Es gelten folgende Regeln:

1. Baustoffe, die mit Tauwasser in Berührung kommen, dürfen nicht geschädigt werden (z.B. durch Korrosion, Pilzbefall).
2. Das während der Tauperiode im Bauteilinneren anfallende Tauwasser muss während der Verdunstungsperiode wieder an die Umgebung abgegeben werden ($M_c \leq M_{ev}$).
3. Zusätzlich darf bei Dach- und Wandkonstruktionen eine flächenbezogene Tauwassermasse von 1,0 kg/m² nicht überschritten werden ($M_c \leq 1{,}0$ kg/m²). Tritt Tauwasser an Berührungsflächen mit kapillar nicht wasseraufnahmefähigen Schichten auf, ist die maximale Tauwassermasse auf 0,5 kg/m² begrenzt ($M_c \leq 0{,}5$ kg/m²). Kapillar nicht wasseraufnahmefähig sind Bauteilschichten aus Metall, Folien und Stahlbeton, die meisten Dämmstoffe aus Schaumkunststoffen (EPS, XPS) oder Mineralwolle (MW) sowie Stoffe mit einem Wasseraufnahmekoeffizienten von $W_w < 0{,}1$ kg/(m²· h^{0,5}).
4. Bei Bauteilen aus Holz darf Tauwasserbildung den massebezogenen Feuchtegehalt um nicht mehr als 5 % (bei Holzwerkstoffen um nicht mehr als 3 %) erhöhen. Diese Anforderungen gelten nicht für Holzwolle-Leichtbauplatten und Mehrschicht-Leichtbauplatten nach DIN EN 13168 [16].

3.6 Bauteile ohne rechnerischen Tauwassernachweis

3.6.1 Allgemeines

Für einige Bauteile ist kein rechnerischer Tauwassernachweis erforderlich. Siehe hierzu DIN 4108-3, Abschnitt 5.3. Voraussetzung für einen Verzicht auf den rechnerischen Tauwassernachweis ist, dass die Bauteile einen ausreichenden Wärmeschutz nach DIN 4108-2 (Mindestwärmeschutz) aufweisen und eine luftdichte Ausführung nach DIN 4108-7 [17] gewährleistet ist. Außerdem gelten die Regeln nur für Bauteile von nicht klimatisierten (nicht gekühlten) Wohnräumen oder wohnähnlich genutzten Räumen. Auf den rechnerischen Tauwassernachweis kann bei den in DIN 4108-3, 5.3 angegebenen Bauteilen verzichtet werden, weil erfahrungsgemäß kein Tauwasserrisiko besteht oder das Glaserverfahren für eine Beurteilung hinsichtlich des Tauwasserrisikos nicht geeignet ist. Bei Bauteilen aus Holz sind zusätzlich die Regeln des baulichen Holzschutzes nach DIN 68800-2 [18] zu beachten.

Bei den Bauteilen, für die kein rechnerischer Tauwassernachweis erforderlich ist, handelt es sich um verschiedene Außenwand- und Dachkonstruktionen sowie Bodenplatten. Weiterhin ist auch für Fenster, Außentüren und Vorhangfassaden, sofern diese aus wasserdampfdiffusionsdichten Elementen gefertigt werden, kein Tauwassernachweis erforderlich.

Nachfolgend werden nur Informationen zu ausgewählten Bauteilen in Verbindung mit den Beispielen in Abschnitt 4 angegeben. Für hier nicht aufgeführte Bauteile, für die kein rechnerischer Tauwassernachweis erforderlich ist, wird auf DIN 4108-3, 5.3 verwiesen.

3.6.2 Außenwände

Für folgende Außenwand-Konstruktionen ist kein rechnerischer Tauwassernachweis erforderlich:

- massive Außenwände nach Tab. 3.23
- Außenwände mit Innendämmung nach Tab. 3.24
- Außenwände in Holzbauart nach Tab. 3.25
- erdberührte Kelleraußenwände mit Bauwerksabdichtung nach Tab. 3.26

Tab. 3.23: Massive Außenwände ohne rechnerischen Tauwassernachweis (n. DIN 4108-3, 5.3.2)

Massive Außenwände ohne rechnerischen Tauwassernachweis				
Konstruktion	Wände aus Mauerwerk	Wände aus Normalbeton	Wände aus gefügedichtem Leichtbeton	Wände aus haufwerksporigem Leichtbeton
Norm bzw. Regelwerk	n. DIN EN 1996-1-1 [19]	n. DIN EN 206 [20] bzw. DIN 1045-2 [21]	n. DIN 1045-2, DIN EN 206 und DIN EN 1992-1-1 [22]	n. DIN 4213 [23], DIN EN 992 [24] und DIN EN 1520 [25]
Innenputz	ja	ja	ja	ja
Außenschicht	• wasserabweisender Außenputz n. DIN 4108-3, Tab. 6 • Außendämmung n. DIN 4108-10 [26] • wasserabweisender Wärmedämmputz n. DIN 4108-3, Tab. 4 • Wärmedämmverbundsystem n. DIN 13499 [27] oder DIN EN 13500 [28] • Verblendmauerwerk n. DIN EN 1996-1-1 • angemörtelte Außenwandbekleidungen n. DIN 18515-1 [29] mit Fugenanteil von 5 % • hinterlüftete Außenwandbekleidungen n. DIN 18516-1 [30] • einseitig belüftete Außenwandbekleidungen mit einer Lüftungsöffnung von 100 cm²/m • kleinformatige luftdurchlässige Außenwandbekleidungen mit und ohne Belüftung			

Tab. 3.24: Wände mit Innendämmung ohne rechnerischen Tauwassernachweis (n. DIN 4108-3, 5.3.2)

Wände mit Innendämmung ohne rechnerischen Tauwassernachweis		
Voraussetzung: keine Schlagregenbeanspruchung		
Wärmedurchlasswiderstand der Innendämmung *R*	Weitere Anforderungen	Bemerkung
$R \leq 0{,}5$ m²K/W	–	–
$0{,}5 < R \leq 1{,}0$ m²/W	$s_{d,i} \geq 0{,}5$ m	$s_{d,i}$ für Wärmedämmschicht einschließlich der raumseitigen Bekleidung

Tab. 3.25: Wände in Holzbauart nach DIN 68800-2 (n. DIN 4108-3, 5.3.2; Auszug)

Wände in Holzbauart n. DIN 68800-2		
Voraussetzung: ausreichender Schlagregenschutz; dauerhafte und sichere Abdichtung von Durchdringungen, Anschlüssen (z.B. Fensterbänke)		
Konstruktion	**Anforderungen**	
beidseitig bekleidete/beplankte Wände mit vorgehängten Außenwandbekleidungen und raumseitiger sowie außenseitiger diffusionshemmender Schicht	raumseitige diffusionshemmende Schicht: $s_{d,i} \geq 2{,}0$ m	außenseitige diffusionshemmende Schicht: $s_{d,e} \leq 0{,}3$ m oder Holzfaserdämmplatte n. DIN EN 13171 [31]
raumseitige bekleidete/beplankte Wände mit raumseitiger diffusionshemmender Schicht und WDVS und wasserabweisendem Putzsystem	raumseitige diffusionshemmende Schicht: $s_{d,i} \geq 2{,}0$ m	WDVS aus mineralischem Faserdämmstoff n. DIN EN 13162 [32] oder Holzfaserdämmplatten n. DIN EN 13171 und wasserabweisender Putz mit $s_d \leq 0{,}7$ m
beidseitig bekleidete/beplankte Wände mit raumseitiger sowie außenseitiger diffusionshemmender Schicht sowie einer äußeren Beplankung in Verbindung mit einem WDVS und wasserabweisendem Putzsystem	raumseitige diffusionshemmende Schicht: $s_{d,i} \geq 2{,}0$ m	äußere Beplankung mit $s_d \leq 0{,}3$ m WDVS aus mineralischem Faserdämmstoff n. DIN EN 13162 oder Holzfaserdämmplatten n. DIN EN 13171 und wasserabweisendem Putzsystem mit $s_d \leq 0{,}7$ m
Hinweis: Weitere Wandkonstruktionen siehe DIN 4108-3, 5.3.2.3.		

Tab. 3.26: Erdberührte Kelleraußenwände ohne rechnerischen Tauwassernachweis (n. DIN 4108

Erdberührte Kelleraußenwände mit Bauwerksabdichtung	
Konstruktion	einschaliges, wärmedämmendes Mauerwerk mit Bauwerksabdichtung
	Mauerwerk oder Beton mit Bauwerksabdichtung und Perimeterdämmung

3.6.3 Bodenplatten

Für Bodenplatten mit Perimeterdämmung und Bauwerksabdichtung ist kein rechnerischer Tauwassernachweis erforderlich, wenn der Anteil der raumseitigen Schichten am Gesamt-Wärmedurchlasswiderstand der Bodenplatte höchstens 20 % beträgt. Raumseitige Schichten sind alle Schichten von innen bis zur Perimeterdämmung (d.h. Estrich, Trittschalldämmung, Abdichtung, Bodenplatte).

3.6.4 Dächer

3.6.4.1 Allgemeine Anforderungen

Allgemeine Anforderungen an Dächer, für die kein rechnerischer Tauwassernachweis erforderlich ist, sind in Tab. 3.27 angegeben.

Tab. 3.27: Dächer ohne rechnerischen Tauwassernachweis – allgemeine Anforderungen (n. DIN 4108-3, 5.3.3.1)

Dächer ohne rechnerischen Tauwassernachweis – allgemeine Anforderungen	
Dachdeckungen müssen regensicher, Dachabdichtungen müssen wasserdicht sein.	
Belüftete Luftschichten von Dächern und belüftete Dachdeckungen bei Dachneigungen ≥ 5° (Abb. 3-6)	Belüftete Luftschichten von Dächern bei Dachneigungen < 5° (Abb. 3-7)
• Höhe des freien Lüftungsquerschnitts ≥ 2 cm über die gesamte Fläche. • Freier Lüftungsquerschnitt an den Traufen ≥ 2 Promille der zugehörigen geneigten Dachfläche, mindestens 200 cm²/m. • Mindestlüftungsquerschnitt am First und Grat 0,5 Promille der zugehörigen geneigten Dachfläche, jedoch mindestens 50 cm²/m.	• Sparrenlänge bzw. Luftraumlänge ≤ 10 m. • Mindestlüftungsquerschnitte an mindestens zwei gegenüberliegenden Dachrändern ≥ 2 Promille der zugehörigen Dachfläche, jedoch mindestens 200 cm²/m. • Höhe des freien Lüftungsquerschnitts innerhalb des Dachbereichs über der Wärmedämmung ≥ 2 Promille der zugehörigen Dachfläche, jedoch mindestens 5 cm.

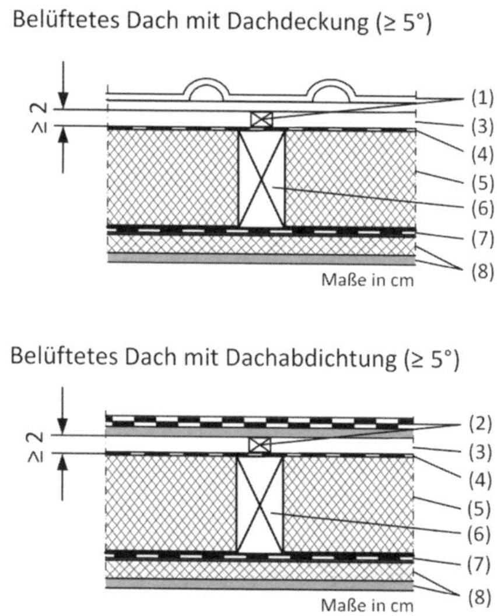

Abb. 3-6: Höhe des freien Lüftungsquerschnitts bei belüfteten Luftschichten von Dächern und belüfteten Dachdeckungen mit Dachneigungen ≥ 5°; (1) belüftete Dachdeckung auf Trag- und Konterlattung, (2) Dachabdichtung mit zusätzlicher belüfteter Luftschicht, (3) belüftete Luftschicht, (4) regensichernde Schicht, Unterdeckbahn, (5) Zwischensparrendämmung, (6) Sparren, (7) Schicht zur Begrenzung des Diffusionsstroms, (8) raumseitige Bekleidung mit Unterkonstruktion, ggf. einschließlich Dämmung (in Anlehnung an DIN 4108-3, Bild 1)

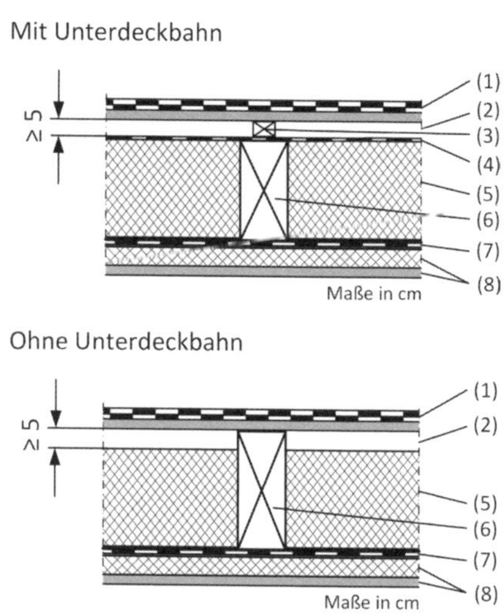

Abb. 3-7: Höhe des freien Lüftungsquerschnitts bei belüfteten Luftschichten von Dächern mit Dachneigungen < 5°; (1) Dachabdichtung auf Schalung, (2) belüftete Luftschicht, (3) Konterlatte, (4) Unterdeckbahn, (5) Zwischensparrendämmung, (6) Sparren, (7) Schicht zur Begrenzung des Diffusionsstroms, (8) raumseitige Bekleidung mit Unterkonstruktion, ggf. einschließlich Dämmung (in Anlehnung an DIN 4108-3, Bild 3)

3.6.4.2 Anforderungen an nicht belüftete Dächer

Für nicht belüftete Dächer, für die kein rechnerischer Tauwassernachweis erforderlich ist, gelten folgende Anforderungen:

a) Allgemein: Der Wärmedurchlasswiderstand der Bauteilschichten, die sich unterhalb der raumseitigen diffusionshemmenden oder -dichten Schicht befinden, darf maximal 20 % des Gesamt-Wärmedurchlasswiderstands sein. Bei inhomogenen Querschnitten ist der Gefachbereich zugrunde zu legen.

b) Außerdem sind die konstruktionsbedingten Anforderungen nach Tab. 3.28 zu beachten.

Tab. 3.28: Anforderungen an nicht belüftete Dächer ohne rechnerischen Tauwassernachweis (n. DIN 4108-3, 5.3.3.2)

Nicht belüftete Dächer mit Zwischensparrendämmung und/oder Aufsparrendämmung		
Konstruktion	**Wasserdampfdiffusionsäquivalente Luftschichtdicke**	
	$s_{d,e}$	$s_{d,i}$
Nicht belüftete Dächer mit Zwischensparrendämmung und Aufsparrendämmung n. Abb. 3-8	$\leq 0{,}1$ m	$\geq 1{,}0$ m
	$0{,}1 < s_{d,e} \leq 0{,}3$ m	$\geq 2{,}0$ m
	$0{,}3 < s_{d,e} \leq 2{,}0$ m	$\geq 6 \cdot s_{d,e}$
Nicht belüftete Dächer mit Aufsparrendämmung n. Abb. 3-9	$\leq 0{,}5$ m	≥ 10 m
	$> 0{,}5$ m	≥ 100 m
Erläuterung: $s_{d,e}$: Summe der Werte der wasserdampfdiffusionsäquivalenten Luftschichtdicken aller Schichten, die sich oberhalb der Wärmedämmung befinden, bis zur ersten Luftschicht. $s_{d,i}$: Summe der Werte der wasserdampfdiffusionsäquivalenten Luftschichtdicken aller Schichten, die sich unterhalb der Wärmedämmung befinden.		
Nicht belüftete Dächer bei bestehenden Dachkonstruktionen n. Abb. 3-10		
Art der diffusionshemmenden Schicht	Wasserdampfdiffusionsäquivalente Luftschichtdicke	
Schichten mit variablem Wasserdampfdiffusionswiderstand	$s_{d,feucht} \leq 0{,}5$ m	bei einer mittleren Umgebungsluftfeuchte von 90 % ± 2 %
	$2{,}0 \text{ m} \leq s_{d,trocken} \leq 10{,}0$ m	bei einer mittleren Umgebungsluftfeuchte von 25 % ± 2 %

<table>
<tr><td colspan="3">Nicht belüftete Dächer mit diffusionsdichter Untersparrendämmung n. Abb. 3-11</td></tr>
<tr><td colspan="3">Konstruktion: von außen in das Gefach eingelegte und über den Sparren geführte Schicht mit einem variablen s_d-Wert</td></tr>
<tr><td rowspan="2">Anforderungen an die wasserdampfdiffusionsäquivalente Luftschichtdicke der Untersparrendämmung</td><td>$s_{d,i} \geq 10$ m</td><td>Schicht n. Abb. 3-11</td></tr>
<tr><td>$s_{d,e} \leq 0{,}5$ m</td><td>Unterdeckung (siehe Abb. 3-11)</td></tr>
<tr><td colspan="3">Nicht belüftete Dächer mit Dachabdichtung n. Abb. 3-12</td></tr>
<tr><td rowspan="2">Anforderungen</td><td colspan="2">$s_{d,i} \geq 100$ m</td></tr>
<tr><td colspan="2">Zwischen der Schicht $s_{d,i}$ und der Dachabdichtung dürfen kein Holz bzw. keine Holzwerkstoffe vorhanden sein.</td></tr>
<tr><td colspan="3">Anmerkung: Bei diffusionssperrenden und diffusionsdichten Dämmstoffen auf Massivdecken kann ggf. auf eine zusätzliche diffusionshemmende Schicht verzichtet werden.</td></tr>
</table>

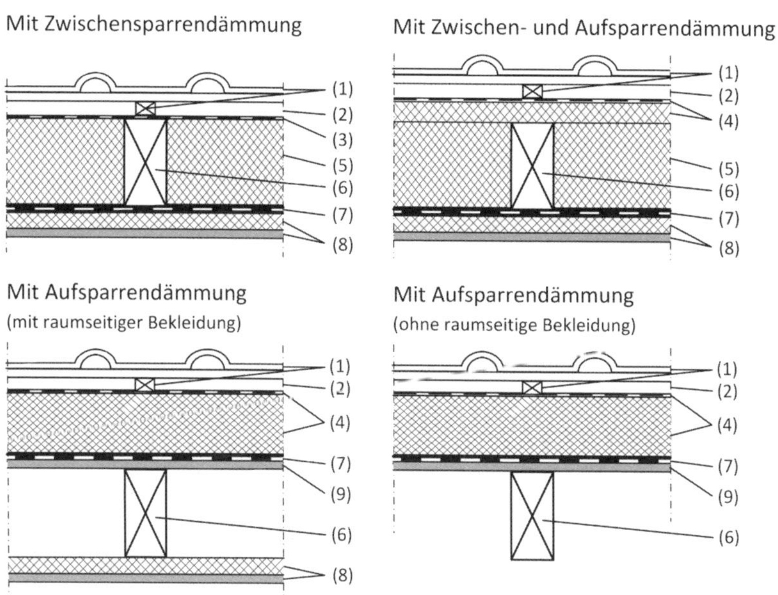

Abb. 3-8: Nicht belüftete Dächer mit Zwischensparrendämmung und Aufsparrendämmung ohne rechnerischen Tauwassernachweis; (1) belüftete Dachdeckung (Dachdeckung auf Trag- und Konterlattung) oder nicht belüftete Dachdeckung mit darunterliegender Luftschicht, (2) belüftete Luftschicht, (3) $s_{d,e}$ Unterdeckung, ggf. einschließlich Schalung, (4) $s_{d,e}$ Unterdeckung und Aufsparrendämmung, (5) Zwischensparrendämmung, (6) Sparren, (7) $s_{d,i}$, (8) raumseitige Bekleidung mit Unterkonstruktion, ggf. einschließlich Dämmung, (9) Schalung (in Anlehnung an DIN 4108-3, Bild 4)

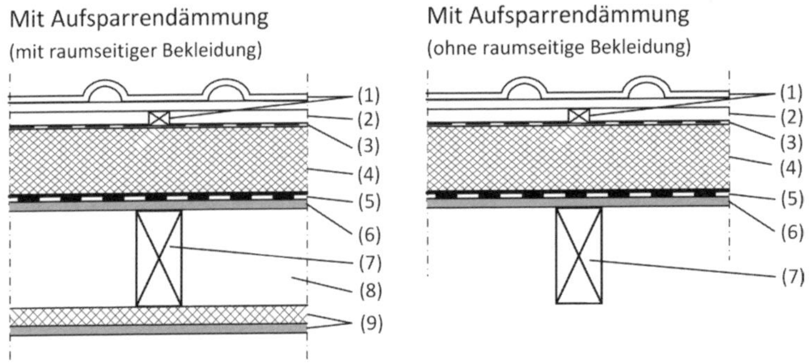

Abb. 3-9: Nicht belüftete Dächer mit Aufsparrendämmung; (1) belüftete Dachdeckung auf Trag- und Konterlattung oder nicht belüftete Dachdeckung mit darunterliegender belüfteter Luftschicht oder Dachabdichtung mit darunterliegender belüfteter Luftschicht, (2) belüftete Luftschicht, (3) $s_{d,e}$ Unterdeckung, (4) Aufsparrendämmung, (5) $s_{d,i}$, (6) Schalung, (7) Sparren, (8) Luftschicht, (9) raumseitige Bekleidung mit Unterkonstruktion, ggf. einschließlich Dämmung (in Anlehnung an DIN 4108-3, Bild 5)

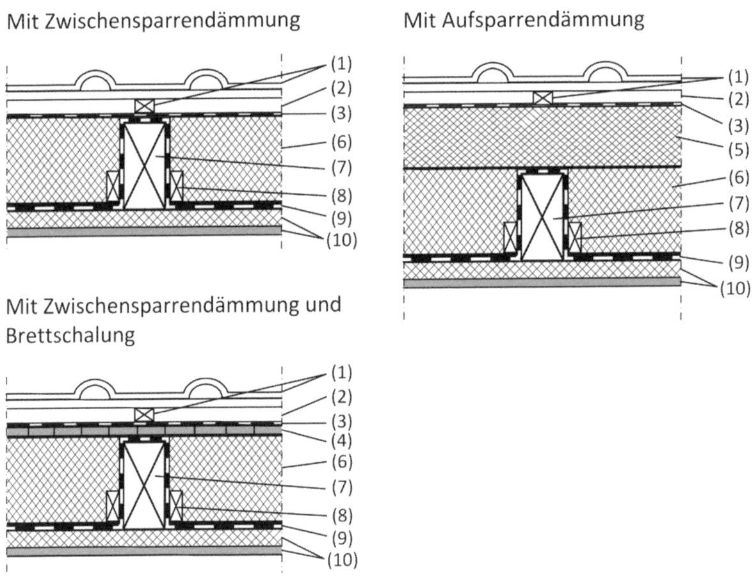

Abb. 3-10: Nicht belüftete Dächer bei bestehenden Dachkonstruktionen und mit einer von außen in das Gefach eingelegten und über den Sparren geführten Schicht mit variablem s_d-Wert; (1) belüftete Dachdeckung auf Trag- und Konterlattung oder nicht belüftete Dachdeckung mit darunterliegender belüfteter Luftschicht oder Dachabdichtung mit darunterliegender belüfteter Luftschicht, (2) belüftete Luftschicht, (3) Unterdeckung $s_d \leq 0,5$ m, (4) Vollholz-Brettschalung, Nenndicke ≤ 24 mm, (5) Aufsparrendämmung, (6) Mineralwolle-Zwischensparrendämmung, 12 cm ≤ Dämmschichtdicke ≤ 20 cm, (7) Holzsparren, 12 cm ≤ Sparrenhöhe ≤ 20 cm, (8) durchgehende

lineare Anpressung, (9) Schicht mit variablem s_d-Wert (siehe Tab. 3.28), (10) raumseitige Bekleidung mit Unterkonstruktion, ggf. einschließlich Dämmung (in Anlehnung an DIN 4108-3, Bild 6)

Mit diffusionsdichter Untersparrendämmung
ohne Zwischensparrendämmung

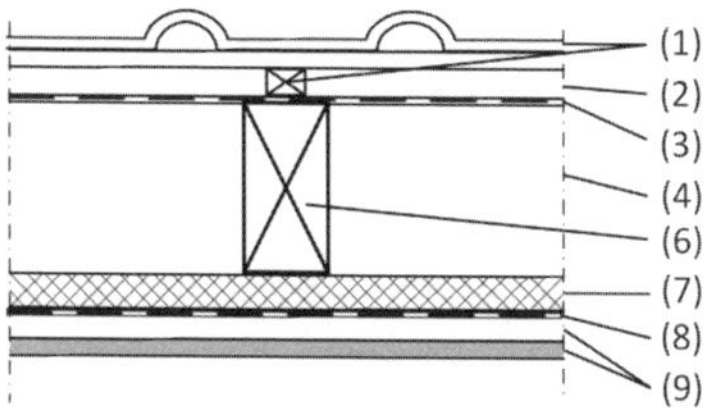

Mit diffusionsdichter Untersparrendämmung
und Zwischensparrendämmung

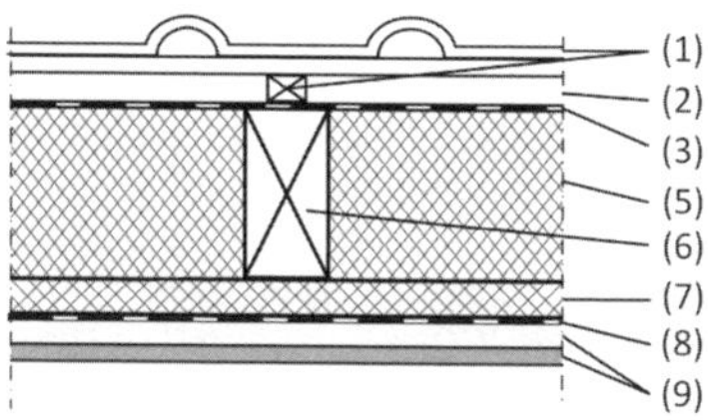

Abb. 3-11: Nicht belüftete Dächer mit diffusionsdichter Untersparrendämmung, ggf. in Kombination mit einer Zwischensparrendämmung; (1) belüftete Dachdeckung auf Trag- und Konterlattung oder nicht belüftete Dachdeckung mit darunterliegender belüfteter Luftschicht oder Dachabdichtung mit darunterliegender belüfteter Luftschicht, (2) belüftete Luftschicht, (3) $s_{d,e}$ Unterdeckung, (4) Luftschicht, (5) Zwischensparrendämmung, (6) Sparren, (7) Untersparrendämmung, (8) $s_{d,i}$, (9) raumseitige Bekleidung mit Unterkonstruktion, ggf. einschließlich Dämmung (in Anlehnung an DIN 4108-3, Bild 7)

Nicht belüftetes Dach in Holzbauweise

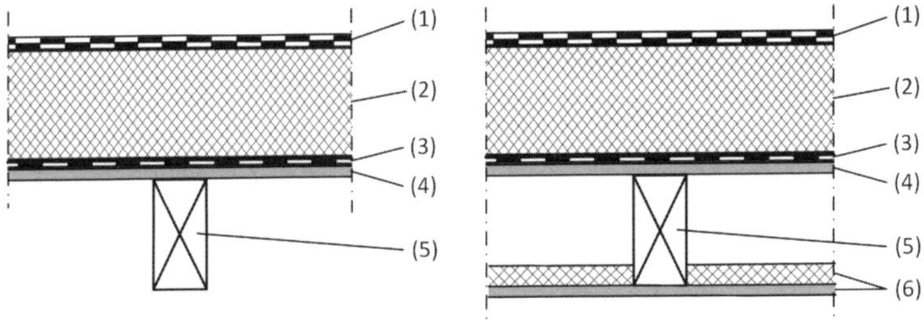

Nicht belüftetes Dach in Stahlbauweise (Stahltrapezblech)

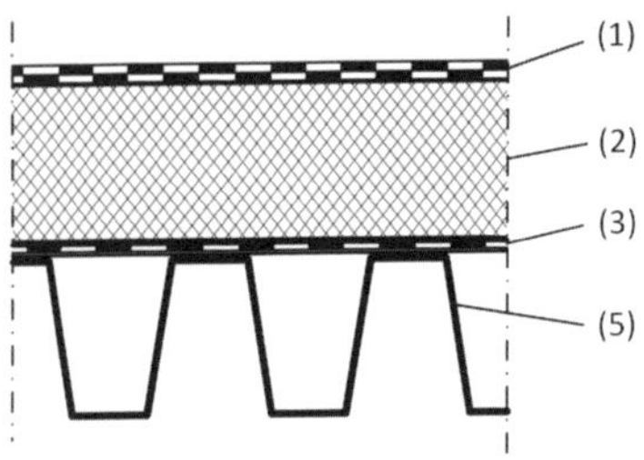

Nicht belüftetes Dach in Massivbauweise (Stahlbeton)

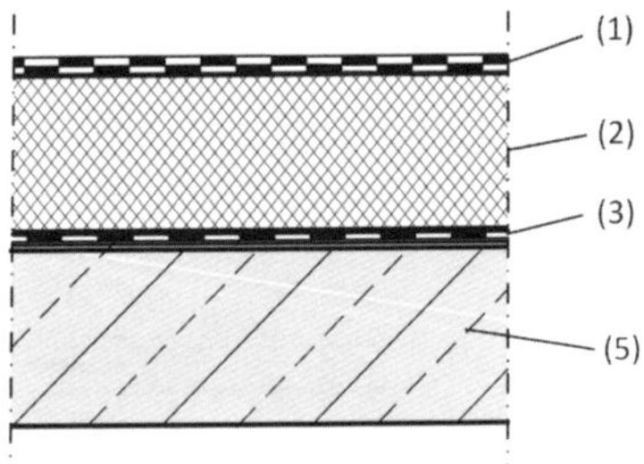

Abb. 3-12: Nicht belüftete Dächer mit Dachabdichtung; (1) Dachabdichtung, (2) Aufdach- oder Aufsparrendämmung, (3)) $s_{d,i}$, (4) Schalung, (5) Tragkonstruktion (z.B. Holzbalken, Stahltrapezblech, Stahlbeton), (6) raumseitige Bekleidung mit Unterkonstruktion, ggf. einschließlich Dämmung (in Anlehnung an DIN 4108-3, Bild 8)

Außerdem kann auf einen rechnerischen Tauwassernachweis bei folgenden nicht belüfteten Dachkonstruktionen verzichtet werden:

a) nicht belüftete Dächer aus Porenbeton nach DIN EN 12602 [33] mit Dachabdichtung und ohne diffusionshemmende Schicht an der Unterseite und ohne Wärmedämmung,

b) nicht belüftete Dächer mit Dachabdichtung und Wärmedämmung oberhalb der Abdichtung (Umkehrdächer) nach DIN 4108-2 und DIN 4108-10.

3.6.4.3 Anforderungen an belüftete Dächer

Belüftete Dächer, bei denen auf einen rechnerischen Tauwassernachweis verzichtet werden kann, müssen die Anforderungen in Tab. 3.29 erfüllen. Dabei wird in Dächer mit einer Dachneigung < 5° und ≥ 5° unterschieden.

Tab. 3.29: Anforderungen an belüftete Dächer ohne rechnerischen Tauwassernachweis (n. DIN 4108, 5.3.3.3)

Belüftete Dächer mit einer Dachneigung < 5° (Abb. 3-13)	
Luftraumlänge (Sparrenlänge) ≤ 10 m	
Wasserdampfdiffusionsäquivalente Luftschichtdicke der raumseitigen Schichten bis zur Schicht zur Begrenzung des Diffusionsstroms (einschließlich dieser Schicht) (Schichten 5 und 6)	$s_{d,i} \geq 100$ m
Der Wärmedurchlasswiderstand der Schichten, die sich raumseitig der Dampfbremse (Schicht 5) befinden, darf maximal 20 % des Gesamtwärmedurchlasswiderstands R_{tot} betragen.	$R_{5\text{-}6} \leq 0{,}20 \cdot R_{tot}$
Belüftete Dächer mit einer Dachneigung ≥ 5° (Abb. 3-14)	
Wasserdampfdiffusionsäquivalente Luftschichtdicke der raumseitigen Schichten bis zur Dampfbremse (einschließlich Dampfbremse)	$s_{d,i} \geq 2$ m

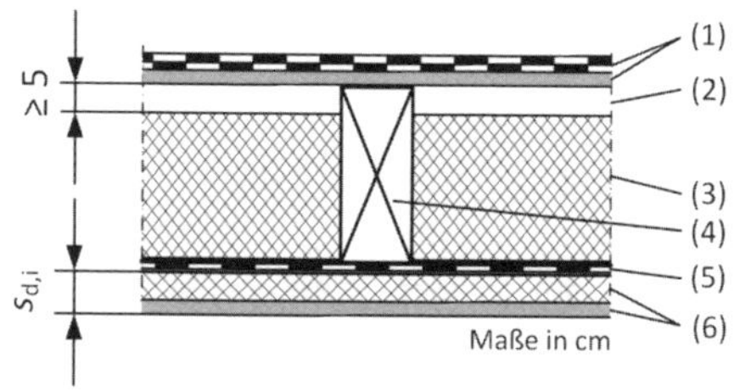

Abb. 3-13: Belüftete Dächer ohne rechnerischen Tauwassernachweis mit einer Dachneigung < 5°; (1) Dachabdichtung auf Schalung, (2) belüftete Luftschicht nach Tab. 3.27, (3) Zwischensparrendämmung, (4) Sparren, (5) Schicht zur Begrenzung des Diffusionsstroms, (6) raumseitige Bekleidung mit Unterkonstruktion, ggf. einschließlich Dämmung (in Anlehnung an DIN 4108-3, Bild 9)

Belüftetes Dach mit Dachdeckung (≥ 5°)

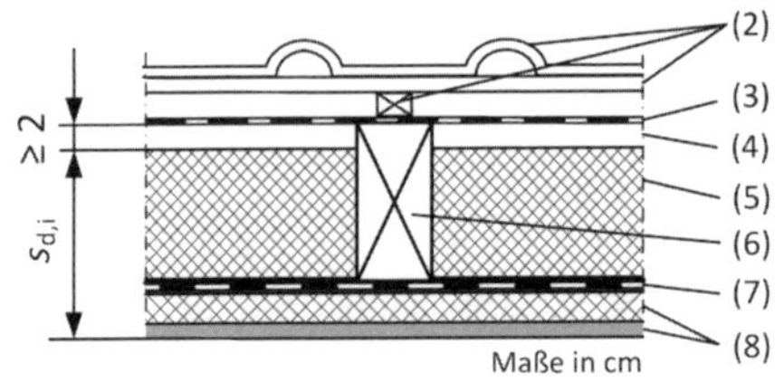

Belüftetes Dach mit Dachabdichtung (≥ 5°)

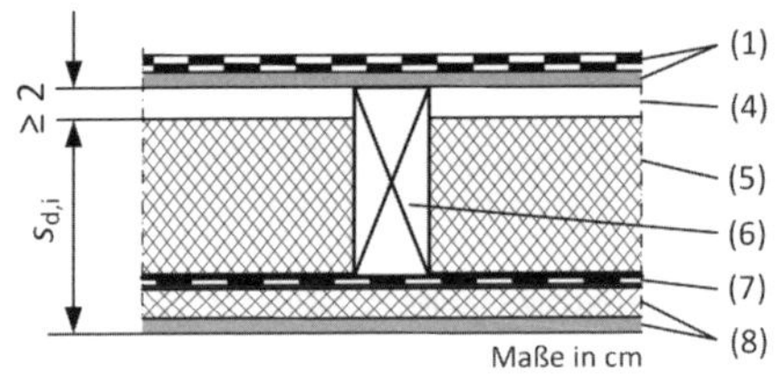

Abb. 3-14: Belüftete Dächer ohne rechnerischen Tauwassernachweis mit einer Dachneigung ≥ 5°; (1) nicht belüftete Dachdeckung (Dachdeckung auf Schalung und Vordeckung) oder Dachabdichtung auf Schalung, (2) belüftete Dachdeckung auf Trag- und Konterlattung, (3) Unterspannung, (4) Belüftungsebene, (5) Zwischensparrendämmung, (6) Sparren, (7) Schicht zur Begrenzung des Diffusionsstroms, (8) raumseitige Bekleidung mit Unterkonstruktion, ggf. einschließlich Dämmung (in Anlehnung an DIN 4108-3, Bild 10)

3.7 Schlagregenschutz

Als Schlagregen wird Niederschlag bezeichnet, der durch Windeinwirkung schräg einfällt und auf Außenwände und Fassaden prallt. Durch die Wassereinwirkung in Kombination mit dem Winddruck werden diese Bauteile beansprucht (Abb. 3-15).

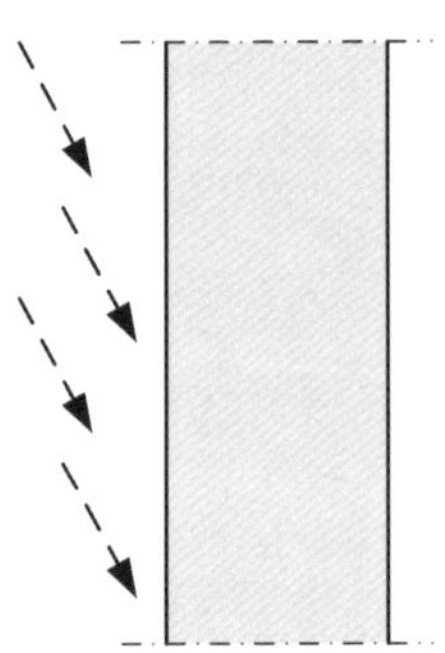

Abb. 3-15: Schlagregen

3.7.1 Maßnahmen zum Schlagregenschutz

Zum Schutz von Außenwänden und Fassaden vor Schlagregen sind geeignete Maßnahmen vorzusehen. Grundsätzlich lassen sich *direkte* und *indirekte* Maßnahmen unterscheiden. Direkte Maßnahmen zielen darauf ab, die Oberfläche von Außenwand oder Fassade durch geeignete Stoffe und Bauteile vor der Wassereinwirkung durch Schlagregen zu schützen (z.B. Putze und Bekleidungen). Indirekte Maßnahmen sollen verhindern, dass die Fassade vom Schlagregen getroffen wird (z.B. Vordächer, Rücksprünge, Dachüberstände) (Abb. 3-16).

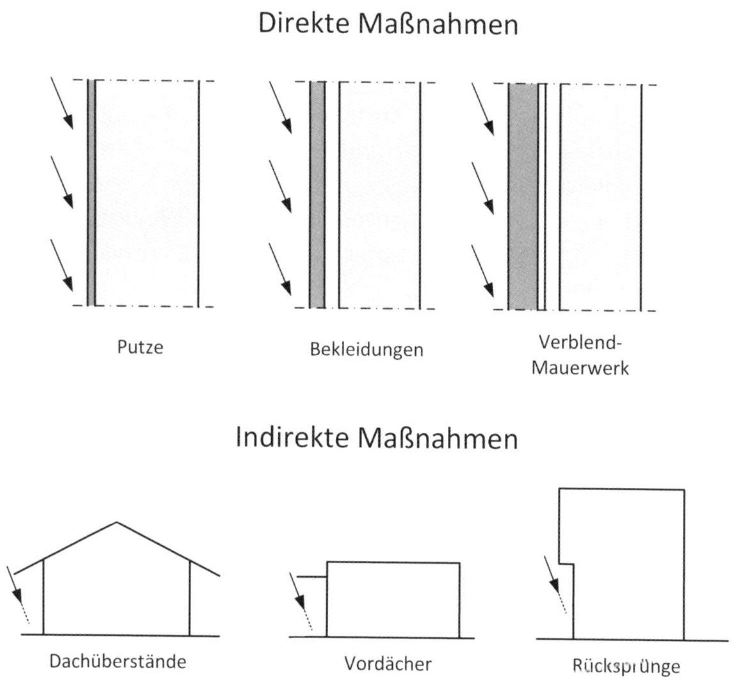

Abb. 3-16: Übersicht über direkte und indirekte Maßnahmen zum Schutz vor Schlagregen

3.7.2 Beanspruchungsgruppen

Zur Unterscheidung der Intensität der Beanspruchung durch Schlagregen werden nach DIN 4108-3 drei Beanspruchungsgruppen definiert, die von der Lage des Bauwerkstandortes abhängen (Abb. 3-17):

- **Beanspruchungsgruppe I** (geringe Schlagregenbeanspruchung)
  Beanspruchungsgruppe I gilt für Gebiete mit einer geringen Schlagregenbeanspruchung, in denen jährliche Niederschlagsmengen von weniger als 600 mm auftreten. Abweichend darf Beanspruchungsgruppe I auch in Gebieten mit höheren Niederschlagsmengen angewendet werden, wenn besonders windgeschützte Lagen vorliegen.

- **Beanspruchungsgruppe II** (mittlere Schlagregenbeanspruchung)
Beanspruchungsgruppe II gilt für Gebiete mit jährlichen Niederschlagsmengen von 600 mm bis 800 mm. Weiterhin darf Beanspruchungsgruppe II für windgeschützte Lagen auch für Gebiete mit höheren Niederschlagsmengen angesetzt werden. Darüber hinaus gilt Beanspruchungsgruppe II auch für Hochhäuser oder Gebäude in exponierter Lage in solchen Gebieten, die aufgrund ihrer Lage (z.B. Tallage) und der herrschenden regionalen Regen- und Windverhältnisse einer geringen Schlagregenbeanspruchung (d.h. Beanspruchungsgruppe I) zuzuordnen wären.
- **Beanspruchungsgruppe III** (starke Schlagregenbeanspruchung)
Beanspruchungsgruppe III gilt für Gebiete mit starker Schlagregenbeanspruchung, d.h. Gebiete mit jährlichen Niederschlagsmengen über 800 mm. Außerdem ist Beanspruchungsgruppe III für windreiche Lagen auch in Gebieten mit geringeren Niederschlagsmengen anzunehmen (z.B. Küstengebiete, Mittel- und Hochgebirgslagen, Alpenvorland). Auch für Hochhäuser und Gebäude, die sich in exponierten Lagen befinden (z.B. auf Bergkuppen), ist Beanspruchungsgruppe III anzuwenden, wenn das Gebiet aufgrund der regionalen Regenverhältnisse und Windgegebenheiten eigentlich einer mittleren Schlagregenbeanspruchung zuzuordnen wäre (Beanspruchungsgruppe II).

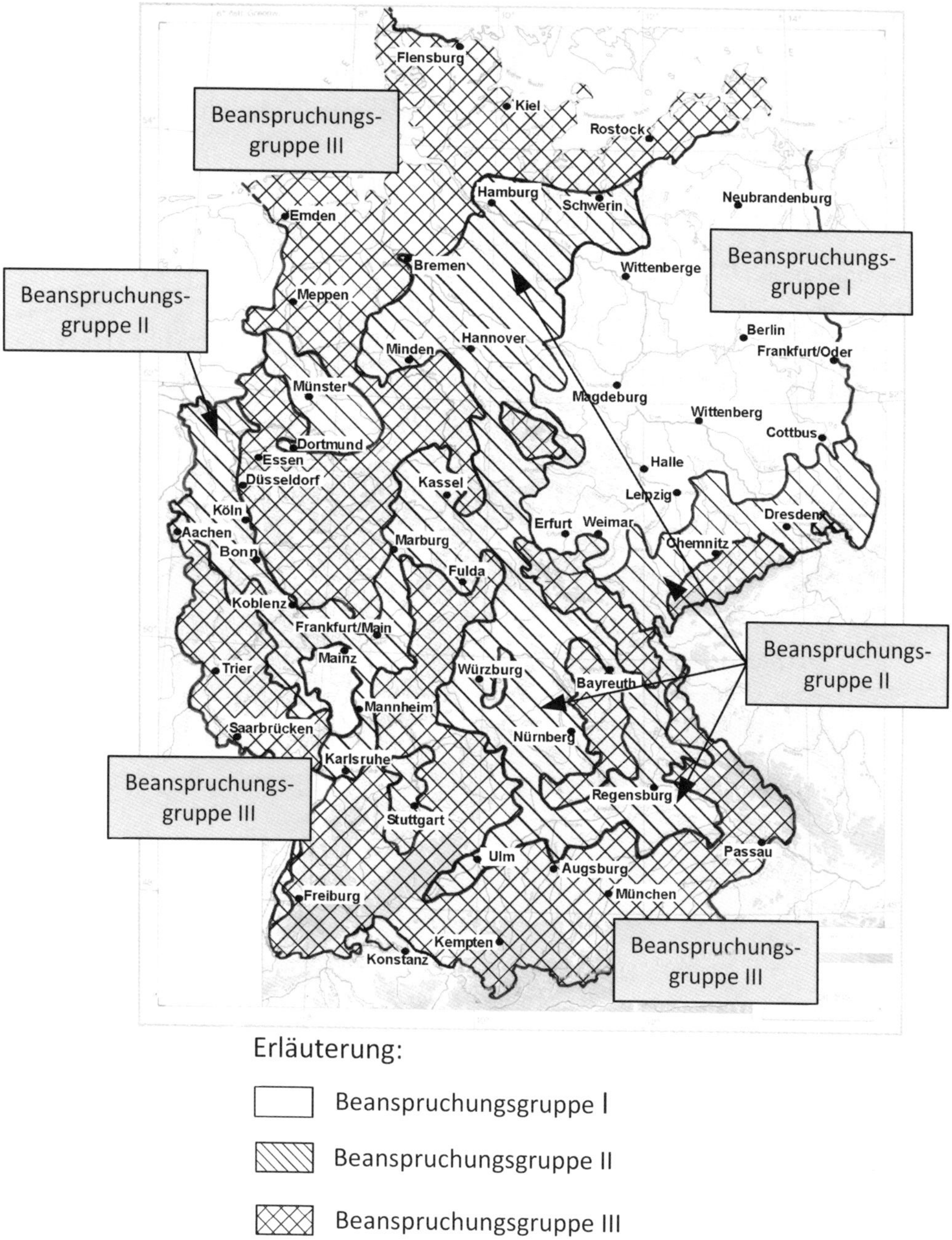

Abb. 3-17: Übersichtskarte mit den verschiedenen Schlagregen-Beanspruchungsgruppen (n. DIN 4108-3, Bild 11)

3.7.3 Anforderungen an Putze und Beschichtungen

Außenputze und Beschichtungen müssen folgende Anforderungen erfüllen:

1. Schutz der Außenwand vor Schlagregen und direkter Befeuchtung sowie Begrenzung der Wasseraufnahme.
2. Gewährleistung einer ausreichenden Wasserdampfdiffusionsdurchlässigkeit zur Sicherstellung der Trocknung des Wandquerschnitts über die Außenoberfläche.

Beide Forderungen führen zur Festlegung entsprechender Anforderungen für Putze und Beschichtungen. Im Einzelnen sind dies (Tab. 3.30):

1. Begrenzung der *Wasseraufnahme* des Außenputzes bzw. der Beschichtung durch Begrenzung des Wasseraufnahmekoeffizienten W_w.
2. Sicherstellung der *Wasserdampfdiffusion* (und damit Gewährleistung der Trocknung durch Verdunstung) durch Begrenzung der wasserdampfdiffusionsäquivalenten Luftschichtdicke s_d des Außenputzes bzw. der Beschichtung.
3. Begrenzung des Produktes aus dem Wasseraufnahmekoeffizienten und der wasserdampfdiffusionsäquivalenten Luftschichtdicke ($W_w \cdot s_d$).

Tab. 3.30: Anforderungen an den Regenschutz von wasserabweisenden Putzen und Beschichtungen (in Anlehnung an DIN 4108-3:2018-10, Tab. 6; siehe auch DIN 18550-1 in Verbindung mit DIN EN 12914-1)

Größe	Höchstwert	Bemerkung
Wasseraufnahmekoeffizient	$W_w \leq 0{,}5$ kg/(m² · h^{0,5})	Begrenzung der Wasseraufnahme
Wasserdampfdiffusionsäquivalente Luftschichtdicke	$s_d \leq 2{,}0$ m	Sicherstellung Diffusion und Gewährleistung von Trocknungsvorgängen
Produkt	$W_w \cdot s_d \leq 0{,}2$ kg/(m · h^{0,5})	Gewährleistung, dass bei einer größeren aufgenommenen Wassermenge diese schnell wieder durch Trocknung abgegeben werden kann
Hinweis: Bei Wänden mit Innendämmung siehe hierzu auch die Regelungen in WTA-Merkblatt 6-4-09 D [34] und WTA-Merkblatt 6-5-14 D [35].		

3.7.4 Zuordnung der Wandbauarten zu Beanspruchungsgruppen

Beispiele für die Zuordnung von Wandbauarten zu den Beanspruchungsgruppen sind in Tab. 3.31 angegeben.

Tab. 3.31: Beispiele für die Zuordnung von Wandbauarten und Beanspruchungsgruppen (in Anlehnung an DIN 4108-3, Tab. 7)

Wandbauart		**Beanspruchungsgruppe**		
		I	**II**	**III**
		Schlagregenbeanspruchung		
		gering	mittel	stark
Verputzte Außenwände	Außenputz ohne besondere Anforderungen an den Schlagregenschutz	X	–	–
	wasserabweisender Außenputz	–	X	X
Sichtmauerwerk	einschalig	Dicke mindestens 31 cm [a]	Dicke mindestens 37,5 cm [a]	–
	zweischaliges Verblendmauerwerk mit Luftschicht oder mit Kerndämmung [a]	–	–	X
Außenwände mit im Dickbett oder Dünnbett angemörtelten Fliesen oder Platten		X	X	–
Außenwände mit im Dickbett oder Dünnbett angemörtelten Fliesen oder Platten n. DIN 18515-1 mit wasserabweisendem Ansetzmörtel		–	–	X
Außenwände mit gefügedichter Betonaußenschicht		X	X	X
Wände mit hinterlüfteten Außenwandbekleidungen [b]		X	X	X
Wände mit Außendämmung durch ein • Wärmedämmputzsystem oder • Wärmedämmverbundsystem (bauaufsichtlich zugelassen)		X	X	X
Außenwände in Holzbauart mit Wetterschutz nach DIN 68800-2		X	X	X

[a] Mit Innenputz.
[b] Offene Fugen zwischen den Bekleidungsplatten beeinträchtigen den Regenschutz nicht.

4 Beispiele

4.1 Beispiel 1 – Taupunkttemperatur

(Kategorie A)

Für folgende Verhältnisse ist die Taupunkttemperatur rechnerisch zu bestimmen sowie mithilfe der Tab. 3.6 zu ermitteln:

a) Lufttemperatur: 20 °C, relative Luftfeuchte: 50 %

b) Lufttemperatur: 15 °C, relative Luftfeuchte: 65 %

c) Lufttemperatur: 5 °C, relative Luftfeuchte: 80 %

d) Lufttemperatur: 12,5 °C, relative Luftfeuchte: 40 %

Lösung:

a) Lufttemperatur: 20 °C, relative Luftfeuchte: 50 %

Rechnerisch:

Sättigungsdampfdruck für 20 °C: p_{sat} = 2337 Pa

$\phi \cdot p_{sat} = 0{,}50 \cdot 2337 = 1168{,}5 \text{ Pa} > 610{,}5 \text{ Pa}$. Es gilt Gl. (1) in Tab. 3.5:

$$\theta_s = \frac{237{,}3 \cdot \ln\left(\frac{\phi \cdot p_{sat}}{610{,}5}\right)}{17{,}269 - \ln\left(\frac{\phi \cdot p_{sat}}{610{,}5}\right)} = \frac{237{,}3 \cdot \ln\left(\frac{0{,}50 \cdot 2337}{610{,}5}\right)}{17{,}269 - \ln\left(\frac{0{,}50 \cdot 2337}{610{,}5}\right)} = 9{,}26 \approx 9{,}3 \text{ °C}$$

Aus Tab. 3.6: θ_s = 9,3 °C

b) Lufttemperatur: 15 °C, relative Luftfeuchte: 65 %

Sättigungsdampfdruck für 15 °C: p_{sat} = 1704 Pa

$\phi \cdot p_{sat} = 0{,}65 \cdot 1704 = 1107{,}6 \text{ Pa} > 610{,}5 \text{ Pa}$. Es gilt Gl. (1) in Tab. 3.5:

$$\theta_s = \frac{237{,}3 \cdot \ln\left(\frac{\phi \cdot p_{sat}}{610{,}5}\right)}{17{,}269 - \ln\left(\frac{\phi \cdot p_{sat}}{610{,}5}\right)} = \frac{237{,}3 \cdot \ln\left(\frac{0{,}65 \cdot 1704}{610{,}5}\right)}{17{,}269 - \ln\left(\frac{0{,}65 \cdot 1704}{610{,}5}\right)} = 8{,}48 \approx 8{,}5 \text{ °C}$$

Aus Tab. 3.6: θ_s = 8,5 °C

c) Lufttemperatur: 5 °C, relative Luftfeuchte: 80 %

Sättigungsdampfdruck für 5 °C: p_{sat} = 872 Pa

$\phi \cdot p_{sat} = 0{,}80 \cdot 872 = 697{,}6 \text{ Pa} > 610{,}5 \text{ Pa}$. Es gilt Gl. (1) in Tab. 3.5:

$$\theta_s = \frac{237{,}3 \cdot \ln\left(\frac{\phi \cdot p_{sat}}{610{,}5}\right)}{17{,}269 - \ln\left(\frac{\phi \cdot p_{sat}}{610{,}5}\right)} = \frac{237{,}3 \cdot \ln\left(\frac{0{,}80 \cdot 872}{610{,}5}\right)}{17{,}269 - \ln\left(\frac{0{,}80 \cdot 872}{610{,}5}\right)} = 1{,}84 \approx 1{,}8 \text{ °C}$$

Eine tabellarische Ermittlung ist nicht möglich, da die Lufttemperatur außerhalb des Wertebereichs von Tab. 3.6 liegt.

d) Lufttemperatur: 12,5 °C, relative Luftfeuchte: 40 %

Sättigungsdampfdruck für 12,5 °C: p_{sat} = 1449 Pa

$\phi \cdot p_{sat} = 0{,}40 \cdot 1449 = 579{,}6$ Pa < 610,5 Pa. Es gilt Gl. (2) in Tab. 3.5:

$$\theta_s = \frac{265{,}6 \cdot \ln\left(\frac{\phi \cdot p_{sat}}{610{,}5}\right)}{21{,}875 - \ln\left(\frac{\phi \cdot p_{sat}}{610{,}5}\right)} = \frac{265{,}6 \cdot \ln\left(\frac{0{,}40 \cdot 1449}{610{,}5}\right)}{21{,}875 - \ln\left(\frac{0{,}40 \cdot 1449}{610{,}5}\right)} = -0{,}63 \approx -0{,}6\ °C$$

Aus Tab. 3.6:

Interpolation zwischen 12 °C / 40 %: –1,0 °C und 13 °C / 40 %: –0,2 °C für 12,5 °C:

$$\theta_s = 0{,}5 \cdot \left((-1{,}0) + (-0{,}2)\right) = -0{,}6\ °C$$

4.2 Beispiel 2 – Feuchte- und wärmeschutztechnische Kenngrößen einer Außenwand

(Kategorie B)

Für die abgebildete Außenwand sind die folgenden bauphysikalischen Kenngrößen zu berechnen (Abb. 4-1):

a) wasserdampfdiffusionsäquivalente Luftschichtdicken s_d

b) Wasserdampf-Diffusionsdurchlasswiderstand Z_p

c) Gesamt-Wärmedurchlasswiderstand R_{tot}

d) Wärmedurchgangskoeffizient U

Randbedingungen:

- Wärmeübergangswiderstände nach DIN 4108-3 (R_{si} = 0,25 m²K/W, R_{se} = 0,04 m²K/W).
- Für die wasserdampfdiffusionsäquivalente Luftschichtdicke s_d sowie den Wasserdampf-Diffusionsdurchlasswiderstand Z_p sind Maximalwert und Minimalwert zu bestimmen.
- Außerdem sind s_d und Z_p für den Fall so zu berechnen, dass sich bei der Überprüfung des Querschnitts hinsichtlich Tauwasserbildung nach DIN 4108-3 die maximale Tauwassermasse ergibt. In diesem Fall sind für Schichten, die s_{di} bilden, die kleineren μ-Werte, bei Schichten, die ($s_{d,T} - s_{d,i}$) bilden, die größeren Werte zu verwenden. Es wird hier angenommen, dass die Ebene zwischen den Schichten (3) und (4) tauwassergefährdet ist.

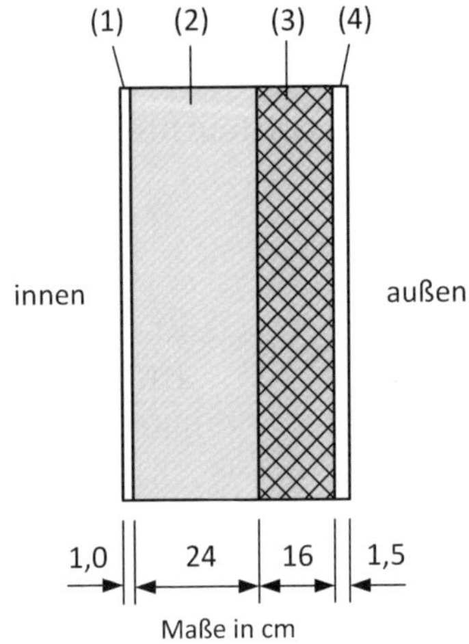

Abb. 4-1: Beispiel 2 – Feuchte- und wärmeschutztechnische Kenngrößen einer Außenwand; hier: Bauteilquerschnitt

Aufbau (von innen nach außen):

(1) Gipsputz, ρ = 1000 kg/m³, d = 1 cm, λ = 0,34 W/(mK), μ = 4/10

(2) Mauerwerk aus Kalksandstein, ρ = 1600 kg/m³, d = 24 cm, λ = 0,79 W/(mK), μ = 15/25

(3) Wärmedämmschicht, d = 16 cm, λ = 0,040 W/(mK), μ = 20/100

(4) Kalkzementputz, d = 1,5 cm, λ = 1,0 W/(mK), μ = 15/35

Lösung:

Die Berechnung der Kennwerte erfolgt tabellarisch (Tab. 4.1).

Tab. 4.1: Beispiel 2 – Tabellarische Berechnung der wärme- und feuchteschutztechnischen Kennwerte

Nr.	**Bezeichnung**	d (m)	μ (–)	$s_{d,min}$ (m)	$s_{d,max}$ (m)	s_d [a)] (m)	λ	R R_{si} R_{se} (m²K/W)
–	Wärmeübergang innen	–	–	–	–	–	–	0,25
1	Gipsputz	0,010	**4**/10	0,04	0,10	0,04	0,34	0,029
2	Kalksandstein-Mauerwerk	0,24	**15**/25	3,60	6,00	3,60	0,79	0,304
3	Wärmedämmung aus EPS	0,16	**20**/100	3,20	16,00	3,20	0,04	4,000
4	Kalkzementputz	0,015	15/**35**	0,225	0,525	0,525	1,0	0,015

Nr.	Bezeichnung	d (m)	μ (–)	$s_{d,min}$ (m)	$s_{d,max}$ (m)	s_d [a)] (m)	λ	R R_{si} R_{se} (m²K/W)
–	Wärmeübergang außen	–	–	–	–	–	–	0,04
			Summe:	7,065	22,625	7,365	R_{tot} =	4,638

a) Wasserdampfdiffusionsäquivalente Luftschichtdicke, die bei der Überprüfung auf Tauwasser im Bauteilinneren zur größeren Tauwassermasse führt. Es werden die fett gedruckten Werte μ verwendet. Annahme: Tauwassergefährdung zwischen den Schichten (3) und (4).

a) Wasserdampfdiffusionsäquivalente Luftschichtdicke s_d:

Die wasserdampfdiffusionsäquivalente Luftschichtdicke berechnet sich mit folgender Gleichung (Tab. 3.11):

$$s_d = \sum \mu_i \cdot d_i$$

Die Berechnung erfolgt tabellarisch (siehe oben).

Ergebnisse:

$s_{d,min} = 7{,}065$ m

$s_{d,max} = 22{,}625$ m

$s_d = 7{,}365$ m

b) Wasserdampf-Diffusionsdurchlasswiderstand Z_p:

Der Wasserdampf-Diffusionsdurchlasswiderstand berechnet sich mit folgender Gleichung (Tab. 3.12):

$$Z_p = 5 \cdot 10^9 \cdot s_d$$

Hier ergeben sich folgende Werte:

$$Z_{p,min} = 5 \cdot 10^9 \cdot s_{d,min} = 5 \cdot 10^9 \cdot 7{,}065 = 3{,}53 \cdot 10^{10} \text{ m}^2\text{h Pa/kg}$$

$$Z_{p,max} = 5 \cdot 10^9 \cdot s_{d,max} = 5 \cdot 10^9 \cdot 22{,}625 = 1{,}13 \cdot 10^{11} \text{ m}^2\text{h Pa/kg}$$

$$Z_p = 5 \cdot 10^9 \cdot s_d = 5 \cdot 10^9 \cdot 7{,}365 = 3{,}68 \cdot 10^{10} \text{ m}^2\text{h Pa/kg}$$

c) Gesamt-Wärmedurchlasswiderstand R_{tot}:

Der Gesamt-Wärmedurchlasswiderstand für einen homogenen Querschnitt berechnet sich mit folgender Gleichung:

$$R_{tot} = R_{si} + \sum \frac{d_i}{\lambda_i} + R_{se}$$

Berechnung in der Tabelle (Summe letzte Spalte):

$R_{tot} = 4{,}638\ m^2K/W$

d) Wärmedurchgangskoeffizient *U*:

Der Wärmedurchgangskoeffizient berechnet sich mit folgender Gleichung:

$$U = \frac{1}{R_{tot}} = \frac{1}{4{,}638} = 0{,}216 = 0{,}22\ \ [W/m^2K]$$

4.3 Beispiel 3 – Relative Luftfeuchte und Taupunkttemperatur

(Kategorie B)

Gegeben ist ein Raum mit einer Lufttemperatur von 20 °C und einer relativen Luftfechte von 65 %. Es erfolgt weder ein Feuchteeintrag noch eine Abführung von Feuchte, d.h., der Raum ist gegenüber der Umgebung hermetisch und luftdicht abgeschlossen.

Gesucht:

a) Wie ändert sich die relative Luftfeuchte, wenn die Lufttemperatur auf 16 °C abgesenkt wird (z.B. nachts durch die Nachtabsenkung der Heizung)?

b) Welche Taupunkttemperatur ergibt sich nach erfolgter Absenkung der Lufttemperatur auf 16 °C?

c) Welchen Wert nimmt die relative Feuchte an, wenn die Lufttemperatur auf 22 °C ansteigt?

Lösung:

a) Relative Luftfeuchte bei Absenkung der Temperatur von 20 °C (65 % r. F.) auf 16 °C:

Zustand 1 (20 °C und 65 % relative Luftfeuchte):

Sättigungsdampfdruck bei 20 °C: $p_{sat,20} = 2337$ Pa (Tab. 3.4)

Wasserdampfteildruck (Partialdruck) bei 65 % r. F.: $p_{20} = 0{,}65 \cdot 2337 = 1519$ Pa

Zustand 2:

Sättigungsdampfdruck bei 16 °C: $p_{sat,16} = 1817$ Pa (Tab. 3.4)

Da ein geschlossenes System besteht und weder Feuchtigkeit eingetragen noch abgeführt wird, ist der Wasserdampfteildruck bei beiden Temperaturzuständen gleich. Die relative Luftfeuchte im Zustand 2 (16 °C) ergibt sich mit folgender Beziehung:

$$\phi \cdot p_{sat,16} = 1519\ \text{Pa}$$

Die relative Luftfeuchte im Zustand 2 (bei 16 °C) ergibt sich durch Auflösen der obigen Gleichung:

$$\phi = \frac{1519}{1817} = 0{,}836 \equiv 83{,}6\ \%$$

Die relative Luftfeuchte steigt von 65 % auf 83,6 %, wenn die Raumlufttemperatur von 20 °C auf 16 °C abgesenkt wird. Damit wird die kritische relative Luftfeuchte hinsichtlich Schimmelpilzwachstum von 80 % überschritten. Es besteht das Risiko des Schimmelpilzwachstums auf Bauteiloberflächen.

b) Taupunkttemperatur für Zustand 2 (16 °C, 83,6 % r. F.):

Rechnerische Ermittlung (Tab. 3.5, Gl. (1)):

$$\theta_s = \frac{237{,}3 \cdot \ln\left(\frac{\phi \cdot p_{sat}}{610{,}5}\right)}{17{,}269 - \ln\left(\frac{\phi \cdot p_{sat}}{610{,}5}\right)} = \frac{237{,}3 \cdot \ln\left(\frac{1519}{610{,}5}\right)}{17{,}269 - \ln\left(\frac{1519}{610{,}5}\right)} = 13{,}2\ °C$$

Tabellarische Ermittlung (Tab. 3.6):

Da nur Werte für 16 °C und 80 % r. F. sowie 16 °C und 85 % r. F. tabelliert sind (Tab. 3.6), ist eine Interpolation erforderlich. Diese stellt allerdings eine Näherung dar, da ein nichtlinearer Zusammenhang besteht.

Taupunkttemperatur für 16 °C und 80 % r. F.: 12,6 °C

Taupunkttemperatur für 16 °C und 85 % r. F.: 13,5 °C

Interpolierter Wert für 16 °C und 83,6 % r. F.:

$$\theta_s = \frac{13{,}5 - 12{,}6}{85 - 80} \cdot (83{,}6 - 80{,}0) + 12{,}6 = 13{,}2\ °C$$

c) Relative Luftfeuchte bei Erhöhung der Temperatur von 20 °C (65 % r. F.) auf 22 °C:

Zustand 1 (20 °C, 65 % r. F.):

$p_{sat,20}$ = 2337 Pa (Tab. 3.4)

$p_{20} = 0{,}65 \cdot 2337 = 1519$ Pa

Zustand 2 (22 °C):

$p_{sat,22}$ = 2642 Pa (Tab. 3.4)

$$\phi = \frac{1519}{2642} = 0{,}575 \equiv 57{,}5\ \%$$

Da kein Feuchteeintrag erfolgt sowie keine Feuchtigkeit abgeführt wird, sind die Wasserdampfteildrücke in beiden Temperaturzuständen gleich (p = 1519 Pa). Bei einer Erhöhung der Temperatur von 20 °C auf 22 °C sinkt die relative Luftfeuchte von 65 % auf 57,5 %.

4.4 Beispiel 4 – Mindestwert des Wärmedurchlasswiderstands einer Außenwand

(Kategorie B)

Für eine Außenwand eines Badezimmers sind die Mindestwerte des Wärmedurchlasswiderstands R_{min} zu bestimmen, die erforderlich sind, damit

a) kein Tauwasser auf der Wandinnenoberfläche entsteht und

b) Schimmelpilzfreiheit gegeben ist.

Randbedingungen:

- Klimabedingungen innen: Raumlufttemperatur: 22 °C, relative Luftfeuchte: 70 %
- Außenlufttemperatur: –5 °C
- Es ist nur der Regelbereich zu betrachten, keine Wärmebrücken.

Lösung:

a) Kriterium Tauwasserfreiheit:

Taupunkttemperatur für 22 °C und 70 % relative Feuchte: θ_s = 16,3 °C (Tab. 3.6)

Bemessungstemperaturfaktor (Tab. 3.15):

$$f_{Rsi,min} = \frac{\theta_{si,min} - \theta_e}{\theta_i - \theta_e} = \frac{16,3 - (-5)}{22 - (-5)} = 0,789$$

Mindestwert des Wärmedurchlasswiderstands (Tab. 3.15):

$$R_{min} = \frac{R_{si}}{1 - f_{Rsi,min}} - (R_{si} + R_{se}) = \frac{0,25}{1 - 0,789} - (0,25 + 0,04) = 0,895 \text{ m}^2\text{K/W}$$

Alternativ kann R_{min} auch mit folgender Gleichung berechnet werden:

$$R_{min} = R_{si} \cdot \frac{\theta_i - \theta_e}{\theta_i - \theta_{si,min}} - (R_{si} + R_{se})$$

Es ergibt sich:

$$R_{min} = 0,25 \cdot \frac{22 - (-5)}{22 - 16,3} - (0,25 + 0,04) = 0,895 \text{ m}^2\text{K/W}$$

b) Kriterium Schimmelpilzfreiheit:

Damit Schimmelpilzwachstum auf der Bauteiloberfläche ausgeschlossen werden kann, darf die oberflächennahe relative Luftfeuchte nicht größer als 80 % sein. Dies ist der Fall, wenn die Lufttemperatur nicht unter die sogenannte Schimmel-Grenztemperatur fällt. Diese berechnet sich mit folgender Gleichung (Tab. 3.7):

$$\theta_{s,\min} = (1{,}25 \cdot \phi)^{1/8{,}02} \cdot (109{,}8 + \theta) - 109{,}8$$
$$= (1{,}25 \cdot 0{,}7)^{1/8{,}02} \cdot (109{,}8 + 22) - 109{,}8$$
$$= 19{,}8\ °C$$

Bemessungstemperaturfaktor (Tab. 3.15):

$$f_{Rsi,\min} = \frac{\theta_{si,\min} - \theta_e}{\theta_i - \theta_e} = \frac{19{,}8 - (-5)}{22 - (-5)} = 0{,}919$$

Mindestwert des Wärmedurchlasswiderstands:

$$R_{\min} = \frac{R_{si}}{1 - f_{Rsi,\min}} - (R_{si} + R_{se}) = \frac{0{,}25}{1 - 0{,}919} - (0{,}25 + 0{,}04) = 2{,}796\ \text{m}^2\text{K/W}$$

4.5 Beispiel 5 – Tauwasserbildung im Bauteilinneren bei einer Außenwand mit Innendämmung

(Kategorie B)

Für die abgebildete Außenwand mit Innendämmung (Abb. 4-2) ist mit dem Periodenbilanzverfahren (Glaserverfahren) nach DIN 4108-3 zu prüfen, ob sich Tauwasser im Bauteilinneren bildet. Die Tauwasser- und die Verdunstungsmasse sind zu berechnen. Außerdem ist zu überprüfen, ob die Wandkonstruktion feuchtetechnisch zulässig ist.

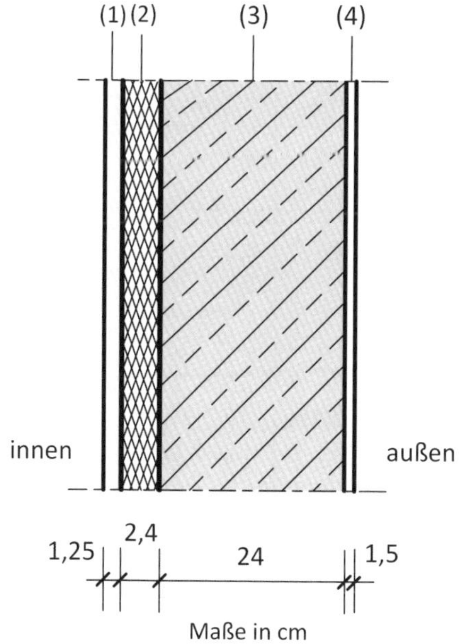

Abb. 4-2: Beispiel 5 – Außenwand mit Innendämmung; Überprüfung auf Tauwasserbildung im Bauteilinneren nach DIN 4108-3 (Glaserverfahren)

Randbedingungen:

- Aufbau von innen nach außen:
  (1) Gipskartonplatten (n. DIN 18180), $\rho = 900$ kg/m³, $d = 1{,}25$ cm, $\lambda = 0{,}25$ W/(mK), $\mu = 4/10$
  (2) Mineralfaserdämmung einschließlich Lattung, $d = 2{,}4$ cm, $\lambda = 0{,}040$ W/(mK) (die Lattung ist bei der Berechnung vereinfachend zu vernachlässigen), $\mu = 1$
  (3) Stahlbeton, armiert mit 2 % Bewehrung, $\rho = 2400$ kg/m³, $d = 24$ cm, $\lambda = 2{,}5$ W/(mK), $\mu = 80/130$
  (4) Kalkzementputz, $\rho = 1800$ kg/m³, $d = 1,\ 5$ cm, $\lambda = 1{,}0$ W/(mK), $\mu = 15/35$
- Klimabedingungen nach DIN 4108-3 (siehe auch Tab. 3.19).
- Es wird angenommen, dass sich zwischen den Schichten (2) und (3) Tauwasser bildet. Das bedeutet, dass bei der Berechnung der wasserdampfdiffusionsäquivalenten Luftschichtdicke der Schicht (1) der kleinere μ-Wert verwendet wird. Für die Schichten (3) und (4) wird der größere μ-Wert angesetzt.

Lösung:

Die für das Glaserdiagramm der Tauperiode benötigten Werte werden tabellarisch berechnet (Tab. 4.2).

Tab. 4.2: Tabellarische Berechnung der Wärmedurchlasswiderstände, des Wärmedurchgangskoeffizienten, der wasserdampfdiffusionsäquivalenten Luftschichtdicken, der Schichtgrenztemperaturen sowie der Wasserdampf-Sättigungsdrücke

Schicht	***d*** (m)	***µ*** (-)	$s_d = \mu \cdot d$ (m)	λ (W/mK)	R_{si}/R_{se} d/λ (m²K/W)	θ (°C)	p_{sat} (Pa)
						20,0	2337
Wärmeübergang innen					0,25		
						14,1	1608
(1) Gipskartonplatten (DIN 18180)	0,0125	**4**/10	**0,05**/0,125	0,25	0,050		
						12,9	1487
(2) Mineralfaserdämmung	0,024	1	0,024	0,04	0,600		
						−1,4	544 = p_c
(3) Stahlbeton	0,24	80/**130**	19,2/**31,2**	2,5	0,096		
						−3,7	448
(4) Kalkzementputz	0,015	15/**35**	0,225/**0,525**	1,0	0,015		
						−4,1	433
Wärmeübergang außen					0,040		
						−5,0	401
		$s_{d,T} =$	31,80 m	$\Sigma = R_{tot} =$	1,051	m²K/W	
	$s_{d,c} = 0{,}05 + 0{,}024 = 0{,}074$ m						
				$\Rightarrow U = 1/R_{tot} =$	0,951	W/(m²K)	

Wärmestromdichte:	$q = U \cdot (\theta_i - \theta_e) = 0{,}951 \cdot (20 - (-5)) = 23{,}78\ W/m^2$
Temperaturen:	$\theta_{si} = \theta_i - R_{si} \cdot q = 20 - 0{,}25 \cdot 23{,}78 = 14{,}1\ °C$
	$\theta_{1\text{-}2} = \theta_{si} - R_1 \cdot q = 14{,}1 - 0{,}050 \cdot 23{,}78 = 12{,}9\ °C$
	$\theta_{2\text{-}3} = \theta_{1\text{-}2} - R_2 \cdot q = 12{,}9 - 0{,}600 \cdot 23{,}78 = -1{,}4\ °C$
	$\theta_{3\text{-}4} = \theta_{2\text{-}3} - R_3 \cdot q = -1{,}4 - 0{,}096 \cdot 23{,}78 = -3{,}7\ °C$
	$\theta_{se} = \theta_{3\text{-}4} - R_4 \cdot q = -3{,}7 - 0{,}015 \cdot 23{,}78 = -4{,}1\ °C$
Kontrolle:	$\theta_e = \theta_{se} - R_{se} \cdot q = -4{,}1 - 0{,}040 \cdot 23{,}78 = -5{,}05 \approx -5\ °C$

Diffusionsdiagramm für die Tauperiode:

Anschließend werden die wasserdampfdiffusionsäquivalenten Luftschichtdicken der einzelnen Schichten auf der Abzisse und die zugehörigen Sättigungsdampfdrücke (p_{sat}) an den Schichtgrenzen auf der Ordinate des Diffusionsdiagramms (Glaserdiagramm) maßstäblich eingetragen (Abb. 4-3). Im nächsten Schritt werden die Wasserdampfteildrücke innen (p_i) und außen (p_e) eingetragen. Ein geradliniger Verlauf zwischen p_i und p_e ist nicht möglich, da dabei die p_{sat}-Linie geschnitten würde. Dies würde bedeuten, dass der Wasserdampfteildruck (p) größer als der Sättigungsdampfdruck p_{sat} ist, was physikalisch nicht möglich ist.

Stattdessen wird die Linie des Wasserdampfteildrucks so an die Linie des Sättigungsdampfdrucks herangeführt, dass sich ein geknickter Verlauf ergibt. Der Berührungspunkt zwischen p und p_c – d.h. der Knickpunkt – kennzeichnet die Ebene der Tauwasserbildung. Dies ist an der Schichtgrenze zwischen den Schichten (2) Wärmedämmung und (3) Stahlbeton der Fall.

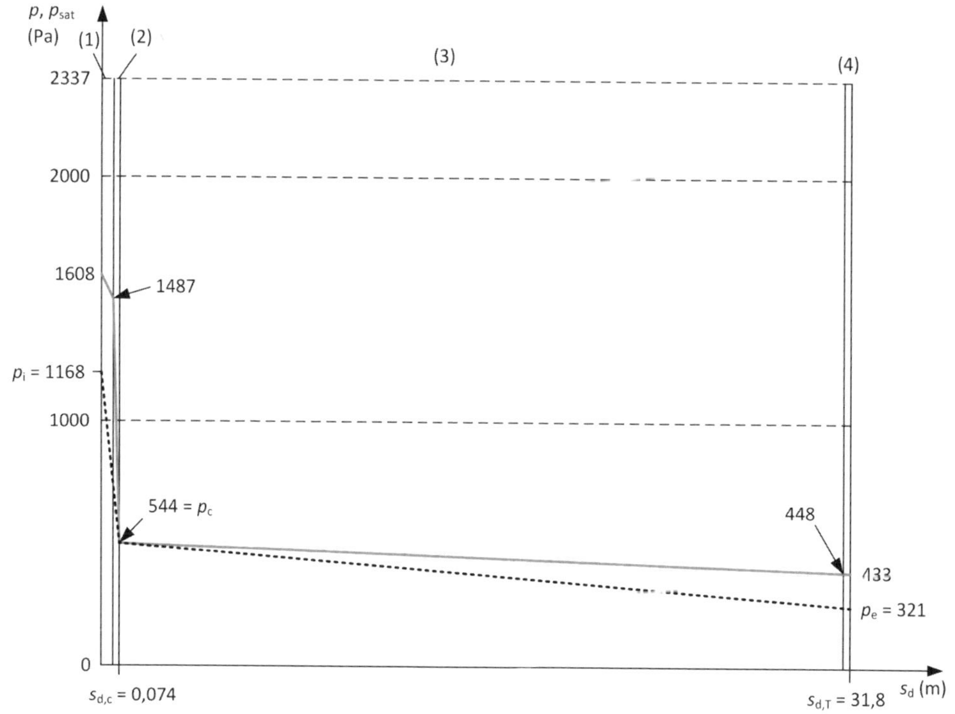

Abb. 4-3: Beispiel 5 – Glaserdiagramm für die Tauperiode

Tauwasser fällt in einer Ebene aus, d.h., es gilt „Fall b)" nach DIN 4108-3 (Tab. 3.20).

Berechnung der Tauwassermasse und der Verdunstungsmasse:

Tauwasserrate:

$$g_c = \delta_0 \cdot \left(\frac{p_i - p_c}{s_{d,c}} - \frac{p_c - p_e}{s_{d,T} - s_{d,c}} \right)$$

$$= 2 \cdot 10^{-10} \cdot \left(\frac{1168 - 544}{0{,}074} - \frac{544 - 321}{31{,}8 - 0{,}074} \right)$$

$$= 1{,}685 \cdot 10^{-6} \ \text{kg/m}^2\text{s}$$

Tauwassermasse:

$$M_c = g_c \cdot t_c = 1{,}685 \cdot 10^{-6} \cdot 7776 \cdot 10^3 = 13{,}1 \ \text{kg/m}^2$$

Verdunstungsrate:

$$g_{ev} = \delta_0 \cdot \left(\frac{p_c - p_i}{s_{d,c}} + \frac{p_c - p_e}{s_{d,T} - s_{d,c}} \right)$$

$$= 2 \cdot 10^{-10} \cdot \left(\frac{1700 - 1200}{0{,}074} + \frac{1700 - 1200}{31{,}8 - 0{,}074} \right) = 1{,}354 \cdot 10^{-6} \ [\text{kg/m}^2\text{s}]$$

Verdunstungsmasse:

$$M_{ev} = g_{ev} \cdot t_{ev} = 1{,}354 \cdot 10^{-6} \cdot 7776 \cdot 10^3 = 10{,}5 \ \text{kg/m}^2$$

Nachweis (siehe Abschnitt 3.5.2.10):

$$M_c = 13{,}1 > \begin{cases} M_{ev} = 10{,}5 \ \text{kg/m}^2 \\ \text{zul}M_c = 1{,}0 \ \text{kg/m}^2 \end{cases}$$

Die Tauwassermasse ist zu groß und überschreitet die Verdunstungsmasse sowie die zulässige Tauwassermasse. Es wird angenommen, dass die an die Tauwasserebene grenzenden Schichten (Nr. (2) Wärmedämmung und (3) Stahlbeton) kapillar wasseraufnahmefähig sind, d.h., die zulässige Tauwassermasse beträgt 1,0 kg/m².

Die Konstruktion ist feuchtetechnisch **nicht** zulässig. Durch Anordnung einer Dampfsperre vor der Wärmedämmung (auf der warmen Seite) kann die Tauwasserbildung vermieden werden.

Erforderliche wasserdampfdiffusionsäquivalente Luftschichtdicke der Dampfsperre $s_{d/DS}$:

$$s_{d/DS} = \frac{p_i - p_e}{p_c - p_e} \cdot \left(s_{d,T} - s_{d,c} \right) - s_{d,T}$$

$$= \frac{1168 - 321}{544 - 321} \cdot \left(31{,}8 - 0{,}074 \right) - 31{,}8 = 88{,}7\text{m}$$

Dicke der Dampfsperre (bei $\mu = 50.000$):

$$d_{DS} = s_{d/DS} / \mu = 88{,}7 / 50000 = 0{,}00177 \ \text{m} = 1{,}77 \ \text{mm} \approx 1{,}8 \ \text{mm}$$

Die Dampfsperre müsste eine Dicke von mindestens 1,8 mm aufweisen (bei $\mu = 50.000$), um Tauwasserbildung gerade eben zu verhindern.

4.6 Beispiel 6 – Außenwand mit Innendämmung und Dimensionierung einer Dampfsperre

(Kategorie C)

Für die dargestellte Außenwand mit Innendämmung ist die Tauwassermasse mit dem Periodenbilanzverfahren (Glaserverfahren) nach DIN 4108-3 zu berechnen sowie eine Dampfsperre zu dimensionieren (Abb. 4-4).

Randbedingungen und Hinweise:

- Kennwerte der Bauteilschichten nach Tab. 4.3 (Werte in gerader Schriftart). Hinweis: Aus Platzgründen sind die zu berechnenden Kennwerte bereits in der Tabelle mit angegeben und durch Kursivdruck gekennzeichnet.
- Klimarandbedingungen nach DIN 4108-3 (siehe auch Tab. 3.19). Lufttemperatur innen: θ_i = +20 °C, Lufttemperatur außen: θ_e = –5 °C.
- Das Bauteil ist zwischen Schicht (2) und (3) tauwassergefährdet.
- Die Wärmedurchlasswiderstände sowie der Gesamt-Wärmedurchlasswiderstand sind mit drei Nachkommastellen zu berechnen.
- Der Wärmedurchgangskoeffizient sowie die Wärmestromdichte sind mit zwei Nachkommastellen zu berechnen.
- Die Temperaturen sind mit einer Nachkommastelle zu berechnen.

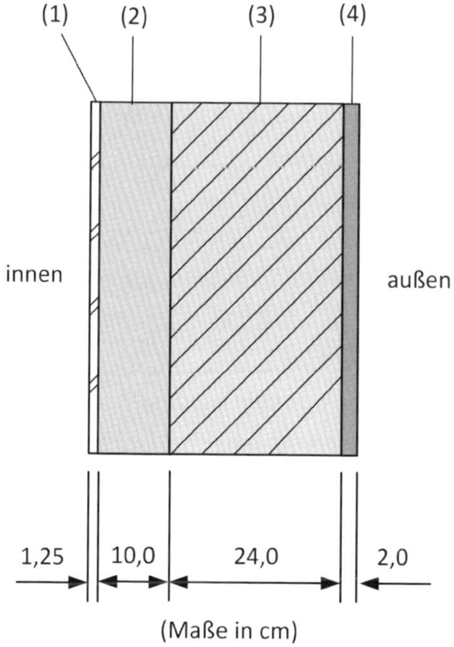

Abb. 4-4: Beispiel 6 – Tauwassermasse und Dimensionierung einer Dampfsperre

Tab. 4.3: Beispiel 6 – Kennwerte der Bauteilschichten

Schicht	d (m)	μ (–)	s_d (m)	λ W/(mK)	R bzw. R_{si}, R_{se} (m²K/W)	q (°C)	p_{sat} (Pa)
Wärmeübergang innen	–	–	–	–	*0,25*	20,0	*2337*
						17,9	*2050*
1	0,0125	4/10	*0,05*	0,25	*0,05*		
						17,5	*1999*
2	0,10	2/4	*0,20*	0,04	*2,500*		
						–3,1	*471*
3	0,24	15/25	*6,00*	1,1	*0,218*		
						–4,9	*405*
4	0,02	15/35	*0,70*	1,0	*0,02*		
						–5,0	*401*
Wärmeübergang außen	–	–	–	–	*0,04*		
						–5,0	*401*

Gesucht:

a) Berechnen bzw. ermitteln Sie folgende Kennwerte (Hinweis: Die gesuchten Kennwerte sind aus Platzgründen in Tab. 4.3 bereits angegeben und dort kursiv gedruckt):

- wasserdampfdiffusionsäquivalente Luftschichtdicke s_d
- Wärmedurchlasswiderstände bzw. Wärmeübergangswiderstände R bzw. R_{si} und R_{se}
- Temperaturen θ
- Sättigungsdampfdrücke p_{sat}

b) Berechnen Sie den Gesamt-Wärmedurchlasswiderstand R_{tot} sowie den Wärmedurchgangskoeffizienten U.

c) Berechnen Sie die Temperaturen auf den Bauteiloberflächen sowie an den Schichtgrenzen.

d) Berechnen Sie die Tauwassermasse M_c (Tauwasserbildung zwischen den Schichten (2) und (3), „Fall b)" n. DIN 4108-3).

e) Ist – in Bezug auf die zuvor berechnete Tauwassermasse – die Verdunstungsmasse zu ermitteln, um eine Aussage über die feuchtetechnische Situation treffen zu können?

f) Welchen μ-Wert müsste eine Dampfsperre aufweisen, damit gerade eben kein Tauwasser ausfällt (d = 0,001 m)?

Lösung:

a) Berechnung der Kennwerte (Tab. 4.3):

Nachfolgend werden exemplarisch für Schicht (1) die gesuchten Kennwerte berechnet.

Wasserdampfdiffusionsäquivalente Luftschichtdicke:

Bei Schichten, für die zwei Diffusionswiderstandszahlen μ angegeben sind, ist derjenige Wert zu verwenden, der zur größeren Tauwassermasse führt. Es gilt folgende Regel:

- Für Schichten, die $s_{d,c}$ bilden, ist der kleinere μ-Wert zu verwenden.
- Für Schichten, die $(s_{d,T} - s_{d,c})$ bilden, ist der größere μ-Wert zu verwenden.

Hier: Schicht (1) bildet $s_{d,c}$, daher ist der kleinere μ-Wert zu verwenden (hier: $\mu = 4$):

$$s_d = \mu \cdot d = 4 \cdot 0{,}0125 = 0{,}05 \text{ m}$$

Wärmedurchlasswiderstand:

$$R_1 = \frac{d_1}{\lambda_1} = \frac{0{,}0125}{0{,}25} = 0{,}05 \text{ m}^2\text{k/W}$$

Temperatur zwischen Schicht (1) und (2):

$$\theta_{1-2} = \theta_{si} - R_1 \cdot q = 17{,}9 - 0{,}05 \cdot 8{,}25 = 17{,}5 \text{ °C}$$

mit:

$q = 8{,}25$ W/m² (siehe Punkt c))

Sättigungsdampfdruck:

Für eine Temperatur von 17,5 °C ergibt sich (Tab. 3.4):

$$p_{sat} = 1999 \text{ Pa}$$

b) Gesamt-Wärmedurchlasswiderstand und Wärmedurchgangskoeffizient:

$$R_{tot} = 0{,}25 + 0{,}05 + 2{,}5 + 0{,}218 + 0{,}02 + 0{,}04 = 3{,}078 \text{ m}^2\text{k/W}$$

$$U = \frac{1}{3{,}078} = 0{,}33 \text{ W/m}^2\text{k}$$

c) Temperaturen:

Wärmestromdichte:

$$q = U \cdot (\theta_i - \theta_e) = 0{,}33 \cdot (20 - (-5)) = 8{,}25 \text{ m}^2\text{k}$$

Temperaturen:

$$\theta_{si} = \theta_i - q \cdot R_{si} = 20 - 8{,}25 \cdot 0{,}25 = 17{,}9 \text{ °C}$$

$$\theta_{1-2} = \theta_{si} - q \cdot R_1 = 17{,}9 - 8{,}25 \cdot 0{,}05 = 17{,}5 \text{ °C}$$

$$\theta_{2-3} = \theta_{1-2} - q \cdot R_2 = 17{,}5 - 8{,}25 \cdot 2{,}5 = -3{,}1 \text{ °C}$$

$$\theta_{3-4} = \theta_{2-3} - q \cdot R_3 = -3{,}1 - 8{,}25 \cdot 0{,}218 = -4{,}9 \text{ °C}$$

$$\theta_{se} = \theta_{3-4} - q \cdot R_4 = -4{,}9 - 8{,}25 \cdot 0{,}02 = -5{,}0 \text{ °C}$$

d) Tauwassermasse:

Es liegt „Fall b)“ (Tauwasser in einer Ebene) vor (Tab. 3.20).

Für die Berechnung der Tauwassermasse werden folgende Eingangswerte benötigt:

p_i = 1168 Pa, p_e = 321 Pa (n. DIN 4108-3, Tab. A.3 bzw. Tab. 3.19)

p_c = 471 Pa (aus Tab. 4.3)

$s_{d,c}$ = 0,25 m (Summe der Schichtdicken (1) und (2))

$s_{d,T}$ = 6,95 m (Summe aller Schichtdicken (1) bis (4))

$t_c = 7776 \cdot 10^3$ s (Dauer der Tauperiode, n. DIN 4108-3, Tab. A.3 bzw. Tab. 3.19)

Tauwassermasse:

$$M_c = g_c \cdot t_c = 2{,}0 \cdot 10^{-10} \cdot \left(\frac{1168 - 471}{0{,}25} - \frac{471 - 321}{6{,}7} \right) \cdot 7776 \cdot 10^3$$

$$= 4{,}3 \text{ kg/m}^2 > 1{,}0 \text{ kg/m}^2$$

e) Verdunstungsmasse:

Die Verdunstungsmasse muss nicht ermittelt werden, da die zulässige Tauwassermasse (1,0 kg/m²) bereits überschritten wird, d.h., die Konstruktion ist feuchtetechnisch nicht zulässig.

f) Dimensionierung und Ort einer Dampfsperre:

Wasserdampfdiffusionsäquivalente Dicke der Dampfsperre:

$$\frac{s_{d,DS} + s_{d,T}}{p_i - p_e} = \frac{s_{d,T} - s_{d,c}}{p_c - p_e}$$

$$s_{d,DS} = \frac{s_{d,T} - s_{d,c}}{p_c - p_e} \cdot (p_i - p_e) - s_{d,T}$$

$$s_{d,DS} = \frac{6{,}95 - 0{,}25}{471 - 321} \cdot (1168 - 321) - 6{,}95 = 30{,}88 \text{ m}$$

Wasserdampfdiffusionswiderstandszahl der Dampfsperre:

$$\mu_{DS} = \frac{s_{d,DS}}{d} = \frac{30{,}88}{0{,}001} = 30.880 \text{ [–]}$$

Der μ-Wert der Dampfsperre muss mindestens 30.880 betragen, damit es gerade eben nicht zur Tauwasserbildung kommt.

gewählt: μ = 50.000

Die Dampfsperre ist von innen aus gesehen vor der Wärmedämmung, d.h. zwischen den Schichten (1) und (2), einzubauen.

4.7 Beispiel 7 – Feuchteschutztechnische Überprüfung einer Außenwand

(Kategorie B)

Für eine Außenwand (gegen Außenluft) sind für die Tauperiode die in Tab. 4.4 aufgeführten Angaben bekannt.

Tab. 4.4: Beispiel 7 – Kennwerte

Schicht	***d*** **(m)**	***μ*** **(-)**	$s_d = \mu \cdot d$ **(m)**	***λ*** **(W/mK)**	R_{si}/R_{se} d/λ **(m²K/W)**	***θ*** **(°C)**	p_{sat} **(Pa)**
						20,0	?
Wärmeübergang innen					0,25		
						?	?
(1)	0,01	10/10	?	0,51	0,020		
						?	?
(2)	0,24	5/10	?	0,45	0,533		
						?	?
(3)	0,10	30/70	?	0,035	2,857		
						?	?
(4)	0,02	1/1	?	–	0,175		
						?	?
(5)	0,115	50/100	?	1,100	0,105		
						?	?
(6)	0,015	15/35	?	0,900	0,017		
						?	?
Wärmeübergang außen					0,04		
						–5,0	?
		$\Sigma s_{d,T} =$	16,345	$\Sigma = R_T =$	3,997	m²K/W	
				$\Rightarrow U = 1/R_T =$	0,25	W/(m²K)	

Gesucht:

a) Berechnen Sie die s_d-Werte. Als tauwassergefährdet gilt die Grenze zwischen den Schichten (4) und (5).

b) Ermitteln Sie die Temperaturen θ auf den Bauteiloberflächen und den Schichtgrenzen sowie die Sättigungsdampfdrücke p_{sat}.

c) Geben Sie die Wasserdampfteildrücke (Partialdrücke) p_i sowie p_e für die Tauperiode an.

Klimabedingungen nach DIN 4108-3 (Tab. 3.19):

- innen: +20 °C und 50 % relative Feuchte
- außen: –5 °C und 80 % relative Feuchte

d) Berechnen Sie die Tauwassermasse M_c. Annahme: $p_c = 437$ Pa.

e) Berechnen Sie die Verdunstungsmasse M_{ev}.

f) Führen Sie den Nachweis und beurteilen Sie die Konstruktion in feuchteschutztechnischer Hinsicht.

g) Wie beurteilen Sie die Innenoberfläche hinsichtlich möglicher Tauwasserbildung? Es ist das Innenraumklima nach Norm (DIN 4108-3) anzunehmen.

Lösung:

a) Berechnung der s_d-Werte:

Als tauwassergefährdet gilt die Grenze zwischen den Schichten (4) und (5). Das bedeutet:

Für die Schichten, die s_{di} bilden, wird der kleinere Wert μ angesetzt. Dies sind in diesem Fall die Schichten (1), (2), (3) und (4). Für Schichten, die $(s_{d,T} - s_{d,i})$ bilden, ist der größere Wert μ anzusetzen. Hiervon sind die Schichten (5) und (6) betroffen. Damit ergeben sich folgende s_d-Werte:

Schicht (1): $s_{d,1} = 10 \cdot 0{,}01 = 0{,}10$ m

Schicht (2): $s_{d,2} = 5 \cdot 0{,}24 = 1{,}20$ m

Schicht (3): $s_{d,3} = 30 \cdot 0{,}10 = 3{,}00$ m

Schicht (4): $s_{d,4} = 1 \cdot 0{,}02 = 0{,}02$ m

Schicht (5): $s_{d,5} = 100 \cdot 0{,}115 = 11{,}50$ m

Schicht (6): $s_{d,6} = 35 \cdot 0{,}015 = 0{,}525$ m

Gesamt:

Summe Schicht (1) bis (6): $s_{d,T} = 16{,}345$ m $= 16{,}35$ m

Summe Schicht (1) bis (4): $s_{d.c} = 4{,}32$ m

Differenz $(s_{d,T} - s_{d,c})$: $s_{d,T} - s_{d,c} = 16{,}35 - 4{,}32 = 12{,}03$ m

b) Temperaturen und Sättigungsdampfdrücke:

Für die Ermittlung der Temperaturen wird die Wärmestromdichte benötigt.

$$q = U \cdot (\theta_i - \theta_e) = 0{,}25 \cdot (20 - (-5)) = 6{,}25 \ \text{W/m}^2$$

Temperaturen:

$$\theta_{si} = \theta_i - q \cdot R_{si} = 20 - 6{,}25 \cdot 0{,}25 = 18{,}4 \ °\text{C}$$

$$\theta_{1-2} = \theta_{si} - q \cdot R_1 = 18{,}4 - 6{,}25 \cdot 0{,}02 = 18{,}3 \ °\text{C}$$

$$\theta_{2-3} = \theta_{1-2} - q \cdot R_2 = 18{,}3 - 6{,}25 \cdot 0{,}533 = 15{,}0 \ °\text{C}$$

$$\theta_{3-4} = \theta_{2-3} - q \cdot R_3 = 15{,}0 - 6{,}25 \cdot 2{,}857 = -2{,}9 \ °\text{C}$$

$$\theta_{4-5} = \theta_{3-4} - q \cdot R_4 = -2{,}9 - 6{,}25 \cdot 0{,}175 = -4{,}0 \ °\text{C}$$

$$\theta_{5-6} = \theta_{4-5} - q \cdot R_5 = -4{,}0 - 6{,}25 \cdot 0{,}105 = -4{,}7 \ °\text{C}$$

$$\theta_{se} = \theta_{5-6} - q \cdot R_6 = -4{,}7 - 6{,}25 \cdot 0{,}017 = -4{,}8 \ °\text{C}$$

Sättigungsdampfdrücke (Tab. 3.4):

$p_{sat,innen}$ (20 °C) = 2337 Pa

$p_{sat,si}$ (18,4 °C) = 2115 Pa

$p_{sat,1-2}$ (18,3 °C) = 2102 Pa

$p_{sat,2-3}$ (15,0 °C) = 1704 Pa

$p_{sat,3-4}$ (–2,9 °C) = 479 Pa

$p_{sat,4-5}$ (–4,0 °C) = 437 Pa

$p_{sat,5-6}$ (–4,7 °C) = 412 Pa

$p_{sat,se}$ (–4,8 °C) = 408 Pa

$p_{sat,außen}$ (–5 °C) = 401 Pa

c) Wasserdampfteildrücke für die Tauperiode:

Die Wasserdampfteildrücke sind für die Klimabedingungen im Regelfall in DIN 4108-3 festgelegt. Es sind folgende Werte anzusetzen (DIN 4108-3, Tab. A.3 bzw. Tab. 3.19):

innen: p_i = 1168 Pa

außen: p_e = 321 Pa

d) Tauwassermasse:

p_c = 437 Pa (siehe Aufgabenstellung)

$$M_c = 2{,}0 \cdot 10^{-10} \cdot \left(\frac{1168 - 437}{4{,}32} - \frac{437 - 321}{12{,}03} \right) \cdot 7776 \cdot 10^3 = 0{,}248 \;\; \text{kg/m}^2$$

e) Verdunstungsmasse:

$p_i = p_e$ = 1200 Pa ; p_c = 1700 Pa

$$M_{ev} = 2{,}0 \cdot 10^{-10} \cdot \left(\frac{1700 - 1200}{4{,}32} + \frac{1700 - 1200}{12{,}03} \right) \cdot 7776 \cdot 10^3 = 0{,}245 \;\; \text{kg/m}^2$$

f) Nachweis:

$$M_c = 0{,}248 \begin{cases} > M_{ev} = 0{,}245 \;\; \text{kg/m}^2 \\ < \text{zul} M_c = 1{,}0 \;\; \text{kg/m}^2 \end{cases}$$

Der Nachweis ist nicht erbracht, da die Tauwassermasse geringfügig größer ist als die Verdunstungsmasse. Die Konstruktion ist feuchtetechnisch **nicht** zulässig.

g) Beurteilung der Innenoberfläche hinsichtlich Tauwasserbildung:

Die Innenoberflächentemperatur beträgt 18,4 °C (siehe Berechnung oben).

Die Taupunkttemperatur für eine Innentemperatur von 20 °C und eine relative Luftfeuchte von 50 % ergibt sich zu 9,3 °C.

Es besteht keine Gefahr der Tauwasserbildung auf der Bauteilinnenoberfläche, da die Innenoberflächentemperatur größer als die Taupunkttemperatur ist (18,4 °C >> 9,3 °C).

4.8 Beispiel 8

(Kategorie B)

Für eine zweischalige Außenwand mit Kerndämmung ohne Luftschicht und einer nachträglich angebrachten Innendämmung ist zu überprüfen, ob die Konstruktion den Anforderungen nach DIN 4108-3 entspricht.

Randbedingungen und Hinweise:

- Aufbau von innen nach außen (Abb. 4-5):
  (1) Gipskartonplatten (n. DIN 18180), ρ = 900 kg/m^3, d = 1,25 cm, λ = 0,25 W/(mK), μ = 4
  (2) Wärmedämmung aus Mineralfaser, d = 4,0 cm, λ = 0,040 W/(mK), μ = 1
  (3) Mauerwerk aus Vollziegel, ρ = 1800 kg/m^3, d = 17,5 cm, λ = 0,81 W/(mK), μ = 10
  (4) Wärmedämmung aus EPS, d = 10,0 cm, λ = 0,035 W/(mK), μ = 150
  (5) Verblendziegel, d = 11,5 cm, λ = 0,81 W/(mK), μ = 100
- Klimabedingungen nach DIN 4108-3

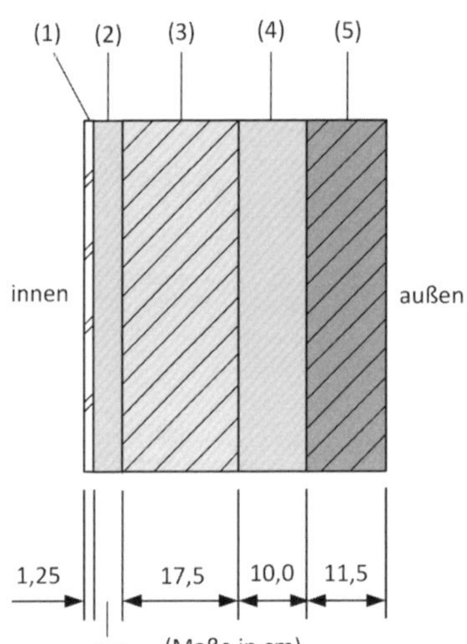

Abb. 4-5: Beispiel 8 – Zweischalige Außenwand mit nachträglich angebrachter Innendämmung

Lösung:

Die benötigten Kennwerte werden tabellarisch ermittelt (Tab. 4.5).

Tab. 4.5: Beispiel 8 – Kennwerte

Schicht	d (m)	μ (-)	$s_d = \mu \cdot d$ (m)	λ (W/mK)	R_{si}/R_{se} d/λ (m²K/W)	θ (°C)	p_{sat} (Pa)
Wärmeübergang innen	–	–	–	–	0,25	20,0	2337
						18,6	2142
(1)	0,0125	4	0,05	0,25	0,050		
						18,3	2102
(2)	0,04	1	0,04	0,040	1,000		
						12,8	1477
(3)	0,175	10	1,75	0,81	0,216		
						11,6	1365
(4)	0,10	150	15,0	0,035	2,857		
						–4,1	433
(5)	0,115	100	11,5	0,81	0,142		
						–4,9	405
Wärmeübergang außen	–	–	–	–	0,04		
						–5,0	401
		$\Sigma\, s_{d,T}$ =	28,34	$\Sigma = R_T$ =	4,555	m²K/W	
				$\Rightarrow U = 1/R_T$ =	0,22	W/(m²K)	

Wärmestromdichte:

$$q = U \cdot (\theta_i - \theta_e) = 0{,}22 \cdot (20 - (-5)) = 5{,}5 \ \text{W/m}^2$$

Temperaturen:

$$\theta_{si} = \theta_i - q \cdot R_{si} = 20 - 5{,}5 \cdot 0{,}25 = 18{,}6 \ °\text{C}$$

$$\theta_{1-2} = \theta_{si} - q \cdot R_1 = 18{,}6 - 5{,}5 \cdot 0{,}050 = 18{,}3 \ °\text{C}$$

$$\theta_{2-3} = \theta_{1-2} - q \cdot R_2 = 18{,}3 - 5{,}5 \cdot 1{,}000 = 12{,}8 \ °\text{C}$$

$$\theta_{3-4} = \theta_{2-3} - q \cdot R_3 = 12{,}8 - 5{,}5 \cdot 0{,}216 = 11{,}6 \ °\text{C}$$

$$\theta_{4-5} = \theta_{3-4} - q \cdot R_4 = 11{,}6 - 5{,}5 \cdot 2{,}857 = -4{,}1 \ °\text{C}$$

$$\theta_{se} = \theta_{4-5} - q \cdot R_5 = -4{,}1 - 5{,}5 \cdot 0{,}142 = -4{,}9 \ °\text{C}$$

Sättigungsdampfdrücke:

Die Sättigungsdampfdrücke werden tabellarisch für die zuvor berechneten Temperaturen ermittelt (siehe Tab. 3.4) und sind in Tab. 4.5 angegeben.

Diffusionsdiagramm für die Tauperiode (Abb. 4-6):

In das Diffusionsdiagramm für die Tauperiode (Glaserdiagramm) werden die wasserdampfdiffusionsäquivalenten Luftschichtdicken der einzelnen Schichten eingetragen (Abzisse). Auf der Ordinate werden die Sättigungsdampfdrücke an den Schichtgrenzen eingezeichnet. Anschließend wird der Wasserdampfteildruck innen (p_i = 1168 Pa) und außen (p_e = 321 Pa) eingetragen.

Aus dem Diffusionsdiagramm für die Tauperiode ergibt sich, dass sich Tauwasser zwischen den Schichten (4) und (5) bildet. Es liegt „Fall b)" nach DIN 4108-3 vor (Tauwasser in einer Ebene).

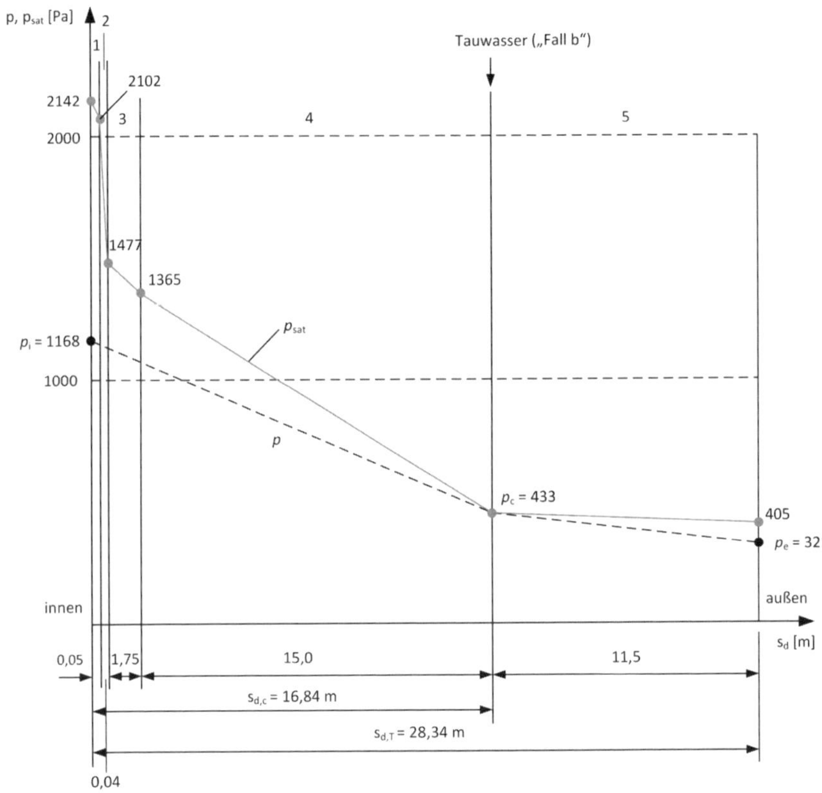

Abb. 4-6: Beispiel 8 – Diffusionsdiagramm (Glaserdiagramm) für die Tauperiode

Berechnung der Tauwassermasse und der Verdunstungsmasse:

Tauwassermasse:

$s_{d,c}$ = 0,05 +0,04 + 1,75 + 15,0 = 16,84 m

$s_{d,T}$ = 28,34 m

p_i = 1168 Pa

p_e = 321 Pa

p_c = 433 Pa

$$M_c = 2{,}0 \cdot 10^{-10} \cdot \left(\frac{1168 - 433}{16{,}84} - \frac{433 - 321}{28{,}34 - 16{,}84} \right) \cdot 7776 \cdot 10^3 = 0{,}052 \ \text{kg/m}^2$$

Verdunstungsmasse:

$p_i = 1200$ Pa

$p_e = 1200$ Pa

$p_c = 1700$ Pa

$$M_{ev} = 2{,}0 \cdot 10^{-10} \cdot \left(\frac{1700 - 1200}{16{,}84} + \frac{1700 - 1200}{28{,}34 - 16{,}84} \right) \cdot 7776 \cdot 10^3 = 0{,}114 \ \text{kg/m}^2$$

Diffusionsdiagramm für die Verdunstungsperiode siehe Abb. 4-7.

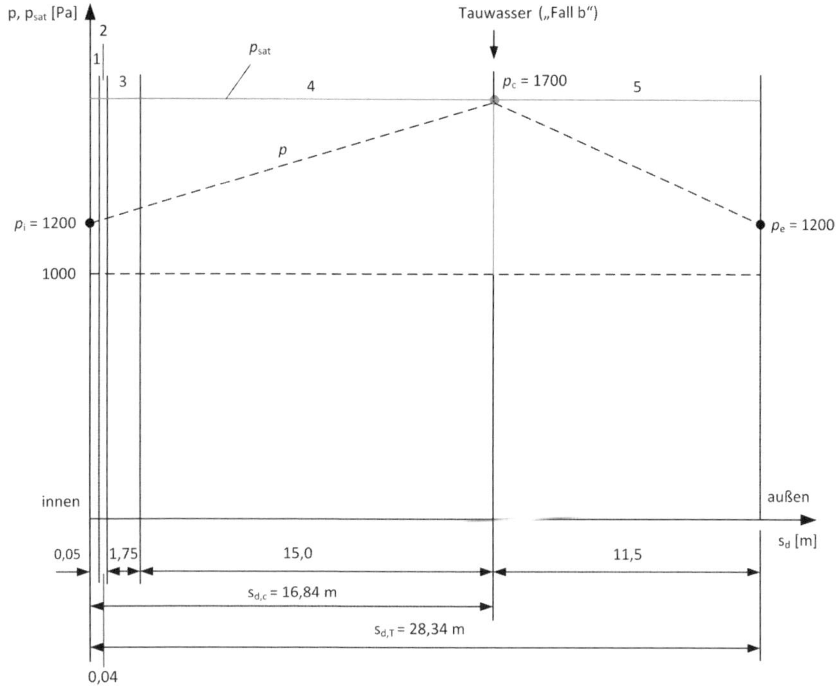

Abb. 4-7: Beispiel 8 – Diffusionsdiagramm für die Verdunstungsperiode

Nachweis:

$$M_c = 0{,}052 \begin{cases} < M_{ev} = 0{,}114 \ \text{kg/m}^2 \\ < \text{zul.}M_c = 0{,}5 \ \text{kg/m}^2 \end{cases}$$

Der Nachweis ist erfüllt; die Konstruktion ist feuchtetechnisch zulässig, da die Tauwassermasse kleiner ist als die Verdunstungsmasse und die zulässige Tauwassermasse. Hinweis: Die zulässige Tauwassermasse beträgt hier 0,5 kg/m^2, da die Tauwasserebene an eine Schicht mit einer geringen kapillaren Wasseraufnahmefähigkeit grenzt (Schicht Nr. (4) Dämmstoff aus EPS).

4.9 Beispiel 9 – Beurteilung einer ungedämmten Außenwand aus Stahlbeton-Fertigteilen

(Kategorie A)

Gegeben ist eine ungedämmte Wand aus Stahlbeton-Fertigteilen eines Bestandsgebäudes (Abb. 4-8).

Aufbau (von innen nach außen):

(1) Gipsputz, d = 1,0 cm, λ = 0,51 W/(mK)

(2) Stahlbeton-Fertigteil, d = 20 cm, λ = 2,3 W/(mK)

(3) Kalkzementputz, d = 1,5 cm, λ = 1,00 W/(mK)

Klimabedingungen:

Abweichend von DIN 4108-3 sollen folgende Klimabedingungen angesetzt werden:

- Raumlufttemperatur: θ_i = +20 °C, relative Luftfeuchte 65 %
- Außenlufttemperatur: θ_e = –10 °C

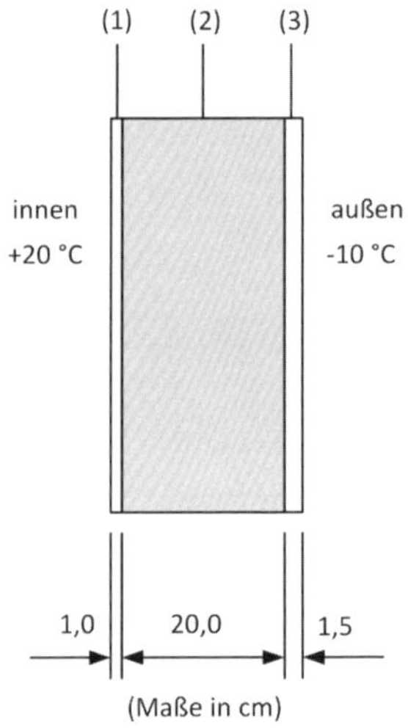

Abb. 4-8: Beispiel 9 – Querschnitt einer Außenwand aus Stahlbeton-Fertigteilen

Gesucht:

a) Kommt es auf der Bauteil-Innenoberfläche bei den angegebenen Klimabedingungen zur Tauwasserbildung?

b) Sofern Tauwasserbildung auf der Innenoberfläche auftritt, ist die erforderliche Dicke einer Dämmschicht zu ermitteln (λ = 0,040 W/(mK)), damit Tauwasser vermieden wird. Die Dämmschichtdicke ist auf übliche Werte aufzurunden.

c) Welche Innenoberflächentemperatur darf nicht unterschritten werden, damit auch Schimmelpilzwachstum auf der Innenoberfläche vermieden wird?

Hinweis: Es ist nur der Regelbereich der Wand zu betrachten. Wärmebrücken sollen hier nicht berücksichtigt werden.

Lösung:

a) Überprüfung, ob sich Tauwasser auf der Bauteil-Innenoberfläche bildet:

Taupunkttemperatur bei einer Lufttemperatur von 20 °C und einer relativen Luftfeuchte von 65 %:

Berechnung nach Tab. 3.5:

$p_{sat}(20\ °C) = 2337\ Pa > 610{,}5\ Pa$, d.h., es gilt Gl. (1) in Tab. 3.5:

$$\theta_s = \frac{237{,}3 \cdot \ln\left(\frac{\phi \cdot p_{sat}}{610{,}5}\right)}{17{,}269 - \ln\left(\frac{\phi \cdot p_{sat}}{610{,}5}\right)} = \frac{237{,}3 \cdot \ln\left(\frac{0{,}65 \cdot 2337}{610{,}5}\right)}{17{,}269 - \ln\left(\frac{0{,}65 \cdot 2337}{610{,}5}\right)} = 13{,}22\ °C$$

Ermittlung mithilfe der Tab. 3.6:

$\theta_s = 13{,}2\ °C$

Für die Überprüfung, ob sich Tauwasser auf der Bauteil-Innenoberfläche bildet, ist die Innenoberflächentemperatur zu berechnen. Hierfür werden der Wärmedurchgangskoeffizient sowie die Wärmestromdichte der Wand benötigt.

Gesamt-Wärmedurchlasswiderstand, Wärmedurchgangskoeffizient:

Die Berechnung erfolgt tabellarisch (Tab. 4.6).

Tab. 4.6: Beispiel 9 – Berechnung der Wärmedurchlasswiderstände und des Wärmedurchgangskoeffizienten

Schicht-Nr.	**Dicke d** **m**	**Wärmeleitfähigkeit λ** **W/(m²K)**	**Wärmeübergangswiderstände Wärmedurchlasswiderstand R_{si} bzw. R_{se} R** **m²K/W**
Wärmeübergang innen	–	–	0,25
1	0,01	0,51	0,020
2	0,20	2,3	0,087
3	0,015	1,0	0,015
Wärmeübergang außen	–	–	0,04
		R_{tot} =	0,412 m²K/W
		$U = 1 / R_{tot}$ =	2,43 W/(m²K)

Wärmestromdichte:

$$q = U \cdot (\theta_i - \theta_e) = 2{,}43 \cdot (20 - (-10)) = 72{,}9\ \ W/m^2$$

Innenoberflächentemperatur:

$$\theta_{si} = \theta_i - q \cdot R_{si} = 20 - 72{,}9 \cdot 0{,}25 = 1{,}8\ °C$$

Überprüfung:

$$\theta_{si} = 1{,}8\ °C \ll \theta_s = 13{,}2\ °C$$

Auf der Wand-Innenoberfläche kommt es zur Tauwasserbildung, da die raumseitige Oberflächentemperatur deutlich geringer als die Taupunkttemperatur ist.

b) Mindestdicke einer Dämmschicht, um Tauwasserbildung zu verhindern:

Tauwasserbildung wird verhindert, wenn die Innenoberflächentemperatur mindestens der Taupunkttemperatur entspricht bzw. höher ist:

$$\theta_{si} \geq \theta_s = 13{,}2\ °C$$

Der zugehörige Mindestwert des Wärmedurchlasswiderstands ergibt sich aus Tab. 3.15:

$$f_{Rsi,min} = \frac{\theta_{si,min} - \theta_e}{\theta_i - \theta_e} = \frac{13{,}2 - (-10)}{20 - (-10)} = 0{,}773$$

$$R_{min} = \frac{R_{si}}{1 - f_{Rsi,min}} - (R_{si} + R_{se}) = \frac{0{,}25}{1 - 0{,}773} - (0{,}25 + 0{,}04) = 0{,}811\ m^2k/W$$

Die erforderliche Dämmschichtdicke ergibt sich aus folgender Bedingung:

$$\frac{d_{WD}}{\lambda_{WD}} + R_{tot,vorh} = R_{min} + R_{si} + R_{se}$$

$$d_{WD} = (R_{min} + R_{si} + R_{se} - R_{tot,vorh}) \cdot \lambda_{WD}$$
$$= (0{,}811 + 0{,}25 + 0{,}04 - 0{,}412) \cdot 0{,}040 = 0{,}028\ m \equiv 2{,}8\ cm$$

gewählt: $d_{WD} = 4$ cm

Kontrolle:

$$R_{tot,neu} = R_{tot,vorh} + \frac{d_{WD}}{\lambda_{WD}} = 0{,}412 + \frac{0{,}04}{0{,}040} = 1{,}412\ m^2k/W$$

$$U = \frac{1}{1{,}412} = 0{,}71\ W/m^2k$$

$$q = U \cdot (\theta_i - \theta_e) = 0{,}71 \cdot (20 - (-10)) = 21{,}3\ W/m^2$$

$$\theta_{si} = \theta_i - q \cdot R_{si} = 20 - 21{,}3 \cdot 0{,}25 = 14{,}7\ °C > \theta_s = 13{,}2\ °C$$

c) Kriterium zur Vermeidung von Schimmelpilzwachstum:

Kritische Luftfeuchte, um Schimmelpilzwachstum zu vermeiden:

$$\phi_{si,cr} = 0{,}8$$

Mindestwert der Innenoberflächentemperatur (Tab. 3.14):

$$p_{sat,si} = p_{sat}\left(\theta_{si,min}\right) = \frac{p_i}{\phi_{si,cr}} = \frac{\phi_i}{\phi_{si,cr}} \cdot p_{sat}\left(\theta_i\right) = \frac{0{,}65}{0{,}80} \cdot 2337 = 1899 \text{ Pa}$$

Alternative Berechnung (Tab. 3.7):

$$\theta_{si,min} = \left(1{,}25 \cdot \phi\right)^{1/8{,}02} \cdot \left(109{,}8 + \theta\right) - 109{,}8$$
$$= \left(1{,}25 \cdot 0{,}65\right)^{1/8{,}02} \cdot \left(109{,}8 + 20\right) - 109{,}8 = 16{,}7 \text{ °C}$$

$$\theta_{si,min} = \frac{237{,}3 \cdot \ln\left(\frac{p_{sat,si}}{610{,}5}\right)}{17{,}269 - \ln\left(\frac{p_{sat,si}}{610{,}5}\right)} = \frac{237{,}3 \cdot \ln\left(\frac{1899}{610{,}5}\right)}{17{,}269 - \ln\left(\frac{1899}{610{,}5}\right)} = 16{,}7 \text{ °C}$$

Damit Schimmelpilzwachstum auf der Innenoberfläche ausgeschlossen wird, muss die raumseitige Oberflächentemperatur mindestens 16,7 °C betragen.

4.10 Beispiel 10 – Überprüfung eines Flachdachs mit Innendämmung hinsichtlich Tauwasserbildung

(Kategorie B)

Ein Flachdach eines Bestandsgebäudes mit einer nachträglich angebrachten raumseitigen Wärmedämmung soll hinsichtlich Tauwasserbildung im Bauteilinneren mithilfe des Periodenbilanzverfahrens untersucht werden (Abb. 4-9).

Aufbau (von innen nach außen):

(1) Gipskartonplatten, d = 1,25 cm, λ = 0,21 W/(mK), μ = 4 bis 10

(2) Dämmschicht aus Mineralwolle, d = 3 cm, λ = 0,040 W/(mK), μ = 1

(3) Stahlbetondecke, d = 20 cm, λ = 2,30 W/(mK), μ = 80 bis 130

(4) Abdichtung aus Bitumenbahnen (zweilagig), d = 1,0 cm je Lage, λ = 0,17 W/(mK), μ = 20.000

Gesucht:

Es ist zu überprüfen, ob sich Tauwasser in der Dachkonstruktion bildet. Der Ort der Tauwasserbildung ist anzugeben. Außerdem sind Tauwasser- und Verdunstungsmasse zu berechnen.

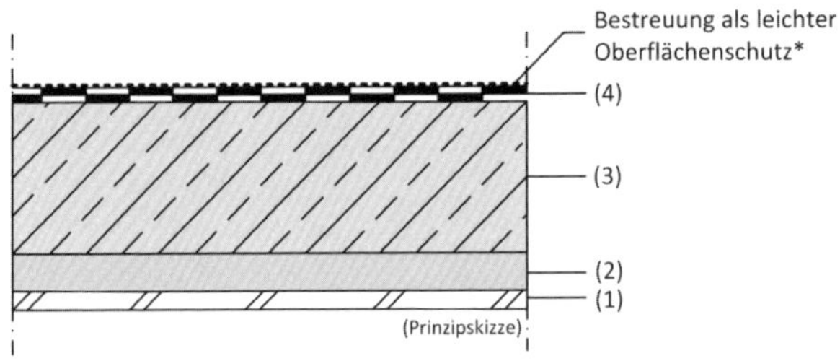

*: Die Bestreuung wird bei der Berechnung nicht angesetzt

Abb. 4-9: Beispiel 10 – Überprüfung eines Flachdachs mit Innendämmung hinsichtlich Tauwasserbildung

Anmerkung:

Im Rahmen dieses Beispiels sollen die Anforderungen des Gebäudeenergiegesetzes (GEG) an den Höchstwert des Wärmedurchgangskoeffizienten für bestehende Gebäude keine Rolle spielen.

Lösung:

Die für das Diffusionsdiagramm der Tauperiode (Glaserdiagramm) benötigten Werte werden tabellarisch berechnet (Tab. 4.7). Aus dem Glaserdiagramm der Tauperiode (Abb. 4-10) folgt, dass Tauwasser in Schicht 3 auftritt, d.h., es handelt sich um „Fall d)" (Tauwasser in einem Bereich).

Tab. 4.7: Beispiel 10 – Berechnung der wärme- und feuchteschutztechnischen Kennwerte

Schicht	***d*** (m)	***μ*** (–)	$s_d = \mu \cdot d$ (m)	***λ*** (W/mK)	R_{si}/R_{se} d/λ (m²K/W)	***θ*** (°C)	p_{sat} (Pa)
Wärmeübergang innen	–	–	–	–	0,25*	20,0* 15,2	2337* 1726
(1) Gipskartonplatten	0,0125	**4**/10	0,05	0,21	0,060	14,0	1598
(2) Mineralwolle	0,034	1	0,03	0,040	0,75	–0,4	598
(3) Stahlbeatondecke	0,20	**80**/130	26,0	2,30	0,087	–2,1	513
(4) Abdichtung	0,02	20.000	400	0,17	0,118	–4,4	422
Wärmeübergang außen	–	–	–	–	0,04*	–5,0*	401*
		$\Sigma\ s_{d,T}$ =	426,08	$\Sigma = R_T$ =	1,305	m²K/W	
				$\Rightarrow U = 1/R_T$ =	0,77	W/(m²K)	
*) Regelfall (Normklima n. DIN 4108-3)							

Berechnung der Temperaturen:

Wärmestromdichte: $q = U \cdot (\theta_i - \theta_e) = 0{,}77 \cdot (20 - (-5)) = 19{,}25\ \mathrm{W/m^2}$

Temperaturen:

$$\theta_{si} = \theta_i - R_{si} \cdot q = 20 - 0{,}25 \cdot 19{,}25 = 15{,}2\ °C$$

$$\theta_{1\text{-}2} = \theta_{si} - R_1 \cdot q = 15{,}2 - 0{,}060 \cdot 19{,}25 = 14{,}0\ °C$$

$$\theta_{2\text{-}3} = \theta_{1\text{-}2} - R_2 \cdot q = 14{,}0 - 0{,}750 \cdot 19{,}25 = -0{,}4\ °C$$

$$\theta_{3\text{-}4} = \theta_{2\text{-}3} - R_3 \cdot q = -0{,}4 - 0{,}087 \cdot 19{,}25 = -2{,}1\ °C$$

$$\theta_{se} = \theta_{3\text{-}4} - R_4 \cdot q = -2{,}1 - 0{,}118 \cdot 19{,}25 = -4{,}4\ °C$$

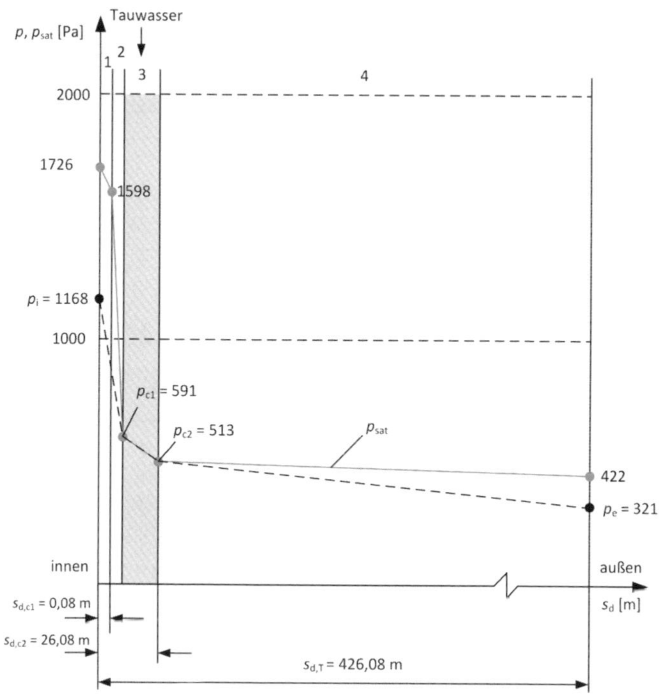

Abb. 4-10: Beispiel 10 – Diffusionsdiagramm (Glaserdiagramm) für die Tauperiode

Berechnung der Tauwassermasse und der Verdunstungsmasse (Tab. 3.22):

Tauwasser bildet sich in einem Bereich (Schicht 3), d.h., es liegt „Fall d)“ nach DIN 4108-3 vor.

Tauwasserrate:

$$g_c = \delta_0 \cdot \left(\frac{p_i - p_{c1}}{s_{d,c1}} - \frac{p_{c2} - p_e}{s_{d,T} - s_{d,c2}} \right)$$

$$= 2{,}0 \cdot 10^{-10} \cdot \left(\frac{1168 - 591}{0{,}08} - \frac{513 - 321}{426{,}08 - 26{,}08} \right)$$

$$= 1{,}44 \cdot 10^{-6}\ \mathrm{kg/m^2s}$$

Tauwassermasse:

$$M_c = g_c \cdot t_c = 1{,}44 \cdot 10^{-6} \cdot 7776 \cdot 10^3 = 11{,}22 \;\; \text{kg/m}^2$$

Verdunstungsrate:

$$g_{ev} = \delta_0 \cdot \left(\frac{p_c - p_i}{s_{d,cm}} + \frac{p_c - p_e}{s_{d,T} - s_{d,cm}} \right)$$

$$= 2 \cdot 10^{-10} \cdot \left(\frac{2000 - 1200}{13{,}08} + \frac{2000 - 1200}{426{,}08 - 13{,}08} \right)$$

$$= 1{,}26 \cdot 10^{-8} \;\; \text{kg/m}^2\text{s}$$

mit:

$$s_{d,cm} = s_{d,c1} + 0{,}5 \cdot (s_{d,c2} - s_{d,c1}) = 0{,}08 + 0{,}5 \cdot (26{,}08 - 0{,}08) = 13{,}08 \text{ m}$$

$p_c = 2000$ Pa (für Dächer n. Tab. 3.19)

Verdunstungsmasse:

$$M_{ev} = g_{ev} \cdot t_{ev} = 1{,}26 \cdot 10^{-8} \cdot 7776 \cdot 10^3 = 0{,}098 \;\; \text{kg/m}^2$$

Nachweis:

$$M_c = 11{,}22 \text{ kg/m}^2 > \text{zul.} M_c = 0{,}5 \text{ kg/m}^2$$

und

$$> M_{ev} = 0{,}098 \text{ kg/m}^2$$

Die zulässige Tauwassermasse von 0,5 kg/m² ist deutlich überschritten. In diesem Fall wird der reduzierte zulässige Wert in Höhe von 0,5 kg/m² angesetzt, da das Tauwasser im Bereich der Stahlbetondecke auftritt. Stahlbeton gehört zu den nicht kapillar wasseraufnahmefähigen Baustoffen.

Außerdem ist die Tauwassermasse größer als die Verdunstungsmasse ($M_c = 11{,}22 >> M_{ev} = 0{,}098$ kg/m²). Das bedeutet, dass die Konstruktion feuchtetechnisch nicht zulässig ist.

Maßnahme:

Durch Anordnung einer Dampfsperre vor der Wärmedämmung (auf der warmen Seite) kann Tauwasserbildung vermieden werden.

Die erforderliche wasserdampfdiffusionsäquivalente Luftschichtdicke der Dampfsperre $s_{d,DS}$ wird mittels des folgenden Ansatzes berechnet:

$$\frac{p_i - p_e}{s_{d,T} + s_{d,DS}} = \frac{p_{c2} - p_e}{s_{d,T} - s_{d,c2}}$$

$$\Rightarrow s_{d/DS} = \frac{p_i - p_e}{p_{c2} - p_e} \cdot (s_{d,T} - s_{d,c2}) - s_{d,T}$$

$$= \frac{1168 - 321}{513 - 321} \cdot (426{,}08 - 26{,}08) - 426{,}08 = 1338{,}5 \text{ m}$$

Die wasserdampfdiffusionsäquivalente Luftschichtdicke der Dampfsperre muss mindestens 1338,5 m betragen, damit es nicht zur Tauwasserbildung kommt.

5 Aufgaben zum Selbststudium

5.1 Aufgabe 1 – Berechnung verschiedener feuchteschutztechnischer Kenngrößen

(Kategorie A)

a) Es sind der Sättigungsdampfdruck sowie der Wasserdampfteildruck für folgende Klimabedingungen zu ermitteln:

Lufttemperatur 15,6 °C, relative Luftfeuchte 50 %.

Sättigungsdampfdruck:

aus Tab. 3.4: $p_{sat} = 1771$ Pa

Alternativ Berechnung nach Tab. 3.3: $p_{sat} = 1771{,}4$ Pa

Wasserdampfteildruck:

$p = 0{,}5 \cdot 1771 = 886$ Pa

b) Taupunkttemperatur für 22 °C und eine relative Luftfeuchte von 70 %:

aus Tab. 3.6: $\theta_s = 16{,}3$ °C.

Alternativ Berechnung nach Tab. 3.5:

$$\theta_s = \frac{237{,}3 \cdot \ln\left(\frac{\phi \cdot p_{sat}}{610{,}5}\right)}{17{,}269 - \ln\left(\frac{\phi \cdot p_{sat}}{610{,}5}\right)} = \frac{237{,}3 \cdot \ln\left(\frac{0{,}7 \cdot 2642}{610{,}5}\right)}{17{,}269 - \ln\left(\frac{0{,}7 \cdot 2742}{610{,}5}\right)} = 16{,}3\ °\mathrm{C}$$

mit: $p_{sat,22\,°C} = 2642$ Pa (Tab. 3.4)

c) Wasserdampfdiffusionsäquivalente Luftschichtdicke für ein Bauteil mit folgendem Aufbau:

1. $d = 1{,}0$ cm, $\mu = 4$
2. $d = 24{,}0$ cm, $\mu = 15$
3. $d = 14$ cm, $\mu = 80$
4. $d = 11{,}5$ cm, $\mu = 50$

$s_d = 20{,}59$ m

Das Bauteil wird als diffusionshemmend eingestuft, da 10 m < $s_d = 20{,}59$ m < 100 m.

d) Wasserdampf-Diffusionsdurchlasswiderstand Z_p für das Bauteil in Punkt c):

Nach Tab. 3.12 ergibt sich: $Z_p = 5 \cdot 10^9 \cdot \sum s_d = 102{,}59 \cdot 10^9$ m² s Pa/kg.

e) Wasserdampf-Diffusionsstromdichte g für das Bauteil aus Punkt c) für folgende Randbedingungen:

- $p_i = 1168$ Pa
- $p_e = 321$ Pa

Nach Tab. 3.13 ergibt sich: $g = (p_i - p_e) / Z_p = 8{,}26 \cdot 10^{-9}$ kg/(m²s).

f) Wasserdampf-Diffusionsstrom für das Bauteil aus Punkt c) für einen Zeitraum von 90 Tagen:

$$M = g \cdot t = 8{,}26 \cdot 10^{-9} \cdot 90 \cdot 24 \cdot 60 \cdot 60 = 0{,}064 \text{ kg/m}^2$$

5.2 Aufgabe 2 – Überprüfung einer Außenwand hinsichtlich Tauwasserbildung und Schimmelpilzwachstum

(Kategorie B)

Bei einer Außenwand eines Bestandsgebäudes ist zu überprüfen, ob sich auf der Innenoberfläche

a) Tauwasser bildet oder

b) Schimmelpilzwachstum zu erwarten ist.

Aufbau der Wand (von innen nach außen) (Abb. 5-1):

1. Gipsputz, $d = 1{,}0$ cm, $\lambda = 0{,}34$ W/(mK), $\mu = 4/10$
2. Mauerwerk aus Hochlochziegeln, $\rho = 1400$ kg/m³, $d = 17{,}5$ cm, $\lambda = 0{,}58$ W/(mK), $\mu = 5/10$
3. Mörtelfuge aus Zementmörtel, $d = 2{,}0$ cm, $\lambda = 1{,}6$ W/(mK), $\mu = 15/35$
4. Verblendmauerwerk aus Vollklinkern, $\rho = 1800$ kg/m³, $d = 11{,}5$ cm, $\lambda = 0{,}81$ W/(mK), $\mu = 50/100$

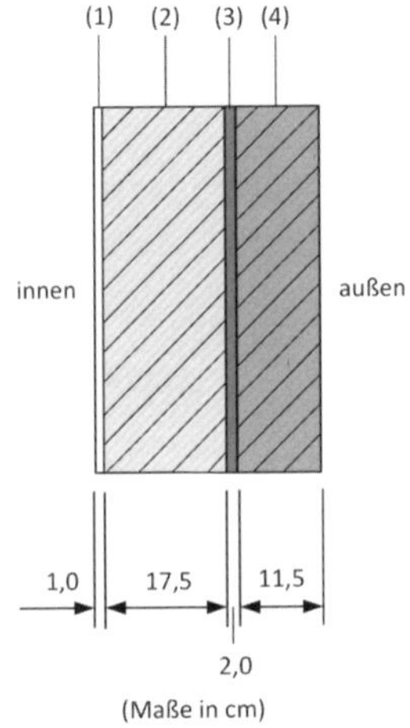

Abb. 5-1: Aufgabe 2 – Aufbau der Außenwand eines Bestandsgebäudes

Randbedingungen:

- Es gelten die Klimabedingungen nach DIN 4108-3.
- Wärmeübergangswiderstände nach DIN 4108-3.

Lösung:

- Gesamt-Wärmedurchlasswiderstand: $R_{tot} = 0{,}775\ m^2K/W$
- Wärmedurchgangskoeffizient: $U = 1{,}29\ W/(m^2K)$
- Wärmestromdichte: $q = 32{,}25\ W/m^2$
- Innenoberflächentemperatur: $\theta_{si} = 11{,}9\ °C$

a) Überprüfung, ob Tauwasserbildung auf der Innenoberfläche auftritt:

Taupunkttemperatur für 20 °C und 50 % relative Luftfeuchte (Tab. 3.6): $\theta_s = 9{,}3\ °C$:

$\theta_{si} = 11{,}9\ °C > \theta_s = 9{,}3\ °C$

Es tritt kein Tauwasser auf.

b) Überprüfung, ob das Risiko des Schimmelpilzwachstums zu befürchten ist:

Schimmelpilzgrenztemperatur für 20 °C und 50 % relative Luftfeuchte (Tab. 3.7): $\theta_s = 12{,}6\ °C$:

$\theta_{si} = 11{,}9\ °C < \theta_{s,min} = 12{,}6\ °C$

Es ist Schimmelpilzwachstum auf der Wand-Innenoberfläche zu erwarten, da die Schimmelpilzgrenztemperatur deutlich unterschritten wird.

5.3 Aufgabe 3 – Außenwand mit Innendämmung

(Kategorie B)

Die Außenwand aus Aufgabe 2 soll energetisch verbessert werden. Dazu wird auf der Innenseite eine Wärmedämmung angeordnet, die mit einer Bekleidung aus OSB-Platten und Gipskartonplatten versehen wird. Damit ergibt sich folgender Wandaufbau (Abb. 5-2):

Hinzugefügte Schichten (von innen nach außen):

A) Gipskartonplatten, $d = 1{,}25$ cm, $\lambda = 0{,}25\ W/(mK)$, $\mu = 4/10$

B) OSB-Platten, $\rho = 650\ kg/m^3$, $d = 2{,}2$ cm, $\lambda = 0{,}13\ W/(mK)$, $\mu = 50$

C) Mineralwolle mit Lattung, $d = 6{,}0$ cm, $\lambda = 0{,}035\ W/(mK)$, $\mu = 1$

Vorhandener Wandaufbau (Schichten Nr. 1 bis 4) siehe Aufgabe 2.

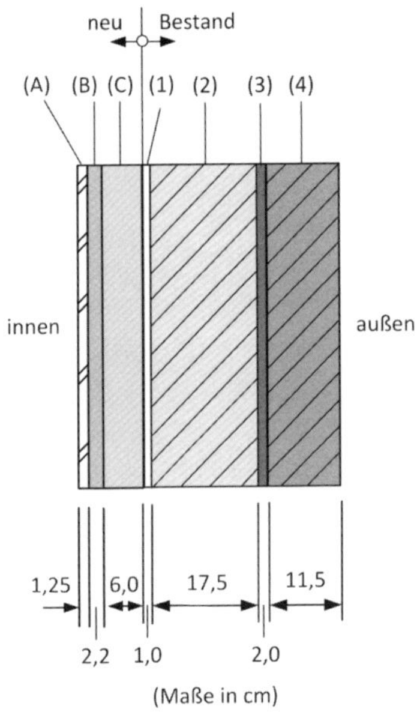

Abb. 5-2: Aufgabe 3 – Außenwand mit Innendämmung

Randbedingungen:

- Es gelten die Klimabedingungen nach DIN 4108-3.
- Wärmeübergangswiderstände nach DIN 4108-3.

Gesucht:

a) Innenoberflächentemperaturen, Schichtgrenztemperaturen und zugehörige Sättigungsdampfdrücke.

b) Überprüfung, ob Tauwasser oder Schimmelpilzwachstum auf der Innenoberfläche auftritt.

c) Überprüfung des Wandquerschnitts auf Tauwasserbildung im Bauteilinneren mithilfe des Periodenbilanzverfahrens nach DIN 4108-3.

d) Sofern die Überprüfung in Punkt c) ergibt, dass mit einer schädlichen Tauwasserbildung zu rechnen ist, ist eine diffusionshemmende Schicht (μ = 50.000) so zu dimensionieren (Schichtdicke), dass Tauwasserbildung gerade eben verhindert wird.

Lösung:

a) Temperaturen und Sättigungsdampfdrücke:

- Gesamt-Wärmedurchlasswiderstand: R_{tot} = 2,662 m^{2}K/W
- Wärmedurchgangskoeffizient: U = 0,38 W/(m^{2}K)
- Wärmestromdichte: q = 9,5 W/m^2

Temperaturen und Sättigungsdampfdrücke:

Schichtgrenze	**Temperaturen θ °C**	**Sättigungsdampfdrücke p_{sat} Pa**
Oberfläche innen	$\theta_{si} = 17{,}6$	2012
A–B	17,1	1949
B–C	15,5	1760
C–1	–0,3	596
1–2	–0,6	581
2–3	–3,5	456
3–4	–3,6	452
Oberfläche außen	$\theta_{se} = -4{,}9$	405

b) Kein Tauwasser auf der Wand-Innenoberfläche, da $\theta_{si} = 17{,}6$ °C >> 9,3 °C (Taupunkttemperatur für 20 °C und 50 % relative Luftfeuchte).

Keine Gefahr des Schimmelpilzwachstums, da $\theta_{si} = 17{,}6$ °C >> 12,6 °C (Schimmelpilzgrenztemperatur).

c) Tauwasser im Bauteilinneren:

Es liegt „Fall c)" vor (Tauwasser in zwei Ebenen).

Tauwasserebene 1 befindet sich zwischen den Schichten C und 1 (hinter der Wärmedämmung):

$p_{c1} = 596$ Pa, $s_{d,c1} = 1{,}21$ m, $M_{c1} = 0{,}62$ kg/m^2

Tauwasserebene 2 befindet sich zwischen den Schichten 2 und 3:

$p_{c2} = 456$ Pa, $s_{d,c2} = 3{,}06$ m, $M_{c2} = 0{,}10$ kg/m^2

Tauwassermasse:

$M_c = 0{,}62 + 0{,}10 = 0{,}72$ kg/m^2 > zul. $M_c = 0{,}5$ kg/m^2

Die zulässige Tauwassermasse wird überschritten, d.h., die Wandkonstruktion ist in feuchtetechnischer Hinsicht nicht zulässig. Als zulässige Tauwassermasse werden hier 0,5 kg/m^2 angesetzt, da die Tauwasserebene 1 an eine nicht kapillar wasseraufnahmefähige Schicht (Mineralwolle) grenzt (Schicht C).

d) Dimensionierung einer diffusionshemmenden Schicht:

$s_{d/DS} = 61{,}3$ m

Für $\mu = 50.000$ ergibt sich eine Schichtdicke von $d_{DS} = 1{,}2$ mm. Die diffusionshemmende Schicht ist raumseitig der Wärmedämmung einzubauen.

5.4 Aufgabe 4 – Überprüfung einer Außenwand hinsichtlich Tauwasserbildung

(Kategorie C)

Für eine Außenwand ist der Verlauf des Sättigungsdampfdrucks für die Tauperiode gegeben (Abb. 5-3).

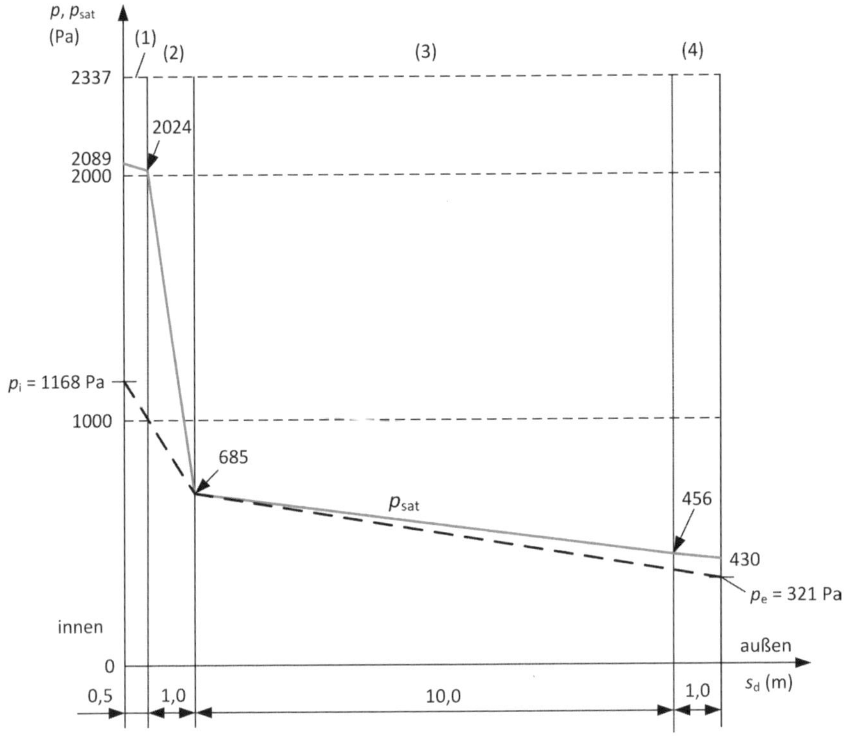

Abb. 5-3: Aufgabe 4 – Überprüfung einer Außenwand hinsichtlich Tauwasserbildung

Bearbeiten Sie folgende Punkte:

a) Ermitteln Sie die Oberflächentemperaturen sowie die Schichtgrenztemperaturen.

b) Zeichnen Sie den Verlauf des Wasserdampfteildrucks p in das oben dargestellte Diagramm ein und geben Sie die Werte p_i und p_e an.

c) Wie beurteilen Sie das Bauteil hinsichtlich möglicher Tauwasserbildung im Bauteilinneren? Geben Sie ggf. den Ort der Tauwasserbildung exakt an.

d) Welche Bauteilschicht weist den größten Widerstand gegenüber Wasserdampfdiffusion auf? Begründung!

e) Berechnen Sie die Tauwassermasse M_c, sofern sich im Bauteilquerschnitt Tauwasser bildet.

f) Berechnen Sie die Verdunstungsmasse M_{ev}.

g) Überprüfen Sie, ob das Bauteil in feuchteschutztechnischer Hinsicht zulässig ist. Die zulässige Tauwassermasse ist mit $M_c = 1{,}0$ kg/m² anzunehmen.

h) Wie groß dürfte die relative Luftfeuchte innen höchstens sein, damit sich gerade eben kein Tauwasser bildet? Berechnung!

Lösung:

a) Temperaturen:

$\theta_{si} = 18{,}2$ °C ($p_{sat} = 2089$ Pa)

$\theta_{1\text{-}2} = 17{,}7$ °C ($p_{sat} = 2024$ Pa)

$\theta_{2\text{-}3} = 1{,}6$ °C ($p_{sat} = 685$ Pa)

$\theta_{3\text{-}4} = -3{,}5$ °C ($p_{sat} = 456$ Pa)

$\theta_{se} = -4{,}2$ °C ($p_{sat} = 430$ Pa)

b) Verlauf des Wasserdampfteildrucks:

$p_i = 1168$ Pa

$p_e = 321$ Pa

Ausgehend von p_i und p_e werden die Tangenten an die Linie des Sättigungsdampfdrucks konstruiert (Abb. 5-3).

c) Es bildet sich Tauwasser in einer Ebene zwischen den Schichten (2) und (3), d.h., es liegt „Fall b)" vor.

d) Schicht (3) weist den größten Widerstand gegen Wasserdampfdiffusion auf, da hier die wasserdampfäquivalente Luftschichtdicke am größten ist.

e) Tauwassermasse:

$M_c = 0{,}45$ kg/m²

mit $g_c = 5{,}78 \cdot 10^{-8}$ kg/(m²s)

f) Verdunstungsmasse:

$M_{ev} = 0{,}59$ kg/m²

mit $g_{ev} = 7{,}58 \cdot 10^{-8}$ kg/(m²s)

g) Nachweis:

$M_c = 0{,}45$ kg/m² < zul $M_c = 1{,}0$ kg/m² und < $M_{ev} = 0{,}59$ kg/m²

Die Wandkonstruktion ist in feuchteschutztechnischer Hinsicht (Tauwasser) zulässig.

h) Relative Luftfeuchte, damit kein Tauwasser auftritt:

Die Linie des Wasserdampfteildrucks muss ausgehend von p_e über p_c geradlinig verlaufen. Am Schnittpunkt mit der Ordinate ergibt sich der maximale Wasserdampfteildruck p_i.

Hier: $p_i = 735$ Pa

Aus der Beziehung $p_i = \phi \cdot p_{sat/20\,°C}$ ergibt sich die gesuchte maximale relative Luftfeuchte zu $\phi_i = 0{,}314$ (= 735/2337) entsprechend 31,4 %.

5.5 Aufgabe 5 – Bauteil ohne rechnerischen Tauwassernachweis

(Kategorie B)

Es soll überprüft werden, ob für die nachfolgend angegebene Bodenplatte mit Perimeterdämmung auf einen rechnerischen Tauwassernachweis verzichtet werden kann (Abb. 5-4).

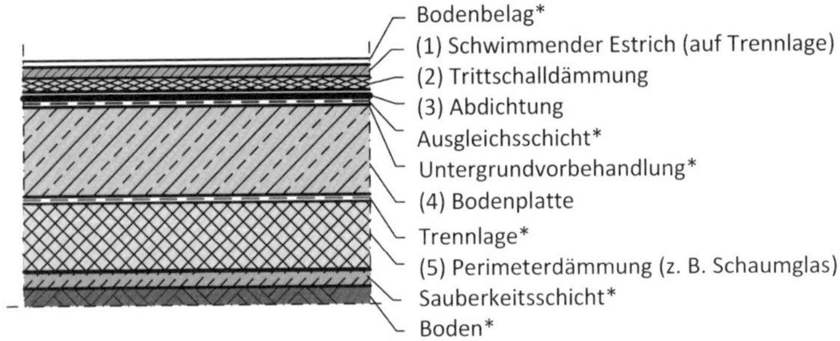

* Hinweis: Diese Schichten werden bei der Berechnung des Wärmedurchlasswiderstands nicht berücksichtigt.

Abb. 5-4: Aufgabe 5 – Bodenplatte mit Perimeterdämmung; Überprüfung, ob ein rechnerischer Tauwassernachweis erforderlich ist

Aufbau der Bodenplatte (von innen nach außen):

1. Zementestrich, $d = 6$ cm, $\lambda = 2{,}3$ W/(mK)
2. Trittschalldämmung, $d = 4$ cm, $\lambda = 0{,}04$ W/(mK)
3. Abdichtung aus Bitumenbahnen, $d = 1$ cm, $\lambda = 0{,}17$ W/(mK)
4. Bodenplatte aus Stahlbeton, d = 24 cm, $\lambda = 2{,}3$ W/(mK)
5. Perimeterdämmung, d = 20 cm, $\lambda = 0{,}04$ W/(mK)

Gesamtwärmedurchlasswiderstand:

$$R_{tot} = R_{si} + \sum \frac{d_i}{\lambda_i} + R_{se} = 0{,}17 + \left(\frac{0{,}06}{2{,}3} + \frac{0{,}04}{0{,}04} + \frac{0{,}01}{0{,}17} + \frac{0{,}24}{2{,}3} + \frac{0{,}20}{0{,}04} \right) + 0$$

$$= 6{,}360 \ \ \mathrm{m^2K/W}$$

mit:

- $R_{si} = 0{,}17$ m²K/W (Wärmeübergangswiderstand innen n. DIN EN ISO 6946 [36][1])
- $R_{se} = 0$ (Wärmeübergangswiderstand außen; $R_{se} = 0$, da Erdreich)

Wärmedurchlasswiderstand der raumseitigen Schichten (hier: Nr. 1 bis 4):

$$R = \left(\frac{0{,}06}{2{,}3} + \frac{0{,}04}{0{,}04} + \frac{0{,}01}{0{,}17} + \frac{0{,}24}{2{,}3} \right) = 1{,}189 \ \ \mathrm{m^2K/W}$$

1 Für die Berechnung des Gesamt-Wärmedurchlasswiderstands für die Überprüfung von Bauteilen ohne rechnerischen Tauwassernachweis werden die Wärmeübergangswiderstände nach DIN EN ISO 6946 angesetzt.

Anteil der raumseitigen Schichten am Gesamtwärmedurchlasswiderstand:

$$\frac{R}{R_{tot}} = \frac{1{,}189}{6{,}360} = 0{,}187 = 18{,}7\ \% < 20\ \%$$

Ergebnis:

Auf einen rechnerischen Tauwassernachweis kann verzichtet werden, da der Anteil der raumseitigen Schichten am Gesamtwärmedurchlasswiderstand mit 18,7 % kleiner ist als der Maximalwert von 20 %.

Bewertung:

Bereits eine geringe Erhöhung der Dicke der raumseitigen Trittschalldämmung führt zu einem spürbaren Anstieg des anteiligen Wärmedurchlasswiderstands der raumseitigen Schichten. In diesem Fall wäre die Bedingung nicht mehr erfüllt und es müsste ein rechnerischer Nachweis geführt werden. Dieser kann allerdings nur mit den Verfahren der DIN EN ISO 13877 erfolgen, da das Glaserverfahren nach DIN 4108-3 nicht für erdberührte Bauteile gilt.

6 Literatur

[1] DIN 4108-3:2018-10: Wärmeschutz und Energie-Einsparung in Gebäuden – Teil 3: Klimabedingter Feuchteschutz – Anforderungen, Berechnungsverfahren und Hinweise für Planung und Ausführung; Beuth Verlag, Berlin

[2] DIN EN ISO 13788:2013-05: Wärme- und feuchtetechnisches Verhalten von Bauteilen und Bauelementen – Raumseitige Oberflächentemperatur zur Vermeidung kritischer Oberflächenfeuchte und Tauwasserbildung im Bauteilinneren; Beuth Verlag, Berlin

[3] DIN 18531:2017-07: Abdichtung von Dächern sowie von Balkonen, Loggien und Laubengängen, Teile 1 bis 5; Beuth Verlag, Berlin

[4] DIN 18532:2017-07: Abdichtung von befahrbaren Verkehrsflächen aus Beton, Teile 1 bis 6; Beuth Verlag, Berlin

[5] DIN 18533:2017-07: Abdichtung von erdberührten Bauteilen, Teile 1 bis 3; Beuth Verlag, Berlin

[6] DIN 18534:2017-07: Abdichtung von Innenräumen, Teile 1 bis 6; Beuth Verlag, Berlin

[7] DIN 18535:2017-07: Abdichtung von Behältern und Becken, Teile 1 bis 3; Beuth Verlag, Berlin

[8] DIN 18195:2017-07: Abdichtung von Bauwerken – Begriffe; Beuth Verlag, Berlin

[9] Schmidt, Peter (Hrsg.): Praxisgerechte Bauwerksabdichtungen; Ausgabe 2022; Forum Verlag, Merching

[10] Eder, Christoph; Lech, Jürgen; Mann, Gunter; Schmidt, Peter: Neubau und Instandsetzung von Flach- und Gründächern; 2. überarbeitete und erweiterte Auflage 2021; Forum Verlag, Merching

[11] Schmidt, Peter; Windhausen, Saskia: Bauphysik-Lehrbuch; 1. Auflage 2019; Reguvis Verlag, Köln

[12] DIN 4108-4:2020-11: Wärmeschutz und Energie-Einsparung in Gebäuden – Teil 4: Wärme- und feuchteschutztechnische Bemessungswerte; Beuth Verlag, Berlin

[13] DIN EN ISO 10456:2020-05: Baustoffe und Bauprodukte – Wärme- und feuchtetechnische Eigenschaften – Tabellierte Bemessungswerte und Verfahren zur Bestimmung der wärmeschutztechnischen Nenn- und Bemessungswerte; Beuth Verlag, Berlin

[14] DIN 4108-2:2013-02: Wärmeschutz und Energie-Einsparung in Gebäuden – Teil 2: Mindestanforderungen an den Wärmeschutz; Beuth Verlag, Berlin

[15] DIN EN ISO 10211:2018-03: Wärmebrücken im Hochbau – Wärmeströme und Oberflächentemperaturen – Detaillierte Berechnungen; Beuth Verlag, Berlin

[16] DIN EN 13168:2015-04: Wärmedämmstoffe für Gebäude – Werkmäßig hergestellte Produkte aus Holzwolle (WW) – Spezifikation; Beuth Verlag, Berlin

[17] DIN 4108-7:2011-01: Wärmeschutz und Energie-Einsparung in Gebäuden – Teil 7: Luftdichtheit von Gebäuden – Anforderungen, Planungs- und Ausführungsempfehlungen sowie -beispiele; Beuth Verlag, Berlin

[18] DIN 68800-2:2022-02: Holzschutz – Teil 2: Vorbeugende bauliche Maßnahmen im Hochbau; Beuth Verlag, Berlin

[19] DIN EN 1996-1-1:2013-02: Eurocode 6: Bemessung und Konstruktion von Mauerwerksbauten – Teil 1-1: Allgemeine Regeln für bewehrtes und unbewehrtes Mauerwerk; Beuth Verlag, Berlin

[20] DIN EN 206:2021-06: Beton – Festlegung, Eigenschaften, Herstellung und Konformität; Beuth Verlag, Berlin

[21] DIN 1045-2:2008-08: Tragwerke aus Beton, Stahlbeton und Spannbeton – Teil 2: Beton – Festlegung, Eigenschaften, Herstellung und Konformität – Anwendungsregeln zu DIN EN 206-1

[22] DIN EN 1992-1-1:2011-01: Eurocode 2: Bemessung und Konstruktion von Stahlbeton- und Spannbetontragwerken – Teil 1-1: Allgemeine Bemessungsregeln und Regeln für den Hochbau; Beuth Verlag, Berlin

[23] DIN 4213:2015-10: Anwendung von vorgefertigten Bauteilen aus haufwerksporigem Leichtbeton mit statisch anrechenbarer oder nicht anrechenbarer Bewehrung in Bauwerken; Beuth Verlag, Berlin

[24] DIN EN 992:1995-09: Bestimmung der Trockenrohdichte von haufwerksporigem Leichtbeton; Beuth Verlag, Berlin

[25] DIN EN 1520:2011-06: Vorgefertigte Bauteile aus haufwerksporigem Leichtbeton und mit statisch anrechenbarer oder nicht anrechenbarer Bewehrung; Beuth Verlag, Berlin

[26] DIN 4108-10:2021-10: Wärmeschutz und Energie-Einsparung in Gebäuden – Teil 10: Anwendungsbezogene Anforderungen an Wärmedämmstoffe; Beuth Verlag, Berlin

[27] DIN 13499:2003-12: Wärmedämmstoffe für Gebäude – Außenseitige Wärmedämm-Verbundsysteme (WDVS) aus expandiertem Polystyrol – Spezifikation; Beuth Verlag, Berlin

[28] DIN EN 13500:2003-12: Wärmedämmstoffe für Gebäude – Außenseitige Wärmedämm-Verbundsysteme (WDVS) aus Mineralwolle – Spezifikation; Beuth Verlag, Berlin

[29] DIN 18515-1:2017-08: Außenwandbekleidungen – Grundsätze für Planung und Ausführung – Teil 1: Angemörtelte Fliesen und Platten; Beuth Verlag, Berlin

[30] DIN 18516-1:2010-06: Außenwandbekleidungen, hinterlüftet – Teil 1: Anforderungen, Prüfgrundsätze; Beuth Verlag, Berlin

[31] DIN EN 13171:2015-04: Wärmedämmstoffe für Gebäude – Werkmäßig hergestellte Produkte aus Holzfasern (WF) – Spezifikation; Beuth Verlag, Berlin

[32] DIN EN 13162:2015-04: Wärmedämmstoffe für Gebäude – Werkmäßig hergestellte Produkte aus Mineralwolle (MW) – Spezifikation; Beuth Verlag, Berlin

[33] DIN EN 12602:2016-12: Vorgefertigte bewehrte Bauteile aus dampfgehärtetem Porenbeton; Beuth Verlag, Berlin

[34] WTA-Merkblatt 6-4-16/D: Innendämmung nach WTA I: Planungsleitfaden; überarbeitete Fassung vom Oktober 2016; Wissenschaftlich-Technische Arbeitsgemeinschaft für Bauwerkserhaltung und Denkmalpflege e. V. WTA, Pfaffenhofen

[35] WTA-Merkblatt 6-5-14 D: Innendämmung nach WTA II: Nachweis von Innendämmsystemen mittels numerischer Berechnungsverfahren; Ausgabe 2014; Wissenschaftlich-Technische Arbeitsgemeinschaft für Bauwerkserhaltung und Denkmalpflege e. V. WTA, Pfaffenhofen

[36] DIN EN ISO 6946:2018-03: Bauteile – Wärmedurchlasswiderstand und Wärmedurchgangskoeffizient – Berechnungsverfahren; Beuth Verlag, Berlin

Teil D – Schallschutz

1 Allgemeines

Unter dem Begriff *Schallschutz* sind Maßnahmen zum Schutz vor Geräuschen aus fremden Räumen (Luftschall, Trittschall) sowie vor Geräuschen von außen (z.B. Außenlärm durch Verkehr, Lärm aus Gewerbe- und Industriebetrieben) zu verstehen. Weiterhin zählen hierzu auch Maßnahmen zum Schutz vor Geräuschen von gebäudetechnischen Anlagen, wie z.B. Wasserversorgungs- und Abwasseranlagen, Trinkwasserinstallationen (Armaturen) sowie Heizungsanlagen und raumlufttechnische Anlagen.

Charakteristisches Merkmal für die Bestimmung, ob akustische Maßnahmen dem Schallschutz zuzuordnen sind, ist die Lage von Schallquelle und Empfänger. Befinden sich Schallquelle und Empfänger in verschiedenen (fremden) Räumen, die durch ein Bauteil (Wand, Decke, Tür, Fenster o.Ä.) getrennt sind, oder liegen die Schallquellen im Außenbereich und der Empfänger in einem Gebäude, sind die Maßnahmen zur Schalldämmung dem klassischen *Schallschutz* zuzuordnen. Der Schallschutz von Gebäuden wird auch als *Bauakustik* bezeichnet.

Befinden sich dagegen Schallquelle und Empfänger in ein und demselben Raum, sind die Maßnahmen (die in der Regel zur Verbesserung der Hörsamkeit in dem betreffenden Raum dienen) der *Raumakustik* zuzuordnen. Die Raumakustik wird in Teil E in diesem Buch behandelt (Abb. 1-1).

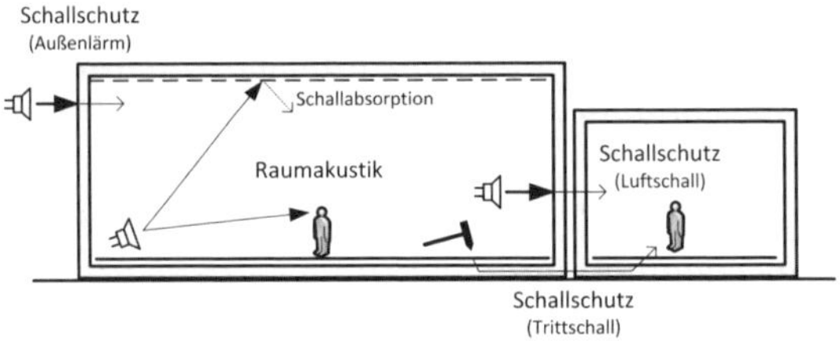

Abb. 1-1: Schematische Darstellung zur Abgrenzung der Gebiete Schallschutz (Bauakustik) und Raumakustik

Maßgebendes Regelwerk zur schallschutztechnischen Berechnung und Beurteilung von Bauteilen sowie für die Nachweisführung in Deutschland ist die nationale Normenreihe DIN 4109 „*Schallschutz im Hochbau*" [1]. DIN 4109 enthält neben Anforderungswerten – wobei hier in Mindestanforderungen (DIN 4109-1 [2]) und erhöhte Anforderungen (DIN 4109-5 [3]) unterschieden wird – auch die zum schallschutztechnischen Nachweis erforderlichen Rechenverfahren (DIN 4109-2 [4]) und Kenndaten (Bauteilkatalog (DIN 4109-31 bis -36 [5]). Daneben existiert noch die internationale Normenreihe DIN EN ISO 12354 „*Bauakustik – Berechnung der akustischen Eigenschaften von Gebäuden aus den Bauteileigenschaften*" [6]. Diese Norm regelt zwar Rechenverfahren zur Ermittlung der verschiedenen Kennwerte (u.a. für Luft- und Trittschalldämmung, Installationsgeräusche und Schallabsorption), enthält aber keine Anforderungswerte. Auf diese Normenreihe wird in diesem Buch nicht eingegangen. Weiterhin existieren noch verschiedene Regelwerke mit Anforderungswerten. Beispielhaft seien hier die VDI 4100 „Schallschutz im Hochbau – Wohnungen – Beurteilung und Vorschläge für erhöhten Schallschutz" [7] sowie die DEGA-Empfehlung 103 „Schallschutz im Wohnungsbau – Schallschutzausweis" [8] genannt.

Die wesentlichen Regeln sowie weiterführende Hintergrundinformationen sind im *„Bauphysik-Lehrbuch, Teil D – Schallschutz"* [9] angegeben. Auch die Anwendung der verschiedenen Nachweisverfahren wird im Bauphysik-Lehrbuch an ausgewählten Beispielen erläutert. Ziel der nachfolgenden Abschnitte zum Thema Schallschutz ist es, die teilweise recht theoretisch gehaltenen und abstrakten Regeln der Schallschutz-Norm anhand weiterer Praxisbeispiele anschaulich zu erläutern. Dabei werden Beispiele mit ausführlichem Lösungsweg (Abschnitt 4) sowie ergänzende Aufgaben zum Selbststudium mit Angabe des Endergebnisses sowie wichtiger Zwischenergebnisse angeboten (Abschnitt 5). Die zum Verständnis benötigten Grundlagen und wichtigsten Formeln werden nachfolgend kurz stichpunktartig sowie tabellarisch angegeben (Abschnitt 3). Für genauere Informationen wird auf das „Bauphysik-Lehrbuch" sowie die DIN 4109 sowie weitere Literatur verwiesen.

2 Lernziele

Es werden folgende Lernziele mit unterschiedlichen Schwierigkeitsgraden verfolgt:

1. Kenntnis und Bedeutung der relevanten Kenngrößen zur Beschreibung der Schalldämmung (z.B. Schalldämm-Maß, Norm-Trittschallpegel, Schallpegeldifferenz usw.). Sichere Anwendung der Formeln und Gleichungen zur Ermittlung der relevanten Kenngrößen.
2. Sichere Beherrschung der grundlegenden Regeln für die Durchführung von schalltechnischen Nachweisen für verschiedene Bauweisen und Bauteile (z.B. Nachweise der Luftschalldämmung und der Trittschalldämmung im Massivbau).
3. Beherrschung der schalltechnischen Bewertung und Nachweisführung für komplexere Situationen einschließlich der erforderlichen Berechnungen (z.B. Nachweise von Bauteilen aus Holz).

Beispiele und Aufgaben mit geringem Schwierigkeitsgrad werden mit der Bezeichnung ***„Kategorie (A)"***, solche mit mittlerem bzw. höherem Schwierigkeitsgrad mit ***„Kategorie (B)"*** bzw. ***„Kategorie (C)"*** gekennzeichnet. Die ***„Kategorie (C)"*** wird außerdem verwendet, wenn für die Bearbeitung neben den Regelungen der Normen geeignete ingenieurmäßige Lösungsansätze herangezogen werden müssen.

3 Grundlagen

3.1 Allgemeines

In den folgenden Abschnitten werden die wichtigsten Grundlagen angegeben, die für den Nachweis des Schallschutzes nach DIN 4109 erforderlich sind. Damit können die Lösungswege der Beispiele in Abschnitt 4 sowie die Aufgaben in Abschnitt 5 nachvollzogen werden. Für weitere Informationen wird auf das bereits zitierte Bauphysik-Lehrbuch sowie auf die entsprechenden Normen verwiesen. Sämtliche Beispiele und Aufgaben basieren auf den Regeln und Rechenverfahren der DIN 4109. In einigen Beispielen werden Anforderungswerte der VDI 4100 verwendet, um die Umrechnung von bauteilbezogenen Kenngrößen (mit denen die DIN 4109 arbeitet) in nachhallbezogene Größen (die in der VDI 4100 verwendet werden) zu zeigen.

3.2 Physikalische Grundlagen, bauakustische Begriffe, Kennwerte und Formelzeichen

3.2.1 Schall

Als *Schall* werden Geräusche bezeichnet, die vom Menschen – und auch von Tieren – auditiv wahrgenommen werden. Aus physikalischer Sicht ist Schall eine mechanische Schwingung eines elastischen Mediums, d.h., Schall bezeichnet hörbare Schwingungen eines Festkörpers oder Fluids (Gas, Flüssigkeit). Die Schwingungen (Schallwellen) können sich nur bei Vorhandensein eines Trägermediums ausbreiten. Das bedeutet, dass die Schallausbreitung nur in Festkörpern (Bauteilen), Gasen (z.B. Luft) oder Flüssigkeiten möglich ist. Die Schwingungen können ungedämpft (ungedämpfte Schwingungen) oder gedämpft verlaufen (gedämpfte Schwingungen).

Begriffe, die im Zusammenhang mit dem Schall als mechanische Schwingung verwendet werden, sind in Tab. 3.1 angegeben und erläutert.

Tab. 3.1: Begriffe

Begriff	Formelzeichen	Einheit	Definition
Amplitude	–[1]	–[1]	Bezeichnet den Abstand eines schwingenden Teilchens von der Ruhelage. Je größer die Amplitude ist, desto lauter wird der Schall empfunden und desto größer ist der Schalldruck.
Periode	T	s	Der Ablauf einer vollständigen Schwingung mit der Dauer T.
Schallschnelle	v	m/s	Die maximale Geschwindigkeit, die ein einzelnes, durch Schall angeregtes Teilchen (z.B. Luftmolekül) beim Durchgang durch den Ruhepunkt, um welchen es schwingt, erreicht.
Schallgeschwindigkeit	c	m/s	Ausbreitungsgeschwindigkeit der Schwingungen als Schallwellen in einem elastischen Medium.
Wellenlänge	λ	m	Der Abstand einer Phase. Die sich wiederholenden Schwingungszustände ergeben jeweils eine Phase.

[1] Formelzeichen und Einheit der Amplitude sind abhängig von der verwendeten Kenngröße, z.B. Schalldruck (Pa) o.Ä.

3.2.2 Schallgeschwindigkeit

3.2.2.1 Schallgeschwindigkeit in Festkörpern

In Festkörpern können sich die Schallwellen sowohl in Ausbreitungsrichtung (als Longitudinalwellen) als auch in Querrichtung (als Transversalwellen) ausbreiten. Dies liegt daran, dass Festkörper im Gegensatz zu Fluiden auch Schubkräfte übertragen können. Die Formeln zur Berechnung der Schallgeschwindigkeit sind Tab. 3.2 zu entnehmen.

Tab. 3.2: Formeln zur Berechnung der Schallgeschwindigkeit in Festkörpern

Schallgeschwindigkeit c_{lon} und c_{trans} in Festkörpern	
$c_{lon} = \sqrt{\frac{E(1-\nu)}{\rho(1-\nu-2\nu^2)}}$ [m/s]	c Schallgeschwindigkeit, in m/s E Elastizitätsmodul des Stoffes, in N/m² G Schubmodul, in N/m²
$c_{trans} = \sqrt{\frac{E}{2\rho(1-\nu)}} = \sqrt{\frac{G}{\rho}}$ [m/s]	n Querkontraktionszahl (Poissonzahl), dimensionslos ρ Rohdichte des Stoffes, in kg/m³
Schallgeschwindigkeit c_{lon} und c_{trans} für stabförmige Bauteile	
Für stabförmige Bauteile kann die Querkontraktion vernachlässigt werden, d.h., die Querkontraktionszahl wird zu null ($\nu = 0$).	
$c_{lon} = \sqrt{\frac{E}{\rho}}$ [m/s]	$c_{trans} = \sqrt{\frac{E}{2\rho}}$ [m/s]

3.2.2.2 Schallgeschwindigkeit in der Luft

In der Luft können sich die Schallwellen nur in longitudinaler Richtung ausbreiten, da Gase keine Schubkräfte übertragen können. Die Schwingungsrichtung ist parallel zur Ausbreitungsrichtung orientiert, die Wellen werden als Longitudinalwellen bezeichnet. Die Ausbreitung von Schallwellen in der Luft erfolgt durch abwechselnde Verdichtung und Entspannung der Luftmoleküle. Formeln zur Berechnung der Schallgeschwindigkeit in Gasen bzw. in der Luft sind Tab. 3.3 sowie Näherungswerte der Schallgeschwindigkeit in ausgewählten Stoffen Tab. 3.4 zu entnehmen.

Tab. 3.3: Formeln zur Berechnung der Schallgeschwindigkeit in idealen Gasen bzw. in der Luft

<table>
<tr><th colspan="2">Schallgeschwindigkeit in der Luft c</th></tr>
<tr><td colspan="2">genaue Berechnung</td></tr>
<tr><td>$c = \sqrt{\kappa \cdot \frac{p}{\rho}} = \sqrt{\kappa \cdot \frac{R \cdot T}{M}}$ [m/s]</td><td>c Schallgeschwindigkeit, in m/s
k Faktor (Poissonkonstante: k = K/p mit Kompressionsmodul K) (für Luft ist k = 1,402)
p atmosphärischer Druck, in Pa bzw. N/m² (= kg·m/s²)
(in Meereshöhe gilt p = 1013 hPa)
ρ Dichte des Gases, in kg/m³ (für Luft gilt bei 0 °C in Meereshöhe r = 1,293 kg/m³)
R universelle Gaskonstante, in J/(mol K)
(R = 8,3145 J/(mol K) (Hinweis: 1 J ≙ 1 kg m²/s²)
T absolute Temperatur, in K
M molare Masse, in kg/mol</td></tr>
<tr><td colspan="2">Näherungsformel</td></tr>
<tr><td>$c_{Luft} \cong 331{,}6 + 0{,}6 \cdot \theta$ [m/s]</td><td>θ Temperatur, in °C (Temperaturbereich von –20 °C bis +40 °C)</td></tr>
</table>

Tab. 3.4: Näherungswerte der Schallgeschwindigkeit in ausgewählten Stoffen (bei einer Temperatur von 20 °C)

Stoff	**Schallgeschwindigkeit** c m/s	**Stoff**	**Schallgeschwindigkeit** c m/s
Luft	344	Mauerziegel	2000
Wasser	1480	Nadelholz [1]	4000
Beton	3500	Stahl	5100
[1] Mittel aus c_{lon} und c_{trans}			

3.2.3 Frequenz und Frequenzbereiche

Als Frequenz *f* wird die Anzahl der Schwingungen pro Sekunde bezeichnet. Die Berechnung ergibt sich nach der Formel in Tab. 3.5. In Abhängigkeit von der Höhe der Frequenz werden unterschiedliche Frequenzbereiche unterschieden (Tab. 3.6).

Tab. 3.5: Frequenz f

$f = \frac{1}{T}$ [m/s] oder [Hz]	*T* Dauer der Periode, in s

Tab. 3.6: Frequenzbereiche

Bezeichnung	Frequenz	Erläuterung
Infraschall	< 16 Hz	für Menschen nicht hörbar (niederfrequent)
Hörschall	16 Hz bis 20 kHz	für Menschen hörbarer Schall
Ultraschall	20 kHz bis 1 GHz	für Menschen nicht hörbar (hochfrequent)
Hyperschall	> 1 GHz	–

Die Verdopplung der Frequenz entspricht einer *Oktave*. Im Bereich des Hörschalls ergeben sich somit zehn Oktaven.

3.2.4 Schallwellenlänge

Zwischen der *Frequenz f*, der *Schallgeschwindigkeit c* sowie der *Schallwellenlänge λ* besteht ein proportionaler Zusammenhang (Tab. 3.7).

Tab. 3.7: Schallwellenlänge λ

$\lambda = \frac{c}{f}$ [m]	c Schallgeschwindigkeit, in m/s; für Luft (20 °C) ist c_{Luft} = 344 m/s f Frequenz, in 1/s bzw. Hz (= Hertz)

3.2.5 Ton, Klang, Geräusch, Knall

Für die Definitionen der Begriffe Ton, Klang, Geräusch und Knall siehe Tab. 3.8.

Tab. 3.8: Definition der Begriffe Ton, Klang, Geräusch, Knall

Begriff	Definition
Ton	Bei einem reinen Ton verläuft die Schwingung sinusförmig, d.h., die Frequenz ist konstant. Zwischen der Frequenz und der Tonhöhe besteht folgender Zusammenhang: • Mit zunehmender Frequenz nimmt die Tonhöhe zu. • Mit abnehmender Frequenz nimmt die Tonhöhe ab.
Klang	Setzt sich aus mehreren Tönen, mit jeweils konstanten Frequenzen, zusammen. Die Einzeltöne eines Klanges lassen sich durch Zerlegung mittels einer Fourier-Analyse bestimmen.
Geräusch	Besteht aus sehr vielen Teiltönen, deren Frequenzen in keinem definierten Zahlenverhältnis zueinander stehen. Ein Geräusch deckt meist das gesamte Frequenzspektrum ab.
Knall	Ein plötzlich auftretendes sehr lautes Geräusch, das langsam wieder abnimmt.

3.2.6 Schalldruck, Schalldruckpegel

Die Stärke des Schalls wird durch Druckschwankungen gekennzeichnet, die den atmosphärischen Druck (Luftdruck) überlagern. Die Druckschwankung selbst wird dabei als *Schalldruck* bezeichnet. Der Schalldruck kann für den ein- und mehrdimensionalen Fall berechnet werden (Tab. 3.9).

Tab. 3.9: Ermittlung des Schalldrucks im ein- und mehrdimensionalen Fall

Schalldruck	
eindimensionaler Fall	
$\frac{\partial^2 p}{\partial t^2} = c^2 \cdot \frac{\partial^2 p}{\partial x^2}$ bzw. $\frac{\partial^2 v}{\partial t^2} = c^2 \cdot \frac{\partial^2 v}{\partial x^2}$ [Pa]	*c* Schalldruckgeschwindigkeit, in m/s *v* Schallschnelle, in m/s
mehrdimensionaler Fall	
$\frac{\partial^2 p}{\partial t^2} = c^2 \text{div grad} p$ bzw. $\frac{\partial^2 v}{\partial t^2} = c^2 \text{div grad} v$ [Pa]	Formelzeichen siehe oben

3.2.6.1 Rechengesetze zum Logarithmus

Einige Formeln für die Berechnungen zum Thema Schallschutz beinhalten den Logarithmus, weshalb die Kenntnis einiger Rechengesetze zur Anwendung grundlegend ist (Tab. 3.10).

Tab. 3.10: Übersicht über einige Rechengesetze zum Logarithmus

Rechengesetze Logarithmus (hier dargestellt für den Logarithmus zur Basis 10: log)	
Definition (Logarithmus zur Basis 10): $\log 1 = 0$, $\log 10^1 = 1$, $\log 10^2 = 2$, $\log 10^3 = 3$, ..., $\log 10^n = n$	
Produkte: $\log (x \cdot y) = \log x + \log y$	Beispiel: log (2 · 4) = log (8) = 0,903 = log (2) + log (4) = 0,301 + 0,602 = 0,903
Quotienten: $\log (x/y) = \log x - \log y$	Beispiel: log (3/2) = log (1,5) = 0,176 = log (3) – log (2) = 0,477 – 0,301 = 0,176

Rechengesetze Logarithmus (hier dargestellt für den Logarithmus zur Basis 10: log)	
Potenzen: $\log(x^r) = r \log(x)$	Beispiel: $\log(2^3) = \log(8) = 0{,}903$ $= 3 \cdot \log(2)$ $= 3 \cdot 0{,}301$ $= 0{,}903$
Summen und Differenzen: $\log(x + y) = \log(x) + \log(1 + y/x)$	Beispiel: $\log(2 + 3) = \log(5) = 0{,}699$ $= \log(2) + \log(1 + 3/2)$ $= 0{,}301 + 0{,}398$ $= 0{,}699$

3.2.6.2 Schalldruckpegel

Der *Schalldruckpegel* L_p (auch *Schallpegel* genannt) ist eigentlich ein dimensionsloser Verhältniswert, welcher dennoch in der Einheit *Dezibel* (dB) angegeben wird. Ein Dezibel entspricht dabei einem Zehntel der Einheit *Bel*. Die Berechnung erfolgt nach Tab. 3.11. In Tab. 3.12 sind Schalldrücke mit zugehörigen Schalldruckpegeln für verschiedene typische Schallquellen aufgeführt.

Tab. 3.11: Schalldruckpegel L_p

$L_p = 20 \cdot \log\left(\frac{p}{p_0}\right)$ [dB]	p Schalldruck, in Pa (1 Pa = 1 N/m^2) p_0 Bezugswert (Hörschwelle mit p_0 = 20 m; Pa = $2 \cdot 10^{-5}$ Pa)

Tab. 3.12: Schalldrücke und zugehörige Schalldruckpegel für verschiedene Schallquellen

Schallquelle	**Schalldruck** p in Pa (= 1 N/m^2)	**Schalldruckpegel** L_p in dB
Düsenflugzeug in 30 m Entfernung	630	150
Gewehr aus 1 m Entfernung	200	140
Schmerzschwelle	100	130
Presslufthammer in 1 m Entfernung	2	100
Hauptverkehrsstraße in 10 m Entfernung	0,2 bis 0,63	80 … 90
Straßenverkehr	0,02 bis 0,2	60 … 80
Normale Unterhaltung	$2 \cdot 10^{-3}$ bis $2 \cdot 10^{-2}$	40 … 60
Sehr ruhiges Zimmer	$2 \cdot 10^{-4}$ bis $6{,}3 \cdot 10^{-4}$	20 … 30
Leises Blätterrauschen	$6{,}32 \cdot 10^{-5}$	10
Hörschwelle (bei 2 kHz)	$2 \cdot 10^{-5}$	0

3.2.7 Addition und Subtraktion von Schalldruckpegeln

Für die Addition und Subtraktion von Schalldruckpegeln sind die Regeln in Tab. 3.13 zu beachten.

Tab. 3.13: Addition und Subtraktion von Schalldruckpegeln

Addition verschieden lauter Schallquellen	
$L_{p,ges} = 10 \cdot \log \sum_{j=1}^{n} 10^{0,1 \cdot L_{p,j}}$ [dB]	$L_{p,j}$ Schalldruckpegel bzw. Schallpegel der Einzelschallquelle, in dB n Anzahl der Schallquellen (n = natürliche Zahl, d.h. 1, 2, 3, ...)
Addition von gleich lauten (d.h. gleich großen) Schalldruckpegeln	
Subtraktion von Schalldruckpegeln	
$L_{p,ges} = L_{p,i} + 10 \cdot \log n$	
$L_{p,1} = 10 \cdot \log \left[10^{0,1 \cdot L_{p,ges}} - \sum_{i=2}^{n} 10^{0,1 \cdot L_{p,i}} \right]$ [dB]	$L_{p,ges}$ Gesamt-Schalldruckpegel bzw. Gesamt-Schallpegel, in dB $L_{p,i}$ Schalldruckpegel bzw. Schallpegel der Einzelschallquelle, in dB n Anzahl der Schallquellen (n = natürliche Zahl, d.h. 1, 2, 3, ...)
Mögliche Anwendungsfälle der Subtraktion von Schalldruckpegeln ergeben sich beispielsweise, wenn ein Anforderungswert ($L_{p,ges}$) gegeben ist, die Schalldruckpegel mehrerer Schallquellen bekannt sind ($L_{p,i}$) und der maximale Schalldruckpegel einer weiteren Schallquelle ($L_{p,1}$) unter der Bedingung gesucht ist, dass der Anforderungswert nicht überschritten wird.	

3.2.8 Lautstärkepegel

Das menschliche Ohr empfindet zwei Töne mit dem gleichen Schalldruckpegel verschieden laut, wenn sie unterschiedliche Frequenzen aufweisen. Hohe Töne werden lauter empfunden als tiefe Töne. Zur besseren, d.h. subjektiveren Bewertung des Schalls wird daher zusätzlich zum *Schalldruckpegel* L_p der *Lautstärkepegel* L_N verwendet. Die Einheit des Lautstärkepegels ist *phon*. Der Zusammenhang zwischen Schalldruckpegel und Lautstärkepegel wird in einem Diagramm in Abb. 3-1 dargestellt.

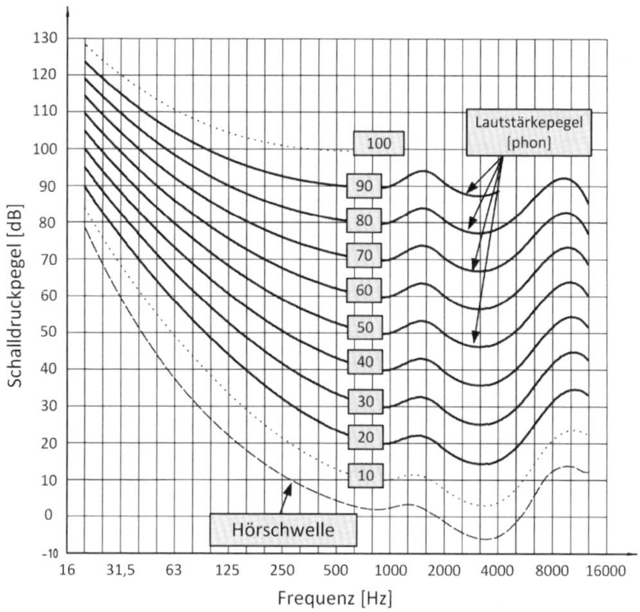

Abb. 3-1: Zusammenhang zwischen Schalldruckpegel und Lautstärkepegel (n. DIN ISO 226:2006-04, Bild A.1 [10])

3.2.9 Bewerteter Schalldruckpegel

Da der Lautstärkepegel schwierig zu handhaben ist, wird zur Berücksichtigung der subjektiven Empfindung des Schalls durch das menschliche Ohr der bewertete Schalldruckpegel verwendet. Die Lautheit eines Hörereignisses wird hierbei durch die Korrektur des tatsächlichen Schalldruckpegels berücksichtigt.

Maßgebende Norm, nach der die Frequenzbewertung vorgenommen wird, ist DIN EN 61672-1 [11]. Nach dieser Norm werden die Frequenzbewertungen A und C unterschieden. Für praktische Anwendungen im Bereich des Schallschutzes wird üblicherweise die Frequenzbewertung A verwendet. Der zugehörige bewertete Schalldruckpegel wird mit der Einheit dB(A) gekennzeichnet, um anzugeben, dass es sich um einen A-bewerteten Wert handelt.

Die Umrechnung des *Schalldruckpegels* L_p in den *bewerteten Schalldruckpegel* L_p(A) erfolgt nach der in Tab. 3.14 angegebenen Formel. Werte für die Schalldruckpegelkorrektur ΔL siehe DIN EN 61672-1.

Tab. 3.14: Umrechnung des Schalldruckpegels L_p in den bewerteten Schalldruckpegel $L_p(A)$

$L_p(A) = L_p + \Delta L$ [dB(A)]	L_p Schalldruckpegel, in dB ΔL Schalldruckpegelkorrektur nach Frequenzbewertung A, in dB; bei einer Frequenz von 1000 Hz (1 kHz) ist die Frequenzbewertung $\Delta L = 0$

Tab. 3.15: Schalldruckpegelkorrektur ΔL für die Frequenzbewertung A (n. DIN EN 61672-1:2014-07, Tab. 3, Auszug)

Frequenz Hz	**Frequenzbewertung A** ΔL dB	**Frequenz** Hz	**Frequenzbewertung A** ΔL dB
10	–70,4	500	–3,2
12,5	–63,4	1000	0
25	–44,7	2000	+1,2
50	–30,2	4000	+1,0
63	–26,2	8000	–1,1
125	–16,1	16000	–6,6
250	–8,6	20000	–9,3

3.3 Schallübertragung in Gebäuden

Bei der Schallübertragung in Gebäuden werden je nach Übertragungsweg *Luftschall*, *Körperschall* und *Trittschall* unterschieden (Abb. 3-2).

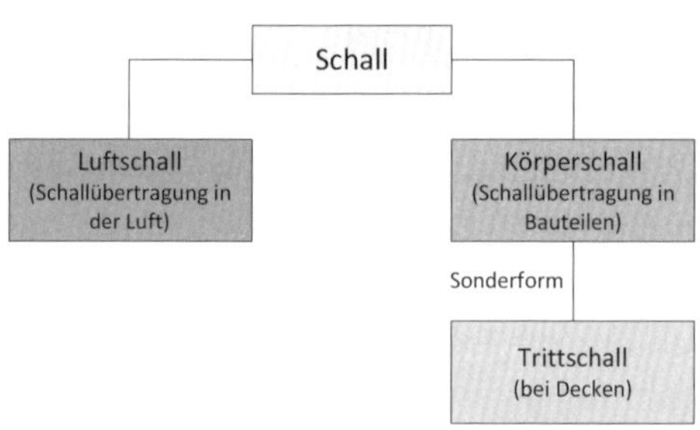

Abb. 3-2: Schallübertragung in Gebäuden (schematische Darstellung)

3.3.1 Luftschall

Beim *Luftschall* breiten sich die von einer Schallquelle erzeugten Schallwellen in der Luft aus. Die beim Luftschall erzeugten Luftdruckschwankungen im Senderaum (SR) regen die raumumfassenden Bauteile (Wände, Decken) zu Biegeschwingungen an. Dadurch werden die im Empfangsraum (ER) befindlichen Luftteilchen in Schwingungen versetzt, die Schallübertragung zum Empfänger erfolgt hier wieder als Luftschall.

Bauteile mit einer großen flächenbezogenen Masse, wie z.B. dicke Wände aus Mauersteinen mit einer hohen Rohdichte oder Bauteile aus Stahlbeton, vermindern die Luftschallübertragung und eignen sich somit gut als bauliche Maßnahme der Luftschalldämmung. Weiterhin wird die Luftschalldämmung durch Vorsatzkonstruktionen verbessert. Derartige Konstruktionen werden schalltechnisch als zweischalige Bauteile bezeichnet und können die Luftschalldämmung des betrachteten Bauteils je nach Ausführung erheblich verbessern. Auch Unterdecken sowie Deckenauflagen (schwimmende Estriche) zählen zu den Vorsatzkonstruktionen und verbessern die Luftschalldämmung der Decke.

Bauteile mit einer großen flächenbezogenen Masse sowie Vorsatzkonstruktionen verbessern die Luftschalldämmung.

3.3.2 Körper- und Trittschall

Als *Körperschall* wird Schall bezeichnet, der sich in Bauteilen ausbreitet. Voraussetzung für Körperschallübertragung ist die direkte Anregung des Bauteils zu Biegeschwingungen. Mögliche Ursachen hierfür sind das Klopfen an einer Wand, das Begehen einer Decke sowie das Betätigen von Installationen (Wasserarmaturen, Schalter) oder der Betrieb von Maschinen.

Körperschall, der durch das Begehen einer Decke verursacht wird, wird als *Trittschall* bezeichnet.

Die Körperschall- bzw. Trittschallübertragung vom Sende- zum Empfangsraum erfolgt, indem die zu Biegeschwingungen induzierten Bauteile die Luft im Empfangsraum zu Schwingungen anregen. Der Schall wird hier als Luftschall übertragen und erreicht somit den Empfänger.

Körperschall und Trittschall werden vermindert, indem die Bauteile schalltechnisch entkoppelt werden. Dies wird bei Decken durch einen schwimmenden Estrich erreicht, bei dem die Estrichplatte einschließlich des Bodenbelags durch Trittschalldämmung und Randdämmstreifen vollständig von der Rohdecke und den aufgehenden Wänden sowie von Durchdringungen entkoppelt wird.

Körperschallübertragung bei Armaturen und Wasser- bzw. Abwasserleitungen wird vermindert, indem Sanitärobjekte und Leitungen schalltechnisch entkoppelt an den Bauteilen der Baukonstruktion befestigt werden. Hierzu gibt es spezielle Befestigungsmittel sowie Rohrschellen mit Gummi- oder Kunststoffmanschetten, die die Schallübertragung von den Objekten bzw. Leitungen in die Baukonstruktion vermindern.

Eine Verminderung von Körperschall und Trittschall (Trittschallminderung) wird durch eine schalltechnische Entkopplung der angeregten Bauteile von der übrigen Baukonstruktion erzielt (z.B. durch einen schwimmenden Estrich bei Decken).

3.3.3 Schallübertragung über flankierende Bauteile

Neben der direkten Schallübertragung, bei der der Schall auf direktem Weg über das trennende Bauteil vom Sende- in den Empfangsraum übertragen wird, spielt auch die Längsleitung des Schalls über die flankierenden Bauteile eine entscheidende Rolle. Hierbei beeinflussen sowohl die flankierenden Bauteile selbst durch ihre Konstruktion (flächenbezogene Masse, ggf. vorhandene Vorsatzkonstruktionen) als auch die Ausbildung der Stoßstellen zwischen dem Trennbauteil und den flankierenden Bauteilen die Weiterleitung des Schallsignals.

Die verschiedenen Wege der Schallübertragung in einem Gebäude sind in Abb. 3-3 dargestellt.

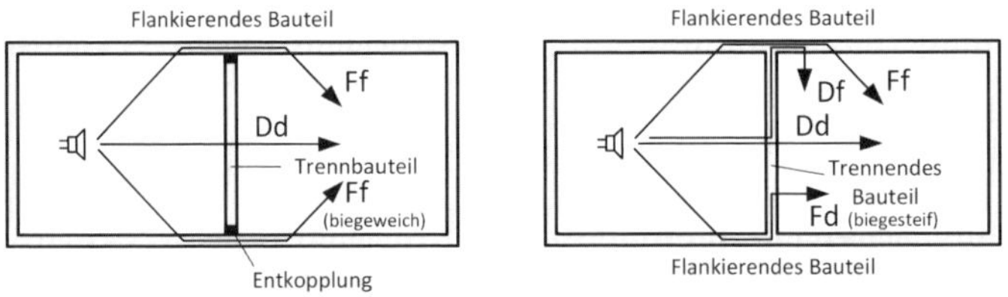

Abb. 3-3: Schematische Darstellung der verschiedenen Schallübertragungswege bei einem trennenden Bauteil mit biegeweicher Anbindung (Abb. links) und einem trennenden Bauteil mit biegesteifer Anbindung an die flankierenden Bauteile (Abb. rechts). Der Großbuchstabe bezeichnet das schallaufnehmende (D: trennendes Bauteil, F: flankierendes Bauteil) und der Kleinbuchstabe das schallabstrahlende Bauteil (d: trennendes Bauteil, f: flankierendes Bauteil).

3.4 Kenngrößen für die Luftschalldämmung

Unter Luftschalldämmung werden Maßnahmen zur Verringerung der Übertragung von Luftschall in Gebäuden verstanden. Luftschall entsteht beispielsweise durch Sprechen, durch den Betrieb von Haushaltsgeräten wie Radio, Fernseher oder Staubsauger sowie durch Musikinstrumente. Zum Luftschall zählt auch der Außenlärm, der insbesondere durch Verkehr (Straßen-, Schienen-, Flugverkehr), aber auch durch Industrie- und Gewerbebetriebe verursacht wird. Nachfolgend werden relevante Kenngrößen, die im Zusammenhang mit dem Nachweis der Luftschalldämmung benötigt werden, erläutert.

3.4.1 Schalltransmissionsgrad

Der Schalltransmissionsgrad gibt das Verhältnis zwischen der transmittierten, d.h. abgestrahlten Schallleistung im Empfangsraum und der auf das Trennbauteil auftreffenden Schallleistung im Senderaum an. Er ist frequenzabhängig (Tab. 3.16). Für eine gute Luftschalldämmung ist ein möglichst kleiner Schalltransmissionsgrad anzustreben (d.h. $\tau \rightarrow$ Minimum).

Tab. 3.16: Frequenzabhängiger Schalltransmissionsgrad τ

Formel	Größe	Erläuterung
$\tau = \frac{W_2}{W_1}$ [–]	W_2	transmittierte, d.h. auf der Rückseite des Trennbauteils abgestrahlte, frequenzabhängige Schallleistung, in W
	W_1	auf das Bauteil auftreffende, frequenzabhängige Schallleistung, in W

Hinweis: Eine wahrnehmbare Luftschalldämmung ergibt sich erst bei sehr kleinen Schalltransmissionsgraden. Beispielsweise sind Geräusche bei einem Wert von 10^{-5} noch deutlich hörbar und störend, erst bei Werten $< 10^{-6}$ ergibt sich eine ausreichende Luftschalldämmung.

3.4.2 Schalldämm-Maß

Das Schalldämm-Maß *R* ist eine zentrale Kenngröße zur Beschreibung der Höhe der Luftschalldämmung eines Bauteils. Es wird in dB angegeben und ist eine bauteilbezogene Größe. Es werden folgende Schalldämm-Maße unterschieden (Tab. 3.17):

- Labor-Schalldämm-Maß *R* (Tab. 3.18)
- bewertetes Schalldämm-Maß R_w
- Bau-Schalldämm-Maß *R'* (Tab. 3.19)
- bewertetes Bau-Schalldämm-Maß R'_w

Tab. 3.17: Übersicht über die verschiedenen Schalldämm-Maße

Bezeichnung	**Formelzeichen** [dB]	**Erläuterung**
Labor-Schalldämm-Maß	*R*	*R* gibt die Luftschalldämmung für ein Trennbauteil allein an, ohne Berücksichtigung der Schallübertragung über die flankierenden Bauteile. Es kann nur im Prüfstand gemessen werden, indem das Trennbauteil schalltechnisch vom Prüfstand vollständig entkoppelt wird und eine Schallübertragung über flankierende Bauteile ausgeschlossen ist. *R* ist frequenzabhängig.
Bewertetes Schalldämm-Maß	R_w	R_w ist eine Einzahlangabe des Labor-Schalldämm-Maßes. R_w wird für den Nachweis der Luftschalldämmung von Türen nach DIN 4109 verwendet.
Bau-Schalldämm-Maß	*R'*	*R'* gibt die Luftschalldämmung eines Trennbauteils einschließlich der Schallübertragung über die flankierenden Bauteile an. Es gibt die Verhältnisse im eingebauten Zustand wieder und wird daher als Bau-Schalldämm-Maß bezeichnet. *R'* ist frequenzabhängig.
Bewertetes Bau-Schalldämm-Maß	R'_w	R'_w ist eine Einzahlangabe, die sich aus den frequenzabhängigen Einzelwerten des Schalldämm-Maßes nach einem festgelegten Verfahren ergibt (d.h., es entspricht quasi einem bewerteten Mittelwert). Es wird für die Nachweise der Luftschalldämmung nach DIN 4109 von Bauteilen (außer Türen) verwendet.

Tab. 3.18: Labor-Schalldämm-Maß R

$R = 10 \cdot \log\left(\frac{W_1}{W_2}\right) = 10\log\left(\frac{1}{\tau}\right)$ [dB]	W_2 transmittierte, d.h. auf der Rückseite des Trennbauteils abgestrahlte, frequenzabhängige Schallleistung, in W W_1 auf das Bauteil auftreffende, frequenzabhängige Schallleistung, in W τ Schalltransmissionsgrad

Tab. 3.19: Bau-Schalldämm-Maß R'

$R' = 10 \cdot \log\left(\frac{W_1}{W_2 + W_3}\right)$ [dB]	W_1 auf das Bauteil auftreffende, frequenzabhängige Schallleistung, in W W_2 transmittierte, d.h. auf der Rückseite des Trennbauteils abgestrahlte, frequenzabhängige Schallleistung, in W W_3 Schallleistung, die im Empfangsraum über die flankierenden Bauteile abgestrahlt wird

Zusammenhang Schalldämm-Maß – Luftschalldämmung:
Zwischen der Größe des Schalldämm-Maßes und der Güte der Luftschalldämmung gelten folgende Zusammenhänge:

- Große Werte des Schalldämm-Maßes bedeuten eine gute Luftschalldämmung.
- Kleine Werte des Schalldämm-Maßes bedeuten eine schlechte Luftschalldämmung.

3.4.3 Schallpegeldifferenz

Die Schallpegeldifferenz gibt die Differenz zwischen dem Schallpegel im Senderaum und im Empfangsraum an. Da die Nachhallzeit im Empfangsraum die Größe des Schallpegels hier beeinflusst und somit auch die Schallpegeldifferenz, handelt es sich um eine nachhallzeitbezogene Kenngröße (Tab. 3.20). Die Schallpegeldifferenz ist wie das Schalldämm-Maß frequenzabhängig und wird in dB angegeben. Eine Umrechnung beider Größen ist möglich.

Tab. 3.20: Schallpegeldifferenz D

$$D = L_{SR} - L_{ER} = L_1 - L_2 = R' - 10 \cdot \log\left(\frac{S}{A}\right) \text{ [dB]}$$

L_{SR} (= L_1)	Schalldruckpegel im lauten Raum (Senderaum), in dB
L_{ER} (= L_2)	Schalldruckpegel im leisen Raum (Empfangsraum), in dB
R'	Bau-Schalldämm-Maß, in dB
S	Fläche des trennenden Bauteils, in m^2
A	äquivalente Schallabsorptionsfläche im leisen Raum (Empfangsraum), in m^2

Die äquivalente Schallabsorptionsfläche *A* eines Raums ist eine frequenzabhängige Größe und entspricht einer virtuellen Fläche mit einem Schallabsorptionsgrad von α = 1,0. Ein Schallabsorptionsgrad von α = 1,0 bedeutet, dass sämtliche Schallenergie von den raumumfassenden Bauteilen im Empfangsraum absorbiert, d.h. „geschluckt" wird. Bei einem Schallabsorptionsgrad von null wird dagegen keine Schallenergie von den raumumfassenden Bauteilen absorbiert, sämtliche Schallenergie wird von den Bauteilen reflektiert. Die äquivalente Schallabsorptionsfläche ist vom Raumvolumen des Empfangsraums und der Nachhallzeit abhängig (Tab. 3.21).

Genaue Angaben und Regeln zur Berechnung der äquivalenten Schallabsorptionsfläche befinden sich in Teil E (Raumakustik) in diesem Werk.

Tab. 3.21: Äquivalente Schallabsorptionsfläche A (Sabine'sche Formel)

Formel	Größe	Bedeutung
$A = 0{,}163 \cdot \frac{V}{T}$ [m²]	V	Raumvolumen, in m³
	T	Nachhallzeit, in s

Die Nachhallzeit *T* ist diejenige Zeitspanne in Sekunden, in der sich der Schalldruckpegel nach dem Abstellen des Schallsignals um 60 dB verringert. Mit zunehmender Raumgröße bzw. mit zunehmendem Raumvolumen wird die Nachhallzeit größer (Abb. 3-4). In üblich möblierten Wohnräumen beträgt die Nachhallzeit ca. 0,5 s.

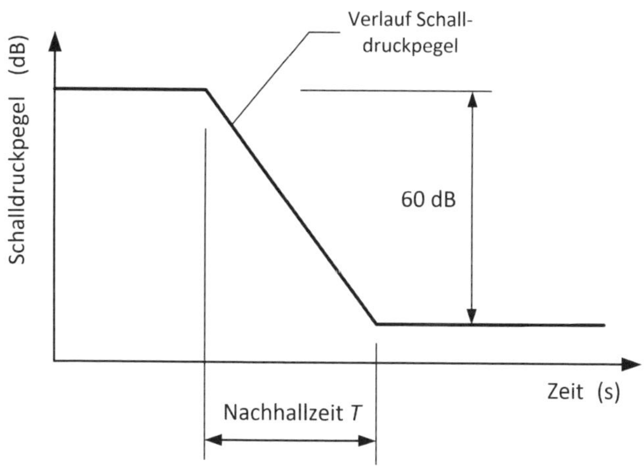

Abb. 3-4: Definition der Nachhallzeit

3.4.4 Bewertete Standard-Schallpegeldifferenz

Für üblich möblierte Wohnräume ergibt sich eine Nachhallzeit von etwa 0,5 Sekunden (siehe oben). Wird diese Nachhallzeit von *T* = 0,5 s zugrunde gelegt, erhält man die frequenzabhängige Standard-Schallpegeldifferenz. Als Einzahlangabe ergibt sich die bewertete Standard-Schallpegeldifferenz. Hinweis: In der VDI 4100 wird als Anforderungsgröße für den Nachweis des Luftschallschutzes die bewertete Standard-Schallpegeldifferenz verwendet.

Bei bekanntem bewertetem Bau-Schalldämm-Maß kann mit dem Volumen des Empfangsraums und der Fläche des Trennbauteils die bewertete Standard-Schallpegeldifferenz berechnet werden (Tab. 3.22).

Tab. 3.22: Bewertete Standard-Schallpegeldifferenz $D_{nT,w}$

$D_{nT,w} = R'_w - 10 \cdot \log\left(\frac{S}{A}\right) = R'_w + 10 \cdot \log\left(\frac{0{,}32 V_E}{S}\right)$ [dB]	S Fläche des trennenden Bauteils, in m²
$R'_w = D_{nT,w} + 10 \cdot \log\left(\frac{S}{A}\right) = D_{nT,w} - 10 \cdot \log\left(\frac{0{,}32 V_E}{S}\right)$ [dB]	A äquivalente Schallabsorptionsfläche im leisen Raum (Empfangsraum), in m² V_E Volumen des Empfangsraums, in m³

3.5 Kenngrößen für die Trittschalldämmung und die Körperschallminderung

Unter Trittschalldämmung werden sämtliche Maßnahmen zur Verringerung der Übertragung von Trittschall in Gebäuden verstanden. Trittschall entsteht durch Anregung einer Decke, z.B. durch Begehen, Stühlerücken, Gegenstände-fallen-Lassen.

Körperschallminderung wird durch Maßnahmen erreicht, die die Übertragung von Körperschall reduzieren, wie z.B. schalltechnische Entkopplung von Leitungen und Anlagen.

3.5.1 Norm-Trittschallpegel

Kennzeichnende Größe für die Trittschalldämmung von Decken ist der Norm-Trittschallpegel. Er gibt an, wie viel Schall durch die betrachtete Decke gelangt, und ist eine bauteilbezogene Größe (Tab. 3.23). Der Norm-Trittschallpegel ist frequenzabhängig und wird in dB angegeben. Beim Nachweis nach DIN 4109 wird die Einzahlangabe unter Berücksichtigung der Schallübertragung über die flankierenden Bauteile verwendet, d.h., Kenngröße ist der bewertete Norm-Trittschallpegel $L'_{n,w}$.

Tab. 3.23: Norm-Trittschallpegel L_n

$L_n = L + 10 \cdot \log\left(\frac{A}{A_0}\right)$ [dB]	L gemessener Schalldruckpegel im Empfangsraum, in dB A äquivalente Schallabsorptionsfläche im Empfangsraum, in m² A_0 Bezugsfläche (= 10 m²) (Hinweis: Diese Fläche würde sich bei einem üblich möblierten Empfangsraum ergeben), in m²

3.5.2 Standard-Trittschallpegel

Der Standard-Trittschallpegel ist eine nachhallzeitbezogene Kenngröße und wird demnach verwendet, wenn der Nachweis mithilfe von nachhallzeitbezogenen Anforderungsgrößen geführt werden soll, z.B. nach VDI 4100. Er gibt an, wie viel Schall durch eine Decke gelangt, ist frequenzabhängig und wird in dB angegeben. Für den Nachweis wird die Einzahlangabe, d.h. der bewertete Standard-Trittschallpegel, verwendet.

3.5.3 Norm-Schalldruckpegel, Beurteilungspegel

Für die Beschreibung von Körperschall werden folgende Kenngrößen verwendet:

- Für Geräusche, die durch gebäudetechnische Anlagen (z.B. Heizungsanlagen, raumlufttechnische Anlagen) einschließlich Wasserinstallationen entstehen, wird der A-bewertete Norm-Schalldruckpegel $L_{AF,n}$ (in dB) verwendet. Der A-bewertete Norm-Schalldruckpegel ist eine kennzeichnende Größe für die Beschreibung von Störgeräuschen aus den genannten Anlagen und Wasserinstallationen. $L_{AF,n}$ wird mit der Frequenzbewertung A und der Zeitbewertung F (FAST) gemessen und auf eine Bezugsabsorptionsfläche von $A_0 = 10\ m^2$ bezogen.
- Die Beschreibung von Schall aus Gewerbebetrieben, die mit dem schutzbedürftigen Bereich baulich verbunden sind, erfolgt mithilfe des Beurteilungspegels L_r (in dB). Der Beurteilungspegel L_r ist ein Maß für die Stärke der Schallbelastung innerhalb einer festgelegten Beurteilungszeit.

3.6 Umrechnung von bauteilbezogenen in nachhallzeitbezogene Kenngrößen

Eine Umrechnung von bauteilbezogenen Größen (bewertetes Bau-Schalldämm-Maß, bewerteter Norm-Trittschallpegel) in nachhallzeitbezogene Kenngrößen (bewertete Standard-Schallpegeldifferenz, bewerteter Standard-Trittschallpegel) und umgekehrt ist mit den Angaben in Tab. 3.24 möglich.

Tab. 3.24: Umrechnung von bauteilbezogenen Größen in nachhallzeitbezogene Größen und umgekehrt

	Gesuchte Größe	Gegebene Größe	Gleichung
Luftschall	bewertete Standard-Schallpegeldifferenz $D_{nT,w}$	bewertetes Bau-Schalldämm-Maß R'_w	$D_{nT,w} = R'_w + 10 \log\left(\frac{0{,}32 \cdot V_E}{S_S}\right)$
	bewertetes Bau-Schalldämm-Maß R'_w	bewertete Standard-Schallpegeldifferenz $D_{nT,w}$	$R'_w = D_{nT,w} - 10 \log\left(\frac{0{,}32 \cdot V_E}{S_S}\right)$

	Gesuchte Größe	Gegebene Größe	Gleichung
Trittschall	bewerteter Standard-Trittschallpegel $L'_{nT,w}$	bewerteter Norm-Trittschallpegel $L'_{n,w}$	$L'_{nT,w} = L'_{n,w} - 10\log(0{,}032 \cdot V_E)$
Trittschall	bewerteter Norm-Trittschallpegel $L'_{n,w}$	bewerteter Standard-Trittschallpegel $L'_{nT,w}$	$L'_{n,w} = L'_{nT,w} + 10\log(0{,}032 \cdot V_E)$
V_E	Volumen des Empfangsraums (Innenmaße), in m^3		
S_S	Fläche des Trennbauteils (im Senderaum, Innenmaße), in m^2		

3.7 Anforderungen

3.7.1 Hinweise zum Anforderungsniveau

Bei der Wahl des Anforderungsniveaus des Schallschutzes sind folgende Kriterien zu beachten:

- Die ***Mindestanforderungen*** nach DIN 4109-1 dienen nur dem Gesundheitsschutz der Bewohner und sind für den ***öffentlich-rechtlichen Nachweis*** im Zuge des Bauantragsverfahrens ausreichend. Sie stellen somit nur die unterste Grenze des bauaufsichtlich geforderten Schallschutzes dar. Allerdings befriedigen die Mindestanforderungen nach DIN 4109-1 keine Komfortansprüche und sind laut aktueller Rechtsprechung (BGH-Urteil vom 4. Juni 2009 [12]) insbesondere dann nicht ausreichend, wenn eine Wohnung auch in anderen Belangen einen höheren Komfort, z.B. in der Ausstattung, aufweist.
- Die ***erhöhten Anforderungen*** (z.B. nach DIN 4109-5, VDI 4100 SSt II und SSt III, DEGA-Empfehlung 103, Klasse A, B, C) gelten für den ***zivilrechtlich geschuldeten Schallschutz***. Sie sind immer dann zu vereinbaren, wenn die Mindestanforderungen nach DIN 4109-1 nicht ausreichend sind. Laut oben genanntem BGH-Urteil ist hiervon in der Regel bei Neubauten auszugehen, da die Mindestanforderungen nach DIN 4109-1 als nicht mehr zeitgemäß angesehen werden.
- Aus diesen Gründen wird dringend empfohlen, den geschuldeten Schallschutz vertraglich zu vereinbaren, wobei neben dem verwendeten Regelwerk ggf. auch die exakten Anforderungswerte benannt werden sollten (z.B. „Schallschutz nach DIN 4109-5", „Schallschutzstufe II nach VDI 4100", „Klasse B nach DEGA-Empfehlung 103" usw.). Eine pauschale Formulierung wie beispielsweise „Schallschutz nach DIN 4109" ist keinesfalls ausreichend, da diese Angabe zu ungenau ist. Gegebenenfalls sollten Anforderungen auch bereichsweise festgelegt werden, wenn unterschiedliche Schallschutzanforderungen in einem Objekt geplant sind.

3.7.2 Regelwerke

Anforderungen an den Schallschutz werden in verschiedenen Normen, Vorschriften und Richtlinien geregelt. Zentrale Regelwerke sind:

- DIN 4109 „Schallschutz im Hochbau“:
  - Teil 1: Mindestanforderungen [2]
  - Teil 5: Erhöhte Anforderungen [3]
- VDI 4100 „Schallschutz im Hochbau – Wohnungen – Beurteilung und Vorschläge für einen erhöhten Schallschutz“ [7]
- DEGA-Empfehlung 103 „Schallschutz im Wohnungsbau – Schallschutzausweis“ [8]

Die DIN 4109 sowie die DEGA-Empfehlung 103 arbeiten jeweils mit bauteilbezogenen Kenngrößen, d.h., für die Luftschalldämmung wird das bewertete Bau-Schalldämm-Maß R'_w und für die Trittschalldämmung der bewertete Norm-Trittschallpegel $L'_{n,w}$ verwendet.

Die VDI 4100 verwendet dagegen beim Luftschall und Trittschall nachhallzeitbezogene Größen, d.h., die bewertete Standard-Schallpegeldifferenz $D_{nT,w}$ (Luftschall) und den bewerteten Standard-Trittschallpegel $L'_{nT,w}$. Für einen Nachweis nach VDI 4100 müssen die zuvor nach DIN 4109 berechneten bauteilbezogenen Größen in die genannten nachhallzeitbezogenen Größen umgerechnet werden (Umrechnung nach Tab. 3.24).

In den nachfolgenden Beispielen und Aufgaben wird grundsätzlich mit den bauteilbezogenen Kenngrößen (d.h. bewertetes Bau-Schalldämm-Maß, bewerteter Norm-Trittschallpegel) der DIN 4109 gearbeitet. Nur in einigen Beispielen wird zusätzlich auch die Vorgehensweise erläutert, wie zu verfahren ist, wenn nachhallzeitbezogene Anforderungsgrößen beim Nachweis herangezogen werden.

3.7.3 Anforderungsgrößen nach DIN 4109

Anforderungsgrößen für die Luft- und Trittschalldämmung sowie die zulässigen Schalldruckpegel nach DIN 4109 sind in Tab. 3.25 angegeben.

Tab. 3.25: Anforderungsgrößen für die Luft- und Trittschalldämmung sowie die zulässigen Schalldruckpegel (n. DIN 4109-1, Tab. 1)

Bauteile[a]	**Berücksichtigte Schallübertragung**	**Anforderungsgröße**	
		Luftschalldämmung dB	Trittschalldämmung dB
Wände	über das trennende und die flankierenden Bauteile sowie ggf. über Nebenwege[b]	R'_w	–
Decken		R'_w	$L'_{n,w}$
Treppen		–	$L'_{n,w}$
Türen[c]	nur über die Tür	R_w	–
Gebäudetechnische Anlagen, einschließlich Wasserinstallationen		Maximaler Norm-Schalldruckpegel $L_{AF,max,n}$ n. DIN 4109-4	
Baulich verbundene Gewerbebetriebe (für die Nachtzeit gilt der Pegel der lautesten Stunde)		Beurteilungspegel L_r n. DIN 45645-1 bzw. TA-Lärm; zusätzlich ist der maximale Norm-Schalldruckpegel $L_{AF,max,n}$ zu ermitteln.	

[a] Im betriebsfertigen Zustand.
[b] Schallnebenwege, z.B. durch Kabelschotts, Installations- und Kabelkanäle in Massiv- und Installationswänden.
[c] Nach DIN 4109-2 muss bei Türen ein Sicherheitsbeiwert (Sicherheitsabschlag) von 5 dB berücksichtigt werden.

3.7.4 Anforderungen für ausgewählte Bauteile nach DIN 4109

An dieser Stelle werden exemplarisch Anforderungswerte für ausgewählte Bauteile angegeben, da diese für die Beispiele und Aufgaben benötigt werden:

- Anforderungen an die Schalldämmung in Mehrfamilienhäusern (Tab. 3.26)
- Anforderungen zwischen Einfamilien-Reihenhäusern und zwischen Doppelhäusern (Tab. 3.27)

Für die vollständigen Anforderungen wird auf die Norm (DIN 4109-1 und -5) verwiesen; siehe auch Anhang in diesem Werk.

Tab. 3.26: Anforderungen an die Schalldämmung in Mehrfamilienhäusern (n. DIN 4109-1, Tab. 2 und DIN 4109-5, Tab. 1; Auszug)

Bauteil	**Mindest-anforderungen n. DIN 4109-1**		**Erhöhte Anforderungen n. DIN 4109-5**		**Bemer-kungen**
	R'_w dB	$L'_{n,w}$ dB	R'_w dB	$L'_{n,w}$ dB	
Wohnungstrenndecken (auch Treppen)	≥ 54	≤ 50[a,b]	≥ 57	≤ 45	Nr. 1
Decken unter allgemein nutzbaren Dachräumen (z.B. Trockenböden)	≥ 53	≤ 52	≥ 56	≤ 47	–
Decken unter/über Spiel- oder ähnlichen Gemeinschaftsräumen	≥ 55	≤ 46	≥ 58	≤ 41[d]	Nr. 2
Balkone	–	≤ 58	–	≤ 58[c]	Nr. 3
Treppenläufe und -podeste	–	≤ 53	–	≤ 47	–
Wohnungstrennwände	≥ 53	–	≥ 56	–	Nr. 4
Treppenraumwände und Wände neben Hausfluren	≥ 53	–	≥ 56	–	Nr. 5
Wände neben Durchfahrten	≥ 55	–	≥ 58	–	–
Türen, die von Hausfluren oder Treppenräumen in geschlossene Flure und Dielen von Wohnungen führen	≥ 27	–	≥ 32	–	Nr. 6

Erläuterung der Bemerkungen: Nr. 1: Wohnungstrenndecken sind Bauteile, die Wohnungen voneinander oder von fremden Arbeitsräumen trennen. Nr. 2: Wegen der verstärkten Übertragung tiefer Frequenzen können zusätzliche Maßnahmen zur Schalldämmung erforderlich sein. Nr. 3: Die Anforderung an die Trittschalldämmung gilt für die Trittschallübertragung in fremde Aufenthaltsräume in alle Schallausbreitungsrichtungen. Nr. 4: Wohnungstrennwände sind Bauteile, die Wohnungen voneinander oder von fremden Arbeitsräumen trennen. Nr. 5: Für Wände mit Türen gilt: R'_w (Wand) = R_w (Tür) + 15 dB; weitere Angaben siehe Norm. Nr. 6: Bei Türen gilt R_w nach DIN 4109-1, Tab. 1, siehe dort auch Fußnote c (siehe hierzu Tab. 3.25 in diesem Werk).
Fußnoten: a Im Fall von baulichen Änderungen von Gebäuden, die vor dem 1. Juli 2016 fertiggestellt wurden, liegt die Anforderung bei $L'_{n,w}$ £ 53 dB. b Beim Neubau von Gebäuden mit Deckenkonstruktionen, die DIN 4109-33:2016-07 zuzuordnen sind, liegt die Anforderung bei $L'_{n,w}$ £ 53 dB. Anmerkung: Derzeit kann nicht für alle gebräuchlichen Deckenkonstruktionen ein Anforderungswert von $L'_{n,w}$ £ 50 dB nachgewiesen werden. Bis zum Vorliegen geeigneter Lösungen im Zuge einer Überarbeitung von DIN 4109-33 gilt deshalb die in Fußnote b genannte Anforderung. c Entspricht den Werten nach DIN 4109-1. d Gilt auch für die Bodenplatte unter diesen Räumen.

Tab. 3.27: Anforderungen zwischen Einfamilien-Reihenhäusern und zwischen Doppelhäusern (Doppelhaushälften) (n. DIN 4109-1, Tab. 3, und DIN 4109-5, Tab. 2)

Bauteil		**Mindestanforderungen n. DIN 4109-1**		**Erhöhte Anforderungen n. DIN 4109-5**		**Bemerkungen**
Art	Beschreibung	R'_{w} dB	$L'_{n,w}$ dB	R'_{w} dB	$L'_{n,w}$ dB	
Decken	Decken	–	≤ 41	–	≤ 36	Nr. 1
	Bodenplatte auf Erdreich bzw. Decke über Kellergeschoss	–	≤ 46	–	≤ 41	
Treppen	Treppenläufe und -podeste	–	≤ 46	–	≤ 41	
Wände	Haustrennwände zu Aufenthaltsräumen, die im untersten Geschoss (erdberührt oder nicht) eines Gebäudes gelegen sind	≥ 59	–	≥ 62	–	–
	Haustrennwände zu Aufenthaltsräumen, unter denen mindestens *ein* Geschoss (erdberührt oder nicht) des Gebäudes vorhanden ist	≥ 62	–	≥ 67[a]	–	–
Erläuterung der Bemerkungen: Nr. 1: Die Anforderung an die Trittschalldämmung gilt nur für die Trittschallübertragung in fremde Aufenthaltsräume in horizontaler oder schräger Richtung.						
Fußnoten: a Bei einer Unterkellerung als Weiße Wanne mit durchlaufenden flankierenden Außenwänden gilt: R'_{w} ≥ 64 dB.						

3.7.5 Anforderungen an die Luftschalldämmung von Außenbauteilen

Anforderungen an die Luftschalldämmung von Außenbauteilen sind in DIN 4109-1 festgelegt. Erhöhte Anforderungen nach DIN 4109-5 sind nicht vorgesehen.

Die Anforderungen an die Luftschalldämmung von Außenbauteilen (z.B. Wand-Fenster-Kombinationen, Dächer) werden mithilfe des gesamten bewerteten Bau-Schalldämm-Maßes $R'_{w,ges}$ ermittelt. Der Anforderungswert für $R'_{w,ges}$ von Außenbauteilen, die schutzbedürftige Räume gegenüber der Außenumgebung abgrenzen, ist abhängig von der Raumart und vom maßgeblichen Außenlärmpegel (Tab. 3.28, Tab. 3.29, Tab. 3.30).

Tab. 3.28: Gesamtes bewertetes Bau-Schalldämm-Maß $R'_{w,ges}$

$R'_{w,ges} = L_a - K_{Raumart}$ [dB]	L_a	maßgeblicher Außenlärmpegel, in dB
	$K_{Raumart}$	Beiwert zur Berücksichtigung der Raumart, in dB

Als Anforderung sind mindestens folgende Werte einzuhalten:

- $R'_{w,ges}$ = 35 dB für Bettenräume in Krankenhäusern und Sanatorien
- $R'_{w,ges}$ = 30 dB für Aufenthaltsräume in Wohnungen, Übernachtungsräume in Beherbergungsstätten, Unterrichtsräume, Büroräume u. Ä.

Für Werte $R'_{w,ges}$ > 50 dB sind die Anforderungen aufgrund der örtlichen Gegebenheiten individuell festzulegen.

Tab. 3.29: Beiwert zur Berücksichtigung der Raumart (n. DIN 4109-1, 7.1)

Raumart	**Beiwert** $K_{Raumart}$ dB
Bettenräume in Krankenhäusern und Sanatorien	25
Aufenthaltsräume in Wohnungen, Übernachtungsräume in Beherbergungsstätten, Unterrichtsräume u. Ä.	30
Büroräume u. Ä.	35

Tab. 3.30: Zuordnung zwischen Lärmpegelbereichen und maßgeblichem Außenlärmpegel (n. DIN 4109-1, Tab. 7)

Lärmpegelbereich	**Maßgeblicher Außenlärmpegel** L_a dB
I	55
II	60
III	65
IV	70
V	75
VI	80
VII	> 80[a]
[a] Für maßgebliche Außenlärmpegel > 80 dB sind die Anforderungen aufgrund der örtlichen Gegebenheiten festzulegen.	

Das erforderliche bewertete Bau-Schalldämm-Maß der Fassade wird mit den Angaben in Tab. 3.31 berechnet, siehe auch Abb. 3-5.

Tab. 3.31: Erforderliches bewertetes Bau-Schalldämm-Maß erf. $R'_{w,Fassade}$ und Korrekturwert K_{AL}

Erforderliches bewertetes Bau-Schalldämm-Maß erf. $R'_{w,Fassade}$	
$\text{erf.}R'_{w,Fassade} = R'_{w,ges} + K_{AL}$ [dB]	$R'_{w,ges}$ gesamtes bewertetes Bau-Schalldämm-Maß, in d K_{AL} Korrekturwert, der das Verhältnis der Fläche des Außenbauteils zur Grundfläche des dahinterliegenden Raums berücksichtigt, dimensionslos
Korrekturwert K_{AL}	
$K_{AL} = 10 \cdot \log\left(\frac{S_S}{0{,}8 \cdot S_G}\right)$ [–]	S_S von innen gesehene Fläche der Fassade (lichte Maße), in m^2 S_G Grundfläche des betrachteten Raums (lichte Maße), in m^2

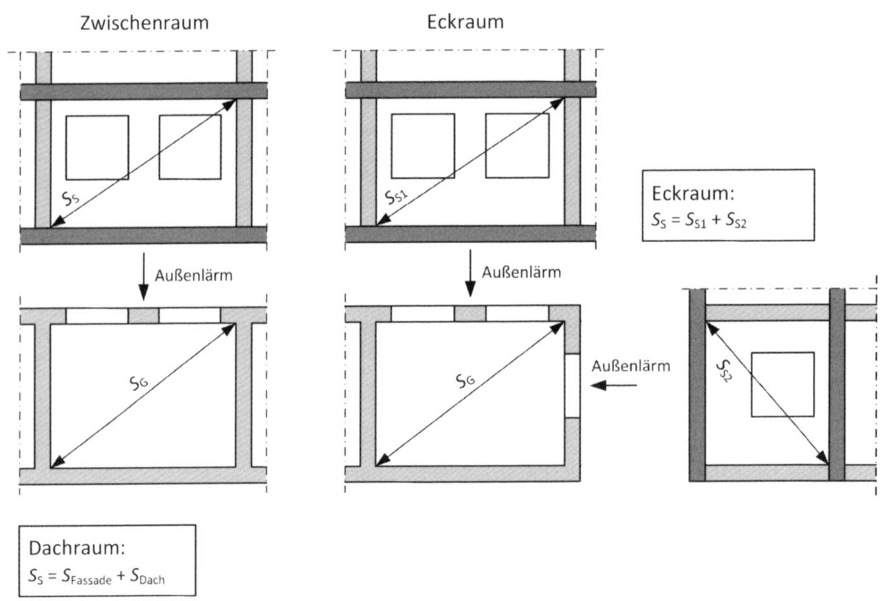

Abb. 3-5: Definition der Fläche S_S

3.8 Nachweis der Luftschalldämmung

3.8.1 Allgemeines

Der Nachweis der Luftschalldämmung ist in DIN 4109-2 geregelt und beruht auf dem vereinfachten Verfahren der europäischen Norm DIN EN ISO 12354. Die Regeln der DIN 4109 stellen somit die nationale Umsetzung der DIN EN ISO 12354 dar.

3.8.2 Grundprinzip des Nachweises der Luftschalldämmung

Das Grundprinzip des Nachweises der Luftschalldämmung sieht wie folgt aus (Abb. 3-6):

1. Berechnung des bewerteten Bau-Schalldämm-Maßes R'_w für das nachzuweisende Bauteil (z.B. Wand, Decke).
2. Ermittlung des Sicherheitsabschlags u_{prog} (vereinfacht: $u_{prog} = u = 2$ dB; genaue Ermittlung siehe Norm).
3. Festlegung des Anforderungswertes (z.B. für Mindestanforderungen nach DIN 4109-1, erhöhte Anforderungen nach DIN 4109-5). Gegebenenfalls Umrechnung von nachhallzeitbezogenen Größen in bauteilbezogene Größen (bei Anforderungswerten nach VDI 4100).
4. Nachweis:

$$R'_w - u \geq \text{erf. } R'_w$$

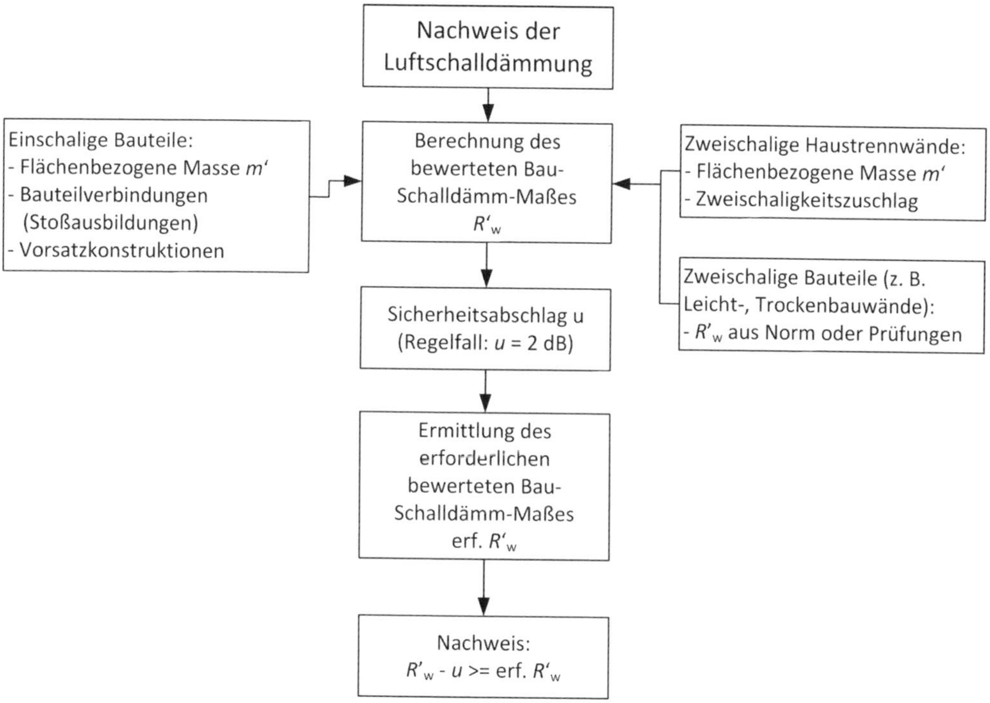

Abb. 3-6: Rechenablauf beim Nachweis der Luftschalldämmung

Es ist zu beachten, dass das bewertete Bau-Schalldämm-Maß des nachzuweisenden Bauteils um einen Sicherheitsabschlag zu vermindern ist. Hierdurch sollen Unsicherheiten bei den Rechenannahmen und Randbedingungen abgedeckt werden. Näherungsweise darf als Sicherheitsabschlag $u = 2$ dB angenommen werden. Das Verfahren zur genauen Ermittlung des Sicherheitsabschlages ist in DIN 4109-2 beschrieben, siehe dort.

3.8.3 Rechenmodell für die Ermittlung des bewerteten Bau-Schalldämm-Maßes

Für die Ermittlung des bewerteten Bau-Schalldämm-Maßes ist in DIN 4109-2 ein Rechenmodell festgelegt. Die für die Berechnung erforderlichen bauteilspezifischen Daten und Kennwerte befinden sich im Bauteilkatalog, der in den Teilen 31 bis 36 der Norm (DIN 4109-31 bis -36) enthalten ist.

Für die resultierende Luftschallübertragung zwischen zwei Räumen werden

- die direkte Schallübertragung über das Trennbauteil (Weg Dd) und
- die Schallübertragung über sämtliche flankierenden Bauteile (Wege Ff, Df und Fd)

berücksichtigt (Abb. 3-7).

Bei der üblichen Übertragungssituation (ein Trennbauteil, vier flankierende Bauteile) ergeben sich somit 13 Übertragungswege, davon zwölf Wege über die flankierenden Bauteile. Für jeden Übertragungsweg wird ein Schalldämm-Maß bzw. Flanken-Schalldämm-Maß ermittelt.

Das bewertete Bau-Schalldämm-Maß wird mit den Angaben in Tab. 3.32 berechnet.

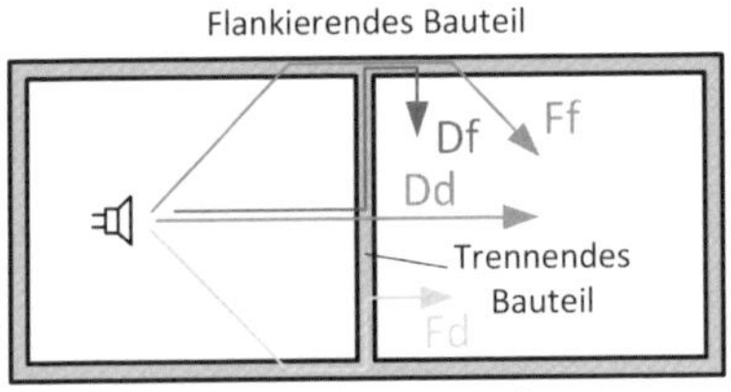

Abb. 3-7: Schallübertragungswege, die bei der Berechnung der Luftschalldämmung zu berücksichtigen sind

Tab. 3.32: Bewertetes Bau-Schalldämm-Maß R'_w

$$R'_w = -10\log\left[10^{-\frac{R_{Dd,w}}{10}} + \sum_{F=f=1}^{n} 10^{-\frac{R_{Ff,w}}{10}} + \sum_{f=1}^{n} 10^{-\frac{R_{Df,w}}{10}} + +\sum_{F=1}^{n} 10^{-\frac{R_{Fd,w}}{10}}\right] \text{ [dB]}$$

$R_{Dd,w}$	bewertetes Direkt-Schalldämm-Maß des Trennbauteils (Weg Dd), in dB
$R_{Ff,w}$	bewertetes Flankenschalldämm-Maß für die Schallübertragungswege über die flankierenden Bauteile (Weg Ff), in dB
$R_{Df,w}$	bewertetes Flankenschalldämm-Maß für die Schallübertragungswege über die flankierenden Bauteile (Weg Df), in dB
$R_{Fd,w}$	bewertetes Flankenschalldämm-Maß für die Schallübertragungswege über die flankierenden Bauteile (Weg Fd), in dB

Die Berechnung der Flankenschalldämm-Maße ist für die verschiedenen Bauweisen unterschiedlich geregelt. Dabei werden Rechenverfahren für die folgenden Bauweisen unterschieden:

- Massivbau (Abschnitt 3.9)
- zweischalige massive Haustrennwände (Abschnitt 3.9.6)
- Leicht-, Holz- und Trockenbau (Abschnitt 3.10)
- Skelettbau und Mischbauweisen (siehe Norm)

3.9 Luftschalldämmung im Massivbau

Bei Bauteilen in Massivbauweise erfolgt die Berechnung des bewerteten Bau-Schalldämm-Maßes nach Tab. 3.32. Die darin enthaltenen Größen für die

- Direktschalldämmung $R_{Dd,w}$ und die
- Flankenschalldämmung ($R_{Ff,w}$, $R_{Df,w}$ und $R_{Fd,w}$)

werden mit dem nachfolgend angegebenen Verfahren ermittelt.

3.9.1 Direktschalldämmung

Berechnung des bewerteten Direkt-Schalldämm-Maßes $R_{Dd,w}$ nach Tab. 3.33.

Tab. 3.33: Bewertetes Direkt-Schalldämm-Maß $R_{Dd,w}$ bei massiven Trennbauteilen

Massives Trennbauteil mit Vorsatzkonstruktion auf der Sende- und/oder Empfangsraumseite		
$R_{Dd,w} = R_{s,w} + \Delta R_{Dd,w}$ [dB]	$R_{s,w}$	bewertetes Schalldämm-Maß des massiven Trennbauteils, in dB
	$\Delta R_{Dd,w}$	gesamte bewertete Verbesserung des Schalldämm-Maßes durch zusätzlich angebrachte Vorsatzkonstruktionen auf der Sende- und/oder Empfangsseite des Trennbauteils, in dB
Massives Trennbauteil allein (d.h. ohne Vorsatzkonstruktion)		
$R_{Dd,w} = R_{s,w}$ [dB]		

Vorsatzkonstruktionen sind Bauteile, die vor dem eigentlichen Bauteil angeordnet werden, um die Luftschalldämmung zu verbessern. Die Vorsatzkonstruktion besteht aus einer meist biegeweichen Bekleidung (z.B. aus Gipsbauplatten o.Ä.), die nicht direkt mit dem eigentlichen Bauteil verbunden ist, sondern unter Belassung eines Zwischenraums eingebaut wird. Im Zwischenraum wird eine Hohlraumdämpfung, z.B. aus Mineralfaserdämmstoff, eingebracht. In akustischer Hinsicht bilden das Bauteil und die Vorsatzkonstruktion eine zweischalige Konstruktion.

3.9.2 Flankenschalldämmung

Berechnung der bewerteten Flankenschalldämm-Maße $R_{ij,w}$ nach Tab. 3.34.

Tab. 3.34: Bewertetes Flankenschalldämm-Maß $R_{ij,w}$ (massive Bauteile)

$$R_{ij,w} = \frac{R_{i,w}}{2} + \frac{R_{j,w}}{2} + \Delta R_{ij,w} + K_{ij} + 10\log\left(\frac{S_S}{l_0 \cdot l_f}\right) \text{ [dB]}$$	
$R_{i,w}$	bewertetes Schalldämm-Maß des flankierenden massiven Bauteils im Senderaum, in dB
$R_{j,w}$	bewertetes Schalldämm-Maß des flankierenden massiven Bauteils im Empfangsraum, in dB
$\Delta R_{ij,w}$	gesamte bewertete Verbesserung des Schalldämm-Maßes durch zusätzlich angebrachte Vorsatzkonstruktionen auf dem Sendebauteil (i) und/oder Empfangsbauteil (j) des betrachteten Übertragungsweges, in dB (Anmerkung: Es sind nur die raumseitig angebrachten Vorsatzkonstruktionen zu berücksichtigen, z.B. raumseitige Bekleidungen, nicht jedoch ein außen angebrachtes Wärmedämmverbundsystem (WDVS) bei einer Außenwand)
K_{ij}	Stoßstellendämm-Maß auf dem Übertragungsweg ij, in dB
S_S	Fläche des Trennbauteils, die beiden Räumen gemeinsam ist, in m^2
l_f	gemeinsame Kopplungslänge der Verbindungsstelle zwischen dem trennenden und dem flankierenden Bauteil, in m
l_0	Bezugskopplungslänge = 1,0 m

3.9.3 Stoßstellen und Stoßstellendämm-Maß

Stoßstellen sind solche Bereiche im Übertragungsweg des Körperschalls, bei denen es aufgrund von Änderungen im Ausbreitungsweg zur Reflexion von Körperschall kommt. Dadurch vermindert sich die Schallübertragung. Änderungen sind:

- Materialwechsel (auch elastische Zwischenschichten)
- Querschnittsänderungen
- Bauteilverbindungen (Stoßstellen)

Bei der Berechnung der Schalldämmung im Stoßstellenbereich wird vereinfachend angenommen, dass die Fortsetzung des Bauteils nach der Stoßstelle die gleiche flächenbezogene Masse aufweist wie vor der Stoßstelle. Für abweichende Situationen wird auf die Norm (DIN 4109-2) verwiesen (Abb. 3-8). Berechnung der Stoßstellendämm-Maße nach Tab. 3.35 und Tab. 3.36. Mindestwert des Stoßstellendämm-Maßes nach Tab. 3.37.

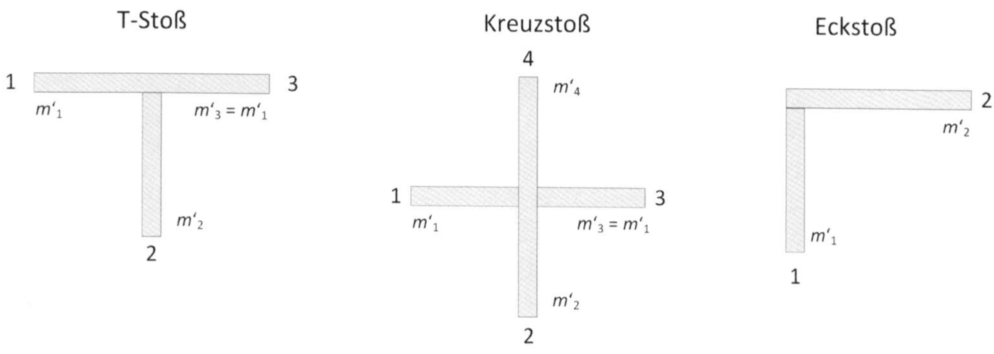

Abb. 3-8: Stoßstellen (n. DIN 4109-32)

Tab. 3.35: Hilfsgröße M zur Berechnung des Stoßstellendämm-Maßes

$M = \log\left(\frac{m'_{\perp i}}{m'_i}\right)$ [–]	m'_i flächenbezogene Masse des Bauteils i im Übertragungsweg ij, in kg/m $m'_{\perp i}$ flächenbezogene Masse des anderen die Stoßstelle bildenden Bauteils senkrecht dazu, in kg/m^2. Das Stoßstellendämm-Maß K_{ij} kann alternativ auch durch Prüfung ermittelt werden, siehe Norm.

Tab. 3.36: Stoßstellendämm-Maß K_{ij}

Eckstoß	$K_{12} = 2{,}7 + 2{,}7 \cdot M^2$ [dB]
T-Stoß	$K_{12} = 4{,}7 + 5{,}7 \cdot M^2$ [dB]
	$K_{13} = 5{,}7 + 14{,}1 \cdot M + 5{,}7 \cdot M^2$ [dB] für M < 0,215
	$K_{13} = 8 + 6{,}8 \cdot M$ [dB] für M $\geq$ 0,215
Kreuzstoß	$K_{12} = 5{,}7 + 15{,}4 \cdot M^2$ [dB]
	$K_{13} = 8{,}7 + 17{,}1 \cdot M + 5{,}7 \cdot M^2$ [dB] für $M < 0{,}182$
	$K_{13} = 9{,}6 + 11 \cdot M$ [dB] für $M \geq 0{,}215$

Tab. 3.37: Mindestwert des Stoßstellendämm-Maßes $K_{ij,min}$

$K_{ij,min} = -10\log\left[l_f \cdot l_0\left(\frac{1}{S_i} + \frac{1}{S_j}\right)\right]$ [dB]
l_f gemeinsame Kopplungslänge der Verbindungsstelle zwischen dem trennenden und dem flankierenden Bauteil, in m l_0 Bezugskopplungslänge = 1,0 m S_i Fläche des angeregten Bauteils im Senderaum, in m^2 S_j Fläche des abstrahlenden Bauteils im Empfangsraum, in m^2

3.9.4 Massive einschalige Wände

Massive einschalige Wände im Sinne der DIN 4109 sind Wände aus

- Mauerwerk,
- Beton,
- Gips,
- großformatigen Wandtafeln (aus Mauerwerk, Beton, Leichtbeton, Porenbeton) oder
- anderen mineralischen Baustoffen,

die aus einer Schale bestehen und homogen aufgebaut sind. Wände, die aus mehreren Schichten bestehen, dürfen wie einschalige homogene Wände behandelt werden, wenn die Steifigkeit der einzelnen Schichten so hoch ist, dass die tiefste Resonanzfrequenz f_0 des entstehenden Feder-Masse-Systems möglichst nicht wesentlich höher als 100 Hz liegt (d.h. $f_0 \leq 100$ Hz).

Regeln zur Überprüfung, ob schalltechnisch ein einschaliges oder zweischaliges Bauteil vorliegt, sind in Tab. 3.38 angegeben (siehe auch Abb. 3-9).

Tab. 3.38: Prüfung einer Konstruktion (Wand oder Decke), die aus drei Schichten besteht

Ein *einschaliges Bauteil* liegt vor, wenn:	
$f_0 = 160\sqrt{s'\left(\frac{1}{m'_1} + \frac{1}{m'_2}\right)} \leq 100\text{Hz}$	
Ein *zweischaliges Bauteil* liegt vor, wenn:	
$f_0 = 160\sqrt{s'\left(\frac{1}{m'_1} + \frac{1}{m'_2}\right)} > 100\text{Hz}$	
f_0	Resonanzfrequenz der aus drei Schichten bestehenden Konstruktion, in Hz
s'	dynamische Steifigkeit der mittleren Schicht (n. DIN EN 29052-1), in MN/m³
m'_1, m'_2	flächenbezogene Masse der äußeren Schichten, in kg/m²

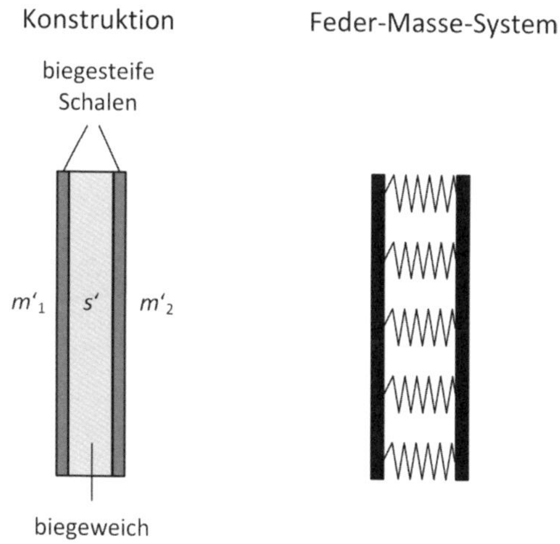

Abb. 3-9: Zweischaliges Bauteil und Feder-Masse-System

Bei zweischaligen Bauteilen hängt die Luftschalldämmung nicht allein von der flächenbezogenen Masse ab, sondern wird zusätzlich von der Steifigkeit der Schalen sowie vom Schalenabstand und der Art des Materials im Schalenzwischenraum bestimmt.

3.9.4.1 Flächenbezogene Masse für einschalige Wände

Die flächenbezogene Masse *m'* wird für die Berechnung des bewerteten Schalldämm-Maßes einer einschaligen Wand benötigt. Die Berechnung erfolgt nach Tab. 3.39.

Tab. 3.39: Flächenbezogene Masse m' plattenförmiger homogener einschaliger Bauteile

$m' = d \cdot \rho$ [kg/m²]	d Dicke des Bauteils, in m ρ Rohstoffdichte des Baustoffes, in kg/m³
Für die Rohdichte ρ dürfen nur Rechenwerte der DIN 4109 verwendet werden, nicht jedoch Werte aus Normen für Lastannahmen (wie z.B. aus dem Eurocode 1).	

3.9.4.1.1 Rechenwerte der Rohdichten von Mauerwerk und Beton

Rechenwerte der Rohdichten für Mauerwerk und Beton nach Tab. 3.40.

Tab. 3.40: Rohdichten für Mauerwerk und Beton (Auswahl, n. DIN 4109-32)

Mauerwerk		
Art	Wandrohdichte ρ_W, kg/m³	
Mauerwerk mit Normalmörtel	$\rho_w = 900 \cdot RDK + 100$	$(2{,}2 \geq RDK \geq 0{,}35)$
Mauerwerk mit Leichtmörtel	$\rho_w = 900 \cdot RDK + 50$	$(1{,}0 \geq RDK \geq 0{,}35)$

Mauerwerk	
Art	Wandrohdichte ρ_W, kg/m³
Mauerwerk mit Dünnbettmörtel	$\rho_w = 1000 \cdot \text{RDK} - 100$ (RDK > 1,0)
	$\rho_w = 1000 \cdot \text{RDK} - 50$ (Klassenbreite der RDK 100 kg/m³ und RDK ≤ 1,0)
	$\rho_w = 1000 \cdot \text{RDK} - 25$ (Klassenbreite der RDK 50 kg/m³ und RDK ≤ 1,0)
Beton	
fugenlose Wände und Wände aus geschosshohen Platten/Betonfertigteilen bei unbewehrtem Normalbeton	$\rho = 2350$ kg/m³
bewehrte Bauteile aus Beton	$\rho = 2400$ kg/m³
RDK: Rohdichteklasse	

3.9.4.1.2 Putzschichten

Die Berechnung der flächenbezogenen Masse von Putzschichten erfolgt nach Tab. 3.41. Es sind die Rechenwerte der Rohdichte nach Tab. 3.42 zu verwenden.

Tab. 3.41: Flächenbezogene Masse m'_{Putz} von Putzschichten

Flächenbezogene Masse m'_{Putz} von Putzschichten	
$m'_{Putz} = d_{Putz} \cdot \rho_{Putz}$ [kg/m²]	d_{Putz} Nenndicke einer Putzschicht, in m ρ_{Putz} Rechenwert der Rohdichte der Putzschicht, in kg/m³

Tab. 3.42: Rechenwerte der Rohdichte für Putzschichten

Putz	Rohdichte
Gips- und Dünnlagenputze	$\rho_{Putz} = 1000$ kg/m³
Kalk- und Kalkzementputze	$\rho_{Putz} = 1600$ kg/m³
Leichtputze	$\rho_{Putz} = 900$ kg/m³
Wärmedämmputze	$\rho_{Putz} = 250$ kg/m³

3.9.4.1.3 Gesamte flächenbezogene Masse

Die gesamte flächenbezogene Masse einer einschaligen Wand berechnet sich mit den Angaben in Tab. 3.43.

Tab. 3.43: Gesamte flächenbezogene Masse

Gesamte flächenbezogene Masse m'_{ges}	
$m'_{ges} = m'_{Wand} + m'_{Putz}$ [kg/m²]	m'_{Wand} flächenbezogene Masse der Wand, in kg/m² m'_{Putz} flächenbezogene Masse der Putzschichten, in kg/m²

3.9.4.2 Bewertetes Schalldämm-Maß für einschalige homogene Bauteile

Das bewertete Schalldämm-Maß für einschalige homogene Bauteile berechnet sich in Abhängigkeit von der flächenbezogenen Masse m'_{ges}. Für ausgewählte Baustoffe sind die entsprechenden Formeln in Tab. 3.44 angegeben.

Tab. 3.44: Bewertetes Schalldämm-Maß für einschalige homogene Bauteile

Baustoff, Material	Bewertetes Schalldämm-Maß R_w dB	Bemerkung
Beton, Betonsteine, Kalksandstein, Mauerziegel, Verfüllsteine	$R_w = 30{,}9\log(m'_{ges} / m'_0) - 22{,}2$	für 65 kg/m² < m'_{ges} < 720 kg/m²
Leichtbeton	$R_w = 30{,}9\log(m'_{ges} / m'_0) - 20{,}2$	für 140 kg/m² < m'_{ges} < 480 kg/m²
Porenbeton	$R_w = 32{,}6\log(m'_{ges} / m'_0) - 22{,}5$	für 50 kg/m² < m'_{ges} < 150 kg/m²
	$R_w = 26{,}1\log(m'_{ges} / m'_0) - 8{,}4$	für 150 kg/m² < m'_{ges} < 300 kg/m²
m'_0 = 1 kg/m² (Bezugsgröße)		

3.9.5 Massive Decken

Massive Decken (Massivdecken) sind einschalige Trenndecken zwischen fremden Wohn- und Arbeitsräumen. Hierzu zählen Stahlbetondecken, Stahlleichtbetondecken sowie Fertigteildecken aus unterschiedlichen Baustoffen. Massivdecken mit Hohlräumen werden wie einschalige Bauteile mit derselben flächenbezogenen Masse behandelt. Deckenkonstruktionen siehe Tab. 3.45. Die Berechnung der flächenbezogenen Masse erfolgt nach Tab. 3.46 und Tab. 3.47. Das bewertete Schalldämm-Maß für Massivdecken ergibt sich mit den Angaben nach Tab. 3.48.

Tab. 3.45: Massivdecken, für die die Regeln der Ermittlung der Luft- und Trittschalldämmung gelten (n. DIN 4109-32, Tab. 5)

Deckenkonstruktion		
Massivdecken ohne Hohlräume[1]		
Beschreibung	Norm	Querschnitt
Stahlbeton-Vollplatten aus Normalbeton oder aus Leichtbeton (1)	DIN 1045-2	(1) 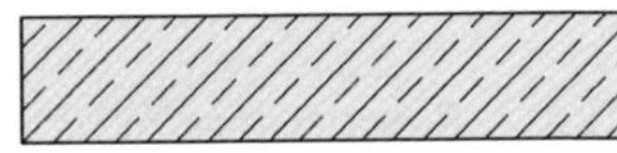
Fertigteilplatten mit Ortbetonergänzung (2)	DIN EN 13747	(2) 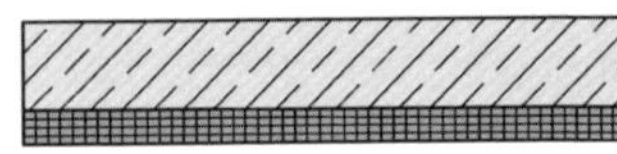
Deckenplatten mit Stegen (3)	DIN EN 13224	
Porenbeton-Deckenplatten (4)	DIN 4223-100	(3) 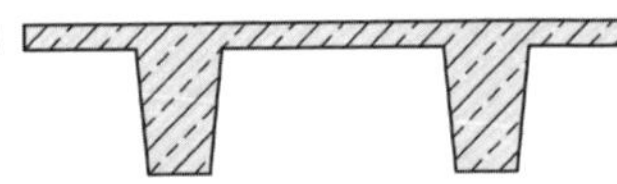 (4)  (Prinzipskizzen)
Massivdecken mit Hohlräumen[1]		
Ziegeldecken mit Deckenziegeln (5)	Ziegeldecke n. DIN 1045-100 mit Deckenziegeln n. DIN 4159	(5) 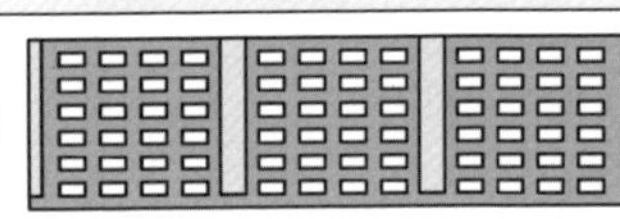
Stahlbetonrippendecken und Stahlbetonbalkendecken mit Zwischenbauteilen	Stahlbetondecke n. DIN 1045-100 Zwischenbauteile n. DIN EN 15037-2 oder DIN 4160	(6)  (Prinzipskizzen)
Stahlbetonhohldielen und -platten (6)	DIN 1045-2	
Hohlplatten	DIN EN 1168	
Stahlbetondielen aus Leichtbeton	DIN EN 1520	
Stahlbetonhohldecken	DIN 1045-2	
Balkendecken ohne Zwischenbauteile	DIN 1045-2	
[1] Gegebenenfalls mit Putz		

Tab. 3.46: Flächenbezogene Masse m' für Massivdecken mit und ohne Hohlräume

Flächenbezogene Masse *m'* für Massivdecken ***ohne*** Hohlräume	
$m' = \rho \cdot d$ [kg/m²]	ρ Rechenwert der Rohdichte, in kg/m³ d Deckenstärke, in m
Flächenbezogene Masse *m'* für Massivdecken ***mit*** Hohlräumen	
Bei Massivdecken mit Hohlräumen ist die flächenbezogene Masse entweder • aus den Rechenwerten nach DIN EN 1991-1-1 in Verbindung mit dem zugehörigen Nationalen Anhang DIN EN 1991-1-1/NA mit einem Abzug von 15 % oder • aus dem vorhandenen (tatsächlichen) Querschnitt mit der entsprechenden Rohdichte zu berechnen.	

Tab. 3.47: Rechenwerte der Rohdichte für Baustoffe von Massivdecken ohne Hohlräume sowie Zementestrich

Baustoff	**Rechenwert der Rohdichte** ρ kg/m³
Normalbeton (bewehrt)	2400
Aufbeton	2100
Zementestrich	2000

Tab. 3.48: Bewertetes Schalldämm-Maß R_w für Massivdecken

Massivdecken aus Beton	
$R_w = 30{,}9 \log\left(\frac{m'_{ges}}{m'_0}\right) - 22{,}2$ [dB]	
Massivdecken aus Porenbeton	
$R_w = 32{,}6 \log\left(\frac{m'_{ges}}{m'_0}\right) - 22{,}5$ [dB]	$50 \leq m'_{ges} < 150$ kg/m²
$R_w = 26{,}1 \log\left(\frac{m'_{ges}}{m'_0}\right) - 8{,}4$ [dB]	$150 \leq m'_{ges} \leq 300$ kg/m²
m'_{ges} flächenbezogene Masse des verwendeten Baustoffs, in kg/m² m'_0 Bezugsgröße = 1 kg/m²	

3.9.6 Massive zweischalige Wände (Haustrennwände)

Massive zweischalige Wände (Haustrennwände) bestehen aus *zwei massiven Schalen (Wandscheiben)*, die durch eine durchgehende Trennfuge schalltechnisch voneinander entkoppelt sind. Der lichte Schalenabstand muss ***mindestens 30 mm*** betragen. Die beiden Schalen besitzen – mit Ausnahme des untersten Geschosses (im Bereich der Bodenplatte bzw. Gründung) – keine Kopplung untereinander, sodass die Schallübertragung über flankierende Bauteile weitgehend unterbunden wird (Abb. 3-10).

Der Schalenzwischenraum ist mit einer *Hohlraumdämpfung* aus weichem Material auszufüllen. Hierfür sind z.B. Mineralfaserdämmplatten geeignet. Nicht geeignet sind harte Stoffe wie z.B. Dämmplatten aus Polystyrol (PS) oder Polyurethanschaum (PUR), da hierdurch eine Körperschallübertragung von Schale zu Schale möglich ist, was zu einer Verschlechterung der Schalldämmung führt.

Die zweischalige Ausführung bewirkt eine wesentlich bessere Schalldämmung gegenüber einer gleichschweren einschaligen Wand. Aus diesem Grund werden Haustrennwände in der Regel als zweischalige Wandkonstruktionen ausgeführt.

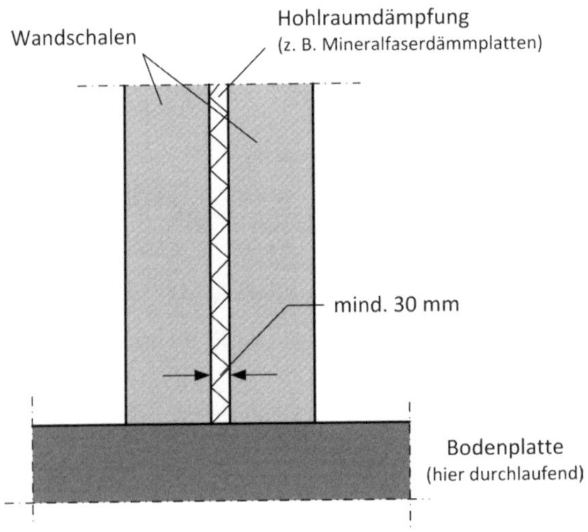

Abb. 3-10: Zweischalige Haustrennwand

3.9.6.1 Berechnungsverfahren

Zurzeit existiert lediglich ein vereinfachtes Berechnungsverfahren zur Abschätzung der Schalldämmung von zweischaligen Haustrennwänden, das in DIN 4109-2 geregelt ist. Ein genaueres Verfahren ist in Arbeit und soll zukünftig in DIN 4109 aufgenommen werden. Der prinzipielle Rechenablauf ist in Abb. 3-11 dargestellt.

Das bewertete Schalldämm-Maß $R'_{w,2}$ der zweischaligen Wand wird mit den Angaben in Tab. 3.49 berechnet, der dafür benötigte Zweischaligkeitszuschlag befindet sich in Tab. 3.50.

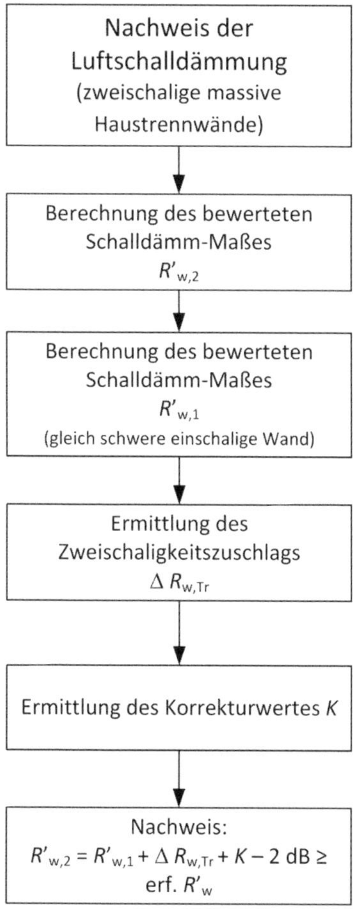

Abb. 3-11: Rechenablauf beim Nachweis der Luftschalldämmung zweischaliger massiver Haustrennwände

Tab. 3.49: Bewertetes Bau-Schalldämm-Maß $R'_{w,2}$ einer massiven zweischaligen Haustrennwand

<table>
<tr><td rowspan="3">$R'_{w,2} = R'_{w,1} + \Delta R_{w,Tr} - K$ [dB]</td><td>$R'_{w,1}$</td><td>bewertetes Bau-Schalldämm-Maß einer gleich schweren einschaligen Wand (n. den Regeln für einschalige Wände), in dB</td></tr>
<tr><td>$\Delta R_{w,Tr}$</td><td>Zweischaligkeitszuschlag in Abhängigkeit von der Übertragungssituation n. Tab. 3.51, in dB</td></tr>
<tr><td>K</td><td>Korrekturwert zur Berücksichtigung der Übertragung über flankierende Bauteile und Wände, in dB</td></tr>
<tr><td colspan="3">Korrekturwert K</td></tr>
<tr><td colspan="3">$m'_{f,m} > m'_{Tr,1}$</td></tr>
</table>

$K = 0 \ [\mathrm{dB}]$	$m'_{Tr,1}$ flächenbezogene Masse einer Schale der zweischaligen Wand (Empfangsraum), in kg/m² $m'_{f,m}$ mittlere flächenbezogene Masse der unverkleideten homogenen flankierenden Bauteile im Empfangsraum, in kg/m²
$m'_{f,m} \leq m'_{Tr,1}$	
$K = 0{,}6 + 5{,}5 \log\left(\frac{m'_{Tr,1}}{m'_{f,m}}\right) \ [\mathrm{dB}]$	–
Mittlere flächenbezogene Masse der flankierenden Bauteile im Empfangsraum $m'_{f,m}$	
$m'_{f,m} = \frac{1}{n}\sum_{i=1}^{n} m'_{f,i} \ [\mathrm{kg/m^2}]$	$m'_{f,i}$ flächenbezogene Masse des jeweiligen nicht verkleideten massiven Flankenbauteils i, in kg/m² n Anzahl der nicht verkleideten massiven Flankenbauteile, dimensionslos

Tab. 3.50: Zuschlagswerte $\Delta R_{w,Tr}$ für unterschiedliche Übertragungssituationen (gekennzeichnet durch „Pfeil") für zweischalige Haustrennwände [a, b, c] (n. DIN 4109-2, Tab. 1)

Zeile	**Situation**	**Beschreibung**	**Zuschlagswert** $\Delta R_{w,Tr}$ dB
1	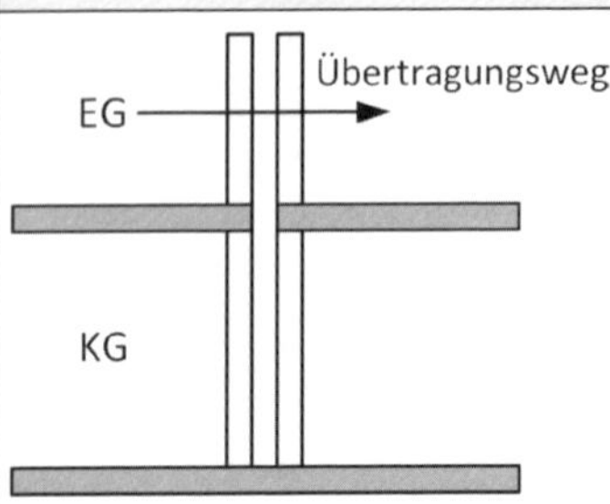	vollständige Trennung der Schalen bis zur Bodenplatte	12
2	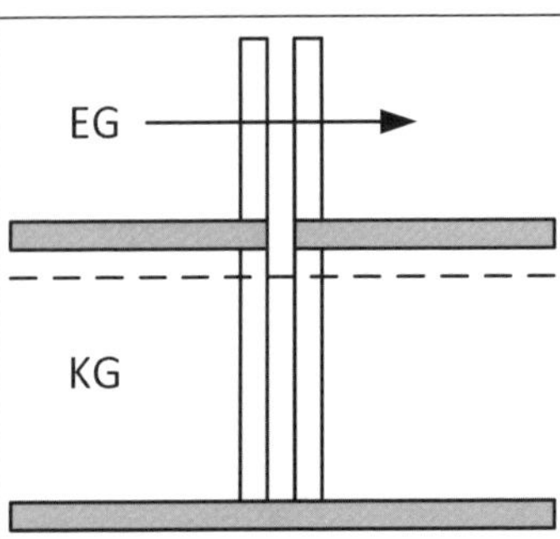	Kelleraußenwände durchgehend mit $m' \geq 575$ kg/m² (Weiße Wanne)	9

3	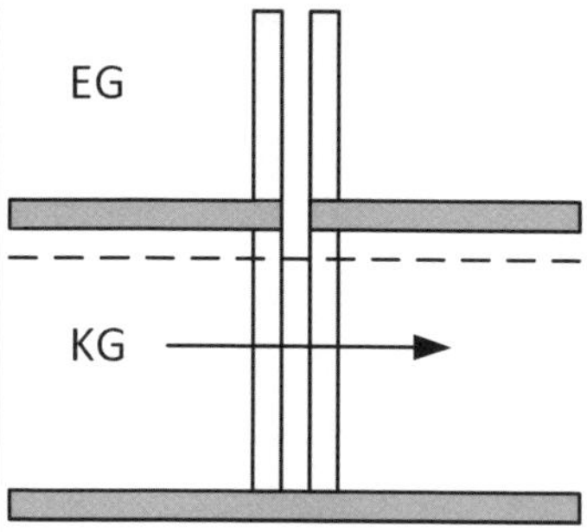	Kelleraußenwände durchgehend mit $m' \geq 575$ kg/m² (Weiße Wanne), Bodenplatte durchgehend mit $m' \geq 575$ kg/m²	3
4	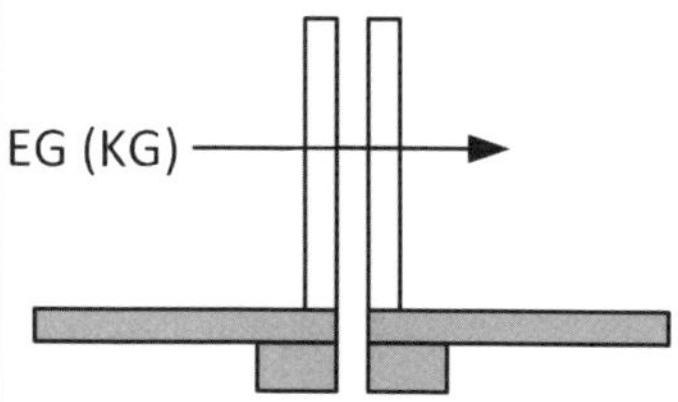	Außenwände getrennt, Bodenplatte getrennt	9
5	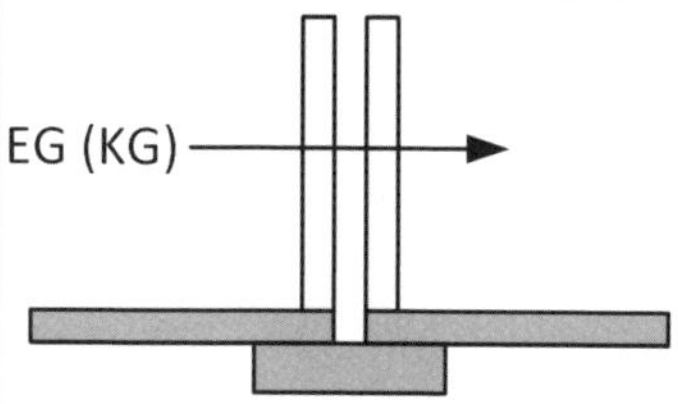	Außenwände getrennt, Bodenplatte getrennt auf gemeinsamem Fundament	6[d]
6	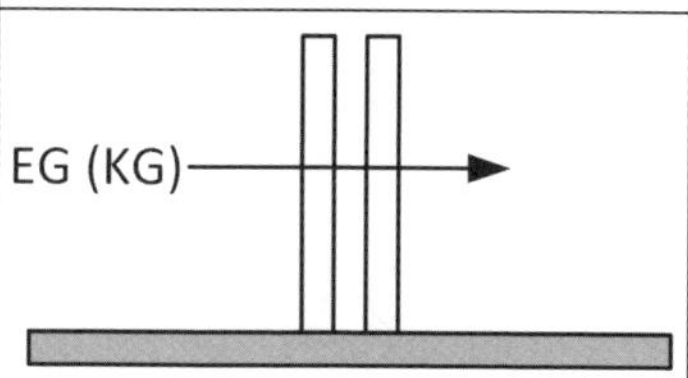	Außenwände getrennt, Bodenplatte durchgehend mit $m' \geq 575$ kg/m²	6[d]

[a] Falls die einzelnen Schalen nicht schwerer als 200 kg/m² sind, können die Zuschlagswerte $\Delta R_{w,Tr}$ für zweischalige Haustrennwände aus Porenbeton für die Zeilen 1, 2, 3 und 4 um 3 dB und für die Zeilen 5 und 6 um 6 dB erhöht werden.

[b] Falls die einzelnen Schichten nicht schwerer als 250 kg/m² sind, können die Zuschlagswerte $\Delta R_{w,Tr}$ für zweischalige Haustrennwände aus Leichtbeton um 2 dB erhöht werden, wenn die Steinrohdichte ≤ 800 kg/m³ ist.

[c] Falls der Schalenabstand mindestens 50 mm beträgt und der Fugenhohlraum mit dicht gestoßenen und vollflächig verlegten mineralischen Dämmplatten (siehe DIN EN 13162 in Verbindung mit DIN 4108-10, Anwendungstyp WTH) ausgefüllt wird, können die Zuschlagswerte $\Delta R_{w,Tr}$ bei allen Materialien in den Zeilen 1, 2 und 4 um 2 dB erhöht werden.

[d] Für eine Haustrennwand, bestehend aus zwei Schalen mit je 17,5 cm Porenbeton der Rohdichteklasse 0,60 (oder größer) mit einem Schalenabstand von mindestens 50 mm, verfüllt mit dicht gestoßenen mineralischen Dämmplatten Typ WTH nach DIN EN 13162, kann insgesamt ein $\Delta R_{w,Tr}$ von +14 dB angesetzt werden. Zuschläge nach Fußnote a sind in diesem Zuschlag bereits berücksichtigt.

3.9.6.2 Hinweise für die Planung und Konstruktion von Haustrennwänden und zur Ausbildung von Fundamenten

Bei der Planung und Konstruktion von zweischaligen Haustrennwänden sind folgende Hinweise und Regeln zu beachten:

1. **Ausbildung der Trennfuge:** Es ist darauf zu achten, dass die Trennfuge ohne Schallbrücken ausgeführt wird. Die Trennung der Wandscheiben muss auch in den weiteren Bauteilschichten (z.B. Außenputz, Verblendschale) fortgesetzt werden.
2. **Lichte Breite der Trennfuge:** Die lichte Breite der Trennfuge (lichter Abstand zwischen den Wandschalen) muss mindestens 30 mm betragen.
3. **Flächenbezogene Masse einer Einzelschale:** Die flächenbezogene Masse einer Einzelschale einschließlich Putz muss mindestens 150 kg/m² betragen. Das führt zu Wandstärken einer Einzelschale von mindestens 17,5 cm. Bei einer Breite der Trennfuge von ≥ 50 mm darf die flächenbezogene Masse einer Einzelschale bis auf 100 kg/m² reduziert werden.
4. **Fugenhohlraum:** Der Fugenhohlraum ist mit Mineralwolledämmplatten nach DIN EN 13162 [13] vollflächig auszufüllen. Die Platten sind dicht zu stoßen.
5. **Sonstiges:** Bei asymmetrischer Ausführung der Wandschalen (z.B. unterschiedliche flächenbezogene Massen, unterschiedliche Dicken) wird die Schalldämmung weiter verbessert. Dieser Effekt wird im zurzeit vorliegenden vereinfachten Berechnungsverfahren nicht berücksichtigt.

Weitere Hinweise siehe Norm.

3.10 Luftschalldämmung im Holz-, Leicht- und Trockenbau

Im Holz-, Leicht- und Trockenbau ist die Berechnung der Flankenübertragung aus den Direkt-Schalldämm-Maßen und den Stoßstellendämm-Maßen analog zur Vorgehensweise zum Massivbau nicht möglich, da Konstruktionen in Holzbauweise sowie im Leicht- und Trockenbau stark inhomogen sind.

Aus diesem Grund wird die Flankenübertragung pauschal erfasst. Dazu wird die bewertete Norm-Flankenschallpegeldifferenz $D_{n,f,w}$ der an der Schallübertragung beteiligten Bauteile verwendet. Vorsatzschalen und Fußbodenaufbauten werden dabei als integrierter Bestandteil des Bauteils behandelt. Die Berechnung erfolgt nach Tab. 3.51.

Tab. 3.51: Bewertetes Bau-Schalldämm-Maß R'_w und bewertetes Flanken-Schalldämm-Maß $R_{Ff,w}$ eines Bauteils in Holz-, Leicht- oder Trockenbauweise

$R'_w = -10\log\left[10^{-R_{Dd,w}/10} + \sum_{F=f=1}^{n} 10^{-R_{Ff,w}/10}\right]$ [dB]
$R_{Ff,w} = D_{n,f,w} + 10\log\left(\frac{l_{lab}}{l_f}\right) + 10\log\left(\frac{S_S}{A_0}\right)$ [dB]

$R_{Dd,w}$	bewertetes Schalldämm-Maß des trennenden Bauteils, in dB
$D_{n,f,w}$	bewertete Norm-Schallpegeldifferenz eines flankierenden Bauteils, in dB
n	Anzahl der flankierenden Bauteile in einem Raum; üblicherweise ist $n = 4$; die Bezugskantenlänge, in m
l_{lab}	l_{lab} = 2,8 m für Fassaden und Innenwände bei horizontaler Übertragung: l_{lab} = 4,5 m für Decken, Unterdecken und Fußbodenaufbauten bei horizontaler Übertragung sowie bei Fassaden und Innenwänden bei vertikaler Übertragung
l_f	gemeinsame Kopplungslänge der Verbindungsstelle zwischen dem trennenden Bauteil und den flankierenden Bauteilen F und f, in m
S_S	Fläche des trennenden Bauteils, in m^2 (min $S_S = 8\ m^2$)
A_0	Bezugsabsorptionsfläche, $A_0 = 1{,}0\ m^2$

Für die Daten sämtlicher Bauteile wird auf DIN 4109-33 verwiesen.

3.11 Nachweis der Trittschalldämmung

3.11.1 Allgemeines

Der Nachweis der Trittschalldämmung ist in DIN 4109-2 geregelt und beruht auf dem vereinfachten Verfahren der europäischen Norm DIN EN 12354. Die Regeln der DIN 4109 sind somit als nationale Umsetzung der DIN EN 12354 anzusehen.

3.11.2 Grundprinzip des Nachweises der Trittschalldämmung

Das Grundprinzip des Nachweises der Trittschalldämmung erfolgt in folgenden Schritten (siehe Abb. 3-12):

1. Berechnung des bewerteten Norm-Trittschallpegels $L'_{n,w}$.
2. Ermittlung eines Sicherheitszuschlags u_{prog} (vereinfacht: $u_{prog} = u = 3$ dB; genaue Ermittlung siehe Norm).
3. Festlegung des Anforderungswertes für die Trittschalldämmung (z.B. für Mindestanforderungen nach DIN 4109-1, erhöhte Anforderungen nach DIN 4109-5 oder VDI 4100). Gegebenenfalls Umrechnung von nachhallzeitbezogenen Größen in bauteilbezogene Größen. Anforderungswert nach DIN 4109-1: Höchstwert des bewerteten Norm-Trittschallpegels zul. $L'_{n,w}$.
4. Nachweis:

$L'_{n,w} + u \leq \text{zul. } L'_{n,w}$	u	Sicherheitszuschlag, in dB (vereinfachend darf der Sicherheitszuschlag zu $u = 3$ dB angenommen werden)
	zul. $L'_{n,w}$	Höchstwert des bewerteten Norm-Trittschallpegels, in dB

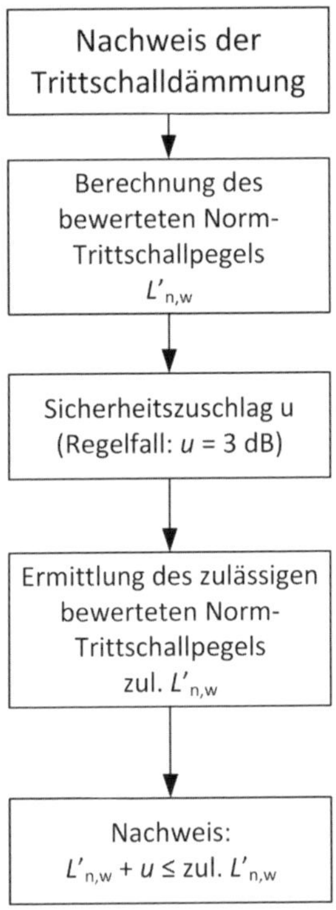

Abb. 3-12: Rechenablauf beim Nachweis der Trittschalldämmung

3.11.3 Rechenmodell zum Nachweis der Trittschalldämmung

Aufgrund der unterschiedlichen Konstruktionen der verschiedenen Bauweisen wird das Rechenmodell zum Nachweis der Trittschalldämmung unterschiedlich umgesetzt. Die Norm (DIN 4109-2) unterscheidet dabei folgende Fälle:

- Trittschallübertragung bei Massivdecken
- Trittschallübertragung bei leichten Decken (wie z.B. Holzbalkendecken)
- Trittschallübertragung bei Gebäuden mit zweischaliger massiver Haustrennwand
- Trittschallübertragung bei Treppen (massive Treppen an massiven Treppenwänden, leichte Treppen an massiven Treppenwänden, leichte Treppen an Treppenwänden in Holzbauweise)

Zurzeit kann nur ein Teil der oben genannten Situationen beim Schallschutznachweis berücksichtigt werden, da die Rechenverfahren noch fehlen bzw. nicht normativ geregelt sind. Die Schallübertragung für den Trittschall ist schematisch in Abb. 3-13 dargestellt.

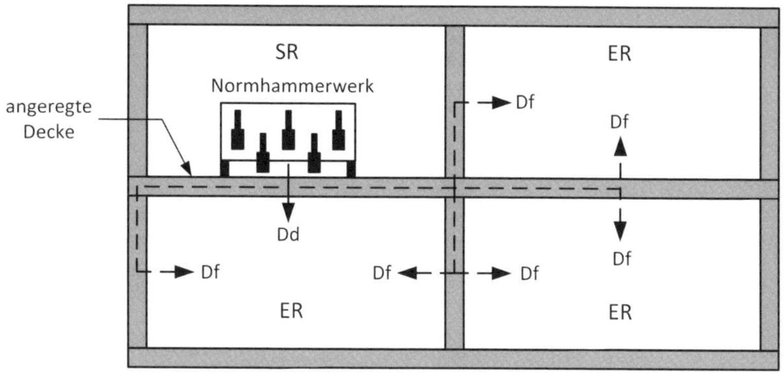

SR: Senderaum
ER: Empfangsraum
Dd: direkte Trittschallübertragung über die Decke ———
Df: flankierende Trittschallübertragung über die Decke – – – -

Abb. 3-13: Schallübertragung für den Trittschall (n. DIN 4109-2, Bild 3)

3.11.4 Trittschalldämmung von Massivdecken

Als Massivdecken im Sinne der DIN 4109 gelten Stahlbetondecken, Stahlleichtbetondecken sowie Fertigteildecken aus unterschiedlichen Baustoffen. Der bewertete Norm-Trittschallpegel für Massivdecken berechnet sich mit den Angaben in Tab. 3.52.

Tab. 3.52: Bewerteter Norm-Trittschallpegel $L'_{n,w}$ für Massivdecken

Fall 1: Empfangsraum liegt direkt unter dem Senderaum
$L'_{n,w} = L_{n,eq,0,w} - \Delta L_w + K$ [dB]
Massivdecken ohne Unterdecken:
$K = 0{,}6 + 5{,}5 \log\left(\frac{m'_s}{m'_{f,m}}\right)$ für $m'_{f,m} \leq m'_s$ [dB]
$K = 0$ für $m'_{f,m} > m'_s$ [dB]
Massivdecken mit Unterdecken:
Eine Unterdecke im Empfangsraum kann die direkte Trittschallübertragung der Trenndecke vermindern. Die Schallübertragung über die flankierenden Bauteile (Weg Df) wird dadurch jedoch nicht unterbunden. Beide Effekte werden in einem gemeinsamen Korrekturwert K zusammengefasst. Für Unterdecken mit einer bewerteten Verbesserung der Luftschalldämmung von $\Delta R_w \geq 10$ dB berechnet sich der Korrekturwert mit folgender Gleichung:
$K = -5{,}3 + 10{,}2 \log\left(\frac{m'_s}{m'_{f,m}}\right)$ für $m'_{f,m} \leq m'_s$ [dB]

Fall 2: Empfangsraum liegt schräg unter, neben oder über dem Senderaum	
$L'_{n,w} = L_{n,eq,0,w} - \Delta L_w - K_T$ [dB]	
$L_{n,eq,0,w}$	äquivalenter bewerteter Norm-Trittschallpegel der Rohdecke allein, in dB
	bewertete Trittschallminderung durch eine Deckenauflage, in dB (Tab. 3.53)
ΔL_w	Korrekturwert für die Trittschallübertragung über die flankierenden Bauteile, in dB
K	Der berechnete Korrekturwert ist mit einer Nachkommastelle anzugeben
m'_s	flächenbezogene Masse der Trenndecke, in kg/m²
$m'_{f,m}$	flächenbezogene Masse der flankierenden Bauteile, in kg/m²
K_T	Korrekturwert zur Berücksichtigung unterschiedlicher räumlicher Zuordnungen; in dB (Abb. 3-14 sowie Anhang Tab. R.5)

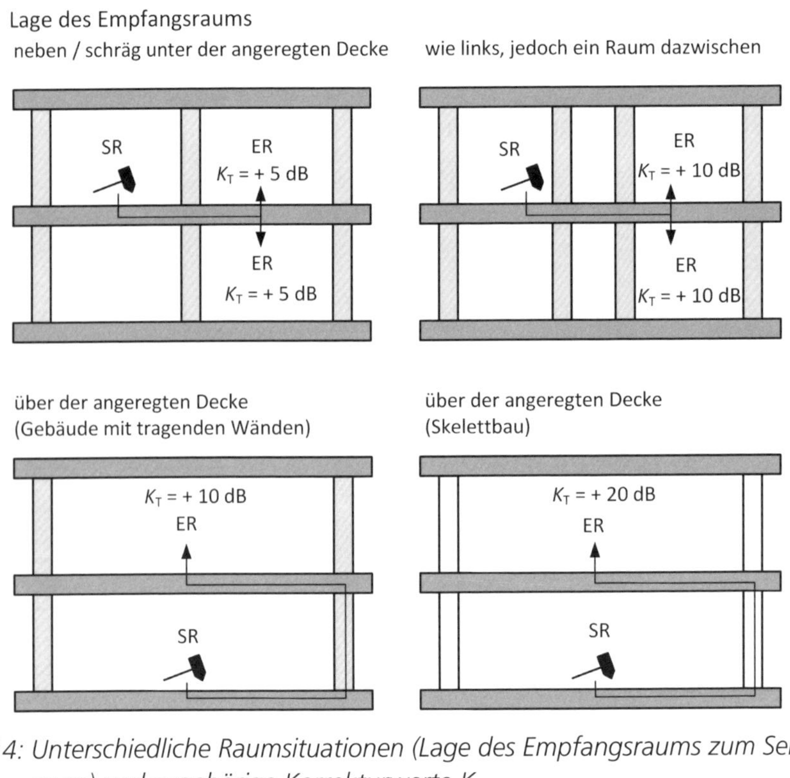

Abb. 3-14: Unterschiedliche Raumsituationen (Lage des Empfangsraums zum Senderaum) und zugehörige Korrekturwerte K_T

Tab. 3.53: Äquivalenter bewerteter Norm-Trittschallpegel $L_{n,eq,0,w}$ der Rohdecke

$L_{n,eq,0,w} = 164 - 35\log\left(\frac{m'}{1\ \text{kg/m}^2}\right)$ [dB]	für 100 kg/m² $\le m' \le$ 720 kg/m²
m' flächenbezogene Masse der Rohdecke, in kg/m²	

3.11.5 Trittschalldämmung von Holzbalkendecken

Das Nachweisverfahren für die vertikale Trittschallübertragung von Holzbalkendecken wird analog zum Verfahren der Trittschallübertragung für Massivdecken angewendet. Als Kenngröße wird der bewertete Norm-Trittschallpegel $L'_{n,w}$ verwendet. Im Gegensatz zu Massivdecken wird jedoch die Flankenübertragung in einer anderen Form durch die Korrekturwerte K_1 und K_2 berücksichtigt. Der bewertete Norm-Trittschallpegel $L'_{n,w}$ für eine Holzbalkendecke berechnet sich mit den Angaben in Tab. 3.54. Siehe auch Beispiel 15.

Tab. 3.54: Bewerteter Norm-Trittschallpegel $L'_{n,w}$ für eine Holzbalkendecke

$L'_{n,w} = L_{n,w} + K_1 + K_2$ [dB]	$L_{n,w}$ bewerteter Norm-Trittschallpegel der Decke in Holzbauweise ohne Flankenübertragung, in dB K_1 Korrekturwert zur Berücksichtigung der Flankenübertragung auf dem Weg Df (Tab. 4.5) K_2 Korrekturwert zur Berücksichtigung der Flankenübertragung auf dem Weg DFf. Für die Ermittlung von K_2 wird als Eingangswert K_1 benötigt (Tab. 4.6)

3.11.6 Trittschallminderung

Eine Trittschallminderung wird durch Deckenauflagen bewirkt. Deckenauflagen sind schwimmende Estriche sowie weich federnde Bodenbeläge. Nachfolgend wird nur die Trittschallminderung durch schwimmende Estriche betrachtet. Für weich federnde Bodenbeläge sowie weitere Informationen wird auf DIN 4109-34 verwiesen.

Ein schwimmender Estrich ist ein Estrich, der

- auf einer Dämmschicht verlegt ist,
- auf seiner Unterlage frei beweglich ist und
- vollständig von allen aufgehenden Bauteilen (z.B. Wände, Rohrleitungen usw.) durch Randdämmstreifen getrennt (schalltechnisch entkoppelt) ist (Abb. 3-15).

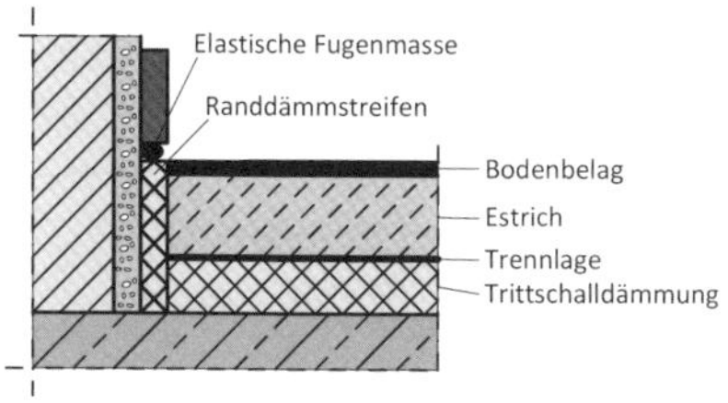

Abb. 3-15: Schwimmender Estrich bei einer Massivdecke; hier: Anschluss an eine Wand (Prinzipskizze)

Die bewertete Trittschallminderung ΔL_w für schwimmende Estriche berechnet sich mit den Angaben in Tab. 3.55.

Tab. 3.55: Bewertete Trittschallminderung ΔL_w für schwimmende Estriche

Zement-, Calciumsulfat-, Calciumsulfatfließ-, Magnesia- und Kunstharzestriche [1]	
$\Delta L_w = 13\log(m') - 14{,}2\log(s') + 20{,}8$ [dB]	60 kg/m² ≤ m' ≤ 160 kg/m² und 6 MN/m³ ≤ s' ≤ 50 MN/m³
Gussasphaltestriche und Fertigteilestriche [1]	
$\Delta L_w = (-0{,}21 \cdot m' - 5{,}45) \cdot \log(s') + 0{,}46 \cdot m' + 23{,}8$ [dB]	
bei Gussasphaltestrich für 58 kg/m² ≤ m' ≤ 87 kg/m² und 15 MN/m³ ≤ s' ≤ 50 MN/m³ und bei Fertigteilestrich für 15 kg/m² ≤ m' ≤ 40 kg/m² und 15 MN/m³ ≤ s' ≤ 40 MN/m³	
m' flächenbezogene Masse der Estrichplatte, in kg/m² (Tab. 3.56) s' dynamische Steifigkeit der Dämmschicht, in MN/m³	
[1] Estrich verlegt auf Trittschalldämmstoffen nach DIN 4108-10 (Anwendungszeichen DES)	

Tab. 3.56: Flächenbezogene Masse m' der Estrichplatte

$m' = d \cdot \rho$ [kg/m²]	d Estrichdicke, in m ρ Rechenwert der Rohdichte, in kg/m² (Tab. 3.57)

Tab. 3.57: Rechenwerte der Rohdichte für ausgewählte Estriche (n. DIN 4109-34)

Baustoff	**Rechenwert der Rohdichte**
Zementestrich Calciumsulfatestrich Magnesiaestrich Kunstharzestrich	2000 kg/m³
Gussasphaltestrich	2300 kg/m³

3.11.7 Trittschalldämmung von massiven Treppen

Massive Treppen im Sinne der DIN 4109 sind Treppenanlagen (Treppenläufe und Podeste einschließlich ggf. vorhandener Entkopplungskomponenten zur Verringerung der Körperschallübertragung in die angrenzende Baukonstruktion), die aus Stahlbeton oder Stahlbetonfertigteilen hergestellt sind. Regeln zur Berechnung der Schalldämmung von massiven Treppen sowie Hinweise zur Planung und Konstruktion befinden sich in DIN 4109-2 und -32.

Für den Nachweis der Trittschalldämmung ist zurzeit ein vereinfachtes Verfahren nach DIN 4109-2 anzuwenden. Erläuterung siehe Beispiel 16.

3.12 Vorsatzkonstruktionen

Vorsatzkonstruktionen sind meist biegeweiche Bauteilschichten (z.B. aus Gipsbauplatten, Holzwerkstoffplatten o.Ä.), die unter Belassung eines Zwischenraums vor oder auf einem massiven Bauteil (Wand oder Decke) angeordnet werden, um die Schalldämmung zu verbessern. In akustischer Hinsicht bilden Vorsatzkonstruktionen und massives Bauteil (Wand oder Decke) ein zweischaliges Bauteil. Im Zwischenraum wird eine Hohlraumdämpfung aus weichem Material eingebracht, z.B. Mineralfaserdämmstoff. Einen wesentlichen Einfluss auf die Größe der Verbesserung der Schalldämmung hat die Art und Weise der Befestigung der Vorsatzkonstruktion. Die beste Schalldämmung wird erzielt, wenn die Vorsatzschale vollständig vom massiven Bauteil schalltechnisch entkoppelt wird, d.h. freistehend ist, sodass keine Körperschallübertragung von der biegeweichen Schale über die Unterkonstruktion auf die Baukonstruktion erfolgen kann.

Regeln zur Berechnung der Verbesserung der Schalldämmung und Hinweise für Planung und Konstruktion von Vorsatzkonstruktionen befinden sich in DIN 4109-34.

3.12.1 Verbesserung des Schalldämm-Maßes durch Vorsatzkonstruktionen

Die bewertete Verbesserung des Schalldämm-Maßes ΔR_w durch Vorsatzkonstruktionen wird von folgenden Größen bestimmt:

- flächenbezogenen Masse m' des Grundbauteils, auf dem die Vorsatzkonstruktion befestigt ist;
- Schalldämm-Maß R_w und Grenzfrequenz f_g des Grundbauteils;
- Resonanzfrequenz f_0 des zweischaligen Bauteils, das aus dem Grundbauteil und der Vorsatzkonstruktion besteht.

Resonanzfrequenz

Berechnung der Resonanzfrequenz nach Tab. 3.58.

Tab. 3.58: Resonanzfrequenz f_0

<table>
<tr><td colspan="2">**1. Fall:** Flächige Befestigung der Vorsatzkonstruktion am Grundbauteil mit einer Dämmschicht, für Vorsatzkonstruktionen, die direkt auf dem Grundbauteil über eine Dämmschicht flächig befestigt werden:</td></tr>
<tr><td>$f_0 = 160\sqrt{s'\left(\frac{1}{m'_1}+\frac{1}{m'_2}\right)}$ [Hz]</td><td>s' dynamische Steifigkeit der Dämmschicht nach DIN EN 29052-1 [15], in MN/m³
m'_1 flächenbezogene Masse des Grundbauteils, in kg/m²
m'_2 flächenbezogene Masse der Bekleidung der Vorsatzkonstruktion, in kg/m²</td></tr>
<tr><td colspan="2">**2. Fall:** Freistehende Vorsatzkonstruktionen:</td></tr>
<tr><td colspan="2">Bei freistehenden Vorsatzkonstruktionen, die mit Blechprofilen oder Holzständern vor dem Grundbauteil angeordnet werden, muss sichergestellt sein, dass keine Körperschallübertragung über Verbindungen zwischen der Unterkonstruktion und dem Grundbauteil besteht. Außerdem ist der Hohlraum mit einem porösen Dämmstoff zu mindestens 70 % zu füllen. Der Dämmstoff muss einen längenbezogenen Strömungswiderstand zwischen 5 und 50 kPa s/m² aufweisen.</td></tr>
</table>

$f_0 = 160\sqrt{\frac{0{,}08}{d}\left(\frac{1}{m'_1}+\frac{1}{m'_2}\right)}$ [Hz]	d Hohlraumtiefe, in m m'_1 flächenbezogene Masse des Grundbauteils, in kg/m² m'_2 flächenbezogene Masse der Bekleidung der Vorsatzkonstruktion, in kg/m²

Bewertete Verbesserung der Luftschalldämmung

Die bewertete Verbesserung der Luftschalldämmung ΔR_w berechnet sich in Abhängigkeit von der Resonanzfrequenz f_0 mit den Angaben in Tab. 3.59. Es ist dabei zu beachten, dass die Angaben für den Fall einer einseitig angebrachten Vorsatzkonstruktion gelten, wobei als Grundbauteil ein einschaliges massives Bauteil vorausgesetzt wird.

Tab. 3.59: Bewertete Verbesserung der Direktschalldämmung ΔR_w durch eine einseitig angebrachte Vorsatzkonstruktion in Abhängigkeit von der Resonanzfrequenz (n. DIN 4109-34, Tab. 1)

Resonanzfrequenz f_0 Hz	**Bewertete Verbesserung der Direktschalldämmung für eine einseitig angebrachte Vorsatzkonstruktion** ΔR_w dB
$30 \le f_0 \le 160$	$\max\begin{cases}74{,}4-20\log(f_0)-0{,}5R_w\\0\end{cases}$
200	–1
250	–3
315	–5
400	–7
500	–9
630 bis 1600	–10
> 1600 und ≤ 5000	–5

Hinweise:
Zwischenwerte dürfen linear interpoliert werden.
R_w bezeichnet das bewertete Schalldämm-Maß des Grundbauteils (Wand, Decke) in dB.

Verbesserung der Direktschalldämmung

Die Verbesserung des bewerteten Schalldämm-Maßes des Trennbauteils durch Vorsatzkonstruktionen ist davon abhängig, ob die Vorsatzkonstruktion

- einseitig, d.h. im Sende- oder Empfangsraum, oder
- beidseitig, d.h. im Sende- und Empfangsraum,

am Trennbauteil angebracht ist. Für die Ermittlung der Gesamtverbesserung $\Delta R_{Dd,w}$ gelten die Regeln nach Tab. 3.60.

Tab. 3.60: Regeln zur Ermittlung der Gesamtverbesserung $\Delta R_{Dd,w}$

a) Einseitige Anbringung einer Vorsatzkonstruktion:	
im Senderaum:	im Empfangsraum:
$\Delta R_{Dd,w} = \Delta R_{D,w}$ [dB]	$\Delta R_{Dd,w} = \Delta R_{d,w}$ [dB]
b) Beidseitige Anbringung einer Vorsatzkonstruktion, d.h. im Senderaum und Empfangsraum:	
1. Fall: Verbesserung im Senderaum ist größer oder gleich der Verbesserung im Empfangsraum:	
$\Delta R_{Dd,w} = \Delta R_{D,w} + \frac{\Delta R_{d,w}}{2}$ für $\Delta R_{D,w} > 0$ [dB]	
2. Fall: Verbesserung im Empfangsraum ist größer oder gleich der Verbesserung im Senderaum:	
$\Delta R_{Dd,w} = \Delta R_{d,w} + \frac{\Delta R_{D,w}}{2}$ für $\Delta R_{d,w} > 0$ [dB]	
3. Fall: Beide Verbesserungen sind < 0 dB:	
a) Für $\left\|\Delta R_{D,w}\right\| \geq \left\|\Delta R_{d,w}\right\|$	b) Für $\left\|\Delta R_{D,w}\right\| \geq \left\|\Delta R_{d,w}\right\|$
$\Delta R_{Dd,w} = \Delta R_{D,w} + \frac{\Delta R_{d,w}}{2}$ [dB]	$\Delta R_{Dd,w} = \Delta R_{d,w} + \frac{\Delta R_{D,w}}{2}$ [dB]
$\Delta R_{Dd,w}$ gesamte bewertete Verbesserung des Schalldämm-Maßes durch zusätzlich angebrachte Vorsatzkonstruktionen, in dB $\Delta R_{D,w}$ bewertete Verbesserung des Schalldämm-Maßes durch eine zusätzlich angebrachte Vorsatzkonstruktion auf der Senderaumseite, in dB $\Delta R_{d,w}$ bewertete Verbesserung des Schalldämm-Maßes durch eine zusätzlich angebrachte Vorsatzkonstruktion auf der Empfangsraumseite, in dB	

Verbesserung der Flankendämmung

Die Gesamtverbesserung $\Delta R_{ij,w}$ des Schalldämm-Maßes durch eine Vorsatzkonstruktion, die zusätzlich auf einem Bauteil im Senderaum (i) und/oder Empfangsraum (j) eines flankierenden Übertragungsweges angebracht sind, berechnet sich mit den folgenden Angaben. Hierbei ist zu unterscheiden, ob Vorsatzkonstruktionen auf Bauteilen

- entweder im Senderaum oder im Empfangsraum oder
- im Senderaum und im Empfangsraum

angebracht sind.

Für die Berechnung wird auf die Norm verwiesen.

3.12.2 Verbesserung der Trittschalldämmung

Eine Verbesserung der Trittschalldämmung von Decken wird durch einen schwimmenden Estrich sowie weich federnde Bodenbeläge erreicht. Als rechnerische Kenngröße wird hierfür die bewertete Trittschallminderung ΔL_w verwendet. Siehe hierzu 3.11.6.

3.13 Außenlärm

3.13.1 Allgemeines

Außenbauteile von Gebäuden, wie z.B. Fassaden und Dächer, die Lärmeinwirkungen von außen ausgesetzt sind (Außenlärm), müssen Anforderungen an die Luftschalldämmung erfüllen. Außenlärm kann durch Verkehr (z.B. Straßenverkehr, Schienenverkehr, Flugverkehr) sowie durch Geräusche aus Industrie- und Gewerbegebieten verursacht werden.

3.13.2 Grundprinzip des Nachweises

Relevante Kenngröße zur Angabe der Luftschalldämmung von Außenbauteilen ist das gesamte bewertete Bau-Schalldämm-Maß $R'_{w,ges}$.

Dieses setzt sich aus den einzelnen Anteilen aller an der Luftschallübertragung beteiligten Bauteile und Elemente (Wand, Dach, Fenster, Lüftungsöffnungen, Rollladenkästen usw.) zusammen.

Bei der Berechnung des gesamten bewerteten Bau-Schalldämm-Maßes ist der Einfluss der Übertragung über die flankierenden Bauteile in den meisten Fällen vernachlässigbar, sodass nur die Direktübertragung berücksichtigt werden muss. Dies führt zu einer deutlich einfacheren und weniger aufwendigen Rechnung als bei der Ermittlung des bewerteten Bau-Schalldämm-Maßes von Innenbauteilen.

Für den Nachweis muss das gesamte bewertete Bau-Schalldämm-Maß $R'_{w,ges}$ um den Sicherheitsabschlag u vermindert werden. Vereinfacht darf u mit 2 dB angenommen werden. Für die genaue Ermittlung von u wird auf die Norm (DIN 4109-2) verwiesen.

Der Anforderungswert für das gesamte bewertete Bau-Schalldämm-Maß ergibt sich bei der Anwendung der Mindestanforderungen nach DIN 4109-1 und ermittelt sich aus dem geforderten gesamten bewerteten Bau-Schalldämm-Maß in Abhängigkeit von der Raumart (Korrekturwert $K_{Raumart}$) und der Raumgeometrie (Korrekturwert K_{AL}). Der Nachweis erfolgt mit den Angaben in Tab. 3.61, Rechenablauf siehe Abb. 3-16.

Tab. 3.61: Nachweis der Luftschalldämmung von Außenbauteilen gegen Außenlärm

$R'_{w,ges} - 2\,\text{dB} \geq \text{erf. } R'_{w,ges} + K_{AL} = L_a - K_{Raumart} + K_{AL}$	
$R'_{w,ges}$	vorhandenes gesamtes bewertetes Bau-Schalldämm-Maß der Außenbauteile (z.B. Fassade, Dach), in dB 2 dB Sicherheitsabschlag (vereinfachte Annahme; genaue Berechnung siehe DIN 4109)

erf. $R'_{w,ges}$	Anforderung an das gesamte bewertete Bau-Schalldämm-Maß in Abhängigkeit vom maßgeblichen Außenlärmpegel und der Raumart, in dB (erf. $R'_{w,ges} = L_a - K_{Raumart}$)
L_a	maßgeblicher Außenlärmpegel, in dB
$K_{Raumart}$	Korrekturwert zur Berücksichtigung der Raumart, dimensionslos
K_{AL}	Korrekturwert zur Berücksichtigung der Raumgeometrie, dimensionslos

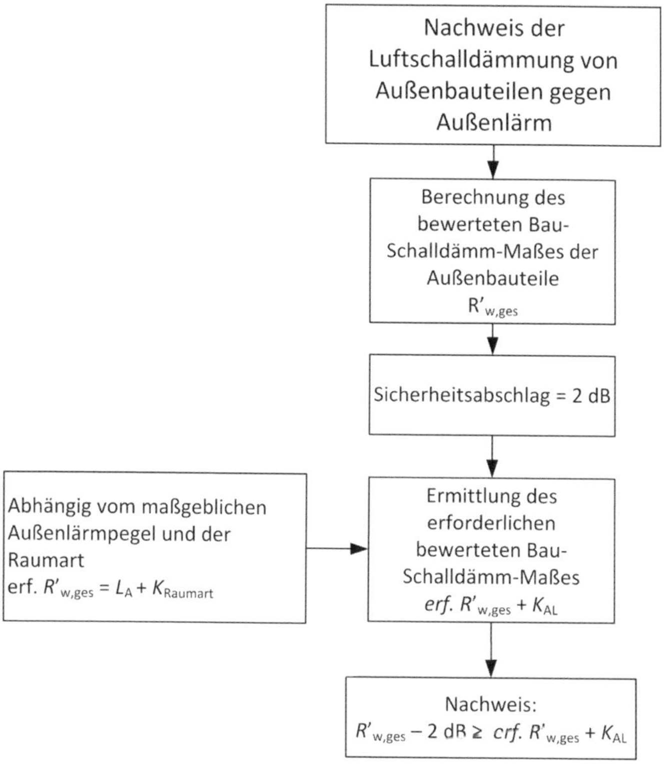

Abb. 3-16: Rechenablauf beim Nachweis der Luftschalldämmung von Außenbauteilen gegen Außenlärm

3.13.3 Gesamtes bewertetes Bau-Schalldämm-Maß der Außenbauteile

Für die Gesamtheit aller Außenbauteile eines Raums wird nachfolgend der Begriff *Fassade* verwendet. Hiermit sind sinngemäß auch Dachbauteile gemeint. Eine Fassade besteht aus verschiedenen Bauteilen (z.B. Wand, Dach, Fenster, Türen) und eingebauten Elementen (z.B. Lüftungseinrichtungen, Rollladenkästen). Für die Schalldämmung werden unterschiedliche Kenngrößen verwendet:

- Bei Bauteilen wird die Schalldämmung mithilfe des bewerteten Schalldämm-Maßes R_w angegeben.
- Bei Elementen wird die Norm-Schallpegeldifferenz $D_{n,e,w}$ verwendet.

Die resultierende Schalldämmung der Fassade wird aus den Schalldämmwerten der Bauteile und Elemente ermittelt. Dabei wird angenommen, dass die Schallübertragung der Bauteile und Elemente jeweils unabhängig voneinander ist.

Nachfolgend wird nur die Berechnung des gesamten bewerteten Bau-Schalldämm-Maßes der Außenbauteile ohne Berücksichtigung der flankierenden Bauteile gezeigt (Tab. 3.62, Tab. 3.63, Tab. 3.64).

Für die Berechnung mit Berücksichtigung der flankierenden Bauteile wird auf die Norm (DIN 4109-2) verwiesen.

Tab. 3.62: Gesamtes bewertetes Bau-Schalldämm-Maß $R'_{w,ges}$ der Außenbauteile ohne Berücksichtigung der flankierenden Bauteile und resultierendes Direkt-Schalldämm-Maß $R_{w,res}$ der Fassade (bzw. Dach)

Gesamtes bewertetes Bau-Schalldämm-Maß $R'_{w,ges}$ der Außenbauteile	
In vielen Fällen kann die Übertragung über die flankierenden Bauteile vernachlässigt werden. Diese vereinfachte Vorgehensweise darf angenommen werden, wenn bauübliche Fenster eingebaut werden und $R'_{w,ges} \leq 40$ dB ist.	
$R'_{w,ges} = -10\log\left[\sum_{i=1}^{m} 10^{-\frac{R_{e,i,w}}{10}}\right]$ [dB]	$R_{e,i,w}$ auf die Fassadenfläche (Wand-, Dachfläche) bezogenes Schalldämm-Maß der einzelnen Bauteile und Elemente in der Fassade, in dB
Resultierendes Direkt-Schalldämm-Maß $R_{w,res}$ der Fassade (bzw. Dach)	
$R_{w,res} = -10\log\left[\frac{1}{S_S}\sum_{i=1}^{n} S_i \cdot 10^{-\frac{R_{i,w}}{10}}\right]$ [dB]	S_S Gesamtfläche der Fassade (Dach), in m^2 S_i Fläche des Bauteils i in der Fassade, in m^2 $R_{i,w}$ bewertetes Schalldämm-Maß des Bauteils i in der Fassade, in dB

Tab. 3.63: Bewertetes, auf die Gesamtfläche bezogenes Schalldämm-Maß $R_{e,i,w}$ des Bauteils

Für übliche Bauteile wie Wände oder Fenster, für die ein bewertetes Schalldämm-Maß angegeben ist.	
$R_{e,i,w} = R_{i,w} + 10\log\left(\frac{S_S}{S_i}\right)$ [dB]	S_S vom Raum aus gesehene Fassadenfläche (d.h. die Summe der Teilflächen aller Bauteile und Elemente), in m^2 S_i Fläche des Bauteils i, in m^2 $R_{i,w}$ bewertetes Schalldämm-Maß des Bauteils i, in dB

Tab. 3.64: Bewertetes, auf die Gesamtfläche bezogenes Schalldämm-Maß $R_{e,i,w}$ des betrachteten Elements

<table>
<tr><td colspan="3">Für Fassadenelemente, deren Schalldämmung durch eine Norm-Schallpegeldifferenz $D_{n,e,w}$ angegeben wird (z.B. Lüftungseinrichtungen, Rollladenkästen).</td></tr>
<tr><td rowspan="3">$R_{e,i,w} = D_{n,e,i,w} + 10\log\left(\frac{S_S}{A_0}\right)$ [dB]</td><td>$D_{n,e,i,w}$</td><td>bewertete Norm-Schallpegeldifferenz des Elements i, in dB</td></tr>
<tr><td>S_S</td><td>vom Raum aus gesehene Fassadenfläche (d.h. die Summe der Teilflächen aller Bauteile und Elemente), in m^2</td></tr>
<tr><td>A_0</td><td>Bezugsabsorptionsfläche, $A_0 = 10\ m^2$</td></tr>
</table>

Für weitere Angaben, insbesondere zur Schalldämmung von Öffnungen und Fugen, wird auf DIN 4109-35 verwiesen.

3.13.4 Maßgeblicher Außenlärmpegel

3.13.4.1 Allgemeines

Die Höhe der Anforderungen an die Luftschalldämmung von Außenbauteilen ergibt sich aus dem maßgeblichen Außenlärmpegel L_a.

Der maßgebliche Außenlärmpegel ist abhängig von der Lärmquelle sowie von der Tageszeit der Lärmeinwirkung. Zur Ermittlung von L_a wird in Tag- (6:00 bis 22:00 Uhr) und Nachtzeit (22:00 bis 6:00 Uhr) unterschieden. Der maßgebliche Außenlärmpegel L_a wird aus dem Beurteilungspegel für Straßen-, Schienen-, Luft- und Wasserverkehr sowie Industrie- und Gewerbebetriebe berechnet (Tab. 3.65).

Tab. 3.65: Maßgeblicher Außenlärmpegel

	Tag (6:00 Uhr bis 22:00 Uhr)	**Nacht** (22:00 Uhr bis 6:00 Uhr)
Maßgeblicher Außenlärmpegel L_a [1]	= zugehöriger Beurteilungspegel	= zugehöriger Beurteilungspegel + Zuschlag [2]

[1] Maßgeblich ist die Lärmbelastung derjenigen Tageszeit, die eine höhere Anforderung ergibt.
[2] Zuschlag aufgrund eines größeren Schutzbedürfnisses bei Nacht.

Für Gebäudeseiten, die von der Lärmquelle abgewandt sind, darf der maßgebliche Außenlärmpegel abgemindert werden:

- um 5 dB(A) bei offener Bebauung,
- um 10 dB(A) bei geschlossener Bebauung und bei Innenhöfen.

Bei Vorhandensein von Lärmschutzwänden oder -wällen darf der maßgebliche Außenlärmpegel ebenfalls abgemindert werden. Nachweis nach RLS-90 bzw. Schall 03. Gegebenenfalls sind Messungen zulässig; siehe hierzu DIN 4109-4, Anhang C.

Für die Vorgehensweise bei unterschiedlichen Außenlärmpegeln bei Eckräumen wird auf die Norm (DIN 4109-2) verwiesen.

3.13.4.2 Straßenverkehr

Für den Straßenverkehr kann der maßgebliche Außenlärmpegel mithilfe der Beurteilungspegel aus den Nomogrammen in DIN 18005 [16] ermittelt werden (siehe Abb. 4-12 und Abb. 4-13), wenn keine anderen Angaben vorliegen (z.B. gesetzliche Vorschriften, Verwaltungsvorschriften, Bebauungspläne, Lärmkarten).

Bei Verwendung der Nomogramme (für Tag und Nacht) ergibt sich der maßgebliche Außenlärmpegel zu:

Maßgeblicher Außenlärmpegel L_a = Ablesewert Nomogramme DIN 18005 + 3 dB(A)

Bei einer Differenz der Beurteilungspegel zwischen Tag und Nacht von weniger als 10 dB(A) ergibt sich der maßgebliche Außenlärmpegel aus einem um 3 dB(A) erhöhten Beurteilungspegel für die Nacht und einem Zuschlag von 10 dB(A).

4 Beispiele

4.1 Beispiel 1 – Addition und Subtraktion von Schallpegeln

(Kategorie A)

Gegeben sind folgende Schallpegel in einem Raum:

$L_1 = 75$ dB, $L_2 = 62$ dB, $L_3 = 80$ dB, $L_4 = 82$ dB

Gesucht:

a) Resultierender Schallpegel, wenn alle Schallquellen in Betrieb sind.

b) Resultierender Schallpegel, wenn die Schallquelle mit dem kleinsten Schallpegel abgestellt wird, d.h., nur die Schallpegel L_1, L_3 und L_4 wirken.

c) Wie beurteilen Sie die Ergebnisse aus Aufgabe a) und b)?

d) Wie groß darf der Schallpegel einer weiteren (fünften) Schallquelle sein, damit ein Gesamt-Schallpegel von $L_{max} = 90$ dB nicht überschritten wird? Es wird angenommen, dass alle fünf Schallquellen gleichzeitig in Betrieb sind.

Lösung:

a) Resultierender Schallpegel, wenn alle Schallquellen in Betrieb sind:

$$L_{p,ges} = 10 \cdot \log \sum_{j=1}^{n} 10^{0,1 \cdot L_{p,j}} = 10 \cdot \log\left(10^{0,1 \cdot 75} + 10^{0,1 \cdot 62} + 10^{0,1 \cdot 80} + 10^{0,1 \cdot 82}\right)$$

$$= 84{,}65 \text{ dB}$$

b) Resultierender Schallpegel, wenn die Schallquelle mit dem kleinsten Schallpegel abgestellt ist:

$$L_{p,ges} = 10 \cdot \log \sum_{j=1}^{n} 10^{0,1 \cdot L_{p,j}} = 10 \cdot \log\left(10^{0,1 \cdot 75} + 10^{0,1 \cdot 80} + 10^{0,1 \cdot 82}\right) = 84,63 \text{ dB}$$

Hinweis: Das Abstellen der leisesten Schallquelle vermindert den resultierenden Schallpegel kaum.

c) Schallquellen mit einem deutlich geringeren Schallpegel (konkret ca. 10 bis 15 dB geringer als die übrigen Schallquellen) haben keinen nennenswerten Einfluss auf die Größe des gesamten Schallpegels. Aus diesem Grund können sie bei derartigen Berechnungen vernachlässigt werden.

d) Wie groß darf der Schallpegel einer weiteren (fünften) Schallquelle sein, damit ein Gesamt-Schallpegel von L_{max} = 90 dB nicht überschritten wird:

$$\begin{aligned} L_{p,1} &= 10 \cdot \log\left[10^{0,1 \cdot L_{p,ges}} - \sum_{i=1}^{n} 10^{0,1 \cdot L_{p,i}}\right] \\ &= 10 \cdot \log\left[10^{0,1 \cdot 90} - \left(10^{0,1 \cdot 75} + 10^{0,1 \cdot 62} + 10^{0,1 \cdot 80} + 10^{0,1 \cdot 82}\right)\right] \\ &= 88,5 \text{ dB} \end{aligned}$$

Eine weitere (d.h. fünfte) Schallquelle darf einen Schallpegel von maximal 88,5 dB aufweisen, damit der Anforderungswert von 90 dB in dem betrachteten Raum nicht überschritten wird.

4.2 Beispiel 2 – Schalldruckpegel, Lautstärkepegel

(Kategorie A)

a) Berechnen Sie den Schalldruckpegel L_p, der sich für einen Schalldruck von 0,2 Pa (= N/m^2) ergibt.

$$L_p = 20 \cdot \log\left(\frac{p}{p_0}\right) = 20 \cdot \log\left(\frac{0,2}{2 \cdot 10^{-5}}\right) = 80 \text{ dB}$$

b) Welcher Schalldruckpegel ergibt sich bei der Hörschwelle?

$$L_p = 20 \cdot \log\left(\frac{p}{p_0}\right) = 20 \cdot \log\left(\frac{2 \cdot 10^{-5}}{2 \cdot 10^{-5}}\right) = 20 \cdot \log(1) = 0 \text{ dB}$$

c) Welcher Schalldruckpegel ergibt sich für einen Schalldruck von 0,01 Pa (= normale Unterhaltung)?

$$L_p = 20 \cdot \log\left(\frac{p}{p_0}\right) = 20 \cdot \log\left(\frac{0,01}{2 \cdot 10^{-5}}\right) = 54 \text{ dB}$$

d) Welcher Lautstärkepegel L_N ergibt sich für einen Schalldruckpegel von L_p = 70 dB bei einer Frequenz von 1000 Hz, 125 Hz und 4000 Hz?

1000 Hz: $L_N = L_p$ = 70 phon (bei 1000 Hz sind Schalldruckpegel und Lautstärkepegel zahlenmäßig gleich)

125 Hz: L_N = 52 phon (d.h., das Geräusch wird leiser wahrgenommen, als es dem Schalldruckpegel entspricht)

4000 Hz: L_N = 72 phon (d.h., das Geräusch wird lauter wahrgenommen, als es dem Schalldruckpegel entspricht)

4.3 Beispiel 3 – Schallgeschwindigkeit in Luft

(Kategorie A)

Berechnen Sie die Schallgeschwindigkeit in Luft für folgende Bedingungen:

(I) Temperatur: 20 °C

(II) Temperatur: –10 °C

zu (I):

$$c = \sqrt{\kappa \cdot \frac{p}{\rho}} = \sqrt{\kappa \cdot \frac{R \cdot T}{M}} = \sqrt{1{,}402 \cdot \frac{8{,}3145 \cdot 293{,}15}{0{,}02896}} = 343{,}5 \approx 344 \text{ m/s}$$

zu (II):

$$c = \sqrt{\kappa \cdot \frac{p}{\rho}} = \sqrt{\kappa \cdot \frac{R \cdot T}{M}} = \sqrt{1{,}402 \cdot \frac{8{,}3145 \cdot 263{,}15}{0{,}02896}} = 325{,}5 \text{ m/s}$$

mit:

k = 1,402 (Poissonkonstante für Luft)

R = 8,3145 J/mol K (universelle Gastkonstante; Hinweis 1 J entspricht 1 kg m^2/s^2)

M = 0,02896 kg/mol (molare Masse für Luft)

T = absolute Temperatur, in K

4.4 Beispiel 4 – Frequenz, Schallwellenlänge

(Kategorie A)

a) Für eine Frequenz von f = 500 Hz sind die Periodendauer T sowie die Schallwellenlänge l zu bestimmen. Schallgeschwindigkeit: c = 344 m/s.

$$f = \frac{1}{T} T = \frac{1}{f} = \frac{1}{500} = 0{,}002 \text{ s}$$

$$\lambda = \frac{c}{f} = \frac{344}{500} = 0{,}69 \text{ m}$$

b) Für eine Frequenz von f = 125 Hz sind die Periodendauer T sowie die Schallwellenlänge l zu bestimmen.

$$f = \frac{1}{T} T = \frac{1}{f} = \frac{1}{125} = 0{,}008 \text{ s}$$

$$\lambda = \frac{c}{f} = \frac{344}{125} = 2{,}75 \text{ m}$$

c) Für eine Frequenz von f = 8000 Hz sind die Periodendauer T sowie die Schallwellenlänge l zu bestimmen.

$$f = \frac{1}{T} T = \frac{1}{f} = \frac{1}{8000} = 0{,}000125 \text{ s}$$

$$\lambda = \frac{c}{f} = \frac{344}{8000} = 0{,}043 \text{ m}$$

d) Welche Schlussfolgerungen können aus den Ergebnissen abgeleitet werden?

- Je geringer die Frequenz wird, desto länger wird die Periodendauer und umgekehrt.
- Je geringer die Frequenz wird, desto größer wird die Schallwellenlänge und umgekehrt.

4.5 Beispiel 5 – Bewertetes Schalldämm-Maß einer Wohnungstrennwand

(Kategorie B)

Für eine beidseitig verputzte Wohnungstrennwand ist das bewertete Schalldämm-Maß R_w (Direkt-Schalldämm-Maß) zu berechnen. Die Schallübertragung über flankierende Bauteile soll hier nicht berücksichtigt werden (Abb. 4-1).

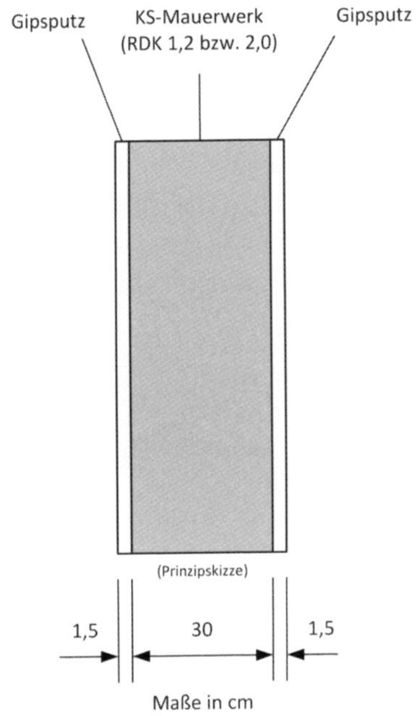

Abb. 4-1: Beispiel 5 – Bewertetes Schalldämm-Maß einer Wohnungstrennwand

Randbedingungen:

- Wand aus Kalksandstein-Mauerwerk, (a) Rohdichteklasse RDK 1,2, (b) RDK 2,0, d = 30 cm
- Normalmörtel
- beidseitig verputzt mit Gipsputz, d = 1,5 cm

Lösung:

a) Mauerwerk mit RDK 1,2:

Rohdichten:

Mauerwerk mit Normalmörtel:

$$\rho_w = 900 \cdot \text{RDK} + 100 = 900 \cdot 1{,}2 + 100 = 1180 \ \text{kg/m}^3$$

Gipsputz:

$$\rho_{Putz} = 1000 \ \text{kg/m}^3$$

Flächenbezogene Masse m':

$$m'_{ges} = m'_{Wand} + m'_{Putz} = 1180 \cdot 0{,}3 + 2 \cdot 1000 \cdot 0{,}015 = 354 + 30 = 384 \ \text{kg/m}^2$$

Bewertetes Schalldämm-Maß R_w:

$$R_w = 30{,}9 \log\left(\frac{m'_{ges}}{m'_0}\right) - 22{,}2 = 30{,}9 \log\left(\frac{384}{1{,}0}\right) - 22{,}2 = 57{,}7 \ [\text{dB}]$$

Das bewertete Schalldämm-Maß für die Wohnungstrennwand allein, d.h. ohne Flankenübertragung, beträgt R_w = 57,7 dB bei einer Rohdichteklasse von RDK = 1,2.

Hinweise:

Durch die Schallübertragung über flankierende Bauteile, die beim Nachweis zwingend zu berücksichtigen ist, verschlechtert sich das Schalldämm-Maß je nach Bausituation teilweise erheblich. Das bewertete Bau-Schalldämm-Maß R'_w kann durchaus bis zu 10 dB schlechter (d.h. geringer) sein als das bewertete Schalldämm-Maß R_w des Trennbauteils allein.

Die Größe $m'_0 = 1$ kg/m² in obiger Gleichung wird nur benötigt, damit sich ein dimensionsloser Verhältniswert ergibt, für den der Logarithmus berechnet werden kann.

b) Mauerwerk mit RDK 2,0:

Rohdichten:

Mauerwerk mit Normalmörtel:

$$\rho_w = 900 \cdot \text{RDK} + 100 = 900 \cdot 2{,}0 + 100 = 1900 \text{ kg/m}^3$$

Gipsputz: (wie oben)

$$\rho_{Putz} = 1000 \text{ kg/m}^3$$

Flächenbezogene Masse m':

$$m'_{ges} = m'_{Wand} + m'_{Putz} = 1900 \cdot 0{,}3 + 2 \cdot 1000 \cdot 0{,}015 = 570 + 30 = 600 \text{ kg/m}^2$$

Bewertetes Schalldämm-Maß R_w:

$$R_w = 30{,}9 \log\left(\frac{m'_{ges}}{m'_0}\right) - 22{,}2 = 30{,}9 \log\left(\frac{600}{1{,}0}\right) - 22{,}2 = 63{,}6 \quad [\text{dB}]$$

Bei einer RDK von 2,0 verbessert sich das bewertete Schalldämm-Maß um fast 6 dB auf 63,6 dB. Das führt in der Praxis zu einer deutlich wahrnehmbaren Verbesserung der Luftschalldämmung.

4.6 Beispiel 6 – Bewertetes Bau-Schalldämm-Maß einer Wohnungstrennwand

(Kategorie B)

Für die Wohnungstrennwand aus Beispiel 5 soll das bewertete Bau-Schalldämm-Maß R'_w berechnet werden.

Randbedingungen:

- $R_w = R_{Dd,w}$ = 57,7 dB (für RDK 1,2)
- Im Vorfeld wurden die folgenden Flankenschalldämm-Maße ermittelt:

  Übertragungsweg über die angrenzenden Wände (Bauteil Nr. 1 und 3):

  $R_{Ff,w}$ = 63 dB, $R_{Df,w}$ = 61 dB, $R_{Fd,w}$ = 61 dB

Übertragungsweg über die Decke (Bauteil Nr. 2):

$R_{Ff,w} = 71{,}0$ dB, $R_{Df,w} = 67$ dB, $R_{Fd,w} = 67$ dB

Übertragungsweg über den Fußboden (Bauteil Nr. 4):

$R_{Ff,w} = 78{,}0$ dB, $R_{Df,w} = 75$ dB, $R_{Fd,w} = 75$ dB

Lösung:

a) Das bewertete Bau-Schalldämm-Maß berechnet sich mit folgender Gleichung:

$$R'_w = -10\log(10^{-\frac{R_{Dd,w}}{10}} + \sum 10^{-R_{Ff,w}/10} + \sum 10^{-R_{Df,w}/10} + \sum 10^{-R_{Fd,w}/10}$$

Hier:

$$R'_w = -10\log\begin{bmatrix} 10^{-\frac{57,7}{10}} + 10^{-\frac{63}{10}} + 10^{-\frac{63}{10}} + 10^{-\frac{71}{10}} + 10^{-\frac{78}{10}} + 10^{-\frac{61}{10}} + 10^{-\frac{61}{10}} \\ +10^{-\frac{67}{10}} + 10^{-\frac{75}{10}} + 10^{-\frac{61}{10}} + 10^{-\frac{61}{10}} + 10^{-\frac{67}{10}} + 10^{-\frac{75}{10}} \end{bmatrix} = 51{,}9 \ \text{[dB]}$$

Das bewertete Bau-Schalldämm-Maß der Wohnungstrennwand (bei einer Rohdichteklasse von RDK 1,2) beträgt $R'_w = 51{,}9$ dB. Es ist damit um 5,8 dB (= 57,7 – 51,9) schlechter als das bewertete Schalldämm-Maß der Wand allein ($R_w = 57{,}7$ dB).

Außerdem erfüllt die Wand nicht die Mindestanforderungen an die Luftschalldämmung (erf. $R'_w = 53$ dB für Wohnungstrenndecken nach DIN 4109-1):

vorh. $R'_w - u = 51{,}9 - 2 = 49{,}9$ dB < erf. $R'_w = 53$ dB

mit: $u_{prog} = 2$ dB Sicherheitsabschlag (pauschaler Wert)

b) Bei einer RDK = 2 ergibt sich folgende Situation ($R_w = 63{,}4$ dB):

$$R'_w = -10\log\begin{bmatrix} 10^{-\frac{63,4}{10}} + 10^{-\frac{63}{10}} + 10^{-\frac{63}{10}} + 10^{-\frac{71}{10}} + 10^{-\frac{78}{10}} + 10^{-\frac{61}{10}} + 10^{-\frac{61}{10}} \\ +10^{-\frac{67}{10}} + 10^{-\frac{75}{10}} + 10^{-\frac{61}{10}} + 10^{-\frac{61}{10}} + 10^{-\frac{67}{10}} + 10^{-\frac{75}{10}} \end{bmatrix} = 52{,}8 \ \text{[dB]}$$

Auch für die Wand mit einer Rohdichteklasse von RDK = 2,0 wird der Nachweis nicht erbracht:

vorh. $R'_w - u_{prog} = 52{,}8 - 2 = 50{,}8$ dB < erf. $R'_w = 53$ dB

c) Berechnung der Wand mit RDK = 2,0 und erhöhten Flankenschalldämm-Maßen. Dazu werden die oben angegebenen Flankenschalldämm-Maße pauschal um 3 dB erhöht. Es ergibt sich folgendes bewertetes Bau-Schalldämm-Maß:

$$R'_w = -10\log\begin{bmatrix} 10^{-\frac{63,4}{10}} + 10^{-\frac{66}{10}} + 10^{-\frac{66}{10}} + 10^{-\frac{74}{10}} + 10^{-\frac{82}{10}} + 10^{-\frac{64}{10}} + 10^{-\frac{64}{10}} \\ +10^{-\frac{71}{10}} + 10^{-\frac{78}{10}} + 10^{-\frac{64}{10}} + 10^{-\frac{64}{10}} + 10^{-\frac{71}{10}} + 10^{-\frac{78}{10}} \end{bmatrix} = 55{,}6 \ \text{[dB]}$$

Nachweis:

vorh. $R'_w - u_{prog} = 55{,}6 - 2 = 53{,}6$ dB > erf. $R'_w = 53$ dB

Der Nachweis (Mindestanforderungen nach DIN 4109-1) ist erfüllt.

4.7 Beispiel 7 – Stoßstellendämm-Maße

(Kategorie B)

Berechnen Sie für die folgende Situation (T-Stoß) die Stoßstellendämm-Maße K_{ij} für die Übertragungswege Ff (13), Df (23) und Fd (12) sowie die zugehörigen Mindestwerte (Abb. 4-2).

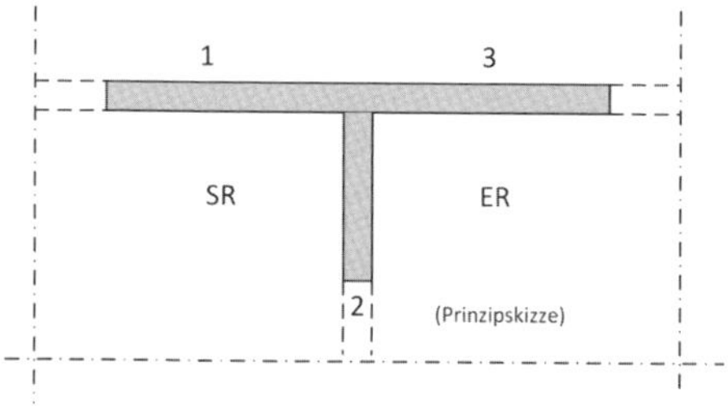

Abb. 4-2: Beispiel 7 – Stoßstellendämm-Maße; SR: Senderaum, ER: Empfangsraum

Randbedingungen:

- Flankierende Wände (1 und 3):
  - Porenbeton, RDK 0,4, d = 24 cm, Dünnbettmörtel
  - Außenputz: Kalkzementputz, d = 1,5 cm
  - Innenputz: Gipsputz, d = 1,5 cm
- Trennwand (2):
  - Kalksandstein-Mauerwerk, RDK 1,2, d = 30 cm, Normalmörtel
  - beidseitig verputzt: Gipsputz, d = 1,5 cm
- Flächen:
  - Wand 1: $S_1 = 15{,}0\ \text{m}^2$
  - Wand 2: $S_2 = 13{,}0\ \text{m}^2$
  - Wand 3: $S_3 = 10{,}0\ \text{m}^2$
- Gemeinsame Kopplungslänge zwischen der Trennwand (2) und der flankierenden Wand (1 und 3): $l_f = 2{,}6$ m

Lösung:

Flächenbezogene Masse der Bauteile:

Wand Nr. 1 und 3 (flankierende Wände):

Rohdichten:

Wand: $\rho_w = 1000 \cdot \text{RDK} - 50 = 1000 \cdot 0{,}4 - 50 = 350\ \text{kg/m}^3$

Außenputz: $\rho_{Putz} = 1600\ \text{kg/m}^3$

Innenputz: $\rho_{Putz} = 1000\ \text{kg/m}^3$

Flächenbezogene Masse der flankierenden Wand:

$$m' = 350 \cdot 0{,}24 + 1600 \cdot 0{,}015 + 1000 \cdot 0{,}015 = 123 \ \text{kg/m}^3$$

Wand Nr. 2 (Trennwand):

Rohdichten:

Wand: $\rho_w = 900 \cdot \text{RDK} + 100 = 900 \cdot 1{,}2 + 100 = 1180 \ \text{kg/m}^3$

Innenputz: $\rho_{Putz} = 1000 \ \text{kg/m}^3$

Flächenbezogene Masse der Trennwand:

$$m' = 1180 \cdot 0{,}30 + 2 \cdot 1000 \cdot 0{,}015 = 384 \ \text{kg/m}^3$$

Es handelt sich um einen T-Stoß. Für die Ermittlung der Stoßstellendämm-Maße wird die Hilfsgröße *M* benötigt:

$$M = \log\left(\frac{m'_\perp}{m'}\right)$$

Darin ist m' die flächenbezogene Masse des aufnehmenden Bauteils im Übertragungsweg ij im Senderaum. Die Größe $m'_\perp$ kennzeichnet die flächenbezogene Masse des Bauteils senkrecht dazu.

Übertragungsweg Ff (13):

- Aufnehmendes Bauteil im Senderaum ist die Wand 1: $m' = 123 \ \text{kg/m}^2$.
- Bauteil im Übertragungsweg senkrecht dazu ist die Trennwand: $m'_\perp = 384 \ \text{kg/m}^2$.

$$M = \log\left(\frac{m'_\perp}{m'}\right) = \log\left(\frac{384}{123}\right) = 0{,}494 > 0{,}215$$

Stoßstellendämm-Maß für den Übertragungsweg Ff (13):

$$K_{Ff} = K_{13} = 8 + 6{,}8 \cdot M = 8 + 6{,}8 \cdot 0{,}494 = 11{,}4 \ \text{[dB]}$$

Übertragungsweg Df (23):

- Aufnehmendes Bauteil im Senderaum ist die Wand 2 (Trennwand): $m' = 384 \ \text{kg/m}^2$.
- Bauteil im Übertragungsweg senkrecht dazu ist die Wand 13: $m'_\perp = 123 \ \text{kg/m}^2$.

$$M = \log\left(\frac{m'_\perp}{m'}\right) = \log\left(\frac{123}{384}\right) = -0{,}494$$

Stoßstellendämm-Maß für den Übertragungsweg Df (23 = 12):

$$K_{Df} = K_{23} = K_{12} = 4{,}7 + 5{,}7 \cdot M^2 = 4{,}7 + 5{,}7 \cdot (-0{,}494)^2 = 6{,}1 \ \text{[dB]}$$

Übertragungsweg Fd (12):

- Aufnehmendes Bauteil im Senderaum ist die Wand 1: $m' = 123 \ \text{kg/m}^2$.
- Bauteil im Übertragungsweg senkrecht dazu ist die Wand 2: $m'_\perp = 384 \ \text{kg/m}^2$.

$$M = \log\left(\frac{m'_\perp}{m'}\right) = \log\left(\frac{384}{123}\right) = 0{,}494$$

Stoßstellendämm-Maß für den Übertragungsweg Fd (12):

$$K_{Fd} = K_{12} = 4{,}7 + 5{,}7 \cdot M^2 = 4{,}7 + 5{,}7 \cdot (0{,}494)^2 = 6{,}1 \text{ [dB]}$$

Mindestwerte der Stoßstellendämm-Maße:

$$K_{ij,min} = -10 \cdot \log\left[l_f \cdot l_0 \cdot \left(\frac{1}{S_i} + \frac{1}{S_j}\right)\right]$$

Übertragungsweg Ff:

l_f = 2,6 m (gemeinsame Kopplungslänge zwischen Trennbauteil und flankierendem Bauteil)

l_0 = 10 m (Bezugskopplungslänge)

S_i = 15,0 m² (Fläche des angeregten Bauteils im Senderaum)

S_j = 10,0 m² (Fläche des abstrahlenden Bauteils im Empfangsraum)

$$K_{Ff,min} = -10 \cdot \log\left[2{,}6 \cdot 1{,}0 \cdot \left(\frac{1}{15{,}0} + \frac{1}{10{,}0}\right)\right] = 3{,}6 \text{ dB} < K_f = 11{,}4 \text{ dB (maßgebend)}$$

Übertragungsweg Df:

l_f = 2,6 m (gemeinsame Kopplungslänge zwischen Trennbauteil und flankierendem Bauteil)

l_0 = 10 m (Bezugskopplungslänge)

S_i = 13,0 m² (Fläche des angeregten Bauteils im Senderaum)

S_j = 10,0 m² (Fläche des abstrahlenden Bauteils im Empfangsraum)

$$K_{Df,min} = -10 \cdot \log\left[2{,}6 \cdot 1{,}0 \cdot \left(\frac{1}{13{,}0} + \frac{1}{10{,}0}\right)\right] = 3{,}4 \text{ dB} < K_{Df} = 6{,}1 \text{ dB (maßgebend)}$$

Übertragungsweg Ff:

l_f = 2,6 m (gemeinsame Kopplungslänge zwischen Trennbauteil und flankierendem Bauteil)

l_0 = 10 m (Bezugskopplungslänge)

S_i = 15,0 m² (Fläche des angeregten Bauteils im Senderaum)

S_j = 13,0 m² (Fläche des abstrahlenden Bauteils im Empfangsraum)

$$K_{Fd,min} = -10 \cdot \log\left[2{,}6 \cdot 1{,}0 \cdot \left(\frac{1}{15{,}0} + \frac{1}{13{,}0}\right)\right] = 4{,}3 \text{ dB} < K_{Df} = 6{,}1 \text{ dB (maßgebend)}$$

Ergebnis:

Zur besseren Übersicht sind die Stoßstellendämm-Maße tabellarisch angegeben (Tab. 4.1).

Tab. 4.1: Beispiel 7 – Stoßstelldämm-Maße

Übertragungsweg	Stoßstellendämm-Maß K_{ij}	Mindestwert des Stoßstellendämm-Maßes $K_{ij,min}$
Ff	11,4 dB (maßgebend)	3,6 dB
Df	6,1 dB (maßgebend)	3,4 dB
Fd	6,1 dB (maßgebend)	4,3 dB

4.8 Beispiel 8 – Schallübertragungswege

(Kategorie A)

Für die dargestellte Situation sind die Schallübertragungswege anzugeben (in die Skizze einzeichnen) und regelkonform zu bezeichnen (Abb. 4-3).

Es sind nur die Übertragungswege in der dargestellten Grundrissebene zu betrachten, Übertragungswege über Decke und Fußboden sind im Rahmen der Aufgabe zu vernachlässigen.

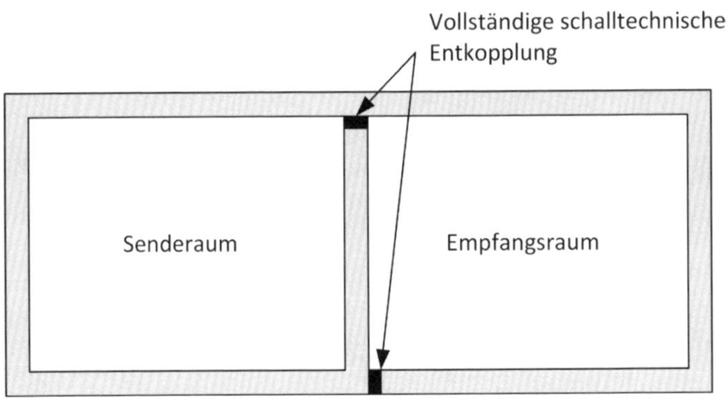

Abb. 4-3: Beispiel 8 – Schallübertragungswege

Lösung:

Aufgrund der schalltechnischen Entkopplung ergeben sich nur folgende Schallübertragungswege (siehe Abb. 4-4):

- Dd
- Fd
- Ff

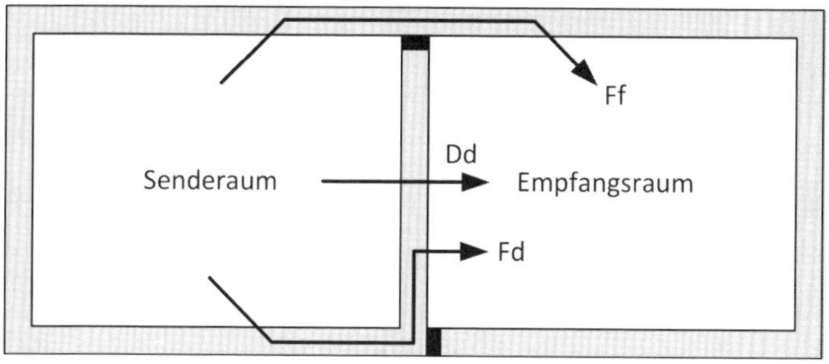

Abb. 4-4: Beispiel 8 – Schallübertragungswege (Lösung)

4.9 Beispiel 9 – Nachweis der Luftschalldämmung bei einer Wohnungstrenndecke in Massivbauweise

(Kategorie C)

Für die in Abb. 4-5 dargestellte Wohnungstrenndecke soll die Luftschalldämmung nachgewiesen werden.

Randbedingungen:

- Wohnungstrenndecke in einem Mehrfamilienhaus (MFH)
  - Übertragungsweg Dd
  - S_S = 3,48 m · 4,98 = 17,33 m² (lichte Rohbaumaße)
  - Deckenstärke d = 22 cm Stahlbeton
  - Auf der Decke befindet sich ein schwimmender Estrich (Dicke der Estrichplatte 6 cm (Estrich, hier: ρ = 2350 kg/m³); Steifigkeit der Trittschalldämmplatten $s'_{Dämmung}$ = 15 MN/m³).
  - Die Wohnungstrenndecke bildet mit der Außenwand einen T-Stoß und mit den anderen Wänden jeweils Kreuzstöße.
- Flankierende Bauteile:
  - Die flankierenden Bauteile sind im Sende- und im Empfangsraum gleich. Flankierende Bauteile sind:
  - Außenwand AW (1)
  - Innenwand IW1 (2)
  - Innenwand IW2 (3)
  - Wohnungstrennwand WTrW (4)
- Außenwand (1):
  - Übertragungsweg F_1f_1
  - Wanddicke 17,5 cm

  - Kalksandstein RDK 1,6 mit Dünnbettmörtel ausgeführt
  - raumseitig verputzt mit Gipsputz, $d = 1{,}0$ cm
- Innenwand IW1 (2):
  - Übertragungsweg F_2f_2
  - Wanddicke 11,5 cm
  - Porenbeton RDK 0,6 mit Dünnbettmörtel ausgeführt
  - beidseitig verputzt mit Gipsputz, $d = 1{,}0$ cm
- Innenwand IW2 (3):
  - Übertragungsweg F_3f_3
  - Wanddicke 17,5 cm
  - Kalksandstein RDK 1,6 mit Dünnbettmörtel ausgeführt
  - beidseitig verputzt mit Gipsputz, $d = 1{,}0$ cm
- Wohnungstrennwand WTrW (4):
  - Übertragungsweg F_4f_4
  - Wanddicke 30 cm
  - Kalksandstein RDK 2,0 mit Dünnbettmörtel ausgeführt
  - beidseitig verputzt mit Gipsputz, $d = 1{,}0$ cm

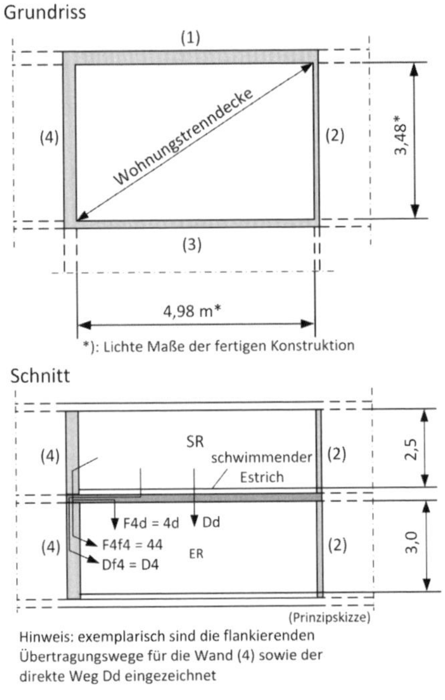

Abb. 4-5: Beispiel 9 – Nachweis der Luftschalldämmung bei einer Wohnungstrenndecke in Massivbauweise

Lösung:

Das bewertete Schalldämm-Maß der Wohnungstrenndecke ermittelt sich aus dem Schalldämm-Maß für den direkten Übertragungsweg (Dd) sowie für die Übertragungswege über alle flankierenden Bauteile (Ff, Df und Fd). Die resultierende Schalldämmung R'_w ergibt sich aus der „energetischen" (logarithmischen) Addition nach DIN 4109-2, Gl. (1):

$$R'_w = -10\log\left[10^{-R_{Dd,w/10}} + \sum_{F=f=1}^{n} 10^{-R_{Ff,w}/10} + \sum_{f=1}^{n} 10^{-R_{Df,w}/10} + \sum_{F=1}^{n} 10^{-R_{Fd,w}/10}\right]$$

Darin sind:

R'_w bewertetes Bau-Schalldämm-Maß, in dB

$R_{Dd,w}$ Direktschalldämm-Maß für das Trennbauteil, in dB

R_{Ff}, $R_{Df,w}$ und $R_{Fd,w}$ Flankenschalldämm-Maße der flankierenden Bauteile, in dB

Insgesamt sind 13 Schallübertragungswege zu berücksichtigen (1 Weg über das Trennbauteil, jeweils 3 Wege (Ff, Df und Fd) über die 4 flankierenden Bauteile; d.h.

gesamt = 1 + 3 x 4 = 1 + 12 = 13 Wege).

Die Flankenschalldämm-Maße werden je nach Bauweise nach unterschiedlichen Verfahren berechnet. Es wird unterschieden in Verfahren für die Massivbauweise, Haustrennwände in Massivbauweise, den Holz- und Leichtbau sowie den Skelettbau. Hier: Massivbau.

a) Berechnung der bewerteten Schalldämm-Maße R_w der einzelnen Bauteile

Wohnungstrenndecke:

Normalbeton $\rho = 2400$ kg/m³, Dicke 22 cm = 0,22 m

Flächenbezogene Masse:

$m'_{Rohdecke} = d \cdot \rho = 0,22 \cdot 2400 = 528$ kg/m²

Bewertetes Schalldämm-Maß (der Rohdecke ohne Deckenauflage):

$R_w = 30,9 \log(m'_{ges}/m_0) - 22,2 = 30,9 \log(528/1,0) - 22,2 = 61,9$ dB

Außenwand (1):

Kalksandstein RDK 1,6, Dicke 17,5 cm = 0,175 m

Rohdichte:

$\rho_W = 1000$ RDK – 100 = 1000 · 1,6 – 100 = 1500 kg/m³ (für RDK > 1,0)

Putz raumseitig: Dicke 1 cm = 0,01 m, Rohdichte 1000 kg/m³

Flächenbezogene Masse:

$m' = d \cdot \rho_W + d_{Putz} \cdot \rho_{Putz} = 0,175 \cdot 1500 + 0,01 \cdot 1000 = 272,5$ kg/m²

Bewertetes Schalldämm-Maß:

$R_w = 30,9 \log(m'_{ges}/m_0) - 22,2 = 30,9 \log(272,5/1,0) - 22,2 = 53,1$ dB

Innenwand (2):

Porenbeton RDK 0,6, Dicke 11,5 cm = 0,115 m

Rohdichte:

$$\rho_W = 1000\ \text{RDK} - 100 = 1000 \cdot 0{,}6 - 25 = 575\ \text{kg/m}^3$$

Putz beidseitig: Dicke 1 cm = 0,01 m, Rohdichte 1000 kg/m^3

Flächenbezogene Masse:

$$m' = d \cdot \rho_W + 2 \cdot d_{\text{Putz}} \cdot \rho_{\text{Putz}} = 0{,}115 \cdot 575 + 2 \cdot 0{,}01 \cdot 1000 = 86{,}1\ \text{kg/m}^2$$

Bewertetes Schalldämm-Maß:

$$R_w = 32{,}6 \log(m'_{ges}/m_0) - 22{,}5 = 32{,}6 \log(86{,}1/1{,}0) - 22{,}5 = 40{,}6\ \text{dB}$$

Innenwand (3):

Kalksandstein RDK 1,6, Dicke 17,5 cm = 0,175 m

Rohdichte: ρ_W = 1500 kg/m^3 (siehe oben)

Putz beidseitig: Dicke 1 cm = 0,01 m, Rohdichte 1000 kg/m^3

Flächenbezogene Masse:

$$m' = d \cdot \rho_W + 2 \cdot d_{\text{Putz}} \cdot \rho_{\text{Putz}} = 0{,}175 \cdot 1500 + 2 \cdot 0{,}01 \cdot 1000 = 282{,}5\ \text{kg/m}^2$$

Bewertetes Schalldämm-Maß:

$$R_w = 30{,}9 \log(m'_{ges}/m_0) - 22{,}2 = 30{,}9 \log(282{,}5/1{,}0) - 22{,}2 = 53{,}5\ \text{dB}$$

Wohnungstrennwand (4):

Kalksandstein RDK 2,0, Dicke 30 cm = 0,30 m

Rohdichte:

$$\rho_W = 1000\ \text{RDK} - 100 = 1000 \cdot 2{,}0 - 100 = 1900\ \text{kg/m}^3\ (\text{für RDK} > 1{,}0)$$

Putz beidseitig: Dicke 1 cm = 0,01 m, Rohdichte 1000 kg/m^3

Flächenbezogene Masse:

$$m' = d \cdot \rho_W + d_{\text{Putz}} \cdot \rho_{\text{Putz}} = 0{,}30 \cdot 1900 + 2 \cdot 0{,}01 \cdot 1000 = 590\ \text{kg/m}^2$$

Bewertetes Schalldämm-Maß:

$$R_w = 30{,}9 \log(m'_{ges}/m_0) - 22{,}2 = 30{,}9 \log(590/1{,}0) - 22{,}2 = 63{,}4\ \text{dB}$$

Siehe hierzu die Übersicht in Tab. 4.2.

Tab. 4.2: Beispiel 9 – Flächenbezogene Masse, daraus berechnetes bewertetes Schalldämm-Maß und gemeinsame Kantenlänge der an der Schallübertragung beteiligten Bauteile

Bauteil	**Flächenbezogene Masse** m' **kg/m²**	**Bewertetes Schalldämm-Maß** R_w **dB**	**Gemeinsame Kantenlänge mit dem Trennbauteil** l_{ij} **m**
Wohnungstrenndecke	528	61,9	–
Außenwand (1)	272,5	53,1	4,98
Innenwand (2)	86,1	40,6	3,48
Innenwand (3)	282,5	53,5	4,98
Wohnungstrennwand (4)	590	63,4	3,48

b) Berechnung der Flankenschalldämm-Maße $R_{ij,w}$ der flankierenden Bauteile

Die Flankenschalldämm-Maße der flankierenden Bauteile $R_{ij,w}$ berechnen sich aus dem Direktschalldämm-Maß $R_{ij,w}$, dem Stoßstellendämm-Maß K_{ij}, der Verbesserung durch Vorsatzschalen $\Delta R'_w$ (hier: schwimmender Estrich) und einem Korrekturterm $10 \cdot \log(S/l)$ aus gemeinsamer Kantenlänge l_{ij} und Trennfläche S. Es gilt:

$$R_{ij,w} = \frac{R_{i,w}}{2} + \frac{R_{j,w}}{2} + \Delta R_{ij,w} + K_{ij} + 10 \cdot \log\left(\frac{S_S}{l_0 \cdot l_f}\right)$$

Darin bedeuten:

$R_{ij,w}$ bewertetes Flankendämm-Maß für den Schallübertragungsweg vom Bauteil i auf das Bauteil j, in dB

$R_{i,w}$ bewertetes Schalldämm-Maß des flankierenden massiven Bauteils im Senderaum, in dB

$R_{j,w}$ bewertetes Schalldämm-Maß des flankierenden massiven Bauteils im Empfangsraum, in dB

$\Delta R_{ij,w}$ gesamte bewertete Verbesserung des Schalldämm-Maßes durch zusätzlich angebrachte Vorsatzkonstruktionen auf dem Sendebauteil i und/oder Empfangsbauteil j des betrachteten Übertragungsweges, in dB (Anmerkung: Es sind nur die raumseitig angebrachten Vorsatzkonstruktionen zu berücksichtigen; z.B. raumseitige Bekleidungen, nicht jedoch ein außen angebrachtes Wärmedämmverbundsystem (WDVS) bei einer Außenwand)

K_{ij} Stoßstellendämm-Maß auf dem Übertragungsweg ij, in dB

S_S Fläche des Trennbauteils, die beiden Räumen gemeinsam ist, in m²

l_f gemeinsame Kopplungslänge der Verbindungsstelle zwischen dem trennenden und dem flankierenden Bauteil, in m

l_0 Bezugskopplungslänge; $l_0 = 1{,}0$ m

Die Berechnung der Flankenschalldämm-Maße erfolgt zweckmäßigerweise tabellarisch, siehe hierzu die Zusammenstellung in Tab. 4.3.

Tab. 4.3: Beispiel 9 – Berechnung der Flankenschalldämm-Maße $R_{ij,w}$

Weg	$R_{i,w}/2$ dB	$R_{j,w}/2$ dB	K_{ij} dB	$10 \cdot \log(S/l)$ dB	$\Delta R'_w$ dB	$\sum = R_{ij,w}$ dB
Dd	30,95	30,95	0	0	8,1	70,0
1d	26,55	30,95	5,17	5,42	0	68,1
2d	20,30	30,95	15,25	6,97	0	73,5
3d	26,75	30,95	6,84	5,42	0	70,0
4d	31,70	30,95	5,74	6,97	0	75,4
D1	30,95	26,55	5,17	5,42	8,1	76,2
11	26,55	26,55	9,95	5,42	0	68,5
D2	30,95	30,95	15,25	6,97	8,1	92,2
22	20,30	20,30	18,26	6,97	0	65,8
D3	30,95	30,95	6,84	5,42	8,1	82,2
33	26,75	26,75	12,59	5,42	0	71,5
D4	30,95	30,95	5,74	6,97	8,1	82,7
44	31,70	31,70	7,89	6,97	0	78,3

c) Berechnung der Stoßstellendämm-Maße K_{ij}

Zur Erläuterung der Werte in Tab. 4.3 wird nachfolgend der Rechenweg zur Ermittlung der Stoßstellendämm-Maße K_{ij} angegeben, siehe auch Abb. 4-6.

Bei massiven und homogenen Bauteilen, die biegesteif miteinander verbunden sind, berechnet sich das Stoßstellendämm-Maß K_{ij} aus den flächenbezogenen Massen der mit der Stoßstelle verbundenen Bauteile, wobei unterschiedliche Geometrien der Stoßstelle berücksichtigt werden.

Für die Berechnung des Stoßstellendämm-Maßes wird eine Hilfsgröße M benötigt, die wie folgt definiert ist (siehe DIN 4109-32, Gl. (23)):

$$M = \log\left(\frac{m'_{\perp,i}}{m'_i}\right)$$

Darin sind:

m'_i flächenbezogene Masse des aufnehmenden Bauteils i (im Senderaum) im Übertragungsweg ij, in kg/m²

$m'_{\perp,i}$ flächenbezogene Masse des anderen die Stoßstelle bildenden Bauteils senkrecht dazu, in kg/m²

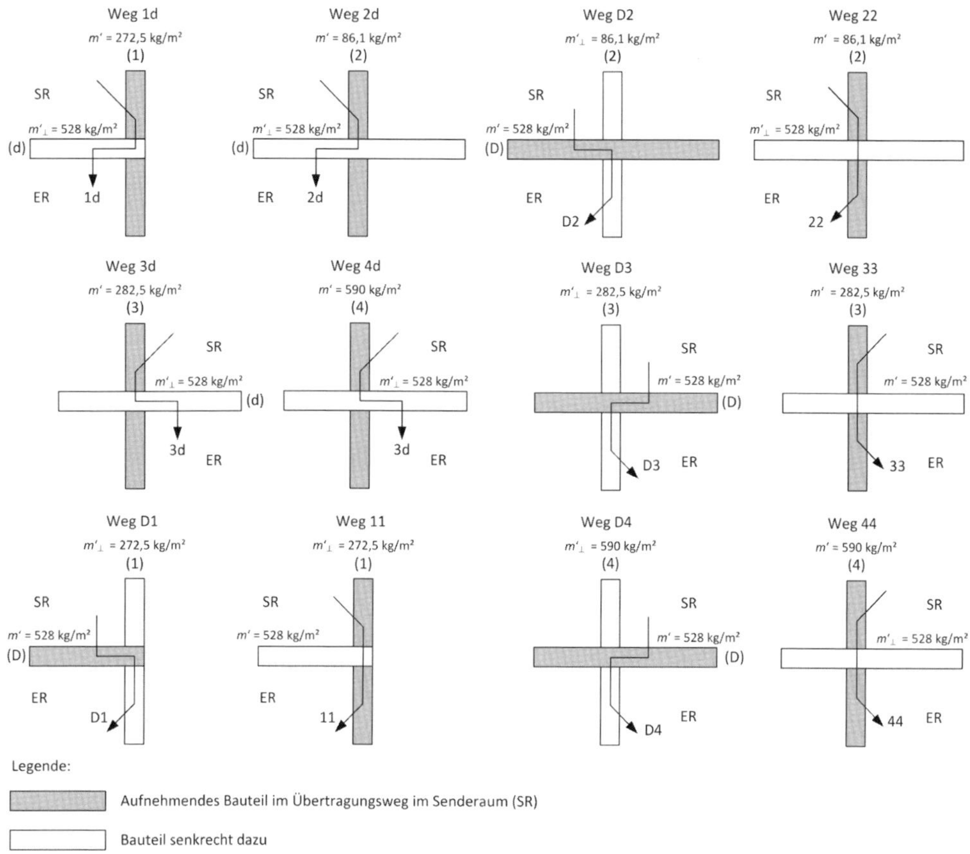

Abb. 4-6: Beispiel 9 – Übertragungswege für die Berechnung der Stoßstellendämm-Maße K_{ij}

c1) Decke

Weg Dd: $K_{ij} = 0$

Weg 1d:

Die Decke (d) ($m'_\perp$ = 528 kg/m²) bildet mit der Außenwand (1) (m' = 272,5 kg/m²) einen T-Stoß.

$$M = \log\left(\frac{m'_{\perp,i}}{m'_i}\right) = \log\left(\frac{528}{272{,}5}\right) = 0{,}287$$

$$K_{1d} = K_{12} = 4{,}7 + 5{,}7\,M^2 = 4{,}7 + 5{,}7 \cdot 0{,}287^2 = 5{,}2 \text{ dB}$$

Weg 2d:

Die Decke (d) bildet mit der Innenwand (2) einen Kreuzstoß.

$$M = \log\left(\frac{m'_{\perp,i}}{m'_i}\right) = \log\left(\frac{528}{86{,}1}\right) = 0{,}788$$

$$K_{2d} = K_{12} = 5{,}7 + 15{,}4\,M^2 = 5{,}7 + 15{,}4 \cdot 0{,}788^2 = 15{,}3 \text{ dB}$$

Weg 3d:

Die Decke (d) bildet mit der Innenwand (3) einen Kreuzstoß.

$$M = \log\left(\frac{m'_{\perp,i}}{m'_i}\right) = \log\left(\frac{528}{282{,}5}\right) = 0{,}272$$

$$K_{3d} = K_{12} = 5{,}7 + 15{,}4\,M^2 = 5{,}7 + 15{,}4 \cdot 0{,}272^2 = 6{,}8 \text{ dB}$$

Weg 4d:

Die Decke (d) bildet mit der Wohnungstrennwand (4) einen Kreuzstoß.

$$M = \log\left(\frac{m'_{\perp,i}}{m'_i}\right) = \log\left(\frac{528}{590}\right) = -0{,}048$$

$$K_{4d} = K_{12} = 5{,}7 + 15{,}4\,M^2 = 5{,}7 + 15{,}4 \cdot (-0{,}0048)^2 = 5{,}7 \text{ dB}$$

c2) Flanke 1 (Außenwand)

Weg D1: $m' = 528$ kg/m²; $m'_\perp = 272{,}5$ kg/m²

Die Decke (D) bildet mit der Außenwand (1) einen T-Stoß. Berechnung von M wie oben.

$$M = \log\left(\frac{m'_\perp}{m'}\right) = \log\left(\frac{272{,}5}{528}\right) = -0{,}287$$

$$K_{D1} = K_{12} = 4{,}7 + 5{,}7\,M^2 = 4{,}7 + 5{,}7 \cdot (-0{,}287)^2 = 5{,}2 \text{ dB}$$

Weg 11:

Die Decke bildet mit der Außenwand (1) einen T-Stoß.

$$M = \log\left(\frac{m'_{\perp,i}}{m'_i}\right) = \log\left(\frac{528}{272{,}5}\right) = 0{,}287$$

$$K_{11} = K_{13} = 8 + 6{,}8\,M = 8 + 6{,}8 \cdot 0{,}287 = 10{,}0 \text{ dB (für } M > 0{,}215)$$

c3) Flanke 2 (Innenwand IW1)

Weg D2:

Die Decke (D) bildet mit der Innenwand (2) einen Kreuzstoß.

$$M = \log\left(\frac{m'_{\perp,i}}{m'_i}\right) = \log\left(\frac{86{,}1}{528}\right) = -0{,}788$$

$$K_{D2} = K_{12} = 5{,}7 + 15{,}4\,M^2 = 5{,}7 + 15{,}4 \cdot (-0{,}788)^2 = 15{,}3 \text{ dB}$$

Weg 22:

Die Decke (d) bildet mit der Innenwand (2) einen Kreuzstoß.

$$M = \log\left(\frac{m'_{\perp,i}}{m'_i}\right) = \log\left(\frac{528}{86{,}1}\right) = 0{,}788$$

$$K_{22} = K_{13} = 9{,}6 + 11\,M = 9{,}6 + 11 \cdot 0{,}788 = 18{,}3 \text{ dB (für } M > 0{,}182)$$

c4) Flanke 3 (Innenwand IW2)

Weg D3:

Die Decke (D) bildet mit der Innenwand (3) einen Kreuzstoß.

$$M = \log\left(\frac{m'_{\perp,i}}{m'_i}\right) = \log\left(\frac{282,5}{528}\right) = -0,272$$

$K_{D3} = K_{12} = 5,7 + 15,4\,M^2 = 5,7 + 15,4 \cdot (-0,272)^2 = 6,8$ dB

Weg 33:

Die Decke bildet mit der Innenwand (3) einen Kreuzstoß.

$$M = \log\left(\frac{m'_{\perp,i}}{m'_i}\right) = \log\left(\frac{528}{282,5}\right) = 0,272$$

$K_{33} = K_{13} = 9,6 + 11\,M = 9,6 + 11 \cdot 0,272 = 12,6$ dB (für $M \geq 0,182$)

c5) Flanke 4 (Wohnungstrennwand)

Weg D4:

Die Decke (D) bildet mit der Wohnungstrennwand (4) einen Kreuzstoß.

$$M = \log\left(\frac{m'_{\perp,i}}{m'_i}\right) = \log\left(\frac{590}{528}\right) = 0,048$$

$K_{D4} = K_{12} = 5,7 + 15,4\,M^2 = 5,7 + 15,4 \cdot 0,048^2 = 5,7$ dB

Weg 44:

Die Decke bildet mit der Wohnungstrennwand (4) einen Kreuzstoß.

$$M = \log\left(\frac{m'_{\perp,i}}{m'_i}\right) - \log\left(\frac{528}{590}\right) = -0,048$$

$K_{44} = K_{13} = 8,7 + 17,1\,M + 5,7\,M^2 = 8,7 + 17,1 \cdot (-0,048) + 5,7 \cdot (-0,048)^2$
$= 7,9$ dB (für $M < 0,182$)

d) Mindestwerte für die Stoßstellendämm-Maße

Das Stoßstellendämm-Maß muss folgendem Mindestwert entsprechen (DIN 4109-2, Gl. (17)):

$$K_{ij,min} = -10\log\left[l_f \cdot l_0\left(\frac{1}{S_i} + \frac{1}{S_j}\right)\right]$$

Darin bedeuten:

$K_{ij,min}$ anzusetzender Mindestwert des Stoßstellendämm-Maßes auf dem Übertragungsweg ij, in dB

l_f gemeinsame Kopplungslänge der Verbindungsstelle zwischen dem trennenden und dem flankierenden Bauteil, in m

l_0 Bezugskopplungslänge, $l_0 = 1$ m

S_i Fläche des angeregten Bauteils im Senderaum, in m²

S_j Fläche des abstrahlenden Bauteils im Empfangsraum, in m²

Nachfolgend wird der Mindestwert exemplarisch für den Übertragungsweg 1d berechnet. Eingangsdaten:

$l_f = 4{,}98$ m (gemeinsame Kopplungslänge zwischen der Wand (1) und der Decke)

$S_i = S_{SR} = 4{,}98 \cdot 2{,}5 = 12{,}45\ m^2$ (Annahme: Höhe des Senderaums = 2,5 m)

$S_j = S_{ER} = 4{,}98 \cdot 3{,}0 = 14{,}94\ m^2$ (Annahme: Höhe des Empfangsraums = 3,0 m)

Damit ergibt sich folgender Mindestwert für das Stoßstellendämm-Maß:

$$K_{ij,min} = K_{1d,min} = -10\log\left[4{,}98 \cdot 1{,}0\left(\frac{1}{12{,}45} + \frac{1}{14{,}94}\right)\right] = 1{,}35\ \text{[dB]}$$

Vorhandenes Stoßstellendämm-Maß (siehe oben):

$K_{1d} = 5{,}2\ dB > 1{,}35\ dB$

Die Mindestwerte der Stoßstellendämm-Maße für die anderen Übertragungswege berechnen sich analog. Sämtliche Mindestwerte sind deutlich kleiner als die vorhandenen Stoßstellendämm-Maße, sodass letztere maßgebend sind.

e) Berechnung der Werte des Terms 10 log(S/l)

Die Berechnung der Werte des Terms 10 log(S/l) erfolgt tabellarisch. Exemplarisch wird der Wert für den Weg 1d berechnet:

$$10\log\left(\frac{S_S}{l_0 \cdot l_f}\right) = 10\log\left(\frac{17{,}3}{1{,}0 \cdot 4{,}98}\right) = 5{,}4\ \text{[dB]}$$

mit:

$S_S = 3{,}48 \cdot 4{,}98 = 17{,}3\ m^2$ (Fläche des trennenden Bauteils; hier: Wohnungstrenndecke)

$l_0 = 1$ m (Bezugskopplungslänge)

$l_f = 4{,}98$ m (gemeinsame Kopplungslänge zwischen dem trennenden Bauteil (Decke) und dem flankierenden Bauteil; hier Wand 1)

Die Berechnung der Werte für die anderen Übertragungswege erfolgt analog, siehe Tab. 4.4.

Tab. 4.4: Gemeinsame Kopplungslänge sowie Berechnung des Terms 10 log(S/l)

Weg	Gemeinsame Kopplungslänge l_f m	Term 10 log(S/l) dB
1d	4,98	5,42
2d	3,48	6,97
3d	4,98	5,42
4d	3,48	6,97
D1	4,98	5,42
11	4,98	5,42
D2	3,48	6,97
22	3,48	6,97
D3	4,98	5,42
33	4,98	5,42
D4	3,48	6,97
44	3,48	6,97

f) Berechnung der bewerteten Verbesserung durch Vorsatzkonstruktionen

Auf der Wohnungstrenndecke befindet sich ein schwimmender Estrich, der im Sinne der Norm als Vorsatzkonstruktion gilt. Grundsätzlich darf die Verbesserung des Schalldämm-Maßes durch Vorsatzkonstruktionen berücksichtigt werden.

Das bewertete Schalldämm-Maß $R_{Dd,w}$ für die direkte Übertragung wird mit folgender Gleichung ermittelt (DIN 4109-2, Gl. (4)):

$$R_{Dd,w} = R_{s,w} + \Delta R_{Dd,w}$$

Darin bedeuten:

$R_{Dd,w}$ bewertetes Schalldämm-Maß für den direkten Schallübertragungsweg, in dB

$R_{s,w}$ bewertetes Schalldämm-Maß des trennenden massiven Bauteils, in dB

$\Delta R_{Dd,w}$ gesamte bewertete Verbesserung des Schalldämm-Maßes durch zusätzlich angebrachte Vorsatzkonstruktionen auf der Sende- und/oder Empfangsseite des trennenden Bauteils, in dB

Hier: schwimmender Estrich (Zementestrich, Dicke 6 cm) mit:

$$s'_{Dämmung} \leq 15 \text{ MN/m}^3$$

$$m'_{Estrich} = d \cdot r = 0{,}06 \cdot 2350 = 141 \text{ kg/m}^2$$

mit: r = 2350 kg/m³ (Rohdichte Estrich)

Die gesamte bewertete Verbesserung des Schalldämm-Maßes durch zusätzlich angebrachte Vorsatzkonstruktionen hängt von der Resonanzfrequenz f_0 ab. Die Resonanzfrequenz ergibt sich nach DIN 4109-34, Gl. (1):

$$f_0 = 160\sqrt{s'\left(\frac{1}{m'_1}+\frac{1}{m'_2}\right)} \leq 100 \text{ Hz}$$

Hier ergibt sich:

$$f_0 = 160\sqrt{15\left(\frac{1}{528}+\frac{1}{141}\right)} = 58{,}7 < 100 \text{ Hz}$$

mit:

$s' = 15$ M/m² (dynamische Steifigkeit der Trittschalldämmung, siehe oben)

$m'_1 = 528$ kg/m² (flächenbezogene Masse der Rohdecke allein)

$m'_2 = 141$ kg/m² (flächenbezogene Masse des Estrichs)

Mit der Resonanzfrequenz berechnet sich die bewertete Verbesserung des Schalldämm-Maßes nach DIN 4109-34, Tab. 1 mit folgender Gleichung:

$\Delta R_{Dd,w} = 74{,}4 - 20 \log f_0 - 0{,}5\, R_w = 74{,}4 - 20 \log 58{,}7 - 0{,}5 \cdot 61{,}9 = 8{,}1$ dB

mit:

$f_0 = 58{,}7$ Hz (Resonanzfrequenz, siehe oben)

$R_w = R_{s,w} = 61{,}9$ dB (bewertetes Schalldämm-Maß des Grundbauteils; hier: Decke, siehe oben)

Die Verbesserung wird nur bei Übertragungswegen angesetzt, bei denen die Decke im Senderaum direkt angeregt wird, d.h., im hier betrachteten Beispiel ist dies bei folgenden Übertragungswegen der Fall:

- Dd und
- D1, D2, D3 und D4

g) Berechnung des resultierenden bewerteten Bau-Schalldämm-Maßes der Decke R'_w

Das resultierende bewertete Bau-Schalldämm-Maß der Wohnungstrenndecke ergibt sich mit folgender Gleichung (DIN 4109-2, Gl. (1)):

$$R'_w = -10\log\left[10^{-R_{Dd,w/10}} + \sum_{F=f=1}^{n} 10^{-R_{Ff,w}/10} + \sum_{f=1}^{n} 10^{-R_{Df,w}/10} + \sum_{F=1}^{n} 10^{-R_{Fd,w}/10}\right]$$

Hier ergibt sich:

$$R'_w = -10\log\left[\begin{array}{l} 10^{-\frac{70,0}{10}} + 10^{-\frac{68,5}{10}} + 10^{-\frac{65,8}{10}} + 10^{-\frac{71,5}{10}} + 10^{-\frac{78,3}{10}} + 10^{-\frac{76,2}{10}} \\ +10^{-\frac{92,2}{10}} + 10^{-\frac{82,2}{10}} + 10^{-\frac{82,7}{10}} + 10^{-\frac{68,1}{10}} + 10^{-\frac{73,5}{10}} + 10^{-\frac{70,0}{10}} \\ +10^{-\frac{75,4}{10}} \end{array}\right] = 60{,}2 \text{ dB}$$

Darin ist:

$R_{\mathrm{Dd,w}} = R_{\mathrm{w}} + \Delta R_{\mathrm{w}} = 61{,}9 + 8{,}1 = 70{,}0$ dB (bewertetes Schalldämm-Maß für den direkten Übertragungsweg einschließlich Verbesserung über die Decke)

$R_{\mathrm{Ff,w}}$ Flankenschalldämm-Maße für die Wege Ff (siehe Tab. 4.3)

$R_{\mathrm{Df,w}}$ Flankenschalldämm-Maße für die Wege Df (siehe Tab. 4.3)

$R_{\mathrm{Fd,w}}$ Flankenschalldämm-Maße für die Wege Fd (siehe Tab. 4.3)

h) Anforderung und Nachweis

Es sollen die erhöhten Anforderungen nach DIN 4109-5 zugrunde gelegt werden. Nach DIN 4109-5, Tab. 1, Z.2 gilt für Wohnungstrenndecken in Mehrfamilienhäusern folgende Anforderung an die Luftschalldämmung:

$$\text{erf } R'_{\mathrm{w}} = 57 \text{ dB}$$

Für den Nachweis ist ein „Sicherheitsabschlag" u_{prog} anzusetzen. Vereinfachend wird hier der pauschale Wert von 2 dB angesetzt. Damit ergibt sich:

$$R'_{\mathrm{w}} - 2 \text{ dB} \geq \text{erf } R'_{\mathrm{w}}$$

Nachweis:

$$R'_{\mathrm{w}} - 2 \text{ dB} = 60{,}2 - 2 = 58{,}2 \text{ dB} \geq \text{erf } R'_{\mathrm{w}} = 57 \text{ dB}$$

Der Nachweis (erhöhte Anforderungen nach DIN 4109-5) ist erfüllt.

i) Umrechnung in die Standard-Schallpegeldifferenz und Nachweis

Nachfolgend soll gezeigt werden, wie der Nachweis zu führen ist, wenn als Anforderungsgröße die bewertete Standard-Schallpegeldifferenz $D_{\mathrm{nT,w}}$ zugrunde gelegt werden soll. Die bewertete Standard-Schallpegeldifferenz ist beispielsweise in der VDI 4100 als Anforderungsgröße definiert.

Für den Nachweis muss das bewertete Bau-Schalldämm-Maß zunächst in die bewertete Standard-Schallpegeldifferenz umgerechnet werden. Hierzu werden das Volumen des Empfangsraums sowie die Fläche des Trennbauteils benötigt.

Die Umrechnung des bewerteten Bau-Schalldämm-Maßes R'_{w} in die bewertete Standard-Schallpegeldifferenz $D_{\mathrm{nT,w}}$ erfolgt mit folgender Formel (siehe DIN 4109-2, Gl. (B.1)):

$$D_{\mathrm{nT,w}} = R'_{\mathrm{w}} + 10\log\left(\frac{0{,}32 \cdot V_{\mathrm{E}}}{S_{\mathrm{S}}}\right)$$

Darin sind:

$D_{\mathrm{nT,w}}$ Standard-Schallpegeldifferenz, in dB

R'_{w} bewertetes Bau-Schalldämm-Maß, in dB

V_{E} Volumen des Empfangsraums, in m^3

S_{S} Fläche des trennenden Bauteils, in m^2 (Mindesttrennfläche 8 m^2)

Hier ergibt sich:

$$V_{\mathrm{E}} = 4{,}98 \cdot 3{,}48 \cdot 3{,}0 = 52{,}0 \text{ m}^3$$

$S_S = 4,98 \cdot 3,48 = 17,33\ m^2$

$R'_w = 60,2$ dB (siehe oben)

Höhe des Empfangsraums: 3,0 m.

Damit ergibt sich die bewertete Standard-Schallpegeldifferenz zu:

$$D_{nT,w} = 60,2 + 10\log\left(\frac{0,32 \cdot 52,0}{17,33}\right) = 60,0\ \text{dB}$$

Für den Nachweis ist die bewertete Standard-Schallpegeldifferenz um den Sicherheitsabschlag u_{prog} zu vermindern (siehe DIN 4109-2, B.2). Bei Ansatz des pauschalen Wertes von $u_{prog} = 2$ dB ergibt sich:

$D_{nT,w} - 2 = 60,0 - 2 = 58,0$ dB

Sollen die Anforderungen der VDI 4100 (2012) zugrunde gelegt werden, gelten folgende Werte (siehe VDI 4100, Tab. 2):

- SSt I: $D_{nT,w} \geq 56$ dB → erfüllt
- SSt II: $D_{nT,w} \geq 59$ dB → nicht erfüllt
- SSt III: $D_{nT,w} \geq 64$ dB → nicht erfüllt

SSt: Schallschutzstufe

Die hier betrachtete Wohnungstrenndecke erfüllt die Anforderungen an den Luftschallschutz der Schallschutzstufe SSt I nach VDI 4100. Die Stufen II und III werden nicht erfüllt.

4.10 Beispiel 10 – Zweischalige Haustrennwand

(Kategorie C)

a) Welche Rohdichteklasse (RDK) müssen die beiden Mauerwerksschalen einer zweischaligen Haustrennwand mindestens aufweisen, damit für das bewertete Bau-Schalldämm-Maß der Wand ein Wert von $R'_{w,2} = 66$ dB nicht unterschritten wird (Abb. 4-7)?

b) Welcher lichte Abstand zwischen den beiden Schalen muss eingehalten werden? Mit welchem Material ist die Fuge auszufüllen?

Randbedingungen:

- Es ist das vereinfachte Verfahren nach DIN 4109-2 zu verwenden.
- Tragschalen aus Mauerwerk mit Normalmörtel, Dicke jeweils $d = 24$ cm
- Die Wand ist beidseitig mit Gipsputz verputzt, Dicke der Putzschicht $d = 1,5$ cm.
- Zweischaligkeitszuschlag: $\Delta R'_{w,Tr} = 12$ dB
- Korrekturwert zur Berücksichtigung der Schallübertragung über flankierende Bauteile: $K = 0$

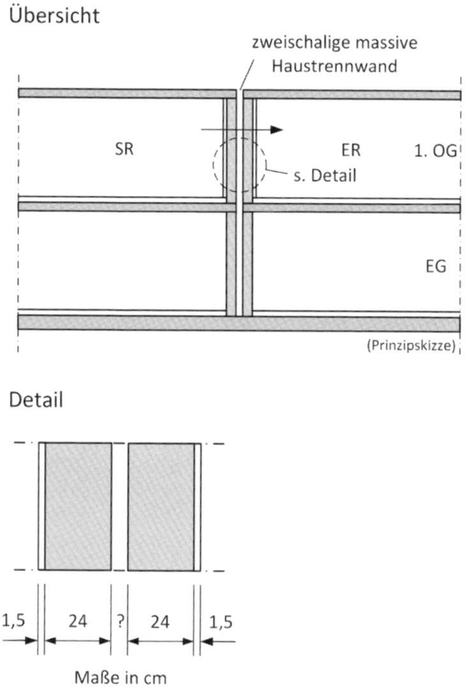

Abb. 4-7: Beispiel 10 – Zweischalige Haustrennwand

Lösung:

Zu a) Berechnung der RDK:

Das bewertete Bau-Schalldämm-Maß einer massiven zweischaligen Haustrennwand berechnet sich mit folgender Gleichung:

$$R'_{w,2} = R'_{w,1} + \Delta R_{w,Tr} - K$$

Darin ist $R'_{w,1}$ das bewertete Bau-Schalldämm-Maß einer gleich schweren einschaligen Wand, $\Delta R'_{w,2}$ der Zweischaligkeitszuschlag und K ein Korrekturwert zur Berücksichtigung der Schallübertragung über die flankierenden Bauteile.

$R'_{w,1}$ berechnet sich mit folgender Gleichung:

$$R'_{w,1} = 28 \cdot \log\left(m'_{Tr,ges}\right) - 18$$

Eingesetzt in obige Gleichung ergibt sich folgender Ausdruck:

$$R'_{w,2} = 28 \cdot \log\left(m'_{Tr,ges}\right) - 18 + \Delta R_{w,Tr} - K$$

$$66 = 28 \cdot \log\left(2 \cdot m'_1\right) - 18 + 12 - 0$$

Die Gleichung wird zunächst nach der flächenbezogenen Masse m'_1 für eine Schale aufgelöst und es wird m'_1 berechnet:

$$\frac{66+18-12}{28} = \log(2 \cdot m'_1)$$

$$10^{\frac{66+18-12}{28}} = 2 \cdot m'_1$$

$$10^{\frac{66+18-12}{28}} / 2 = m'_1$$

$m'_1 = 186{,}4\ \text{kg/m}^2 > 150\ \text{kg/m}^2$ (Mindestwert je Schale)

Hiervon muss noch der Anteil der Putzschicht subtrahiert werden:

$$m'_1 = m'_{MW} + m'_{Putz}$$

$$m'_{MW} = m'_1 - m'_{Putz} = 186{,}4 - (0{,}015 \cdot 1000) = 171{,}4\ \text{kg/m}^2$$

Es ergibt sich folgende Rohdichte für das Mauerwerk:

$$\rho_{MW} = \frac{m'_{MW}}{d} = \frac{171{,}4}{0{,}24} = 714{,}2\ \text{kg/m}^3$$

Für Mauerwerk für Normalmörtel gilt folgende Beziehung zwischen der Rohdichte und der Rohdichteklasse (RDK):

$$\rho_{MW} = 900 \cdot \text{RDK} + 100$$

Die Gleichung wird nach der gesuchten Rohdichteklasse aufgelöst, die RDK wird berechnet:

$$\text{RDK} = \frac{\rho_{MW} - 100}{900} = \frac{714{,}2 - 100}{900} = 0{,}68[-]$$

Gewählt: Rohdichteklasse **RDK = 0,7** > 0,68

Die Rohdichteklasse beider Mauerwerksschalen muss mindestens RDK = 0,7 betragen, damit das bewertete Bau-Schalldämm-Maß der zweischaligen Haustrennwand $R'_{w,2}$ nicht kleiner als die geforderten 66 dB wird.

Zu b) Schalenzwischenraum:

Der Schalenzwischenraum sollte eine lichte Breite von mindestens 30 mm aufweisen, eine größere Breite ist besser.

Der Hohlraum ist mit Dämmplatten aus Mineralwolle (MW) nach DIN EN 13162 vollflächig auszufüllen, wobei die Platten dicht zu stoßen sind (Hohlraumbedämpfung). Die Hohlraumbedämpfung soll Luft aus dem Schalenzwischenraum herausdrücken, damit dieser möglichst luftleer ist. Grund: Luft im Schalenzwischenraum verbessert die Schallübertragung erheblich, da die Luft den Schall bei Anregung durch die schwingenden Schalen infolge abwechselnder Kompression und Entspannung gut weiterleitet.

4.11 Beispiel 11 – Nachweis der Trittschalldämmung bei einer Massivdecke

(Kategorie B)

Für eine Wohnungstrenndecke aus Stahlbeton mit einer Dicke von $d = 22$ cm ist der Nachweis der Trittschalldämmung zu führen. Es sollen die erhöhten Anforderungen nach DIN 4109-5 zugrunde gelegt werden.

Randbedingungen:

- Erhöhte Anforderung an den bewerteten Norm-Trittschallpegel für Wohnungstrenndecken: zul. $L'_{n,w} = 47$ Db.
- Sicherheitszuschlag: $u = u_{prog} = 3$ dB.
- Als Deckenauflage wird ein schwimmender Estrich (Zementestrich) verwendet.
- Dynamische Steifigkeit der Trittschalldämmplatten $s' = 20$ MN/m^3.
- Flächenbezogene Masse der Estrichplatte $m'_{Estrich} = 141$ kg/m^2 (Zementestrich).
- Es ist keine Unterdecke vorhanden.
- Die mittlere flächenbezogene Masse der flankierenden Bauteile (vier Wände) beträgt 278,5 kg/m^2.
- Der Empfangsraum liegt direkt unter dem Senderaum.

Lösung:

Folgende Bedingung muss eingehalten werden:

$$L'_{n,w} + u_{prog} \leq \text{zul. } L'_{n,w}$$

Darin ist:

$$L'_{n,w} = L_{n,eq,0,w} - \Delta L_w + K$$

$$u_{prog} = +3 \text{ dB (Sicherheitszuschlag)}$$

Flächenbezogene Masse der Rohdecke:

$$m' = \rho \cdot d = 2400 \cdot 0{,}22 = 528 \text{ kg/m}^2$$

mit: $\rho = 2400$ kg/m^3 (Rohdichte Stahlbeton)

$d = 22$ cm $= 0{,}22$ m (Dicke der Decke)

Äquivalenter bewerteter Trittschallpegel der Rohdecke allein:

$$L_{n,eq,0,w} = 164 - 35 \cdot \log\left(\frac{m'}{1{,}0 \text{ kg/m}^2}\right) = 164 - 35 \cdot \log\left(\frac{528}{1{,}0 \text{ kg/m}^2}\right) = 68{,}7 \text{ dB}$$

Trittschallminderung des schwimmenden Estrichs (Zementestrich):

$$\begin{aligned}\Delta L_w &= 13 \cdot \log(m'_{Estrich}) - 14{,}2 \cdot \log(s') + 20{,}8 \\ &= 13 \cdot \log(141) - 14{,}2 \cdot \log(20) + 20{,}8 = 30{,}3 \text{ dB}\end{aligned}$$

Korrekturwert für die Schallübertragung über flankierende Bauteile:

$$K = 0{,}6 + 5{,}5 \cdot \log\left(\frac{m'_s}{m'_{f,m}}\right) = 0{,}6 + 5{,}5 \cdot \log\left(\frac{528}{278{,}5}\right) = 2{,}1\ \text{dB}$$

Vorhandener Norm-Trittschallpegel:

$$L'_{n,w} = L_{n,eq,0,w} - \Delta L_w + K = 68{,}7 - 30{,}3 + 2{,}1 = 40{,}5\ \text{dB}$$

Nachweis:

$$L'_{n,w} + u_{prog} = 40{,}5 + 3 = 43{,}5\text{dB} \leq \text{zul. } L'_{n,w} = 45\ \text{dB}$$

Der Nachweis der Trittschalldämmung für erhöhte Anforderungen nach DIN 4109-5 ist erfüllt.

4.12 Beispiel 12 – Trittschallminderung bei einem schwimmenden Estrich

(Kategorie C)

Für einen schwimmenden Estrich einer Wohnungstrenndecke ist die Trittschallminderung ΔL_w so zu ermitteln, dass der zulässige bewertete Norm-Trittschallpegel von zul. $L'_{n,w}$ = 50 dB (Mindestanforderung nach DIN 4109-1) nicht überschritten wird.

Randbedingungen:

- Sicherheitszuschlag u_{prog} als pauschaler Wert.
- Stahlbetondecke, d = 22 cm.
- Korrekturwert für die Trittschallübertragung über die flankierenden Bauteile: K = 4 dB.
- Der Empfangsraum liegt direkt unter dem Senderaum.
- Es ist keine Unterdecke vorhanden.

Lösung:

Folgende Bedingung muss eingehalten werden:

$$L'_{n,w} + u_{prog} \leq \text{zul. } L'_{n,w} = 50\ \text{dB}$$

Der vorhandene bewertete Norm-Trittschallpegel ergibt sich aus folgenden Anteilen:

$$L'_{n,w} = L_{n,eq,0,w} - \Delta L_w + K$$

Darin ist $L_{n,eq,0,w}$ der bewertete Trittschallpegel der Rohdecke allein. Dieser ergibt sich mit folgender Gleichung:

$$L_{n,eq,0,w} = 164 - 35 \cdot \log\left(\frac{m'}{1{,}0\ \text{kg/m}^2}\right) = 164 - 35 \cdot \log\left(\frac{528}{1{,}0\ \text{kg/m}^2}\right) = 68{,}7\ \text{dB}$$

Darin ist m' die flächenbezogene Masse der Rohdecke. Hier:

$$m' = \rho \cdot d = 2400 \cdot 0{,}22 = 528 \text{ kg/m}^2$$

Durch Einsetzen von $L'_{n,w}$ in die obige Gleichung und Auflösen nach ΔL_w erhält man die gesuchte Trittschallminderung:

$$L'_{n,w} + u_{prog} \leq \text{zul. } L'_{n,w} = 50 \text{ dB}$$

$$(L_{n,eq,0,w} - \Delta L_w + K) + u_{prog} \leq \text{zul. } L'_{n,w} = 50 \text{ dB}$$

$$\Delta L_w \geq L_{n,eq,0,w} + K + u_{prog} - \text{zul. } L'_{n,w}$$

$$\Delta L_w \geq 68{,}7 + 4 + 3 - 50 = 25{,}7 \text{ dB}$$

mit: u_{prog} = +3 dB (pauschaler Sicherheitszuschlag)

Die Trittschallminderung des schwimmenden Estrichs muss mindestens 25,7 dB betragen, damit der Nachweis der Trittschalldämmung bei der hier betrachteten Decke erbracht wird (bei Einhaltung der Mindestanforderung nach DIN 4109-1).

4.13 Beispiel 13 – Bewertete Verbesserung durch Vorsatzkonstruktionen

(Kategorie B)

Für die nachfolgend angegebenen Vorsatzkonstruktionen ist die bewertete Verbesserung der Direktschalldämmung (Luftschall) zu berechnen (Abb. 4-8).

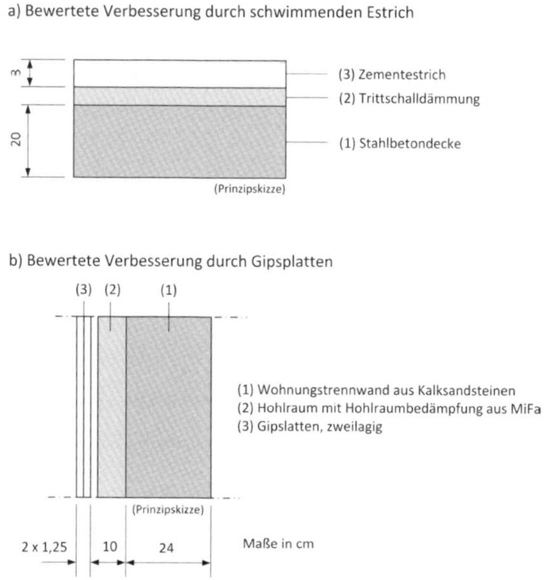

Abb. 4-8: Beispiel 13 – Bewertete Verbesserung der Direktschalldämmung

a) Bewertete Verbesserung der Direktschalldämmung durch einen schwimmenden Estrich:

Aufbau:

- Zementestrich, $d = 8$ cm (Heizestrich), $\rho = 2000$ kg/m³
- Trittschalldämmplatten, $s' = 20$ MN/m³
- Stahlbetondecke, $d = 20$ cm, $\rho = 2400$ kg/m³

Lösung:

Die bewertete Verbesserung der Direktschalldämmung ermittelt sich mit den Angaben in DIN 4109-34, Abschnitt 4. Ein schwimmender Estrich zählt im Sinne der Norm zu den Vorsatzkonstruktionen und verbessert auch die Luftschalldämmung. Die bewertete Verbesserung ΔR_w ist abhängig von der Resonanzfrequenz f_0 und dem bewerteten Schalldämm-Maß R_w des Grundbauteils.

Flächenbezogene Masse der Stahlbetondecke (Grundbauteil):

$$m'_1 = 2400 \cdot 0{,}20 = 480 \text{ kg/m}^3$$

Flächenbezogene Masse der Estrichplatte:

$$m'_2 = 2000 \cdot 0{,}08 = 160 \text{ kg/m}^3$$

Resonanzfrequenz (n. DIN 4109-34, Gl. (1)):

$$f_0 = 160\sqrt{s'\left(\frac{1}{m'_1} + \frac{1}{m'_2}\right)} = 160\sqrt{20 \cdot \left(\frac{1}{480} + \frac{1}{160}\right)} = 65{,}3\text{Hz}$$

Bewertetes Schalldämm-Maß der Stahlbetondecke:

$$R_w = 30{,}9 \cdot \log\left(m'_{ges} / m'_0\right) - 22{,}2 = 30{,}9 \cdot \log\left(480 / 1{,}0\right) - 22{,}2 = 60{,}7 \text{ dB}$$

Bewertete Verbesserung der Direktschalldämmung (n. DIN 4109-34, Tab. 1):

$$\Delta R_w = \max\begin{cases} 74{,}4 - 20 \cdot \log(f_0) - 0{,}5 \cdot R_w = 74{,}4 - 20 \cdot \log(65{,}3) - 0{,}5 \cdot 60{,}7 \\ 0 \end{cases}$$
$$= 7{,}8 \;\; [\text{dB}]$$

Maßgebend ist $\Delta R_w = 7{,}8$ dB.

Die Direktschalldämmung (Luftschall) wird durch den schwimmenden Estrich um 7,8 dB verbessert.

b) Bewertete Verbesserung der Direktschalldämmung durch eine freistehende Vorsatzkonstruktion aus Holzständern und Gipsplatten

Aufbau:

- Wohnungstrennwand aus Kalksandsteinen, RDK 1,4, $d = 24$ cm, Dünnbettmörtel
- Hohlraum, $d = 10$ cm, mit Mineralfaserdämmstoff zu 70 % gefüllt
- Gipsplatten, zweilagig, $d = 1{,}25$ cm je Lage, $\rho = 900$ kg/m³

Lösung:

Rohdichte Mauerwerk:

$$\rho_W = 1000 \cdot \text{RDK} - 100 = 1000 \cdot 1{,}4 - 100 = 1300 \text{ kg/m}^3$$

Flächenbezogene Masse der Wohnungstrennwand (Grundbauteil):

$$m'_1 = 1300 \cdot 0{,}24 = 312 \text{ kg/m}^3$$

Flächenbezogene Masse der Vorsatzkonstruktion (Gipsplatten):

$$m'_2 = 900 \cdot 0{,}0125 \cdot 2 = 22{,}5 \text{ kg/m}^3$$

Resonanzfrequenz (n. DIN 4109-34, Gl. (2)):

$$f_0 = 160\sqrt{\frac{0{,}08}{d}\left(\frac{1}{m'_1} + \frac{1}{m'_2}\right)} = 160\sqrt{\frac{0{,}08}{0{,}10} \cdot \left(\frac{1}{312} + \frac{1}{22{,}5}\right)} = 31{,}2 \text{ Hz}$$

Darin ist *d* die Dicke des Hohlraums.

Bewertetes Schalldämm-Maß der Wohnungstrennwand:

$$R_w = 30{,}9 \cdot \log\left(m'_{ges} / m'_0\right) - 22{,}2 = 30{,}9 \cdot \log\left(312 / 1{,}0\right) - 22{,}2 = 54{,}9 \text{ dB}$$

Bewertete Verbesserung der Direktschalldämmung (n. DIN 4109-34, Tab. 1):

$$\Delta R_w = \max\begin{cases} 74{,}4 - 20 \cdot \log(f_0) - 0{,}5 \cdot R_w = 74{,}4 - 20 \cdot \log(31{,}2) - 0{,}5 \cdot 54{,}9 \\ 0 \end{cases}$$

$$= 17{,}1 \text{ [dB]}$$

Maßgebend ist $\Delta R_w = 17{,}1$ dB.

Die Direktschalldämmung (Luftschall) wird durch die Vorsatzkonstruktion (Gipsplatten) um 17,1 dB verbessert.

4.14 Beispiel 14 – Luftschalldämmung bei einer Holzbalkendecke

(Kategorie B)

Für die in Abb. 4-9 dargestellte Wohnungstrenndecke aus Holz (Holzbalkendecke) in einem Mehrfamilienhaus (MFH) in Holzbauweise soll die Luftschalldämmung nachgewiesen werden.

Randbedingungen:

- Wohnungstrenndecke in einem MFH
- Aufbau der Decke (siehe auch DIN 4109-33, Tab. 21, Zeile 2):
  - (1) 50 mm Zementestrich
  - (2) 40 mm Dämmplatten aus Mineralwolle ($s' = 10$ MN/m^3)

- (3) 30 mm Schüttung (m' = 45 kg/m²), Rieselschutz
- (4) 22 mm Holzwerkstoffplatte aus OSB
- (5) 220 mm Holzbalken
- (6) 100 mm Hohlraumdämpfung
- (7) 27 mm Federschiene
- (8) 12,5 mm Gipsplatte

- Flankierende Wände (Außenwände): Holzständerwände mit raumseitiger Beplankung aus Holzwerkstoffplatten (HW) und Gipsplatten (GK), mechanisch verbunden.
- Die Gipsplatten sind mit Federschienen befestigt.

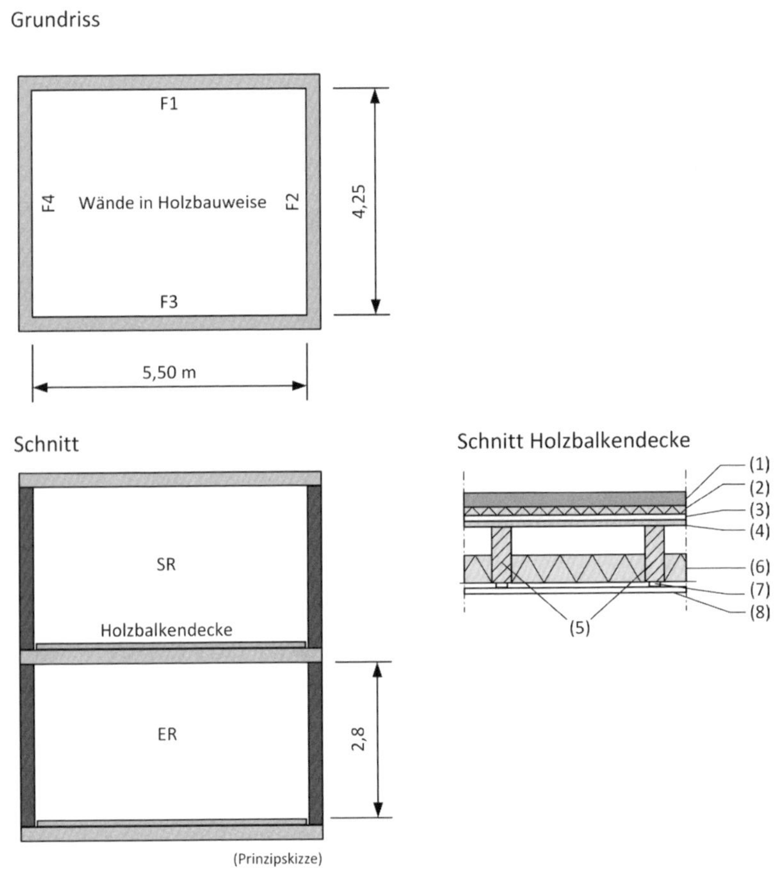

Abb. 4-9: Beispiel 14 – Luftschalldämmung einer Holzbalkendecke

Lösung:

Im Gegensatz zum Massivbau ist die Berechnung der Flankenübertragung aus den Direkt-Schalldämm-Maßen und den Stoßstellendämm-Maßen im Holzbau nicht möglich, da Konstruktionen in Holzbauweise stark inhomogen sind.

Aus diesem Grund wird die Flankenübertragung pauschal erfasst, indem die bewertete Norm-Flankenschallpegeldifferenz $D_{n,f,w}$ der an der Schallübertragung beteiligten Bauteile herangezogen wird.

Das bewertete Schalldämm-Maß R_w der hier betrachteten Holzbalkendecke ohne Flankenübertragung ergibt sich aus DIN 4109-33, Tab. 21, Zeile 2 zu:

$$R_w = 70 \text{ dB}$$

Bei Holzbalkendecken, die die flankierenden Wände unterbrechen (wie in diesem Beispiel), ist die bewertete Norm-Schallpegeldifferenz für die Schallübertragung über die flankierenden Wände über das Trennbauteil hinweg in vertikaler Übertragungsrichtung wie folgt festgelegt (siehe DIN 4109-33, 5.1.3.2):

$$D_{n,f,w} = 67 \text{ dB}$$

Damit ergeben sich folgende bewertete Flankenschalldämm-Maße (siehe DIN 4109-2, Gl. (23)):

Wand 1 und 3:

$$\begin{aligned} R_{Ff,w} &= D_{n,f,w} + 10 \cdot \log\left(\frac{l_{ab}}{l_f}\right) + 10 \cdot \log\left(\frac{S_s}{A_0}\right) \\ &= 67 + 10 \cdot \log\left(\frac{4,5}{5,5}\right) + 10 \cdot \log\left(\frac{23,4}{10}\right) = 69,8 \text{ dB} \end{aligned}$$

Wand 2 und 4:

$$R_{Ff,w} = 67 + 10 \cdot \log\left(\frac{4,5}{4,25}\right) + 10 \cdot \log\left(\frac{23,4}{10}\right) = 70,9 \text{ dB}$$

Das bewertete Bau-Schalldämm-Maß R'_w der Holzbalkendecke ergibt sich zu (siehe DIN 4109-2, Gl. (22)):

$$\begin{aligned} R'_w &= -10 \cdot \log\left[10^{\frac{-R_{Dd,w}}{10}} + \sum_{F=f=1}^{n} 10^{\frac{-R_{Ff,w}}{10}}\right] \\ &= -10 \cdot \log\left[10^{-\frac{70}{10}} + \left(10^{-\frac{69,8}{10}} + 10^{-\frac{70,9}{10}} + 10^{-\frac{69,8}{10}} + 10^{-\frac{70,9}{10}}\right)\right] = 63,3 \text{ dB} \end{aligned}$$

Nachweis:

a) Mindestanforderungen nach DIN 4109-1:

Für Wohnungstrenndecken in MFH wird folgendes bewertetes Bau-Schalldämm-Maß als Mindestanforderung gefordert (siehe DIN 4109-1, Tab. 2, Zeile 2):

$$\text{erf. } R'_w = 54 \text{ dB}$$

Nachweis:

$$R'_w - 2\text{dB} = 63,3 - 2 = 61,3 \text{ dB} \geq \text{erf. } R'_w = 54 \text{ dB}$$

Der Nachweis hinsichtlich Mindestanforderungen ist eingehalten.

b) Erhöhte Anforderungen nach DIN 4109-5:

Bei erhöhten Anforderungen wird für Wohnungstrenndecken in MFH folgendes bewertetes Bau-Schalldämm-Maß gefordert (siehe DIN 4109-5, Tab. 1, Zeile 2):

erf. $R'_w = 57$ dB

Nachweis:

$$R'_w - 2\text{dB} = 63{,}3 - 2 = 61{,}3\text{dB} \geq \text{erf. } R'_w = 57 \text{ dB}$$

Auch die erhöhten Anforderungen werden eingehalten.

4.15 Beispiel 15 – Trittschalldämmung bei einer Holzbalkendecke

(Kategorie B)

Für die Wohnungstrenndecke in Holzbauweise (Holzbalkendecke) aus Beispiel 14 (Abb. 4-9) soll die Trittschalldämmung nachgewiesen werden.

Lösung:

Der bewertete Norm-Trittschallpegel $L'_{n,w}$ einer Holzbalkendecke ergibt sich aus folgenden Anteilen:

- bewerteter Norm-Trittschallpegel $L_{n,w}$ der Decke ohne Flankenübertragung
- Korrekturwert K_1 zur Berücksichtigung der Flankenübertragung auf dem Weg Df (Tab. 4.5)
- Korrekturwert K_2 zur Berücksichtigung der Flankenübertragung auf dem Weg Dff (Tab. 4.6, Abb. 4-10)

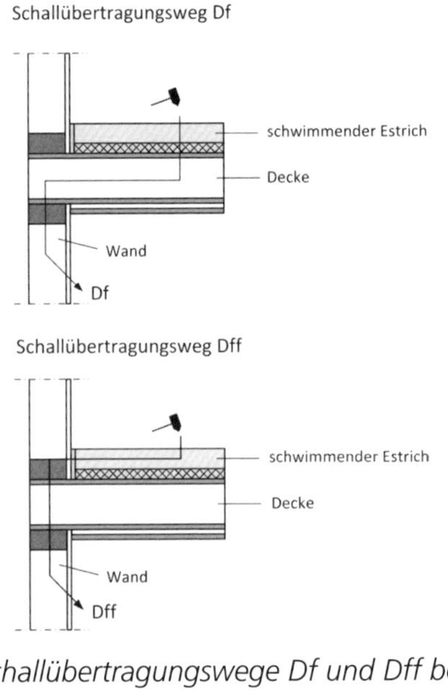

Abb. 4-10: Beispiel 15 – Schallübertragungswege Df und Dff bei einer Holzbalkendecke

Sämtliche Kennwerte werden aus Tabellen abgelesen. Für die Ermittlung des bewerteten Norm-Trittschallpegels $L_{n,w}$ ohne Flankenübertragung stehen hierfür in DIN 4109-33 entsprechende Werte zur Verfügung, in denen übliche Deckenkonstruktionen in Holzbauweise aufgeführt sind. Alternativ können auch Werte aus Prüfergebnissen (z.B. der Hersteller) verwendet werden.

Bewerteter Norm-Trittschallpegel ohne Flankenübertragung $L_{n,w}$:

Der bewertete Norm-Trittschallpegel der hier betrachteten Decke ergibt sich aus DIN 4109-33, Tab. 21, Zeile 2. Es ergibt sich folgender Wert:

$L_{n,w}$ = 34 dB

Korrekturwert K_1:

Der Korrekturwert K_1 ist abhängig vom Wandaufbau im Empfangsraum sowie vom Deckenaufbau (maßgebend ist jeweils die raumseitige Bekleidung). Hier ist folgender Aufbau vorhanden:

- Wandaufbau im Empfangsraum: Gipsfaserplatten (GF)
- Deckenaufbau: Gipsplatte (GP) an Federschienen (FS) befestigt (1 · GP an FS)

Mit diesen Angaben wird der Korrekturwert K_1 ermittelt (Tab. 4.5):

K_1 = 4 dB

Tab. 4.5: Korrekturwert K_1 zur Berücksichtigung der Flankenübertragung auf dem Weg Df (n. DIN 4109-2, Tab. 3)

Wandaufbau im Empfangsraum	**Deckenaufbau**				
	2 · GKB an FS	**1 · GKB an FS**	GKB Lattung oder direkt	offene HBD	BSD oder HKD
Wandbeplankung GKB + HWS	K_1 = 6 dB	K_1 = 3 dB	K_1 = 1 dB		
GF	K_1 = 7 dB	**K_1 = 4 dB**	K_1 = 1 dB		
HWS Holz- oder HWS-Element	K_1 = 9 dB	K_1 = 5 dB	K_1 = 4 dB		

GKB 9,5 mm bis 12,5 mm Gipsplatte nach DIN 18180/DIN EN 520, Rohdichte von $\rho \geq 680$ kg/m³, mechanisch verbunden
GF 12,5 mm bis 15 mm Gipsfaserplatte nach DIN EN 15283-2, Rohdichte von $\rho \geq 1100$ kg/m³, mechanisch verbunden
HWS 13 mm bis 22 mm Holzwerkstoffplatte, Rohdichte von $\rho \geq 650$ kg/m³, mechanisch verbunden
HBD Holzbalkendecke
FS Federschiene
Holz- oder HWS-Element: Massivholzelemente oder 80-mm- bis 100-mm-Holzwerkstoffplatte, $m' \geq 50$ kg/m²
GKB Lattung oder direkt HBD mit Unterdecke an Lattung oder GKB + HWS direkt montiert
Offene HBD: Holzbalkendecke mit sichtbarer Balkenlage
BSD oder HK: Brettstapel-, Brettschichtholz- oder Hohlkastendecke

Korrekturwert K_2:

Der Korrekturwert K_2 wird mit Tab. 4.6 bestimmt. Als Eingangsdaten werden hierfür der Wandaufbau im Sende- und im Empfangsraum (jeweils raumseitige Bekleidung) und die Summe der Werte $L_{n,w}$ und K_1 benötigt.

Eingangsdaten:

$$L_{n,w} + K_1 = 34 + 4 = 38 \text{ dB}$$

Für einen Wandaufbau im Sende- und im Empfangsraum mit Gipsfaserplatten (GF) und einem Estrich Typ b) (mineralisch gebundener Estrich mit Mineralwolle-Dämmplatten) ergibt sich:

$$K_2 = 4 \text{ dB}$$

Tab. 4.6: Korrekturwert K_2 zur Berücksichtigung der Flankenübertragung auf dem Weg DFf (n. DIN 4109-2, Tab. 4)

Wandaufbau im Sende- und im Empfangsraum			**Trittschallübertragung auf dem Weg $D_d + D_f$: $L_{n,w} + K_1$ dB**																					
			35	**36**	**37**	**38**	**39**	**40**	**41**	**42**	**43**	**44**	**45**	**46**	**47**	**48**	**49**	**50**	**51**	**52**	**53**	**54**	**55**	**>55**	**$L_{n,DFf,w}$ dB**
GK + HW sowie **GF**	**Estrich-aufbau**	a) ZE/HWF	10	9	8	7	6	5	5	4	4	3	3	2	2	1	1	1	1	1	1	0	0	0	44
		b) ZE/MF	6	5	5	**4**	4	3	3	2	2	1	1	1	1	1	1	0	0	0	0	0	0	0	40
		c) TE	5	4	4	3	3	2	2	1	1	1	1	1	1	0	0	0	0	0	0	0	0	0	38
HW/Holz- oder Holz-element	Estrich-aufbau	a) ZE/HWF	11	10	10	9	8	7	6	5	5	4	4	3	3	2	2	1	1	1	1	1	1	0	46q
		b) ZE/MF	10	10	9	8	7	6	5	5	4	4	3	3	2	2	1	1	1	1	1	1	0	0	45
		c) TE	8	7	6	5	5	4	4	3	3	2	2	1	1	1	1	1	1	0	0	0	0	0	42

GK 9,5-mm- bis 12,5-mm-Gipsplatte nach DIN 18180/DIN EN 520, Rohdichte von $\rho \geq 680$ kg/m^3, mechanisch verbunden

GF 12,5-mm- bis 15-mm-Gipsfaserplatte nach DIN EN 15283-2, Rohdichte von $\rho \geq 1100$ kg/m^3, mechanisch verbunden

HW 13-mm- bis 22-mm-Holzwerkstoffplatte, Rohdichte von $\rho \geq 650$ kg/m^3, mechanisch verbunden

Holz- oder HWS-Element: Massivholzelement oder 80-mm- bis 100-mm-Holzwerkstoffplatte, $m' \geq 50$ kg/m^2

Estrichaufbau:

ZE/HWF: mineralisch gebundener Estrich oder Gussasphalt auf Holzweichfaser-Trittschalldämmplatten, Randdämmstreifen: > 5 mm Mineralfaser- oder PE-Schaum-Randstreifen

ZE/MF: mineralisch gebundener Estrich oder Gussasphalt auf Mineralwolle- oder PST-Trittschalldämmplatten, Randdämmstreifen: > 5 mm Mineralfaser- oder PE-Schaum-Randstreifen

TE: Trockenestrich auf Mineralwolle-, PST- oder Holzfaser-Trittschalldämmplatten, Randdämmstreifen: > 5 mm Mineralwolle- oder PE-Schaum-Randstreifen

Bewerteter Norm-Trittschallpegel der Decke insgesamt:

$$L'_{n,w} = L_{n,w} + K_1 + K_2 = 34 + 4 + 4 = 42 \text{ dB}$$

a) Mindestanforderungen nach DIN 4109-1:

Höchstwert des bewerteten Norm-Trittschallpegels für Wohnungstrenndecken (DIN 4109-1, Tab. 2, Zeile 2):

$$\text{zul. } L'_{n,w} = 50 \text{ dB}$$

Für den Nachweis muss der bewertete Norm-Trittschallpegel der Decke mit einem Sicherheitszuschlag von u_{prog} = 3 dB (vereinfachte Annahme) beaufschlagt werden. Damit ergibt sich:

$$L'_{n,w} + u_{prog} = 42 + 3 = 45 < \text{zul. } L'_{n,w} = 50 \text{ dB}$$

Der Nachweis ist erfüllt.

b) Erhöhte Anforderungen nach DIN 4109-5:

Höchstwert des bewerteten Norm-Trittschallpegels für Wohnungstrenndecken (DIN 4109-5, Tab. 1, Zeile 2):

$$\text{zul. } L'_{n,w} = 45 \text{ dB}$$

Nachweis:

$$L'_{n,w} + u_{prog} = 42 + 3 = 45 \leq \text{zul. } L'_{n,w} = 45 \text{ dB}$$

Der Nachweis ist erfüllt.

4.16 Beispiel 16 – Trittschalldämmung bei einer massiven Treppe

(Kategorie B)

Für ein massives Treppenpodest in einem Mehrfamilienhaus ist die Trittschalldämmung nachzuweisen. Es sind folgende Nachweise zu führen:

a) Mindestanforderungen nach DIN 4109-1.

b) Erhöhte Anforderungen nach DIN 4109-5.

c) Erhöhte Anforderungen nach VDI 4100, Schallschutzstufe SSt III.

Randbedingungen:

- Das Treppenpodest besteht aus Stahlbeton (Dicke 140 mm) und ist starr an die Treppenraumwand angeschlossen.
- Die Treppenraumwand ist einschalig ausgeführt, ihre flächenbezogene Masse beträgt $m' = 450$ kg/m^2.
- Auf dem Podest ist ein schwimmender Estrich mit einer bewerteten Trittschallminderung von ΔL_w = 27 dB aufgebracht.
- Die Treppenläufe sind elastisch auf den Podesten aufgelagert und von den Treppenraumwänden durch eine Fuge getrennt.

- Direkt an die Treppenraumwand grenzt ein schutzbedürftiger Raum (z.B. Wohnraum) mit folgenden lichten Abmessungen: 5,0 m x 4,0 m x 2,6 m.

Grundlagen:

Für den Nachweis der Trittschalldämmung von massiven Treppen ist zurzeit ein vereinfachtes Verfahren nach DIN 4109-2 anzuwenden. Der bewertete Norm-Trittschallpegel $L'_{n,w}$ berechnet sich wie folgt:

- **Fall 1:** Treppe (Podest oder Lauf) ***ohne*** zusätzlichen trittschalldämmenden Bodenbelag oder schwimmenden Estrich:

  Für den Nachweis werden die Daten für den **bewerteten Norm-Trittschallpegel** $\boldsymbol{L'_{n,w}}$ nach Tab. 4.7 verwendet. Die Daten gelten nur für die dort angegebenen Treppenkonstruktionen und -wände.

- **Fall 2:** Treppe (Podest oder Lauf) ***mit*** zusätzlichem trittschalldämmendem Bodenbelag oder schwimmendem Estrich: Für den Nachweis werden die Daten für den **äquivalenten bewerteten Norm-Trittschallpegel** $\boldsymbol{L_{n,eq,0,w}}$ nach Tab. 4.7 verwendet. Der bewertete Norm-Trittschallpegel der gebrauchsfertigen Konstruktion ergibt sich mit folgender Gleichung:

$$L'_{n,w} = L_{n,eq,0,w} - \Delta L_w$$

Darin bedeuten:

$L'_{n,w}$ bewerteter Norm-Trittschallpegel der Treppe, in dB

$L_{n,eq,0,w}$ äquivalenter bewerteter Norm-Trittschallpegel, in dB

ΔL_w bewertete Trittschallminderung eines Bodenbelags oder eines schwimmenden Estrichs, in dB

Tab. 4.7: Äquivalenter bewerteter Norm-Trittschallpegel $L_{n,eq,0,w}$ und bewerteter Norm-Trittschallpegel $L'_{n,w}$ für verschiedene Ausführungen von massiven Treppenläufen und Treppenpodesten (in Anlehnung an DIN 4109-32, Tab. 6)

Zeile	**Ausführung von Treppenraumwand und Treppe**		**Fall 1**	**Fall 2**
			Bewerteter Norm-Trittschallpegel $L'_{n,w}$ **dB**	**Äquivalenter bewerteter Norm-Trittschallpegel** $L_{n,eq,0,w}$ **dB**
1	einschalige Treppenraumwand	Treppen**podest** [a], fest verbunden mit einschaliger, biegesteifer Treppenraumwand (flächenbezogene Masse $m' \geq 380$ kg/m²)	67	**63**
2		Treppen**lauf** [a], fest verbunden mit einschaliger, biegesteifer Treppenraumwand (flächenbezogene Masse $m' \geq 380$ kg/m²)	67	63
3		Treppenlauf [a], abgesetzt von einschaliger, biegesteifer Treppenraumwand	64	60
4	zweischalige Treppenraumwand	Treppenpodest [a], fest verbunden mit Treppenraumwand und durchgehender Gebäudetrennfuge	≤ 47	≤ 50
5		Treppenlauf [a], abgesetzt von Treppenraumwand und durchgehender Gebäudetrennfuge	≤ 40	≤ 43
6		Treppenlauf [a], abgesetzt von Treppenraumwand und durchgehender Gebäudetrennfuge, auf Treppenpodest elastisch gelagert	39	35

[a] Die Werte gelten für Treppenläufe und -podeste aus Stahlbeton mit einer Dicke von mindestens 120 mm.

Lösung:

Die Voraussetzungen für die Anwendung des vereinfachten Verfahrens nach DIN 4109-2 sind gegeben:

- Es handelt sich um eine massive Treppe.
- Dicke des Treppenpodests d = 140 mm > 120 mm (Tab. 4.7, Fußnote a)
- Flächenbezogene Masse der einschaligen Treppenraumwand m' = 450 kg/m^2 > 380 kg/m^2 (Tab. 4.7, Zeile 1)

Bewerteter Norm-Trittschallpegel:

Es liegt **Fall 2** vor, d.h. starre Anbindung der Podeste an die Treppenraumwände, Anordnung eines schwimmenden Estrichs auf den Podesten sowie elastische Auflagerung der Treppenläufe auf den Podesten und Entkopplung der Läufe von den Treppenraumwänden.

Der bewertete Norm-Trittschallpegel $L'_{n,w}$ berechnet sich zu:

$$L'_{n,w} = L_{n,eq,0,w} - \Delta L_w = 63 - 27 = 36 \text{ dB}$$

mit:

$L_{n,eq,0,w}$ = 63 dB (Tab. 4.7, Zeile 1, Fall 2)

ΔL_w = 27 dB (Trittschallminderung laut Aufgabenstellung)

a) Nachweis der Mindestanforderungen nach DIN 4109-1:

Für Mehrfamilienhäuser ist als Anforderungswert nach DIN 4109-1 (Mindestanforderungen) ein zulässiger bewerteter Norm-Trittschallpegel von zul. $L'_{n,w}$ = 53 dB anzusetzen (DIN 4109-1, Tab. 2, Zeile 12). Damit ergibt sich:

$$L'_{n,w} + u_{prog} = L'_{n,w} + 3 \text{ dB} = 36 + 3 = 39 \text{ dB} < \text{zul. } L'_{n,w} = 53 \text{ dB}$$

mit:

u_{prog} = 3 dB (pauschaler Sicherheitszuschlag)

Die Mindestanforderungen an die Trittschalldämmung nach DIN 4109-1 sind erfüllt.

b) Nachweis der erhöhten Anforderungen nach DIN 4109-5:

Für Mehrfamilienhäuser ist als Anforderungswert nach DIN 4109-5 (erhöhte Anforderungen) ein zulässiger bewerteter Norm-Trittschallpegel von zul. $L'_{n,w}$ = 47 dB anzusetzen (DIN 4109-5, Tab. 1, Zeile 12). Damit ergibt sich:

$$L'_{n,w} + u_{prog} = L'_{n,w} + 3 \text{ dB} = 36 + 3 = 39 \text{ dB} < \text{zul. } L'_{n,w} = 47 \text{ dB}$$

mit:

u_{prog} = 3 dB (pauschaler Sicherheitszuschlag)

Die erhöhten Anforderungen an die Trittschalldämmung nach DIN 4109-5 sind erfüllt.

c) Nachweis nach VDI 4100:

Für den Nachweis nach VDI 4100 wird der bewertete Standard-Trittschallpegel $L_{nT,w}$ benötigt. Dieser kann aus dem bewerteten Norm-Trittschallpegel berechnet werden. Es gilt:

$$L'_{nT,\,w} = L'_{n,w} - 10 \log (0{,}032 \cdot V_E) = 36 - 10 \log (0{,}032 \cdot 52) = 33{,}8 \text{ dB}$$

mit:

V_E Volumen des Empfangsraums in m^3

Hier: $V_E = 5{,}0 \cdot 4{,}0 \cdot 2{,}6 = 52\ m^3$

Für den Nachweis muss der bewertete Standard-Trittschallpegel $L'_{nT,w}$ mit dem Sicherheitszuschlag u_{prog} erhöht werden (siehe DIN 4109-2, B.5). Es wird der pauschale Sicherheitszuschlag verwendet (u_{prog} = 3 dB). Damit ergibt sich:

$$L'_{nT,\,w} + 3 \text{ dB} = 33{,}8 + 3 = 36{,}8 \text{ dB} < \text{zul. } L_{nT,w} = 37 \text{ dB (SSt III)}$$

Darin ist:

zul. $L'_{nT,w}$ = 37 db (Anforderungswert nach DIN VDI 4100, Tab. 2, Zeile 2 für Schallschutzstufe SSt III)

Das Treppenpodest erfüllt die Anforderungen der Schallschutzstufe SSt III nach VDI 4100.

4.17 Beispiel 17 – Schalldämmung einer Decke gegen einen besonders lauten Raum

(Kategorie B)

Für eine Decke zwischen einem besonders lauten Raum und einem schutzbedürftigen Raum ist die Schalldämmung (Luftschall, Trittschall) nachzuweisen.

Randbedingungen:

- Es sind die Mindestanforderungen der DIN 4109-1 zugrunde zu legen.
- Der Gastraum (bis 22:00 Uhr in Betrieb) befindet sich direkt unter dem schutzbedürftigen Raum.
- Im Gastraum ist ein Schalldruckpegel von $L_{AF,max} \leq 80$ dB zu erwarten.
- Aufbau der Decke (von oben nach unten):
  - 80 mm Zementestrich, $\rho = 2000\ kg/m^3$
  - 40 mm Trittschalldämmung, $s' = 20\ MN/m^3$
  - 240 mm Stahlbetondecke
- Flankenschalldämm-Maße:
  - Außenwand (1): $R_{Ff,w}$ = 72 dB, $R_{Df,w}$ = 68 dB, $R_{Fd,w}$ = 68 dB
  - Innenwand (2): $R_{Ff,w}$ = 70 dB, $R_{Df,w}$ = 66 dB, $R_{Fd,w}$ = 66 dB
  - Innenwand (3): $R_{Ff,w}$ = 70 dB, $R_{Df,w}$ = 66 dB, $R_{Fd,w}$ = 66 dB
  - Haustrennwand (4): $R_{Ff,w}$ = 75 dB, $R_{Df,w}$ = 69 dB, $R_{Fd,w}$ = 69 dB

Lösung:

a) Nachweis der Luftschalldämmung:

Anforderungswert nach DIN 4109-1, Tab. 8, Zeile 4.1 ($L_{AF,max}$ = 75 bis 80 dB): R'_w ³ 55 dB

Direkt-Schalldämm-Maß der Decke:

$$R_w = 30{,}9 \cdot \log\left(m'_{Rohdecke} \,/\, m'_0\right) - 22{,}2 = 30{,}9 \cdot \log\left(576 \,/\, 1{,}0\right) - 22{,}2 = 63{,}1\,\text{dB}$$

mit:

flächenbezogene Masse der Rohdecke:

$$m'_{Rohdecke} = m_1 = \rho \cdot d = 2400 \cdot 0{,}24 = 576 \text{ kg/m}^2$$

mit: ρ = 2400 kg/m³ (Rohdichte Stahlbeton)

d = 240 mm = 0,24 m (Dicke der Decke)

Verbesserung durch den schwimmenden Estrich:

Flächenbezogene Masse der Estrichplatte:

$$m'_2 = 2000 \cdot 0{,}08 = 160 \text{ kg/m}^3$$

Resonanzfrequenz (n. DIN 4109-34, Gl. (1)):

$$f_0 = 160\sqrt{s'\left(\frac{1}{m'_1} + \frac{1}{m'_2}\right)} = 160\sqrt{20 \cdot \left(\frac{1}{576} + \frac{1}{160}\right)} = 63{,}9 \text{ Hz}$$

Bewertete Verbesserung der Direktschalldämmung (n. DIN 4109-34, Tab. 1):

$$\Delta R_w = \max\begin{cases} 74{,}4 - 20 \cdot \log(f_0) - 0{,}5 \cdot R_w = 74{,}4 - 20 \cdot \log(63{,}9) - 0{,}5 \cdot 63{,}1 \\ 0 \end{cases}$$

$$= 6{,}7 \;\; [\text{dB}]$$

Bewertetes Schalldämm-Maß der Decke einschließlich Verbesserung:

$$R_{Dd,w} = R_w + \Delta R_w = 63{,}1 + 6{,}7 = 69{,}8 \text{ dB}$$

Damit ergibt sich das bewertete Bau-Schalldämm-Maß der Decke zu (siehe DIN 4109-2, Gl. (1)):

$$R'_w = -10\log(10^{-\frac{R_{Dd,w}}{10}} + \sum 10^{-R_{Ff,w}/10} + \sum 10^{-R_{Df,w}/10} + \sum 10^{-R_{Fd,w}/10}$$

Hier:

$$R'_w = -10 \cdot \log\begin{bmatrix} 10^{-\frac{69{,}8}{10}} + 10^{-\frac{72}{10}} + 10^{-\frac{70}{10}} + 10^{-\frac{70}{10}} + 10^{-\frac{75}{10}} + 10^{-\frac{68}{10}} + 10^{-\frac{66}{10}} \\ +10^{-\frac{66}{10}} + 10^{-\frac{69}{10}} + 10^{-\frac{68}{10}} + 10^{-\frac{66}{10}} + 10^{-\frac{66}{10}} + 10^{-\frac{69}{10}} \end{bmatrix} = 57{,}0 \text{ dB}$$

Nachweis:

$$R'_w - u_{prog} = R'_w - 2\text{dB} = 57{,}0 - 2 = 55{,}0 \text{ dB} \geq \text{erf. } R'_w = 55 \text{ dB}$$

Als Sicherheitsabschlag wird der pauschale Wert in Höhe von u_{prog} = -2 dB angesetzt.

Der Nachweis nach DIN 4109-1 (Mindestanforderungen) ist eingehalten.

b) Nachweis der Trittschalldämmung:

Anforderungswert nach DIN 4109-1, Tab. 8, Zeile 4.2: $L'_{n,w} \leq 43$ dB

Flächenbezogene Masse der Rohdecke:

$$m' = \rho \cdot d = 2400 \cdot 0{,}24 = 576 \text{ kg/m}^2$$

mit: $\rho = 2400 \text{ kg/m}^3$ (Rohdichte Stahlbeton)

$d = 240 \text{ mm} = 0{,}24 \text{ m}$ (Dicke der Decke)

Äquivalenter bewerteter Trittschallpegel der Rohdecke allein:

$$L_{n,eq,0,w} = 164 - 35 \cdot \log\left(\frac{m'}{1{,}0\text{kg/m}^2}\right) = 164 - 35 \cdot \log\left(\frac{576}{1{,}0\text{kg/m}^2}\right) = 67{,}4 \text{ dB}$$

Trittschallminderung des schwimmenden Estrichs (hier: Zementestrich):

$$\Delta L_w = 13 \cdot \log(m'_{Estrich}) - 14{,}2 \cdot \log(s') + 20{,}8$$
$$= 13 \cdot \log(160) - 14{,}2 \cdot \log(20) + 20{,}8 = 31{,}0 \text{ dB}$$

Darin sind $m'_{Estrich}$ die flächenbezogene Masse der Estrichplatte und s' (= 20 MN/m³) die dynamische Steifigkeit der Trittschalldämmung:

$$m'_{Estrich} = \rho \cdot d = 2000 \cdot 0{,}08 = 160 \text{ kg/m}^2$$

mit: $\rho = 2000 \text{ kg/m}^3$ (Rohdichte Zementestrich)

$d = 80 \text{ mm} = 0{,}08 \text{ m}$ (Dicke der Estrichplatte)

Bewerteter Norm-Trittschallpegel:

$$L'_{n,w} = L_{n,eq,0,w} - \Delta L_w - K_T = 67{,}4 - 31{,}0 - 10 = 26{,}4 \text{ dB}$$

Darin ist:

$K_T = +10$ dB

(Korrekturwert für die räumliche Zuordnung n. DIN 4109-2, Tab. 2, Zeile 3; hier: Empfangsraum liegt über dem Senderaum)

Nachweis:

$$L'_{n,w} + u_{prog} \leq \text{zul. } L'_{n,w}$$

$$L'_{n,w} + u_{prog} = 26{,}4 + 3 = 29{,}4\text{dB} \leq \text{zul. } L'_{n,w} = 43 \text{ dB}$$

Als Sicherheitszuschlag wird der pauschale Wert in Höhe von u_{prog} = 3 dB angesetzt.

Der Nachweis der Trittschalldämmung (Mindestanforderungen) nach DIN 4109-1 ist erfüllt.

4.18 Beispiel 18 – Schalldämmung einer Außenwand gegen Außenlärm

(Kategorie B)

Für die Außenwand des Raumes in Abb. 4-11 soll die Schalldämmung gegen Außenlärm berechnet werden.

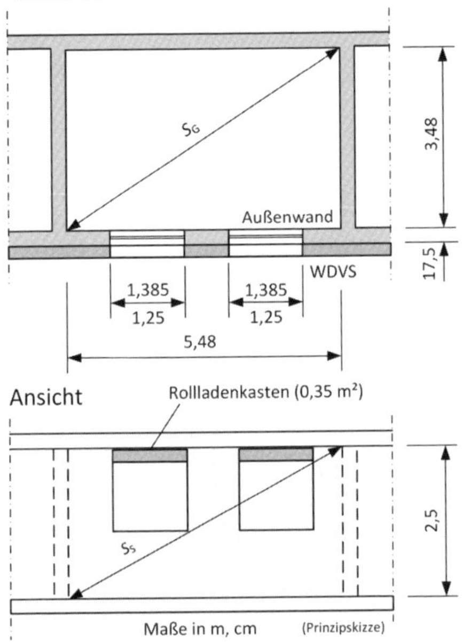

Abb. 4-11: Beispiel 18 – Schalldämmung gegen Außenlärm

Randbedingungen:

- Außenwand:
- 175 mm Kalksandstein, RDK 1,8 mit Dünnbettmörtel vermörtelt
- raumseitig verputzt mit Gipsputz, d = 10 mm
- Das WDVS hat keinen Einfluss auf das Schalldämm-Maß der Wand (Annahme); Berechnungsbeispiel hierzu siehe Beispiel Nr. 22 in diesem Werk.
- Fenster: R_w = 40 dB
- Rollladenkasten: $D_{n,e,lab,w}$ = 55 dB

Lösung:

Rohdichte des Mauerwerks:

$$\rho_w = 1000 \cdot \text{RDK} - 100 = 1000 \cdot 1{,}8 - 100 = 1700 \text{ kg/m}^3$$

Rohdichte Gipsputz:

$$\rho_{Putz} = 1000 \text{ kg/m}^3$$

Flächenbezogene Masse der Wand:

$m' = 0{,}175 \cdot 1700 + 10 = 307{,}5\ \text{kg/m}^2$

Wandfläche (ohne Fenster und Rollladenkasten):

$S_W = 5{,}48 \cdot 2{,}5 - 2 \cdot (1{,}385 \cdot 1{,}25) - 2 \cdot 0{,}35 = 9{,}54\ \text{m}^2$

Daten Fenster:

$R_w = 40\ \text{dB}$

$S = 2 \cdot 1{,}385 \cdot 1{,}25 = 3{,}46\ \text{m}^2$ (gesamte Fensterfläche)

Rollladenkasten:

$D_{n,e,w} = 55\ \text{dB}$

Bewertetes Schalldämm-Maß der Außenwand:

$R_{s,w} = 30{,}9 \cdot \log (m'_{ges}/m_0) - 22{,}2 = 30{,}9 \cdot \log (307{,}5/1{,}0) - 22{,}2 = 54{,}7\ \text{dB}$

Flankierende Bauteile:

Die Übertragung über die flankierenden Bauteile kann aufgrund des gegenüber dem Anforderungswert deutlich höheren Schalldämm-Maßes der Wand vernachlässigt werden. Das bewertete resultierende Schalldämm-Maß der Außenwand kann daher vereinfacht berechnet werden.

Das auf die schallübertragende Gesamtfläche bezogene bewertete Schalldämm-Maß $R_{e,i,w}$ des Bauteils i mit der Fläche S_i berechnet sich wie folgt.

Schallübertragende Gesamtfläche der Fassade:

$S_S = 5{,}48 \cdot 2{,}5 = 13{,}70\ \text{m}^2$

Fenster:

$S_{Fenster} = 2 \cdot 1{,}385 \cdot 1{,}25 = 3{,}46\ \text{m}^2$ (gesamte Fensterfläche)

$$R_{e,Fenster,w} = R_{Fenster,w} + 10 \cdot \log\left(\frac{S_S}{S_i}\right) = 40 + 10 \cdot \log\left(\frac{13{,}70}{3{,}46}\right) = 46{,}0\ \text{dB}$$

Wand:

$S_{Wand} = 13{,}70 - 3{,}46 - 0{,}70 = 9{,}54\ \text{m}^2$

mit: $S_{Rollladenkasten} = 2 \cdot 0{,}35 = 0{,}70\ \text{m}^2$ (gesamte Fläche der Rollladenkästen)

$$R_{e,Wand,w} = R_{Wand,w} + 10 \cdot \log\left(\frac{S_S}{S_i}\right) = 54{,}7 + 10 \cdot \log\left(\frac{13{,}70}{9{,}54}\right) = 56{,}3\ \text{dB}$$

Rollladenkästen:

Es sind insgesamt zwei Rollladenkästen vorhanden. Nach DIN 4109-2, Gl. (40) ergibt sich die gesamte bewertete Norm-Schallpegeldifferenz zu:

$$D_{n,e,w} = D_{n,e,lab,w} - 10 \cdot \log(n_e) = 55 - 10 \cdot \log(2) = 52{,}0\ \text{dB}$$

Das bewertete und auf die übertragende Gesamtfläche bezogene bewertete Schalldämm-Maß ergibt sich zu:

$$R_{e,i,w} = D_{n,e,w} + 10 \cdot \log\left(\frac{S_S}{A_0}\right) = 52{,}0 + 10 \cdot \log\left(\frac{13{,}70}{10{,}0}\right) = 53{,}4 \text{ dB}$$

Damit ergibt sich das gesamte bewertete Schalldämm-Maß $R'_{w,ges}$ der Außenwand einschließlich Fenster und Rollladenkasten zu:

$$R'_{w,ges} = -10 \cdot \log\left[\sum_{i=1}^{m} 10^{-R_{e,i,w}/10}\right]$$

$$= -10 \cdot \log\left[10^{-\frac{46{,}0}{10}} + 10^{-\frac{56{,}3}{10}} + 10^{-\frac{53{,}4}{10}}\right] = 44{,}9 \text{ dB}$$

Nachweis:

$R'_{w,ges} - u_{prog} \geq \text{erf. } R'_{w,ges} + K_{AL} = (L_a - K_{Raumart}) + K_{AL}$

mit: $u_{prog} = 2$ dB (Sicherheitsabschlag)

Maßgeblicher Außenlärmpegel:

- Annahme: Lärmpegelbereich IV
- $L_a = 70$ dB (siehe DIN 4109-1, Tab. 7)

Korrekturwert für die Raumart $K_{Raumart}$ (siehe DIN 4109-1, 7.1):

Es handelt sich um einen Aufenthaltsraum in einer Wohnung. Es gilt:

$K_{Raumart} = 30$ dB

Korrekturwert K_{AL}:

$$K_{AL} = 10 \cdot \log\left(\frac{S_{(W+F)}}{0{,}8 \cdot S_G}\right) = 10 \cdot \log\left(\frac{13{,}70}{0{,}8 \cdot 19{,}07}\right) = -0{,}5 \text{ dB}$$

Hinweis: Der Korrekturwert K_{AL} ist negativ.

mit: $S_{(W+F)} = 5{,}48 \cdot 2{,}5 = 13{,}70 \text{ m}^2$ (schallübertragende Gesamtfläche)

$S_G = 5{,}48 \cdot 3{,}48 = 19{,}07 \text{ m}^2$ (Grundfläche des Raums)

Nachweis:

$R'_{w,ges} - 2 \text{ dB} \geq \text{erf. } R'_{w,ges} + K_{AL} = (L_a - K_{Raumart}) + K_{AL}$

$= 44{,}9 - 2 = 42{,}9 \text{ dB} > (70 - 30) + (-0{,}5) = 39{,}5 \text{ dB}$

Der Nachweis ist erfüllt.

4.19 Beispiel 19 – Ermittlung des maßgeblichen Außenlärmpegels

(Kategorie B)

Für folgende Randbedingungen ist der maßgebliche Außenlärmpegel L_a zu bestimmen.

Randbedingungen:

- Autobahn
- durchschnittliche tägliche Verkehrsstärke: 20.000 Kfz/24 Stunden
- Abstand der Fassade von der Straßenmitte: 100 m
- Tagsüber ist die Höchstgeschwindigkeit auf 80 km/h begrenzt.
- Der Beurteilungspegel ist mit den Nomogrammen nach DIN 18005-1 zu ermitteln (Abb. 4-12 (Beurteilungspegel für den Tag) und Abb. 4-13 (Beurteilungspegel für die Nacht)).

Lösung:

Ablesewerte aus den Nomogrammen in DIN 18005-1, Anhang A:

Tag:

- Ablesewert: 64,5 dB
- Korrektur für Begrenzung der zulässigen Höchstgeschwindigkeit auf Autobahnen: –2,5 dB
- Beurteilungspegel: $L_{r/Tag} = 64{,}5 - 2{,}5 = 62$ dB

Nacht:

- Ablesewert: 59,5 dB
- keine Korrekturen
- Beurteilungspegel: $L_{r/Nacht} = 59{,}5$ dB

Differenz zwischen den Beurteilungspegeln bei Tag und Nacht:

$$\Delta L_r = 62 - 59{,}5 = 2{,}5 \text{ dB} < 10 \text{ dB}$$

$\Rightarrow$ Maßgebend ist der Beurteilungspegel für die Nacht, da die Differenz zwischen den Beurteilungspegeln für den Tag und die Nacht < 10 dB beträgt.

Maßgeblicher Außenlärmpegel:

Bei einer Differenz der Beurteilungspegel zwischen Tag und Nacht < 10 dB(A) ergibt sich der maßgebliche Außenlärmpegel aus einem um 3 dB(A) erhöhten Beurteilungspegel für die Nacht und einem Zuschlag von 10 dB(A). Es ergibt sich:

$$L_a = 59{,}5 + 3 + 10 = 72{,}5 \text{ dB}$$

Der maßgebliche Außenlärmpegel beträgt $L_a = 72{,}5$ dB.

Straßengattung:
A: Bundesautobahnen
B: Bundes-, Landes-, Kreis- u. Gemeindeverbindungsstraßen
C: Stadt- u. Gemeindestraßen

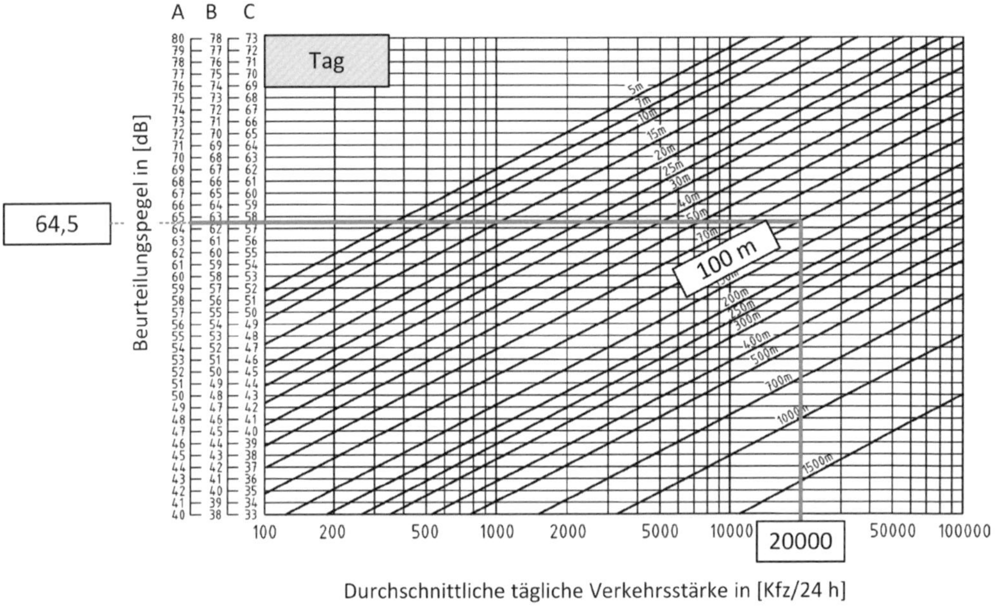

Korrekturen:
Zulässige Höchstgeschwindigkeit:
- auf Bundesautobahnen 80 km/h: -2,5 dB
- auf Stadtstraßen 30 km/h: -2,5 dB

Straßenoberfläche:
- offenporiger Asphalt auf Außerortsstraßen mit zul. Höchstgeschwindigkeit > 60 km/h: - 3 dB
- unebenes Pflaster auf Straßen mit zulässiger Höchstgeschwindigkeit von ≥ 50 km/h: +6 dB
- unebenes Pflaster auf Straßen mit zulässiger Höchstgeschwindigkeit von ≥ 30 km/h: +3 dB

Immissionsort in < 100 m Entfernung von einer Ampel: +2 dB
Immissionsort in Straßenschluchten (beidseitige, mehrgeschossige u. geschlossene Bebauung): +2 dB

Abb. 4-12: Diagramm zur Abschätzung des Beurteilungspegels von Straßenverkehr – Tag (in Anlehnung an DIN 18005-1, Bild A.1)

Straßengattung:
A: Bundesautobahnen
B: Bundes-, Landes-, Kreisstraßen
C: Gemeindeverbindungsstraßen
D: Stadt- u. Gemeindestraßen

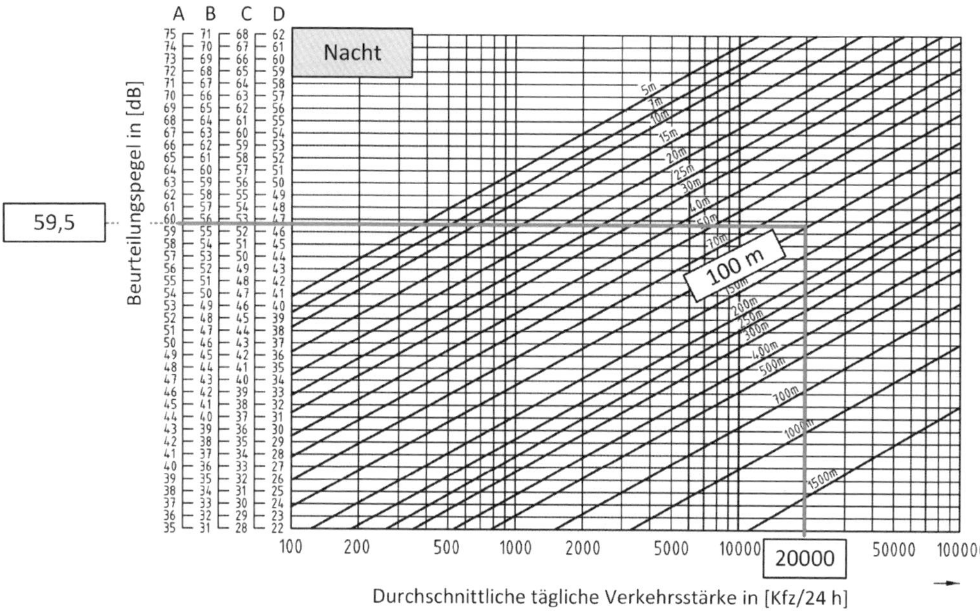

Korrekturen:
Zulässige Höchstgeschwindigkeit:
- auf Bundesautobahnen 80 km/h: -2,5 dB
- auf Stadtstraßen 30 km/h: -2,5 dB

Straßenoberfläche:
- offenporiger Asphalt auf Außerortsstraßen mit zul. Höchstgeschwindigkeit > 60 km/h: - 3 dB
- unebenes Pflaster auf Straßen mit zulässiger Höchstgeschwindigkeit von ≥ 50 km/h: +6 dB
- unebenes Pflaster auf Straßen mit zulässiger Hochstgeschwindigkeit von ≥ 30 km/h: +3 dB

Immissionsort in < 100 m Entfernung von einer Ampel: +2 dB
Immissionsort in Straßenschluchten (beidseitige, mehrgeschossige u. geschlossene Bebauung): +2 dB

Abb. 4-13: Diagramm zur Abschätzung des Beurteilungspegels von Straßenverkehr – Nacht (in Anlehnung an DIN 18005-1, Bild A.2)

4.20 Beispiel 20 – Schalldämm-Maß eines Fensters mit Berücksichtigung der Fugenschalldämmung

(Kategorie C)

Das Fenster in einer Außenwand mit Wärmedämmverbundsystem soll in der Dämmebene angeordnet werden. Es liegt demnach eine schalltechnisch kritische Einbausituation nach DIN 4109-2, Tab. 5 vor (siehe auch Beispiel 24 in diesem Werk).

Es ist das resultierende Schalldämm-Maß $R_{i,w}$ des Fensters unter Berücksichtigung der Fugenschalldämmung zu berechnen.

Randbedingungen:

- Fensterabmessungen: 1,37 m x 1,25 m
- Fugenschalldämm-Maß: $R_{S,w}$ = 55 dB
- Annahme: Fuge, beidseitig abgedichtet mit Hinterfüllschnur und elastischem Dichtstoff n. DIN 4109-35, Tab. 8
- bewertetes Schalldämm-Maß des Fensters: R_w = 36 dB

Lösung:

Das bewertete Schalldämm-Maß des Fensters unter Berücksichtigung der Einbaufuge berechnet sich mit folgender Gleichung (siehe DIN 4109-2, Gl. (42)) (in dB):

$$R_{i,w} = -10 \cdot \log\left(10^{-0,1 \cdot R_w} + \frac{l \cdot l_0}{S} \cdot 10^{-0,1 \cdot R_{S,w}}\right)$$

Darin bedeuten:

l umlaufende Fugenlänge, in m

l_0 Bezugslänge, l_0 = 1,0 m

S Gesamtfläche des Fensters bzw. der Tür, in m²

R_w bewertetes Schalldämm-Maß des Fensters bzw. der Tür, in dB

$R_{S,w}$ bewertetes Fugenschalldämm-Maß, bezogen auf eine Bauteilfläche von 1 m² und 1 m Fugenlänge, in dB

Umlaufende Fugenlänge:

$$l = 2 \cdot 1,37 + 2 \cdot 1,25 = 5,24 \text{ m}$$

Gesamtfläche des Fensters:

$$S = 1,37 \cdot 1,25 = 1,71 \text{ m}^2$$

Überprüfung der Forderung n. DIN 4109-2:

Nach DIN 4109-2, 4.4.4 müssen Fugen so geplant und ausgeführt werden, dass das bewertete Schalldämm-Maß des Fensters erhalten bleibt. Als Kriterium gilt die Forderung, dass das bewertete Schalldämm-Maß des Fensters um nicht mehr als 1 dB verschlechtert (reduziert) werden darf. Dieses Kriterium wird erfüllt, wenn das Fugenschalldämm-Maß $R_{S,w}$ mindestens 10 dB größer ist als das Schalldämm-Maß des Fensters R_w. Es gilt:

$$R_{S,w} \geq R_w + 10 \text{ dB}$$

Für das bewertete Schalldämm-Maß des Fensters unter Berücksichtigung der Fuge ergibt sich in diesem Fall:

$$R_{i,w} = -10 \cdot \log\left(10^{-0,1 \cdot 36} + \frac{5,24 \cdot 1,0}{1,71} \cdot 10^{-0,1 \cdot 55}\right) = 35,8 \text{ dB}$$

Ergebnis:

Das bewertete Schalldämm-Maß für das Fenster einschließlich Fugen beträgt 35,8 dB und ist damit nur geringfügig schlechter als der ursprüngliche Wert (36 dB).

Die Forderung, dass die Schalldämmung des Fensters um nicht mehr als 1 dB verringert wird, ist erfüllt. Dies liegt an der gut gedämmten Fuge. Die Forderung, dass das Fugenschalldämm-Maß mindestens um 10 dB besser als das Schalldämm-Maß des Fensters allein sein sollte, ist erfüllt:

$$R_{S,w} = 55 \text{ dB} \geq R_w + 10 \text{ dB} = 36 + 10 = 46 \text{ dB}$$

Zum Vergleich:

Es soll eine Vergleichsrechnung mit einer schalltechnisch schlechteren Fugendämmung durchgeführt werden.

Annahme: bewertetes Fugenschalldämm-Maß: $R_{S,w} = 35$ dB.

Dies ergibt sich beispielsweise für eine Fuge, die mit Mineralfaserdämmstoff gefüllt ist und eine Fugenbreite von 10 mm aufweist (DIN 4109-35, Tab. 8).

Für diese Bedingungen ergibt sich:

$$R_{i,w} = -10 \cdot \log\left(10^{-0,1 \cdot 36} + \frac{5,24 \cdot 1,0}{1,71} \cdot 10^{-0,1 \cdot 35}\right) = 29,1 \text{ dB}$$

Die Schalldämmung des Fensters wird durch die schalltechnisch schlechtere Fugendämmung erheblich verringert. Das bewertete Schalldämm-Maß des Fensters beträgt nur noch 29,1 dB. Dies ist nach DIN 4109-2, 4.4.4 nicht zulässig. Das bewertete Schalldämm-Maß des Fensters einschließlich Fuge wird um (35 – 29,1 =) 5,9 dB > 1 dB verschlechtert.

Außerdem ist folgende Forderung nicht erfüllt (siehe DIN 4109-2, 4.4.4):

$$R_{S,w} \geq R_w + 10 \text{ dB}$$

Hier:

$$R_{S,w} = 35 \text{ dB} \ll R_w + 10 \text{ dB} = 36 + 10 = 46 \text{ dB}$$

$\Rightarrow$ Die Fugenschalldämmung müsste mindestens 46 dB betragen, damit das bewertete Schalldämm-Maß des Fensters plus Fuge nicht schlechter als 10 dB ist.

4.21 Beispiel 21 – Schalldämmung einer Vorhangfassade

(Kategorie C)

Für eine Vorhangfassade ist die Schalldämmung (d.h. das bewertete Schalldämm-Maß) nach dem Tabellenverfahren nach DIN 4109-35/A1 zu ermitteln (Abb. 4-14).

Randbedingungen:

- Pfosten-Riegel-Fassade (PRF) mit Einsatzelementen
- Rastermaß 1,5 m (Breite) x 2,0 m (Höhe)

- Profilquerschnitt: b = 70 mm, t = 150 mm
- Material der Profile: Stahl
- Schalldämmung der Glasfüllung: R_w (C; C_{tr}) = 42 (–1; –6) dB
- Das Einsatzelement ist ein Dreh-/Kippfenster mit Innendichtung.

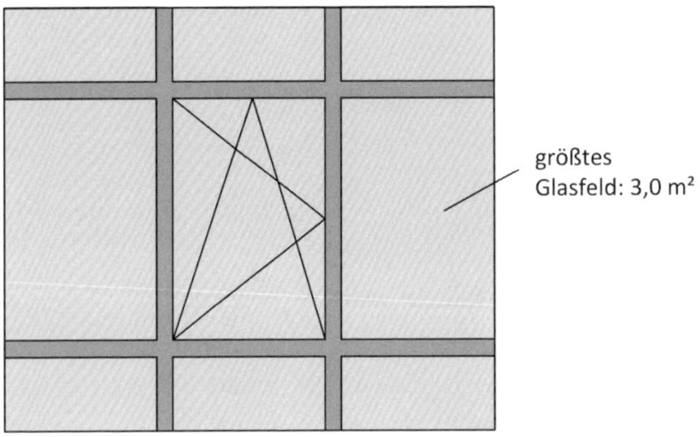

Abb. 4-14: Beispiel 21 – Schalldämmung einer Vorhangfassade (Prinzipskizze)

Lösung:

Es handelt sich um eine Vorhangfassade der Kategorie 2 (PRF mit Einsatzelementen). Damit ergeben sich folgende Größen für die Schalldämmung:

- Aus Tab. 4.9: R_w = 39 dB (für eine Schalldämmung der Füllung von R_w = 42 dB).
- Aus Tab. 4.10: R_A = 38 dB (für eine Schalldämmung der Füllung von R_A = 42 – 1 = 41 dB)
- Aus Tab. 4.11: $R_{A,tr}$ = 33 dB (für eine Schalldämmung der Füllung von $R_{A,tr}$ = 42 – 6 = 36 dB)

Das größte Glasfeld hat eine sichtbare Glasfläche von A = 1,5 x 2,0 = 3,0 m^2. Damit ergibt sich der Korrektursummand nach Tab. 4.12 zu: K = –1,0 dB. Es ergibt sich:

- $R_w + K = 42 - 1 = 41$ dB
- $R_A + K = 41 - 1 = 40$ dB
- $R_{A,tr} + K = 36 - 1 = 35$ dB

Das bewertete Schalldämm-Maß der hier betrachteten Fassade einschließlich der Spektrumanpassungswerte beträgt:

$$R_w(C;C_{tr}) = 41 \text{ dB}(-1; -6) \text{ dB}$$

Tabellenverfahren nach DIN 4109-35/A1:

Für die Bestimmung des bewerteten Schalldämm-Maßes R_w der Vorhangfassade wird als Eingangsgröße das bewertete Schalldämm-Maß R_w der Füllung benötigt. Weiterhin ist die Konstruktion der Vorhangfassade zu berücksichtigen. Dafür werden drei Kategorien unterschieden (Tab. 4.8):

- Kategorie 1: Pfosten-Riegel-Fassaden ohne Einsatzelemente
- Kategorie 2: Pfosten-Riegel-Fassaden mit Einsatzelementen
- Kategorie 3: Elementfassaden

Das bewertete Schalldämm-Maß R_w der Vorhangfassade ergibt sich in Abhängigkeit von der Kategorie der Fassade, dem R_w der Füllung (Tab. 4.9 bis 4.11) sowie der Glasfläche des größten Einzelfeldes (Tab. 4.12). Als Eingangswert für Tab. 4.6 bis 4.8 wird das bewertete Schalldämm-Maß der Füllung R_w benötigt. Im Einzelnen sind folgende Arbeitsschritte durchzuführen:

1. Ermittlung des bewerteten Schalldämm-Maßes der Füllung R_w; für Glas siehe DIN 4109-35, 4.2.
2. Bestimmung des bewerteten Schalldämm-Maßes der Vorhangfassade R_w, R_A bzw. $R_{A,tr}$ mithilfe der Tab. 4.9 bis 4.11.
3. Ermittlung des Korrektursummanden K in Abhängigkeit von der Fläche des größten einzelnen Glasfeldes in der Fassade (Tab. 4.12).
4. Berechnung des endgültigen bewerteten Schalldämm-Maßes der Vorhangfassade ($R_w + K$, $R_A + K$, $R_{A,tr} + K$).

Als Voraussetzung für die Anwendung des Tabellenverfahrens gelten folgende Randbedingungen:

- Bei Pfosten-Riegel-Fassaden darf die Profilansichtsbreite b maximal 70 mm betragen.
- Bei Pfosten-Riegel-Fassaden mit Einsatzelementen ist die Ansichtsbreite insgesamt (d.h. die Summe aus Profilansichtsbreite und Breite des Einsatzelements) auf 150 mm begrenzt. Die Ansichtsbreite der Einsatzelemente darf 100 mm nicht überschreiten.
- Bei Elementfassaden darf die mittlere Ansichtsbreite der Rahmenprofile nicht größer als 75 mm sein.
- Die Bautiefe t der Profile ist auf 200 mm begrenzt.

Tab. 4.8: Kategorien für die Anwendung der Tab. 4.9 bis 4.11 (in Anlehnung an DIN 4109-35/A1, Tab. 9)

	Kategorie		
	1	**2**	**3**
Beschreibung	Pfosten-Riegel-Fassade ohne Einsatzelemente	Pfosten-Riegel-Fassade mit Einsatzelementen	Elementfassade
Profilquerschnitt Ansichtsbreite	$b \leq 70$ mm	gesamt: $b \leq 150$ mm Einsatzelement ≤ 100 mm	$b \leq 75$ mm
Profilquerschnitt Bautiefe	$t \leq 200$ mm	$t \leq 200$ mm	$t \leq 200$ mm

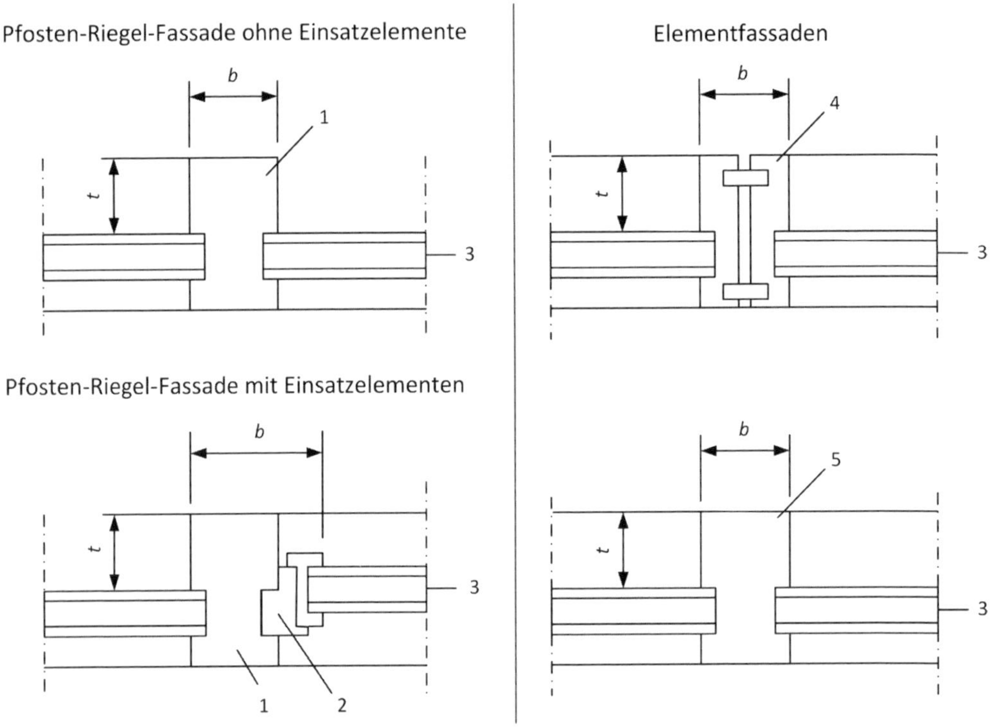

Abb. 4-15: Kategorien für die Anwendung der Tab. 4.9 bis 4.11 zur Bestimmung der Schalldämmung; Erläuterung: 1: Pfosten, 2: Einsatzelement; 3: Füllung (z.B. Isolierglas), 4: Elementrahmen, 5: Mittelpfosten, b: mittlere Ansichtsbreite, t: Bauteiltiefe

Es gelten folgende Bedingungen:

- Rahmenwerkstoffe sind Aluminium, Holz-Metall, Stahl.
- Bei Einsatzelementen ist die raumseitige Einbaufuge mit einem Dichtstoff oder einem Dichtprofil umlaufend abzudichten, um die Schallübertragung zu minimieren.
- Fensterflügel sind mit einer raumseitigen umlaufenden Dichtung zu versehen.
- Die Schalldämmung von folgenden Einsatzelementen wird von den Tabellen nicht abgedeckt und ist gesondert zu berücksichtigen: Schiebeelement, Hebe-Schiebeelement, Schwing- oder Wendefenster, Lüftungsflügel, Klappe, Tür.
- Als Spektrumanpassungswerte der Glasfüllung dürfen folgende Werte verwendet werden, wenn keine genauen Daten vorliegen: $C = -2$ dB, $C_{tr} = -6$ dB.

Weiterhin gelten folgende Regelungen:

- Bei unterschiedlichen Füllungen in der Fassade ergibt sich die Schalldämmung nach der ungünstigsten Füllung; d.h., Füllungen müssen mindestens die Schalldämmung aufweisen, für die die Fassade ausgelegt wird.
- Für Doppelfassaden liegen keine Daten vor. Hier sind entsprechende Kennwerte vom Hersteller anzugeben.

- Als Eingangsgröße für die Tab. 4.9 bis 4.11 wird die Schalldämmung der Füllung (bewertetes Schalldämm-Maß R_w) benötigt.

Tab. 4.9: Bewertetes Schalldämm-Maß R_w von Vorhangfassaden in Abhängigkeit von der Schalldämmung der Füllung (in Anlehnung an DIN 4109-35/A1, Tab. 10)

	Bewertetes Schalldämm-Maß R_w der Vorhangfassade (Ablesewert)		
Bewertetes Schalldämm-Maß der Füllung (Eingangswert)	**Kategorie 1** (Pfosten-Riegel-Fassaden ohne Einsatzelemente)	**Kategorie 2** (Pfosten-Riegel-Fassaden mit Einsatzelementen)	**Kategorie 3** (Elementfassaden)
R_w dB	R_w dB	R_w dB	R_w dB
32	31	31	31
33	32	32	32
34	33	33	33
35	34	34	34
36	34	34	34
37	35	35	35
38	36	36	36
39	36	36	36
40	37	37	37
41	38	38	38
42	39	**39**	39
43	40	40	40
44	41	41	41
45	42	42	42
46	43	42	42
47	44	42	42
48	44	43	43
48	45	43	43
50	46	43	43
≥ 51	47	43	43

Tab. 4.10: Bewertetes Schalldämm-Maß R_A (R_w + C) von Vorhangfassaden in Abhängigkeit von der Füllung (in Anlehnung an DIN 4109-35/A1, Tab. 10)

	Bewertetes Schalldämm-Maß R_A (R_w + C) der Vorhangfassade (Ablesewert)		
Bewertetes Schalldämm-Maß der Füllung (Eingangswert)	**Kategorie 1** (Pfosten-Riegel-Fassaden ohne Einsatzelemente)	**Kategorie 2** (Pfosten-Riegel-Fassaden mit Einsatzelementen)	**Kategorie 3** (Elementfassaden)
R_w dB	R_w dB	R_w dB	R_w dB
30	29	29	29
31	30	30	30
32	30	30	30
33	31	31	31
34	32	32	32
35	33	33	33
36	34	34	34
37	34	34	34
38	35	35	35
39	36	36	36
40	37	37	37
41	38	**38**	38
42	39	39	39
43	40	40	40
44	41	40	40
45	42	40	40
46	42	41	41
47	43	41	41
48	44	41	41
≥ 49	45	41	41

Tab. 4.11: Bewertetes Schalldämm-Maß $R_{A,tr}$ (R_w + C_{tr}) von Vorhangfassaden in Abhängigkeit von der Schalldämmung der Füllung (in Anlehnung an DIN 4109-35/A1, Tab. 12)

	Bewertetes Schalldämm-Maß $R_{A,tr}$ (R_w + C_{tr}) der Vorhangfassade (Ablesewert)		
Bewertetes Schalldämm-Maß der Füllung (Eingangswert)	**Kategorie 1** (Pfosten-Riegel-Fassaden ohne Einsatzelemente)	**Kategorie 2** (Pfosten-Riegel-Fassaden mit Einsatzelementen)	**Kategorie 3** (Elementfassaden)
R_w dB	R_w dB	R_w dB	R_w dB
27	25	25	25
28	26	26	26
29	27	27	27
30	28	28	28
31	29	29	29
32	30	30	30
33	30	30	30
34	31	31	31
35	32	32	32
36	33	**33**	33
37	34	34	34
38	35	35	35
39	36	36	36
40	37	36	36
41	38	36	36
42	39	37	37
43	39	37	37
44	40	37	37
≥ 45	41	37	37

Für die Ermittlung des endgültigen bewerteten Schalldämm-Maßes der Vorhangfassade wird der Korrektursummand für Glasformate benötigt, mit dem der Einfluss der Glasfläche auf die Schalldämmung berücksichtigt wird. Der Korrektursummand für die Schalldämmung *K* ist in Tab. 4.12 angegeben.

Tab. 4.12: Korrektursummand für verschiedene Glasformate für die Luftschalldämmung von Vorhangfassaden (in Anlehnung an DIN 4109-35/A1, Tab. 13)

Fläche des größten Glasfeldes *A*	**Korrektursummand für die Schalldämmung** *K*
$A \leq 2{,}0\ m^2$	0 dB
$2{,}0\ m^2 < A \leq 4{,}0\ m^2$	–1,0 dB
$4{,}0\ m^2 < A \leq 6{,}0\ m^2$	–2,0 dB
$6{,}0\ m^2 < A \leq 10{,}0\ m^2$	–3,0 dB

4.22 Beispiel 22 – Bewertete Verbesserung der Luftschalldämmung durch ein WDVS

(Kategorie C)

Für ein Wärmedämmverbundsystem (WDVS) einer Außenwand ist die bewertete Verbesserung der Luftschalldämmung zu berechnen.

Randbedingungen:

- Dämmplatten aus expandiertem Polystyrol (EPS), einlagig
- geklebt (keine Dübel), Klebefläche $F = 60\ \%$
- dynamische Steifigkeit: $s' = 20\ MN/m^2$
- Putzschicht: $m' = 15\ kg/m^2$
- bewertetes Schalldämm-Maß des Grundbauteils ohne WDVS: $R_{w,0} = 57$ dB

Lösung:

Die bewertete Verbesserung der Luftschalldämmung durch das WDVS $\Delta R_{w,WDVS}$ berechnet sich mit folgender Gleichung (in dB) (siehe DIN 4109-34/A1, 4.3.4):

$$\Delta R_{w,WDVS} = \Delta R_{w,S} - K_D - K_K - K_S - K_{TW}$$

Darin bedeuten:

$\Delta R_{w,S}$ Verbesserung der Luftschalldämmung durch das WDVS unter Referenzbedingungen in Abhängigkeit von der Resonanzfrequenz

K_D Korrekturwert für den Einfluss von Dübeln (bei mechanischer Befestigung)

K_K Korrekturwert für die prozentuale Klebefläche (bei Klebung)

K_S Korrekturwert für den längenbezogenen Strömungswiderstand (nur bei Faserdämmstoffen)

K_{TW} Korrekturwert für das bewertete Schalldämm-Maß der Trägerwand

Nachfolgend werden zunächst die einzelnen Anteile (Korrekturwerte) ermittelt.

a) Verbesserung der Luftschalldämmung durch das WDVS unter Referenzbedingungen (in dB):

$$\Delta R_{w,S} = \left(a \cdot log\left(f_0\right) + b\right)$$

Darin sind:

Resonanzfrequenz (in Hz):

$$f_0 = 160\sqrt{\frac{s'}{m'}} = 160 \cdot \sqrt{\frac{20}{15}} = 185 \text{ Hz} > 125 \text{ Hz und} < 250 \text{ Hz}$$

Koeffizienten *a, b*:

Die Koeffizienten *a* und *b* sind von der Art des Dämmstoffs und der Resonanzfrequenz abhängig (Tab. 4.13).

Tab. 4.13: Koeffizienten a und b zur Berechnung von $\Delta R_{w,S}$

Dämmstoff	**Koeffizient**	**Resonanzfrequenz**		
		f_0 **< 125 Hz**	**125 Hz ≤** f_0 **< 250 Hz**	f_0 **≥ 250 Hz**
Schaumkunststoffe	*a*	–35,1	–26,7	–2,4
	b	79,7	62,0	3,8
Faserdämmstoffe	*a*	–35,9	–36,5	5,4
	b	82,4	83,7	–16,7

Hier: Polystyrol, d.h. Schaumkunststoff. Aus Tab. 4.13 ergeben sich für eine Resonanzfrequenz von f_0 = 185 Hz folgende Koeffizienten:

$a = -26{,}7$

$b = 62{,}0$

Damit berechnet sich die Verbesserung der Luftschalldämmung durch das WDVS unter Referenzbedingungen zu:

$$\Delta R_{w,S} = \left(-26{,}7 \cdot \log\left(185\right) + 62{,}0\right) = -60{,}5 + 62{,}0 = +1{,}5 \text{ dB}$$

b) Korrekturwert für die prozentuale Klebefläche (in dB):

$$K_K = \left(0{,}052 \cdot F - 2{,}1\right)$$

Darin ist: F = 60 % (prozentuale Klebefläche, siehe Aufgabenstellung)

$$K_K = \left(0{,}052 \cdot 60 - 2{,}1\right) = +1{,}0 \text{ dB}$$

c) Korrekturwert für das bewertete Schalldämm-Maß des Grundbauteils:

$$K_{TW} = \left(-1{,}4 \cdot \log(f_0) + 3{,}6\right)\left(R_{w,0} - 53 \text{ dB}\right)$$

Darin ist:

f_0 = 185 Hz (Resonanzfrequenz, siehe oben)

$R_{w,0}$ = 57 dB (bewertetes Schalldämm-Maß des Grundbauteils ohne WDVS, siehe Aufgabenstellung)

Es ergibt sich:

$$K_{TW} = \left(-1{,}4 \cdot \log(185) + 3{,}6\right)\left(57 - 53\ \text{dB}\right) = 1{,}7\ \text{dB}$$

Weitere Korrekturwerte sind nicht zu berücksichtigen (keine Dübel, d.h. $K_D = 0$; kein Faserdämmstoff, d.h. $K_S = 0$).

Ergebnis:

$$\Delta R_{w,WDVS} = \Delta R_{w,S} - K_D - K_K - K_S - K_{TW} = 1{,}5 - 0 - 1{,}0 - 0 - 1{,}7 = -1{,}2\ \text{dB}\,.$$

Das WDVS aus EPS verschlechtert die Schalldämmung der Außenwand um 1,2 dB.

4.23 Beispiel 23 – Versetzte Räume

(Kategorie C)

Für die dargestellten Bausituationen sind die Stoßstellendämm-Maße für folgende Fälle zu berechnen (Abb. 4-16):

a) Versatz l = 0,375 m

b) Versatz l = 0,75 m

Die Mindestwerte $K_{ij,min}$ sind hier nicht zu berücksichtigen.

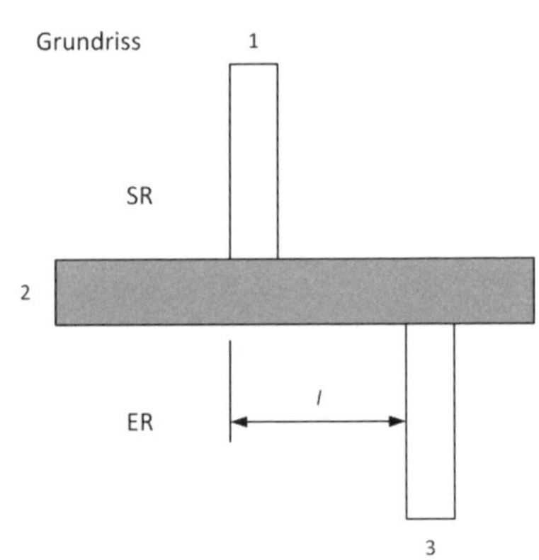

Abb. 4-16: Beispiel 23 – Stoßstellendämm-Maße bei versetzt angeordneten Räumen

Randbedingungen:

Die Wände bestehen aus Mauerwerk aus Kalksandsteinen, beidseitig verputzt.

Flächenbezogene Massen

- Wand 1: $m'_1 = 300\ \text{kg/m}^2$ (flankierende Wand)
- Wand 2: $m'_2 = 400\ \text{kg/m}^2$ (Wohnungstrennwand)
- Wand 3: $m'_3 = 300\ \text{kg/m}^2$ (flankierende Wand)

Lösung:

a) Versatz l = 0,375 m:

l = 0,375 m < 0,5 m => Die Stoßstelle kann als ***Kreuzstoß*** betrachtet werden (DIN 4109-2, 6.6).

Die flächenbezogenen Massen der flankierenden Bauteile 1 und 3 sind gleich. Das bedeutet, dass die Stoßstellendämm-Maße mit den Angaben in DIN 4109-32, 5.2.4.1.5 berechnet werden können.

Weg 13 (Ff): (Kreuzstoß)

$$M = \log\left(\frac{m'_\perp}{m'}\right) = \log\left(\frac{m'_2}{m'_1}\right) = \log\left(\frac{400}{300}\right) = 0{,}125 < 0{,}182$$

$$K_{13} = K_{Ff} = 8{,}7 + 17{,}1 \cdot M + 5{,}7 \cdot M^2 = 8{,}7 + 17{,}1 \cdot 0{,}125 + 5{,}7 \cdot 0{,}125^2 = 10{,}9 \text{ dB}$$

Weg 23 (Df): (Kreuzstoß)

$$M = \log\left(\frac{m'_\perp}{m'}\right) = \log\left(\frac{m'_3}{m'_2}\right) = \log\left(\frac{300}{400}\right) = -0{,}125$$

$$K_{23} = K_{12} = K_{Df} = 5{,}7 + 15{,}4 \cdot M^2 = 5{,}7 + 15{,}4 \cdot (-0{,}125)^2 = 5{,}9 \text{ dB}$$

Weg 12 (Fd): (Kreuzstoß)

$$M = \log\left(\frac{m'_\perp}{m'}\right) = \log\left(\frac{m'_2}{m'_1}\right) = \log\left(\frac{400}{300}\right) = 0{,}125$$

$$K_{12} = K_{Df} = 5{,}7 + 15{,}4 \cdot M^2 = 5{,}7 + 15{,}4 \cdot 0{,}125^2 = 5{,}9 \text{ dB}$$

b) Versatz l = 0,75 m

l = 0,75 m > 0,5 m => Die Stoßstelle kann als ***abknickender T-Stoß*** betrachtet werden (DIN 4109-2, 6.6) (Abb. 4-17).

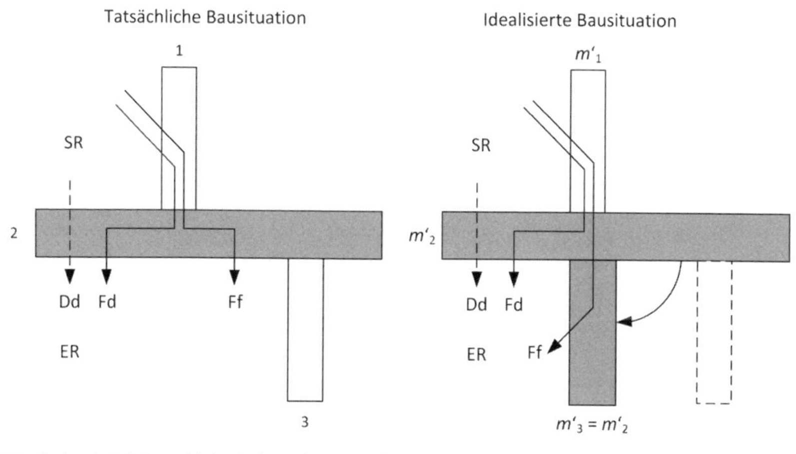

Abb. 4-17: Beispiel 23 – Abknickender Stoß – tatsächliche und idealisierte Bausituation

Da die flächenbezogenen Massen der flankierenden Bauteile in diesem Fall unterschiedlich sind (m'_1 = 300 kg/m², $m'_3 = m'_2$ = 400 kg/m²), wird die mittlere flächenbezogene Masse m'_{Mittel} berechnet und beiden flankierenden Bauteilen zugeordnet:

$$m'_{Mittel} = 0{,}5 \cdot (300 + 400) = 350 \text{ kg/m}^2$$

Die Berechnung der Stoßstellendämm-Maße erfolgt für den idealisierten T-Stoß mit den Formeln nach DIN 4109-32, 5.2.4.1.4. Dabei ist das Stoßstellendämm-Maß auf dem Weg 13 um 3 dB zu erhöhen und auf dem Weg 12 zu vermindern (siehe DIN 4109-32, 5.2.4.1.6).

Weg 13 (Ff): (idealisierter T-Stoß)

$$M = \log\left(\frac{m'_\perp}{m'}\right) = \log\left(\frac{m'_2}{m'_{Mittel}}\right) = \log\left(\frac{400}{350}\right) = 0{,}058 < 0{,}215$$

$$K_{13} = K_{Ff} = 5{,}7 + 14{,}1 \cdot M + 5{,}7 \cdot M^2 + 3 \text{ dB} = 5{,}7 + 14{,}1 \cdot 0{,}058 + 5{,}7 \cdot 0{,}058^2 + 3$$
$$= 9{,}5 \text{ dB}$$

Weg 12 (Fd): (idealisierter T-Stoß)

$$M = \log\left(\frac{m'_\perp}{m'}\right) = \log\left(\frac{m'_2}{m'_{Mittel}}\right) = \log\left(\frac{400}{350}\right) = 0{,}058$$

$$K_{12} = K_{Fd} = 4{,}7 + 5{,}7 \cdot M^2 - 3 \text{ dB} = 4{,}7 + 5{,}7 \cdot 0{,}058^2 - 3 = 1{,}7 \text{ dB}$$

Weg 23 (Df): (idealisierter T-Stoß)

$$M = \log\left(\frac{m'_\perp}{m'}\right) = \log\left(\frac{m'_{Mittel}}{m'_2}\right) = \log\left(\frac{350}{400}\right) = -0{,}058$$

$$K_{23} = K_{Df} = 4{,}7 + 5{,}7 \cdot M^2 - 3 \text{ dB} = 4{,}7 + 5{,}7 \cdot (-0{,}058)^2 - 3 = 1{,}7 \text{ dB}$$

4.24 Beispiel 24 – Beurteilung der Einbausituation von Fenstern

(Kategorie B)

Die dargestellten verschiedenen Einbausituationen eines Fensters sind schalltechnisch zu beurteilen (Abb. 4-18). Es bedeuten:

- (1a) und (1b): Außenwand in Massivbauweise (z.B. Mauerwerk)
- (2a) und (2b): Außenwand mit Wärmedämmverbundsystem (WDVS)
- (3a) und (3b): zweischalige Außenwand aus Mauerwerk mit Dämmung im Schalenzwischenraum

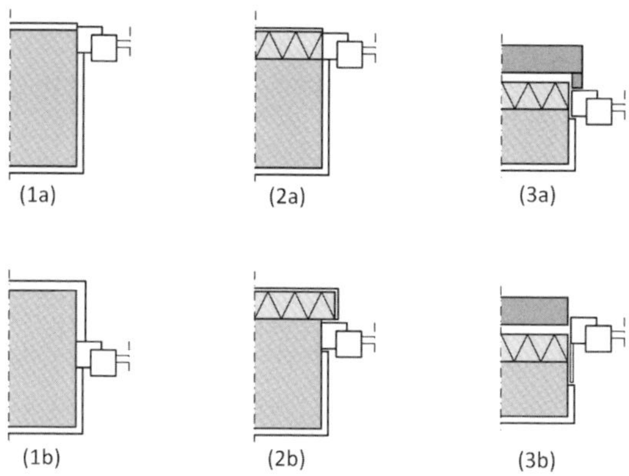

Abb. 4-18: Beispiel 24 – Einbausituation eines Fensters in einer Außenwand

Lösung:

Nach DIN 4109-2, Tab. 5 ergeben sich folgende schalltechnische Beurteilungen:

- Nr. (1a) und (1b): schalltechnisch unkritisch
- Nr. (2a): schalltechnisch ***kritisch***
- Nr. (2b): schalltechnisch unkritisch
- Nr. (3a): schalltechnisch unkritisch
- Nr. (3b): schalltechnisch ***kritisch***

Bei Einbausituationen, die als schalltechnisch kritisch eingestuft werden, ist die resultierende Schalldämmung unter Berücksichtigung der Fugen zu berechnen. Hierzu sind die Schalldämmung des Fensters R_w sowie die Fugenschalldämm-Maße $R_{S,w}$ erforderlich (siehe DIN 4109-2, 4.4.4). In diesem Beispiel ist das für die Situationen Nr. (2a) und (3b) der Fall.

4.25 Beispiel 25 – Fugen-Schalldämm-Maße bei einer Tür

(Kategorie B)

Berechnen Sie für eine Wohnungstür in einem Mehrfamilienhaus das bewertete Schalldämm-Maß unter Berücksichtigung der Fugenschalldämmung.

Randbedingungen:

- Abmessungen der Tür: 1,01 m x 2,01 m
- bewertetes Schalldämm-Maß der Tür (Herstellerangabe): R_w = 45 dB
- Bodenfuge mit mechanischer Absenkdichtung mit Passung, Fugenbreite 7 mm (mittlerer Abstand zwischen Türblatt und Fußboden)
- Seitlich und oben befinden sich Falzfugen mit vollständig anliegender Dichtung, Fugenbreite 5 mm.

Lösung:

Das bewertete resultierende Schalldämm-Maß $R_{i,w}$ der Tür berechnet sich nach DIN 4109-2, Gl. (43):

$$R_{i,w} = -10 \cdot \log\left(10^{-0,1 \cdot R_w} + \sum \frac{l_k \cdot l_0}{S} \cdot 10^{-0,1 \cdot R_{S,w,k}}\right)$$

Darin sind:

R_w bewertetes Schalldämm-Maß der Tür; R_w = 45 dB

l_k Länge der Fuge *k*, in m

l_0 Bezugslänge; l_0 = 1,0 m

S Gesamtfläche der Tür, in m^2

$R_{S,w,k}$ bewertetes Fugenschalldämm-Maß der Fuge, bezogen auf eine Bauteilfläche von 1 m^2 und 1 m Fugenlänge, in dB

Hier sind zwei verschiedene Fugen mit unterschiedlicher Fugenschalldämmung vorhanden:

- Bodenfuge unter dem Türblatt mit Passung: $l_{k,1}$ = 1,01 m, $R_{S,w}$ = 37 dB > 35 dB (n. DIN 4109-35, Tab. 7, Zeile 6); Hinweis: Es werden hier 37 dB angesetzt (damit der Nachweis erfüllt wird).
- Falzfugen seitlich und oben: $l_{k,2}$ = 1,01 + 2 · 2,01 = 5,02 m, $R_{S,w}$ = 37 dB > 35 dB (n. DIN 4109-35, Tab. 7, Zeile 7); Hinweis: Es werden hier 37 dB angesetzt (siehe oben).

Gesamtfläche der Tür (Ansichtsfläche): S_S = 1,01 · 2,01 = 2,03 m^2

Damit ergibt sich das resultierende Schalldämm-Maß $R_{i,w}$ der Tür zu:

$$R_{i,w} = -10 \cdot \log\left(10^{-0,1 \cdot 45} + \left[\frac{1,01 \cdot 1,0}{2,03} \cdot 10^{-0,1 \cdot 37}\right] + \left[\frac{5,02 \cdot 1,0}{2,03} \cdot 10^{-0,1 \cdot 37}\right]\right) = 32,05 \text{ dB}$$

Nachweis (Mindestanforderungen nach DIN 4109-1, Tab. 2, Zeile 18):

$$R_{i,w} - 5 \text{ dB} = 32,05 - 5 = 27,05 \text{ dB} \geq \text{erf. } R'_w = 27 \text{ dB}$$

Der Nachweis (Mindestanforderungen) ist gerade eben erfüllt.

5 Aufgaben zum Selbststudium

5.1 Aufgabe 1 – Schallpegel

(Kategorie A)

Gegeben sind folgende Schallpegel in einem Raum:

$L_1 = 70$ dB, $L_2 = 55$ dB, $L_3 = 80$ dB, $L_4 = 75$ dB

Gesucht:

a) Resultierender Schallpegel, wenn alle Schallquellen in Betrieb sind.

b) Resultierender Schallpegel, wenn die Schallquelle mit dem kleinsten Schallpegel abgestellt wird, d.h., nur die Schallpegel L_1, L_3 und L_4 wirken.

c) Wie beurteilen Sie die Ergebnisse aus Aufgabe a) und b)?

d) Wie groß darf der Schallpegel einer weiteren (fünften) Schallquelle sein, damit ein Gesamt-Schallpegel von $L_{max} = 85$ dB nicht überschritten wird? Es wird angenommen, dass alle fünf Schallquellen gleichzeitig in Betrieb sind.

Lösung:

a) $L_{p,ges} = 81{,}52$ dB

b) $L_{p,ges} = 81{,}51$ dB

c) Die Schallquelle mit 55 dB hat keinen nennenswerten Einfluss auf den Gesamt-Schalldruckpegel und kann bei der Berechnung vernachlässigt werden.

d) max $L_5 = 82{,}4$ dB

5.2 Aufgabe 2 – Bewertetes Schalldämm-Maß einer Stahlbetondecke mit schwimmendem Estrich

(Kategorie B)

Für eine Stahlbetondecke mit schwimmendem Estrich ist das bewertete Schalldämm-Maß $R_{Dd,w}$ zu berechnen.

Gesucht:

a) Bewertetes Schalldämm-Maß der Decke allein ($R_{s,w}$).

b) Verbesserung durch den schwimmenden Estrich ($\Delta R_{Dd,w}$).

c) Gesamtes bewertetes Schalldämm-Maß der Decke plus Estrich ($R_{Dd,w}$).

Aufbau (von oben nach unten):

- 30 mm Gussasphaltestrich
- 25 mm Trittschalldämmung, $s' = 15$ MN/m^2
- 200 mm Stahlbeton

Lösung:

a) Bewertetes Schalldämm-Maß der Decke allein ($R_{s,w}$):

$m' = 480$ kg/m²

$R_{s,w} = 60{,}7$ dB

b) Verbesserung durch den schwimmenden Estrich ($\Delta R_{Dd,w}$):

$f_0 = 79{,}7$ Hz, $m_1' = 480$ kg/m², $m^{2\,\prime} = 69$ kg/m²

$\Delta R_{Dd,w} = 6{,}8$ dB

c) Gesamtes bewertetes Schalldämm-Maß der Decke plus Estrich ($R_{Dd,w}$):

$R_{Dd,w} = R_{s,w} + \Delta R_{Dd,w} = 67{,}5$ dB

5.3 Aufgabe 3 – Bewertetes Bau-Schalldämm-Maß einer Wohnungstrennwand

(Kategorie B)

Für die nachfolgende beschriebene Wohnungstrennwand in einem Mehrfamilienhaus ist der Nachweis (Mindestanforderungen nach DIN 4109-1) zu führen.

Aufbau und Daten:

- Mauerwerk aus Kalksandsteinen, RDK 1,8, $d = 24$ cm, Dünnbettmörtel
- beidseitig mit Gipsputz verputzt, $d = 1{,}0$ cm (je Putzschicht)
- Flankenschalldämm-Maße siehe Tab. 4.14

Tab. 5.1: Aufgabe 3 – Flankenschalldämm-Maße

Flankierendes Bauteil	**Weg Ff**	**Weg Df**	**Weg Fd**
	$R_{Ff,w}$ **dB**	$R_{Df,w}$ **dB**	$R_{Fd,w}$ **dB**
Wand (1)	67	65	65
Decke (2)	72	70	70
Wand (3)	68	66	65
Fußboden (4)	78	75	75

Gesucht:

a) Bewertetes Schalldämm-Maß der Wohnungstrennwand.

b) Bewertetes Bau-Schalldämm-Maß der Wohnungstrennwand.

c) Nachweis der Luftschalldämmung für Mindestanforderungen nach DIN 4109-1.

Lösung:

a) Bewertetes Schalldämm-Maß der Wohnungstrennwand:

$R_w = 59{,}1$ dB

mit: $\rho_W = 1700$ kg/m^3, $m'_W = 408$ kg/m^2, $m'_{Putz} = 20$ kg/m^2

b) Bewertetes Bau-Schalldämm-Maß der Wohnungstrennwand:

$R'_w = 55{,}04 \cong 55{,}0$ dB

c) Nachweis der Luftschalldämmung für Mindestanforderungen nach DIN 4109-1:

$R'_w - 2 \text{ dB} \geq \text{erf. } R'_w$

Anforderungswert nach DIN 4109-1, Tab. 2, Zeile 14: erf. $R'_w = 53$ dB

$R'_w - 2 \text{ dB} = 55 - 2 = 53 \text{ dB} > \text{erf. } R'_w = 53$ dB

Der Nachweis der Luftschalldämmung für Mindestanforderungen nach DIN 4109-1 ist gerade eben erbracht.

5.4 Aufgabe 4 – Nachweis einer zweischaligen massiven Haustrennwand

(Kategorie B)

Für die nachfolgend beschriebene zweischalige massive Haustrennwand ist der Nachweis nach DIN 4109-5 (erhöhte Anforderungen) zu führen.

Aufbau und Daten:

- Schalen aus Kalksandstein-Mauerwerk, $d = 2 \cdot 17{,}5$ cm, RDK 2,0, Normalmörtel
- raumseitig mit Gipsputz verputzt, $d = 1{,}0$ cm (je Putzschicht)
- Sende- und Empfangsraum befinden sich im Erdgeschoss direkt über einer durchlaufenden Bodenplatte.
- Bodenplatte aus Stahlbeton, $d = 24$ cm
- lichter Schalenabstand 3,5 cm
- Schalenzwischenraum vollflächig ausgefüllt mit Mineralwolleplatten als Hohlraumbedämpfung
- mittlere flächenbezogene Masse der flankierenden Bauteile $m'_{f,m} = 300$ kg/m^2

Gesucht:

a) Flächenbezogene Masse der Haustrennwand insgesamt (beide Schalen).

b) Bewertetes Schalldämm-Maß $R'_{w,1}$.

c) Zweischaligkeitszuschlag $\Delta R_{w,Tr}$.

d) Bewertetes Schalldämm-Maß $R'_{w,2}$.

e) Nachweis nach DIN 4109-5 (erhöhte Anforderungen).

Lösung:

a) Flächenbezogene Masse der Haustrennwand insgesamt (beide Schalen):

$m'_{Tr,ges} = 665 + 20 = 685$ kg/m²

b) Bewertetes Schalldämm-Maß $R'_{w,1}$:

$R'_{w,1} = 61,4$ dB

c) Zweischaligkeitszuschlag $\Delta R_{w,Tr}$:

$\Delta R_{w,Tr} = +6$ dB (n. DIN 4109-2, Tab. 1, Zeile 6)

Flächenbezogene Masse der durchlaufenden Bodenplatte: $m' = 2400 \cdot 0,24 = 576 > 575$ kg/m² → Der Zweischaligkeitszuschlag darf angesetzt werden.

d) Bewertetes Schalldämm-Maß $R'_{w,2}$:

$R'_{w,2} = R'_{w,1} + \Delta R_{w,Tr} - K = 61,4 + 6 - 0 = 67,4$ dB

Der Korrekturwert K ist nur bei der Übertragungssituation nach DIN 4109-2, Tab. 1, Zeile 1 zu berücksichtigen. Hier liegt die Situation nach DIN 4109-2, Tab. 1, Zeile 6 vor, daher ist $K = 0$. Die mittlere flächenbezogene Masse der flankierenden Bauteile wird nicht benötigt.

e) Nachweis nach DIN 4109-5 (erhöhte Anforderungen):

Es gilt:

$R'_{w,2} - 2$ dB ^{3} erf. R'_w

Anforderungswert nach DIN 4109-5, Tab. 2, Zeile 4: erf. $R'_w = 62$ dB

Hier:

$R'_{w,2} - 2$ dB $= 67,4 - 2 = 65,4 >$ erf. $R'_w = 62$ dB

Der Nachweis (erhöhte Anforderungen nach DIN 4109-5) ist deutlich erfüllt.

5.5 Aufgabe 5 – Trittschalldämmung bei einer Decke

(Kategorie B)

Für eine Stahlbetondecke zwischen einem Spielraum einer Kindertagesstätte (SR) und einer Wohnung (ER) ist der Nachweis der Trittschalldämmung zu führen.

Aufbau (von oben nach unten) und Daten:

- Zementestrich, $d = 8$ cm
- Trittschalldämmung, $s' = 25$ MN/m³
- Stahlbetondecke, $d = 22$ cm
- Unterdecke
- mittlere flächenbezogene Masse der flankierenden Bauteile $m'_{f,m} = 300$ kg/m²
- Die Wohnung liegt direkt unter den Räumen der Kita ($K_T = 0$).

Gesucht:

a) Äquivalenter bewerteter Norm-Trittschallpegel der Rohdecke $L_{n,eq,0,w}$.

b) Bewertete Trittschallminderung durch den schwimmenden Estrich ΔL_w.

c) Korrekturwert K zur Berücksichtigung der Schallübertragung über die flankierenden Bauteile.

d) Bewerteter Norm-Trittschallpegel $L'_{n,w}$.

e) Nachweis der Trittschalldämmung für erhöhte Anforderungen nach DIN 4109-5.

Lösung:

a) Äquivalenter bewerteter Norm-Trittschallpegel der Rohdecke $L_{n,eq,0,w}$:

$L_{n,eq,0,w} = 68{,}7$ dB

mit: $m' = 528$ kg/m^2 (flächenbezogene Masse der Rohdecke)

b) Bewertete Trittschallminderung durch den schwimmenden Estrich ΔL_w:

$\Delta L_w = 29{,}6$ dB

c) Korrekturwert K zur Berücksichtigung der Schallübertragung über die flankierenden Bauteile:

$K = -2{,}8$ dB

mit: $m'_s = 528$ kg/m^2 (flächenbezogene Masse der Rohdecke), $m'_{f,m} = 300$ kg/m^2 (mittlere flächenbezogene Masse der flankierenden Bauteile)

d) Bewerteter Norm-Trittschallpegel $L'_{n,w}$:

$L'_{n,w} = L_{n,eq,0,w} - \Delta L_w + K = 68{,}7 - 29{,}6 + (-2{,}8) = 36{,}3$ dB

e) Nachweis der Trittschalldämmung für erhöhte Anforderungen n. DIN 4109-5:

$L'_{n,w} + 3$ dB $= 36{,}3 + 3 = 39{,}3$ dB $<$ zul. $L'_{n,w} = 41$ dB

(Anforderungswert n. DIN 4109-5, Tab. 1, Zeile 6)

Hinweis: Wegen der verstärkten Übertragung tiefer Frequenzen können zusätzliche Maßnahmen erforderlich sein, siehe Norm.

5.6 Aufgabe 6 – Stoßstellendämm-Maß

(Kategorie B)

Für die abgebildete Situation sind die Stoßstellendämm-Maße zu berechnen (Abb. 5-1). Die Mindestwerte $K_{ij,min}$ sind nicht relevant und brauchen nicht ermittelt zu werden.

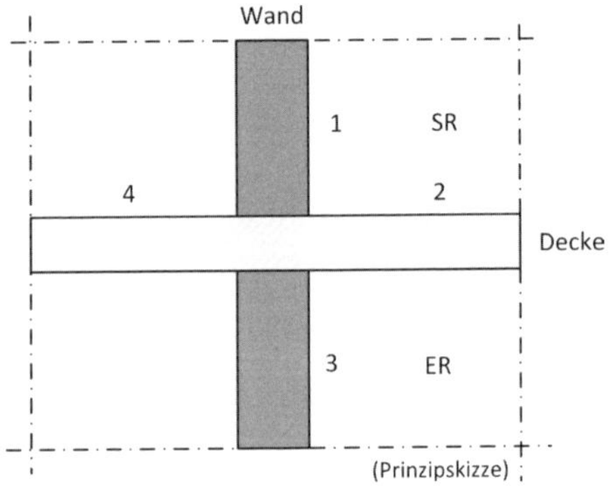

Abb. 5-1: Aufgabe 6 – Stoßstellendämm-Maße; SR: Senderaum; ER: Empfangsraum

Gegeben:

- Wand (1), (3): Mauerwerk aus Porenbeton, d = 24 cm, RDK 0,6, Dünnbettmörtel, beidseitig mit Gipsputz verputzt, d = 1 cm (je Putzschicht)
- Decke (2), (4) aus Stahlbeton, d = 20 cm

Lösung:

Flächenbezogene Massen der Bauteile:

- Wand: ρ_W = 550 kg/m³, m'_W = 132 kg/m³, m'_{Putz} = 20 kg/m², m'_{ges} = 152 kg/m²
- Decke: m' = 480 kg/m²

Es handelt sich um einen Kreuzstoß.

Weg Ff:

$M = 0{,}50 > 0{,}182$

$K_{Ff} = K_{13} = 15{,}1$ dB

Weg Fd:

$M = 0{,}50$

$K_{Fd} = K_{12} = 9{,}6$ dB

Weg Df:

$M = -0{,}50$

$K_{Df} = K_{12} = 9{,}6$ dB

5.7 Aufgabe 7 – Bewertete Verbesserung durch Vorsatzkonstruktion

(Kategorie B)

Für den nachfolgend beschriebenen schwimmenden Estrich ist die bewertete Verbesserung der Luftschalldämmung zu berechnen.

Aufbau:

- 60 mm Zementestrich
- 40 mm Trittschalldämmung, $s' = 10$ MN/m^3
- 180 mm Stahlbetondecke

Lösung:

$f_0 = 52{,}2$ Hz (Resonanzfrequenz)

mit: $m'_1 = 432$ kg/m^2, $m'_2 = 120$ kg/m^2

$R_w = 59{,}2$ dB

$\Delta R_w = 10{,}4$ dB

Die bewertete Verbesserung der Luftschalldämmung durch den schwimmenden Estrich beträgt $\Delta R_w = 10{,}4$ dB.

5.8 Aufgabe 8 – Schalldämmung einer Holzbalkendecke

(Kategorie B)

Für eine Holzbalkendecke sind die Nachweise der Luftschall- und der Trittschalldämmung zu führen.

Gegeben:

Angaben für den Nachweis der Luftschalldämmung:

- Holzbalkendecke als Wohnungstrenndecke in einem Mehrfamilienhaus.
- Bewertetes Schalldämm-Maß der Deckenkonstruktion: $R_w = 68$ dB (laut Herstellerangabe, ohne Flankenübertragung).
- Bewertete Norm-Schallpegeldifferenz: $D_{n,f,w} = 67$ dB.
- Lichte Raumabmessungen: 4,0 m x 5,0 m (rechteckige Grundfläche).

Angaben für den Nachweis der Trittschalldämmung:

- Deckenaufbau: zwei Gipsplatten (GKB) an Federschienen (FS).
- Wandbeplankung aus Gipsplatten (GKB) und Holzwerkstoffplatten (HWS).
- Bewerteter Norm-Trittschallpegel der Decke: $L_{n,w} = 38$ dB (ohne Flankenübertragung).
- Trockenestrich (TE).

Gesucht:

a) Nachweis der Luftschalldämmung. Es sind die erhöhten Anforderungen nach DIN 4109-5 zu berücksichtigen.

b) Nachweis der Trittschalldämmung (erhöhte Anforderungen nach DIN 4109-5).

Lösung:

a) Nachweis der Luftschalldämmung:

Flankenschalldämm-Maße:

- Wand mit 5,0 m Länge: $R_{Ff,w} = 69{,}6$ dB
- Wand mit 4,0 m Länge: $R_{Ff,w} = 70{,}5$ dB

  mit: $S_S = 20{,}0\ m^2$

Bewertetes Bau-Schalldämm-Maß: $R'_w = 62{,}5$ dB

mit: $l_f = 4{,}0$ m und $l_f = 5{,}0$ m

Nachweis:

$R'_w - 2\ dB = 62{,}5 - 2 = 60{,}5\ dB > \text{erf. } R'_w = 57\ dB$

Anforderungswert nach DIN 4109-5, Tab. 1, Zeile 2.

Der Nachweis für erhöhte Anforderungen ist erfüllt.

b) Nachweis der Trittschalldämmung:

$K_1 = 6$ dB (n. Tab. 4.5)

$K_2 = 1$ dB (Tab. 4.6) mit Eingangswert $L_{n,w} + K_1 = 38 + 6 = 44$ dB

$L'_{n,w} = 38 + 6 + 1 = 45$ dB

Nachweis:

$L'_{n,w} + 3\ dB = 45 + 3 = 48\ dB > \text{zul. } L'_{n,w} = 45\ dB$ (n. DIN 4109-5, Tab. 1, Zeile 2)

Die erhöhten Anforderungen nach DIN 4109-5 werden nicht eingehalten.

Nachweis Mindestanforderungen nach DIN 4109-1:

$L'_{n,w} + 3\ dB = 48\ dB < \text{zul. } L'_{n,w} = 50\ dB$ (n. DIN 4109-1, Tab. 2, Zeile 2)

Die Mindestanforderungen nach DIN 4109-1 werden eingehalten.

5.9 Aufgabe 9 – Schalldämmung einer Außenwand gegen Außenlärm

(Kategorie B)

Für die Außenwand eines Büroraums (Eckraum) ist der Nachweis der Schalldämmung gegen Außenlärm zu führen (Abb. 5-2).

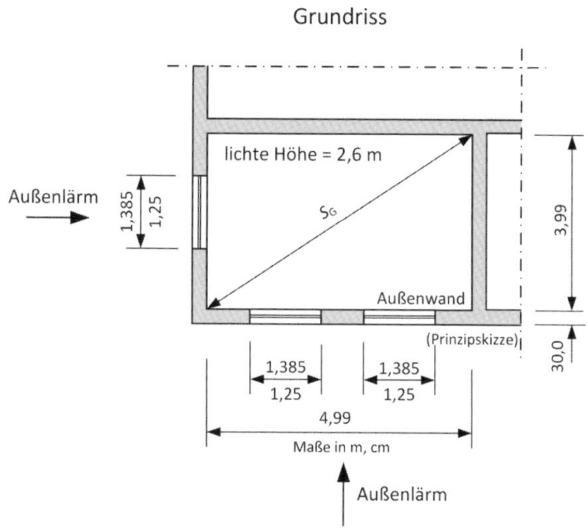

Abb. 5-2: Aufgabe 9 – Nachweis der Schalldämmung einer Außenwand gegen Außenlärm

Gegeben:

- Der Büroraum (lichte Abmessungen 3,99 m x 4,99 m x 2,60 m) befindet sich in einem Zwischengeschoss.
- Außenwand aus Porenbeton, d = 30 cm, RDK 0,6, Dünnbettmörtel
- außenseitig Kalkzementputz, d = 1,5 cm
- raumseitig Gipsputz, d = 1,0 cm
- In der Außenfassade sind drei Fenster angeordnet, Abmessungen 1,385 m x 1,25 m, R_w = 42 Db.
- Oberhalb der Fenster befinden sich Rollladenkästen, $D_{n,e,lab,w}$ = 58 dB, Fläche: $S_{Rolladenkasten}$ = 0,35 m² (je Kasten).
- maßgeblicher Außenlärmpegel L_a = 75 dB
- Die Schalleinwirkung ist auf beiden Außenwandflächen vorhanden.

Lösung:

Schallübertragende Gesamtfläche: S_S = 23,35 m² (abgewickelte Gesamtfläche der Außenwand von innen)

Wand:

- Wandfläche: S_{Wand} = 17,10 m²
- bewertetes Schalldämm-Maß: R_w = 51,6 dB

  mit: m'_W = 165 kg/m², m'_{Putz} = 34 kg/m², ρ_W = 550 kg/m³
- anteiliges bewertetes Schalldämm-Maß: $R_{e,Wand,w}$ = 53,0 dB

Fenster:

- Fensterfläche: $S_{Fenster} = 5{,}19\ m^2$
- anteiliges bewertetes Schalldämm-Maß: $R_{e,Fenster,w} = 48{,}5$ dB

Rollladenkästen:

Da insgesamt drei Rollladenkästen in der Außenfassade vorhanden sind, ergibt sich die resultierende bewertete Norm-Schallpegeldifferenz mit folgender Gleichung (s. DIN 4109-2, Gl. (40)):

$D_{ne,w} = D_{n,e,lab,w} - 10 \log (n_e) = 58 - 10 \log (3) = 53{,}2$ dB

mit: $n_e = 3$ (Anzahl der Elemente in der Außenfassade)

anteiliges bewertetes Schalldämm-Maß: $R_{e,i,w} = 56{,}9$ dB

Gesamt:

$R'_{w,ges} = 46{,}7$ dB

Nachweis:

$R'_{w,ges} - 2$ dB $= 46{,}7 - 2 = 44{,}7$ dB

$>$ erf. $R'_{w,ges} + K_{AL} = (L_a - K_{Raumart}) + K_{AL} = (75 - 35) + 1{,}7 = 41{,}7$ dB

mit:

$L_a = 75$ dB (maßgeblicher Außenlärmpegel)

$K_{AL} = 10 \log (23{,}35/(0{,}8 \cdot 4{,}99 \cdot 3{,}99)) = 1{,}7$ dB

$K_{Raumart} = 35$ dB (für Büroräume n. DIN 4109-1, 7.1)

5.10 Aufgabe 10 – Trittschalldämmung bei einer massiven Treppe

(Kategorie C)

Für ein massives Treppenpodest in einem Mehrfamilienhaus ist die Trittschalldämmung nach DIN 4109-5 (erhöhte Anforderungen) zu dimensionieren.

Randbedingungen:

- Treppenpodest aus Stahlbeton, Dicke $d = 160$ mm.
- Biegesteifer Anschluss des Treppenpodests an die Treppenraumwände.
- Die Treppenläufe sind elastisch auf den Podesten aufgelagert und von den Treppenraumwänden durch eine Fuge getrennt.
- Die Treppenraumwand ist einschalig und besteht aus Kalksandsteinen, Dicke $d = 24$ cm, RDK 1,8, Dünnbettmörtel, beidseitig verputzt mit Gipsputz, $d = 1{,}0$ cm (je Putzschicht).
- Auf dem Podest soll ein schwimmender Estrich aufgebracht werden. Vorgesehen ist ein Zementestrich, $d = 4$ cm.

- Direkt an die Treppenraumwände grenzen schutzbedürftige Räume.
- Die Trittschalldämmung soll dimensioniert werden.

Gesucht:

Die dynamische Steifigkeit der Trittschalldämmung ist so zu ermitteln, dass die erhöhten Anforderungen nach DIN 4109-5 eingehalten werden.

Lösung:

Das vereinfachte Verfahren nach DIN 4109-2, 4.3.2.3 darf angewendet werden, da die Voraussetzungen erfüllt sind:

- Es liegt eine massive Treppe vor.
- Dicke des Treppenpodests d = 160 mm > 120 mm (Tab. 4.7, Fußnote a)
- flächenbezogene Masse der Treppenraumwand m' = 428 kg/m² > 380 kg/m² (Tab. 4.7, Zeile 1)

Flächenbezogene Masse der Treppenraumwand:

$$m' = m'_W + m'_{Putz} = 408 + 20 = 428 \text{ kg/m}^2$$

mit: $\rho_W = 1700$ kg/m³

Es liegt Fall 2 vor (Tab. 4.7).

Erforderliche Trittschallminderung:

$$\Delta L_w = 19 \text{ dB}$$

Anforderungswert nach DIN 4109-5, Tab. 1, Zeile 12:

$$L'_{n,w} = 47 \text{ dB}$$

Höchstwert der dynamischen Steifigkeit der Trittschalldämmung:

$$\max s' = 74{,}1 \text{ MN/m}^3$$

mit: $m'_{Estrich}$ – 80 kg/m²

Gewählt: s' = 30 MN/m³ < max s' = 74,1 MN/m³

6 Literatur

[1] DIN 4109: Schallschutz im Hochbau – Teil 1 (2018-01): Mindestanforderungen; Teil 2 (2018-01): Rechnerische Nachweise der Erfüllung der Anforderungen; Teil 4 (2016-07): Bauakustische Prüfungen; Teil 5 (2020-08): Erhöhte Anforderungen; Teil 31 (2016-07): Daten für die rechnerischen Nachweise des Schallschutzes (Bauteilkatalog) – Rahmendokument; Teil 32 (2016-07): Daten für die rechnerischen Nachweise des Schallschutzes (Bauteilkatalog) – Massivbau; Teil 33 (2016-07): Daten für die rechnerischen Nachweise des Schallschutzes (Bauteilkatalog) – Holz-, Leicht- und Trockenbau; Teil 34 (2016-07): Daten für die rechnerischen Nachweise des Schallschutzes (Bauteilkatalog) – Vorsatzkonstruktionen vor massiven Bauteilen; Teil 34/A1 (2019-12): Daten für die rechnerischen Nachweise des Schallschutzes

(Bauteilkatalog) – Vorsatzkonstruktionen vor massiven Bauteilen; Änderung A1; Teil 35 (2016-07): Daten für die rechnerischen Nachweise des Schallschutzes (Bauteilkatalog) – Elemente, Fenster, Türen, Vorhangfassaden; Teil 35/A1 (2019-12): Daten für die rechnerischen Nachweise des Schallschutzes (Bauteilkatalog) – Elemente, Fenster, Türen, Vorhangfassaden; Änderung A1; Teil 36 (2016-07): Daten für die rechnerischen Nachweise des Schallschutzes (Bauteilkatalog) – Gebäudetechnische Anlagen; Beuth Verlag, Berlin

[2] DIN 4109-1:2018-01: Schallschutz im Hochbau – Mindestanforderungen; Beuth Verlag, Berlin

[3] DIN 4109-5:2020-08: Erhöhte Anforderungen; Beuth Verlag, Berlin

[4] DIN 4109-2:2018-01: Rechnerische Nachweise der Erfüllung der Anforderungen; Beuth Verlag, Berlin

[5] DIN 4109-31 bis -36:2016-07: Daten für die rechnerischen Nachweise des Schallschutzes (Bauteilkatalog); Beuth Verlag, Berlin

[6] DIN EN ISO 12354: Bauakustik – Berechnung der akustischen Eigenschaften von Gebäuden aus den Bauteileigenschaften – Teil 1 (2017-11): Luftschalldämmung zwischen Räumen; Teil 2 (2017-11): Trittschalldämmung zwischen Räumen; Teil 3 (2017-11): Luftschalldämmung von Außenbauteilen gegen Außenlärm; Teil 4 (2017-11): Schallübertragung von Räumen ins Freie; Teil 5 (2009-10): Installationsgeräusche; Teil 6 (2004-04): Schallabsorption in Räumen; Beuth Verlag, Berlin

[7] VDI 4100:2012-10: Schallschutz im Hochbau – Wohnungen – Beurteilung und Vorschläge für erhöhten Schallschutz; Beuth Verlag, Berlin

[8] DEGA-Empfehlung 103 – Schallschutz im Wohnungsbau – Schallschutzausweise; Deutsche Gesellschaft für Akustik e. V. (DEGA), Berlin

[9] Schmidt, Peter; Windhausen, Saskia: Bauphysik-Lehrbuch; 2017; Bundesanzeiger Verlag, Köln

[10] DIN ISO 226:2006-04: Akustik – Normalkurven gleicher Lautstärkepegel; Beuth Verlag, Berlin

[11] DIN EN 61672-1:2014-07: Elektroakustik – Schallpegelmesser – Teil 1: Anforderungen; Beuth Verlag, Berlin

[12] BGH-Urteil VII ZR 54/07 vom 4. Juni 2009, Bundesgerichtshof, Karlsruhe

[13] DIN EN 13162:2015-04: Wärmedämmstoffe für Gebäude – Werkmäßig hergestellte Produkte aus Mineralwolle (MW) – Spezifikation; Beuth Verlag, Berlin

[14] DIN 4108-10:2021-11: Wärmeschutz und Energie-Einsparung in Gebäuden – Teil 10: Anwendungsbezogene Anforderungen an Wärmedämmstoffe; Beuth Verlag, Berlin

[15] DIN EN 29052-1:1992-08: Akustik; Bestimmung der dynamischen Steifigkeit – Teil 1: Materialien, die unter schwimmenden Estrichen in Wohngebäuden verwendet werden; Beuth Verlag, Berlin

[16] DIN 18005-1:2002-07: Schallschutz im Städtebau – Teil 1: Grundlagen und Hinweise für die Planung; Beuth Verlag, Berlin

Teil E – Raumakustik

1 Allgemeines

Die Raumakustik ist ein Teilgebiet der Akustik, das sich mit der Auswirkung von baulichen Gegebenheiten und Maßnahmen auf die Schallausbreitung in Räumen befasst. Ziel ist es, eine gute Hörsamkeit in Räumen zu erreichen und dadurch die Sprachverständlichkeit sicherzustellen sowie eine angemessene Qualität von Musikdarbietungen zu bieten.

Maßgebende Regelwerke für die raumakustische Bemessung von Räumen sind einerseits die nationale DIN 18041 [1] und andererseits die europäische Norm DIN EN ISO 12354-6 [2]. Nachfolgend werden nur die Verfahren nach DIN 18041 behandelt. Diese gelten für Räume (z.B. Hörsäle, Veranstaltungsräume) bis zu einem Raumvolumen von 5000 m^3 (Sport- und Schwimmhallen bis 30.000 m^3). Die wesentlichen Regeln sowie weiterführende Hintergrundinformationen sind im „Bauphysik-Lehrbuch, Teil E – Raumakustik" [3] angegeben und werden dort an einfachen Beispielen erläutert.

Das Ziel der nachfolgenden Abschnitte in diesem Kapitel ist es, die teilweise theoretischen und abstrakten Regelungen der Normen anhand von geeigneten Beispielen anschaulich zu erläutern. Zum Verständnis werden die wichtigsten Grundlagen und Begriffe zur Raumakustik nachfolgend in stichpunktartiger und tabellarischer Kurzform angegeben. Für genauere Informationen und Hintergründe wird auf das oben genannte Lehrbuch sowie auf die betreffenden Regelwerke verwiesen.

2 Lernziele

Es werden folgende Lernziele mit unterschiedlichen Schwierigkeitsgraden verfolgt:

1. Sichere Beherrschung der grundlegenden Regeln für die Durchführung von einfachen raumakustischen Berechnungen (z.B. Berechnung der Nachhallzeit, Berechnung der äquivalenten Schallabsorptionsfläche einfach ausgestatteter Räume).
2. Beherrschung der raumakustischen Dimensionierung von komplexeren Räumen einschließlich der erforderlichen Nachweise unter Berücksichtigung sämtlicher Parameter, die auf die raumakustische Qualität einen Einfluss haben (z.B. Seminarräume, Hörsäle, Sporthallen usw.).

Beispiele und Aufgaben mit geringem Schwierigkeitsgrad werden mit der Bezeichnung ***„Kategorie (A)"***, solche mit mittlerem bzw. höherem Schwierigkeitsgrad mit ***„Kategorie (B)"*** bzw. ***„Kategorie (C)"*** gekennzeichnet. Die ***„Kategorie (C)"*** wird außerdem verwendet, wenn für die Bearbeitung neben den Regelungen der Normen geeignete ingenieurmäßige Lösungsansätze herangezogen werden müssen.

Neben ausführlichen Beispielen mit Lösungsweg werden am Ende dieses Kapitels einige Aufgaben mit Angabe des Endergebnisses und bei Bedarf wichtiger Zwischenergebnisse zum Selbststudium angeboten.

3 Grundlagen

3.1 Allgemeines

Einflussgrößen auf die Hörsamkeit in einem Raum sind im Wesentlichen Raumgeometrie und -volumen (Primärstruktur) sowie die Anordnung von schallabsorbierenden und schallreflektierenden Flächen (Sekundärstruktur).

Für die Beschreibung der akustischen Qualität eines Raumes (Hörsamkeit) ist die Kenntnis der Nachhallzeit und der äquivalenten Schallabsorptionsfläche erforderlich (Tab. 3.1).

Tab. 3.1: Nachhallzeit und äquivalente Schallabsorptionsfläche

Begriff	Formelzeichen/Formel	Einheit	Definition
Nachhallzeit	T	s	Zeitspanne, die nach dem Abstellen einer Schallquelle vergeht, bis der Schalldruckpegel um 60 dB gegenüber dem Ausgangswert abnimmt. Für den Nachweis der Hörsamkeit von Räumen ist eine optimale Nachhallzeit T_{Soll} als Anforderungsgröße festgelegt (siehe Abschnitt 3.2.1).
Äquivalente Schallabsorptionsfläche (*Sabine'sche Formel*)	$A = 0{,}163 \cdot V/T$ V Raumvolumen, in m^3 T Nachhallzeit, in s	m^2	Gedachte Fläche mit vollständiger Schallabsorption ($\alpha = 1{,}0$). Die äquivalente Schallabsorptionsfläche würde den gleichen Teil der Schallenergie absorbieren („schlucken") wie die gesamte Fläche eines Raumes.

3.2 Räume der Gruppe A

Räume der Gruppe A sind Räume, bei denen die Hörsamkeit über ***mittlere und große Entfernungen*** sicherzustellen ist. Hierzu gehören z.B. Unterrichtsräume in Schulen, Gruppenräume in Kindertageseinrichtungen, Konferenzräume, Gerichts- und Ratssäle, Seminarräume, Hörsäle, Tagungsräume, Räume in Seniorentagesstätten sowie Sport- und Schwimmhallen.

3.2.1 Anforderungen an die Nachhallzeit

Bei Räumen der Gruppe A wird die Hörsamkeit durch eine entsprechend der Nutzung angepasste Nachhallzeit sowie durch gezielte Schalllenkung sichergestellt. Bei der Planung spielen Raumgeometrie, Raumgröße und Raumausstattung sowie der Gesamtstörschallpegel eine entscheidende Rolle. Es werden die Nutzungsarten A1 bis A5 unterschieden, denen ein Sollwert der Nachhallzeit T_{Soll} zugeordnet ist (Tab. 3.2).

Tab. 3.2: Nutzungsarten von Räumen der Gruppe A sowie Sollwert der Nachhallzeit T_{Soll} (in Anlehnung an DIN 18041:2016-03, Tab. 1)

Nutzungsart	Kurzbezeichnung	Beschreibung der Nutzungsart	Sollwert der Nachhallzeit	Subjektive Wahrnehmung	Beispiele
A1	Musik	Vorwiegend musikalische Darbietungen	$T_{Soll/A1} = 0{,}45 \cdot \log V + 0{,}07$ für $30\ m^3 \leq V < 1000\ m^3$	Gute Hörsamkeit für unverstärkte Musik (d.h. Musikdarbietungen, die nicht durch elektroakustische Anlagen verstärkt werden). Sprachliche Darbietungen sind nur mit gewissen Einschränkungen der Sprachverständlichkeit möglich.	Musikraum (für aktives Musizieren und Gesang)
A2	Sprache/ Vortrag	Vorwiegend für sprachliche Darbietungen (in der Regel von einer frontalen Position). Eine gleichzeitige Kommunikation zwischen Personen an verschiedenen Stellen im Raum ist selten.	$T_{Soll/A2} = 0{,}37 \cdot \log V - 0{,}14$ für $50\ m^3 \leq V < 5000\ m^3$	Sprachliche Darbietungen einzelner Sprecher erzielen eine hohe Sprachverständlichkeit. Musikalische Darbietungen werden in der Regel als transparent und klar empfunden. Für musikalische Probenarbeit geeignet.	Gerichtssaal, Ratssaal, Gemeindesaal, Hörsaal, Versammlungsraum, Aula in einer Schule
A3	Sprache/ Vortrag inklusiv	Räume der Nutzungsart A2 für Personen, die in besonderer Weise auf ein gutes Sprachverstehen angewiesen sind. Erforderlich für inklusive Nutzung[a].	$T_{Soll/A3} = 0{,}32 \cdot \log V - 0{,}17$ für $30\ m^3 \leq V < 5000\ m^3$	Sprachliche Darbietungen einzelner Sprecher erzielen eine hohe Sprachverständlichkeit. Dies gilt auch für Personen mit Höreinschränkungen oder bei z.B. fremdsprachlicher Nutzung.	Gerichtssaal, Ratssaal, Gemeindesaal, Hörsaal, Versammlungsraum, Aula in einer Schule
	Unterricht/ Kommunikation	Kommunikationsintensive Nutzungen mit mehreren gleichzeitigen Sprechern, die im Raum verteilt sind.		Sprachliche Kommunikation ist mit mehreren (teilweise gleichzeitig agierenden) Sprechern möglich.	Unterrichtsraum, Tagungsraum, Besprechungsraum, Konferenzraum, Seminarraum, Gruppenraum in Kitas und ähnlichen Einrichtungen

Nutzungsart	Kurzbezeichnung	Beschreibung der Nutzungsart	Sollwert der Nachhallzeit	Subjektive Wahrnehmung	Beispiele
A4	Unterricht/ Kommunikation inklusiv	Kommunikationsintensive Nutzungen mit mehreren gleichzeitigen Sprechern, die im Raum verteilt sind (entsprechend Nutzungsrat A3), jedoch für Personen, die in besonderer Weise auf gutes Sprachverstehen angewiesen sind. Die Nutzungsart A4 ist für Räume, die größer als 500 m² sind, sowie für musikalische Darbietungen nicht geeignet. Erforderlich für inklusive Nutzung[a].	$T_{Soll/A4} = 0{,}26 \cdot \log V - 0{,}14$ für $30\ m^3 \leq V < 500\ m^3$	Sprachliche Kommunikation ist mit mehreren (teilweise gleichzeitig agierenden) Sprechern möglich.	Unterrichtsraum, Tagungsraum, Besprechungsraum, Konferenzraum, Seminarraum, Gruppenraum in Kitas und ähnlichen Einrichtungen, Video-Konferenzraum
A5	Sport	Kommunikation von mehreren Gruppen (auch gleichzeitig) in Sport- und Schwimmhallen.	$T_{Soll/A5} = 0{,}75 \cdot \log V - 1{,}00$ für $200\ m^3 \leq V < 10.000\ m^3$ $T_{Soll/A5} = 2{,}0\ s$ für $V \geq 10.000\ m^3$	Sprachliche Kommunikation über kurze Entfernungen ist im Allgemeinen gut möglich.	Sport- und Schwimmhallen, die nahezu ausschließlich für sportliche Aktivitäten genutzt werden

In den Gleichungen bedeuten:
T_{Soll} Sollwert der Nachhallzeit (gerundet auf zwei Nachkommastellen), in s
V Raumvolumen (berechnet aus den lichten Maßen), in m^3

Anmerkung: Die Sollwerte der Nachhallzeit beziehen sich auf den besetzten Zustand des betrachteten Raumes. Dies entspricht 80 % der Regelbesetzung.

[a] Aus dem Behindertengleichstellungsgesetz, vergleichbaren Regelungen der Bundesländer sowie der UN-Konvention über die Rechte von Menschen mit Behinderungen ergibt sich, dass der Öffentlichkeit zugängliche Neubauten inklusiv zu errichten sind, soweit dies nicht nur mit einem unverhältnismäßig hohen Mehraufwand zu erfüllen ist. Näheres ist den jeweiligen Gesetzen der Bundesländer zu entnehmen.

Toleranzbereich der Nachhallzeit

Die vorhandene Nachhallzeit T darf innerhalb eines Toleranzbereichs von dem Sollwert T_{Soll} abweichen. Es gelten folgende Regelungen:

Nutzungsarten A1 bis A4:

Die Nachhallzeit T sollte im grau markierten Bereich des Diagramms in Abb. 3-1 liegen.

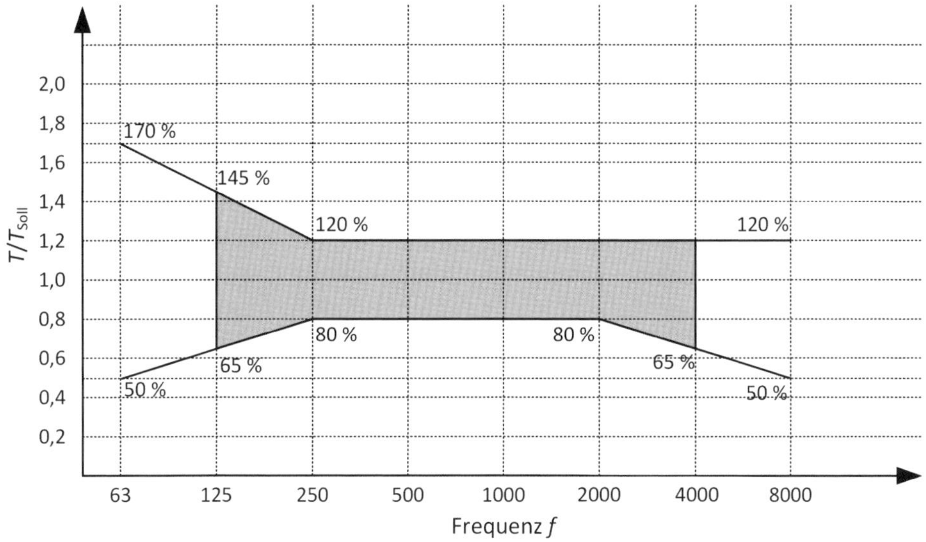

T/T_{Soll}	frequenzabhängige Nachhallzeit T bezogen auf die Soll-Nachhhallzeit T_{Soll}
f	Frequenz in Hertz

Abb. 3-1: Toleranzbereich der Nachhallzeit T in Abhängigkeit von der Frequenz für die Nutzungsarten A1 bis A4 (n. DIN 18041:2016-03, Bild 2)

Nutzungsart A5:

Die Nachhallzeit T sollte in einem Bereich von ±20 % ober- bzw. unterhalb von T_{Soll} liegen.

3.2.2 Planungshinweise für Räume der Gruppe A

Planungshinweise werden in DIN 18041 zur Größe der Volumenkennzahl sowie zur Primärstruktur und Sekundärstruktur angegeben.

Volumenkennzahl

Die Volumenkennzahl k beschreibt das für einen Platz erforderliche Raumvolumen und ist von der Art der Hauptnutzung abhängig. Die Volumenkennzahl ist von der Hauptnutzung abhängig und sollte den in Tab. 3.3 angegebenen Werten entsprechen, damit eine optimale Nachhallzeit T_{Soll} erreicht werden kann.

Tab. 3.3: Volumenkennzahlen k für verschiedene Hauptnutzungen eines Raumes (n. DIN 18041:2016-03, Tab. 4)

Hauptnutzung des Raumes	**Volumenkennzahl *k*** m³/Platz
Sprachdarbietung	4 bis 6
Musik- und Sprachdarbietungen	6 bis 8
Musikdarbietung	7 bis 12

> Hinweise:
> 1. Bei Räumen, die für Musikproben oder Musikunterricht genutzt werden, sollte die Volumenkennzahl 15 bis 20 m^3/Person nicht unterschreiten. Für größere Musikprobenräume sollten Volumenkennzahlen von 30 bis 50 m^3/Person angestrebt werden.
> 2. Bei einer Überschreitung der angestrebten Volumenkennzahlen kann es erforderlich sein, dass die Schallabsorption verstärkt werden muss, um eine optimale Nachhallzeit zu erreichen. Dadurch wird allerdings der Schalldruckpegel am Hörort verringert, was sich insbesondere bei größeren Räumen mit Entfernungen zwischen Sprecher und Hörer von mehr als 8 m nachteilig auswirkt. In solchen Fällen ist eine Verstärkung des Schallsignals durch elektroakustische Anlagen erforderlich.
> 3. Eine Unterschreitung der empfohlenen Volumenkennzahlen führt dazu, dass die angestrebte Nachhallzeit des Raums unterschritten wird. Dies ist insbesondere für Räume von Nachteil, die für musikalische Darbietungen genutzt werden.

Primärstruktur

Bei der Planung der Primärstruktur (Raumgeometrie, -größe, -form) sind folgende Regeln zu beachten:

- Vermeidung kreisförmiger oder elliptischer Grundrisse.
- Bevorzugung von trapezförmigen Grundrissen mit Bühne an der Schmalseite.
- Konkav gekrümmte Flächen sind raumakustisch als kritisch anzusehen.
- Rechteckige Grundrisse: Anordnung von schallabsorbierenden Materialien zur Vermeidung von Schallreflexionen an den gegenüberliegenden Seiten (siehe Sekundärstruktur).
- Überhöhung der Sitzreihen bei größeren Räumen (z.B. Hörsäle) (Abb. 3-2).
- Erhöhte Anordnung der Bühne bei größeren Räumen.
- Anordnung von Balkonen, Emporen, Galerien über einer Zuschauerebene in der Mindesthöhe H.

$$H \geq (0{,}5 \text{ bis } 1{,}0)\, L \qquad (3.1)$$

mit:

L Tiefe des Raumbereichs, der überragt wird, in m

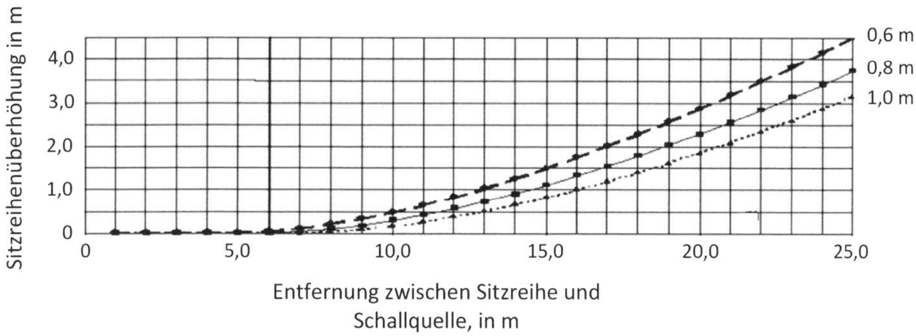

Abb. 3-2: Sitzreihenüberhöhung zur Gewährleistung einer optimalen Übertragung mit Direktschall (n. DIN 18041:2016-03, Bild 3)

Sekundärstruktur

Die Sekundärstruktur umfasst Maßnahmen der gezielten Schallabsorption und -reflexion durch Anordnung entsprechender Materialien an den Wand- und Deckenflächen. Es gelten folgende Regelungen:

- Begrenzung der Laufwegdifferenz: Die Laufwegdifferenz des Schallsignals (Wegunterschied zwischen direktem und reflektiertem Schall) sollte ≤ 17 m betragen.
- Raumlänge > 9 m: Anordnung von schallabsorbierenden Materialien an der Rückwand gegenüber der Bühne (Darbietungszone).
- Seitliche Begrenzungsflächen der Bühne sollten schallreflektierend ausgeführt werden.
- Anordnung temporärer Stellwandelemente bei Musikdarbietungen.
- Räume mit parallelen Flächen (z.B. Räume mit rechteckigem Grundriss): Anordnung von schallabsorbierenden Materialien auf den jeweils gegenüberliegenden Flächen. Die Anordnung von schallabsorbierenden Flächen in kleinen bis mittelgroßen Räumen ist in Abb. 3-3 dargestellt.

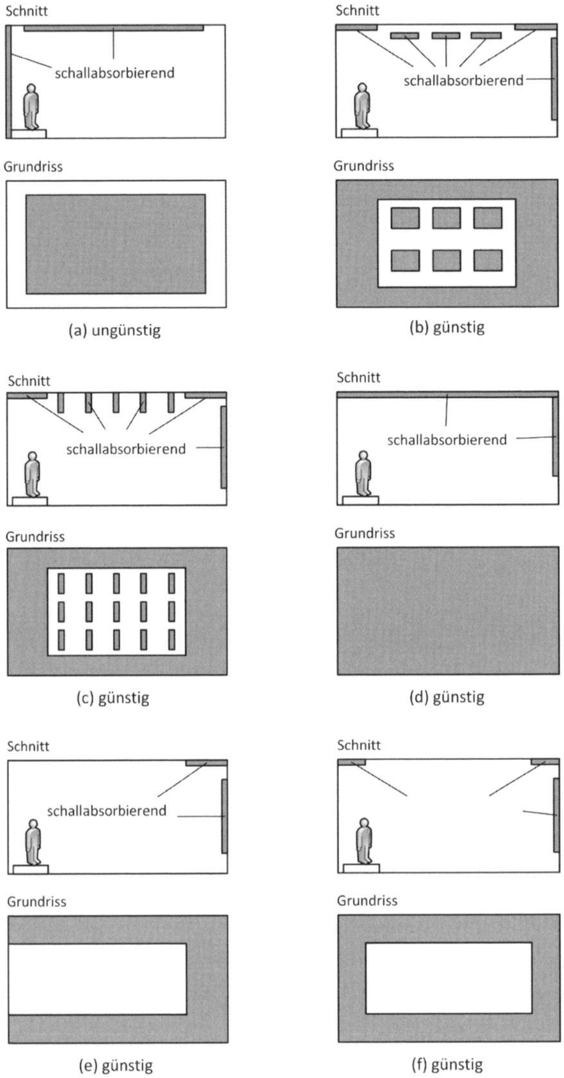

Abb. 3-3: Anordnung und Verteilung von schallabsorbierenden Flächen in kleinen bis mittelgroßen Räumen (in Anlehnung an DIN 18041:2016-03, Bild 4)

3.3 Räume der Gruppe B

Räume der Gruppe B sind Räume, bei denen die Hörsamkeit über ***geringe Entfernungen*** sichergestellt werden muss. Hierzu gehören z.B. Verkehrsflächen mit Aufenthaltsqualität, Speiseräume, Kantinen, Spielflure und Umkleiden in Schulen und Kindertageseinrichtungen, Ausstellungsräume, Eingangshallen, Schalterhallen und Büros. Bei Räumen der Gruppe B wird die Hörsamkeit durch Schallabsorption sowie durch Minderung von Störgeräuschen erreicht. Als Maßnahmen eignen sich solche der Raumbedämpfung. Hierdurch werden eine Senkung des mittleren Grundgeräuschpegels und eine Begrenzung der Halligkeit („Echo") erreicht.

Für Räume der Gruppe B werden nur Empfehlungen zur Verbesserung der Raumakustik und zur Sicherstellung der Hörsamkeit angegeben (Tab. 3.4). Außerdem werden Orientierungswerte für das mindestens erforderliche *A/V*-Verhältnis (*A*: äquivalente Schallabsorptionsfläche des Raums; *V*: Raumvolumen) angegeben (Tab. 3.5).

Tab. 3.4: Beschreibung der Nutzungsarten von Räumen der Gruppe B und Beispiele (n. DIN 18041:2016-03, Tab. 2)

Nutzungsart	**Beschreibung**	**Beispiele**
B1	Räume ohne Aufenthaltsqualität	Eingangshallen, Flure, Treppenhäuser u.Ä. als reine Verkehrsfläche (ausgenommen Verkehrsflächen in Schulen, Kindertageseinrichtungen, Krankenhäusern und Pflegeeinrichtungen)
B2	Räume zum kurzfristigen Verweilen	Eingangshallen, Flure, Treppenhäuser u.Ä. mit Aufenthaltsqualität (Empfangsbereich mit Wartezonen u.Ä.), Ausstellungsräume, Schalterhallen, Umkleiden in Sporthallen
B3	Räume zum längerfristigen Verweilen	Ausstellungsräume mit Interaktivität oder erhöhtem Geräuschaufkommen (Multimedia, Klang, Videokunst usw.), Verkehrsflächen in Schulen und Kindertageseinrichtungen, Verkehrsflächen mit Aufenthaltsqualität in Krankenhäusern und Pflegeeinrichtungen (z.B. offene Wartezonen), Patientenwarteräume, Pausenräume, Bettenzimmer, Ruheräume, Operationssäle, Behandlungsräume, Untersuchungsräume, Sprechzimmer, Speiseräume, Kantinen, Labore, Bibliotheken, Verkaufsräume
B4	Räume mit Bedarf an Lärmminderung und Raumkomfort	Rezeption/Schalterbereich mit ständigem Arbeitsplatz, Labore mit ständigem Arbeitsplatz, Ausleihbereiche von Bibliotheken, Ausgabebereiche von Kantinen, Bewohnerzimmer in Pflegeeinrichtungen, Bürgerbüro, Büroräume[a,b]
B5	Räume mit besonderem Bedarf an Lärmminderung und Raumkomfort	Speiseräume und Kantinen in Schulen, Kindertageseinrichtungen, Krankenhäusern und Pflegeeinrichtungen, Arbeitsräume mit besonders hohem Geräuschaufkommen (z.B. Werkstätten, Werkräume, Großküchen, Spülküchen), Callcenter[a], Leitstellen, Sicherheitszentralen, Intensivpflegebereiche, Wachstationen, Bewegungsräume in Kindertageseinrichtungen, Spielflure und Umkleiden in Schulen und Kindertageseinrichtungen

[a] Empfehlungen für Büroräume sowie Callcenter werden ausführlich in der Richtlinie VDI 2569 („Schallschutz und akustische Gestaltung im Büro") behandelt.
[b] Einzelbüros können unter der Nutzungsart B3 eingeordnet werden.

Tab. 3.5: Orientierungswerte für das A/V-Verhältnis (n. DIN 18041:2016-03, Tab. 3)

Nutzungsart	**Beschreibung**	**A/V-Verhältnis** m²/m³	
		bei Raumhöhen ≤ 2,5 m	bei Raumhöhen > 2,5 m
B1	Räume ohne Aufenthaltsqualität	ohne Anforderung	ohne Anforderung
B2	Räume zum kurzfristigen Verweilen	$A/V \geq 0{,}15$	$A/V \geq (4{,}80 + 4{,}69 \log h)^{-1}$
B3	Räume zum längerfristigen Verweilen	$A/V \geq 0{,}20$	$A/V \geq (3{,}13 + 4{,}69 \log h)^{-1}$
B4	Räume mit Bedarf an Lärmminderung und Raumkomfort	$A/V \geq 0{,}25$	$A/V \geq (2{,}13 + 4{,}69 \log h)^{-1}$
B5	Räume mit besonderem Bedarf an Lärmminderung und Raumkomfort	$A/V \geq 0{,}30$	$A/V \geq (1{,}47 + 4{,}69 \log h)^{-1}$
In den Gleichungen bedeuten: A äquivalente Schallabsorptionsfläche des Raums, in m² V Raumvolumen (berechnet aus den lichten Maßen), in m³ h lichte Raumhöhe, in m			
Lichte Raumhöhe h bei mehrgeschossigen Räumen (z.B. Atrien mit angeschlossenen Laubengängen): $h = V/A_G$ mit: V Raumvolumen (ermittelt aus lichten Maßen), in m A_G Nettogrundfläche (ermittelt aus lichten Maßen), in m²			

3.4 Rechnerischer Nachweis

3.4.1 Rechenmodell und Anwendungsvoraussetzungen

Der rechnerische Nachweis der Nachhallzeiten erfolgt auf der Grundlage des Rechenmodells in DIN EN 12354-6:2004-04 (Bauakustik – Berechnung der akustischen Eigenschaften von Gebäuden aus den Bauteileigenschaften – Teil 6: Schallabsorption in Räumen).

Voraussetzung für die Anwendung des Rechenmodells ist das Vorhandensein von Räumen mit diffusem Schallfeld. Dies trifft für folgende Räume zu:

- Räume mit regelmäßig ausgebildeten Volumina: Keine Dimension (Breite, Tiefe, Höhe) sollte mehr als das Fünffache jeder anderen Dimension betragen (geringe Abweichungen sind zulässig).

- Räume mit gleichmäßig verteilter Absorption: Die schallabsorbierenden Flächen sollen auf alle drei Raumdimensionen verteilt sein. Der mittlere Schallabsorptionsgrad für die Flächen in den drei Raumdimensionen soll nicht mehr als um den Faktor 3 abweichen. Dies gilt insbesondere dann, wenn keine schallstreuenden Objekte oder Oberflächen vorhanden sind.

Sind die Voraussetzungen nicht erfüllt, kann der Nachweis mit erweiterten Rechenverfahren (z.B. numerische Verfahren der Strahlverfolgung nach Anhang D der DIN EN 12354) erfolgen.

3.4.2 Ablauf des rechnerischen Nachweises

Der Ablauf des rechnerischen Nachweises gestaltet sich wie folgt:

1. Festlegung der Nutzungsart.
2. Berechnung des Sollwertes der Nachhallzeit T_{Soll} in Abhängigkeit von der Nutzungsart (Tab. 3.6). Ermittlung des Toleranzbereichs T_{Min} bis T_{Max} (Abschnitt 3.2.1).
3. Berechnung der äquivalenten Schallabsorptionsfläche A (Tab. 3.7).
4. Berechnung der vorhandenen Nachhallzeit T (Tab. 3.9).
5. Nachweis: $T_{Min} \leq T \leq T_{Max}$.

Anmerkung: Ein rechnerischer Nachweis ist nur für Räume der Gruppe A vorgesehen (Sicherstellung der Hörsamkeit über mittlere und große Entfernungen). Für Räume der Gruppe B (geringe Entfernungen) sind die Planungsempfehlungen in DIN 18041 zu beachten (siehe Abschnitt 3.3 in diesem Werk).

Tab. 3.6: Sollwerte der Nachhallzeit für Räume der Gruppe A

Nutzungsart	**Bezeichnung**	**Soll-Nachhallzeit T_{Soll} in s**	**Bedingung**
A1	Musik	$T_{Soll/A1} = 0{,}45 \log V + 0{,}07$	$30\ m^3 \leq V < 1000\ m^3$
A2	Sprache/Vortrag	$T_{Soll/A2} = 0{,}37 \log V - 0{,}14$	$50\ m^3 \leq V < 5000\ m^3$
A3	Unterricht/Kommunikation (bis 1000 m³) Sprache/Vortrag inklusiv (bis 5000 m³)	$T_{Soll/A3} = 0{,}32 \log V - 0{,}17$	$30\ m^3 \leq V < 5000\ m^3$
A4	Unterricht/Kommunikation inklusiv	$T_{Soll/A4} = 0{,}26 \log V - 0{,}14$	$30\ m^3 \leq V < 500\ m^3$
A5	Sport	$T_{Soll/A5} = 0{,}75 \log V - 1{,}00$	$200\ m^3 \leq V < 10.000\ m^3$
		$T_{Soll/A5} = 2{,}0$ s	$V \geq 10.000\ m^3$
V Raumvolumen in m³ (berechnet aus lichten Maßen)			
Hinweis: Die Sollwerte der Nachhallzeit T_{Soll} sind auf zwei Nachkommastellen gerundet anzugeben.			

Tab. 3.7: Äquivalente Schallabsorptionsfläche eines Raumes

<table>
<tr><th colspan="2">Äquivalente Schallabsorptionsfläche A:</th></tr>
<tr><td>$$A = \sum_{i=1}^{n} \alpha_{s,i} \cdot S_i + \sum_{j=1}^{o} A_{obj,j} + \sum_{k=1}^{p} \alpha_{s,k} \cdot S_k + A_{air}$$</td><td>$\alpha_{s,i}$ Schallabsorptionsgrad der Oberfläche i, dimensionslos
S_i Fläche, in m^2
$A_{obj,j}$ äquivalente Schallabsorptionsfläche eines Objekts j, in m^2
$\alpha_{s,k}$ Schallabsorptionsgrad der Objektanordnung k, dimensionslos
S_k Objektanordnung der abgedeckten Oberfläche, in m^2
A_{air} äquivalente Absorptionsfläche für Luftabsorption, in m^2
n Anzahl der Oberflächen i
o Anzahl der Objekte j
p Anzahl der Objektanordnungen</td></tr>
<tr><th colspan="2">Äquivalente Schallabsorption eines Objekts A_{obj}:</th></tr>
<tr><td>$$A_{obj} = V_{obj}^{2/3}$$</td><td>V_{obj} das Volumen des harten Objekts, in m^3 (z.B. Büromöbel, Regale, Maschinen)</td></tr>
<tr><th colspan="2">Äquivalente Absorptionsfläche für Luftabsorption A_{air}:</th></tr>
<tr><td>$$A_{air} = 4 \cdot m \cdot V \cdot (1 - \Psi)$$</td><td>m Schallleistungs-Dämpfungskoeffizient in Luft, in Neper je Meter (Neper/m); Tab. 3.8
V Volumen des leeren Raumes, in m^3
Ψ Objektanteil, dimensionslos
$$\Psi = \frac{\sum_{j=1}^{o} V_{obj,j} + \sum_{k=1}^{p} V_{obj,k}}{V}$$</td></tr>
<tr><td colspan="2">Hinweise:
Bei Räumen mit einem Volumen von weniger als 200 m^3 sowie bei Berechnungen, die auf das 1000-Hz-Oktavband begrenzt sind, kann die Absorption von Luft vernachlässigt werden ($A_{air} = 0$).</td></tr>
</table>

Tab. 3.8: Schallleistungs-Dämpfungskoeffizient in Luft m für verschiedene Oktavbänder in Abhängigkeit von der Temperatur und der Luftfeuchte (n. DIN 12354-6:2003, Tab. 1)

Temperatur und relative Luftfeuchte	**Schallleistungs-Dämpfungskoeffizient in Luft *m*** in 10^{-3} Neper je Meter für Oktavbänder mit Mittenfrequenz in Hz						
	125	250	500	1000	2000	4000	8000
10 °C 30 % bis 50 % rel. F.	0,1	0,2	0,5	1,1	2,7	9,4	29,0
10 °C 50 % bis 70 % rel. F.	0,1	0,2	0,5	0,8	1,8	5,9	21,1
10 °C 70 % bis 90 % rel. F.	0,1	0,2	0,5	0,7	1,4	4,4	15,8
20 °C 30 % bis 50 % rel. F.	0,1	0,3	0,6	1,0	1,9	5,8	20,3
20 °C 50 % bis 70 % rel. F.	0,1	0,3	0,6	1,0	1,7	4,1	13,5
10 °C 70 % bis 90 % rel. F.	0,1	0,3	0,6	1,1	1,7	3,5	10,6

Tab. 3.9: Vorhandene Nachhallzeit T für einen Raum

Nachhallzeit *T*:	
$$T = \frac{55{,}3}{c_0} \cdot \frac{V \cdot (1 - \Psi)}{A} = 0{,}163 \cdot \frac{V \cdot (1 - \Psi)}{A}$$	c_0 Schallgeschwindigkeit in Luft, in m/s (Hinweis: Für den Nachweis ist eine Schallgeschwindigkeit von c_0 = 345,6 m/s anzunehmen, d.h., der Faktor 55,3/c_0 ergibt sich zu 55,3/345,6 ≅ 0,163) A die äquivalente Schallabsorptionsfläche, in m² V das Volumen des Raumes, in m³ Ψ Objektanteil, dimensionslos (Tab. 3.7)

Alternativ kann der Nachweis einer ausreichenden Hörsamkeit durch Messung erbracht werden. Dies ist allerdings nur für bereits fertiggestellte Räume möglich. Es wird auf die entsprechenden Regelwerke (DIN 18041, Anhang A.3 [1] und DIN EN ISO 3382 [4]) verwiesen.

3.5 Schallpegelminderung

Durch eine Erhöhung der äquivalenten Schallabsorptionsfläche eines Raums kann der Schallpegel reduziert werden. Voraussetzung hierfür sind ein diffuses Schallfeld sowie die Beschränkung auf den Bereich außerhalb des Hallradius. Der Hallradius gibt diejenige Entfernung um eine Schallquelle an, bei der der direkt ausgesendete und der diffuse (d.h. mindestens einmal reflektierte) Schallanteil gleich groß sind.

Die Schallpegelminderung ΔL ergibt sich mit den Angaben in Tab. 3.10.

Tab. 3.10: Schallpegelminderung

$\Delta L = 10 \cdot \log(1 + \Delta A / A_0)$ bzw. $\Delta L = 10 \cdot \log(T_0 / T)$	ΔL Schallpegelminderung, in dB ΔA zusätzliche äquivalente Schallabsorptionsfläche, in m^2 A_0 äquivalente Schallabsorptionsfläche im Anfangszustand, in m^2 T Nachhallzeit (nach der Verbesserung), in s T_0 Nachhallzeit im Anfangszustand, in s
Alle Größen sind frequenzabhängig.	

3.6 Schallabsorptionsgrade

Schallabsorptionsgrade α von ausgewählten Bauteilen und Flächen sind in Tab. 3.11 angegeben. Beispiele für die Schallabsorptionsfläche A_{obj} von Personen befinden sich in Tab. 3.12. Für weitere Werte wird auf die Norm sowie auf die einschlägige Literatur verwiesen.

Tab. 3.11: Beispiele für Schallabsorptionsgrade α von verschiedenen Flächen und Bauteilen (n. DIN 18041:2016:03, Tab. G.1)

Kurzbeschreibung Schallabsorber	**Frequenz** Hz					
	125	250	500	1000	2000	4000
Mauerziegelwand, unverputzt, Fugen ausgestrichen	0,03	0,03	0,03	0,04	0,05	0,06
Mauerwerk, Hohllochziegel, Löcher sichtbar, 60 mm vor Massivwand	0,11	0,22	0,34	0,35	0,51	0,43
Glattputz	0,02	0,02	0,03	0,03	0,04	0,06
Kalkzementputz	0,03	0,03	0,02	0,04	0,05	0,05
Tapete auf Kalkzementputz	0,02	0,03	0,04	0,05	0,07	0,08
Spiegel, an der Wand	0,12	0,10	0,05	0,04	0,02	0,02
Tür, Holz, lackiert	0,10	0,08	0,06	0,05	0,05	0,05
Stuckgips, unverputzter Beton	0,02	0,02	0,03	0,04	0,05	0,05

Kurzbeschreibung Schallabsorber	**Frequenz** Hz					
	125	250	500	1000	2000	4000
Marmor, Fliesen, Klinker	0,01	0,01	0,02	0,02	0,03	0,03
Fenster (Isolierverglasung)	0,28	0,20	0,11	0,06	0,03	0,02
Parkettfußboden, aufgeklebt	0,04	0,04	0,05	0,06	0,06	0,06
Parkettfußboden, auf Blindboden	0,20	0,15	0,10	0,09	0,06	0,10
Parkettfußboden, hohl liegend	0,15	0,08	0,07	0,06	0,06	0,06
Teppichboden, bis 6 mm Florhöhe, auf massivem Untergrund	0,02	0,04	0,07	0,19	0,29	0,35
Teppichboden, 7 mm bis 10 mm Florhöhe, auf massivem Untergrund	0,04	0,07	0,14	0,30	0,51	0,78
Nadelfilz 7 mm, auf massivem Untergrund	0,02	0,04	0,12	0,20	0,36	0,57
5 mm Teppich mit 5 mm Filzunterlage, auf massivem Untergrund	0,07	0,21	0,57	0,68	0,81	0,72
PVC-Fußbodenbelag (2,5 mm), auf Betonboden	0,01	0,02	0,01	0,03	0,05	0,05
Linoleum auf Beton	0,02	0,02	0,03	0,03	0,04	0,04
Fungierte Holz- oder Spanplatte dicht vor festem Untergrund	0,04	0,04	0,05	0,06	0,06	0,06
4 mm Hartfaserplatte, kassettiert ohne Dämmstoff, Wandabstand 60 mm	0,22	0,19	0,13	0,07	0,05	0,05
4 mm Hartfaserplatte, kassettiert mit 40 mm Mineralwollplatte, Wandabstand 60 mm	0,63	0,25	0,14	0,08	0,06	0,05
4 mm Hartfaserplatte, kassettiert ohne Dämmstoff, Wandabstand 120 mm	0,26	0,15	0,07	0,05	0,05	0,05
4 mm Sperrholzplatte, 40 mm Mineralwolle, Wandabstand 120 mm	0,77	0,33	0,16	0,08	0,07	0,03
Gipsplatte, 9,5 mm stark, Wandabstand 25 mm	0,27	0,17	0,10	0,09	0,11	0,12
Gipsplatte 9,5 mm stark, Wandabstand 60 mm, Hohlraum kassettiert	0,30	0,10	0,05	0,07	0,09	0,08
Kino-Bildwand	0,10	0,13	0,36	0,31	0,29	0,20
Bühnenöffnung mit Dekoration	0,40	0,43	0,57	0,70	0,80	0,80
Bücherregal in Bibliotheken (je m^2 Oberfläche)	0,30	0,39	0,39	0,31	0,29	0,21

Kurzbeschreibung Schallabsorber	Frequenz Hz					
	125	250	500	1000	2000	4000
Lochsteine (vorsichtige Annahme)	0,10	0,20	0,44	0,55	0,44	0,22
3,5 mm Hartfaserplatte, 40 mm Mineralwolle, 30 mm Holzleisten, 750 mm × 500 mm Kasten	0,61	0,26	0,19	0,07	0,07	0,03
15 mm Mineralplatte mit Vlieskaschierung, 200 mm zur Rohdecke, ohne rückseitige Zusatzmaßnahmen	0,50	0,65	0,70	0,85	1,00	1,00
15 mm Mineralplatte fein genadelt, 200 mm zur Rohdecke, ohne rückseitige Zusatzmaßnahmen	0,35	0,55	0,65	0,70	0,65	0,60
15 mm Mineralplatte ungenadelt, 200 mm zur Rohdecke, ohne rückseitige Zusatzmaßnahmen	0,15	0,15	0,10	0,15	0,15	0,10
Gelochte Metallkassette, 16 % Lochflächenanteil, 2,5 mm Lochdurchmesser, Akustikvlies, 200 mm zur Rohdecke, ohne rückseitige Zusatzmaßnahmen	0,35	0,70	0,85	0,75	0,75	0,75
20 mm Recycle-Glaswollplatte mit mikroporöser Farbbeschichtung, 200 mm zur Rohdecke, 100 mm rückseitiger Tieftonabsorber	0,75	0,95	0,95	1,00	1,00	1,00
15 mm Recycle-Glaswollplatte, Vliesbeschichtung, 200 mm zur Rohdecke, ohne rückseitige Zusatzmaßnahmen	0,40	0,85	1,00	0,90	1,00	1,00
Spanndecke, mikroperforiert, 100 mm Abstand bzw. Luftschicht, kein Akustikvlies im Hohlraum	0,09	0,25	0,65	0,80	0,61	0,60
Spanndecke, mikroperforiert, 100 mm Abstand bzw. Luftschicht, 40 mm Akustikvlies direkt an Rückwand	0,28	0,69	1,00	0,89	0,75	0,71
Gipsplatten Rasterdecke 8/18 Rundlochung, 15,5 % Lochflächenanteil, 200 mm zur Rohdecke, Akustikvlies, ohne Mineralwollauflage	0,45	0,60	0,70	0,60	0,55	0,65

Kurzbeschreibung Schallabsorber	Frequenz Hz					
	125	250	500	1000	2000	4000
Gipsplatten Rasterdecke 8/18 Rundlochung, 15,5 % Lochflächenanteil, 200 mm zur Rohdecke, Akustikvlies, 20 mm Mineralwollauflage	0,50	0,65	0,70	0,65	0,60	0,70
Gipsplatten Rasterdecke 12/25 Quadratlochung, 7,8 % Lochflächenanteil, 200 mm zur Rohdecke, Akustikvlies, 20 mm Mineralwollauflage	0,45	0,50	0,50	0,40	0,35	0,35
Gipsplatten Rasterdecke 12/25 Quadratlochung, 7,8 % Lochflächenanteil, 65 mm zur Rohdecke, Akustikvlies, 20 mm Mineralwollauflage	0,40	0,45	0,50	0,45	0,40	0,30
Holzwolle-Leichtbauplatten 35 mm, direkt auf Wand	0,08	0,17	0,70	0,71	0,64	0,64
Holzwolle-Leichtbauplatten 25 mm, Hohlraum leer, Wandabstand 50 mm	0,13	0,42	0,54	0,45	0,70	0,73
Melaminharz-Schaumstoff, Rohdichte 8 kg/m³ bis 10 kg/m³, 30 mm dick	0,12	0,31	0,66	0,86	0,87	0,92
Melaminharz-Schaumstoff, Rohdichte 8 kg/m³ bis 10 kg/m³, 50 mm dick	0,16	0,56	0,87	0,96	0,97	0,97
40 mm Mineralwollmatte (20 kg/m³), ohne Lochblechabdeckung	0,11	0,36	0,68	0,88	0,89	0,97
40 mm Mineralwollmatte (20 kg/m³), mit Lochblechabdeckung (18 %)	0,11	0,36	0,69	0,95	0,81	0,70
Gipsplatte 9,5 mm, 8/18 Rundlochung, 15 % Lochflächenanteil, mit Faservlies hinterlegt, Abstand 100 mm	0,12	0,28	0,75	0,50	0,38	0,30
Gipsplatte, geschlitzt, 8,8 % offene Fläche, mit Faservlies hinterlegt, Abstand 100 mm	0,11	0,28	0,66	0,38	0,28	0,30
Gelochte Langfeld-Metallkassette, 20 % Lochflächenanteil, 3 mm Lochdurchmesser, Akustikfilz, 300 mm Abstand	0,38	0,65	0,59	0,75	0,77	0,61

Tab. 3.12: Beispiele für die Schallabsorptionsfläche von Personen und Objekten A_{obj} in m^2 (n. DIN 18041:2016-03, Tab. G.2)

Beispiele	**Frequenz** Hz					
	125	250	500	1000	2000	4000
Männliche Person im Anzug, sitzend	0,15	0,25	0,55	0,80	0,90	0,90
Weibliche Person im Sommerkleid, sitzend	0,05	0,10	0,15	0,35	0,45	0,60
Einfacher Polsterstuhl mit Kunstleder bezogen	0,05	0,15	0,20	0,10	0,03	0,03
Einfacher Polsterstuhl mit Textilbezug	0,15	0,25	0,30	0,35	0,40	0,40
Einzelne Person in einer Gruppe, sitzend oder stehend, 1 je 6 m^2 Fläche; typischer Mindestwert	0,05	0,10	0,20	0,35	0,50	0,65
Schrank mit schallabsorbierender Jalousie, ohne Rückwand, 1200 mm breit, 5 Ordnerhöhen (1,75 m) hoch, frei im Raum stehend	1,63	1,84	1,31	1,63	1,54	1,56
Schrank mit glatter Jalousie, ohne Rückwand, 1200 mm breit, 5 Ordnerhöhen (1,75 m) hoch, frei im Raum stehend	0,83	0,76	0,52	0,48	0,41	0,45
Schrank 5 Ordnerhöhen (1,75 m) hoch, gelochte Tür und absorbierende Rückwand, 1200 mm breit, 435 mm tief, frei im Raum stehend	1,95	2,00	2,44	2,85	2,84	2,43
Stellwand gering absorbierend, 1024 mm × 1590 mm × 63 mm, frei im Raum stehend	0,51	0,78	1,22	1,72	2,43	2,83
Stellwand hoch absorbierend, 1024 mm × 1590 mm × 63 mm, frei im Raum stehend	0,43	1,13	1,99	2,96	2,73	2,56
Schrank 4 Ordnerhöhen (1,4 m) hoch, 1400 mm breit, 435 mm tief, akustisch wirksame Schiebetür, akustisch wirksame Rückwand, direkt vor Wand stehend	1,93	2,10	1,60	1,59	1,32	1,31
Schrank 4 Ordnerhöhen (1,4 m) hoch, 1400 mm breit, 435 mm tief, akustisch wirksame Schiebetür, akustisch wirksame Rückwand, direkt vor Wand stehend	1,55	1,19	0,82	0,91	0,76	0,74
Schrank 3 Ordnerhöhen (1,05 m) hoch, 1500 mm breit, 350 mm tief, Seitenwand, Rückwand und Frontklapptüren unperforiert, frei im Raum stehend	1,35	0,61	0,52	0,26	0,14	0,10

Beispiele	**Frequenz** Hz					
	125	250	500	1000	2000	4000
Schrank 3 Ordnerhöhen (1,05 m) hoch, 1500 mm breit, 350 mm tief, Seitenwand, Rückwand und Frontklapptüren perforiert (Vlieseinlage), frei im Raum stehend	2,50	2,22	2,60	2,60	2,45	2,62
Schrank 3 Ordnerhöhen (1,05 m) hoch, 1500 mm breit, 350 mm tief, Seitenwand, Rückwand perforiert (Vlieseinlage), Frontklapptüren unperforiert, frei im Raum stehend	2,50	2,40	1,80	1,73	1,59	1,58
Deckensegel aus recycelter Glaswolle mit mikroporöser Farbbeschichtung, 2400 mm × 1200 mm, 40 mm dick, 200 mm zur Rohdecke abgehängt	0,90	2,40	3,40	4,00	4,10	3,80

4 Beispiele

Nachfolgend werden verschiedene Beispiele mit ausführlichem Lösungsweg in verschiedenen Schwierigkeitsgraden angeboten.

4.1 Beispiel 1 – Berechnung der äquivalenten Schallabsorptionsfläche

(Kategorie A)

Für eine Dreifach-Sporthalle (Nutzungsart A5) sind folgende raumakustische Berechnungen durchzuführen (Abb. 4-1):

a) Berechnung der erforderlichen äquivalenten Schallabsorptionsfläche so, dass sich exakt der Sollwert der Nachhallzeit ergibt.

b) Berechnung der Fläche von Akustikplatten unter der Annahme, dass diese einen Schallabsorptionsgrad von $\alpha = 0{,}85$ aufweisen. Vereinfachend soll bei der Berechnung die Schallabsorption aller anderen Flächen vernachlässigt werden.

Abmessungen der Sporthalle (lichte Maße):

- Länge: 44,0 m
- Breite: 27,0 m
- Höhe: 7,0 m

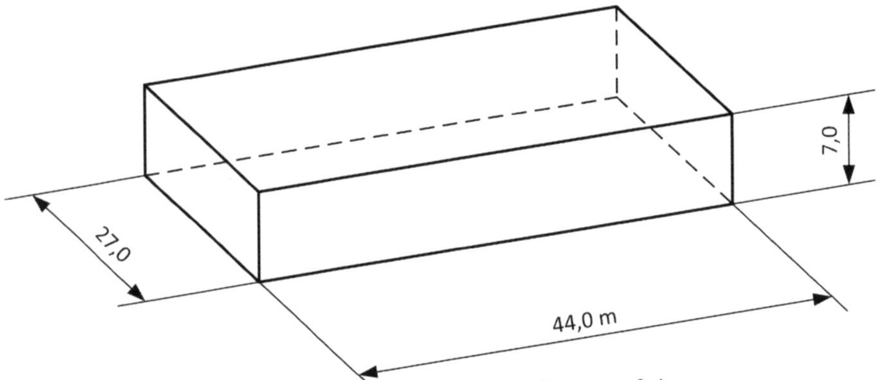

Abb. 4-1: Beispiel 1 – Berechnung der äquivalenten Schallabsorptionsfläche

Lösung:

a) Erforderliche äquivalente Schallabsorptionsfläche A zur Erreichung des Sollwertes der Nachhallzeit:

Sollwert der Nachhallzeit (Nutzungsart A5) (Tab. 3.6):

$$T_{Soll/A5} = 0{,}75 \log V - 1{,}00 = 0{,}75 \log 8316 - 1{,}00 = 1{,}94 \text{ s}$$

mit:

$$V = 44{,}0 \cdot 27{,}0 \cdot 7{,}0 = 8316 \text{ m}^3 < 10.000 \text{ m}^3 \text{ (Raumvolumen aus lichten Maßen)}$$

Erforderliche äquivalente Schallabsorptionsfläche (Tab. 3.1):

$$A = 0{,}163 \cdot V / T_{Soll/A5} = 0{,}163 \cdot 8316 / 1{,}94 = 698{,}7 \text{ m}^2$$

b) Fläche S der Akustikplatten:

$$A = \alpha \cdot S \rightarrow S = A / \alpha = 698{,}7 / 0{,}85 = 822 \text{ m}^2$$

Die Fläche der Akustikplatten muss 822 m^2 betragen, damit der Sollwert der Nachhallzeit erreicht wird. Die Akustikplatten können unter der Decke montiert werden. Die Deckenfläche (27,0 × 44,0 = 1188 m^2) ist hierzu ausreichend groß.

4.2 Beispiel 2 – Raumakustische Dimensionierung eines Seminarraums

(Kategorie B)

Ein Seminarraum (Nutzungsart A3) soll in raumakustischer Hinsicht dimensioniert werden (Abb. 4-2).

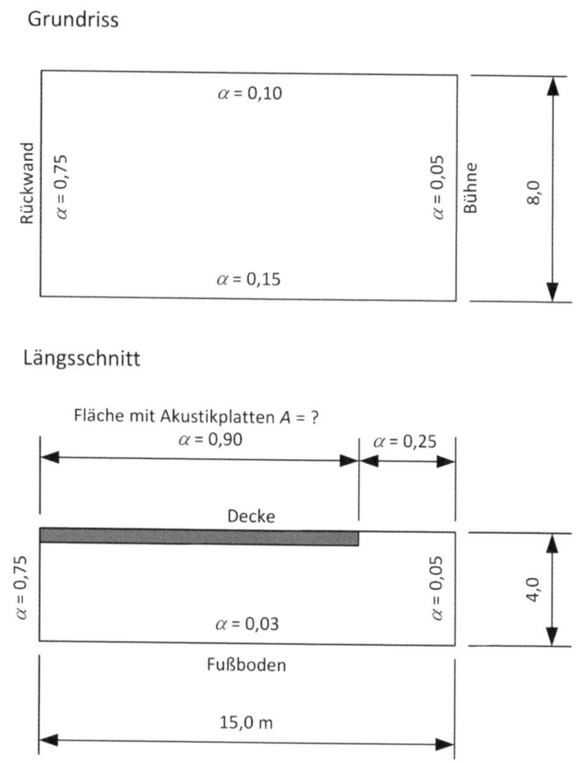

Abb. 4-2: Beispiel 2 – Raumakustische Dimensionierung eines Seminarraums (angegeben sind lichte Maße)

Gesucht:

Für die Decke ist die Fläche mit Akustikplatten A so zu bestimmen, dass die Soll-Nachhallzeit T_{soll} genau eingehalten wird.

Randbedingungen:

Die Anteile aus Luft und weiteren Einflussgrößen (Objekte) brauchen bei der Ermittlung der äquivalenten Schallabsorptionsfläche nicht berücksichtigt zu werden, d.h. $A_{obj} = 0$, $A_{air} = 0$, $\alpha_{s,k} \cdot S_k = 0$.

Lösung:

Sollwert der Nachhallzeit (Nutzungsart A3) (Tab. 3.6):

$$T_{Soll/A3} = 0{,}32 \log V - 0{,}17 = 0{,}32 \log 480 - 0{,}17 = 0{,}69 \text{ s}$$

mit:

$$V = 8{,}0 \cdot 15{,}0 \cdot 4{,}0 = 480 \text{ m}^3 \text{ (Raumvolumen aus lichten Maßen)}$$

Erforderliche äquivalente Schallabsorptionsfläche (Tab. 3.1):

$$A = 0{,}163 \cdot V / T_{Soll/A3} = 0{,}163 \cdot 480 / 0{,}69 = 113{,}4 \text{ m}^2$$

Vorhandene äquivalente Schallabsorptionsfläche:

Die vorhandene äquivalente Schallabsorptionsfläche A ergibt sich mit folgender Gleichung (Tab. 3.7):

$$A = S\,(\alpha_{s,i} \cdot S_i)$$

Die Anteile aus Luft und Objekten werden hier nicht berücksichtigt, d.h. $A_{obj} = 0$, $A_{air} = 0$, $\alpha_{s,k} \cdot S_k = 0$.

Die Berechnung erfolgt tabellarisch (Tab. 4.1).

Tab. 4.1: Beispiel 2 – Berechnung der schallabsorbierenden Flächen

Fläche	S (m²)	α (-)	$A = \alpha \cdot S$ (m²)
Fußboden	15,0 · 8,0 = 120	0,03	0,03 · 120 = 3,6
Wand 1	15,0 · 4,0 = 60	0,15	0,15 · 60 = 9,0
Wand 2	15,0 · 4,0 = 60	0,10	0,10 · 60 = 6,0
Bühne	8,0 · 4,0 = 32	0,05	0,05 · 32 = 1,6
Rückwand	8,0 · 4,0 = 32	0,75	0,75 · 32 = 24,0
		Summe:	44,2 m² (ohne Decke)

Decke:

$$A_{Decke} = 113{,}4 - 44{,}2 = 69{,}2 \text{ m}^2$$

Die Decke muss noch 69,2 m² beitragen, damit die optimale äquivalente Schallabsorptionsfläche erreicht wird.

Insgesamt ergibt sich die äquivalente Schallabsorptionsfläche der Decke aus folgenden Anteilen:

- Fläche mit Akustikplatten $A_{Akustik}$ ($\alpha = 0{,}90$)
- Restfläche ΔA ($\alpha = 0{,}25$)

Damit ergibt sich:

$$A_{Decke} = A_{Akustik} + \Delta A = 69{,}2 \text{ m}^2$$

$$0{,}90 \cdot S_{Akustik} + 0{,}25 \cdot \Delta S = 69{,}2$$

$$0{,}90 \cdot S_{Akustik} + 0{,}25 \cdot (120 - S_{Akustik}) = 69{,}2 \text{ m}^2$$

Durch Auflösen der Gleichung nach $S_{Akustik}$ ergibt sich die gesuchte Fläche der Decke, die mit Akustikplatten versehen werden muss, damit der Sollwert der Nachhallzeit exakt erreicht wird:

$$S_{Akustik} = 60{,}3 \text{ m}^2$$

Die Restfläche mit $\alpha = 0{,}25$ beträgt:

$$\Delta S = 120 - 60{,}3 = 59{,}7 \text{ m}^2$$

Kontrolle:

$$A_{Decke} = 60{,}3 \cdot 0{,}90 + 59{,}7 \cdot 0{,}25 = 69{,}2\ m^2$$

$$A = 44{,}2 + 69{,}2 = 113{,}4\ m^2$$

Damit in dem hier betrachteten Seminarraum der Sollwert der Nachhallzeit exakt erreicht wird, müssen unter der Decke Akustikplatten mit einem Schallabsorptionsgrad von $\alpha = 0{,}90$ auf einer Fläche von $S_{Akustik} = 60{,}3\ m^2$ angeordnet werden.

4.3 Beispiel 3 – Raumakustische Überprüfung eines Unterrichtsraums

(Kategorie B)

Ein Unterrichtsraum darf während der Corona-Pandemie wegen der einzuhaltenden Abstände nur noch zu maximal 20 % belegt werden.

Gesucht:

1. Überprüfen Sie, ob die durch die geringere Belegung sich ergebende Nachhallzeit noch innerhalb des Toleranzbereichs liegt.
2. Berechnen Sie die ggf. zusätzliche äquivalente Schallabsorptionsfläche, die erforderlich wäre, um den Sollwert der Nachhallzeit zu erreichen.
3. Welche temporären (raumakustischen) Maßnahmen schlagen Sie vor, damit der Seminarraum für die Präsenzlehre doch noch verwendet werden kann und die Nachhallzeit innerhalb des Toleranzbereichs bleibt?
   Keine Rechnung, nur qualitative Angabe!

Randbedingungen:

- lichte Abmessungen: $l/b/h = 15{,}0/10{,}0/3{,}25$ m
- Nutzungsart: A4
- vorhandene Schallabsorptionsflächen:
  - Fußboden: 1,5 m²
  - Decke: 92 m²
  - Fenster: 3,0 m²
  - Wände: 3,4 m²
  - Tür: 0,1 m²
  - Studierende, an Tischen sitzend: 25,0 m² (bei voller Belegung)
- Die Schallabsorption der Luft ist vereinfachend zu vernachlässigen, d.h. $A_{air} = 0$.

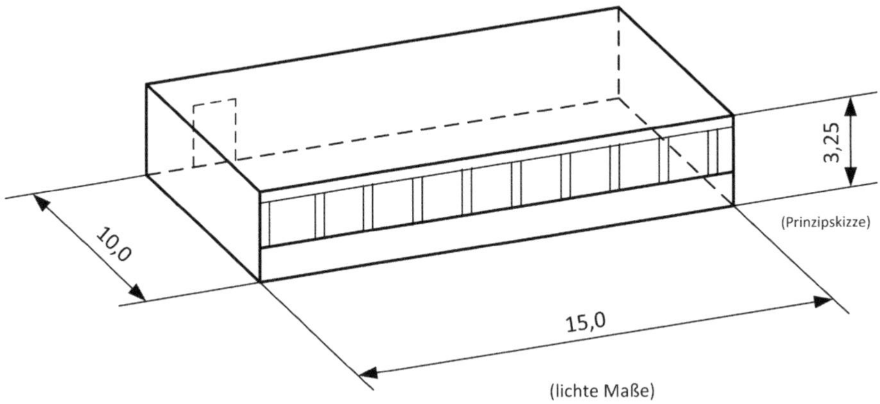

Abb. 4-3: Beispiel 3 – Raumakustische Überprüfung eines Unterrichtsraums

Lösung:

1. Überprüfung der Nachhallzeit:

Raumvolumen:

$V = 15{,}0 \cdot 10{,}0 \cdot 3{,}25 = 487{,}5\ \text{m}^3$

Sollwert der Nachhallzeit (Tab. 3.6):

$T_{Soll/A4} = 0{,}26 \log V - 0{,}14 = 0{,}26 \cdot \log 487{,}5 - 0{,}14 = 0{,}56\ \text{s}$

Toleranzbereich bei 500 Hz (Abb. 3-1):

$T_{Max/A4} = 1{,}2 \cdot 0{,}56 = 0{,}67\ \text{s}$

$T_{Min/A4} = 0{,}8 \cdot 0{,}56 = 0{,}45\ \text{s}$

Vorhandene Nachhallzeit:

$T = 0{,}163 \cdot V / A_{vorh} = 0{,}163 \cdot 487{,}5 / 105 = 0{,}76\ \text{s} > T_{Max} = 0{,}67\ \text{s}$

Darin ist A_{vorh} die vorhandene äquivalente Schallabsorptionsfläche:

$A_{vorh} = 1{,}5 + 92 + 3{,}0 + 3{,}4 + 0{,}1 + (0{,}20 \cdot 25{,}0) = 105\ \text{m}^2$

Bei einer Belegung von nur 20 % wird die maximale Nachhallzeit überschritten, d.h., die Nachhallzeit liegt nicht mehr im Toleranzbereich.

2. Zusätzliche äquivalente Schallabsorptionsfläche:

$A_{Soll} = 0{,}163 \cdot V / T_{Soll/A4} = 0{,}163 \cdot 487{,}5 / 0{,}56 = 141{,}9\ \text{m}^2$

$\Delta A = A_{Soll} - A_{vorh} = 141{,}9 - 105 = 36{,}9\ \text{m}^2$

Damit der Sollwert der Nachhallzeit exakt erreicht wird, ist eine zusätzliche äquivalente Schallabsorptionsfläche von 36,9 m² erforderlich.

3. Raumakustische Maßnahmen:

Beispielsweise könnten temporäre Stellwände mit einer äquivalenten Schallabsorptionsfläche von 36,9 m² aufgestellt werden, um für die Soll-Nachhallzeit bei geringerer Belegung (hier 20 %) zu sorgen.

4.4 Beispiel 4 – Musiksaal

(Kategorie B)

Ein Musiksaal (Nutzung A1) (Abb. 4-4) soll in raumakustischer Hinsicht überprüft und dimensioniert werden.

Gesucht:

Im Einzelnen sind folgende Berechnungen durchzuführen:

1. Berechnung der angestrebten Nachhallzeit T_{soll} (Soll-Nachhallzeit).
2. Berechnung der vorhandenen Nachhallzeit des Musiksaals für die unten angegebenen Randbedingungen.
3. Berechnung des maximalen und minimalen Wertes der Nachhallzeit (Toleranzbereich) und Überprüfung, ob die vorhandene Nachhallzeit im Toleranzbereich liegt.
4. Berechnung ggf. zusätzlich erforderlicher schallabsorbierender Flächen, damit die Soll-Nachhallzeit erreicht wird.
5. Angabe von Vorschlägen für Verbesserungsmaßnahmen und rechnerischer Nachweis.

Randbedingungen:

- Die Berechnungen sind für eine Frequenz von 500 Hz durchzuführen.
- Die Schallabsorption der Luft ist zu berücksichtigen. Temperatur: 20 °C, 30 % bis 50 % relative Feuchte. Als Volumen der Objekte (Personen, Musiker) sind 15 % des Raumvolumens anzunehmen.
- Bühne: Es ist anzunehmen, dass die Bühne voll mit Musikern belegt ist; Platzbedarf: 2,5 m^2 je Musiker; ΔA = 0,25 m^2 je Musiker.
- Publikum: Das Publikum sitzt auf Leichtpolsterbestuhlung; Platzbedarf: 1,5 m^2 je Person; ΔA = 0,20 m^2 je Person.
- Die Wände sind mit Gipsplatten bekleidet, α = 0,10 (Tab. 3.10).
- Die Decke ist mit Glattputz versehen, α = 0,03 (Tab. 3.10).
- Der Fußboden ist mit Parkett (aufgeklebt) belegt, α = 0,05 (Tab. 3.10).
- Die Stirnseite der Bühne ist mit Teppich bekleidet, α = 0,07.
- Türen: α = 0,06.

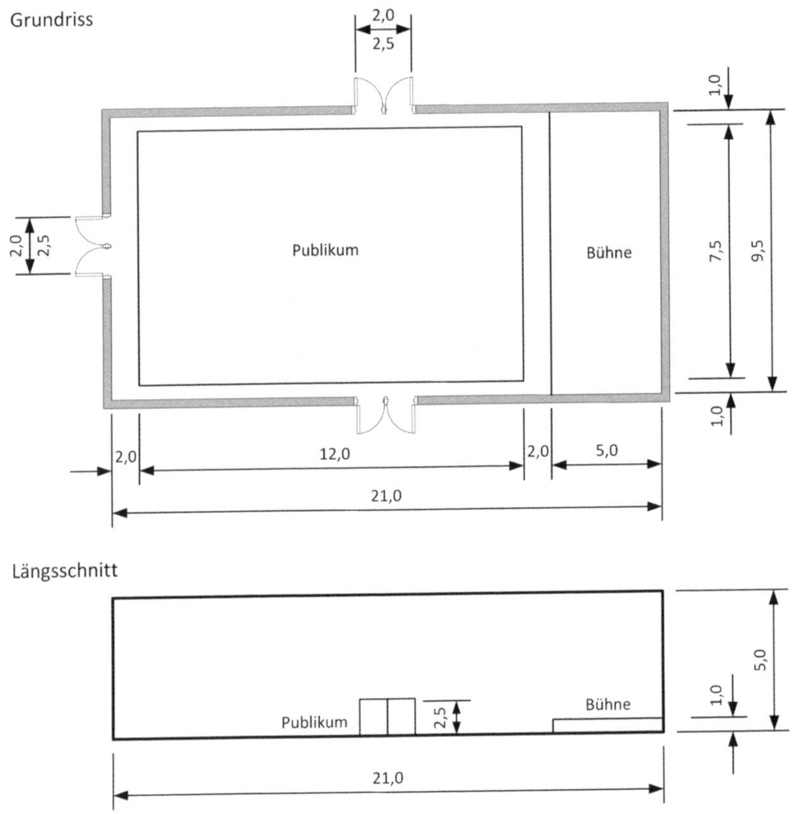

Abb. 4-4: Beispiel 4 – Raumakustische Berechnungen und Dimensionierung eines Musiksaals

Lösung:

1. Sollwert der Nachhallzeit (Soll-Nachhallzeit):

Für die Nutzung A1 (Musik) berechnet sich die Soll-Nachhallzeit $T_{\text{Soll,A1}}$ nach Tab. 3.6 zu:

$$T_{\text{Soll,A1}} = 0{,}45 \log V + 0{,}07 = 0{,}45 \log 950 + 0{,}07 = 1{,}41 \text{ s}$$

Raumvolumen V:

$$V = 21 \cdot 9{,}5 \cdot 5 - 5 \cdot 9{,}5 \cdot 1 = 950 \text{ m}^3 < 1000 \text{ m}^3$$

Das Raumvolumen liegt dabei im Anwendungsbereich der DIN 18041 für derartige Räume.

2. Vorhandene Nachhallzeit:

Die vorhandene Nachhallzeit T_{vorh} ermittelt sich aus dem Raumvolumen V und der äquivalenten Schallabsorptionsfläche A durch Umformung der Gl. (2.1) zu:

$$T_{\text{vorh}} = 0{,}163 \cdot V / A = 0{,}163 \cdot 950 / 56{,}51 = 2{,}74 \text{ s}$$

Die äquivalente Schallabsorptionsfläche wird tabellarisch berechnet (Tab. 4.2).

Tab. 4.2: Beispiel 4 – Musiksaal – Berechnung der schallabsorbierenden Flächen

Fläche	**Berechnung**	**Schall-absorptions-grad** α (-)	**Schall-absorptions-fläche** A m^2
Fußboden	$16 \cdot 9{,}5 - 12 \cdot 7{,}5 = 62$ m²	0,05	3,1
Publikum	Größe der Publikumsfläche: $12 \cdot 7{,}5 = 90$ m² Platzbedarf: 1,5 m² je Person Anzahl der Personen: 90/1,5 = 60 $\Delta A = 60 \cdot 0{,}20 = 12{,}0$ m²	–	12,0
Musiker	Größe der Bühne: $5 \cdot 9{,}5 = 47{,}5$ m² Platzbedarf: 2,5 m² je Musiker Anzahl der Musiker auf der Bühne: 47,5/2,5 = 19 $\Delta A = 19 \cdot 0{,}25 = 4{,}75$ m²	–	4,75
Wände	$9{,}5 \cdot 4$ (Rückwand Bühne) $+ 9{,}5 \cdot 5 - 2 \cdot 2{,}5$ (Stirnwand) $+ 2 \cdot (21 \cdot 5 - 2 \cdot 2{,}5 - 5 \cdot 1)$ (Längswände) = 270,5 m²	0,10	27,05
Stirnseite Bühne (bekleidet mit Teppich)	$9{,}5 \cdot 1 = 9{,}5$ m²	0,07	0,67
Decke	$21 \cdot 9{,}5 = 199{,}5$ m²	0,03	5,99
Türen	$3 \cdot 2{,}0 \cdot 2{,}5 = 15$ m²	0,06	0,90
Luft	$A_{air} = 4 \cdot m \cdot V(1 - \Psi)$ $= 4 \cdot 0{,}6 \cdot 10^{-3} \cdot 950\,(1 - 0{,}1)$ = 2,05 m² mit: $m = 0{,}6$ (n. Tab. 3.8)	–	2,05
		Summe: A =	**56,51**

3. Toleranzbereich:

Der Toleranzbereich ergibt sich nach Abb. 3-1:

$$T_{A1,Max} = 1{,}2 \cdot T_{A1,Soll} = 1{,}2 \cdot 1{,}41 = 1{,}69 \text{ s}$$

$$T_{A1,Min} = 0{,}8 \cdot T_{A1,Soll} = 0{,}8 \cdot 1{,}41 = 1{,}13 \text{ s}$$

Die vorhandene Nachhallzeit ($T_{vorh} = 2{,}74$ s) liegt außerhalb des Toleranzbereichs, sie ist zu hoch ($T_{vorh} = 2{,}74 \text{ s} > T_{A1,Max} = 1{,}69$ s).

4. Zusätzliche Schallabsorptionsfläche:

Die erforderliche Schallabsorptionsfläche zur Erreichung der Soll-Nachhallzeit ergibt sich zu:

$$A_{erf} = 0{,}163 \cdot V / T_{Soll/A1} = 0{,}163 \cdot 950 / 1{,}41 = 109{,}8 \text{ m}^2$$

Als zusätzliche Fläche sind erforderlich:

$$\Delta A = A_{erf} - A_{vorh} = 109{,}8 - 56{,}51 = 53{,}29 \text{ m}^2$$

5. Verbesserungsmaßnahmen:

a) Bekleidung der Stirnwand (Türseite) oberhalb der Tür mit Gipsplatten, gelocht, $\alpha = 0{,}75$.

Fläche:

$$S_{Stirnwand} = 9{,}5 \cdot (5 - 2{,}5) = 23{,}75 \text{ m}^2$$

Schallabsorptionsfläche:

$$A_{Stirnwand} = \alpha \cdot S_{Stirnwand} = 0{,}75 \cdot 23{,}75 = 17{,}81 \text{ m}^2$$

b) Bekleidung der Decke im hinteren Bereich mit Gipsplatten, gelocht (Rasterdecke 8/18), $\alpha = 0{,}70$.

Erforderliche Schallabsorptionsfläche:

$$A_{Decke} = \Delta A - A_{Stirnwand} = 53{,}29 - 17{,}81 = 35{,}48 \text{ m}^2$$

Fläche:

$$S_{Decke} = A_{Decke} / \alpha = 35{,}48 / 0{,}70 = 50{,}7 \text{ m}^2$$

Unter der Decke muss eine Fläche von 50,7 m² mit Gipsplatten (gelocht) angeordnet werden, damit die erforderliche Schallabsorptionsfläche und damit die Soll-Nachhallzeit erreicht wird.

Länge des Deckenbereichs mit Gipsplatten:

$$l = 50{,}7/9{,}5 = 5{,}33 \text{ m}$$

Die Gipsplatten werden im hinteren Bereich unter der Decke angeordnet.

Ergebnis:

An der Stirnwand sind oberhalb der Tür Gipsplatten ($\alpha = 0{,}75$) anzuordnen. Weiterhin ist die Decke auf einer Länge von 5,33 m (von der Stirnwand gemessen) mit gelochten Gipsplatten ($\alpha = 0{,}70$) zu bekleiden, damit die angestrebte Nachhallzeit erreicht wird.

4.5 Beispiel 5 – Laufwegdifferenz

(Kategorie A)

Für den in Abb. 4-5 dargestellten Hörsaal ist die Laufwegdifferenz des Schallsignals in einem Hörsaal zu berechnen. Anhand des Ergebnisses ist die raumakustische Situation zu beurteilen. Gegebenenfalls sind Verbesserungsmaßnahmen anzugeben.

Ausgangssituation

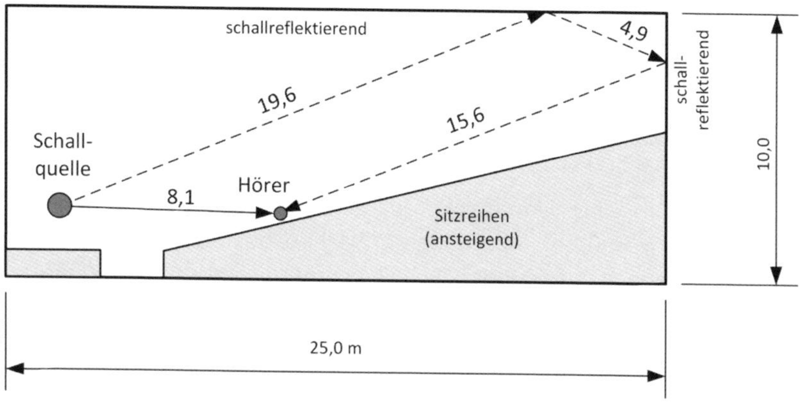

Verbesserungsmaßnahmen

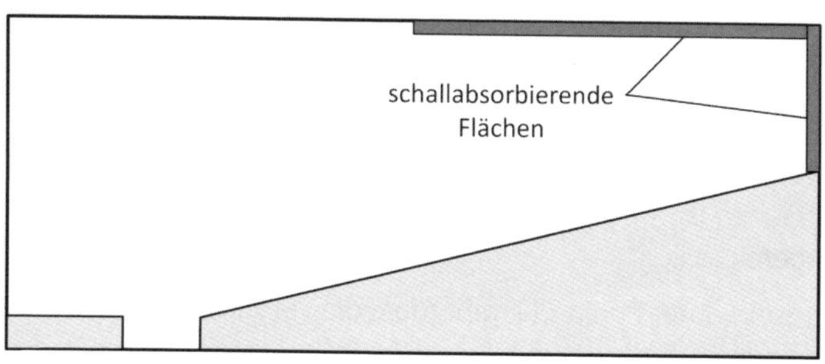

Abb. 4-5: Beispiel 5 – Laufwegdifferenz des Schallsignals in einem Hörsaal und raumakustische Verbesserungsmaßnahmen

Lösung:

Weg des direkten Schallsignals:

$l = 8{,}1\ \text{m}$

Weg des reflektierten Schallsignals:

$\Sigma\, l_i = l_1 + l_2 + l_3 = 19{,}6 + 4{,}9 + 15{,}6 = 40{,}1\ \text{m}$

Laufwegdifferenz:

$\Delta l = \Sigma\, l_i - \text{l} = 40{,}1 - 8{,}1 = 32{,}0\ \text{m} > 17{,}0\ \text{m}$

Die Laufwegdifferenz beträgt 32,0 m und ist damit größer als der zulässige Maximalwert von 17,0 m. Die raumakustische Qualität ist als negativ zu beurteilen, da das reflektierte Schallsignal sich störend auswirkt („Echo", „Halligkeit").

Zur Verbesserung der Raumakustik sind an der Decke sowie an der Rückwand schallabsorbierende Flächen (z.B. Gipsplatten gelocht) anzuordnen. Zur Verbesserung des hinteren Raumbereichs mit der Versorgung durch Direktschall können zusätzlich Reflektoren an der Decke angeordnet werden.

4.6 Beispiel 6 – Volumenkennzahl und Nachhallzeit

(Kategorie B)

Ein Gemeindesaal soll raumakustisch für folgende Randbedingungen entworfen werden:

- Nutzungsart A2 (vorwiegend Sprachdarbietungen)
- Belegung: maximal 50 Personen
- Die Decke soll mit einer Unterdecke aus Akustikplatten versehen werden (Schallabsorptionsgrad $\alpha = 0{,}85$). Alle anderen Flächen des Raums bestehen aus schallharten Oberflächen mit folgenden Schallabsorptionsgraden: Fußboden: $\alpha = 0{,}01$; Längswände $\alpha = 0{,}03$; Rückwand Bühne: $\alpha = 0{,}05$; Stirnwand (gegenüber Bühne): $\alpha = 0{,}10$.
- Die Schallabsorption durch Objekte, Personen und Luft soll vereinfachend vernachlässigt werden.

Gesucht:

a) Erforderliches Raumvolumen V aufgrund der Volumenkennzahl.

b) Erforderliche äquivalente Schallabsorptionsfläche A zur Erreichung des Sollwertes der Nachhallzeit für die vorgesehene Nutzungsart.

c) Berechnung der vorhandenen Nachhallzeit für den Fall, dass die Decke vollständig mit Akustikplatten versehen ist, und Überprüfung, ob die vorhandene Nachhallzeit innerhalb des Toleranzbereichs liegt.

d) Sofern die Berechnung unter Punkt c) ergibt, dass die vorhandene Nachhallzeit außerhalb des Toleranzbereichs liegt, ist der Schallabsorptionsgrad der Unterdecke so zu berechnen, dass der Sollwert der Nachhallzeit exakt erreicht wird. Die Decke soll vollständig mit den Deckenplatten bekleidet werden.

Lösung:

a) Erforderliches Raumvolumen:

Für Sprachdarbietungen wird eine Volumenkennzahl zwischen 4 m^3/Platz und 6 m^3/Platz gefordert (Tab. 3.3). Hier ergibt sich (50 Plätze):

$$\text{erf } V = 50 \cdot 4 \text{ (bzw. 6)} = 200 \text{ m}^3 \text{ bzw. } 300 \text{ m}^3$$

Das Raumvolumen sollte zwischen 200 m^3 und 300 m^3 liegen.

Gewählt: $V = 300 \text{ m}^3$

Abmessungen bei rechteckigem Grundriss: 12,5 m × 8,0 m × 3,0 m ($V = 300 \text{ m}^3$)

b) Erforderliche äquivalente Schallabsorptionsfläche:

Sollwert der Nachhallzeit für die Nutzungsart A2 (Tab. 3.6):

$$T_{\text{Soll/A2}} = 0{,}37 \log V - 0{,}14 = 0{,}37 \log 300 - 0{,}14 = 0{,}78 \text{ s}$$

Erforderliche äquivalente Schallabsorptionsfläche (Tab. 3.1):

$$\text{erf } A = 0{,}163 \cdot V / T = 0{,}163 \cdot 300 / 0{,}78 = 62{,}7 \text{ m}^2$$

Die äquivalente Schallabsorptionsfläche muss 62,7 m² betragen, damit der Sollwert der Nachhallzeit exakt erreicht wird.

c) Vorhandene Nachhallzeit (Tab. 3.1):

Für die Berechnung der vorhandenen Nachhallzeit wird die vorhandene äquivalente Schallabsorptionsfläche benötigt. Diese berechnet sich wie folgt:

- Fußboden: $S = 12{,}5 \cdot 8{,}0 = 100\ m^2 \rightarrow A = 0{,}01 \cdot 100 = 1\ m^2$
- Längswände: $S = 2 \cdot 12{,}5 \cdot 3{,}0 = 75\ m^2 \rightarrow A = 0{,}03 \cdot 75 = 2{,}25\ m^2$
- Rückwand (Bühne): $S = 8{,}0 \cdot 3{,}0 = 24\ m^2 \rightarrow A = 0{,}05 \cdot 24 = 1{,}2\ m^2$
- Stirnwand (gegenüber Bühne): $S = 24\ m^2 \rightarrow A = 0{,}10 \cdot 24 = 2{,}4\ m^2$
- Decke: $S = 100\ m^2 \rightarrow A = 0{,}85 \cdot 100 = 85\ m^2$
- Summe:
  vorh $A = 1 + 2{,}25 + 1{,}2 + 2{,}4 + 85 = 91{,}85\ m^2 >$ erf $A = 62{,}7\ m^2$

Die vorhandene äquivalente Schallabsorptionsfläche ist zu groß, wenn die Decke vollständig mit den angegebenen Akustikplatten ($\alpha = 0{,}85$) belegt wird. Es ergibt sich dadurch eine zu niedrige Nachhallzeit, die außerdem außerhalb des Toleranzbereichs liegt:

vorh $T = 0{,}163 \cdot V / A = 0{,}163 \cdot 300 / 91{,}85 = 0{,}53\ s < T_{Soll/A2} = 0{,}78\ s$

vorh $T = 0{,}53\ s < T_{Min} = 0{,}8 \cdot T_{Soll/A2} = 0{,}8 \cdot 0{,}78 = 0{,}62\ s$ (bei einer Frequenz von 500 Hz, Abb. 3-1)

d) Berechnung des Schallabsorptionsgrades der Unterdecke zur Erzielung des Sollwerts der Nachhallzeit:

Vorhandene äquivalente Schallabsorptionsfläche (Flächen ohne Decke):

$A = 1 + 2{,}25 + 1{,}2 + 2{,}4 = 6{,}85\ m^2$

Zusätzlicher Anteil, damit die erforderliche äquivalente Schallabsorptionsfläche exakt erreicht wird:

$\Delta A = \text{erf } A - A = 62{,}7 - 6{,}85 = 55{,}85\ m^2$

Schallabsorptionsgrad der Unterdecke für den Fall, dass die Decke vollständig bekleidet wird:

$\Delta A = \alpha \cdot S_{Decke} \rightarrow \alpha = \Delta A / S_{Decke} = 55{,}85 / 100 = 0{,}56$

Der Schallabsorptionsgrad der Deckenplatten der Unterdecke muss $\alpha = 0{,}56$ betragen, damit der Sollwert der Nachhallzeit exakt erreicht wird. Dabei wird vorausgesetzt, dass die Decke mit den Platten vollständig bekleidet wird.

Kontrolle:

$A_{Decke} = 0{,}56 \cdot 100 = 56\ m^2$

vorh $A = 6{,}85 + 56 = 62{,}85\ m^2 \cong$ erf $A = 62{,}7\ m^2$ (siehe Punkt b))

4.7 Beispiel 7 – Raumakustische Überprüfung eines Seminarraums mittels gemessener Nachhallzeit

(Kategorie C)

Ein ehemaliger Büroraum soll für Unterrichtszwecke als Seminarraum genutzt werden (Abb. 4-6). Im unbesetzten Zustand wird eine Nachhallzeit von T_{Mess} = 0,85 s bei 500 Hz gemessen. Es soll überprüft werden, ob die Nachhallzeit innerhalb des Toleranzbereichs liegt.

Gesucht:

a) Berechnen Sie den Sollwert der Nachhallzeit sowie den Toleranzbereich (minimale und maximale Nachhallzeit).

b) Überprüfen Sie, ob die vorhandene Nachhallzeit im unbesetzten sowie besetzten Zustand (25 Personen) innerhalb des Toleranzbereichs liegt.

c) Wie groß muss eine zusätzliche äquivalente Schallabsorptionsfläche sein, damit der Sollwert der Nachhallzeit im besetzten Zustand exakt erreicht wird?

d) Überprüfen Sie, ob das Raumvolumen bei voller Besetzung ausreichend ist, wenn die Anforderungen an die Volumenkennzahl herangezogen werden.

Randbedingungen:

- Nutzungsart A3
- äquivalente Schallabsorptionsfläche je Person: A_{Person} = 0,45 m^2
- Die Berechnungen bzw. Nachweise sollen für eine Frequenz von 500 Hz durchgeführt werden.

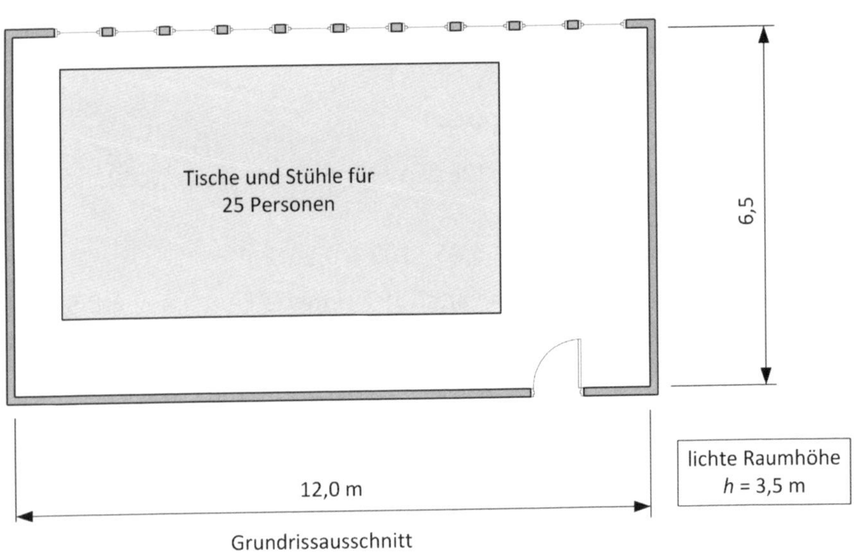

Abb. 4-6: Beispiel 7 – Raumakustische Überprüfung eines Seminarraums mittels gemessener Nachhallzeit

Lösung:

a) Sollwert der Nachhallzeit und Toleranzbereich:

Sollwert der Nachhallzeit (Tab. 3.6):

$T_{Soll/A3} = 0{,}32 \cdot \log V - 0{,}17 = 0{,}32 \cdot \log 273 - 0{,}17 = 0{,}61$ s

mit: $V = 12{,}0 \cdot 6{,}5 \cdot 3{,}5 = 273$ m^3 > 30 m^3 und < 5000 m^3 (Raumvolumen)

Toleranzbereich (Abb. 3-1):

$T_{Max} = 1{,}2 \cdot 0{,}61 = 0{,}73$ s

$T_{Min} = 0{,}8 \cdot 0{,}61 = 0{,}49$ s

b) Überprüfung der Nachhallzeit:

Fall 1: Unbesetzter Zustand:

Im unbesetzten Zustand entspricht die vorhandene Nachhallzeit dem Messwert (T_{Mess} = 0,85 s). Sie liegt außerhalb des Toleranzbereichs:

$T_{Mess} = 0{,}85 \text{ s} > T_{Max} = 0{,}73$ s

Fall 2: Besetzter Zustand:

Aus der gemessenen Nachhallzeit wird zunächst die zugehörige äquivalente Schallabsorptionsfläche berechnet. Grundlage ist die Sabine'sche Formel (Tab. 3.1). Es gilt:

$A_{unbesetzt} = 0{,}163 \cdot V / T_{Mess} = 0{,}163 \cdot 273 / 0{,}85 = 52{,}35$ m^2

Der Messwert der Nachhallzeit ergibt sich für eine äquivalente Schallabsorptionsfläche von 52,35 m^2.

Bei voller Besetzung ergibt sich durch die Personen folgende zusätzliche äquivalente Schallabsorptionsfläche:

$\Delta A = 25 \cdot A_{Person} = 25 \cdot 0{,}45 = 11{,}25$ m^2

Damit berechnet sich die gesamte äquivalente Schallabsorptionsfläche zu:

$A = A_{unbesetzt} + \Delta A = 52{,}35 + 11{,}25 = 63{,}60$ m^2

Daraus kann die Nachhallzeit bei voller Besetzung berechnet werden:

$T_{besetzt} = 0{,}163 \cdot V / A = 0{,}163 \cdot 273 / 63{,}60 = 0{,}70 \text{ s} < T_{Max} = 0{,}73$ s

Im besetzten Zustand liegt die Nachhallzeit im Toleranzbereich. In raumakustischer Hinsicht erfüllt der Raum bei voller Besetzung die Anforderungen.

c) Zusätzliche äquivalente Schallabsorptionsfläche, damit der Sollwert der Nachhallzeit im besetzten Zustand exakt erreicht wird:

Damit der Sollwert der Nachhallzeit exakt erreicht wird, ist folgende äquivalente Schallabsorptionsfläche insgesamt erforderlich:

erf $A = 0{,}163 \cdot V / T_{Soll/A3} = 0{,}163 \cdot 273 / 0{,}61 = 72{,}95$ m^2

Vorhandene äquivalente Schallabsorptionsfläche im besetzten Zustand (siehe oben):

$A = 63{,}60$ m^2

Zusätzliche äquivalente Schallabsorptionsfläche:

$\Delta A = \text{erf } A - A = 72{,}95 - 63{,}60 = 9{,}35 \text{ m}^2$

d) Überprüfung der Größe des Raumvolumens:

Der Raum soll für reine Sprachdarbietungen genutzt werden. Erforderliche Volumenkennzahl (Tab. 3.3):

4 bis 6 m^3/Platz

Bei voller Besetzung (25 Plätze) ergibt sich folgendes Raumvolumen:

$\text{erf } V = 25 \cdot 4 = 100 \text{ m}^3$ bzw. $\text{erf } V = 25 \cdot 6 = 150 \text{ m}^3 < \text{vorh } V = 273 \text{ m}^3$

Das Raumvolumen ist ausreichend. Allerdings wird empfohlen, die Schallabsorption zu verstärken, da die angestrebte Volumenkennzahl überschritten wird (vorh $V = 273 / 25 = 10{,}9$ m^3/Person > 6 m^3/Person); siehe Tab. 3.3.

4.8 Beispiel 8 – Klassenraum

(Kategorie B)

Ein Klassenraum ist raumakustisch zu untersuchen, ggf. sind Verbesserungsmaßnahmen vorzuschlagen (Abb. 4-7).

Randbedingungen:

- Nutzungsart A4
- B/L/H = 10,0 m/7,0 m/3,0 m (lichte Maße)
- Besetzung mit 25 Schüler*innen, $A_{obj} = 0{,}35$ m^2/Person
- Luftabsorption ist zu berücksichtigen (20 °C, 50 % bis 70 % relative Luftfeuchte)
- Fußboden mit PVC, $\alpha = 0{,}01$
- Längswände mit Glattputz, $\alpha = 0{,}03$
- Fenster, $\alpha = 0{,}11$
- Stirnwand mit Gipsplatten, $\alpha = 0{,}10$
- Rückwand mit Glattputz, $\alpha = 0{,}03$
- Tafel, 2,5 m × 1,5 m, $\alpha = 0{,}05$
- Decke mit gelochten Gipsplatten, $\alpha = 0{,}60$
- Objektanteil 20 %

Grundriss

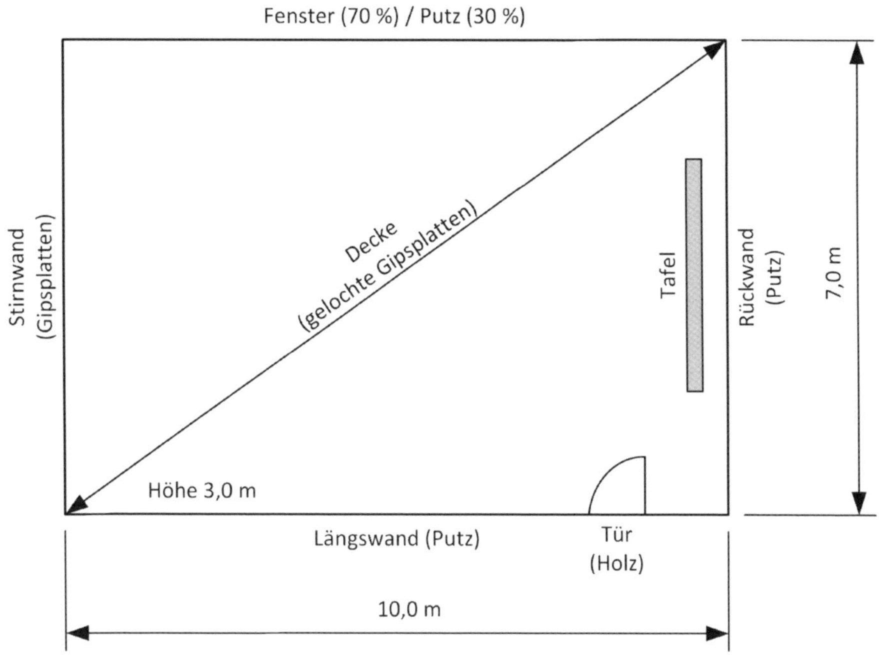

Abb. 4-7: Beispiel 8 – Raumakustische Untersuchung eines Klassenraums

Gesucht:

a) Sollwert der Nachhallzeit sowie Toleranzbereich für 500 Hz.

b) Vorhandene äquivalente Schallabsorptionsfläche sowie vorhandene Nachhallzeit. Überprüfung, ob der Klassenraum raumakustisch den Anforderungen entspricht.

c) Zusätzliche äquivalente Schallabsorptionsfläche, damit der Sollwert der Nachhallzeit exakt erreicht wird bzw. in den Toleranzbereich fällt.

d) Vorschläge raumakustischer Verbesserungsmaßnahmen.

e) Ermittlung der Schallpegelminderung durch die Verbesserungsmaßnahmen nach Punkt d).

Lösung:

a) Sollwert der Nachhallzeit sowie Toleranzbereich für 500 Hz:

$T_{Soll/A4} = 0{,}26 \cdot \log V - 0{,}14 = 0{,}26 \log 210 - 0{,}14 = 0{,}46$ s

mit: $V = 7{,}0 \cdot 10{,}0 \cdot 3{,}0 = 210$ m^3

$T_{Max} = 1{,}2 \cdot 0{,}46 = 0{,}55$ s

$T_{Min} = 0{,}8 \cdot 0{,}46 = 0{,}37$ s

b) Vorhandene äquivalente Schallabsorptionsfläche sowie vorhandene Nachhallzeit:

Die vorhandene äquivalente Schallabsorptionsfläche wird tabellarisch ermittelt (Tab. 4.3).

Tab. 4.3: Beispiel 8 – Klassenraum – Berechnung der schallabsorbierenden Flächen

Fläche	**Berechnung**	**Schall-absorptions-grad** α (-)	**Schall-absorptions-fläche** A m²
Fußboden	$7{,}0 \cdot 10{,}0 = 70\ m^2$	0,01	0,70
Längswand (Fensterseite)	Fenster: $10{,}0 \cdot 3{,}0 \cdot 0{,}7 = 21{,}0\ m^2$ Brüstung: $10{,}0 \cdot 3{,}0 \cdot 0{,}3 = 9{,}0\ m^2$	0,11 0,03	2,31 0,27
Längswand (Türseite)	Wand: $10{,}0 \cdot 3{,}0 - 1{,}25 \cdot 2{,}0 = 27{,}5\ m^2$	0,03	0,83
Tür	$1{,}25 \cdot 2{,}0 = 2{,}5\ m^2$	0,05	0,13
Rückwand ohne Tafel	$7{,}0 \cdot 3{,}0 - 2{,}5 \cdot 1{,}5 = 17{,}25\ m^2$	0,03	0,52
Tafel	$2{,}5 \cdot 1{,}5 = 3{,}75\ m^2$	0,05	0,19
Stirnwand mit Gipsplatten	$7{,}0 \cdot 3{,}0 = 21{,}0\ m^2$	0,10	2,10
Decke	$7{,}0 \cdot 10{,}0 = 70\ m^2$	0,60	42,0
Personen	$25 \cdot 0{,}35 = 8{,}75\ m^2$	–	8,75
Luft	$4 \cdot m \cdot V \cdot (1 - \Psi) = 4 \cdot 0{,}6 \cdot 210 \cdot (1 - 0{,}2) \cdot 10^{-3} = 0{,}40\ m^2$	–	0,40
		Summe: A =	58,2 m²

Vorhandene Nachhallzeit:

$$\text{vorh } T = 0{,}163 \cdot V / A = 0{,}163 \cdot 210 / 58{,}2 = 0{,}59\ s > T_{Max} = 0{,}55\ s$$

Die vorhandene Nachhallzeit liegt außerhalb des Toleranzbereichs. Es sind zusätzliche Schallabsorptionsflächen erforderlich.

c) Zusätzliche äquivalente Schallabsorptionsfläche:

Erforderliche äquivalente Schallabsorptionsfläche, damit der Sollwert der Nachhallzeit exakt erreicht wird:

$$\text{erf } A = 0{,}163 \cdot V / T_{Soll/A4} = 0{,}163 \cdot 210 / 0{,}46 = 74{,}4\ m^2$$

Zusätzliche äquivalente Schallabsorptionsfläche:

$$\Delta A = \text{erf } A - A = 74{,}4 - 58{,}2 = 16{,}2\ m^2$$

d) Vorschläge raumakustischer Verbesserungsmaßnahmen:

Die Stirnwand ist mit schallabsorbierenden Materialien zu bekleiden. Vorschlag: gelochte Gipsplatten, $\alpha = 0{,}75$

$$\text{vorh } \Delta A = 0{,}75 \cdot 7{,}0 \cdot 3{,}0 = 15{,}75\ m^2 \approx 16{,}2\ m^2$$

entsprechend vorh $T = 0{,}163 \cdot 210 / (58{,}2 + 15{,}75) = 0{,}46$ s

e) Minderung des Schallpegels:

Die Minderung des Schallpegels durch die Verringerung der Nachhallzeit (respektive Vergrößerung der äquivalenten Schallabsorptionsfläche) ergibt sich zu:

$$\Delta L = 10 \cdot \log (1 + \Delta A / A_0) = 10 \cdot \log (1 + 15{,}75 / 58{,}2) = 1{,}04 \text{ dB}$$

bzw.

$$\Delta L = 10 \cdot \log (T_0 / T) = 10 \cdot \log (0{,}59 / 0{,}46) = 1{,}08 \text{ dB}$$

Annahme: Die Voraussetzungen (diffuses Schallfeld und Entfernung zur Schallquelle befindet sich außerhalb des Hallradius).

Der Schallpegel wird um ca. 1,1 dB gemindert.

4.9 Beispiel 9 – Raumakustische Dimensionierung einer Sporthalle

(Kategorie C)

Die Dreifachhalle (Abb. 4-8) soll in raumakustischer Hinsicht dimensioniert werden.

Randbedingungen:

Nutzung: dreizügiger reiner Sportbetrieb ohne Publikum (Nutzungsart A5 n. DIN 18041).

Gesucht:

a) Berechnung der angestrebten Nachhallzeit T_{soll} sowie des maximalen und des minimalen Wertes (Toleranzbereich).

b) Berechnung der vorhandenen Nachhallzeit für eine Frequenz von 500 Hz.

c) Überprüfung, ob die vorhandenen schallabsorbierenden Flächen in raumakustischer Hinsicht ausreichend sind.

d) Berechnung ggf. zusätzlich erforderlicher schallabsorbierender Flächen. Hierfür sollen die Wandflächen der Stirnseite 1 sowie der Vorderseite der Halle mit einer schallabsorbierenden Bekleidung versehen werden.

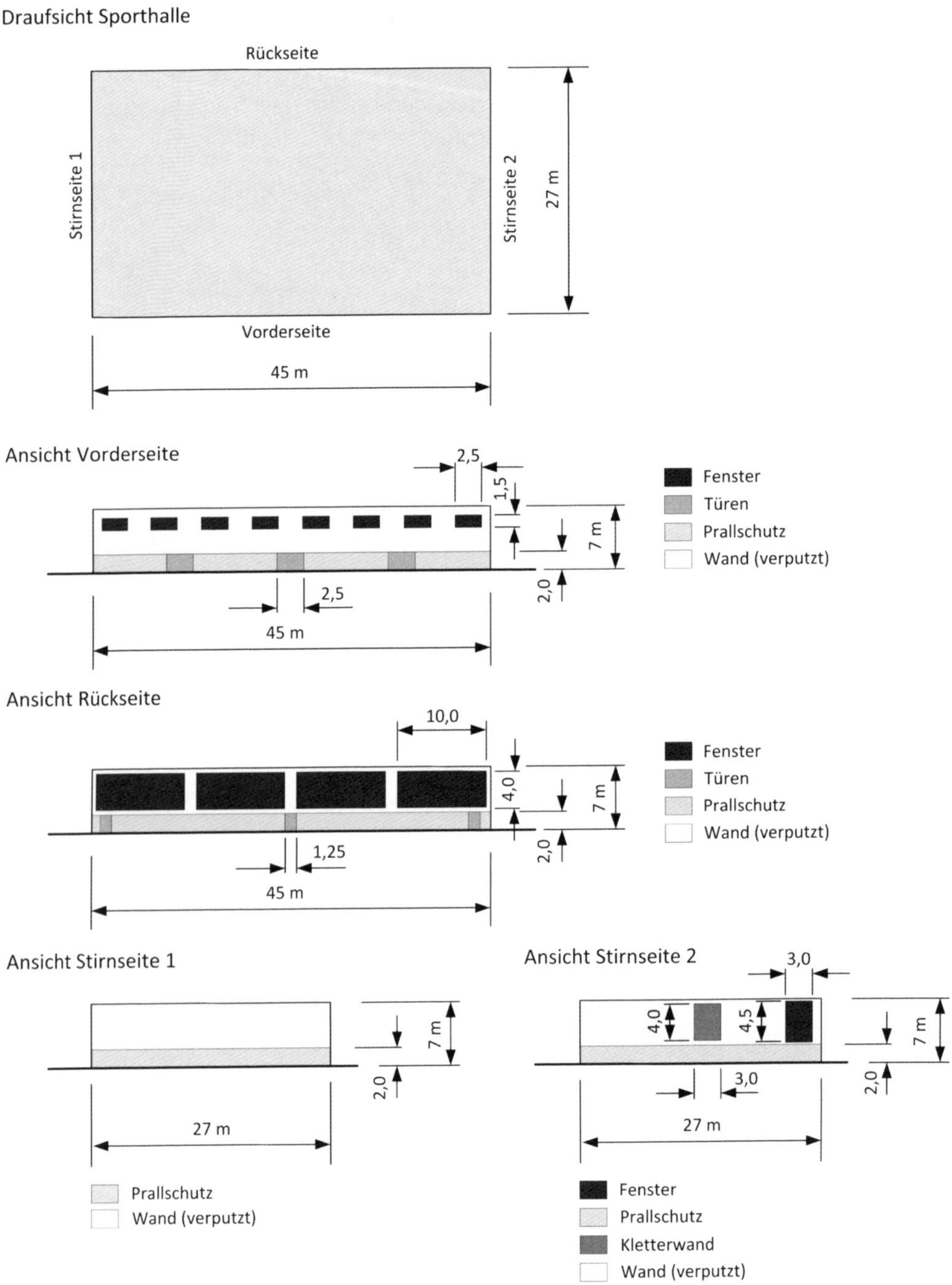

Abb. 4-8: Beispiel 9 – Raumakustische Dimensionierung einer Dreifachhalle für reine Sportnutzung (lichte Maße)

Lösung:

a) Nachhallzeiten:

Raumvolumen:

$$V = 27 \cdot 45 \cdot 7 = 8505 < 10.000 \text{ m}^3$$

$\Rightarrow$ Das heißt, der Anwendungsbereich der DIN 18041 mit max $V = 10.000 \text{ m}^3$ für Sporthallen ist erfüllt.

Angestrebte Nachhallzeit (Tab. 3.6, Nutzung „A5 – Sport"):

$$T_{soll} = 0{,}75 \log V - 1{,}00 = 0{,}75 \log 8505 - 1{,}00 = 1{,}95 \text{ s}$$

Toleranzbereich:

$$\min T = 0{,}8\, T_{soll} = 0{,}8 \cdot 1{,}95 = 1{,}56 \text{ s}$$

$$\max T = 1{,}2\, T_{soll} = 1{,}2 \cdot 1{,}95 = 2{,}34 \text{ s}$$

Die vorhandene Nachhallzeit darf zwischen 1,56 s und 2,34 s liegen.

b) Vorhandene Nachhallzeit:

Die Berechnung erfolgt tabellarisch (Tab. 4.4) unter Annahme folgender Randbedingungen:

Schallabsorptionsgrade der Flächen bei einer Frequenz von 500 Hz:

- Fußboden (PVC): $\alpha = 0{,}01$
- Prallschutz: $\alpha = 0{,}70$
- Wand (verputzt): $\alpha = 0{,}03$
- Fenster: $\alpha = 0{,}10$
- Türen Vorderseite: $\alpha = 0{,}06$
- Fluchttüren Rückseite: $\alpha = 0{,}03$
- Kletterwand: $\alpha = 0{,}25$
- Dachdeckung mit Akustiktrapezblech (25 % der Dachfläche): $\alpha = 0{,}75$, Dach mit Deckung aus normalen Trapezblechen (75 % der Dachfläche): $\alpha = 0{,}05$
- Personen oder sonstige Einrichtungsgegenstände (z.B. Gestühl) werden nicht angesetzt.
- Raumluft: 20 °C, 50 % relative Luftfeuchte, Dämpfungskonstante $m = 0{,}6 \cdot 10^{-3} \text{ m}^{-1}$

Tab. 4.4: Beispiel 9 – Sporthalle – Berechnung der schallabsorbierenden Flächen

Bezeichnung	**Berechnung**	**Fläche** S_i m²	**Schallabsorptionsgrad** α_i (-)	**Schallabsorptionsfläche** A_i m²
Fußboden	27 · 45	1215	0,01	12,2
Stirnseite 1 – Prallschutz	27 · 2	54	0,70	37,8
Stirnseite 1 – Wand verputzt	27 · 5	135	0,03	4,1
Stirnseite 2 – Prallschutz	27 · 2	54	0,70	37,8
Stirnseite 2 – Kletterwand	3 · 4	12	0,25	3,0
Stirnseite 2 – Fenster	3 · 4,5	13,5	0,10	1,4
Stirnseite 2 – Wand verputzt	135 – (12 + 13,5)	109,5	0,03	3,3
Vorderseite – Prallschutz	45 · 2 – (3 · 2 · 2,5)	75	0,70	52,5
Vorderseite – Türen	3 · 2,5 · 2	15	0,06	0,9
Vorderseite – Fenster	8 · 2,5 · 1,5	30	0,10	3,0
Vorderseite – Wand (verputzt)	45 · 7 – (75 + 15 + 30)	195	0,03	5,9
Rückseite – Prallschutz	45 · 2 – (3 · 1,25 · 2)	82,5	0,70	57,8
Rückseite – Fluchttüren	3 · 1,25 · 2	7,5	0,03	0,2
Rückseite – Fenster	4 · 10 · 4	160	0,10	16,0
Rückseite – Wand (verputzt)	45 · 7 – (82,5 + 7,5 + 160)	65	0,03	2,0
Dach – 25 % Akustiktrapezbleche	0,25 · 1215	303,8	0,75	227,9
Dach – 75 % Trapezbleche (normale Ausführung)	0,75 · 1215	911,2	0,05	45,6
	Summe Fläche	3438		
Luft (Raumvolumen)	$A_{Luft} = 4 \cdot m \cdot V$ $= 4 \cdot 0{,}6 \cdot 10^{-3} \cdot 8505 =$			20,4
			Summe: $A =$	531,8 m²

Mit der schallabsorbierenden Fläche A und dem Raumvolumen V der Halle berechnet sich die vorhandene Nachhallzeit mit der Sabine'schen Formel (siehe oben) zu:

$$\text{vorh } T = 0{,}163 \cdot V/A = 0{,}163 \cdot 8505/531{,}8 = 2{,}61 \text{ s}$$

c) Überprüfung, ob die vorhandenen schallabsorbierenden Flächen in raumakustischer Hinsicht ausreichend sind:

$$\text{vorh } T = 2{,}61 \text{ s} > \max T = 2{,}34 \text{ s}$$

Die vorhandene Nachhallzeit liegt außerhalb des Toleranzbereichs, d.h., die schallabsorbierenden Flächen reichen nicht aus, um raumakustisch akzeptable Verhältnisse in der Halle zu gewährleisten. Es sind zusätzliche schallabsorbierende Flächen anzuordnen.

d) Berechnung ggf. zusätzlich erforderlicher schallabsorbierender Flächen:

Die verputzten Wandflächen an der Stirnseite 1 sowie an der Vorderseite der Halle sollen oberhalb des Prallschutzes zusätzlich mit einer schallabsorbierenden Bekleidung versehen werden. Als Bekleidung sind Metalllochplatten mit Mineralfaserdämmplatte mit einem Schallabsorptionsgrad von $\alpha = 0{,}75$ vorgesehen. Die erforderliche Fläche soll so gewählt werden, dass die angestrebte Nachhallzeit der Halle ($T_{soll} = 1{,}95$ s) exakt erreicht wird.

Es gilt:

$$T_{soll} = 0{,}163 \cdot V/A \rightarrow \text{erf } A = 0{,}163 \cdot V/T_{soll} = 0{,}163 \cdot 8505/1{,}95 = 710{,}9 \text{ m}^2$$

Damit die angestrebte Nachhallzeit erreicht wird, müsste die schallabsorbierende Fläche insgesamt 710,9 m² betragen.

Damit ergibt sich die noch zusätzlich einzubauende schallabsorbierende Fläche zu:

$$\Delta A = A_{erf} - A_{vorh} = 710{,}9 - 531{,}8 = 179{,}1 \text{ m}^2$$

Die tatsächliche Fläche der schallabsorbierenden Bekleidung berechnet sich unter Berücksichtigung der Schallabsorptionsgrade zu:

$$\Delta A = (\alpha_{Wand,bekleidet} - \alpha_{Wand,Putz}) \cdot S_{Wand,bekleidet}$$

$$\rightarrow S_{Wand,bekleidet} = \Delta A\,/(\alpha_{Wand,bekleidet} - \alpha_{Wand,Putz}) = 179{,}1\,/\,(0{,}75 - 0{,}03) = 248{,}8 \text{ m}^2$$

Das bedeutet: Es müssen 248,8 m² der verputzten Wandflächen mit einer schallabsorbierenden Bekleidung ($\alpha = 0{,}75$) versehen werden, damit die angestrebte Nachhallzeit ($T_{soll} = 1{,}95$ s) in der Halle erzielt wird. Hierzu werden an der Stirnseite 1 ein 4,25 m hoher und an der Vorderseite der Halle ein 3,0 m hoher Streifen oberhalb des Prallschutzes mit der schallabsorbierenden Bekleidung ausgeführt (Fläche: $27 \cdot 4{,}25 + 45 \cdot 3{,}0 = 249{,}75 \text{ m}^2 \gg 248{,}8 \text{ m}^2$).

4.10 Beispiel 10 – Raumakustische Überprüfung eines Ausstellungsraums (Gruppe B)

(Kategorie A)

Ein Ausstellungsraum (Raum Gruppe B) soll in raumakustischer Hinsicht überprüft werden.

Randbedingungen:

- Nutzungsart B3
- Abmessungen (lichte Maße): Breite = 20 m, Tiefe = 15 m, Höhe = 3,5 m

Gesucht:

a) Berechnung des empfohlenen Verhältniswertes *A/V* (n. Tab. 3.5).

b) Überprüfung, ob das empfohlene Verhältnis *A/V* eingehalten ist. Annahme: Die Decke ist mit Akustikplatten versehen ($\alpha = 0{,}70$), alle anderen Flächen seien schallhart ($\alpha = 0{,}03$).

Lösung:

a) Berechnung des empfohlenen Verhältniswertes *A/V*:

Nach Tab. 3.5 ergibt sich für Räume der Gruppe B, Nutzungsart B3:

$A/V = (3{,}13 + 4{,}69 \log h)^{-1} = (3{,}13 + 4{,}69 \log 3{,}5)^{-1} = 0{,}176$

$A \geq 0{,}176\ V = 0{,}176 \cdot 1050 = 184{,}8\ \text{m}^2$

mit:

$V = 20 \cdot 15 \cdot 3{,}5 = 1050\ \text{m}^3$ (Raumvolumen)

Damit der empfohlene Verhältniswert *A/V* nicht unterschritten wird, muss der Raum eine äquivalente Schallabsorptionsfläche von mindestens $A = 184{,}8\ \text{m}^2$ aufweisen.

b) Überprüfung, ob das empfohlene Verhältnis *A/V* eingehalten wird:

Vorhandene äquivalente Schallabsorptionsfläche:

$A = 20 \cdot 15 \cdot 0{,}03$ (Fußboden)

$+ 20 \cdot 15 \cdot 0{,}70$ (Decke)

$+ (15 \cdot 3{,}5 \cdot 0{,}03) \cdot 2$ (Stirnwände)

$+ (20 \cdot 3{,}5 \cdot 0{,}03) \cdot 2$ (Längswände)

$= 226{,}4\ \text{m}^2 > \text{erf}\ A = 184{,}8\ \text{m}^2$

Das empfohlene Verhältnis *A/V* wird eingehalten (nicht unterschritten).

4.11 Beispiel 11 – Schallpegelminderung durch schallabsorbierende Flächen

(Kategorie B)

In einem Maschinenraum wirkt ein Schallpegel, der von drei Geräten erzeugt wird ($L_1 = 85$ dB, $L_2 = 90$ dB, $L_3 = 92$ dB). Dabei können alle Geräte gleichzeitig in Betrieb sein. Direkt an den Maschinenraum grenzt ein Raum zur Bedienung der Geräte. Aus Schallschutzgründen darf der Schallpegel in diesem Raum nicht größer als max $L_E = 40$ dB sein (Abb. 4-9).

Wie groß muss die äquivalente Schallabsorptionsfläche des Bedienungsraums sein, damit dort ein maximaler Schallpegel von 40 dB nicht überschritten wird?

Randbedingungen:

- Abmessungen des Bedienungsraums: 4,0 m × 5,0 m × 3,0 m
- Schalldämm-Maß der Trennwand zwischen Maschinenraum und Bedienungsraum: $R'_w = 55$ dB
- Fläche der Trennwand: $S = 3{,}0 \times 4{,}0 = 12{,}0\ \text{m}^2$

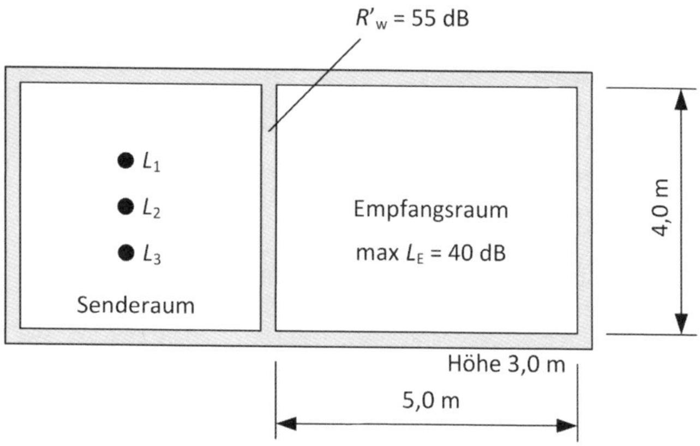

Abb. 4-9: Beispiel 11 – Schallpegelminderung durch schallabsorbierende Flächen

Lösung:

Maximaler Schallpegel im Maschinenraum (Senderaum):

$$L_{ges} = L_S = 10 \cdot \log\left(10^{0,1 \cdot L1} + 10^{0,2 \cdot L2} + 10^{0,1 \cdot L3}\right)$$
$$= 10 \cdot \log\left(10^{0,1 \cdot 85} + 10^{0,1 \cdot 90} + 10^{0,1 \cdot 92}\right) = 94,6 \ \text{dB}$$

Die gesuchte äquivalente Schallabsorptionsfläche A im Bedienungsraum (Empfangsraum) kann mit folgender Bedingung berechnet werden (siehe Kapitel D in diesem Buch):

$$L_S - L_E = R'_w - 10 \cdot \log\left(\frac{S}{A}\right)$$

Durch Umformen und Auflösen ergibt sich A zu:

$$A = \frac{S}{10^{1/10 \cdot (R'_w + L_E - L_S)}} = \frac{12,0}{10^{1/10 \cdot (55+40-94,6)}} = 10,94 \ \text{m}^2$$

Die äquivalente Schallabsorptionsfläche Im Empfangsraum muss mindestens 10,94 m² betragen, damit der Schallpegel dort nicht größer als 40 dB wird.

5 Aufgaben zum Selbststudium

5.1 Aufgabe 1 – Sporthalle

Eine Sporthalle soll raumakustisch untersucht werden.

Randbedingungen:

- Zweifachturnhalle, Abmessungen: 30 m × 27 m × 7 m (lichte Maße)
- Nutzungsart A5

Gesucht:

a) Sollwert der Nachhallzeit.

b) Toleranzbereich der Nachhallzeit.

c) Erforderliche äquivalente Schallabsorptionsfläche, damit der Sollwert der Nachhallzeit exakt erreicht wird.

d) Überprüfung, ob es raumakustisch ausreichend ist, wenn die Decke mit Akustikplatten ($\alpha = 0{,}70$) versehen wird. Die anderen Flächen sind schallhart und sollen vereinfachend vernachlässigt werden.

Lösung:

a) $T_{Soll} = 1{,}82$ s ($V = 5670$ m³)

b) $T_{min} = 1{,}46$ s, $T_{max} = 2{,}18$ s

c) erf $A = 507{,}8$ m²

d) vorh $A = 567$ m² (= 810 · 0,70), mit 810 m² Deckenfläche
Hierfür ergibt sich eine Nachhallzeit von $T = 1{,}63$ s $> T_{min} = 1{,}46$ s und $< T_{max} = 2{,}18$ s. Die Halle erfüllt die raumakustischen Anforderungen, wenn die Decke mit Akustikplatten ($\alpha = 0{,}70$) versehen wird.

5.2 Aufgabe 2 – Seminarraum

Ein Seminarraum soll raumakustisch dimensioniert werden (Abb. 4-10).

Randbedingungen:

- Abmessungen: 12,0 m × 5,0 m × 3,5 m
- Nutzungsart A3
- Längswand 1: $\alpha = 0{,}03$
- Rückwand 2: $\alpha = 0{,}05$ (hinter Bühne)
- Längswand 3: $\alpha = 0{,}03$
- Stirnwand 4: $\alpha = 0{,}65$
- Fußboden: $\alpha = 0{,}03$

- Decke: α = ? (α ist so zu bestimmen, dass der Sollwert der Nachhallzeit exakt erreicht wird)
- 20 Studierende, an Tischen sitzend: A_{obj} = 0,30 m²/Person
- Die Schallabsorption der Luft ist zu berücksichtigen: 20 °C, rel. F. = 50 %, Ψ = 0,2.
- Die Berechnungen sind für eine Frequenz von 500 Hz durchzuführen.

Gesucht:

a) Sollwert der Nachhallzeit.

b) Toleranzbereich der Nachhallzeit.

c) Erforderliche äquivalente Schallabsorptionsfläche, damit der Sollwert der Nachhallzeit exakt erreicht wird.

d) Berechnung des Schallabsorptionsgrades für die Decke unter der Annahme, dass der Sollwert der Nachhallzeit exakt erreicht wird. Die Decke soll vollständig mit entsprechenden Akustikplatten versehen werden.

e) Berechnung der Volumenkennzahl und Überprüfung. Der Raum dient ausschließlich für Sprachdarbietungen.

Lösung:

a) T_{Soll} = 0,57 s (V = 210 m³)

b) T_{min} = 0,46 s, T_{max} = 0,68 s

c) erf A = 60,05 m²

d) vorh A = 22,98 m² (ohne Decke)
ΔA = 37,07 m²
α = 0,62 (= 37,07/60), mit 60 m² Deckenfläche

e) k = 4 bis 6 m³/Platz
Vorhanden sind 20 Plätze: empf $V = 20 \cdot 5$ = 100 m³ << vorh V = 210 m³
bzw. vorh k = 210/20 = 10,5 m³/Platz >> 6 m³/Platz
Es wird empfohlen, die Schallabsorption zu verstärken, da die empfohlene Volumenkennzahl deutlich überschritten wird.

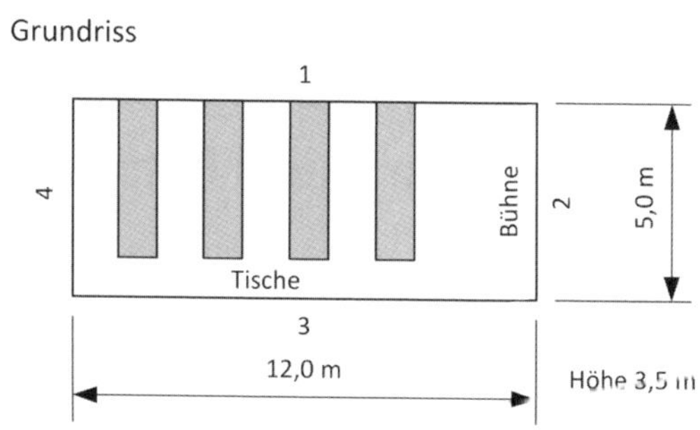

Abb. 5-1: Aufgabe 2 - Seminarraum

5.3 Aufgabe 3 – Schallpegelminderung

In einem Raum (4,0 m × 5,0 m × 2,5 m) herrscht ein Schallpegel von 70 dB. Dieser soll allein durch schallabsorbierende Maßnahmen auf 55 dB reduziert werden. Sämtliche Oberflächen in dem Raum seien schallhart (α = 0,03).

Gesucht:

a) Erforderliche zusätzliche äquivalente Schallabsorptionsfläche, damit der Schallpegel von 70 dB auf 55 dB abgemindert werden kann.

b) Berechnung des mittleren Schallabsorptionsgrades für alle Oberflächen.

Lösung:

a) ΔA = 78,09 m^2 (mit A_0 = 2,55 m^2, 85 m^2 Gesamtoberfläche)

b) α = 0,92

5.4 Aufgabe 4 – Raum der Gruppe B

Für eine Schulmensa (Nutzungsart B5) soll überprüft werden, ob die äquivalente Schallabsorptionsfläche ausreichend ist.

Randbedingungen:

- Abmessungen: 20,0 m × 12,0 m × 4,0 m (lichte Maße)
- Decke: α = 0,90 (vollständig mit Akustikplatten versehen)
- sonstige Flächen: α = 0,03

Lösung:

V = 960 m^3

$A/V \geq$ 0,23 (für Nutzungsart B5)

$A \geq$ 220,8 m^2

vorh A = 14,88 (sonstige Flächen) + 216 (Decke) = 230,88 m^2 > 220,8 m^2

Die äquivalente Schallabsorptionsfläche in der Schulmensa ist ausreichend.

5.5 Aufgabe 5 – Laufwegdifferenz und Sitzreihenüberhöhung in einem Hörsaal

Ein Hörsaal soll raumakustisch untersucht werden (Abb. 4.11).

Gesucht:

a) Berechnung der Laufwegdifferenz und Beurteilung der raumakustischen Situation sowie Angabe etwaiger Verbesserungsmaßnahmen.

b) Höhe der Sitzreihen bei folgenden Abständen zur Bühne: 5 m, 10 m, 15 m, 20 m, 25 m. Die Bühne hat eine Höhe von 1,0 m (Podiumshöhe).

Längsschnitt

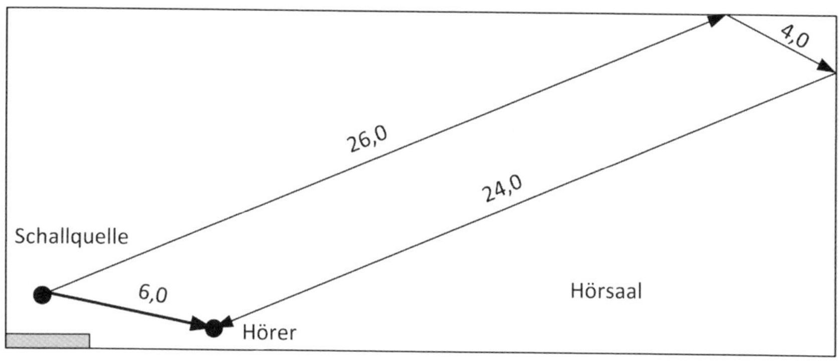

(Prinzipskizze)

Abb. 5-2: Aufgabe 5 – Hörsaal

Lösung:

a) Weg des direkten Schallsignals: l_{direkt} = 6,0 m
Weg des reflektierten Schallsignals: $l_{reflektiert}$ = 26,0 + 4,0 + 24,0 = 54,0 m
Laufwegdifferenz: Δl = 54,0 – 6,0 = 48,0 >> 17 m
Die Raumakustik ist negativ zu beurteilen. Zur Verbesserung sind an der Decke sowie an der Rückwand schallabsorbierende Flächen anzuordnen.

b) Höhe der Sitzreihen (Abb. 3-2):
bei 5,0 m: h = 0; bei 10,0 m: h = 0,3 m; bei 15,0 m: h = 0,8 m; bei 20,0 m: h = 1,8 m; bei 25 m: h = 2,2 m

6 Literatur

[1] DIN 18041:2016-03: Hörsamkeit in Räumen – Anforderungen, Empfehlungen und Hinweise für die Planung; Beuth Verlag, Berlin

[2] DIN EN ISO 12354-6:2004-04: Bauakustik – Berechnung der akustischen Eigenschaften von Gebäuden aus den Bauteileigenschaften – Teil 6: Schallabsorption in Gebäuden; Beuth Verlag, Berlin

[3] Schmidt, Peter; Windhausen, Saskia: Bauphysik-Lehrbuch; 2017; Bundesanzeiger Verlag, Köln

[4] DIN EN ISO 3382:2009-10: Akustik – Messung von Parametern der Raumakustik – Teil 1: Aufführungsräume; Beuth Verlag, Berlin

Anhang

Der vorliegende Anhang enthält Kennwerte und Anforderungsgrößen, die für Berechnungen und Nachweise des Wärme- und Feuchteschutzes sowie des Schallschutzes und der Raumakustik benötigt werden. Die Werte sind in tabellarischer Form zusammengestellt und werden, sofern dies erforderlich ist, erläutert. Die Werte werden gemäß ihrem Anwendungsbereich für die Gebiete Wärme- und Feuchteschutz, GEG sowie Schallschutz und Raumakustik angegeben. Die folgende Auflistung gibt einen Überblick über die einzelnen Teile in diesem Anhang:

Wärme- und feuchteschutztechnische Kennwerte und Anforderungsgrößen

- Teil A – Wärmeleitfähigkeit und Richtwerte der Wasserdampf-Diffusionswiderstandszahl von Baustoffen, Bauarten und Bauteilen (n. DIN 4108-4 und DIN EN ISO 10456)
- Teil B – Wärmedurchlasswiderstände (n. DIN 4108-4 und DIN EN ISO 10456)
- Teil C – Wärmeübergangswiderstände (n. DIN 4108-4, DIN EN ISO 6946, DIN 4108-3 und DIN EN ISO 10211)
- Teil D – Kennwerte für Gläser, Fenster, Türen, Vorhangfassaden, Dachoberlichter und Tore (n. DIN 4108-4)
- Teil E – Wärmetechnische Kennwerte für Erdreich (n. DIN EN ISO 13370)
- Teil F – Ausgleichsfeuchtegehalt und Umrechnungsfaktoren für den Feuchtegehalt (n. DIN 4108-4)
- Teil G – Kritische Luftfeuchte an Bauteiloberflächen (n. DIN 4108-3)
- Teil H – Tauwasserbildung im Bauteilinneren (n. DIN 4108-3)
- Teil I – Taupunkttemperatur (n. DIN 4108-3)

Kennwerte und Anforderungsgrößen im Zusammenhang mit dem GEG und der energetischen Bilanzierung von Gebäuden

- Teil K – Gebäudeenergiegesetz (GEG 2020 mit Novelle 2023)
- Teil L – Klimadaten für das Referenzklima für den öffentlich-rechtlichen Nachweis
- Teil M – Anforderungen an die Wärmedämmung von Rohrleitungen und Armaturen
- Teil N – Sommerlicher Wärmeschutz

Schallschutztechnische Kennwerte und Anforderungsgrößen

- Teil O – Mindestanforderungen an den Schallschutz im Hochbau nach DIN 4109-1 (2018)
- Teil P – Erhöhte Anforderungen an den Schallschutz im Hochbau nach DIN 4109-5 (2020)
- Teil Q – Anforderungen an den Schallschutz im Hochbau – Wohnungen nach VDI 4100 (2012)

- Teil R – Korrektur und Zuschlagswerte für den Schallschutz nach DIN 4109 (2018)
- Teil S – Eingangsdaten für die rechnerischen Nachweise des Schallschutzes (Bauteilkatalog) nach DIN 4109 (2016)

Raumakustische Kennwerte und Anforderungsgrößen

- Teil T – Raumakustische Kennwerte und Anforderungsgrößen

A Wärmeleitfähigkeit und Richtwerte der Wasserdampf-Diffusionswiderstandszahl von Baustoffen, Bauarten und Bauteilen

Wärme- und feuchteschutztechnische Bemessungswerte, d.h. Wärmeleitfähigkeit und Richtwerte der Wasserdampf-Diffusionswiderstandszahl, von Baustoffen, Bauarten und Bauteilen sind in DIN 4108-4 sowie in DIN EN ISO 10456 festgelegt. Weitere Bemessungswerte können auch in bauaufsichtlichen Zulassungen angegeben sein. Nachfolgend werden Bemessungswerte für ausgewählte Stoffe aus den beiden vorgenannten Normen angegeben. Für Werte von Stoffen, die in bauaufsichtlichen Zulassungen geregelt sind, wird auf die jeweiligen Zulassungen verwiesen.

A.1 Bemessungswerte nach DIN 4108-4

DIN 4108-4 legt wärme- und feuchteschutztechnische Bemessungswerte für Baustoffe fest. Weiterhin werden auch Werte für Wärmedämmstoffe, Fenster, Dachoberlichter und Verglasungen sowie ein Verfahren zur Bestimmung von Bemessungswerten für Mauerwerk angegeben. Die in der Norm angegebenen Bemessungswerte gelten für die Berechnung des Wärmeschutzes und der Energieeinsparung in Gebäuden, nicht jedoch für Wärmedämmstoffe der Haustechnik und betriebstechnische Anlagen.

A.1.1 Wärme- und feuchteschutztechnische Kennwerte für Baustoffe, Bauarten und Bauteile

Die in den folgenden Tabellen angegebenen wärme- und feuchteschutztechnischen Bemessungswerte wurden nach dem in DIN EN ISO 10456 festgelegten Verfahren ermittelt (siehe Norm). Als Klimabedingungen werden eine Temperatur von 23 °C sowie eine relative Luftfeuchte von 80 % zugrunde gelegt. Bei abweichenden Klimabedingungen sind Umrechnungen vorzunehmen; siehe hierzu die Regelungen in der Norm.

Die folgende Auflistung gibt eine Übersicht über die hier angegebenen Bemessungswerte:

- Putze, Mörtel und Estriche (Tab. A.1.1);
- Beton-Bauteile (Tab. A.1 2);
- Bauplatten (Tab. A.1.3);

- Mauerwerk (Tab. A.1.4);
- Beläge, Abdichtstoffe und Abdichtungsbahnen (Tab. A.1.5);
- sonstige gebräuchliche Stoffe (Tab. A.1.6);
- Wärmedämmstoffe (Tab. A 1.7).

Tab. A.1.1: Rohdichte, Wärmeleitfähigkeit und Richtwerte der Wasserdampf-Diffusionswiderstandszahl für Putze, Mörtel und Estriche (n. DIN 4108-4:2020-11, Tab. 1)

Stoff	**Rohdichte** [a,b] ρ	**Bemessungswert der Wärmeleitfähigkeit** λ_B	**Richtwert der Wasserdampf-Diffusionswiderstandszahl** [c] μ
	kg/m³	W/(mK)	(–)
Putze			
Putzmörtel aus Kalk, Kalkzement und hydraulischem Kalk	(1800)	1,0	15/35
Gipsputzmörtel n. DIN EN 13279-1	900	0,30	4/10
	1000	0,34	
	1100	0,39	
	1200	0,43	
	1300	0,47	
	1400	0,51	
	1500	0,56	
Leichtputz	< 1300	0,56	15/20
	≤ 1000	0,38	
	≤ 700	0,25	
Kunstharzputz	(1100)	0,70	50/200
Mauermörtel			
Zementmörtel	(2000)	1,6	15/35
Normalmörtel (NM)	(1800)	1,2	
Dünnbettmauermörtel	(1600)	1,0	
Leichtmauermörtel n. DIN EN 1996-1-1, DIN EN 1996-2	≤ 1000	0,36	
	≤ 700	0,21	

Stoff	**Rohdichte** [a,b] ρ	**Bemessungswert der Wärmeleitfähigkeit** λ_B	**Richtwert der Wasserdampf-Diffusionswiderstandszahl** [c] μ
	kg/m³	W/(mK)	(–)
Leichtmauermörtel	250	0,10	5/20
	400	0,14	
	700	0,25	
	1000	0,38	
	1500	0,69	
Estriche			
Gussasphalt-Estrich	(2300)	0,90	dampfdicht [d]
Zement-Estrich	(2000)	1,4	15/35
Calciumsulfat-Estrich (Anhydrit-Estrich)	(2100)	1,2	
Calciumsulfat-Fließestrich	(2100)	1,4	
Magnesia-Estrich	1400	0,47	
	2300	0,70	

[a] Die in Klammern angegebenen Werte für die Rohdichte dienen nur zur Ermittlung der flächenbezogenen Masse, z.B. für den Nachweis des sommerlichen Wärmeschutzes.
[b] Die bei den Steinen genannten Rohdichten entsprechen den Rohdichteklassen der zitierten Stoffnormen.
[c] Es ist der jeweils ungünstigere Wert anzusetzen. Bezüglich der Anwendung der μ-Werte siehe DIN 4108-3.
[d] Praktisch dampfdicht; n. DIN EN 12086 oder DIN EN ISO 12572: $s_d \geq 1500$ m.

Tab. A.1.2: Rohdichte, Wärmeleitfähigkeit und Richtwerte der Wasserdampf-Diffusionswiderstandszahl für Beton-Bauteile (n. DIN 4108-4:2020-11, Tab. 1)

Stoff	**Rohdichte** [a] ρ	**Bemessungswert der Wärmeleitfähigkeit** λ_B	**Richtwert der Wasserdampf-Diffusionswiderstandszahl** μ
	kg/m³	W/(mK)	(–)
Beton			
Beton n. DIN EN 206-1	siehe DIN EN ISO 10456 bzw. Tab. A.2.2		

Stoff	Rohdichte[a] ρ	Bemessungswert der Wärmeleitfähigkeit λ_B	Richtwert der Wasserdampf-Diffusionswiderstandszahl μ
	kg/m³	W/(mK)	(–)
Leichtbeton und Stahlleichtbeton mit geschlossenem Gefüge			
Leichtbeton und Stahlleichtbeton mit geschlossenem Gefüge n. DIN EN 206 und DIN 1045-2, hergestellt unter Verwendung von Zuschlägen mit porigem Gefüge n. DIN EN 13055-1, ohne Quarzsandzusatz[a]	800	0,39	70/150
	900	0,44	
	1000	0,49	
	1100	0,55	
	1200	0,62	
	1400	0,79	
	1500	0,89	
	1600	1,00	
	1800	1,15	
	2000	1,35	
Porenbeton			
Dampfgehärteter Porenbeton n. DIN EN 12602	350	0,11	5/10
	400	0,12	
	450	0,13	
	500	0,14	
	550	0,16	
	600	0,18	
	650	0,19	
	700	0,20	
	750	0,21	
	800	0,23	
	900	0,26	
	1000	0,29	
Leichtbeton mit haufwerkporigem Gefüge			
mit nichtporigen Zuschlägen n. DIN EN 12620, z.B. Kies	1600	0,81	3/10
	1800	1,1	
	2000	1,3	5/10

Stoff	Rohdichte[a] ρ	Bemessungswert der Wärmeleitfähigkeit λ_B	Richtwert der Wasserdampf-Diffusionswiderstandszahl μ
	kg/m³	W/(mK)	(–)
mit porigen Zuschlägen n. DIN EN 13055-1, ohne Quarzsandzusatz[b]	600	0,22	5/15
	700	0,26	
	800	0,28	
	1000	0,36	
	1200	0,46	
	1400	0,57	
	1600	0,75	
	1800	0,92	
	2000	1,20	
ausschließlich unter Verwendung von Naturbims	400	0,12	5/15
	450	0,13	
	500	0,15	
	550	0,16	
	600	0,18	
	650	0,19	5/15
	700	0,20	
	750	0,22	
	800	0,24	
	900	0,27	
	1000	0,32	
	1100	0,37	
	1200	0,41	
	1300	0,47	
ausschließlich unter Verwendung von Blähton	400	0,13	5/15
	450	0,15	
	500	0,16	
	550	0,18	
	600	0,19	
	650	0,21	
	700	0,23	

Stoff	Rohdichte[a] ρ	Bemessungswert der Wärmeleitfähigkeit λ_B	Richtwert der Wasserdampf-Diffusionswiderstandszahl μ
	kg/m³	W/(mK)	(–)
	800	0,26	
	900	0,30	
	1000	0,35	
	1100	0,39	
	1200	0,44	
	1300	0,50	
	1400	0,55	
	1500	0,60	
	1600	0,68	
	1700	0,76	

[a] Praktisch dampfdicht; n. DIN EN 12086 oder DIN EN ISO 12572: wasserdampfdiffusionsäquivalente Luftschichtdicke $s_d \geq 1500$ m.

[b] Bei Quarzsand erhöhen sich die Bemessungswerte der Wärmeleitfähigkeit um 20 %. Bei Hohlblöcken mit Quarzsandzusatz sind die Bemessungswerte der Wärmeleitfähigkeit für 2 K Hbl um 20 % und für 3 K Hbl bis 6 K Hbl um 15 % zu erhöhen.

Tab. A.1.3: Rohdichte, Wärmeleitfähigkeit und Richtwerte der Wasserdampf-Diffusionswiderstandszahl für Bauplatten (n. DIN 4108-4:2020-11, Tab. 1)

Stoff	Rohdichte ρ	Bemessungswert der Wärmeleitfähigkeit λ_B	Richtwert der Wasserdampf-Diffusionswiderstandszahl[a] μ
	kg/m³	W/(mK)	(–)
Porenbeton-Bauplatten und Porenbeton-Planbauplatten, unbewehrt n. DIN 4166			
Porenbeton-Bauplatten (Ppl) mit normaler Fugendicke und Mauermörtel, n. DIN EN 1996-1-1, DIN EN 1996-2 verlegt	400	0,20	5/10
	500	0,22	
	600	0,24	
	700	0,27	
	800	0,29	
Porenbeton-Planbauplatten (Pppl), dünnfugig verlegt	350	0,11	5/10
	400	0,13	

Stoff	Rohdichte ρ	Bemessungswert der Wärmeleitfähigkeit λ_B	Richtwert der Wasserdampf-Diffusionswiderstandszahl[a] μ
	kg/m³	W/(mK)	(–)
	450	0,15	5/10
	500	0,16	
	550	0,18	
	600	0,19	
	650	0,21	
	700	0,22	
	750	0,24	
	800	0,25	
Wandbauplatten aus Leichtbeton n. DIN 18162	800	0,29	5/10
	900	0,32	
	1000	0,37	
	1200	0,47	
	1400	0,58	
Gips-Wandbauplatten n. DIN EN 12859	600	0,18	4/10
	700	0,22	
	800	0,26	
	900	0,30	
	1000	0,34	
	1100	0,39	
	1200	0,43	
	1300	0,47	
	1400	0,51	
	1500	0,56	
Gipsplatten n. DIN 18180, DIN EN 520 und Gipsplatten mit Vliesarmierung n. DIN EN 15283-1, siehe DIN EN ISO 10456	700	0,21	4/10
	900	0,25	

[a] Es ist der jeweils ungünstigere Wert anzusetzen. Bezüglich der Anwendung der μ-Werte siehe DIN 4108-3.

Tab. A.1.4: Rohdichte, Wärmeleitfähigkeit und Richtwerte der Wasserdampf-Diffusionswiderstandszahl für Mauerwerk (n. DIN 4108-4:2020-11, Tab. 1)

Stoff	Rohdichte[a]	Bemessungswert der Wärmeleitfähigkeit λ_B		Richtwert der Wasserdampf–Diffusionswiderstandszahl[b] μ
	kg/m³	W/(mK)		(–)
Mauerwerk einschließlich Mörtelfugen				
Mauerwerk aus Mauerziegeln (n. DIN 105-4, DIN 105-5 und DIN 105-6 bzw. Mauerziegel n. DIN EN 771-1 in Verbindung mit DIN 20000-401)				
Vollklinker, Hochlochklinker, Keramikklinker (NM, DM)f	1800	0,81		50/100
	2000	0,96		
	2200	1,2		
	2400	1,4		
Vollziegel, Hochlochziegel, Füllziegel	1200	0,50		5/10
	1400	0,58		
	1600	0,68		
	1800	0,81		
	2000	0,96		
	2200	1,2		
	2400	1,4		
Hochlochziegel HLzA und HLzB n. DIN 105-4		LM21/LM36[c]	NM/DM[c]	
	550	0,27	0,32	5/10
	600	0,28	0,33	
	650	0,30	0,35	
	700	0,31	0,36	
	750	0,33	0,38	
	800	0,34	0,39	
	850	0,36	0,41	
	900	0,37	0,42	
	950	0,38	0,44	
	1000	0,40	0,45	

Stoff	**Rohdichte**[a]	**Bemessungswert der Wärmeleitfähigkeit** λ_B		**Richtwert der Wasserdampf-Diffusionswiderstandszahl**[b] μ
	kg/m³	W/(mK)		(–)
Hochlochziegel HLzW n. DIN V 105-4		LM21/LM36[c]	NM[c]	
	550	0,19	0,22	5/10
	600	0,20	0,23	
	650	0,20	0,23	
	700	0,21	0,24	
	750	0,22	0,25	
	800	0,23	0,26	
	850	0,23	0,26	
	900	0,24	0,27	
	950	0,25	0,28	
	1000	0,26	0,29	
Mauerwerk aus Kalksandsteinen				
Mauerwerk aus Kalksandsteinen n. DIN EN 771-2 in Verbindung mit DIN 20000-402	1000	0,50		5/10
	1200	0,56		
	1400	0,70		
	1600	0,79		15/25
	1800	0,99		
	2000	1,1		
	2200	1,3		
	2400	1,6		
	2600	1,8		
Mauerwerk aus Porenbeton-Plansteinen				
Mauerwerk aus Porenbeton-Plansteinen (PP) n. DIN EN 771-4 in Verbindung mit DIN 20000-404	350	0,11		5/10
	404	0,13		
	400	0,15		
	450	0,16		
	500	0,18		
	550	0,19		
	600	0,21		

Stoff		Rohdichte[a]	Bemessungswert der Wärmeleitfähigkeit λ_B			Richtwert der Wasserdampf-Diffusionswiderstandszahl[b] μ
		kg/m³	W/(mK)			(–)
		650	0,22			5/10
		700	0,24			
		750	0,25			
Mauerwerk aus Betonsteinen						
Hohlblöcke (Hbl) n. DIN 20000-403, Gruppe 1[c]			LM21[d]/ DM[d,e]	LM36[d,e]	NM[d]	
Steinbreite in cm	Anzahl der Kammerreihen	450	0,20	0,21	0,24	5/10
		500	0,22	0,23	0,26	
		550	0,23	0,24	0,27	
		600	0,24	0,25	0,29	
17,5	2	650	0,26	0,27	0,30	
20	2	700	0,28	0,29	0,32	
24	2 bis 4	800	0,31	0,32	0,35	
30	3 bis 5	900	0,34	0,36	0,39	
36,5	4 bis 6	1000	–	–	0,45	
42,5	6	1200	–	–	0,53	
49	6	1400	–	–	0,65	
		1600	–	–	0,74	
Hohlblöcke (Hbl) n. DIN 20000-403 und Hohlwandplatten n. DIN 18148, Gruppe 2			LM21[f]/ DM[f,i]	LM36[f,i]	NM[f]	
Steinbreite in cm	Anzahl der Kammerreihen	450	0,22	0,23	0,28	5/10
		500	0,24	0,25	0,29	
		550	0,26	0,27	0,31	
		600	0,27	0,28	0,32	
		650	0,29	0,30	0,34	
11,5	1	700	0,30	0,32	0,36	
15	1	800	0,34	0,36	0,41	

Stoff		Rohdichte[a]	Bemessungswert der Wärmeleitfähigkeit λ_B			Richtwert der Wasserdampf-Diffusions-widerstandszahl[b] μ
		kg/m³	W/(mK)			(–)
17,5	1	900	0,37	0,40	0,46	5/10
30	2	1000	–	–	≤ 0,50	
36,5	3	1200	–	–	≤ 0,56	
42,5	5	1400	–	–	≤ 0,70	
49	5	1600	–	–	0,76	
Vollblöcke (Vbl, S-W) n. DIN 20000-403			LM21[d]/ DM[d,e]	LM36[d,e]	NM[d]	
		450	0,14	0,16	0,18	5/10
		500	0,15	0,17	0,20	
		550	0,16	0,18	0,21	
		600	0,17	0,19	0,22	
		650	0,19	0,21	0,25	
		700	0,19	0,21	0,25	
		800	0,21	0,23	0,27	
		900	0,25	0,26	0,30	
		1000	0,28	0,29	0,32	
Vollblöcke (Vbl) und Vbl-S n. DIN 20000-403 aus Leichtbeton mit anderen leichten Zuschlägen als Naturbims und Blähton			LM21[d]/ DM[d,e]	LM36[d,e]	NM[d]	
		450	0,22	0,23	0,28	5/10
		500	0,23	0,24	0,29	
		550	0,24	0,25	0,30	
		600	0,25	0,26	0,31	
		650	0,26	0,27	0,32	
		700	0,27	0,28	0,33	
		800	0,29	0,30	0,36	
		900	0,32	0,32	0,39	
		1000	0,34	0,35	0,42	
		1200	–	–	0,49	
		1400	–	–	0,57	

Stoff	Rohdichte[a]	Bemessungswert der Wärmeleitfähigkeit λ_B			Richtwert der Wasserdampf-Diffusions-widerstandszahl[b] μ
	kg/m³	W/(mK)			(–)
	1600	–	–	0,62	10/15
	1800	–	–	0,68	
	2000	–	–	0,74	
Vollsteine (V) n. DIN 20000-403		LM21[d]/ DM[d,e]	LM36[d,e]	NM[d]	
	450	0,21	0,22	0,31	5/10
	500	0,22	0,23	0,32	
	550	0,23	0,25	0,33	
	600	0,24	0,26	0,34	
	650	0,25	0,27	0,35	
	700	0,27	0,29	0,37	
	800	0,30	0,32	0,40	
	900	0,33	0,35	0,43	
	1000	0,36	0,38	0,46	
	1200	–	–	0,54	
	1400	–	–	0,63	
	1600	–	–	0,74	10/15
	1800	–	–	0,87	
	2000	–	–	0,99	
Mauersteine n. DIN EN 771-3 in Verbindung mit DIN 20000-403	800	0,60			5/15
	900	0,65			
	1000	0,70			
	1200	0,80			
	1400	0,90			20/30
	1600	1,0			
	1800	1,1			
	2000	1,3			
	2200	1,6			
	2400	2,0			

Stoff	Rohdichte[a]	Bemessungswert der Wärmeleitfähigkeit λ_B	Richtwert der Wasserdampf-Diffusionswiderstandszahl[b] μ
	kg/m³	W/(mK)	(–)

[a] Die bei den Steinen genannten Rohdichten entsprechen den Rohdichteklassen der zitierten Stoffnormen.

[b] Es ist der jeweils ungünstigere Wert anzusetzen. Bezüglich der Anwendung der μ-Werte siehe DIN 4108-3.

[c] Bei Quarzsand erhöhen sich die Bemessungswerte der Wärmeleitfähigkeit um 20 %. Bei Hohlblöcken mit Quarzsandzusatz sind die Bemessungswerte der Wärmeleitfähigkeit für 2 K Hbl um 20 % und für 3 K Hbl bis 6 K Hbl um 15 % zu erhöhen.

[d] Bezeichnung der Mörtelarten n. DIN EN 1996-1-1, DIN EN 1996-2: NM – Normalmörtel; LM21 – Leichtmörtel mit λ = 0,21 W/(mK); LM36 – Leichtmörtel mit λ = 0,36 W/(mK); DM – Dünnbettmörtel.

[e] Wenn keine Werte angegeben sind, gelten die Werte der Spalte „NM".

Tab. A.1.5: Rohdichte, Wärmeleitfähigkeit und Richtwerte der Wasserdampf-Diffusionswiderstandszahl für Beläge, Abdichtstoffe und Abdichtungsbahnen (n. DIN 4108-4:2020-11, Tab. 1)

Stoff	Rohdichte[a] ρ kg/m³	Bemessungswert der Wärmeleitfähigkeit λ_B W/(mK)	Richtwert der Wasserdampf-Diffusionswiderstandszahl[b] μ (–)
Beläge, Abdichtstoffe und Abdichtungsbahnen			
Fußbodenbeläge	siehe DIN EN ISO 10456 bzw. Tab. A.2.1		
Abdichtstoffe	siehe DIN EN ISO 10456 bzw. Tab. A.2.1		
Asphaltmastix, Dicke ≥ 7 mm	(2000)	0,70	dampfdicht[c]
Bitumenbahnen n. DIN EN 13707	(1200)	0,17	20000
Nackte Bitumenbahnen n. DIN 52129	(1200)	0,17	2000/20000
PTFE-Folie, Dicke d ≥ 0,05 mm	–	–	10000
PA-Folie, Dicke d ≥ 0,05 mm	–	–	50000
PP-Folie, Dicke d ≥ 0,05 mm	–	–	1000

Stoff	Rohdichte[a] ρ kg/m³	Bemessungswert der Wärmeleitfähigkeit λ_B W/(mK)	Richtwert der Wasserdampf-Diffusionswiderstandszahl[b] μ (–)

[a] Die in Klammern angegebenen Werte für die Rohdichte dienen nur zur Ermittlung der flächenbezogenen Masse, z.B. für den Nachweis des sommerlichen Wärmeschutzes.
[b] Es ist der jeweils ungünstigere Wert anzusetzen. Bezüglich der Anwendung der μ-Werte siehe DIN 4108-3.
[c] Praktisch dampfdicht; n. DIN EN 12086 oder DIN EN ISO 12572: $s_d \geq 1500$ m.

Tab. A.1.6: Rohdichte, Wärmeleitfähigkeit und Richtwerte der Wasserdampf-Diffusionswiderstandszahl für sonstige gebräuchliche Stoffe (n. DIN 4108-4:2020-11, Tab. 1)

Stoff	Rohdichte[a] ρ kg/m³	Wärmeleitfähigkeit λ_B W/(mK)	Richtwert der Wasserdampf-Diffusionswiderstandszahl[b] μ (–)
Sonstige gebräuchliche Stoffe[c]			
Lose Schüttungen, abgedeckt[d]			
aus porigen Stoffen:			
Korkschrot, expandiert	(≤ 200)	0,055	3
Hüttenbims	(≤ 600)	0,13	
Blähschiefer	(≤ 400)	0,16	
Bimskies	(≤ 1000)	0,19	
Schaumlava	(≤ 1200)	0,22	
	(≤ 1500)	0,27	
Aus Polystyrolschaumstoff-Partikeln	(15)	0,050	3
Aus Sand, Kies, Splitt (trocken)	(1800)	0,70	3
Fliesen, Keramik, Porzellan	siehe DIN EN ISO 10456		
Glas			
Natursteine			

Stoff	Rohdichte[a] ρ kg/m³	Wärmeleitfähigkeit λ_B W/(mK)	Richtwert der Wasserdampf-Diffusionswiderstandszahl[b] μ (–)
Lehmbaustoffe	500	0,14	5/10
	600	0,17	
	700	0,21	
	800	0,25	
	900	0,30	
	1000	0,35	
	1200	0,47	
	1400	0,59	
	1600	0,73	
	1800	0,91	
	2000	1,1	
Böden, naturfeucht	siehe DIN EN ISO 10456		
Keramik und Glasmosaik			
Metalle			

[a] Die in Klammern angegebenen Werte für die Rohdichte dienen nur zur Ermittlung der flächenbezogenen Masse, z.B. für den Nachweis des sommerlichen Wärmeschutzes.
[b] Es ist der jeweils ungünstigere Wert anzusetzen. Bezüglich der Anwendung der μ-Werte siehe DIN 4108-3.
[c] Diese Stoffe sind hinsichtlich ihrer wärmeschutztechnischen Eigenschaften nicht genormt. Die angegebenen Wärmeleitfähigkeiten stellen obere Grenzwerte dar.
[d] Die Dichte wird bei losen Schüttungen als Schüttdichte angegeben.

A.1.2 Bemessungswerte für Wärmedämmstoffe

Bemessungswerte für Wärmedämmstoffe werden nach harmonisierten europäischen Normen (Tab. A.1.7) angegeben. Bei Wärmedämmstoffen nach europäischen Normen werden für die Wärmeleitfähigkeit zwei Werte angegeben:

- der Nennwert der Wärmeleitfähigkeit λ_D sowie
- der Bemessungswert der Wärmeleitfähigkeit λ_B.

Zwischen beiden Größen gilt folgende Beziehung:

$$\lambda_B = 1{,}2\ \lambda_D \tag{A.1.1}$$

Bei Wärmedämmstoffen nach nationalen Normen wird dagegen nur der Bemessungswert für die Wärmeleitfähigkeit angegeben.

Für wärme- und feuchteschutztechnische Berechnungen ist der Bemessungswert der Wärmeleitfähigkeit zu verwenden.

Tab. A.1.7: Rohdichte, Wärmeleitfähigkeit und Richtwert der Wasserdampf-Diffusionswiderstandszahl für Wärmedämmstoffe nach harmonisierten europäischen Normen (n. DIN 4108-4:2020-11, Tab. 2)

Stoff/Norm	**Nennwert der Wärmeleitfähigkeit** λ_D W/(mK)	**Bemessungswert der Wärmeleitfähigkeit** λ_B W/(mK)	**Richtwert der Wasserdampf-Diffusionswiderstandszahl**[f] μ (–)
Mineralwolle (MW) n. DIN EN 13162[a]	0,030	0,031	1
	0,031	0,032	
	…	…	
	0,049	0,050	
	0,050	0,052	
Expandierter Polystyrolschaum (EPS) n. DIN EN 13163[a]	0,030	0,031	20/100
	0,031	0,032	
	…	…	
	0,049	0,050	
	0,050	0,052	
Extrudierter Polystyrolschaum (XPS) n. DIN EN 13164[a]	0,022	0,023	80/250
	0,023	0,024	
	…	…	
	0,045	0,046	
Polyurethan-Hartschaum (PU) n. DIN EN 13165[a]	0,020	0,021	40/200
	0,021	0,022	
	…	…	
	0,040	0,041	
Phenolharz-Hartschaum (PF) n. DIN EN 13166[a]	0,020	0,021	10/60
	0,021	0,022	
	…	…	
	0,035	0,036	

Stoff/Norm	**Nennwert der Wärmeleitfähigkeit** λ_D W/(mK)	**Bemessungswert der Wärmeleitfähigkeit** λ_B W/(mK)	**Richtwert der Wasserdampf-Diffusionswiderstandszahl**[f] μ (–)
Schaumglas (CG) n. DIN EN 13167[a]	0,037	0,038	dampfdicht[h]
	0,038	0,039	
	...	...	
	0,049	0,050	
	0,050	0,052	
	...	...	
	0,055	0,057	
Holzwolle-Leichtbauplatten n. DIN EN 13168			
Holzwolle-Platten (WW)[b]	0,060	0,063	2/5
	0,061	0,064	
	...	...	
	0,069	0,072	
	0,070	0,074	
	...	...	
	0,089	0,093	
	0,090	0,095	
	...	...	
	0,10	0,105	
Holzwolle-Mehrschichtplatten n. DIN EN 13168 (WW-C) Für die Berechnung des Bemessungswertes des Wärmedurchlasswiderstandes müssen die einzelnen Bemessungswerte der Wärmedurchlasswiderstände der Schichten addiert werden.			
mit expandiertem Polystyrolschaum (EPS) n. DIN EN 13163[a]	0,030	0,031	20/50
	0,031	0,032	
	...	...	
	0,049	0,050	
	0,050	0,052	

Stoff/Norm	Nennwert der Wärmeleitfähigkeit λ_D W/(mK)	Bemessungswert der Wärmeleitfähigkeit λ_B W/(mK)	Richtwert der Wasserdampf-Diffusionswiderstandszahl[f] μ (–)
mit Mineralwolle (MW) n. DIN EN 13162[a]	0,030	0,031	1
	0,031	0,032	
	...	...	
	0,049	0,050	
	0,050	0,052	
Holzwolledeckschicht(en) n. DIN EN 13168[d]	0,10	0,12	2/5
	0,11	0,13	
	0,12	0,14	
	0,13	0,16	
	0,14	0,17	
Blähperlit (EPB) n. DIN EN 13169[a]	0,045	0,046	5
	0,046	0,047	
	...	...	
	0,049	0,050	
	0,050	0,052	
	...	...	
	0,070	0,072	
Expandierter Kork (ICB) n. DIN EN 13170[b]	0,038	0,040	5/10
	0,039	0,041	
	...	...	
	0,049	0,051	
	0,050	0,053	
	...	...	
	0,055	0,058	

Stoff/Norm	Nennwert der Wärmeleitfähigkeit λ_D W/(mK)	Bemessungswert der Wärmeleitfähigkeit λ_B W/(mK)	Richtwert der Wasserdampf-Diffusionswiderstandszahl [f] μ (–)
Holzfaserdämmstoff (WF) n. DIN EN 13171[b]	0,032	0,034	3/5
	0,033	0,035	
	...	...	
	0,049	0,051	
	0,050	0,053	
	...	...	
	0,060	0,063	
Wärmedämmputz n. DIN EN 998-1			
Kategorie T1	–	0,12	5/20
Kategorie T2	–	0,24	
Wärmedämmstoff aus Polyurethan(PUR)- und Polyisocyanurat(PIR)-Spritzschaum n. DIN EN 14315-1[c]	0,020	0,023	–
	0,021	0,024	
	...	...	
	0,034	0,037	
	0,035	0,039	
	...	...	
	0,040	0,044	
Wärmedämmung aus Produkten mit expandiertem Perlite (EP) n. DIN EN 14316-1[a]	0,040	0,041	–
	0,041	0,042	
	...	...	
	0,049	0,050	
	0,050	0,052	
	...	...	
	0,060	0,062	
Selbsttragende Sandwich-Elemente mit beidseitigen Metalldeckschichten n. DIN EN 14509[a, g]	0,020	0,021	–
	0,021	0,022	
	...	...	
	0,047	0,048	

Stoff/Norm	Nennwert der Wärmeleitfähigkeit λ_D W/(mK)	Bemessungswert der Wärmeleitfähigkeit λ_B W/(mK)	Richtwert der Wasserdampf-Diffusionswiderstandszahl[f] μ (–)
An der Verwendungsstelle hergestellte Wärmedämmung aus Blähton-Leichtzuschlagstoffen (LWA) n. DIN EN 14063-1[b]	0,090	0,095	–
	0,091	0,096	
	...	...	
	0,095	0,10	
	...	...	
	0,10	0,105	
	0,11	0,12	
	...	...	
	0,13	0,14	
An der Verwendungsstelle hergestellte Wärmedämmung mit Produkten aus expandiertem Vermiculit (EV) n. DIN EN 14317-1[d]	0,052	0,062	–
	0,053	0,064	
	...	...	
	0,057	0,068	
	0,058	0,070	
	...	...	
	0,062	0,074	
	0,063	0,076	
	...	...	
	0,067	0,080	
	0,068	0,082	
	...	...	
	0,072	0,086	
	0,073	0,088	
	...	...	
	0,077	0,092	
	0,078	0,094	
	0,079	0,095	
	0,080	0,096	

Stoff/Norm	**Nennwert der Wärmeleitfähigkeit** λ_D W/(mK)	**Bemessungswert der Wärmeleitfähigkeit** λ_B W/(mK)	**Richtwert der Wasserdampf-Diffusionswiderstandszahl**[f] μ (–)
An der Verwendungsstelle hergestellte Wärmedämmung aus Mineralwolle (MW) n. DIN EN 14064-1[a]	0,032	0,033	–
	0,033	0,034	
	…	…	
	0,049	0,050	
	0,050	0,052	
Werkmäßig hergestellte Produkte aus Polyethylenschaum (PEF) n. DIN EN 16069[d]	0,035	0,042	–
	0,026	0,043	
	0,037	0,044	
	0,038	0,046	
	…	…	
	0,042	0,050	
	0,043	0,052	
	…	…	
	0,047	0,056	
	0,048	0,058	
	…	…	
	0,052	0,062	
	0,053	0,064	
	…	…	
	0,057	0,068	
	0,058	0,070	
	0,059	0,071	
	0,060	0,072	

Stoff/Norm	Nennwert der Wärmeleitfähigkeit λ_D W/(mK)	Bemessungswert der Wärmeleitfähigkeit λ_B W/(mK)	Richtwert der Wasserdampf-Diffusionswiderstandszahl [f] μ (–)
An der Verwendungsstelle hergestellter Wärmedämmstoff aus dispensiertem Polyurethan(PUR)- und Polyisocyanurat(PIR)-Hartschaum n. DIN EN 14318-1[c]	0,020	0,023	–
	0,021	0,024	
	…	…	
	0,034	0,037	
	0,035	0,039	
	…	…	
	0,040	0,044	

Anmerkung 1 Errechnete Bemessungswerte werden in der Regel auf zwei wertanzeigende Ziffern gerundet.

Anmerkung 2 Weitere Bemessungswerte können mit den jeweils in den Fußnoten angegebenen Gleichungen ermittelt werden.

[a] $\lambda_{Bemessung} = \lambda_D \cdot 1{,}03$; aber mindestens ein Zuschlag von 1 mW/(mK)

[b] $\lambda_{Bemessung} = \lambda_D \cdot 1{,}05$; aber mindestens ein Zuschlag von 2 mW/(mK)

[c] $\lambda_{Bemessung} = \lambda_D \cdot 1{,}10$; aber mindestens ein Zuschlag von 3 mW/(mK)

[d] $\lambda_{Bemessung} = \lambda_D \cdot 1{,}20$

[e] $\lambda_{Bemessung} = \lambda_D \cdot 1{,}23$

[f] Es ist jeweils der für die Baukonstruktion ungünstigere Wert einzusetzen.

[g] Die Anforderungen nach Fußnote a sind übertragbar auf den Bemessungswert des Wärmedurchgangskoeffizienten $(U) \cdot U_B = U_D \cdot 1{,}03$.

[h] Praktisch dampfdicht; n. DIN EN 12086 oder DIN EN ISO 12572: $s_d \geq 1500$ m.

A.2 Bemessungswerte nach DIN EN ISO 10456

Weitere wärme- und feuchteschutztechnische Bemessungswerte sind in der internationalen Norm DIN EN ISO 10456 tabelliert. Darüber hinaus legt DIN EN ISO 10456 Verfahren zur Ermittlung von wärmeschutztechnischen Nenn- und Bemessungswerten von Baustoffen und Bauprodukten fest, die in wärmetechnischer Hinsicht als homogen gelten. Außerdem enthält diese Norm Verfahren zur Umrechnung von Werten für abweichende Klimabedingungen (Temperaturen und relative Feuchte). Nachfolgend werden die tabellierten Bemessungswerte angegeben sowie die Verfahren zur Umrechnung bei abweichenden Klimabedingungen erläutert. Für darüber hinausgehende vertiefende Informationen wird auf die Norm verwiesen.

A.2.1 Tabellierte wärme- und feuchteschutztechnische Bemessungswerte für Baustoffe

Wärme- und feuchteschutztechnische Bemessungswerte (Wärmeleitfähigkeit, Richtwerte der Wasserdampf-Diffusionswiderstandszahl und spezifische Wärmekapazität) sind in DIN EN ISO 10456 für folgende Stoffe tabelliert:

- Fußbodenbeläge und Abdichtstoffe (Tab. A.2.1);
- Beton (Tab. A.2.2);
- Holz und Holzwerkstoffe (Tab. A.2.3);
- massive Kunststoffe (Tab. A.2.4);
- Gummi (Tab. A.2.5);
- Metalle (Tab. A.2.6);
- Glas (Tab. A.2.7);
- Dichtungsstoffe, Dichtungen und wärmetechnische Trennungen (Tab. A.2.8);
- Gips, Putz und Mörtel (Tab. A.2.9);
- Dachziegelsteine und Platten (Tab. A.2.10);
- Böden und Gesteine (Tab. A.2.11);
- Wasser, Eis und Schnee (Tab. A.2.12);
- Gase (Tab. A.2.13).

Die oben genannten Tabellen (Tab. A.2.1 bis A.2.13) enthalten für Stoffe, die üblicherweise im Bauwesen angewendet werden (Baustoffe), die folgenden Bemessungswerte:

- Wärmeleitfähigkeit,
- spezifische Wärmekapazität und
- Wasserdampf-Diffusionswiderstandszahl.

Bei Stoffen, bei denen ein Bereich von Werten angegeben wird, der von der Rohdichte abhängig ist, dürfen Zwischenwerte (die sich für hier nicht tabellierte Rohdichten ergeben) linear interpoliert werden.

Beispiel: Nutzholz mit einer Rohdichte von 600 kg/m³. Nach Tab. A.2.3 sind Bemessungswerte nur für die Rohdichten 500 kg/m³ und 700 kg/m³ angegeben. Für Nutzholz mit einer Rohdichte von 600 kg/m³ ergeben sich folgende Werte: Wärmeleitfähigkeit: $\lambda = (0{,}13 + 0{,}18) / 2 = 0{,}155$ W/(mK), spezifische Wärmekapazität $c_p = 1600$ J/(kg·K), Wasserdampf-Diffusionswiderstandszahl: trocken: $\mu = (50 + 200) / 2 = 125$, feucht: $\mu = (20 + 50) /2 = 35$.

In den Tab. A.2.1 bis A.2.13 sowie in Tab. A.2.15 ist die Wasserdampf-Diffusionswiderstandszahl für trockene sowie für feuchte Bedingungen angegeben; die Spaltenüberschriften sind entsprechend mit „trocken" und „feucht" gekennzeichnet. Diese Angaben beziehen sich auf die Prüfbedingungen beim Prüfverfahren zur Bestimmung der Wasserdampfdurchlässigkeit nach DIN EN ISO 12572. Die Bedingung „trocken" entspricht den

Bedingungen mit „trockenem Prüfgefäß" (Prüfbedingung A nach DIN EN ISO 12572; Temperatur 23 °C, relative Luftfeuchte 0 bis 50 %). Hiermit ergeben sich Hinweise zum Verhalten von Stoffen bei niedriger relativer Luftfeuchte, wenn beim Feuchtetransport Wasserdampfdiffusion vorherrscht. Die Bedingung „feucht" entspricht den Bedingungen mit „nassem Prüfgefäß" (Prüfbedingung C n. DIN EN ISO 12572; Temperatur 23 °C, relative Luftfeuchte 50 bis 93 %). Hiermit ergeben sich Hinweise zum Verhalten von Stoffen bei hoher Luftfeuchte. Bei beheizten Gebäuden sind die Werte mit der Kennzeichnung „trocken" im Allgemeinen auf die Stoffe, die sich auf der Innenseite einer Dämmschicht befinden, anwendbar. Für Stoffe auf der Außenseite einer Dämmschicht sind die Werte mit der Kennzeichnung „feucht" zu verwenden.

A.2.1.1 Bemessungswerte für Fußbodenbeläge und Abdichtstoffe

Tab. A.2.1: Bemessungswerte der Wärmeleitfähigkeit und Richtwerte der Wasserdampf-Diffusionswiderstandszahl für Fußbodenbeläge und Abdichtstoffe (n. DIN EN ISO 10456:2010-05, Tab. 3; Auszug)

Stoff	**Rohdichte** ρ kg/m³	**Bemessungswert der Wärmeleitfähigkeit** λ_B W/(mK)	**Spezifische Wärmespeicherkapazität** c_p J/(kg·K)	**Wasserdampf-Diffusionswiderstandszahl** μ (–) trocken	feucht
Fußbodenbeläge					
Gummi	1200	0,17	1400	10000	10000
Kunststoff	1700	0,25	1400	10000	10000
Unterlagen, poröser Gummi oder Kunststoff	270	0,10	1400	10000	10000
Filzunterlage	120	0,05	1300	20	15
Wollunterlage	200	0,06	1300	20	15
Korkunterlage	< 200	0,05	1500	20	10
Korkfliesen	> 400	0,065	1500	40	20
Teppich/Teppichboden	200	0,06	1300	5	5
Linoleum	1200	0,17	1400	1000	800
Abdichtstoffe					
Asphalt	2100	0,70	1000	50000	50000
Bitumen als Stoff	1050	0,17	1000	50000	50000
Bitumen als Bahn	1100	0,23	1000	50000	50000
Polyvinylchlorid (PVC)	1390	0,17	900	50000	50000

Stoff	**Rohdichte** ρ	**Bemessungswert der Wärmeleitfähigkeit** λ_B	**Spezifische Wärmespeicherkapazität** c_p	**Wasserdampf-Diffusionswiderstandszahl** μ (–)	
	kg/m³	W/(mK)	J/(kg·K)	trocken	feucht
Polyethylen (PE), hohe Rohdichte	980	0,50	1800	100000	100000
Polyethylen (PE), niedrige Rohdichte	920	0,33	2200	100000	100000

A.2.1.2 Bemessungswerte für Beton

Tab. A.2.2: Bemessungswerte der Wärmeleitfähigkeit und Richtwerte der Wasserdampf-Diffusionswiderstandszahl für Beton (n. DIN EN ISO 10456:2010-05, Tab. 3; Auszug)

Stoff	**Rohdichte** ρ	**Bemessungswert der Wärmeleitfähigkeit** λ_B	**Spezifische Wärmespeicherkapazität** c_p	**Wasserdampf-Diffusionswiderstandszahl** μ (–)	
	kg/m³	W/(mK)	J/(kg·K)	trocken	feucht
Beton[a]					
mittlere Rohdichte	1800	1,15	1000	100	60
	2000	1,35	1000	100	60
	2200	1,65	1000	120	70
hohe Rohdichte	2400	2,00	1000	130	80
armiert (mit 1 % Stahl)	2300	2,3	1000	130	80
armiert (mit 2 % Stahl)	2400	2,5	1000	130	80
[a] Trockenrohdichte					

A.2.1.3 Bemessungswerte für Holz und Holzwerkstoffe

Tab. A.2.3: Bemessungswerte der Wärmeleitfähigkeit und Richtwerte der Wasserdampf-Diffusionswiderstandszahl für Holz und Holzwerkstoffe (n. DIN EN ISO 10456:2010-05, Tab. 3; Auszug)

Stoff	Rohdichte ρ kg/m³	Bemessungswert der Wärmeleitfähigkeit λ_B W/(mK)	Spezifische Wärmespeicherkapazität c_p J/(kg·K)	Wasserdampf-Diffusionswiderstandszahl μ (–) trocken	feucht
Holz					
Nutzholz[a]	450	0,12	1600	50	20
	500	0,13	1600	50	20
	700	0,18	1600	200	50
Holzwerkstoffe					
Sperrholz[b]	300	0,09	1600	150	50
	500	0,13	1600	200	70
	700	0,17	1600	220	90
	1000	0,24	1600	250	110
Zementgebundene Spanplatten	1200	0,23	1500	50	30
Spanplatten	300	0,10	1700	50	10
	600	0,14	1700	50	15
	900	0,18	1700	50	20
OSB-Platten	650	0,13	1700	50	30
Holzfaserplatten einschließlich MDF[c]	250	0,07	1700	5	3
	400	0,10	1700	10	5
	600	0,14	1700	20	12
	800	0,18	1700	30	20

[a] Die Rohdichte von Nutzholz und Holzfaserplattenprodukten ist die Gleichgewichtsdichte bei 20 °C und einer relativen Luftfeuchte von 65 %.
[b] Bis zum Vorliegen zuverlässiger Daten dürfen für Hartfaserplatten (solid wood panels (SWP)) und für Bauholz mit Furnierschichten (laminated veneer lumber (LVL)) die für Sperrholz angegebenen Werte angewendet werden.
[c] MDF: medium density fibreboard; mitteldichte Holzfaserplatte, die in sogenannten Trockenverfahren hergestellt wird.

A.2.1.4 Bemessungswerte für Kunststoffe

Tab. A.2.4: Bemessungswerte der Wärmeleitfähigkeit und Richtwerte der Wasserdampf-Diffusionswiderstandszahl für massive Kunststoffe (n. DIN EN ISO 10456:2010-05, Tab. 3; Auszug)

Stoff	Rohdichte ρ kg/m³	Bemessungswert der Wärmeleitfähigkeit λ_B W/(mK)	Spezifische Wärmespeicherkapazität c_p J/(kg·K)	Wasserdampf-Diffusionswiderstandszahl μ (–) trocken	feucht
Massive Kunststoffe					
Acrylkunststoffe	1050	0,20	1500	10000	10000
Polycarbonate	1200	0,20	1200	5000	5000
Polytetraflourethylen-Kunststoffe (PTFE)	2200	0,25	1000	10000	10000
Polyvinylchlorid (PVC)	1390	0,17	900	50000	50000
Polymethylmethacrylat (PMMA)	1180	0,18	1500	50000	50000
Polyacetat-Kunststoffe	1410	0,30	1400	100000	100000
Polyamid (Nylon)	1150	0,25	1600	50000	50000
Polyamid 6.6 mit 25 % Glasfasern	1450	0,30	1600	50000	50000
Polyethylen/Polythen, hohe Rohdichte	980	0,50	1800	100000	100000
Polyethylen/Polythen, niedrige Rohdichte	920	0,33	2200	100000	100000
Polystyrol	1050	0,16	1300	100000	100000
Polypropylen	910	0,22	1800	10000	10000
Polypropylen mit 25 % Glasfasern	1200	0,25	1800	10000	10000
Polyurethan (PU)	1200	0,25	1800	6000	6000
Epoxydharz	1200	0,20	1400	10000	10000
Phenolharz	1300	0,30	1700	100000	100000
Polyesterharz	1400	0,19	1200	10000	10000

A.2.1.5 Bemessungswerte für Gummi

Tab. A.2.5: Bemessungswerte der Wärmeleitfähigkeit und Richtwerte der Wasserdampf-Diffusionswiderstandszahl für Gummi (n. DIN EN ISO 10456:2010-05, Tab. 3; Auszug)

Stoff	**Rohdichte** ρ kg/m³	**Bemessungswert der Wärmeleitfähigkeit** λ_B W/(mK)	**Spezifische Wärmespeicherkapazität** c_p J/(kg·K)	**Wasserdampf-Diffusionswiderstandszahl** μ (–) trocken	feucht
Gummi					
Naturkautschuk	910	0,13	1100	10000	10000
Neopren (Polychloropren)	1240	0,23	2140	10000	10000
Butylkautschuk (Isobutenkautschuk), hart/heiß geschmolzen	1200	0,24	1400	200000	200000
Schaumgummi	60 bis 80	0,06	1500	7000	7000
Hartgummi (Ebonit)	1200	0,17	1400	∞	∞
Ethylen-Propylendien, Monomer (EPDM)	1150	0,25	1000	6000	6000
Polyisobutylenkautschuk	930	0,20	1100	10000	10000
Polysulfid	1700	0,40	1000	10000	10000
Butadien	980	0,25	1000	100000	100000

A.2.1.6 Bemessungswerte für Metalle

Tab. A.2.6: Bemessungswerte der Wärmeleitfähigkeit und Richtwerte der Wasserdampf-Diffusionswiderstandszahl für Metalle (n. DIN EN ISO 10456:2010-05, Tab. 3; Auszug)

Stoff	Rohdichte ρ kg/m³	Bemessungswert der Wärmeleitfähigkeit λ_B W/(mK)	Spezifische Wärmespeicherkapazität c_p J/(kg·K)	Wasserdampf-Diffusionswiderstandszahl μ (–) trocken	feucht
Metalle					
Aluminiumlegierungen	2800	160	880	∞	∞
Bronze	8700	65	380	∞	∞
Messing	8400	120	380	∞	∞
Kupfer	8900	380	380	∞	∞
Gusseisen	7500	50	450	∞	∞
Blei	11300	35	130	∞	∞
Stahl	7800	50	450	∞	∞
nichtrostender Stahl[a], austenitisch oder austenitisch-ferritisch	7900	17	500	∞	∞
nichtrostender Stahl[a], ferritisch oder martensitisch	7900	30	460	∞	∞
Zink	7200	110	380	∞	∞

[a] Eine Liste nichtrostender Stähle ist in DIN EN 10088-1 enthalten. Diese Liste kann verwendet werden, wenn die genaue Zusammensetzung des nichtrostenden Stahls bekannt ist.

A.2.1.7 Bemessungswerte für Glas

Tab. A.2.7: Bemessungswerte der Wärmeleitfähigkeit und Richtwerte der Wasserdampf-Diffusionswiderstandszahl für Glas (n. DIN EN ISO 10456:2010-05, Tab. 3; Auszug)

Stoff	**Rohdichte** ρ kg/m³	**Bemessungswert der Wärmeleitfähigkeit** λ_B W/(mK)	**Spezifische Wärmespeicherkapazität** c_p J/(kg·K)	**Wasserdampf-Diffusionswiderstandszahl** μ (–) trocken	feucht
Glas					
Natronglas (einschließlich Floatglas)	2500	1,00	750	∞	∞
Quarzglas	2200	1,40	750		
Glasmosaik	2000	1,20	750		

A.2.1.8 Bemessungswerte für Dichtungsstoffe, Dichtungen und wärmetechnische Trennungen

Tab. A.2.8: Bemessungswerte der Wärmeleitfähigkeit und Richtwerte der Wasserdampf-Diffusionswiderstandszahl für Dichtungsstoffe, Dichtungen und wärmetechnische Trennungen (n. DIN EN ISO 10456:2010-05, Tab. 3; Auszug)

Stoff	**Rohdichte** ρ kg/m³	**Bemessungswert der Wärmeleitfähigkeit** λ_B W/(mK)	**Spezifische Wärmespeicherkapazität** c_p J/(kg·K)	**Wasserdampf-Diffusionswiderstandszahl** μ (–) trocken	feucht
Dichtungsstoffe, Dichtungen und wärmetechnische Trennungen					
Silicagel	720	0,13	1000	∞	∞
Silikon, ohne Füllstoff	1200	0,35	1000	5000	5000
Silikon, mit Füllstoff	1450	0,50	1000	5000	5000
Silikonschaum	750	0,12	1000	10000	10000
Urethan/Polyurethanschaum (als wärmtechnische Trennung)	1300	0,21	1800	60	60

Stoff	Rohdichte ρ kg/m³	Bemessungswert der Wärmeleitfähigkeit λ_B W/(mK)	Spezifische Wärmespeicherkapazität c_p J/(kg·K)	Wasserdampf-Diffusionswiderstandszahl μ (–) trocken	feucht
Weichpolyvinylchlorid (PVC-P), mit 40 % Weichmacher	1200	0,14	1000	100000	100000
Elastomerschaum, flexibel	60 bis 80	0,05	1500	10000	10000
Polyurethanschaum (PU)	70	0,05	1500	60	60
Polyethylenschaum	70	0,05	2300	100	100

A.2.1.9 Bemessungswerte für Gips, Putze und Mörtel

Tab. A.2.9: Bemessungswerte der Wärmeleitfähigkeit und Richtwerte der Wasserdampf-Diffusionswiderstandszahl für Gips, Putze und Mörtel (n. DIN EN ISO 10456:2010-05, Tab. 3; Auszug)

Stoff	Rohdichte ρ kg/m³	Bemessungswert der Wärmeleitfähigkeit λ_B W/(mK)	Spezifische Wärmespeicherkapazität c_p J/(kg·K)	Wasserdampf-Diffusionswiderstandszahl μ (–) trocken	feucht
Gips					
Gips	600	0,18	1000	10	4
	900	0,30	1000	10	4
	1200	0,43	1000	10	4
	1500	0,56	1000	10	4
Gipskartonplatte [a]	700	0,21	1000	10	4
	900	0,25	1000	10	4
Putze und Mörtel					
Gipsdämmputz	600	0,18	1000	10	6

Stoff	Rohdichte ρ kg/m³	Bemessungswert der Wärmeleitfähigkeit λ_B W/(mK)	Spezifische Wärmespeicherkapazität c_p J/(kg·K)	Wasserdampf-Diffusionswiderstandszahl μ (–) trocken	feucht
Gipsputz	1000	0,40	1000	10	6
	1300	0,57	1000	10	6
Gips, Sand	1600	0,80	1000	10	6
Kalk, Sand	1600	0,80	1000	10	6
Zement, Sand	1800	1,00	1000	10	6
[a] Wärmeleitfähigkeit λ einschließlich der Papierdeckschichten.					

A.2.1.10 Bemessungswerte für Dachziegelsteine und Platten

Tab. A.2.10: Bemessungswerte der Wärmeleitfähigkeit und Richtwerte der Wasserdampf-Diffusionswiderstandszahl für Dachziegelsteine und Platten (n. DIN EN ISO 10456:2010-05, Tab. 3; Auszug)

Stoff	Rohdichte ρ kg/m³	Bemessungswert der Wärmeleitfähigkeit λ_B W/(mK)	Spezifische Wärmespeicherkapazität c_p J/(kg·K)	Wasserdampf-Diffusionswiderstandszahl μ (–) trocken	feucht
Dachziegelsteine					
Ton	2000	1,0	800	40	30
Beton	2100	1,5	1000	100	60
Platten					
Keramik, Porzellan	2300	1,3	840	∞	∞
Kunststoff	1000	0,20	1000	10000	10000

A.2.1.11 Bemessungswerte für Böden und Gesteine

Tab. A.2.11: Bemessungswerte der Wärmeleitfähigkeit und Richtwerte der Wasserdampf-Diffusionswiderstandszahl für Böden (Erdreich siehe Abschnitt E) und Gesteine (n. DIN EN ISO 10456:2010-05, Tab. 3; Auszug)

Stoff	Rohdichte ρ kg/m³	Bemessungswert der Wärmeleitfähigkeit λ_B W/(mK)	Spezifische Wärmespeicherkapazität c_p J/(kg·K)	Wasserdampf-Diffusionswiderstandszahl μ (–) trocken	feucht
Böden					
Ton, Schlick oder Schlamm	1200 bis 1800	1,5	1670 bis 2500	50	50
Sand und Kies	1700 bis 2200	2,0	910 bis 1180	50	50
Gesteine					
kristalliner Naturstein	2800	3,5	1000	10000	10000
Sediment-Naturstein	2600	2,3	1000	250	200
leichter Sediment-Naturstein	1500	0,85	1000	30	20
poröses Gestein, z.B. Lava	1600	0,55	1000	20	15
Basalt	2700 bis 3000	3,5	1000	10000	10000
Gneis	2400 bis 2700	3,5	1000	10000	10000
Granit	2500 bis 2700	2,8	1000	10000	10000
Marmor	2800	3,5	1000	10000	10000
Schiefer	2000 bis 2800	2,2	1000	1000	800
Kalkstein, extraweich	1600	0,85	1000	30	20
Kalkstein, weich	1800	1,1	1000	40	25
Kalkstein, mittelhart	2000	1,4	1000	50	40
Kalkstein, hart	2200	1,7	1000	200	150
Kalkstein, extrahart	2600	2,3	1000	250	200

Stoff	Rohdichte ρ kg/m³	Bemessungswert der Wärmeleitfähigkeit λ_B W/(mK)	Spezifische Wärmespeicherkapazität c_p J/(kg·K)	Wasserdampf-Diffusionswiderstandszahl μ (–) trocken	feucht
Sandstein (Quarzit)	2600	2,3	1000	40	30
Naturbims	400	0,12	1000	8	6
Kunststein	1750	1,3	1000	50	40

A.2.1.12 Bemessungswerte für Wasser, Eis und Schnee

Tab. A.2.12: Bemessungswerte der Wärmeleitfähigkeit und Richtwerte der Wasserdampf-Diffusionswiderstandszahl für Wasser, Eis und Schnee (n. DIN EN ISO 10456:2010-05, Tab. 3; Auszug)

Stoff	Rohdichte ρ kg/m³	Bemessungswert der Wärmeleitfähigkeit λ_B W/(mK)	Spezifische Wärmespeicherkapazität c_p J/(kg·K)	Wasserdampf-Diffusionswiderstandszahl μ (–) trocken	feucht
Wasser					
Wasser bei 10 °C	1000	0,60	4190	k. A.	k. A.
Wasser bei 40 °C	990	0,63	4190	k. A.	k. A.
Wasser bei 80 °C	970	0,67	4190	k. A.	k. A.
Eis					
Eis bei –10 °C	920	2,30	2000	k. A.	k. A.
Eis bei 0 °C	900	2,20	2000	k. A.	k. A.
Schnee					
Schnee, frisch gefallen (< 3 cm)	100	0,05	2000	k. A.	k. A.
Neuschnee, weich (3 bis 7 cm)	200	0,12	2000	k. A.	k. A.
Schnee, leicht verharscht (7 bis 10 cm)	300	0,23	2000	k. A.	k. A.

Stoff	Rohdichte ρ	Bemessungswert der Wärmeleitfähigkeit λ_B	Spezifische Wärmespeicherkapazität c_p	Wasserdampf-Diffusionswiderstandszahl μ (–)	
	kg/m³	W/(mK)	J/(kg·K)	trocken	feucht
Schnee, verharscht (< 20 cm)	500	0,60	2000	k. A.	k. A.
k. A.: keine Angabe					

A.2.1.13 Bemessungswerte für Gase

Tab. A.2.13: Bemessungswerte der Wärmeleitfähigkeit und Richtwerte der Wasserdampf-Diffusionswiderstandszahl für Gase (n. DIN EN ISO 10456:2010-05, Tab. 3; Auszug)

Stoff	Rohdichte ρ	Bemessungswert der Wärmeleitfähigkeit λ_B	Spezifische Wärmespeicherkapazität c_p	Wasserdampf-Diffusionswiderstandszahl μ (–)	
	kg/m³	W/(mK)	J/(kg·K)	trocken	feucht
Gase					
Luft	1,23	0,025	1008	1	1
Kohlendioxid	1,95	0,014	820	1	1
Argon	1,70	0,017	519	1	1
Schwefelhexaflourid	6,36	0,013	614	1	1
Krypton	3,56	0,0090	245	1	1
Xenon	5,68	0,0054	160	1	1

A.2.2 Umrechnung wärmeschutztechnischer Werte

A.2.2.1 Allgemeines

Umrechnungen wärmeschutztechnischer Werte sind erforderlich, wenn unterschiedliche Bedingungen (λ_1, R_1) bzw. (λ_2, R_2) vorliegen. Die Umrechnung wird mit folgenden Gleichungen vorgenommen:

$$\lambda_2 = \lambda_1 \cdot F_T \cdot F_m \cdot F_a \qquad (A.2.1)$$

$$R_2 = \frac{R_1}{F_T \cdot F_m \cdot F_a} \tag{A.2.2}$$

Darin bedeuten:

- λ_1, λ_2 Bemessungswerte der Wärmeleitfähigkeit der Stoffe 1 und 2 in W/(mK);
- R_1, R_2 Wärmedurchlasswiderstände der Stoffe 1 und 2 in m²K/W;
- F_T Umrechnungsfaktor für die Temperatur (siehe A.2.17);
- F_m Umrechnungsfaktor für den Feuchtegehalt (siehe Tab. A.2.15);
- F_a Umrechnungsfaktor infolge Alterung.

A.2.2.2 Umrechnungsfaktor für die Temperatur

Der Umrechnungsfaktor für die Temperatur F_T wird mit folgender Gleichung ermittelt:

$$F_T = e^{f_t(T_2 - T_1)} \tag{A.2.3}$$

Darin bedeuten:

- f_T Temperaturumrechnungskoeffizient in 1/K (siehe Anhang A der DIN EN ISO 10456 bzw. Abschnitt A.2.5);
- T_1 Temperatur im ersten Satz von Randbedingungen;
- T_2 Temperatur im zweiten Satz von Randbedingungen.

A.2.2.3 Umrechnungsfaktor für den Feuchtegehalt

Der Umrechnungsfaktor für den Feuchtegehalt wird mit folgenden Gleichungen berechnet.

a) Umrechnung des massebezogenen Feuchtegehaltes:

$$F_m = e^{f_u(u_2 - u_1)} \tag{A.2.4}$$

Darin bedeuten:

- f_u massebezogener Feuchteumrechnungskoeffizient (siehe DIN EN ISO 10456 sowie Tab. A.2.15);
- u_1 massebezogener Feuchtegehalt des ersten Satzes von Randbedingungen;
- u_2 massebezogener Feuchtegehalt des zweiten Satzes von Randbedingungen.

b) Umrechnung des volumenbezogenen Feuchtegehaltes:

$$F_m = e^{f_{\Psi}(\Psi_2 - \Psi_1)} \tag{A.2.5}$$

Darin bedeuten:

- f_{Ψ} volumenbezogener Feuchteumrechnungskoeffizient (siehe DIN EN ISO 10456 sowie Tab. A.2.15);
- Ψ_1 massebezogener Feuchtegehalt des ersten Satzes von Randbedingungen;
- Ψ_2 massebezogener Feuchtegehalt des zweiten Satzes von Randbedingungen.

A.2.2.4 Umrechnung bei Alterung

Die Alterung von Wärmedämmstoffen wird von folgenden Parametern beeinflusst:

- Stoffart;
- Beschichtungen;
- Gefüge;
- Treibmittel, das für die Herstellung verwendet wurde;
- Temperatur;
- Schichtdicke.

Der Alterungseffekt kann aus theoretischen Modellen abgeleitet werden, die auf experimentellen Versuchsergebnissen beruhen. Allgemeingültige Umrechnungsregeln für die Alterung existieren nicht. Folgende Regelungen sind zu beachten, wenn die Alterung berücksichtigt werden soll:

Ist die Alterung bereits beim wärmeschutztechnischen Nennwert berücksichtigt worden, darf bei der Ermittlung des wärmeschutztechnischen Bemessungswertes keine weitere Umrechnung infolge Alterung vorgenommen werden.

Wird für die Berücksichtigung der Alterung der Umrechnungsfaktor F_a verwendet, ist zu beachten, dass der Faktor die Berechnung des Wertes der Eigenschaft, der die Alterung berücksichtigt, für mindestens die Hälfte der Nutzungsdauer des Produktes zulässt. Die Nutzungsdauer wird in der Regel mit 50 Jahren angesetzt.

A.2.2.5 Natürliche Konvektion

In einem Dämmstoff, der ein offenes Gefüge aufweist (wie z.B. Mineralwolle), wird das Einsetzen der natürlichen Konvektion von folgenden Größen beeinflusst:

- Durchlässigkeit des Dämmstoffs;
- Dicke des Dämmstoffs;
- Temperaturdifferenz zwischen den Oberflächen bzw. Schichtgrenzen.

Die Treibkraft für die natürliche Konvektion wird durch die modifizierte Raleighzahl Ra_m beschrieben, die mit folgender Gleichung ermittelt wird:

$$Ra_m = 3 \times 10^6 \frac{d \cdot k \cdot \Delta T}{\lambda} \qquad \text{(A.2.6)}$$

Darin bedeuten:

ΔT Temperaturdifferenz in der Dämmung in K;

d Dicke der Dämmung in m;

k Durchlässigkeit des Dämmstoffs in m^2;

λ Wärmeleitfähigkeit der Dämmung ohne Konvektion in W/(mK).

Falls Ra_m den Wert nach Tab. A.2.14 nicht überschreitet ($Ra_m \leq Ra_{m,krit}$), ist keine Korrektur der Wärmeleitfähigkeit wegen natürlicher Konvektion erforderlich. Weitere Informationen siehe DIN EN ISO 10456.

Tab. A.2.14: Kritische modifizierte Raleighzahl (n. DIN EN ISO 10456:2010-05, Tab. 2)

Richtung des Wärmestroms [a]	Ra_m
horizontal	2,5
aufwärts, offene Oberfläche	15
aufwärts, windgeschützte Oberfläche	30

[a] Zwischenwerte, die sich für andere Richtungen ergeben, dürfen linear interpoliert werden.

A.2.3 Feuchteschutztechnische Eigenschaften und spezifische Wärmekapazität von Wärmedämmstoffen und Mauerwerk

Bemessungswerte für die spezifische Wärmekapazität und die Wasserdampf-Diffusionswiderstandszahl für Wärmedämmstoffe und Mauerwerk befinden sich in Tab. A.2.15. Weiterhin sind dort Angaben zum Feuchtegehalt bei unterschiedlichen Klimabedingungen für die genannten Stoffe sowie ein Umrechnungsfaktor für den Feuchtegehalt enthalten.

Tab. A.2.15: Feuchteschutztechnische Eigenschaften und Werte für die spezifische Wärmekapazität von Dämmstoffen und Mauerwerk (n. DIN EN ISO 10456:2010-05, Tab. 4)

Stoff	**Rohdichte**	**Feuchtegehalt** Bei 23 °C, 50 % rel. Luftfeuchte		**Feuchtegehalt** Bei 23 °C, 80 % rel. Luftfeuchte		**Umrechnungsfaktor für den Feuchtegehalt**[a]				**Wasserdampf-Diffusionswiderstandszahl** μ		**Spezifische Wärmekapazität**
	ρ kg/m³	u kg/kg	Ψ m³/m³	u kg/kg	Ψ m³/m³	Feuchtegehalt u kg/kg	f_u	Feuchtegehalt Ψ m³/m³	f_Ψ	trocken	feucht	c_p J/(kg·K)
Expandierter Polystyrol-Hartschaum	10 bis 50	-	0	-	0	-	-	< 0,10	4	60	60	1450
Extrudierter Polystyrol-Hartschaum	20 bis 65	-	0	-	0	-	-	< 0,10	2,5	150	150	1450
Polyurethanschaum	20 bis 55	-	0	-	0	-	-	< 0,15	6	60	60	1400
Mineralwolle	10 bis 200	-	0	-	0	-	-	< 0,15	4b	1	1	1030
Phenolharz-Hartschaum	20 bis 50	-	0	-	0	-	-	< 0,15	5	50	50	1400
Schaumglas	100 bis 150	0	-	0	-	0	0	-	-	∞	∞	1000
Perliteplatten	140 bis 240	0,02	-	0,03	-	0 bis 0,03	0,8	-	-	5	5	900
Expandierter Kork	90 bis 140	-	0,008	-	0,011	-	-	< 0,10	6	10	5	1560
Holzwolle-Leichtbauplatten	250 bis 450	-	0,03	-	0,05	-	-	< 0,10	1,8	5	3	1470
Holzfaserdämmplatten	40 bis 250	0,02	-	0,03	-	-	-	< 0,05	1,4	5	3	2000
Harnstoff-Formaldehydschaum	10 bis 30	0,1	-	0,15	-	< 0,15	0,7	-	-	2	2	1400
Polyurethanschaum	30 bis 50	-	0	-	0	-	-	< 0,15	6	60	60	1400
Lose Mineralwolle	15 bis 60	-	0	-	0	-	-	< 0,15	4	1	1	1030
Lose Zellulosefasern	20 bis 60	0,11	-	0,18	-	< 0,20	0,5	-	-	2	2	1600
Blähperlite-Schüttung	30 bis 150	0,01	-	0,02	-	0 bis 0,02	3	-	-	2	2	900
Schüttgut aus expandiertem Vermiculit	30 bis 150	0,01	-	0,02	-	0 bis 0,02	2	-	-	3	2	1080
Blähtonschüttung	200 bis 400	0	-	0,001	-	0 bis 0,02	4	-	-	2	2	1000

Stoff	Rohdichte	Feuchtegehalt Bei 23 °C, 50 % rel. Luftfeuchte		Feuchtegehalt Bei 23 °C, 80 % rel. Luftfeuchte		Umrechnungsfaktor für den Feuchtegehalt[a]				Wasserdampf-Diffusionswiderstandszahl μ		Spezifische Wärmekapazität
	ρ kg/m³	u kg/kg	Ψ m³/m³	u kg/kg	Ψ m³/m³	Feuchtegehalt u kg/kg	f_u	Feuchtegehalt Ψ m³/m³	f_Ψ	trocken	feucht	c_p J/(kg·K)
Polystyrol-Partikelschüttung	10 bis 30	-	0	-	0	< 0,10	-	4	4	2	2	1400
Vollziegel (gebrannter Ton)	1000 bis 2400	-	0,007	-	0,012	-	-	0 bis 0,25	10	16	10	1000
Kalksandstein	900 bis 2200	-	0,012	-	0,024	-	-	0 bis 0,25	10	20	15	1000
Beton mit Bimszuschlägen	500 bis 1300	-	0,02	-	0,035	-	-	0 bis 0,25	4	50	40	1000
Beton mit nichtporigen Zuschlägen und Kunststein	1600 bis 2400	-	0,025	-	0,04	-	-	0 bis 0,25	4	150	120	1000
Beton mit Polystyrolzuschlägen	500 bis 800	-	0,015	-	0,025	-	-	0 bis 0,25	5	120	60	1000
Beton mit Blähtonzuschlägen	400 bis 700	0,02	-	0,03	-	0 bis 0,25	2,6	-	-	6	4	1000
Beton mit überwiegend Blähtonzuschlägen	800 bis 1700	0,02	-	0,03	-	0 bis 0,25	4	-	-	8	6	1000
Beton mit mehr als 70 % geblähter Hochofenschlacke	1100 bis 1700	0,02	-	0,04	-	0 bis 0,25	4	-	-	30	20	1000
Beton mit vorwiegend aus hochtemperaturbehandeltem taubem Gestein aufbereitet	1100 bis 1500	0,02	-	0,04	-	0 bis 0,25	4	-	15	-	10	1000
Porenbeton	300 bis 1000	0,026	-	0,045	-	0 bis 0,25	4	-	-	10	6	1000
Beton mit weiteren Leichtzuschlägen	500 bis 2000	-	0,03	-	0,05	-	-	0 bis 0,25	4	15	10	1000
Mörtel (Mauermörtel und Putzmörtel)	250 bis 2000	-	0,04	-	0,06	-	-	0 bis 0,25	4	20	10	1000

In dieser Tabelle sind allgemeine Werte angegeben. Weitere Werte, die vom Werkstoff und der Anwendung abhängig sind, können in anderen national gültigen Tabellen angegeben werden.

a Die Auswirkungen der Masseübertragung über flüssiges Wasser und Wasserdampf sowie die Auswirkungen der Änderungen des Aggregatszustandes des Wassers sind durch diese Daten nicht abgedeckt. Der Feuchtegehalt ist der Bereich, für den die Koeffizienten gelten.

b Die Daten gelten nicht, wenn die warme Seite der Dämmung möglicherweise dauerhaft mit Feuchte versorgt wird.

A.2.4 Wasserdampfdiffusionsäquivalente Luftschichtdicken für dünne Schichten

Werte für wasserdampfdiffusionsäquivalente Luftschichtdicken für dünne Schichten (Folien, Unterspannbahnen, Beschichtungen) sind in Tab. A.2.16 angegeben.

Tab. A.2.16: Wasserdampfdiffusionsäquivalente Luftschichtdicken für dünne Schichten (n. DIN EN ISO 10456:2010-05, Tab. 5)

Stoff		**Wasserdampfdiffusionsäquivalente Luftschichtdicke** s_d m
Polyethylen	Dicke 0,15 mm	50
	Dicke 0,25 mm	100
Polyesterfolie, Dicke 0,2 mm		50
PVC-Folie		30
Aluminiumfolie, Dicke 0,05 mm		1500
PE-Folie, Dicke 0,15 mm		8
Bituminiertes Papier, Dicke 0,1 mm		2
Aluminiumverbundfolie, Dicke 0,4 mm		10
Unterdeck- und Unterspannbahn für Wände		0,2
Beschichtungsstoff		0,1
Glanzlack		3
Vinyltapete		2

Anmerkung 1: Die wasserdampfdiffusionsäquivalente Luftschichtdicke eines Stoffes wird als Dicke einer unbewegten Luftschicht angegeben, die den gleichen Wasserdampf-Diffusionswiderstand aufweist wie der betrachtete Stoff. Die wasserdampfdiffusionsäquivalente Luftschichtdicke s_d ist das Produkt aus der Wasserdampf-Diffusionswiderstandszahl μ und der Schichtdicke d ($s_d = \mu\, d$).

Anmerkung 2: Die Dicke der Stoffe in dieser Tabelle wird üblicherweise nicht durch Messung festgestellt und kann auf dünne Stoffe mit einem Wasserdampf-Durchlasswiderstand bezogen werden. Die Tabelle gibt Nennwerte für die Dicke als Hilfe zur Feststellung der Stoffe an.

A.2.5 Umrechnungskoeffizienten für die Temperatur

Umrechnungskoeffizienten für die Temperatur sind für verschiedene Stoffe in DIN EN ISO 10456, Anhang A angegeben. Siehe hierzu die folgende Tab. A.2.17. Die Werte gelten für Mitteltemperaturen zwischen 0 °C und +30 °C.

Tab. A.2.17: Umrechnungskoeffizienten f_T für Stoffe (n. DIN EN ISO 10456:2010-05, Anhang A; Auszug)

Produkttyp/Stoff	**Wärmeleitfähigkeit** λ W/(mK)	**Umrechnungskoeffizient** f_T 1/K
Mineralwolle		
Matten und lose Wolle	0,035	0,0046
	0,040	0,0056
	0,045	0,0062
	0,050	0,0069
Platten	0,032	0,0038
	0,034	0,0043
	0,036	0,0048
	0,038	0,0053
Steife Platten	0,030	0,0035
	0,033	0,0035
	0,035	0,0035
Expandierter Polystyrol-Hartschaum (EPS)		
Dicke d < 20 mm	0,032	0,0031
	0,035	0,0036
	0,040	0,0041
	0,043	0,0044
20 mm ≤ d < 40 mm	0,032	0,0030
	0,035	0,0034
	0,040	0,0035
40 mm ≤ d < 100 mm	0,032	0,0030
	0,035	0,0033
	0,040	0,0036
	0,045	0,0038
	0,050	0,0041
d ≥ 100 mm	0,032	0,0030
	0,035	0,0032
	0,040	0,0034
	0,053	0,0037

Produkttyp/Stoff	**Wärmeleitfähigkeit** λ W/(mK)	**Umrechnungskoeffizient** f_T 1/K
Extrudierter Polystyrol-Hartschaum (XPS)		
Ohne Schäumhaut	0,025	0,0046
	0,030	0,0045
	0,040	0,0045
Mit Schäumhaut, feinzellige Produkte ohne Schäumhaut	0,025	0,0040
	0,030	0,0036
	0,035	0,0035
Mit dichter Deckschicht	0,025	0,0030
	0,030	0,0028
	0,035	0,0027
	0,040	0,0026
Polyurethan-Hartschaum		
Produkte ohne Beschichtung	0,025	0,0055
	0,030	0,0050
Produkte mit wasserdichter Beschichtung	0,022	0,0055
	0,025	0,0055
Phenolharz-Hartschaum		
Geschlossenzelliger Schaum (> 90 %) 0 °C bis 20 °C 20 °C bis 30 °C[a,b]	bis zu 0,025	 0,0020 0,0050
Offenzelliger Schaum 0 °C bis 30 °C	0,032	0,0029
a Die Umrechnungen sind separat zwischen 0 °C und 20 °C sowie zwischen 20 °C und 30 °C durchzuführen. Für die Umrechnung von 10 °C auf 25 °C ist zuerst die Umrechnung von 10 °C auf 20 °C und dann von 20 °C auf 25 °C vorzunehmen. b Umrechnungskoeffizienten für Treibmittel von Pentan oder FKW. Bei anderen Treibmitteln können die Werte abweichen.		
Schaumglas		
Alle Produkte	0,035	0,0043
	0,040	0,0037
	0,045	0,0033
	0,050	0,0030
	0,055	0,0027

Produkttyp/Stoff	Wärmeleitfähigkeit λ W/(mK)	Umrechnungskoeffizient f_T 1/K
Feste Platten aus Perlit, Fasern und Bindemittel		
Alle Produkte	alle	0,0033
Holzwolle-Leichtbauplatten		
Alle Produkte	0,070	0,0040
	0,080	0,0041
	0,090	0,0046
Expandierter Kork		
Alle Produkte	alle	0,0027
Schüttgutdämmstoff		
Dichte < 40 kg/m³	alle	0,0040
Dichte ≥ 40 kg/m³	alle	0,0035
Beton, gebrannter Ton und Mörtel		
Leichtbeton	0,100	0,003
	0,150	0,002
	0,400	0,001
Normalbeton, gebrannter Ton und Mörtel	alle	0,001
Kalksandstein		
Alle Produkte	alle	0,003
Schüttgut und Blähperlite		
Alle Produkte	0,040	0,0041
	0,050	0,0033
Schüttgut aus Blähton		
Alle Produkte	0,070 bis 0,150	0,004
Schüttgut aus expandiertem Vermiculit		
Alle Produkte	alle	0,003

B Wärmedurchlasswiderstände

B.1 Wärmedurchlasswiderstände von Decken

Wärmedurchlasswiderstände *R* von Decken sind in Tab. B.1.1 angegeben.

Tab. B.1.1: Wärmedurchlasswiderstände von Decken (n. DIN 4108-4:2020-11, Tab. 6)

Deckenart	**Dicke** s mm	**Wärmedurchlasswiderstand** R m²K/W	
		im Mittel	an der ungünstigsten Stelle
Stahlbetonrippen- und Stahlbetonbalkendecken mit Zwischenbauteilen n. DIN EN 15037-2			
Stahlbetonrippendecke (ohne Aufbeton, ohne Putz)	120	0,20	0,06
	140	0,21	0,07
	160	0,22	0,08
	180	0,23	0,09
	200	0,24	0,10
	220	0,25	0,11
	250	0,26	0,12
Stahlbetonbalkendecke (ohne Aufbeton, ohne Putz)	120	0,16	0,06
	140	0,18	0,07
	160	0,20	0,08
	180	0,22	0,09
	200	0,24	0,10
	220	0,26	0,11
	240	0,28	0,12
Stahlbetonrippen- und Stahlbetonbalkendecken mit Zwischenbauteilen n. DIN EN 15037-3 in Verbindung mit DIN 20000-129			
Ziegel als Zwischenbauteile n. DIN EN 15037-3 ohne Querstege (ohne Aufbeton, ohne Putz)	115	0,15	0,06
	140	0,16	0,07
	165	0,18	0,08

Deckenart	Dicke *s* mm	Wärmedurchlasswiderstand *R* m^2K/W	
		im Mittel	an der ungünstigsten Stelle
Ziegel als Zwischenbauteile n. DIN EN 15037-3 mit Querstegen (ohne Aufbeton, ohne Putz)	190	0,24	0,09
	225	0,26	0,10
	240	0,28	0,11
	265	0,30	0,12
	290	0,32	0,13
Ziegeldecken („Stahlsteindecken") n. DIN 1045-100, aus Deckenziegeln n. DIN 4159			
Ziegel für teilvermörtelbare Stoß-fugen n. DIN 4159	115	0,15	0,06
	140	0,18	0,07
	165	0,21	0,08
	190	0,24	0,09
	215	0,27	0,10
	240	0,30	0,11
	265	0,33	0,12
	290	0,36	0,13
Ziegel für vollvermörtelbare Stoß-fugen n. DIN 4159	115	0,13	0,06
	140	0,16	0,07
	165	0,19	0,08
	190	0,22	0,09
	215	0,25	0,10
	240	0,28	0,11
	265	0,31	0,12
	290	0,34	0,13
Stahlbetonhohldielen n. DIN EN 1996-1-1, DIN 1045-2			
ohne Aufbeton, ohne Putz	65	0,13	0,03
	80	0,14	0,04
	100	0,15	0,05

B.2 Wärmedurchlasswiderstand von Luftschichten

Wärmedurchlasswiderstände von Luftschichten sind in DIN EN ISO 6946 festgelegt. Dabei wird in Werte für ruhende Luftschichten, schwach belüftete Luftschichten und stark belüftete Luftschichten unterschieden. Die angegebenen Wärmedurchlasswiderstände dürfen für Luftschichten angewendet werden, wenn folgende Voraussetzungen gegeben sind:

- Die Luftschicht wird von zwei Flächen begrenzt, die parallel zueinander stehen und senkrecht zum Wärmestrom orientiert sind.
- Die Flächen besitzen einen Emissionsgrad von mindestens 0,8 (Hinweis: Der Emissionsgrad der meisten Baustoffe ist größer als 0,8).
- Die Luftschicht hat eine Dicke von weniger als dem 0,1-Fachen eines der beiden anderen Maße und ist höchstens 300 mm stark.
- Es findet kein Luftaustausch mit dem Innenraum statt.

B.2.1 Wärmedurchlasswiderstände für ruhende Luftschichten

Eine Luftschicht ist als ruhend anzusehen, wenn der Luftraum von der Umgebung abgeschlossen ist. Weiterhin ist eine Luftschicht mit kleinen Öffnungen zur Außenumgebung auch als ruhend anzusehen, wenn diese Öffnungen so angeordnet sind, dass ein Luftstrom durch die Schicht nicht möglich ist und die Öffnungen folgende Größen nicht überschreiten: 500 mm² je m Länge (in horizontaler Richtung) bei vertikalen und 500 mm² je m² Oberfläche bei horizontalen Luftschichten.

Hinweis: Übliche Entwässerungsöffnungen in Form von offenen vertikalen Fugen in der Außenschale von zweischaligem Mauerwerk erfüllen in der Regel die oben genannten Kriterien und sind daher nicht als Lüftungsöffnungen anzusehen.

Wärmedurchlasswiderstände von ruhenden Luftschichten sind in Tab. B.2.1 angegeben.

Tab. B.2.1: Wärmedurchlasswiderstände von ruhenden Luftschichten mit Oberflächen mit hohem Emissionsgrad (n. DIN EN ISO 6946:2018-03, Tab. 8)

Dicke der Luftschicht (mm)	**Wärmedurchlasswiderstand** m²K/W		
	Richtung des Wärmestroms		
	aufwärts	horizontal [a]	abwärts
0	0,00	0,00	0,00
5	0,11	0,11	0,11
7	0,13	0,13	0,13
10	0,15	0,15	0,15
15	0,16	0,17	0,17
25	0,16	0,18	0,19

Dicke der Luftschicht (mm)	Wärmedurchlasswiderstand m^2K/W		
	Richtung des Wärmestroms		
	aufwärts	horizontal [a]	abwärts
50	0,16	0,18	0,21
100	0,16	0,18	0,22
300	0,16	0,18	0,23

Anmerkung: Zwischenwerte können linear interpoliert werden.
[a] Die Werte unter „horizontal" gelten für Richtungen des Wärmstroms von ±30° zur horizontalen Ebene.

B.2.2 Wärmedurchlasswiderstände von schwach belüfteten Luftschichten

Eine Luftschicht gilt als schwach belüftet, wenn der Luftaustausch mit der Außenumgebung durch Öffnungen mit folgender Fläche A_v begrenzt wird:

- $500\ mm^2 < A_v < 1500\ mm^2$ je m Länge (in horizontaler Richtung) für vertikale Luftschichten;
- $500\ mm^2 < A_v < 1500\ mm^2$ je m^2 Oberfläche für horizontale Luftschichten.

Näherungsweise kann der Wärmedurchlasswiderstand einer Bauteilkomponente mit schwach belüfteter Luftschicht R_T mit folgender Gleichung berechnet werden:

$$R_{tot} = \frac{(1500 - A_{ve})}{1000} \cdot R_{tot;nve} + \frac{(A_{ve} - 500)}{1000} \cdot R_{tot;ve} \qquad \text{(B.2.1)}$$

Dabei bedeuten:

R_{tot} der Gesamt-Wärmedurchlasswiderstand, in m^2K/W;

A_{ve} die Fläche der Lüftungsöffnungen, in m^2;

$R_{tot;nve}$ der Gesamt-Wärmedurchlasswiderstand mit einer ruhenden Luftschicht n. B.2.1, in m^2K/W;

$R_{tot;ve}$ der Gesamt-Wärmedurchlasswiderstand mit einer belüfteten Luftschicht n. B.2.3, in m^2K/W.

B.2.3 Wärmedurchlasswiderstand von stark belüfteten Luftschichten

Unter einer stark belüfteten Luftschicht wird eine Luftschicht verstanden, wenn die Öffnungen zwischen der Luftschicht und der Außenumgebung folgenden Kriterien entsprechen:

- Fläche der Öffnungen $A_v \geq 1500\ mm^2$ je m Länge (in horizontaler Richtung) für vertikale Luftschichten;
- Fläche der Öffnungen $A_v > 1500\ mm^2$ je m^2 Oberfläche für horizontale Luftschichten.

Bei Bauteilkomponenten mit einer stark belüfteten Luftschicht wird der Wärmedurchlasswiderstand der Luftschicht und aller anderen Schichten, die sich zwischen der stark belüfteten Luftschicht und der Außenumgebung befinden, vernachlässigt. Als äußerer Wärmeübergangswiderstand R_{se} wird der Wert verwendet, der dem einer ruhenden Luftschicht entspricht (siehe DIN EN ISO 6946, Anhang A). Alternativ darf der entsprechende Wert für R_{si} nach DIN EN ISO 6946, Tab. 7 (siehe Tab. C.1.1) verwendet werden.

B.3 Wärmedurchlasswiderstände von unbeheizten Dachräumen

Für eine Dachkonstruktion mit ebener gedämmter Decke und einem geneigten Dach (Schrägdach) kann der Dachraum so idealisiert werden, als wäre er eine wärmetechnisch homogene Schicht mit einem Wärmedurchlasswiderstand nach Tab. B.3.1.

Tab. B.3.1: Wärmedurchlasswiderstände von unbeheizten Dachräumen (n. DIN EN ISO 6946:2018-03, Tab. 9)

Beschreibung		**Wärmedurchlasswiderstand R_u** m²K/W
1	Ziegeldach ohne Pappe, Schalung o.Ä.	0,06
2	Plattendach oder Ziegeldach mit Pappe oder Schalung o.Ä. unter den Ziegeln	0,2
3	Wie 2, jedoch mit Aluminiumverkleidung oder einer anderen Oberfläche mit geringem Emissionsgrad an der Dachunterseite	0,3
4	Dach mit Schalung und Pappe	0,3
Anmerkung: Die Werte enthalten den Wärmedurchlasswiderstand des belüfteten Raums und der (Schräg-)Dachkonstruktion. Sie enthalten nicht den äußeren Wärmeübergangswiderstand R_{se}.		

B.4 Mindestwerte für Wärmedurchlasswiderstände von Bauteilen

Mindestwerte für Wärmedurchlasswiderstände von Bauteilen sind in DIN 4108-2 festgelegt. Für flächige Bauteile mit einer flächenbezogenen Masse von $m' \geq 100$ kg/m², die Räume mit üblichen Innentemperaturen (≥ 19 °C) und Räume mit niedrigen Innentemperaturen (≥ 12 °C und < 19 °C) sowie solche Räume, die über Raumverbund durch die vorgenannten Räume beheizt werden, gegen die Außenluft oder unbeheizte Bereiche abtrennen, sind die Mindestwerte nach Tab. B.4.1 einzuhalten.

Tab. B.4.1: Mindestwerte für Wärmedurchlasswiderstände von Bauteilen (n. DIN 4108-2:2013-02, Tab. 3)

Spalte	1	2	3
Zeile	**Bauteil**	**Beschreibung**	**Mindestwert des Wärme-durchlass-widerstands** [b] R m²K/W
1	Wände beheizter Räume	gegen Außenluft, Erdreich, Tiefgaragen, nicht beheizte Räume (auch nicht beheizte Dachräume oder nicht beheizte Kellerräume außerhalb der wärmeübertragenden Umfassungsfläche)	1,2 [c]
2	Dachschrägen beheizter Räume	gegen Außenluft	1,2
3	Decken beheizter Räume		
3.1		gegen Außenluft	1,2
3.2		zu belüfteten Räumen zwischen Dachschrägen und Abseitenwänden bei ausgebauten Dachräumen	0,90
3.3		zu nicht beheizten Räumen, zu bekriechbaren oder noch niedrigeren Räumen	0,90
3.4		zu Räumen zwischen gedämmten Dachschrägen und Abseitenwänden bei ausgebauten Dachräumen	0,35
4	Decken beheizter Räume nach unten		
4.1 [a]		gegen Außenluft, gegen Tiefgaragen, gegen Garagen (auch beheizte), Durchfahrten (auch verschließbare) und belüftete Kriechkeller	1,75
4.2		gegen nicht beheizten Kellerraum	0,90
4.3		unterer Abschluss (z.B. Sohlplatte) von Aufenthaltsräumen unmittelbar an das Erdreich grenzend bis zu einer Raumtiefe von 5 m	0,90
4.4		über einem nicht belüfteten Hohlraum, z.B. Kriechkeller, an das Erdreich grenzende Decken	0,90
5	Bauteile an Treppenräumen		

Spalte	1	2	3
Zeile	**Bauteil**	**Beschreibung**	**Mindestwert des Wärmedurchlasswiderstands** [b] R m²K/W
5.1		Wände zwischen beheiztem Raum und direkt beheiztem Treppenraum, Wände zwischen beheiztem Raum und indirekt beheiztem Treppenraum, sofern die anderen Bauteile des Treppenraums die Anforderungen dieser Tabelle erfüllen	0,07
5.2		Wände zwischen beheiztem Raum und indirekt beheiztem Treppenraum, wenn nicht alle anderen Bauteile des Treppenraums die Anforderungen dieser Tabelle erfüllen	0,25
5.3		oberer und unterer Abschluss eines beheizten oder indirekt beheizten Treppenraums	wie Bauteile beheizter Räume
6	Bauteile zwischen beheizten Räumen		
6.1		Wohnungs- und Gebäudetrennwände zwischen beheizten Räumen	0,07
6.2		Wohnungstrenndecken, Decken zwischen Räumen unterschiedlicher Nutzung	0,35

[a] Vermeidung von Fußkälte.
[b] Bei erdberührten Bauteilen: konstruktiver Wärmedurchlasswiderstand.
[c] Bei niedrig beheizten Räumen: 0,55 m²K/W.

C Wärmeübergangswiderstände

Wärmeübergangswiderstände sind für wärmeschutztechnische Berechnungen in DIN EN ISO 6946 (für luftberührte Bauteile mit ebenen Oberflächen – Teil C.1) und in DIN EN ISO 13370 (für Erdreich – Teil C.2) festgelegt. Für feuchteschutztechnische Berechnungen (Überprüfung der Tauwasserbildung im Bauteilquerschnitt) sind die in DIN 4108-3 sowie DIN EN ISO 13788 festgelegten Werte anzusetzen (siehe Teil C.3). Für Wärmeübergangswiderstände zur Berechnung von raumseitigen Oberflächentemperaturen gelten die Regelungen der DIN EN ISO 10211 (Teil C.4).

C.1 Wärmeübergangswiderstände luftberührter Bauteile

Wärmeübergangswiderstände für ebene Oberflächen luftberührter Bauteile, die für wärmeschutztechnische Berechnungen (z.B. Ermittlung des Wärmedurchgangswiderstands und des Wärmedurchgangskoeffizienten) benötigt werden, sind in DIN EN ISO 6946 festgelegt und befinden sich in Tab. C.1.1.

Tab. C.1.1: Wärmeübergangswiderstände ebener Oberflächen von luftberührten Bauteilen (n. DIN EN ISO 6946:2018-03, Tab. 7)

Richtung des Wärmestroms	**Wärmeübergangswiderstand**	
	innen R_{si} m^2K/W	außen R_{se} m^2K/W
aufwärts	0,10	0,04
horizontal	0,13	0,04
abwärts	0,17	0,04
Anmerkung 1: Die Wärmeübergangswiderstände gelten für Oberflächen, die mit der Luft in Berührung sind. Der Wärmeübergangswiderstand ist nicht anwendbar, wenn die Oberfläche einen anderen Stoff berührt. Anmerkung 2: Die Werte für den inneren Wärmeübergangswiderstand werden für $\varepsilon = 0{,}9$ und mit h_{r0} bei 20 °C berechnet. Der Wert für den äußeren Wärmeübergangswiderstand wird für $\varepsilon = 0{,}9$, h_{r0} bei 10 °C und $v = 4$ m/s ermittelt.		

C.2 Wärmeübergangswiderstände von Erdreich

Für Wärmeübergangswiderstände von Erdreich sind die Werte in Tab. C.2.1 anzusetzen.

Tab. C.2.1: Wärmeübergangswiderstände bei Bauteilen, die ans Erdreich grenzen (n. DIN EN ISO 13370:2018-03 sowie DIN EN ISO 6946:2018-03)

Bauteil	**Wärmeübergangswiderstand**	
	innen R_{si} m²K/W	außen (Erdreich) R_{se} m²K/W
Bauteil ans Erdreich	Werte R_{si} n. DIN EN ISO 6946; siehe Tab. C.1.1	0

C.3 Wärmeübergangswiderstände bei feuchteschutztechnischen Berechnungen

Wärmeübergangswiderstände für feuchteschutztechnische Berechnungen sind in DIN 4108-3 (Tauwasserbildung im Bauteilinneren; Tab. C.3.1) sowie in DIN EN ISO 13788 (Tauwasserbildung und Schimmelpilzwachstum; Tab. C.3.2) festgelegt.

Tab. C.3.1: Wärmeübergangswiderstände für feuchteschutztechnische Berechnungen – Tauwasserbildung im Bauteilinneren (n. DIN 4108-3:2018-10)

Anwendung	**Wärmeübergangswiderstand**	
	innen R_{si} m²K/W	außen R_{se} m²K/W
Periodenbilanzverfahren (Glaserverfahren) [a]	0,25	0,04
Monatsbilanzverfahren	Werte n. DIN EN ISO 6946	
[a] Gilt für alle vier Fälle („Fall a" bis „Fall d") der Tauwasserberechnung.		

Tab. C.3.2: Wärmeübergangswiderstände für feuchteschutztechnische Berechnungen – Tauwasserbildung und Schimmelpilzwachstum (n. DIN EN ISO 13788:2013-05)

<table>
<tr><th rowspan="2">Kriterium</th><th colspan="3">Wärmeübergangswiderstand</th></tr>
<tr><th colspan="2">innen
R_{si}
m^2K/W</th><th>außen
R_{se}
m^2K/W</th></tr>
<tr><td>Tauwasserbildung oder Schimmelpilzwachstum an lichtundurchlässigen Oberflächen</td><td colspan="2">0,25</td><td>0,04</td></tr>
<tr><td rowspan="3">Tauwasserbildung im Bauteilinneren sowie an Oberflächen von Fenstern und Türen</td><td>Wärmestrom aufwärts</td><td>0,10</td><td rowspan="3">0,04</td></tr>
<tr><td>Wärmestrom horizontal</td><td>0,13</td></tr>
<tr><td>Wärmestrom abwärts</td><td>0,17</td></tr>
</table>

C.4 Wärmeübergangswiderstände bei Wärmebrücken

C.4.1 Berechnung von Wärmebrücken

Wärmeübergangswiderstände bei der Berechnung von Wärmebrücken (Temperaturverteilung) sind in DIN EN ISO 10211 festgelegt. Danach müssen die Wärmeübergangswiderstände in Abhängigkeit von der Richtung des Wärmestroms den Werten nach DIN EN ISO 6946 entsprechen (Tab. C.1.1). Abweichend davon darf für alle Oberflächen für R_{si} der Wert für einen horizontalen Wärmestrom angenommen werden, wenn folgende Bedingungen erfüllt sind:

- Die Richtung des Wärmestroms ist nicht sicher oder mutmaßlich wechselnd
- oder das gesamte Gebäude wird in einer einzigen Berechnung modelliert.

C.4.2 Mindestwärmeschutz zur Vermeidung von Tauwasserbildung

Für die Berechnung von Innenoberflächentemperaturen, die zur Beurteilung des Risikos der Tauwasserbildung dienen, sind die Wärmeübergangswiderstände nach DIN EN ISO 13788 anzusetzen (Tab. C.3.2). Weiterhin sind Angaben hierzu in DIN 4108-2 enthalten. Als Wärmeübergangswiderstände sind folgende Werte anzunehmen (DIN 4108-2, 6.3):

- innen: $R_{si} = 0{,}25\ m^2K/W$;
- außen: n. DIN EN ISO 6946 ($R_{se} = 0{,}04\ m^2K/W$).

D Kennwerte für Gläser, Fenster, Türen, Vorhangfassaden, Dachoberlichter und Tore

Kennwerte für Gläser, Fenster, Türen, Vorhangfassaden, Dachoberlichter und Tore sind in DIN 4108-4 festgelegt. Siehe hierzu die folgenden Teile D.1 bis D.3.

D.1 Gläser, Fenster, Türen und Vorhangfassaden

D.1.1 Wärmedurchgangskoeffizienten von Fenstern und Türen

Für die Bestimmung des Wärmedurchgangskoeffizienten von Fenstern und Türen gelten folgende Regelungen:

- Der Nennwert U_W (Fenster) bzw. U_D (Türen) ist der Wärmedurchgangskoeffizient, der vom Hersteller nach DIN EN 14351-1 deklariert wurde.
- Der Bemessungswert des Wärmedurchgangskoeffizienten für Fenster, Fenstertüren sowie Dachflächenfenster $U_{W,BW}$ entspricht dem Nennwert U_W. Es gilt:

$$U_{W,BW} = U_W \tag{D.1.1}$$

- Der Bemessungswert des Wärmedurchgangskoeffizienten für Türen (Außentüren) $U_{D,BW}$ entspricht dem Nennwert U_D. Es gilt:

$$U_{D,BW} = U_D \tag{D.1.2}$$

- Ist kein Nennwert U_D vorhanden (z.B. bei handwerklicher Herstellung, Türen im Bestand), können die Bemessungswerte pauschal nach Tab. D.1.1 verwendet werden.

Tab. D.1.1: Bemessungswert des Wärmedurchgangskoeffizienten von Türen $U_{D,BW}$ (n. DIN 4108- 4:2020-11, Tab. 7)

Konstruktion	$U_{D,BW}$ W/m²K
Türen aus Holz, Holzwerkstoffen und Kunststoff	2,9
Türen aus Metallrahmen und metallenen Bekleidungen	4,0

D.1.2 Klasse der Luftdurchlässigkeit von Fenstern und Türen

Die Klasse der Luftdurchlässigkeit von Fenstern, Fenstertüren und Außentüren kann pauschal mit den Angaben in Tab. D.1.2 ermittelt werden, wenn keine genauen Werte vorliegen.

Tab. D.1.2: Luftdurchlässigkeit in Abhängigkeit von den Konstruktionsmerkmalen von Fenstern, Fenstertüren und Außentüren (n. DIN 4108-4:2020-11, Tab. 8)

Konstruktion	**Klasse n. DIN EN 12207**
Holzfenster (auch Doppelfenster) mit Profilen n. DIN 68121-1, ohne Dichtung	2
Alle Fensterkonstruktionen mit alterungsbeständiger, leicht auswechselbarer, weich federnder Dichtung, in einer Ebene umlaufend angeordnet	3
Alle Außentürkonstruktionen mit alterungsbeständiger, leicht auswechselbarer, weich federnder Dichtung, in einer Ebene umlaufend angeordnet	2

D.1.3 Mehrscheiben-Isolierglas

Bemessungswerte für Verglasungen werden nur benötigt, wenn das Glas festgelegt werden soll, wie z.B. bei Ersatz oder Erneuerung. In den Berechnungsnormen und Nachweisen des Wärmeschutzes (GEG) wird der Index BW (für Bemessungswert) in der Regel nicht verwendet.

D.1.3.1 Bemessungswerte des Wärmedurchgangskoeffizienten

Der Bemessungswert des Wärmedurchgangskoeffizienten für Verglasungen ist abhängig vom Nennwert des Glases sowie vom Vorhandensein etwaiger Sprossen im Scheibenzwischenraum. Der Bemessungswert des Wärmedurchgangskoeffizienten für Verglasungen $U_{g,BW}$ berechnet sich mit folgender Gleichung:

$$U_{g,BW} = U_g + \Delta U_g \quad \text{(D.1.3)}$$

Darin bedeuten:

- U_g der vom Hersteller deklarierte Nennwert des Wärmedurchgangskoeffizienten nach DIN EN 1279-5 (Nennwert);
- ΔU_g der Korrekturwert nach Tab. D.1.3.

Tab. D.1.3: Korrekturwerte ΔU_g zur Berechnung der Bemessungswerte $U_{g,BW}$ (n. DIN 4108-4:2020-11, Tab. 9)

Kriterium		**Korrekturwert** ΔU_g W/(m²K)
Sprossen im Scheibenzwischenraum	einfaches Sprossenkreuz	+0,1
	mehrfache Sprossenkreuze	+0,2

D.1.3.2 Bemessungswerte des Gesamtenergiedurchlassgrades und des Lichttransmissionsgrades der Verglasung

Es gelten folgende Regelungen:

- Der Nennwert des Gesamtenergiedurchlassgrades g ist der vom Glashersteller deklarierte Gesamtenergiedurchlassgrad nach DIN EN 410. Der Bemessungswert des Gesamtenergiedurchlassgrades g_{BW} entspricht dem Nennwert. Es gilt:

$$g_{BW} = g \tag{D.1.4}$$

- Der Nennwert des Lichttransmissionsgrades τ_v entspricht dem vom Hersteller deklarierten Wert nach DIN EN 410. Der Bemessungswert des Lichttransmissionsgrades $\tau_{v,BW}$ ist gleich dem Nennwert. Es gilt:

$$\tau_{v,BW} = \tau_v \tag{D.1.5}$$

Werden für den Gesamtenergiedurchlassgrad oder den Lichttransmissionsgrad keine Werte genannt, können die Werte der Tab. D.1.4 pauschal verwendet werden.

Tab. D.1.4: Gesamtenergiedurchlassgrad g und Lichttransmissionsgrad t_e und t_v in Abhängigkeit von den Konstruktionsmerkmalen der Glastypen und des Wärmedurchgangskoeffizienten (U_g-Wert) (n. DIN 4108-4:2013-02, Tab. 11)

Konstruktionsmerkmale der Glastypen	U_g W(m²K)	**Anhaltswerte für die Bemessung**		
		$g_\perp$ [a] (–)	τ_e (–)	τ_v (–)
Einfachglas	5,8	0,87	0,85	0,90
Zweifachglas mit Luftfüllung, ohne Beschichtung	2,9	0,78	0,73	0,82
Dreifachglas mit Luftfüllung, ohne Beschichtung	2,0	0,70	0,63	0,75
Wärmedämmglas zweifach mit Argonfüllung, eine Beschichtung	1,7	0,72	0,60	0,74
	1,4	0,67	0,58	0,78
	1,2	0,65	0,54	0,78
	1,1	0,60	0,52	0,80
Wärmedämmglas dreifach mit Argonfüllung, zwei Beschichtungen	0,8	0,60	0,50	0,72
	0,7	0,50	0,39	0,69
Sonnenschutzglas zweifach, mit Argonfüllung, eine Beschichtung	1,3	0,48	0,44	0,59
	1,2	0,37	0,34	0,67
	1,2	0,25	0,21	0,40
	1,1	0,36	0,33	0,66
	1,1	0,27	0,24	0,50

Konstruktionsmerkmale der Glastypen	U_g W(m²K)	Anhaltswerte für die Bemessung		
		$g_{\perp}$[a] (–)	τ_e (–)	τ_v (–)
Sonnenschutzglas dreifach, mit Argonfüllung, zwei Beschichtungen	0,7	0,24	0,21	0,45
	0,7	0,34	0,29	0,63

[a] Gesamtenergiedurchlassgrad bei senkrechtem Strahlungseinfall

Die in Tab. D.1.4 angegebenen Anhaltswerte für die Bemessung gelten für folgende Regelaufbauten (Abb. D.1.1):

- Regelaufbau Wärmeschutzglas:
  - 4 mm Glas – Scheibenzwischenraum (SZR) – 4 mm Glas; Beschichtung auf Pos. 3;
  - 4-SZR-4-SZR-4; Schicht auf Pos. 3 und Pos. 5;
- Regelaufbau Sonnenschutzglas:
  - 6-SZR-4; Schicht auf Pos. 2;
  - 6-SZR-4-SZR-4; Schicht auf Pos. 2 und Pos. 5.

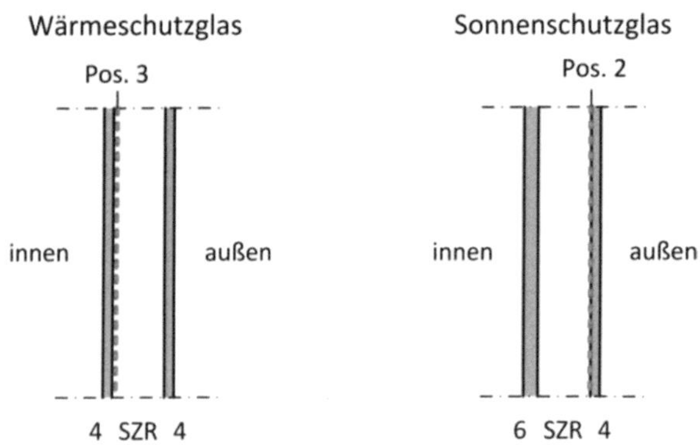

Abb. D.1.1: Regelaufbau Wärmeschutzglas und Sonnenschutzglas

Sind für die oben genannten Regelaufbauten Wärmeschutzglas 4-SZR-4, Beschichtung auf Pos. 3, und für Sonnenschutzglas 6-SZR-4, Schicht auf Pos. 2, nur die Gesamtenergiedurchlassgrade bekannt (z.B. nach Tab. D.1.4 oder nach historischen Daten), so müssen diese mit folgender Gleichung korrigiert werden:

$$g = g_o \cdot c \tag{D.1.6}$$

Darin bedeuten:

g_o g-Wert des Grundaufbaus;

c Korrekturwert n. Tab. D.1.5.

Tab. D.1.5: Korrekturfaktoren c in Abhängigkeit vom Emissionsgrad ε_n (n. DIN 4108-4:2020-11, Tab. 11)

Dicke *d* der Außenscheibe mm	**Korrekturfaktor *c* bei Schichttyp**	
	$\varepsilon_n \leq 0{,}1$	$\varepsilon_n > 0{,}1$
4 bis 6	1,00	1,00
7 bis 10	0,90	0,85
11 bis 14	0,85	0,80
> 14	0,75	0,70
Messung ist mit dickerer Außenscheibe erfolgt	1,00	1,00

D.1.4 Vorhangfassaden

Es gelten folgende Regelungen:

Wärmedurchgangskoeffizient:

- Der Nennwert des Wärmedurchgangskoeffizienten für Vorhangfassaden U_{cw} entspricht den vom Hersteller deklarierten Wärmedurchgangskoeffizienten nach DIN EN 13830. Der Bemessungswert des Wärmedurchgangskoeffizienten für Vorhangfassaden $U_{cw,BW}$ ist gleich dem Nennwert U_{cw}. Es gilt:

$$U_{cw,BW} = U_{cw} \tag{D.1.7}$$

Gesamtenergiedurchlassgrad und Lichttransmissionsgrad:

- Die Bemessungswerte des Gesamtenergiedurchlassgrades g_{BW} sowie des Lichttransmissionsgrades $\tau_{v,BW}$ sind nach DIN 4108-4:2020-11, Abschnitt 5.2.2 zu ermitteln. Siehe hierzu D.1.3.2.

D.2 Dachoberlichter

Unter dem Begriff „Dachoberlichter" werden Lichtkuppeln oder Dachlichtbänder mit Verglasungen aus Kunststoffmaterialien bzw. Verglasungen in Kombination von Kunststoffmaterialien und Glas bezeichnet.

Nachfolgend werden folgende Kennwerte für Dachoberlichter angegeben (Tab. D.2.1):

- Nennwert des Wärmedurchgangskoeffizienten U;
- Nennwerte des Gesamtenergiedurchlassgrades der Verglasung g;
- Nennwert des Lichttransmissionsgrades τ_{65}.

Bei der Verwendung der Kennwerte sind zu beachten:

Wärmedurchgangskoeffizient:

- Als Nennwert des Wärmedurchgangskoeffizienten gilt der vom Hersteller deklarierte Wärmedurchgangskoeffizient nach DIN EN 1873 für Lichtkuppeln und nach DIN EN 14963 für Dachlichtbänder. Die Deklaration des Herstellers enthält eine Angabe, ob der Nennwert des Wärmedurchgangskoeffizienten für das Gesamtbauteil (d.h. Aufsetzkranz bzw. Zarge plus Lichtkuppel bzw. Dachlichtband) oder nur für die Lichtkuppel bzw. das Dachlichtband (d.h. ohne Aufsetzkranz bzw. Zarge) gilt.

- Ist in dem deklarierten Wert des Wärmedurchgangskoeffizienten der Aufsetzkranz bzw. die Zarge nicht enthalten, ist der Nennwert des Wärmedurchgangskoeffizienten für das Gesamtbauteil nach DIN EN ISO 6946 mit seinem wärmeübertragenden Flächenanteil unter Berücksichtigung sämtlicher Wärmebrücken zu berechnen.
- Der Bemessungswert des Wärmedurchgangskoeffizienten U_{BW} ergibt sich mit folgender Gleichung:

$$U_{BW} = U_{NW} \cdot \frac{\text{Bezugsfläche Nennwertberechnung}}{\text{Fläche lichtes Rohbaumaß}} \quad \text{(D.2.1)}$$

Darin sind:

U_{NW} Nennwert des Wärmedurchgangskoeffizienten;

U_{BW} Bemessungswert für Lichtkuppeln und Dachlichtbänder.

- Der Bemessungswert des Wärmedurchgangskoeffizienten darf für Lichtkuppeln und Dachlichtbänder auf das lichte Rohbaumaß der Dachöffnung bezogen werden, obwohl es sich hierbei um dreidimensionale Bauteile handelt. Diese Regelung gilt für Lichtkuppeln und Dachlichtbänder, deren Höhe 0,5 m nicht überschreitet. Die Höhe wird von der Unterkante des Aufsetzkranzes bzw. Zarge oder Aufkantung bis zum Scheitelpunkt der Lichtkuppel oder des Dachlichtbandes gemessen. Für Lichtkuppeln und Dachlichtbänder, deren Höhe dieses Maß überschreitet, ist der Wärmedurchgangskoeffizient auf die wärmeübertragende Oberfläche zu beziehen, siehe Norm.

Lichttransmissionsgrad:

- Als Nennwert des Lichttransmissionsgrades gilt der vom Hersteller deklarierte Wert nach DIN EN 1873 (Lichtkuppeln) sowie nach DIN EN 14963 (Dachlichtbänder).
- Der Bemessungswert des Lichttransmissionsgrades $\tau_{D65,BW}$ entspricht dem Nennwert τ_{D65}:

$$\tau_{D65,BW} = \tau_{D65} \quad \text{(D.2.2)}$$

- Falls kein Bemessungswert vom Hersteller deklariert wurde, dürfen die Werte in Tab. D.2.1 verwendet werden.

Gesamtenergiedurchlassgrad:

- Als Nennwert des Gesamtenergiedurchlassgrades gilt der vom Hersteller deklarierte Wert nach DIN EN 410.
- Der Bemessungswert des Lichttransmissionsgrades g_{BW} entspricht dem Nennwert g. Es gilt:

$$g_{BW} = g \quad \text{(D.2.3)}$$

- Der Bemessungswert darf pauschal nach Tab. D.2.1 ermittelt werden.

Tab. D.2.1: Anhaltswerte für Wärmedurchgangskoeffizienten U, Gesamtenergiedurchlassgrad g und Lichttransmissionsgrade τ_{D65} für Dachoberlichter (n. DIN 4108-4:2020-11, Tab. 12)

Typ	**Aufbau und Werkstoffe** [a]	**Einfärbung**	**Wärmedurchgangskoeffizient** U_t [d] W/(m²K)	**Gesamtenergiedurchlassgrad** g [c] (–)	**Lichttransmissionsgrad** τ_{D65} (–)
Lichtkuppel	PMMA-Massivplatte, einschalig	klar	5,4	0,85	0,92
	PMMA-Massivplatte, einschalig	opal	5,4	0,80	0,83
	PMMA-Massivplatte, doppelschalig	klar/klar	2,7	0,78	0,80
	PMMA-Massivplatte, doppelschalig	opal/klar	2,7	0,72	0,73
	PMMA-Massivplatte, doppelschalig	opal/opal	2,7	0,64	0,59
	PMMA-Massivplatte, doppelschalig	klar, IR[b]-reflektierend	2,7	0,32	0,47
	PMMA-Massivplatte, dreischalig	opal/opal/klar	1,8	0,64	0,60
	PC-/PETG-Massivplatte, einschalig	klar	5,4	0,75	0,88
Lichtband	PC-Stegdoppelplatte, 8 mm (PC-SDP8)	klar	3,3	0,81	0,81
	PC-Stegdoppelplatte, 8 mm (PC-SDP9)	opal	3,3	0,70	0,62
	PC-Stegdoppelplatte, 10 mm (PC-SDP10)	klar	3,1	0,85	0,80
	PC-Stegdoppelplatte, 10 mm (PC-SDP10)	opal	3,1	0,70	0,50
	PC-Stegvierfachvariante, 10 mm (PC-S4P10)	opal	2,5	0,59	0,50
	PC-Stegdreifachplatte, 16 mm (PC-S3P16)	klar	2,4	0,69	0,72

Typ	Aufbau und Werkstoffe [a]	Einfärbung	Wärmedurchgangskoeffizient U_t [d] W/(m²K)	Gesamtenergiedurchlassgrad g [c] (–)	Lichttransmissionsgrad τ_{D65} (–)
Lichtband	PC-Stegdreifachplatte, 16 mm (PC-S3P16)	opal	2,4	0,55	0,48
	PC-Stegfünffachplatte, 16 mm (PC-S5P16)	opal	1,9	0,52	0,45
	PC-Stegsechsfachplatte, 16 mm (PC-S6P16)	opal	1,85	0,47	0,42
	PC-Stegfünffachplatte, 20 mm (PC-S5P20)	klar	1,8	0,70	0,64
	PC-Stegfünffachplatte, 20 mm (PC-S5P20)	opal	1,8	0,46	0,44
	PC-Stegsechsfachplatte, 25 mm (PC-S6P25)	klar	1,45	0,67	0,62
	PC-Stegsechsfachplatte, 25 mm (PC-S6P25)	opal	1,45	0,46	0,44
	PMMA-Stegdoppelplatte, 16 mm (PMMA-SDP16)	klar	2,5	0,82	0,86
	PMMA-Stegdoppelplatte, 16 mm (PMMA-SDP16)	opal	2,5	0,73	0,74
	PMMA-Stegdoppelplatte, 16 mm (PMMA-SDP16)	IR[b]-reflektierend	2,5	0,40	0,50
	PMMA-Stegvierfachplatte, 32 mm (PMMA-S4P32)	klar	1,6	0,71	0,76
	PMMA-Stegvierfachplatte, 32 mm (PMMA-S4P32)	klar, IR[b]-reflektierend	1,6	0,50	0,45
	PMMA-Stegvierfachplatte, 32 mm (PMMA-S4P32)	opal	1,6	0,60	0,64
Lichtband	PMMA-Stegvierfachplatte, 32 mm (PMMA-S4P32)	opal, IR_b-reflektierend	1,6	0,30	0,40

[a] Werkstoffe und ihre Bezeichnungen: PC = Polycarbonat; PTEG = Polyethylenterephthalat, glykolisiert; PMMA = Polymethylmethacrylat

[b] IR: Infrarot

[c] Gesamtenergiedurchlassgrad bei senkrechtem Strahlungseinfall

[d] U_t ost: der U-Wert der transparenten Fläche, siehe DIN EN 1873

D.3 Tore

Für den Wärmedurchgangskoeffizienten für Tore gelten folgende Regelungen:

- Der Nennwert U_D wird nach DIN EN 13241-1 ermittelt.
- Der Bemessungswert $U_{D,BW}$ entspricht dem Nennwert U_D ($U_{D,BW} = U_D$).

Ist für den Nennwert des Wärmedurchgangskoeffizienten U_D kein Nachweis vorhanden, dürfen die Bemessungswerte $U_{D,BW}$ in Tab. D.3.1 verwendet werden.

Tab. D.3.1: Bemessungswert des Wärmedurchgangskoeffizienten für Tore $U_{D,BW}$ (n. DIN 4108-4:2020-11, Tab. 13)

Toraufbau [a]	**Bemessungswert des Wärmedurchgangskoeffizienten für Tore** $U_{D,BW}$ W/(m²K)
Tore mit einem Torblatt aus Metall (einschalig, ohne wärmetechnische Trennung)	6,5
Tore mit einem Torblatt aus Metall oder holzbeplankten Paneelen aus Dämmstoffen ($\lambda \leq$ 0,04 W/(mK) bzw. $R_D \geq$ 0,5 m²K/W) bei 15 mm Schichtdicke	2,9
Tore mit einem Torblatt aus Holz und Holzwerkstoffen, Dicke der Torfüllung ≥ 15 mm	4,0
Tore mit einem Torblatt aus Holz und Holzwerkstoffen, Dicke der Torfüllung ≥ 25 mm	3,2

[a] Unter dem Begriff „Tore" ist eine Einrichtung zu verstehen, um Öffnungen zu schließen, die in der Regel für die Durchfahrt von Fahrzeugen vorgesehen ist. Der allgemeine Begriff „Tore" ist in DIN EN 12433-1 definiert.

E Wärmetechnische Kennwerte für Erdreich

Zentrale Norm für die Wärmeübertragung über das Erdreich ist DIN EN ISO 13370. Sie enthält Festlegungen für wärmetechnische Kenngrößen wie Wärmedurchgangskoeffizient und Wärmekapazität. Weiterhin sind in anderen Normen, wie z.B. in DIN 4108-4 (siehe Abschnitt A.1) sowie in DIN EN ISO 10456 (siehe A.2), entsprechende Kennwerte für im Erdreich vorkommende Böden und Gesteine enthalten.

E.1 Wärmedurchgangskoeffizienten und Wärmekapazität

Wärmetechnische Kennwerte des Erdreichs sind in Tab. E.1.1 angegeben.

Tab. E.1.1: Wärmetechnische Eigenschaften des Erdreichs (n. DIN EN ISO 13370:2018-03, Tab. 7)

Kategorie	Beschreibung	Wärmeleitfähigkeit λ W/(mK)	Volumenbezogene Wärmekapazität ρc J/(m³K)
1	Ton oder Schluff	1,5	$3{,}0 \times 10^6$
2	Sand oder Kies	2,0	$2{,}0 \times 10^6$
3	Homogener Fels	3,5	$2{,}0 \times 10^6$

E.2 Wärmeübergangswiderstände

Nach DIN EN ISO 13370 sind die Wärmeübergangswiderstände nach DIN EN ISO 6946 anzusetzen. Siehe auch Abschnitt C in diesem Anhang.

F Ausgleichsfeuchtegehalt und Umrechnungsfaktoren für den Feuchtegehalt

F.1 Ausgleichsfeuchtegehalt

Die in Tab. A.1.1 bis A.1.7 angegebenen Bemessungswerte der Wärmeleitfähigkeit λ gelten für die Ausgleichsfeuchtegehalte nach Tab. F.1.1, die sich bei einem Klima von 23 °C und 80 % relativer Luftfeuchte einstellen. Umrechnungsfaktoren für den Feuchtegehalt sind in Tab. F.2.1 angegeben.

Tab. F.1.1: Ausgleichsfeuchtegehalte von Baustoffen (n. DIN 4108-4:2020-11, Tab. 3)

Baustoff		**Feuchtegehalt** u (Massenanteil) kg/kg
Beton mit geschlossenem Gefüge mit porigen Zuschlägen		0,13
Leichtbeton	mit haufwerkporigem Gefüge mit dichten Zuschlägen n. DIN EN 12620	0,03
	mit haufwerkporigem Gefüge mit porigen Zuschlägen n. DIN EN 13055-1	0,045
Calciumsulfat (Gips, Anhydrit)		0,004
Gussasphalt, Asphaltmastix		0
Holz, Sperrholz, Spanplatten, Holzfaserplatten, Schilfrohrplatten und -matten, organische Faserdämmstoffe		0,15
Pflanzliche Faserdämmstoffe aus Seegras, Holz-, Torf- und Kokosfasern und sonstige Fasern		0,15

F.2 Umrechnungsfaktoren für den Feuchtegehalt und Zuschlagswerte

Umrechnungsfaktoren für den Feuchtegehalt für Mauerwerk- und Wandkonstruktionen sowie Mörtel und Estriche sind in Tab. F.2.1 angegeben. Zuschlagswerte für Wärmedämmstoffe sind in Tab. F.2.2 festgelegt.

Tab. F.2.1: Umrechnungsfaktoren für den Feuchtegehalt für Mauerwerk- und Wandkonstruktionen, Mörtel und Estriche (n. DIN 4108-4:2020-11, Tab. 4)

Baustoff	**Umrechnungsfaktor** F_m [a] (–)
Mauerziegel	1,13
Mauerziegel mit Bemessungswerten der Wärmeleitfähigkeit $\lambda \leq$ 0,18 W/(mK) nach Anhang A	1,05
Kalksandstein	1,27
Porenbeton	1,20
Beton mit Blähtonzuschlägen	1,08
Beton mit überwiegend Blähtonzuschlägen	1,13
Beton mit Bimszuschlägen	1,15
Beton mit Polystyrolzuschlägen	1,13
Beton mit mehr als 70 % geblähter Hochofenschlacke	1,17
Beton mit Zuschlägen, vorwiegend bei hohen Temperaturen aus taubem Gestein aufbereitet	1,17
Beton mit Leichtzuschlägen	1,22
Mörtel (Mauermörtel und Putzmörtel)	1,27
Beton mit nichtporigen Zuschlägen und Kunststein	1,17
Beton mit geschlossenem Gefüge und mit porigen Zuschlägen	1,45
Gips, Anhydrit	1,25
Steinholz	1,60
Asphalt, Bitumen	1,0
[a] F_m bezogen auf den Trockenwert.	

Tab. F.2.2: Umrechnungsfaktoren für Wärmedämmstoffe (n. DIN 4108-4:2020-11, Tab. 5)

Baustoff	**Feuchteumrechnungsfaktor** F_m (–)	
	von 23 °C und 50 % r. F.[a] auf 23 °C und 80 % r. F.[a]	von trocken auf 23 °C und 80 % r. F.[a]
Anorganische Stoffe in loser Schüttung	siehe DIN EN ISO 10456	
Pflanzliche Faserdämmstoffe		

Baustoff	**Feuchteumrechnungsfaktor** F_m (–)	
	von 23 °C und 50 % r. F.[a] auf 23 °C und 80 % r. F.[a]	von trocken auf 23 °C und 80 % r. F.[a]
Lose Zellulosefasern	siehe DIN EN ISO 10456	
Sonstige pflanzliche Fasern ohne mineralische Bindemittel	1,06	1,11
Synthetische Faserdämmstoffe	1,02	1,04
Schafwolle	1,02	1,04

[a] Relative Luftfeuchte

G Kritische Luftfeuchte an Bauteiloberflächen

G.1 Wasserdampfteildruck

Werte für den Wasserdampfteildruck (Partialdruck) in Luft sind in Abhängigkeit von der Temperatur und der relativen Luftfeuchte in Tab. G.1.1 angegeben.

Tab. G.1.1: Wasserdampfteildruck in Luft in Abhängigkeit von der Temperatur und der relativen Luftfeuchte (n. DIN 4108-3:2018-10, Tab. A.1)

Temperatur °C	**Wasserdampfteildruck** Pa **bei einer relativen Luftfeuchte von** %													
	30	35	40	45	50	55	60	65	70	75	80	85	90	95
30	1272	1484	1696	1908	2120	2332	2544	2756	2968	3180	3392	3604	3816	4028
29	1201	1401	1601	1801	2002	2202	2402	2602	2802	3002	3203	3403	3603	3803
28	1133	1322	1511	1700	1889	2078	2267	2455	2644	2833	3022	3211	3400	3589
27	1069	1247	1425	1603	1782	1960	2138	2316	2494	2672	2851	3029	3207	3385
26	1008	1176	1344	1512	1680	1848	2016	2184	2352	2520	2688	2856	3024	3191
25	950	1108	1266	1425	1583	1741	1900	2058	2216	2374	2533	2691	2849	3008
24	895	1044	1193	1342	1491	1640	1789	1938	2088	2237	2386	2535	2684	2833
23	842	983	1123	1264	1404	1544	1685	1825	1965	2106	2246	2387	2527	2667
22	793	925	1057	1189	1321	1453	1585	1718	1850	1982	2114	2246	2378	2510
21	746	870	994	1119	1243	1367	1491	1616	1740	1864	1988	2113	2237	2361
20	701	818	935	1052	1168	1285	1402	1519	1636	1753	1870	1986	2103	2220
19	659	769	878	988	1098	1208	1318	1427	1537	1647	1757	1867	1977	2086
18	619	722	825	928	1031	1135	1238	1341	1444	1547	1650	1753	1857	1960
17	581	678	775	871	968	1065	1162	1259	1356	1452	1549	1646	1743	1840
16	545	636	727	818	909	1000	1090	1181	1272	1363	1454	1545	1636	1726
15	511	597	682	767	852	937	1023	1108	1193	1278	1364	1449	1534	1619
14	479	559	639	719	799	879	959	1039	1118	1198	1278	1358	1438	1518
13	449	524	599	674	748	823	898	973	1048	1123	1198	1272	1347	1422
12	421	491	561	631	701	771	841	911	981	1051	1121	1192	1262	1332
11	394	459	525	590	656	722	787	853	918	984	1050	1115	1181	1246
10	368	430	491	552	614	675	736	798	859	920	982	1043	1105	1166

G.2 Mindestwerte der raumseitigen Oberflächentemperaturen

Mindestwerte der raumseitigen Oberflächentemperaturen in Abhängigkeit vom Wasserdampfteildruck (Partialdruck) der Raumluft und vom kritischen Höchstwert der relativen Luftfeuchte sind in Tab. G.2.1 angegeben.

Tab. G.2.1: Mindestwerte der raumseitigen Oberflächentemperaturen in Abhängigkeit vom Wasserdampfteildruck der Raumluft und vom kritischen Höchstwert der relativen Luftfeuchte an der Oberfläche (n. DIN 4108-3:2018-10, Tab. A.2)

Dampf-druck Pa	**Mindestwert der Oberflächentemperatur** °C **für eine kritische relative Luftfeuchte an der Oberfläche von** %					
	50	60	70	80	90	100
3000	36,2	32,9	30,2	27,9	25,9	24,1
2900	35,6	32,3	29,6	27,3	25,3	23,5
2800	34,9	31,7	29,0	26,7	24,7	23,0
2700	34,3	31,0	28,4	26,1	24,1	22,4
2600	33,6	30,4	27,7	25,4	23,5	21,7
2500	32,9	29,7	27,0	24,8	22,8	21,1
2400	32,2	29,0	26,3	24,1	22,2	20,4
2300	31,4	28,3	25,6	23,4	21,5	19,7
2200	30,6	27,5	24,9	22,7	20,7	19,0
2100	29,8	26,7	24,1	21,9	20,0	18,3
2000	29,0	25,9	23,3	21,1	19,2	17,5
1900	28,1	25,0	22,4	20,3	18,4	16,7
1800	27,2	24,1	21,6	19,4	17,5	15,9
1700	26,2	23,1	20,6	18,5	16,6	15,0
1600	25,2	22,2	19,6	17,5	15,7	14,0
1500	24,1	21,1	18,6	16,5	14,7	13,0
1400	23,0	20,0	17,5	15,4	13,6	12,0
1300	21,7	18,8	16,3	14,3	12,5	10,9
1200	20,4	17,5	15,1	13,0	11,2	9,7
1100	19,0	16,1	13,7	11,7	9,9	8,4
1000	17,5	14,7	12,3	10,3	8,5	7,0
900	15,9	13,0	10,7	8,7	7,0	5,5
800	14,0	11,2	8,9	7,0	5,3	3,8
700	12,0	9,2	7,0	5,1	3,4	1,9

H Tauwasserbildung im Bauteilinneren

H.1 Klimabedingungen

Klimabedingungen für die Beurteilung der Tauwasserbildung und Verdunstung im Inneren von Bauteilen sind in Tab. H.1.1 (Tauwasserperiode) und Tab. H.1.2 (Verdunstungsperiode) angegeben.

Tab. H.1.1: Klimabedingungen für die Beurteilung der Tauwasserbildung (Tauperiode) im Inneren von Bauteilen (n. DIN 4108-3:2018-10, Tab. A.3)

Klimabedingungen Tauperiode (Dezember bis Februar)						
Klima	Temperatur	Relative Luftfeuchte	Wasserdampfteildruck	Dauer		
	θ	φ	p	T		
	°C	%	Pa	Tage d	Stunden h	Sekunden s
innen	20	50	1168	90	2160	7776×10^3
außen	–5	80	321			

Tab. H.1.2: Klimabedingungen für die Beurteilung der Verdunstung (Verdunstungsperiode) im Inneren von Bauteilen (n. DIN 4108-3:2018-10, Tab. A.3)

Verdunstungsperiode (Juni bis August) [a]				
		Dauer		
		T		
Wasserdampfteildruck p, in Pa		Tage d	Stunden h	Sekunden s
Wasserdampfteildruck innen	1200	90	2160	7776×10^3
Wasserdampfteildruck außen	1200			
Sättigungsdampfdruck im Tauwasserbereich p_{sat}, in Pa				
Wände von Aufenthaltsräumen gegen Außenluft	1700			
Dächer über Aufenthaltsräumen gegen Außenluft	2000			

[a] In der Verdunstungsperiode werden für das Perioden-Bilanzverfahren keine Temperaturen und Luftfeuchten, sondern nur die gerundeten Wasserdampfteildrücke als Klima-Randbedingung angegeben.

H.2 Sättigungsdampfdruck

Der Sättigungsdampfdruck für Wasserdampf in Luft p_{sat} berechnet sich mit den folgenden Gleichungen:

$$p_{sat} = 610{,}5 \cdot \exp\left(\frac{17{,}269 \cdot \theta}{237{,}3 + \theta}\right) \text{ wenn } \theta \geq 0\ °C$$

$$p_{sat} = 610{,}5 \cdot \exp\left(\frac{21{,}875 \cdot \theta}{265{,}5 + \theta}\right) \text{ wenn } \theta < 0\ °C \qquad \text{(H.2.1)}$$

Darin ist:

θ Temperatur in °C

Alternativ darf der Sättigungsdampfdruck p_{sat} auch aus Tab. H.2.1 entnommen werden.

Tab. H.2.1: Sättigungsdampfdruck für Wasserdampf in Luft über flüssigem Wasser bzw. über Eis p_{sat} in Abhängigkeit von der Temperatur (n. DIN 4108-3:2019-10, Tab. C.1)

Temperatur °C	**Sättigungsdampfdruck p_{sat} Pa für Temperaturschritte in Zehntel °C**									
	,0	,1	,2	,3	,4	,5	,6	,7	,8	,9
30	4241	4265	4289	4314	4339	4364	4389	4414	4439	4464
29	4003	4026	4050	4073	4097	4120	4144	4168	4192	4216
28	3778	3800	3822	3844	3867	3889	3912	3934	3957	3980
27	3563	3584	3605	3626	3648	3669	3691	3712	3734	3756
26	3359	3379	3399	3419	3440	3460	3480	3501	3522	3542
25	3166	3185	3204	3223	3242	3261	3281	3300	3320	3340
24	2982	3000	3018	3036	3055	3073	3091	3110	3128	3147
23	2808	2825	2842	2859	2876	2894	2911	2929	2947	2964
22	2642	2659	2675	2691	2708	2724	2741	2757	2774	2791
21	2486	2501	2516	2532	2547	2563	2579	2594	2610	2626
20	**2337**	2351	2366	2381	2395	2410	2425	2440	2455	2470
19	2196	2210	2224	2238	2252	2266	2280	2294	2308	2323
18	2063	2076	2089	2102	2115	2129	2142	2155	2169	2182
17	1937	1949	1961	1974	1986	1999	2012	2024	2037	2050
16	1817	1829	1841	1852	1864	1876	1888	1900	1912	1924
15	1704	1715	1726	1738	1749	1760	1771	1783	1794	1806
14	1598	1608	1619	1629	1640	1650	1661	1672	1683	1693

Temperatur °C	Sättigungsdampfdruck p_{sat} Pa für Temperaturschritte in Zehntel °C									
	,0	,1	,2	,3	,4	,5	,6	,7	,8	,9
13	1497	1507	1517	1527	1537	1547	1557	1567	1577	1587
12	1402	1411	1420	1430	1439	1449	1458	1468	1477	1487
11	1312	1321	1330	1338	1347	1356	1365	1374	1383	1393
10	1227	1236	1244	1252	1261	1269	1278	1286	1295	1303
9	1147	1155	1163	1171	1179	1187	1195	1203	1211	1219
8	1072	1080	1087	1094	1102	1109	1117	1124	1132	1140
7	1001	1008	1015	1022	1029	1036	1043	1050	1058	1065
6	935	941	948	954	961	967	974	981	988	994
5	872	878	884	890	897	903	909	915	922	928
4	813	819	824	830	836	842	848	854	860	866
3	757	763	768	774	779	785	790	796	801	807
2	705	710	715	721	726	731	736	741	747	752
1	656	661	666	671	676	680	685	690	695	700
0	611	615	619	624	629	633	638	642	647	652
–0	611	605	601	596	591	586	581	576	571	567
–1	562	557	553	548	544	539	535	530	526	521
–2	517	513	509	504	500	496	492	488	484	479
–3	475	471	468	464	460	456	452	448	444	441
–4	437	433	430	426	422	419	415	412	408	405
–5	**401**	398	394	391	388	384	381	378	375	371
–6	368	365	362	359	356	353	350	347	344	341
–7	338	335	332	329	326	323	320	318	315	312
–8	309	307	304	301	299	296	294	291	288	286
–9	283	281	278	276	274	271	269	266	264	262
–10	259	257	255	252	250	248	246	244	241	239

H.3 Sättigungsdampfkonzentration

Die Sättigungsdampfkonzentration (Sättigungsmenge) für Wasserdampf in Luft ist abhängig von der Lufttemperatur und ergibt sich nach Tab. H.3.1.

Tab. H.3.1: Sättigungskonzentration (Sättigungsmenge) für Wasserdampf in Luft über flüssigem Wasser bzw. über Eis c_s in Abhängigkeit von der Temperatur (n. DIN 4108-3:2018-10, Tab. C.2)

Temperatur °C	**Sättigungsdampfkonzentration c_s in 10^{-3} kg/m³ für Temperaturschritte in Zehntel °C**									
	,0	,1	,2	,3	,4	,5	,6	,7	,8	,9
30	30,3	30,5	30,6	30,8	31,0	31,2	31,4	31,5	31,7	31,9
29	28,7	28,9	29,0	29,2	29,4	29,5	29,7	29,9	30,0	30,2
28	27,2	27,3	27,5	27,6	27,8	28,0	28,1	28,3	28,5	28,6
27	25,7	25,9	26,0	26,2	26,3	26,5	26,6	26,8	26,9	27,1
26	24,3	24,5	24,6	24,8	24,9	25,0	25,2	25,3	25,5	25,6
25	23,0	23,1	23,3	23,4	23,5	23,7	23,8	24,0	24,1	24,3
24	21,7	21,9	22,0	22,1	22,3	22,4	22,5	22,7	22,8	22,9
23	20,5	20,7	20,8	20,9	21,0	21,2	21,3	21,4	21,5	21,7
22	19,4	19,5	19,6	19,7	19,9	20,0	20,1	20,2	20,4	20,5
21	18,3	18,4	18,5	18,6	18,8	18,9	19,0	19,1	19,2	19,3
20	**17,3**	17,4	17,5	17,6	17,7	17,8	17,9	18,0	18,1	18,2
19	16,3	16,4	16,5	16,6	16,7	16,8	16,9	17,0	17,1	17,2
18	15,3	15,4	15,5	15,6	15,7	15,8	15,9	16,0	16,1	16,2
17	14,5	14,5	14,6	14,7	14,8	14,9	15,0	15,1	15,2	15,3
16	13,6	13,7	13,8	13,9	14,0	14,1	14,1	14,2	14,3	14,4
15	12,8	12,9	13,0	13,1	13,1	13,2	13,3	13,4	13,5	13,6
14	12,0	12,1	12,2	12,3	12,4	12,4	12,5	12,6	12,7	12,8
13	11,3	11,4	11,5	11,6	11,6	11,7	11,8	11,9	11,9	12,0
12	10,6	10,7	10,8	10,9	10,9	11,0	11,1	11,1	11,2	11,3
11	10,0	10,1	10,1	10,2	10,3	10,3	10,4	10,5	10,5	10,6
10	9,4	9,5	9,5	9,6	9,6	9,7	9,8	9,8	9,9	10,0
9	8,8	8,9	8,9	9,0	9,0	9,1	9,2	9,2	9,3	9,4
8	8,3	8,3	8,4	8,4	8,5	8,5	8,6	8,7	8,7	8,8
7	7,7	7,8	7,8	7,9	8,0	8,0	8,1	8,1	8,2	8,2
6	7,3	7,3	7,4	7,4	7,5	7,5	7,6	7,6	7,7	7,7
5	6,8	6,8	6,9	6,9	7,0	7,0	7,1	7,1	7,2	7,2
4	6,4	6,4	6,4	6,5	6,5	6,6	6,6	6,7	6,7	6,8
3	5,9	6,0	6,0	6,1	6,1	6,2	6,2	6,2	6,3	6,3

Temperatur °C	Sättigungsdampfkonzentration c_s in 10^{-3} kg/m^3 für Temperaturschritte in Zehntel °C									
	,0	,1	,2	,3	,4	,5	,6	,7	,8	,9
2	5,6	5,6	5,6	5,7	5,7	5,8	5,8	5,8	5,9	5,9
1	5,2	5,2	5,3	5,3	5,3	5,4	5,4	5,5	5,5	5,5
0	4,8	4,9	4,9	4,9	5,0	5,0	5,1	5,1	5,1	5,2
–0	4,8	4,8	4,8	4,7	4,7	4,6	4,6	4,6	4,5	4,5
–1	4,5	4,4	4,4	4,4	4,3	4,3	4,3	4,2	4,2	4,1
–2	4,1	4,1	4,1	4,0	4,0	4,0	3,9	3,9	3,9	3,8
–3	3,8	3,8	3,7	3,7	3,7	3,7	3,6	3,6	3,6	3,5
–4	3,5	3,5	3,5	3,4	3,4	3,4	3,3	3,3	3,3	3,3
–5	**3,2**	3,2	3,2	3,2	3,1	3,1	3,1	3,1	3,0	3,0
–6	3,0	3,0	2,9	2,9	2,9	2,9	2,8	2,8	2,8	2,8
–7	2,7	2,7	2,7	2,7	2,7	2,6	2,6	2,6	2,6	2,5
–8	2,5	2,5	2,5	2,5	2,4	2,4	2,4	2,4	2,4	2,3
–9	2,3	2,3	2,3	2,3	2,2	2,2	2,2	2,2	2,2	2,1
–10	2,1	2,1	2,1	2,1	2,1	2,0	2,0	2,0	2,0	2,0

I Taupunkttemperatur

Die Taupunkttemperatur für Wasserdampf in Luft in Abhängigkeit von der Temperatur und der relativen Luftfeuchte ist in Tab. I.1 angegeben.

Tab. I.1: Taupunkttemperatur für Wasserdampf in Luft in Abhängigkeit von der Temperatur und der relativen Luftfeuchte (n. DIN 4108-3:2018-10, Tab. C.3)

Temperatur °C	**Taupunkttemperatur θ_s °C bei einer relativen Luftfeuchte von %**													
	30	35	40	45	50	55	60	65	70	75	80	85	90	95
30	10,5	12,9	14,9	16,8	18,4	20,0	21,4	22,7	23,9	25,1	26,2	27,2	28,2	29,1
29	9,7	12,0	14,0	15,9	17,5	19,0	20,4	21,7	23,0	24,1	25,2	26,2	27,2	28,1
28	8,8	11,1	13,1	15,0	16,6	18,1	19,5	20,8	22,0	23,1	24,2	25,2	26,2	27,1
27	8,0	10,2	12,3	14,1	15,7	17,2	18,6	19,9	21,1	22,2	23,3	24,3	25,2	26,1
26	7,1	9,4	11,4	13,2	14,8	16,3	17,6	18,9	20,1	21,2	22,3	23,3	24,2	25,1
25	6,2	8,5	10,5	12,2	13,9	15,3	16,7	18,0	19,1	20,3	21,3	22,3	23,2	24,1
24	5,4	7,6	9,6	11,3	12,9	14,4	15,8	17,0	18,2	19,3	20,3	21,3	22,3	23,1
23	4,5	6,7	8,7	10,4	12,0	13,5	14,8	16,1	17,2	18,3	19,4	20,3	21,3	22,2
22	3,6	5,8	7,8	9,5	11,1	12,5	13,9	15,1	16,3	17,4	18,4	19,4	20,3	21,2
21	2,8	5,0	6,9	8,9	102	11,6	12,9	14,2	15,3	16,4	17,4	18,4	19,3	20,2
20	1,9	4,1	6,0	7,7	9,3	10,7	12,0	13,2	14,4	15,4	16,4	17,4	18,3	19,2
19	1,1	3,2	5,1	6,8	8,4	9,8	11,1	12,3	13,4	14,5	15,5	16,4	17,3	18,2
18	0,2	2,3	4,2	5,9	7,4	8,8	10,1	11,3	12,5	13,5	14,5	15,4	16,3	17,2
17	−0,6	1,4	3,3	5,0	6,5	7,9	9,2	10,4	11,5	12,5	13,5	14,5	15,3	16,2
16	−1,4	0,6	2,4	4,1	5,6	7,0	8,2	9,4	10,5	11,6	12,6	13,5	14,4	15,2
15	−2,1	−0,3	1,5	3,2	4,7	6,0	7,3	8,5	9,6	10,6	11,6	12,5	13,4	14,2
14	−2,9	−1,1	0,6	2,3	3,8	5,1	6,4	7,5	8,6	9,6	10,6	11,5	12,4	13,2
13	−3,7	−1,8	−0,2	1,4	2,8	4,2	5,4	6,6	7,7	8,7	9,6	10,5	11,4	12,2
12	−4,4	−2,6	−1,0	0,5	1,9	3,3	4,5	5,6	6,7	7,7	8,7	9,6	10,4	11,2
11	−5,2	−3,4	−1,8	−0,4	1,0	2,3	3,5	4,7	5,7	6,7	7,7	8,6	9,4	10,2
10	−6,0	−4,2	−2,6	−1,2	0,1	1,4	2,6	3,7	4,8	5,8	6,7	7,6	8,4	9,2

K Gebäudeenergiegesetz (GEG 2020 mit Novelle 2023)

K.1 Anforderungen an Wohngebäude

Anforderungen an zu errichtende Wohngebäude werden durch Höchstwerte des Jahres-Primärenergiebedarfs (Gesamtenergiebedarf) sowie des spezifischen Transmissionswärmeverlusts (baulicher Wärmeschutz) festgelegt.

Gesamtenergiebedarf (Wohngebäude)

Der auf die Gebäudenutzfläche bezogene Jahres-Primärenergiebedarf (in kWh/(m^2a)) eines zu errichtenden Wohngebäudes darf den 0,55-fachen Wert eines zugehörigen Referenzgebäudes nicht überschreiten. Das Referenzgebäude muss die gleiche Geometrie, Gebäudenutzfläche und Ausrichtung wie das zu errichtende Wohngebäude und die technische Ausführung nach Tab. K.1.1 aufweisen.

Tab. K.1.1: Technische Ausführung des Referenzgebäudes bei Wohngebäuden (n. GEG 2020/2023, Anlage 1)

Bauteil/System	Referenzausführung bzw. Wert (Maßeinheit)	
	Eigenschaft	
Außenwand (einschließlich Einbauten, wie Rollladenkästen), Geschossdecke gegen Außenluft	Wärmedurchgangskoeffizient	U = 0,28 W/(m^2K)
Außenwand gegen Erdreich, Bodenplatte, Wände und Decken zu unbeheizten Räumen	Wärmedurchgangskoeffizient	U = 0,35 W/(m^2K)
Dach, oberste Geschossdecke, Wände zu Abseiten	Wärmedurchgangskoeffizient	U = 0,20 W/(m^2K)
Fenster, Fenstertüren	Wärmedurchgangskoeffizient	U_w = 1,3 W/(m^2K)
	Gesamtenergiedurchlassgrad der Verglasung $g_\perp$	*Bei Berechnung nach:* • DIN V 4108-6:2003-06: $g_\perp$ = 0,60 • DIN V 18599-2:2018-09: $g_\perp$ = 0,60
Dachflächenfenster, Glasdächer und Lichtbänder	Wärmedurchgangskoeffizient	U_w = 1,4 W/(m^2K)
	Gesamtenergiedurchlassgrad der Verglasung $g_\perp$	*Bei Berechnung nach:* • DIN V 4108-6:2003-06: $g_\perp$ = 0,60 • DIN V 18599-2:2018-09: $g_\perp$ = 0,60

Bauteil/System	**Referenzausführung bzw. Wert (Maßeinheit)**	
	Eigenschaft	
Lichtkuppeln	Wärmedurchgangskoeffizient	U_w = 2,7 W/(m²K)
	Gesamtenergiedurchlassgrad der Verglasung $g_\perp$	*Bei Berechnung nach:* • DIN V 4108-6:2003-06: $g_\perp$ = 0,64 • DIN V 18599-2:2018-09: $g_\perp$ = 0,64
Außentüren, Türen gegen unbeheizte Räume	Wärmedurchgangskoeffizient	U = 1,8 W/(m²K)
Für die zuvor genannten Bauteile	Wärmebrückenzuschlag	ΔU_{WB} = 0,05 W/(m²K)
Solare Wärmegewinne über opake Bauteile	wie das zu errichtende Bauteil	
Luftdichtheit der Gebäudehülle	Bemessungswert n_{50}	*Bei Berechnung nach:* • DIN V 4108-6:2003-06: mit Dichtheitsprüfung • DIN V 18599-2:2018-09: nach Kategorie I
Sonnenschutzvorrichtung	keine Sonnenschutzvorrichtung	
Heizungsanlage	• Wärmeerzeugung durch Brennwertkessel (verbessert, bei der Berechnung nach § 20 Absatz 1 nach 1994), Erdgas, Aufstellung: – für Gebäude bis zu 500 m² Gebäudenutzfläche innerhalb der thermischen Hülle – für Gebäude mit mehr als 500 m² Gebäudenutzfläche außerhalb der thermischen Hülle • Auslegungstemperatur 55/45 °C, zentrales Verteilsystem innerhalb der wärmeübertragenden Umfassungsfläche, innen liegende Stränge und Anbindeleitungen, Standard-Leitungslängen n. DIN V 4701-10:2003-08 Tab. 5.3-2, Pumpe auf Bedarf ausgelegt (geregelt, Δp const), Rohrnetz ausschließlich statisch hydraulisch abgeglichen • Wärmeübergabe mit freien statischen Heizflächen, Anordnung an normaler Außenwand, Thermostatventile mit Proportionalbereich 1 K n. DIN V 4701-10:2003-08 bzw. P-Regler (nicht zertifiziert) n. DIN V 18599-5:2018-09	
Anlage zur Warmwasserbereitung	• zentrale Warmwasserbereitung • gemeinsame Wärmebereitung mit Heizungsanlage nach siehe zuvor • bei Berechnung nach § 20 Absatz 1: allgemeine Randbedingungen gemäß DIN V 18599-8:2018-09, Tab. 6, Solaranlage mit Flachkollektor nach 1998 sowie Speicher ausgelegt gemäß DIN V 18599-8:2018-09, Abschnitt 6.4.3 • bei Berechnung nach § 20 Absatz 2: Solaranlage mit Flachkollektor zur ausschließlichen Trinkwassererwärmung entsprechend den Vorgaben n. DIN V 4701-10:2003-08, Tab. 5.1-10 mit Speicher, indirekt beheizt (stehend), gleiche Aufstellung wie Wärmeerzeuger – kleine Solaranlage bei $A_N \leq 500$ m² (bivalenter Solarspeicher) – große Solaranlage bei $A_N > 500$ m²	

Bauteil/System	Referenzausführung bzw. Wert (Maßeinheit)
	Eigenschaft
	• Verteilsystem mit Zirkulation, innerhalb der wärmeübertragenden Umfassungsfläche, innen liegende Stränge, gemeinsame Installationswand, Standard-Leitungslängen n. DIN V 4701-10:2003-08, Tab. 5.1-2
Kühlung	keine Kühlung
Lüftung	zentrale Abluftanlage mit Außenwanddurchlass (ALD), nicht bedarfsgeführt mit geregeltem DC-Ventilator, • DIN V 4701:2003-08: Anlagen-Luftwechsel n_A = 0,4 h^{-1} • DIN-V 18599-10:2018-09: nutzungsbedingter Mindestaußenluftwechsel n_{Nutz}: 0,50 h^{-1}
Gebäudeautomation	Klasse C n. DIN V 18599-11:2018-09

Baulicher Wärmeschutz (Wohngebäude)

Der spezifische, auf die wärmeübertragende Umfassungsfläche bezogene Transmissionswärmeverlust eines zu errichtenden Wohngebäudes darf das 1,0-Fache des entsprechenden Wertes des jeweiligen Referenzgebäudes nicht überschreiten.

K.2 Berechnung des Jahres-Primärenergiebedarfs für ein zu errichtendes Wohngebäude

Der Jahres-Primärenergiebedarf für ein zu errichtendes Wohngebäude ist nach DIN V 18599-5:2018-09 zu berechnen.

Bis zum 31. Dezember 2023 darf alternativ das Verfahren nach DIN V 4108-6:2003-06, geändert durch DIN V 4108-6, Berichtigung 1:2004-03, in Verbindung mit DIN V 4701-10:2003-08 ermittelt werden, sofern das Wohngebäude nicht gekühlt wird.

Für weitere Angaben wird auf das GEG § 20 verwiesen.

K.3 Anforderungen an Nichtwohngebäude

Anforderungen an zu errichtende Nichtwohngebäude werden durch Höchstwerte des auf die Nettogrundfläche bezogenen Jahres-Primärenergiebedarfs (Gesamtenergiebedarf) und durch Höchstwerte der Wärmedurchgangskoeffizienten der Bauteile der wärmeübertragenden Umfassungsfläche (baulicher Wärmeschutz) festgelegt.

Gesamtenergiebedarf (Nichtwohngebäude)

Der Höchstwert des Jahres-Primärenergiebedarfs eines zu errichtenden Nichtwohngebäudes darf das 0,55-Fache des auf die Nettogrundfläche bezogenen Wertes des Jahres-Primärenergiebedarfs eines Referenzgebäudes, das die gleiche Geometrie, Gebäudenutzfläche, Ausrichtung und Nutzung wie das zu errichtende Nichtwohngebäude aufweist, nicht überschreiten. Die Ausführung des Referenzgebäudes ist in Tab. K.3.1 angegeben.

Tab. K.3.1: Ausführung des Referenzgebäudes bei Nichtwohngebäuden (n. GEG 2020/2023, Anlage 2)

Bauteil/System	**Eigenschaft**	**Zeile Referenzausführung bzw. Wert (Maßeinheit)**	
		Raum-Soll-temperatur im Heizfall ≥ 19 °C	**Raum-Solltem-peratur im Heizfall von 12 bis < 19 °C**
Außenwand (einschließlich Einbauten, wie Rollladenkästen), Geschossdecke gegen Außenluft	Wärmedurchgangs-koeffizient	$U = 0{,}28\ W/(m^2K)$	$U = 0{,}35\ W/(m^2K)$
Vorhangfassade	Wärmedurchgangs-koeffizient	$U = 1{,}4\ W/(m^2K)$	$U = 1{,}9\ W/(m^2K)$
	Gesamtenergiedurchlass-grad der Verglasung	$g = 0{,}48$	$g = 0{,}60$
	Lichttransmissionsgrad der Verglasung	$\tau_{v,D65,SNA} = 0{,}72$	$\tau_{v,D65,SNA} = 0{,}78$
Wand gegen Erdreich, Bodenplatte, Wände und Decken zu unbeheizten Räumen (außer Abseitenwände)	Wärmedurchgangs-koeffizient	$U = 0{,}35\ W/(m^2K)$	$U = 0{,}35\ W/(m^2K)$
Dach, oberste Geschossdecke, Wände zu Abseiten	Wärmedurchgangs-koeffizient	$U = 0{,}20\ W/(m^2K)$	$U = 0{,}35\ W/(m^2K)$
Glasdächer	Wärmedurchgangs-koeffizient	$U_w = 2{,}7\ W/(m^2K)$	$U_w = 2{,}7\ W/(m^2K)$
	Gesamtenergiedurchlass-grad der Verglasung	$g = 0{,}63$	$g = 0{,}63$
	Lichttransmissionsgrad der Verglasung	$\tau_{v,D65,SNA} = 0{,}76$	$\tau_{v,D65,SNA} = 0{,}76$
Lichtbänder	Wärmedurchgangs-koeffizient	$U_w = 2{,}4\ W/(m^2K)$	$U_w = 2{,}4\ W/(m^2K)$
	Gesamtenergiedurchlass-grad der Verglasung	$g = 0{,}55$	$g = 0{,}55$
	Lichttransmissionsgrad der Verglasung	$\tau_{v,D65,SNA} = 0{,}48$	$\tau_{v,D65,SNA} = 0{,}48$
Lichtkuppeln	Wärmedurchgangs-koeffizient	$U_w = 2{,}7\ W/(m^2K)$	$U_w = 2{,}7\ W/(m^2K)$
	Gesamtenergiedurchlass-grad der Verglasung	$g = 0{,}64$	$g = 0{,}64$
	Lichttransmissionsgrad der Verglasung	$\tau_{v,D65,SNA} = 0{,}59$	$\tau_{v,D65,SNA} = 0{,}59$

Bauteil/System	Eigenschaft	Zeile Referenzausführung bzw. Wert (Maßeinheit)	
		Raum-Solltemperatur im Heizfall ≥ 19 °C	**Raum-Solltemperatur im Heizfall von 12 bis < 19 °C**
Fenster/Fenstertüren	Wärmedurchgangskoeffizient	U_w = 1,3 W/(m²K)	U_w = 1,9 W/(m²K)
	Gesamtenergiedurchlassgrad der Verglasung	g = 0,60	g = 0,60
	Lichttransmissionsgrad der Verglasung	$\tau_{v,D65,SNA}$ = 0,78	$\tau_{v,D65,SNA}$ = 0,78
Dachflächenfenster	Wärmedurchgangskoeffizient	U_w = 1,4 W/(m²K)	U_w = 1,9 W/(m²K)
	Gesamtenergiedurchlassgrad der Verglasung	g = 0,60	g = 0,60
	Lichttransmissionsgrad der Verglasung	$\tau_{v,D65,SNA}$ = 0,78	$\tau_{v,D65,SNA}$ = 0,78
Außentüren; Türen gegen unbeheizte Räume; Tore	Wärmedurchgangskoeffizient	U = 1,8 W/(m²K)	U = 2,9 W/(m²K)
Vorherige Bauteile (ausgenommen Vorhangfassade)	Wärmebrückenzuschlag	ΔU_{WB} = 0,05 W/(m²K)	ΔU_{WB} = 0,10 W/(m²K)
Gebäudedichtheit	Kategorie n. DIN V 18599-2:2018-09, Tab. 7	Kategorie I	
Tageslichtversorgung bei Sonnen- oder Blendschutz oder bei Sonnen- und Blendschutz	Tageslichtversorgungsfaktor $C_{TL,Vers,SA}$ n. DIN V 18599-4:2018-09	kein Sonnen- oder Blendschutz vorhanden: 0,70 Blendschutz vorhanden: 0,15	
Sonnenschutzvorrichtung	Für das Referenzgebäude ist die tatsächliche Sonnenschutzvorrichtung des zu errichtenden Gebäudes anzunehmen; sie ergibt sich ggf. aus den Anforderungen zum sommerlichen Wärmeschutz nach § 14 oder aus Erfordernissen des Blendschutzes. Soweit hierfür Sonnenschutzverglasung zum Einsatz kommt, sind für diese Verglasung folgende Kennwerte anzusetzen: • anstelle der Werte für ‚Vorhangfassade': – Gesamtenergiedurchlassgrad der Verglasung: g = 0,35 – Lichttransmissionsgrad der Verglasung: $\tau_{v,D65,SNA}$ = 0,58 • anstelle der Werte für ‚Fenster, Fenstertüren' und ‚Dachflächenfenster': – Gesamtenergiedurchlassgrad der Verglasung: g = 0,35 – Lichttransmissionsgrad der Verglasung: $\tau_{v,D65,SNA}$ = 0,62		
Solare Wärmegewinne über opake Bauteile	wie beim zu errichtenden Gebäude		
Beleuchtungsart	direkt/indirekt mit elektronischem Vorschaltgerät und stabförmiger Leuchtstofflampe		

<table>
<tr><th rowspan="2">Bauteil/System</th><th rowspan="2">Eigenschaft</th><th colspan="2">Zeile Referenzausführung bzw. Wert (Maßeinheit)</th></tr>
<tr><th>Raum-Soll-temperatur im Heizfall ≥ 19 °C</th><th>Raum-Solltem-peratur im Heizfall von 12 bis < 19 °C</th></tr>
<tr><td>Regelung der Beleuchtung</td><td colspan="3">Präsenzkontrolle:
• in Zonen der Nutzungen 4, 15 bis 19, 21 und 31*: mit Präsenzmelder
• im Übrigen: manuell
Konstantlichtkontrolle/tageslichtabhängige Kontrolle:
• in Zonen der Nutzungen 5, 9, 10, 14, 22.1 bis 22.3, 29, 37 bis 40*: Konstantlichtkontrolle gemäß DIN V 18599-4:2018-09, Abschnitt 5.4.6
• in Zonen der Nutzungen 1 bis 4, 8, 12, 28, 31 und 36*: tageslichtabhängige Kontrolle, Kontrollart „gedimmt, nicht ausschaltend“ gemäß DIN V 18599-4:2018-09, Abschnitt 5.5.4 (einschließlich Konstantlichtkontrolle)
• im Übrigen: manuell</td></tr>
<tr><td>Heizung (Raumhöhen ≤ 4 m) – Wärmeerzeuger</td><td colspan="3">Brennwertkessel (verbessert, nach 1994) n. DIN V 18599-5:2018-09, Erdgas, Aufstellung außerhalb der thermischen Hülle, Wasserinhalt > 0,15 l/kW</td></tr>
<tr><td>Heizung (Raumhöhen ≤ 4 m) – Wärmeverteilung</td><td colspan="3">• bei statischer Heizung und Umluftheizung (dezentrale Nachheizung in RLT-Anlage):
Zweirohrnetz, außen liegende Verteilleitungen im unbeheizten Bereich, innen liegende Steigstränge, innen liegende Anbindeleitungen, Systemtemperatur 55/45 °C, ausschließlich statisch hydraulisch abgeglichen, Δp const, Pumpe auf Bedarf ausgelegt, Pumpe mit intermittierendem Betrieb, keine Überströmventile, für den Referenzfall sind die Rohrleitungslängen und die Umgebungstemperaturen gemäß den Standardwerten nach DIN V 18599-5:2018-09 zu ermitteln.
• bei zentralem RLT-Gerät:
Zweirohrnetz, Systemtemperatur 70/55 °C, ausschließlich statisch hydraulisch abgeglichen, Δp const, Pumpe auf Bedarf ausgelegt, für den Referenzfall sind die Rohrleitungslängen und die Lage der Rohrleitungen wie beim zu errichtenden Gebäude anzunehmen.</td></tr>
<tr><td>Heizung (Raumhöhen ≤ 4 m) – Wärmeübergabe</td><td colspan="3">• bei statischer Heizung:
freie Heizflächen an der Außenwand (bei Anordnung vor Glasflächen mit Strahlungsschutz), ausschließlich statisch hydraulisch abgeglichen, P-Regler (nicht zertifiziert), keine Hilfsenergie
• bei Umluftheizung (dezentrale Nachheizung in RLT-Anlage): Regelgröße Raumtemperatur, hohe Regelgüte</td></tr>
<tr><td>Heizung (Raumhöhen > 4 m)</td><td colspan="3">Dezentrales Heizsystem:
Wärmeerzeuger gemäß DIN V 18599-5:2018-09, Tab. 52:
• dezentraler Warmlufterzeuger
• nicht kondensierend
• Leistung 25 bis 50 kW je Gerät
• Energieträger Erdgas
• Leistungsregelung 1 (einstufig oder mehrstufig/modulierend ohne Anpassung der Verbrennungsluftmenge)</td></tr>
</table>

<table>
<tr><th rowspan="2">Bauteil/System</th><th rowspan="2">Eigenschaft</th><th colspan="2">Zeile Referenzausführung bzw. Wert (Maßeinheit)</th></tr>
<tr><th>Raum-Solltemperatur im Heizfall ≥ 19 °C</th><th>Raum-Solltemperatur im Heizfall von 12 bis < 19 °C</th></tr>
<tr><td></td><td colspan="3">Wärmeübergabe gemäß DIN V 18599-5:2018-09, Tab. 16 und Tab. 22:
• Radialventilator, Auslass horizontal, ohne Warmluftrückführung, Raumtemperaturregelung P-Regler (nicht zertifiziert)</td></tr>
<tr><td>Warmwasser
– zentrales System</td><td colspan="3">Wärmeerzeuger:
allgemeine Randbedingungen gemäß DIN V 18599-8:2018-09, Tab. 6, Solaranlage mit Flachkollektor (nach 1998) zur ausschließlichen Trinkwassererwärmung n. DIN V 18599-8:2018-09 mit Standardwerten gemäß Tab. 19 bzw. Abschnitt 6.4.3, jedoch abweichend auch für zentral warmwasserversorgte Nettogrundflächen über 3000 m^2 Restbedarf über Wärmeerzeuger der Heizung
Wärmespeicherung:
bivalenter, außerhalb der thermischen Hülle aufgestellter Speicher n. DIN V 18599-8:2018-09 Abschnitt 6.4.3
Wärmeverteilung:
mit Zirkulation, für den Referenzfall sind die Rohrleitungslänge und die Lage der Rohrleitungen wie beim zu errichtenden Gebäude anzunehmen</td></tr>
<tr><td>Warmwasser
– dezentrales System</td><td colspan="3">hydraulisch geregelter Elektro-Durchlauferhitzer, eine Zapfstelle und 6 Meter Leitungslänge
pro Gerät bei Gebäudezonen, die einen Warmwasserbedarf von höchstens 200 Wh / ($m^2 \cdot d$) aufweisen</td></tr>
<tr><td>Raumlufttechnik
– Abluftanlage</td><td colspan="3">spezifische Leistungsaufnahme Ventilator P_{SFP} = 1,0 kW/(m^3/s)</td></tr>
<tr><td>Raumlufttechnik
– Zu- und Abluftanlage</td><td colspan="3">• Luftvolumenstromregelung:
Soweit für Zonen der Nutzungen 4, 8, 9, 12, 13, 23, 24, 35, 37 und 40* eine Zu- und Abluftanlage vorgesehen wird, ist diese mit bedarfsabhängiger Luftvolumenstromregelung Kategorie IDA-C4 gemäß DIN V 18599-7:2018-09, Abschnitt 5.8.1 auszulegen.
– Spezifische Leistungsaufnahme:
– Zuluftventilator P_{SFP} = 1,5 kW/(m^3/s)
– Abluftventilator P_{SFP} = 1,0 kW/(m^3/s)
Erweiterte P_{SFP}-Zuschläge n. DIN EN 16798-3:2017-11, Abschnitt 9.5.2.2 können für HEPA-Filter, Gasfilter sowie Wärmerückführungsbauteile der Klassen H2 oder H1 nach DIN EN 13053:2007-11 angerechnet werden.
• Wärmerückgewinnung über Plattenwärmeüberträger:
Temperaturänderungsgrad $\eta_{t,comp}$ = 0,6
Zulufttemperatur 18 °C
Druckverhältniszahl f_P = 0,4
• Luftkanalführung: innerhalb des Gebäudes
• bei Kühlfunktion: Auslegung für 6/12 °C, keine indirekte Verdunstungskühlung</td></tr>
<tr><td>Raumlufttechnik
– Luftbefeuchtung</td><td colspan="3">Für den Referenzfall ist die Einrichtung zur Luftbefeuchtung wie beim zu errichtenden Gebäude anzunehmen.</td></tr>
</table>

<table>
<tr><th rowspan="2">Bauteil/System</th><th rowspan="2">Eigenschaft</th><th colspan="2">Zeile Referenzausführung bzw. Wert (Maßeinheit)</th></tr>
<tr><th>Raum-Soll-temperatur im Heizfall ≥ 19 °C</th><th>Raum-Solltem-peratur im Heizfall von 12 bis < 19 °C</th></tr>
<tr><td>Raumlufttechnik
– Nur-Luft-Klimaanlagen</td><td colspan="3">als kühllastgeregeltes Variabel-Volumenstrom-System ausgeführt:
Druckverhältniszahl: f_P = 0,4 und konstanter Vordruck
Luftkanalführung: innerhalb des Gebäudes</td></tr>
<tr><td>Raumkühlung</td><td colspan="3">• Kältesystem:
Kaltwasser-Ventilatorkonvektor, Brüstungsgerät Kaltwasser-temperatur 14/18 °C
• Kaltwasserkreis Raumkühlung:
Überströmung 10 %
spezifische elektrische Leistung der Verteilung $P_{d,spez}$ = 30 W_{el}/$kW_{Kälte}$
hydraulisch abgeglichen,
geregelte Pumpe, Pumpe hydraulisch entkoppelt,
saisonale sowie Nacht- und Wochenendabschaltung n. DIN V 18599-7:2018-09, Anhang D</td></tr>
<tr><td>Kälteerzeugung</td><td colspan="3">Erzeuger:
Kolben/Scrollverdichter mehrstufig schaltbar, R134a, außenluft-gekühlt,
kein Speicher, Baualterfaktor $f_{c,B}$ = 1,0, Freikühlfaktor f_{FC} = 1,0
Kaltwassertemperatur:
– bei mehr als 5000 m² mittels Raumkühlung konditionierter Nettogrundfläche, für diesen Konditionierungsanteil 14/18 °C
– im Übrigen: 6/12 °C
Kaltwasserkreis Erzeuger inklusive RLT-Kühlung:
Überströmung 30 %
spezifische elektrische Leistung der Verteilung $P_{d,spez}$ = 20 W_{el}/$kW_{Kälte}$
hydraulisch abgeglichen,
ungeregelte Pumpe, Pumpe hydraulisch entkoppelt,
saisonale sowie Nacht- und Wochenendabschaltung n. DIN V 18599-7:2018-09, Anhang D,
Verteilung außerhalb der konditionierten Zone.
Der Primärenergiebedarf für das Kühlsystem und die Kühlfunktion der raumlufttechnischen Anlage darf für Zonen der Nutzungen 1 bis 3, 8, 10, 16, 18 bis 20 und 31* nur zu 50 % angerechnet werden.</td></tr>
<tr><td>Gebäudeautomation</td><td colspan="3">Klasse C n. DIN V 18599-11:2018-09</td></tr>
<tr><td colspan="4">* Nutzungen nach Tab. 5 der DIN V 18599-10:2018-09.</td></tr>
</table>

Baulicher Wärmeschutz (Nichtwohngebäude)

Die Höchstwerte der Wärmedurchgangskoeffizienten der Bauteile der wärmeübertragenden Umfassungsfläche von Nichtwohngebäuden sind in Tab. K.3.2 angegeben.

Tab. K.3.2: Höchstwerte der mittleren Wärmedurchgangskoeffizienten der wärmeübertragenden Umfassungsfläche von Nichtwohngebäuden (n. GEG 2020/2023, Anlage 3)

Bauteil/System	**Höchstwerte der Mittelwerte der Wärmedurchgangskoeffizienten**	
	Raum-Solltemperatur im Heizfall ≥ 19 °C	**Raum-Solltemperatur im Heizfall von 12 bis < 19 °C**
Opake Außenbauteile, soweit nicht in Bauteilen der Zeilen 3 und 4 enthalten	W/(m²K)	W/(m²K)
Transparente Außenbauteile, soweit nicht in Bauteilen der Zeilen 3 und 4 enthalten	W/(m²K)	W/(m²K)
Vorhangfassade	W/(m²K)	W/(m²K)
Glasdächer, Lichtkuppeln, Lichtbänder	W/(m²K)	W/(m²K)
Bei der Berechnung des Mittelwerts des jeweiligen Bauteils sind die Bauteile nach Maßgabe ihres Flächenanteils zu berücksichtigen. Die Wärmedurchgangskoeffizienten von Bauteilen gegen unbeheizte Räume (außer Dachräumen) oder Erdreich sind zusätzlich mit dem Faktor 0,5 zu gewichten. Bei der Berechnung des Mittelwerts der an das Erdreich angrenzenden Bodenplatten bleiben die Flächen unberücksichtigt, die mehr als 5 m vom äußeren Rand des Gebäudes entfernt sind. Die Berechnung ist für Zonen mit unterschiedlichen Raum-Solltemperaturen im Heizfall getrennt durchzuführen. Für die Berechnung des Wärmedurchgangskoeffizienten der an Erdreich grenzenden Bauteile ist DIN V 18599-2:2018-09, Abschnitt 6.1.4.3 und für opake Bauteile ist DIN 4108-4:2017-03 in Verbindung mit DIN EN ISO 6946:2008-04 anzuwenden. Für die Berechnung des Wärmedurchgangskoeffizienten transparenter Bauteile sowie von Vorhangfassaden ist DIN 4108-4:2017-03 anzuwenden.		

K.4 Berechnung des Jahres-Primärenergiebedarfs für ein zu errichtendes Nichtwohngebäude

Der Jahres-Primärenergiebedarf für das zu errichtende Nichtwohngebäude sowie für das Referenzgebäude sind nach DIN 18599:2018-09 zu berechnen. Siehe GEG § 21.

K.5 Höchstwerte der Wärmedurchgangskoeffizienten bei erstmaligem Einbau, Ersatz und Erneuerung von Bauteilen

Höchstwerte der Wärmedurchgangskoeffizienten von Bauteilen bei erstmaligem Einbau, Ersatz und Erneuerung von Bauteilen sind in Tab. K.5.1 angegeben.

Tab. K.5.1: Höchstwerte der Wärmedurchgangskoeffizienten von Außenbauteilen bei Änderung an bestehenden Gebäuden (n. GEG 2020/2023, Anlage 7)

Nr.	Erneuerung, Ersatz oder erstmaliger Einbau von Außenbauteilen	Wohngebäude und Zonen von Nichtwohngebäuden mit Innentemperaturen ≥ 19 °C	Zonen von Nichtwohngebäuden mit Innentemperaturen von 12 bis < 19 °C
		Höchstwerte der Wärmedurchgangskoeffizienten U_{max} W/(m²K)	
Bauteilgruppe: Außenwände			
1a [1)]	Außenwände • Ersatz oder • erstmaliger Einbau	U = 0,24 W/(m²K)	U = 0,35 W/(m²K)
1b [1),2)]	Außenwände: • Anbringen von Bekleidungen (Platten oder plattenartige Bauteile), Verschalungen, Mauervorsatzschalen oder Dämmschichten auf der Außenseite einer bestehenden Wand oder • Erneuerung des Außenputzes einer bestehenden Wand	U = 0,24 W/(m²K)	U = 0,35 W/(m²K)
Bauteilgruppe: Fenster, Fenstertüren, Dachflächenfenster, Glasdächer, Außentüren und Vorhangfassaden			
2a	Gegen Außenluft abgrenzende Fenster und Fenstertüren: • Ersatz oder erstmaliger Einbau des gesamten Bauteils oder • Einbau zusätzlicher Vor- oder Innenfenster	U_w = 1,3 W/(m²K)	U_w = 1,9 W/(m²K)
2b	Gegen Außenluft abgrenzende Dachflächenfenster • Ersatz oder erstmaliger Einbau des gesamten Bauteils oder • Einbau zusätzlicher Vor- oder Innenfenster	U_w = 1,4 W/(m²K)	U_w = 1,9 W/(m²K)

Nr.	Erneuerung, Ersatz oder erstmaliger Einbau von Außenbauteilen	Wohngebäude und Zonen von Nichtwohngebäuden mit Innentemperaturen ≥ 19 °C	Zonen von Nichtwohngebäuden mit Innentemperaturen von 12 bis < 19 °C
		Höchstwerte der Wärmedurchgangskoeffizienten U_{max} W/(m²K)	
2c [3)]	Gegen Außenluft abgrenzende Fenster, Fenstertüren und Dachflächenfenster: • Ersatz der Verglasung oder verglaster Flügelrahmen	U_g = 1,1 W/(m²K)	keine Anforderung
2d	Vorhangfassaden in Pfosten-Riegel-Konstruktion, deren Bauart DIN EN ISO 12631:2018-01 entspricht: • Ersatz oder erstmaliger Einbau des gesamten Bauteils	U_c = 1,5 W/(m²K)	U_c = 1,9 W/(m²K)
2e [3)]	Gegen Außenluft abgrenzende Glasdächer: • Ersatz oder erstmaliger Einbau des gesamten Bauteils oder • Ersatz der Verglasung oder verglaster Flügelrahmen	U_w/U_g = 2,0 W/(m²K)	U_w/U_g = 2,7 W/(m²K)
2f	Gegen Außenluft abgrenzende Fenstertüren mit Klapp-, Falt-, Schiebe- oder Hebemechanismus: • Ersatz oder erstmaliger Einbau des gesamten Bauteils	U_w = 1,6 W/(m²K)	U_w = 1,9 W/(m²K)
3a [4)]	Gegen Außenluft abgrenzende Fenster, Fenstertüren und Dachflächenfenster mit Sonderverglasung: • Ersatz oder erstmaliger Einbau des gesamten Bauteils oder • Einbau zusätzlicher Vor- oder Innenfenster	U_w/U_g = 2,0 W/(m²K)	U_w/U_g = 2,8 W/(m²K)

Nr.	Erneuerung, Ersatz oder erstmaliger Einbau von Außenbauteilen	Wohngebäude und Zonen von Nichtwohngebäuden mit Innentemperaturen ≥ 19 °C	Zonen von Nichtwohngebäuden mit Innentemperaturen von 12 bis < 19 °C
		Höchstwerte der Wärmedurchgangskoeffizienten U_{max} W/(m²K)	
3b [4)]	Gegen Außenluft abgrenzende Fenster, Fenstertüren und Dachflächenfenster mit Sonderverglasung: • Ersatz der Sonderverglasung oder verglaster Flügelrahmen	U_g = 1,6 W/(m²K)	keine Anforderung
3c [3),4)]	Vorhangfassaden in Pfosten-Riegel-Konstruktion, deren Bauart DIN EN ISO 12631:2018-01 entspricht, mit Sonderverglasung: • Ersatz oder erstmaliger Einbau des gesamten Bauteils	U_c = 2,3 W/(m²K)	U_c = 3,0 W/(m²K)
4	Einbau neuer Außentüren (ohne rahmenlose Türanlagen aus Glas, Karusselltüren und kraftbetätigte Türen)	U = 1,8 W/(m²K) (Türfläche)	U = 1,8 W/(m²K) (Türfläche)
Bauteilgruppe: Dachflächen sowie Decken und Wände gegen unbeheizte Dachräume			
5a [1)]	Gegen Außenluft abgrenzende Dachflächen einschließlich Dachgauben sowie gegen unbeheizte Dachräume abgrenzende Decken (oberste Geschossdecken) und Wände (einschließlich Abseitenwänden): • Ersatz oder • erstmaliger Einbau Anzuwenden nur auf opake Bauteile	U = 0,24 W/(m²K)	U = 0,35 W/(m²K)

Nr.	Erneuerung, Ersatz oder erstmaliger Einbau von Außenbauteilen	Wohngebäude und Zonen von Nichtwohngebäuden mit Innentemperaturen ≥ 19 °C	Zonen von Nichtwohngebäuden mit Innentemperaturen von 12 bis < 19 °C
		Höchstwerte der Wärmedurchgangskoeffizienten U_{max} W/(m²K)	
5b [1),5)]	Gegen Außenluft abgrenzende Dachflächen einschließlich Dachgauben sowie gegen unbeheizte Dachräume abgrenzende Decken (oberste Geschossdecken) und Wände (einschließlich Abseitenwänden): • Ersatz oder Neuaufbau einer Dachdeckung einschließlich der darunterliegenden Lattungen und Verschalungen oder • Aufbringen oder Erneuerung von Bekleidungen oder Verschalungen oder Einbau von Dämmschichten auf der kalten Seite von Wänden oder • Aufbringen oder Erneuerung von Bekleidungen oder Verschalungen oder Einbau von Dämmschichten auf der kalten Seite von obersten Geschossdecken Anzuwenden nur auf opake Bauteile	$U = 0{,}24$ W/(m²K)	$U = 0{,}35$ W/(m²K)
Bauteilgruppe: Wände gegen Erdreich oder unbeheizte Räume (mit Ausnahme von Dachräumen) sowie Decken nach unten gegen Erdreich, Außenluft oder unbeheizte Räume			
6a [1)]	Wände, die an Erdreich oder an unbeheizte Räume (mit Ausnahme von Dachräumen) grenzen, und Decken, die beheizte Räume nach unten zum Erdreich oder zu unbeheizten Räumen abgrenzen: • Ersatz oder • erstmaliger Einbau	$U = 0{,}30$ W/(m²K)	keine Anforderung

Nr.	Erneuerung, Ersatz oder erstmaliger Einbau von Außenbauteilen	Wohngebäude und Zonen von Nichtwohngebäuden mit Innentemperaturen ≥ 19 °C	Zonen von Nichtwohngebäuden mit Innentemperaturen von 12 bis < 19 °C
		Höchstwerte der Wärmedurchgangskoeffizienten U_{max} W/(m²K)	
6b [1),5)]	Wände, die an Erdreich oder an unbeheizte Räume (mit Ausnahme von Dachräumen) grenzen, und Decken, die beheizte Räume nach unten zum Erdreich oder zu unbeheizten Räumen abgrenzen: • Anbringen oder Erneuern von außenseitigen Bekleidungen oder Verschalungen, Feuchtigkeitssperren oder Drainagen oder • Anbringen von Deckenbekleidungen auf der Kaltseite	U = 0,30 W/(m²K)	keine Anforderung
6c [1),5)]	Decken, die beheizte Räume nach unten zum Erdreich, zur Außenluft oder zu unbeheizten Räumen abgrenzen: • Aufbau oder Erneuerung von Fußbodenaufbauten auf der beheizten Seite	U = 0,50 W/(m²K)	keine Anforderung
6d [1)]	Decken, die beheizte Räume nach unten zur Außenluft abgrenzen: • Ersatz oder • erstmaliger Einbau	U = 0,24 W/(m²K)	U = 0,35 W/(m²K)
6e [1),5)]	Decken, die beheizte Räume nach unten zur Außenluft abgrenzen: • Anbringen oder Erneuern von außenseitigen Bekleidungen oder Verschalungen, Feuchtigkeitssperren oder Drainagen oder • Anbringen von Deckenbekleidungen auf der Kaltseite	U = 0,24 W/(m²K)	U = 0,35 W/(m²K)

Nr.	Erneuerung, Ersatz oder erstmaliger Einbau von Außenbauteilen	Wohngebäude und Zonen von Nichtwohngebäuden mit Innentemperaturen ≥ 19 °C	Zonen von Nichtwohngebäuden mit Innentemperaturen von 12 bis < 19 °C
		Höchstwerte der Wärmedurchgangskoeffizienten U_{max} W/(m^{2}K)	

1) Werden Maßnahmen nach den Nummern 1a, 1b, 5a, 5b, 6a, 6b, 6c, 6d oder 6e ausgeführt und ist die Dämmschichtdicke im Rahmen dieser Maßnahmen aus technischen Gründen begrenzt, so gelten die Anforderungen als erfüllt, wenn die nach anerkannten Regeln der Technik höchstmögliche Dämmschichtdicke eingebaut wird, wobei ein Bemessungswert der Wärmeleitfähigkeit von λ = 0,035 W/(mK) einzuhalten ist. Abweichend von Satz 1 ist ein Bemessungswert der Wärmeleitfähigkeit von λ = 0,045 W/(mK) einzuhalten, soweit Dämmmaterialien in Hohlräume eingeblasen oder Dämmmaterialien aus nachwachsenden Rohstoffen verwendet werden. Wird bei Maßnahmen nach Nummer 5b eine Dachdeckung einschließlich darunterliegender Lattungen und Verschalungen ersetzt oder neu aufgebaut, sind die Sätze 1 und 2 entsprechend anzuwenden, wenn der Wärmeschutz als Zwischensparrendämmung ausgeführt wird und die Dämmschichtdicke wegen einer innenseitigen Bekleidung oder der Sparrenhöhe begrenzt ist. Die Sätze 1 bis 3 sind bei Maßnahmen nach den Nummern 5a, 5b und 5c nur auf opake Bauteile anzuwenden.

2) Werden Maßnahmen nach Nummer 1b ausgeführt, müssen die dort genannten Anforderungen nicht eingehalten werden, wenn die Außenwand nach dem 31. Dezember 1983 unter Einhaltung energiesparrechtlicher Vorschriften errichtet oder erneuert worden ist.

3) Bei Ersatz der Verglasung oder verglaster Flügelrahmen gelten die Anforderungen nach den Nummern 2c, 2e und 3c nicht, wenn der vorhandene Rahmen zur Aufnahme der vorgeschriebenen Verglasung ungeeignet ist. Werden bei Maßnahmen nach Nummer 2c oder bei Maßnahmen nach Nummer 2e Verglasungen oder verglaste Flügelrahmen ersetzt und ist die Glasdicke im Rahmen dieser Maßnahmen aus technischen Gründen begrenzt, so gelten die Anforderungen als erfüllt, wenn eine Verglasung mit einem Wärmedurchgangskoeffizienten von höchstens 1,3 W/(m^{2}K) eingebaut wird. Werden Maßnahmen nach Nummer 2c an Kasten- oder Verbundfenstern durchgeführt, so gelten die Anforderungen als erfüllt, wenn eine Glastafel mit einer infrarotreflektierenden Beschichtung mit einer Emissivität von $\varepsilon_n \leq 0{,}2$ eingebaut wird.

4) Sonderverglasungen im Sinne der Nummern 3a, 3b und 3c sind
- Schallschutzverglasungen mit einem bewerteten Schalldämm-Maß der Verglasung von $R_{w,R} \geq$ 40 dB nach DIN EN ISO 717-1:2013-06 oder einer vergleichbaren Anforderung,
- Isolierglas-Sonderaufbauten zur Durchschusshemmung, Durchbruchhemmung oder Sprengwirkungshemmung nach den anerkannten Regeln der Technik oder
- Isolierglas-Sonderaufbauten als Brandschutzglas mit einer Einzelelementdicke von mindestens 18 mm nach DIN 4102-13:1990-05 oder einer vergleichbaren Anforderung.

5) Werden Maßnahmen nach den Nummern 5b, 5c, 6b, 6c oder 6e ausgeführt, müssen die dort genannten Anforderungen nicht eingehalten werden, wenn die Bauteilfläche nach dem 31. Dezember 1983 unter Einhaltung energiesparrechtlicher Vorschriften errichtet oder erneuert worden ist.

L Klimadaten für das Referenzklima für den öffentlich-rechtlichen Nachweis

Klimadaten, d.h. Werte der mittleren monatlichen Strahlungsintensität und der mittleren monatlichen Außenlufttemperaturen sowie die jeweils zugehörigen Jahreswerte, für den Referenzort Potsdam (Region 4) sind in Tab. L.1 angegeben. Werte des Referenzortes Potsdam sind für den öffentlich-rechtlichen Nachweis zu verwenden. Eine Übersicht über alle Referenz-Klimaregionen gibt Abb. L-1; siehe auch die Übersicht in Tab. L.2. Mittlere Außenlufttemperaturen der Referenzorte sind in Tab. L.3 angegeben.

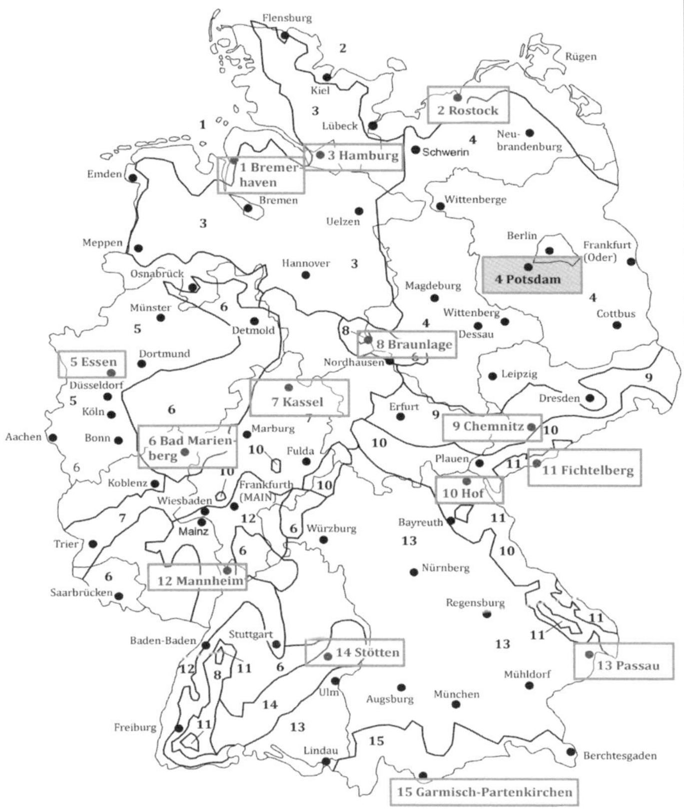

Region	Referenzort
1	Bremerhaven
2	Rostock
3	Hamburg
4	Potsdam [1]
5	Essen
6	Bad Marienberg
7	Kassel
8	Braunlage
9	Chemnitz
10	Hof
11	Fichtelberg
12	Mannheim
13	Passau
14	Stötten
15	Garmisch-Partenkirchen

[1] Potsdam: Referenzort für den öffentlich-rechtlichen Nachweis des Wärmeschutzes

Abb. L.1: Übersicht der 15 Referenz-Klimaregionen in der Bundesrepublik Deutschland (n. DIN V 18599-10:2018-09, Bild E.1)

Tab. L.1: Klimadaten für den Referenzort Potsdam (Region 4) für den öffentlich-rechtlichen Nachweis (n. DIN V 18599-10:2018-09, Tab. E.6)

Region 4 (Referenzort Potsdam)		Mittlere monatliche Strahlungsintensität I_s W/m²												Jahreswert kWh/(m²a)
Orientierung	Neigung	Jan	Feb	Mrz	Apr	Mai	Jun	Jul	Aug	Sep	Okt	Nov	Dez	Jan bis Dez
Horizontal	0°	29	44	97	189	221	241	210	180	127	77	31	17	1072
Süd	30°	50	55	121	217	230	241	208	199	157	110	41	26	1211
	45°	57	56	124	214	218	224	194	193	160	119	44	29	1195
	60°	61	55	121	201	196	197	172	178	155	121	44	31	1122
	90°	59	47	98	147	132	124	113	127	123	106	39	29	838
Süd-Ost	30°	46	52	114	214	227	242	212	194	147	102	38	23	1179
	45°	51	53	116	212	217	229	201	188	148	107	39	25	1159
	60°	54	51	112	201	198	207	183	175	141	107	38	26	1092
	90°	50	42	90	156	143	146	132	130	111	91	32	23	841
Süd-West	30°	40	49	110	201	222	234	201	188	145	96	37	23	1133
	45°	43	48	110	195	209	218	188	181	145	99	38	24	1098
	60°	44	46	105	181	190	195	169	167	138	97	37	25	1021
	90°	40	36	83	136	137	135	120	123	108	80	31	22	771
Ost	30°	31	43	95	189	211	231	205	173	122	77	30	17	1042
	45°	31	41	91	181	198	217	194	163	115	74	28	16	955
	60°	30	38	85	170	180	198	179	150	106	70	26	15	912
	90°	25	29	68	134	137	150	138	115	83	55	20	12	707
West	30°	25	40	90	172	202	219	188	165	120	70	29	16	978
	45°	24	36	84	159	187	201	174	153	112	65	27	16	907
	60°	22	33	78	146	169	181	157	139	103	60	25	14	824
	90°	17	24	60	114	127	136	117	105	79	47	19	11	628
Nord-West	30°	16	32	68	139	178	199	173	138	91	47	22	12	817
	45°	15	28	58	116	151	169	149	116	77	40	20	11	696
	60°	13	25	50	101	130	144	128	99	66	35	18	9	600
	90°	11	18	38	78	96	108	95	74	51	28	13	7	451
Nord-Ost	30°	17	34	71	151	185	209	187	144	93	50	22	12	861
	45°	15	29	61	131	160	181	167	123	79	42	20	11	746
	60°	14	26	54	114	139	157	148	107	68	36	18	9	651
	90°	11	19	41	87	104	116	112	81	52	29	13	7	493

Region 4 (Referenzort Potsdam)		Mittlere monatliche Strahlungsintensität I_s W/m²												Jahreswert kWh/(m²a)
Orien-tierung	Nei-gung	Jan	Feb	Mrz	Apr	Mai	Jun	Jul	Aug	Sep	Okt	Nov	Dez	Jan bis Dez
Nord	30°	16	29	56	128	172	197	175	129	77	36	21	11	766
	45°	15	26	43	90	136	161	145	95	56	33	19	10	608
	60°	13	24	39	71	101	119	113	72	50	30	17	9	482
	90°	10	18	31	58	75	83	81	57	41	25	13	7	365
		Außenlufttemperatur q_e °C												Jahreswert °C
		Jan	Feb	Mrz	Apr	Mai	Jun	Jul	Aug	Sep	Okt	Nov	Dez	
Außenluft-temperatur		1,0	1,9	4,7	9,2	14,1	16,7	19,0	18,6	14,3	9,8	4,1	0,9	9,5

Tab. L.2: Übersicht über die 15 Referenz-Klimaregionen in Deutschland n. DIN V 18599-10

Region	**Bezeichnung**	**Region**	**Bezeichnung**
1	Bremerhaven	9	Chemnitz
2	Rostock	10	Hof
3	Hamburg	11	Fichtelberg
4	Potsdam (Referenzregion „Deutschland“)	12	Mannheim
5	Essen	13	Passau
6	Bad Marienberg	14	Stötten
7	Kassel	15	Garmisch-Partenkirchen
8	Braunlage		

Tab. L.3: Mittlere Außenlufttemperaturen der Referenzorte (n. DIN V 18599-10:2018-09, Tab. E.1)

Region	Referenzort	Mittlere monatliche Außenlufttemperatur θ_e in °C												Jahreswert in °C
		Jan	Feb	Mrz	Apr	Mai	Jun	Jul	Aug	Sep	Okt	Nov	Dez	Jan bis Dez
1	Bremerhaven	2,9	3,2	5,4	9,0	13,1	16,0	17,9	18,2	15,0	10,6	6,1	3,2	10,1
2	Rostock	2,3	2,4	4,3	8,0	12,4	15,6	18,0	18,0	14,7	10,2	5,5	2,6	9,5
3	Hamburg	2,5	2,7	4,9	8,5	12,8	15,5	17,8	17,8	14,1	9,8	5,1	2,3	9,5
4	Potsdam	1,0	1,9	4,7	9,2	14,1	16,7	19,0	18,6	14,3	9,5	4,1	0,9	9,5
5	Essen	3,1	3,5	6,6	9,5	13,7	15,9	18,2	18,2	14,6	10,8	6,1	3,5	10,4
6	Bad Marienberg	0,1	0,5	3,6	7,0	11,5	14,0	16,1	16,0	12,3	8,1	3,2	0,6	7,8
7	Kassel	1,0	2,1	5,2	8,8	13,3	15,9	18,1	17,8	13,7	9,5	4,5	1,7	9,3
8	Braunlage	–0,8	–0,3	2,1	5,7	10,5	12,9	15,0	15,0	11,1	7,1	2,3	–0,2	6,7
9	Chemnitz	0,5	1,0	3,9	8,2	12,9	15,5	17,5	17,6	13,2	9,2	3,8	0,8	8,7
10	Hof	–1,2	–0,4	2,8	6,6	11,7	14,5	16,3	16,6	12,0	7,6	2,3	–0,7	7,4
11	Fichtelberg	–3,3	–3,5	–1,3	2,3	7,4	9,8	12,2	12,4	8,1	4,4	–0,6	–2,8	3,8
12	Mannheim	2,4	3,6	7,1	10,6	15,6	18,1	20,1	20,2	15,7	11,0	5,7	3,1	11,1
13	Passau	–1,2	0,4	4,3	8,2	13,7	16,4	18,0	17,8	13,1	8,7	3,0	–0,2	8,6
14	Stötten	–0,5	0,3	3,4	6,8	11,8	14,4	16,6	16,7	12,3	8,5	2,6	–0,2	7,8
15	Garmisch-Partenkirchen	–2,3	–0,5	3,2	7,0	11,8	14,8	16,6	16,4	12,3	8,4	1,9	–1,8	7,4

M Anforderungen an die Wärmedämmung von Rohrleitungen und Armaturen

Anforderungen an die Wärmedämmung von Rohrleitungen (Wärmeverteilungs- und Warmwasserleitungen sowie Kälteverteilungs- und Kaltwasserleitungen) gemäß GEG sind in Tab. M.1 angegeben. Hinweise zur Bestimmung der Dämmstoffdicken bei abweichenden Wärmeleitfähigkeiten als der in Tab. M.1 angesetzte Wert von 0,035 W/(mK) sind in Tab. M.2 zusammengestellt.

Tab. M.1: Wärmedämmung von Wärmeverteilungs- und Warmwasserleitungen, Kälteverteilungs- und Kaltwasserleitungen sowie Armaturen (n. GEG 2020/2023, Anlage 8)

Zeile	**Art der Leitungen/Armaturen**	**Mindestdicke der Dämmschicht, bezogen auf eine Wärmeleitfähigkeit von 0,035 W/(mK)**
1	Innendurchmesser bis 22 mm	20 mm
2	Innendurchmesser über 22 mm bis 35 mm	30 mm
3	Innendurchmesser über 35 mm bis 100 mm	gleich Innendurchmesser
4	Innendurchmesser über 100 mm	100 mm
5	Leitungen und Armaturen nach den Zeilen 1 bis 4 in Wand- und Deckendurchbrüchen, im Kreuzungsbereich von Leitungen, an Leitungsverbindungsstellen, bei zentralen Leitungsnetzverteilern	½ der Anforderungen der Zeilen 1 bis 4
6	Wärmeverteilungsleitungen nach den Zeilen 1 bis 4, die nach dem 31. Januar 2002 in Bauteilen zwischen beheizten Räumen verschiedener Nutzer verlegt werden	½ der Anforderungen der Zeilen 1 bis 4
7	Leitungen nach Zeile 6 im Fußbodenaufbau	6 mm
8	Kälteverteilungs- und Kaltwasserleitungen sowie Armaturen von Raumlufttechnik- und Klimakältesystemen	6 mm

Tab. M.2: Bestimmung von Dämmstoffdicken bei Einhaltung der Mindestanforderung – 100 %-Anforderung

Kupferrohre, CU n. DIN EN 1057			Stahlrohre, Fe n. DIN EN 10255 (Mittlere Reihe)				Mindestdicke nach GEG, bezogen auf eine Wärmeleitfähigkeit von 0,035 W/(mK) (100 %)	Wärmedurchgangskoeffizient[a]	Mindestdicke der Dämmschicht in mm bezogen auf eine Wärmeleitfähigkeit in W/(mK) von			
Nennweite	Rohraußendurchmesser	Rohrinnendurchmesser max.	Nennweite	Nennaußendurchmesser	Gewindegröße	Rohrinnendurchmesser max.						
DN	mm	mm	DN	mm		mm	mm	W/(m²K)	0,025	0,030	0,040	0,045
8	10	8					20	0,125	10	14	28	38
			6	10,2	1/8	6,2	20	0,126	10	14	28	38
10	12	10					20	0,137	10	15	27	37
			8	13,5	¼	8,9	20	0,145	10	15	27	36
10	15	13					20	0,154	11	15	27	35
			10	17,2	3/8	12,6	20	0,165	11	15	26	34
15	18	16					20	0,170	11	15	26	34
			15	21,3	½	16,1	20	0,187	11	15	26	33
20b	22	19					20	0,191	11	15	26	33
			20	26,9	¾	21,7	20	0,216	12	16	25	32
25	28	25					30	0,179	17	23	39	49
			25	33,7	1	27,3	30	0,200	18	23	38	48
32	35	32					30	0,205	18	23	38	47
			32	42,2	1 ¼	36	36	0,208	21	28	46	57
40	42	39					39	0,198	23	30	50	62
			40	48,3	1 ½	41,9	41,9	0,207	25	33	53	66
50	54	50					50	0,201	29	39	63	79
			50	60,3	2	53,1	53,1	0,208	32	42	67	83

Kupferrohre, CU n. DIN EN 1057			Stahlrohre, Fe n. DIN EN 10255 (Mittlere Reihe)				Mindestdicke nach GEG, bezogen auf eine Wärmeleitfähigkeit von 0,035 W/(mK) (100 %)	Wärmedurchgangskoeffizient[a]	Mindestdicke der Dämmschicht in mm bezogen auf eine Wärmeleitfähigkeit in W/(mK) von			
Nennweite	Rohraußendurchmesser	Rohrinnendurchmesser max.	Nennweite	Nennaußendurchmesser	Gewindegröße	Rohrinnendurchmesser max.						
DN	mm	mm	DN	mm		mm	mm	$W/(m^2K)$	0,025	0,030	0,040	0,045
	64	60					60	0,201	35	47	76	94
65	76	72,1					72,1	0,201	43	56	91	113
			65	76,1	2 ½	68,9	68,9	0,206	41	54	87	107
80	89	84,9					84,9	0,201	50	66	107	133
			80	88,9	3	80,9	80,9	0,206	48	63	102	126
100b	108b, c	103b, c					100	0,205	60	78	126	156
			100	114,3	4	105,3	100	0,213	60	79	125	154

a Wärmeübergangskoeffizient innen: nicht berücksichtigt, Wärmeübergangskoeffizient außen: 10 $W/(m^2K)$.
b Nicht in DIN EN 1057 enthalten.
c Errechnete Werte

N Sommerlicher Wärmeschutz

Anhaltswerte für Abminderungsfaktoren F_c von fest installierten Sonnenschutzvorrichtungen sind in Tab. N. 1 angegeben. Anteilige Sonneneintragkennwerte S_x zur Bestimmung des zulässigen Sonneneintragskennwertes sind in Tab. N.2 zusammengestellt.

Tab. N.1: Anhaltswerte für Abminderungsfaktoren F_c von fest installierten Sonnenschutzvorrichtungen in Abhängigkeit vom Glaserzeugnis (n. DIN 4108-2:2013-02, Tab. 7)

Sonnenschutzvorrichtung[a]	**Abminderungsfaktor** F_c		
	$g \leq 0{,}40$ (Sonnenschutzglas)	$g > 0{,}40$	
	Zweifach	Dreifach	Zweifach
ohne Sonnenschutzvorrichtung 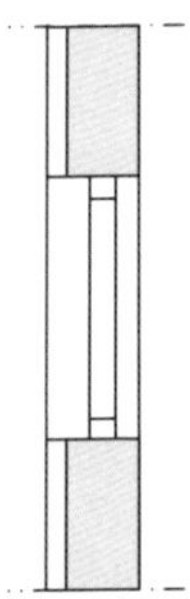	1,00	1,00	1,00
innen liegend oder zwischen den Scheiben 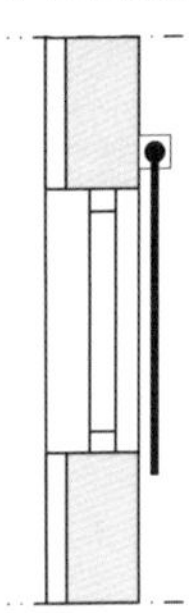		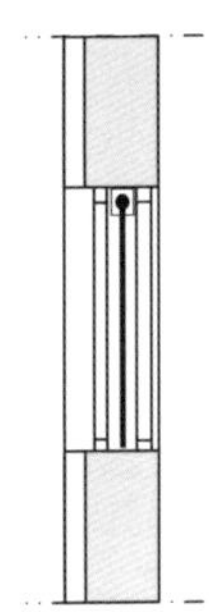	
weiße oder hoch reflektierende Oberflächen mit geringer Transparenz	0,65	0,70	0,65
helle Farben oder geringe Transparenz	0,75	0,80	0,75
dunkle Farben oder höhere Transparenz	0,90	0,90	0,85

außen liegend			
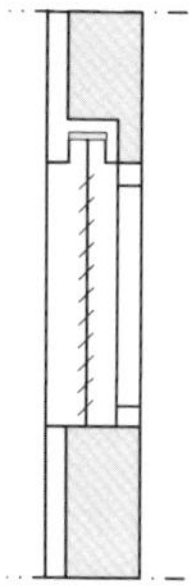		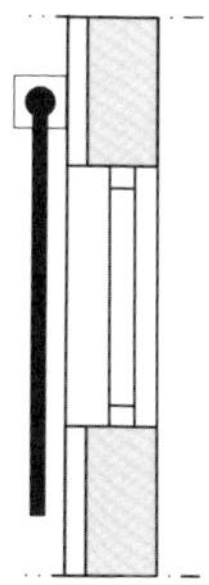	
Fensterläden, Rollläden			
Fensterläden, Rollläden, ¾ geschlossen	0,35	0,30	0,30
Fensterläden, Rollläden, geschlossen	0,15	0,10	0,10
Jalousie und Raffstore, drehbare Lamellen			
Jalousie und Raffstore, drehbare Lamellen, 45° Lamellenstellung	0,30	0,25	0,25
Jalousie und Raffstore, drehbare Lamellen, 10° Lamellenstellung	0,20	0,15	0,15
Markise, parallel zur Verglasung	0,30	0,25	0,25
Vordächer, Markisen allgemein, freistehende Lamellen	0,55	0,50	0,50

[a] Feste Installation der Sonnenschutzvorrichtungen (dekorative Vorhänge dürfen nicht angesetzt werden).

[b] Empfohlen wird eine genaue Ermittlung bei innen oder zwischen den Scheiben liegenden Sonnenschutzvorrichtungen.

[c] Transparenz ≤ 10 %, Reflexion ≥ 60 %

[d] Transparenz < 15 %

[e] Die F_c-Werte dienen nur zur Information. Ein geschlossener Sonnenschutz sollte für den Nachweis des sommerlichen Wärmeschutzes nicht angesetzt werden, da durch den geringen Lichteinfall Tageslicht nicht ausreicht und daher Kunstlicht benötigt wird. Dies würde wiederum zu zusätzlichem Energiebedarf führen.

[f] Es ist sicherzustellen, dass keine direkte Besonnung des Fensters erfolgt. Dies ist näherungsweise der Fall, wenn

- bei Südorientierung der Abdeckwinkel $b \geq 50°$ ist;
- bei Ost- und Westorientierung der Abdeckwinkel $b \geq 85°$ und $g \geq 115°$ ist.

Der F_c-Wert darf auch für beschattete Teilflächen des Fensters angesetzt werden. Dabei darf F_s nach DIN V 18599-2:2011-12, A.2. nicht angesetzt werden.
Zu den jeweiligen Orientierungen gehören Winkelbereiche von 22,5°.
Bei Zwischenorientierungen ist der Abdeckwinkel $b \geq 80°$ erforderlich.

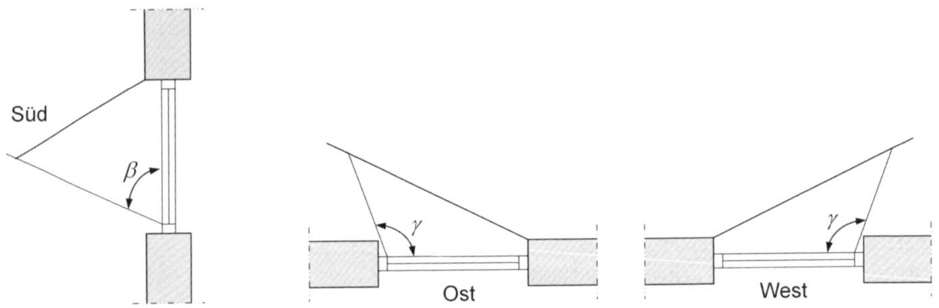

Vertikalschnitt durch Fassade — Horizontalschnitt durch Fassade

Tab. N.2: Anteilige Sonneneintragskennwerte zur Bestimmung des zulässigen Sonneneintragskennwertes (n. DIN 4108-2:2013-02, Tab. 8)

			Anteilige Sonneneintragskennwerte S_x					
Nutzung			Wohngebäude			Nichtwohngebäude		
Klimaregion[a]			A	B	C	A	B	C
S_1	Nachtlüftung und Bauart							
	Nachtlüftung	Bauart[b]						
	ohne	leicht	0,071	0,056	0,041	0,013	0,007	0,000
		mittel	0,080	0,067	0,054	0,020	0,013	0,006
		schwer	0,087	0,074	0,061	0,025	0,018	0,011
	erhöhte Nachtlüftung[c] mit $n \geq 2\ h^{-1}$	leicht	0,098	0,088	0,078	0,071	0,060	0,048
		mittel	0,114	0,103	0,092	0,089	0,081	0,072
		schwer	0,125	0,113	0,101	0,101	0,092	0,083
	hohe Nachtlüftung[d] mit $n \geq 5\ h^{-1}$	leicht	0,128	0,117	0,105	0,090	0,082	0,074
		mittel	0,160	0,152	0,143	0,135	0,124	0,113
		schwer	0,181	0,171	0,160	0,170	0,158	0,145
Grundflächenbezogener Fensterflächenanteil f_{WG}								
S_2	$S_2 = a - (b \cdot f_{WG})$	a	0,060			0,030		
		b	0,231			0,115		

		Anteilige Sonneneintragskennwerte S_x					
Nutzung		Wohngebäude			Nichtwohngebäude		
Klimaregion[a]		A	B	C	A	B	C
Sonnenschutzglas[f,i]							
S_3	Fenster mit Sonnenschutzglas mit $g \leq 0{,}4$	0,030					
Fensterneigung[g,i]							
S_4	0° ≤ Neigung ≤ 60° (gegenüber der Horizontalen)	$-0{,}035\ f_{neig}$					
Orientierung[h,i]							
S_5	nord-, nordost- und nordwest-orientierte Fenster, soweit die Neigung gegenüber der Horizontalen > 60° ist, sowie Fenster, die dauernd vom Gebäude selbst verschattet sind	$+0{,}10\ f_{nord}$					
Einsatz passiver Kühlung							
S_6	leichte Bauart	0,02					
	mittlere Bauart	0,04					
	schwere Bauart	0,06					

[a] Ermittlung der Klimaregion nach Abb. 5-6

[b] Ermittlung der Bauart nach Tab. 5-8

[c] Ermittlung der Nachtlüftung nach Tab. 5-9

[d] Ermittlung der Nachtlüftung nach Tab. 5-9

[e] Ermittlung von f_{WG} nach Gl. (5.1)
HINWEIS: Der anteilige Sonneneintragskennwert S_1 basiert auf einem grundflächenbezogenen Fensterflächenanteil von 25 %. Sollte der Wert von 25 % über- bzw. unterschritten werden, darf das Verfahren weiterhin angewendet werden, da eine Korrektur über den S_2-Wert vorgenommen wird.
S_2 < 25 % (positiver Wert)

[f] S_2 > 25 % (negativer Wert)
Als gleichwertige Maßnahme gilt eine Sonnenschutzvorrichtung, welche die diffuse Strahlung nutzerunabhängig permanent reduziert und somit einen $g_{tot} \leq 0{,}4$ erreicht. Bei Fensterflächen mit unterschiedlichem g_{tot} erfolgt eine flächenanteilige Mittelung von S_3:

$$S_3 = 0{,}03 \cdot A_{W,gtot \leq 0,4} / A_{W,gesamt}$$

Darin bedeuten:

$A_{W,gtot \leq 0,4}$ Fensterfläche mit $g_{tot} \leq 0{,}4$, in m²;
$A_{W,gesamt}$ gesamte Fensterfläche, in m².

	Anteilige Sonneneintragskennwerte S_x					
Nutzung	Wohngebäude			Nichtwohngebäude		
Klimaregion[a]	A	B	C	A	B	C

[g] $f_{neig} = A_{W,neig}/A_{W,gesamt}$

Darin bedeuten:

$A_{W,neig}$ geneigte Fensterfläche, in m²;

$A_{W,gesamt}$ gesamte Fensterfläche, in m².

[h] $f_{nord} = A_{W,nord}/A_{W,gesamt}$

Darin bedeuten:

$A_{W,nord}$ Fensterflächen (Nord-, Nordost- und Nordwestorientierung) mit einer Neigung gegenüber der Horizontalen > 60° sowie Fensterflächen, die dauernd vom Gebäude selbst verschattet sind, in m²;

$A_{W,gesamt}$ gesamte Fensterfläche, in m².

HINWEIS: Wird für Fensterflächen der Verschattungsfaktor F_s nach DIN V 18599-2:2011-12 verwendet, ist $S_5 = 0$.

[i] Gegebenenfalls flächenanteilige Mittelung zwischen der gesamten Fensterfläche und der benötigten Fensterfläche.

O Mindestanforderungen an den Schallschutz nach DIN 4109-1 (2018)

Anforderungen an die Schalldämmung nach den Regelungen der DIN 4109-1:2018-01 sind in den folgenden Abschnitten angegeben. Die folgende Auflistung gibt eine Übersicht über die hier aufgeführten Anforderungswerte:

- Abschnitt O.1 – Anforderungsgrößen,
- Abschnitt O.2 – Luft- und Trittschalldämmung in Gebäuden mit Wohn- oder Arbeitsbereichen,
- Abschnitt O.3 – Luft- und Trittschalldämmung in Nichtwohngebäuden,
- Abschnitt O.4 – Anforderungen an die Luftschalldämmung von Außenbauteilen,
- Abschnitt O.5 – Anforderungen an die Luft- und Trittschalldämmung von Bauteilen zwischen „besonders lauten" und schutzbedürftigen Räumen,
- Abschnitt O.6 – Maximal zulässige Schalldruckpegel in fremden schutzbedürftigen Räumen,
- Abschnitt O.7 – Anforderungen an Armaturen und Geräte der Trinkwasser-Installation,
- Abschnitt O.8 – Empfehlungen für den eigenen Wohn- und Arbeitsbereich.

O.1 Anforderungsgrößen DIN 4109-1 (2018)

Kennzeichnende Größen für die Anforderungen an die Luftschall- und Trittschalldämmung sowie für zulässige Schalldruckpegel (Anforderungsgrößen) sind in Tab. O.1.1 angegeben.

Tab. O.1.1: Kennzeichnende Größen für die Anforderungen an die Luft- und Trittschalldämmung von Bauteilen sowie zulässige Schalldruckpegel (n. DIN 4109-1:2018-01, Tab. 1)

Bauteile[a]	**Schallübertragung**	**Kennzeichnende Größe** (Anforderungsgröße) **für**	
		Luftschalldämmung dB	**Trittschalldämmung** dB
Wände	über das trennende und die flankierenden Bauteile sowie ggf. über Nebenwege[b]	erf. R'_{w}	–
Decken		erf. R'_{w}	zul. $L'_{n,w}$
Treppen		–	zul. $L'_{n,w}$
Türen[c]	nur über die Tür	R_{w}	–
Gebäudetechnische Anlagen, einschließlich Wasserinstallationen		maximaler Norm-Schalldruckpegel $L_{AF,max,n}$ n. DIN 4109-4	

Bauteile[a]	**Schallübertragung**	**Kennzeichnende Größe** (Anforderungsgröße) **für**	
		Luftschall-dämmung dB	**Trittschall-dämmung** dB
Baulich verbundene Gewerbebetriebe (für die Nachtzeit gilt der Pegel der lautesten Stunde)		Beurteilungspegel L_r n. DIN 45645-1 bzw. TA Lärm, zusätzlich ist der maximale Norm-Schalldruckpegel $L_{AF,max,n}$ zu ermitteln.	

[a] Im betriebsfertigen Zustand.
[b] Schallnebenwege, z.B. durch Kabelschotts, Installations- und Kabelkanäle in Massiv- und Installationswänden.
[c] Nach DIN 4109-2 muss ein Sicherheitsbeiwert von 5 dB berücksichtigt werden.

O.2 Anforderungen an die Luft- und Trittschalldämmung in Gebäuden mit Wohn- oder Arbeitsbereichen nach DIN 4109-1 (2018)

Mindestanforderungen an die Luft- und Trittschalldämmung nach DIN 4109-1:2018-01 sind in Tab. O.2.1 angegeben.

Tab. O.2.1: Mindestanforderungen an die Schalldämmung in Mehrfamilienhäusern, Bürogebäuden und in gemischt genutzten Gebäuden sowie zwischen Einfamilien-Reihenhäusern und zwischen Doppelhäusern (n. DIN 4109-01:2018-01, Tab. 2 und 3)

Bauteile		**Anforderungen**		**Bemerkungen**
		erf. R'_w dB	zul. $L'_{n,w}$ dB	
Geschosshäuser mit Wohnungen und Arbeitsräumen				
Decken	Decken unter allgemein nutzbaren Dachräumen, z.B. Trockenböden, Abstellräumen und ihren Zugängen	53	53	
	Wohnungstrenndecken (auch -treppen)	54	53[a,b]	Wohnungstrenndecken sind Bauteile, die Wohnungen voneinander oder von fremden Arbeitsräumen trennen.

Bauteile		**Anforderungen**		**Bemerkungen**
		erf. R'_{w} dB	zul. $L'_{n,w}$ dB	
	Trenndecken (auch Treppen) zwischen fremden Arbeitsräumen bzw. vergleichbaren Nutzungseinheiten	54	53	
	Decken über Kellern, Hausfluren, Treppenräumen unter Aufenthaltsräumen	52	53	Die Anforderung an die Trittschalldämmung gilt nur für die Trittschallübertragung in fremde Aufenthaltsräume, ganz gleich, ob sie in waagerechter, schräger oder senkrechter (nach oben) Richtung erfolgt. Weich federnde Bodenbeläge dürfen bei dem Nachweis der Anforderungen an den Trittschallschutz nicht angerechnet werden.
	Decken über Durchfahrten, Einfahrten von Sammelgaragen u.Ä. unter Aufenthaltsräumen	55	50	
	Decken unter/über Spiel- oder ähnlichen Gemeinschaftsräumen	55	46	Wegen der verstärkten Übertragung tiefer Frequenzen können zusätzliche Maßnahmen zur Körperschalldämmung erforderlich sein.
	Decken unter Terrassen und Loggien über Aufenthaltsräumen	–	50	Bezüglich der Luftschalldämmung gegen Außenlärm siehe DIN 4109-1 (2018), Abschnitt 7.
	Decken unter Laubengängen	–	53	Die Anforderung an die Trittschalldämmung gilt für die Trittschallübertragung in fremde Aufenthaltsräume in alle Schallausbreitungsrichtungen.
	Balkone	–	58	Die Anforderung an die Trittschalldämmung gilt für die Trittschallübertragung in fremde Aufenthaltsräume in alle Schallausbreitungsrichtungen.

Bauteile		Anforderungen erf. R'_w dB	zul. $L'_{n,w}$ dB	Bemerkungen
	Decken und Treppen innerhalb von Wohnungen, die sich über zwei Geschosse erstrecken	–	50	Die Anforderung an die Trittschalldämmung gilt für die Trittschallübertragung in fremde Aufenthaltsräume in alle Schallausbreitungsrichtungen.
	Decken unter Bad und WC ohne/mit Bodenentwässerung	54	53	
	Decken unter Hausfluren	–	53	Die Anforderung an die Trittschalldämmung gilt für die Trittschallübertragung in fremde Aufenthaltsräume in alle Schallausbreitungsrichtungen.
Treppen	Treppenläufe und -podeste	–	53	
Wände	Wohnungstrennwände und Wände zwischen fremden Arbeitsräumen	53	–	Wohnungstrennwände sind Bauteile, die Wohnungen voneinander oder von fremden Arbeitsräumen trennen.
	Treppenraumwände und Wände neben Hausfluren	53	–	Für Wände mit Türen gilt die Anforderung erf. R'_w (Wand) = erf. R_w (Tür) + 15 dB. Darin ist erf. R_w (Tür) die erforderliche Schalldämmung der Tür. Wandbreiten ≤ 30 cm bleiben dabei unberücksichtigt.
	Wände neben Durchfahrten, Einfahrten von Sammelgaragen u.Ä.	55	–	-
	Wände von Spiel- oder ähnlichen Gemeinschaftsräumen	55	–	-
	Schachtwände von Aufzugsanlagen an Aufenthaltsräumen	57	–	

Bauteile		Anforderungen		Bemerkungen
		erf. R'_w dB	zul. $L'_{n,w}$ dB	
Türen	Türen, die von Hausfluren oder Treppenräumen in Flure und Dielen von Wohnungen und Wohnheimen oder von Arbeitsräumen führen	27	–	Bei Türen gilt erf. R'_w. nach Tab. O.1.1.
	Türen, die von Hausfluren oder Treppenräumen unmittelbar in Aufenthaltsräume – außer Flure und Dielen – von Wohnungen führen	37	–	
[a] Im Fall von baulichen Änderungen von vor dem 1. Juli 2016 fertiggestellten Gebäuden liegt die Anforderung bei $L'_{n,w} \leq 53$ dB. [b] Beim Neubau von Gebäuden mit Deckenkonstruktionen, die DIN 4109-33:2016-07, Schallschutz im Hochbau – Teil 33: Daten für die rechnerischen Nachweise des Schallschutzes (Bauteilkatalog) – Holz-, Leicht- und Trockenbau, zuzuordnen sind, liegt die Anforderung bei $L'_{n,w} \leq 53$ dB. Anmerkung: Nicht für alle gebräuchlichen Deckenkonstruktionen kann derzeit ein Anforderungswert $L'_{n,w} \leq 50$ dB nachgewiesen werden. Bis zum Vorliegen geeigneter Lösungen im Rahmen einer vorgesehenen Überarbeitung von DIN 4109-33 gilt deshalb die in Fußnote b genannte Anforderung.				
Einfamilien-Doppelhäuser und Einfamilien-Reihenhäuser				
Decken	Decken	–	41	Die Anforderung an die Trittschalldämmung gilt nur für die Trittschallübertragung in fremde Aufenthaltsräume in waagerechter oder schräger Richtung.
	Bodenplatte auf Erdreich bzw. Decke über Kellergeschoss	–	46	
Treppen	Treppenläufe und -podeste	–	46	Die Anforderung an die Trittschalldämmung gilt nur für die Trittschallübertragung in fremde Aufenthaltsräume in waagerechter oder schräger Richtung.

Bauteile		Anforderungen		Bemerkungen
		erf. R'_w dB	zul. $L'_{n,w}$ dB	
Wände	Haustrennwände zu Aufenthaltsräumen, die im untersten Geschoss (erdberührt oder nicht) eines Gebäudes gelegen sind	59	–	
	Haustrennwände zu Aufenthaltsräumen, unter denen mindestens ein Geschoss (erdberührt oder nicht) des Gebäudes vorhanden ist	62	–	

O.3 Luft- und Trittschalldämmung in Nichtwohngebäuden nach DIN 4109-1 (2018)

Mindestanforderungen an die Luft- und Trittschalldämmung in Nichtwohngebäuden sind in Tab. O.3.1 festgelegt.

Tab. O.3.1: Mindestanforderungen an die Luft- und Trittschalldämmung in Hotels und Beherbergungsstätten, Krankenhäusern und Sanatorien und Schulen und vergleichbaren Einrichtungen (n. DIN 4109-1:2018-01, Tab. 4 bis 6)

Bauteile		Anforderungen		Bemerkungen
		erf. R'_w dB	zul. $L'_{n,w}$ dB	
Beherbergungsstätten				
Decken	Decken, einschließlich Decken unter Fluren	54	50	Die Anforderung an die Trittschalldämmung gilt für die Trittschallübertragung in Aufenthaltsräume in alle Schallausbreitungsrichtungen.
	Decken unter/über Schwimmbädern, Spiel- oder ähnlichen Gemeinschaftsräumen zum Schutz gegenüber Schlafräumen	55	46	Wegen der verstärkten Übertragung tiefer Frequenzen können zusätzliche Maßnahmen zur Körperschalldämmung erforderlich sein.

Bauteile		**Anforderungen**		**Bemerkungen**
		erf. R'_w dB	zul. $L'_{n,w}$ dB	
	Decken unter Bad und WC ohne/mit Bodenentwässerung	54	53	Die Anforderung an die Trittschalldämmung gilt für die Trittschallübertragung in Aufenthaltsräume in alle Schallausbreitungsrichtungen.
Treppen	Treppenläufe und -podeste	–	58	Keine Anforderungen an Treppenläufe und Zwischenpodeste in Gebäuden mit Aufzug.
Wände	Wände zwischen • Übernachtungsräumen, • Fluren und Übernachtungsräumen	47	–	Gilt auch für Trennwände mit Türen zwischen fremden Übernachtungsräumen ($R'_{w,res}$).
Türen	Türen zwischen Fluren und Übernachtungsräumen	32	–	Bei Türen gilt erf. R'_w.nach Tab. O.1.1
Krankenhäuser, Sanatorien				
Decken	Decken, einschließlich Decken unter Fluren	54	53	Die Anforderung an die Trittschalldämmung gilt für die Trittschallübertragung in fremde Aufenthaltsräume in alle Schallausbreitungsrichtungen.
	Decken unter/über Schwimmbädern, Spiel- oder ähnlichen Gemeinschaftsräumen	55	46	Wegen der verstärkten Übertragung tiefer Frequenzen können zusätzliche Maßnahmen zur Körperschalldämmung erforderlich sein.
	Decken unter Bad und WC ohne/mit Bodenentwässerung	54	53	Die Anforderung an die Trittschalldämmung gilt für die Trittschallübertragung in fremde Aufenthaltsräume in alle Schallausbreitungsrichtungen.
Treppen	Treppenläufe und -podeste	–	58	Keine Anforderungen an Treppenläufe und Zwischenpodeste in Gebäuden mit Aufzug.

Bauteile		**Anforderungen**		**Bemerkungen**
		erf. R'_w dB	zul. $L'_{n,w}$ dB	
Wände	Wände zwischen • Krankenräumen, • Fluren und Krankenräumen, • Untersuchungs- bzw. Sprechzimmern, • Fluren und Untersuchungs- bzw. Sprechzimmern, • Krankenräumen und Arbeits- und Pflegeräumen	47	–	
	Wände zwischen Räumen mit Anforderungen an erhöhtes Ruhebedürfnis und besondere Vertraulichkeit (Diskretion)	52	–	
	Wände zwischen • Operations- bzw. Behandlungsräumen, • Fluren und Operations- bzw. Behandlungsräumen	42	–	-
	Wände zwischen • Räumen der Intensivpflege, • Fluren und Räumen der Intensivpflege	37	–	
Türen	Türen zwischen • Untersuchungs- bzw. Sprechzimmern, • Fluren und Untersuchungs- bzw. Sprechzimmern	37	–	Bei Türen gilt erf. R'_w nach Tab. O.1.1.
	Türen zwischen Räumen mit Anforderungen an erhöhtes Ruhebedürfnis und besondere Vertraulichkeit (Diskretion)	37	–	

Bauteile		**Anforderungen**		**Bemerkungen**
		erf. R'_w dB	zul. $L'_{n,w}$ dB	
	Türen zwischen • Fluren und Krankenräumen, • Operations- bzw. Behandlungsräumen, • Fluren und Operations- bzw. Behandlungsräumen	32		
Schulen und vergleichbare Einrichtungen				
Decken	Decken zwischen Unterrichtsräumen oder ähnlichen Räumen/Decken unter Fluren	55	53	Die Anforderung an die Trittschalldämmung gilt für die Trittschallübertragung in Aufenthaltsräumen in alle Schallausbreitungsrichtungen. Zu ähnlichen Räumen gehören auch solche Räume mit erhöhtem Ruhebedürfnis, z.B. Schlafräume.
	Decken zwischen Unterrichtsräumen oder ähnlichen Räumen und „lauten" Räumen (z.B. Speiseräume, Cafeterien, Musikräume, Spielräume, Technikzentralen)	55	46	Wegen der verstärkten Übertragung tiefer Frequenzen können zusätzliche Maßnahmen zur Körperschalldämmung erforderlich sein.
	Decken zwischen Unterrichtsräumen oder ähnlichen Räumen und z.B. Sporthallen, Werkräumen	60	46	
Wände	Wände zwischen Unterrichtsräumen oder ähnlichen Räumen untereinander und zu Fluren	47	–	Zu ähnlichen Räumen gehören auch solche Räume mit erhöhtem Ruhebedürfnis, z.B. Schlafräume.
	Wände zwischen Unterrichtsräumen oder ähnlichen Räumen und Treppenhäusern	52	–	

Bauteile		Anforderungen		Bemerkungen
		erf. R'_w dB	zul. $L'_{n,w}$ dB	
	Wände zwischen Unterrichtsräumen oder ähnlichen Räumen und „lauten" Räumen (z.B. Speiseräume, Cafeterien, Musikräume, Spielräume, Technikzentralen)	55	–	
	Wände zwischen Unterrichtsräumen oder ähnlichen Räumen und z.B. Sporthallen, Werkräumen	60	–	
Türen	Türen zwischen Unterrichtsräumen oder ähnlichen Räumen und Fluren	32	–	Bei Türen gilt erf. R'_w. nach Tab. O.1.1.
	Türen zwischen Unterrichtsräumen oder ähnlichen Räumen untereinander	37		

O.4 Anforderungen an die Luftschalldämmung von Außenbauteilen nach DIN 4109-1 (2018)

Anforderungen an die Luftschalldämmung von Außenbauteilen sind in Tab. O.4.1 angegeben.

Tab. O.4.1: Zuordnung zwischen Lärmpegelbereichen und maßgeblichem Außenlärmpegel (n. DIN 4109-1:2018-01, Tab. 7)

Zeile	Lärmpegelbereich	Maßgeblicher Außenlärmpegel L_a dB
1	I	55
2	II	60
3	III	65
4	IV	70

Zeile	Lärmpegelbereich	Maßgeblicher Außenlärmpegel L_a dB
5	V	75
6	VI	80
7	VII	> 80[a]

[a] Für maßgebliche Außenlärmpegel L_a > 80 dB sind die Anforderungen aufgrund der örtlichen Gegebenheiten festzulegen.

O.5 Anforderungen an die Luft- und Trittschalldämmung von Bauteilen zwischen „besonders lauten" und schutzbedürftigen Räumen nach DIN 4109-1 (2018)

Anforderungen an die Luft- und Trittschalldämmung von Bauteilen zwischen „besonders lauten" und schutzbedürftigen Räumen sind in Tab. O.5.1 festgelegt. Durchflussklassen sind in Tab. O.5.2 angegeben.

Tab. O.5.1: Anforderungen an die Luft- und Trittschalldämmung von Bauteilen zwischen „besonders lauten" und schutzbedürftigen Räumen (n. DIN 4109-01:2018-01, Tab. 8)

Art der Räume	Bauteile	Bewertetes Schalldämm–Maß erf. R'_w dB		Bewerteter Norm–Trittschallpegel zul. $L'_{n,w}$ [a, b] dB
		Schalldruckpegel $L_{AF,max}$ = 75 bis 80 dB(A)	Schalldruckpegel $L_{AF,max}$ = 81 bis 85 dB(A)	
Räume mit „besonders lauten" haustechnischen Anlagen oder Anlagenteilen	Decken, Wände	57	62	–
	Fußböden	–	–	43 [c]
Betriebsräume von Handwerks- und Gewerbebetrieben; Verkaufsstätten	Decken, Wände	57	62	–
	Fußböden	–		43

<table>
<tr><th rowspan="2">Art der Räume</th><th rowspan="2">Bauteile</th><th colspan="2">Bewertetes Schalldämm–Maß
erf. R'_{w}
dB</th><th rowspan="2">Bewerteter Norm–Tritt-schallpegel
zul. $L'_{n,w}$ [a, b]
dB</th></tr>
<tr><th>Schalldruck-pegel $L_{AF,max}$ = 75 bis 80 dB(A)</th><th>Schalldruck-pegel $L_{AF,max}$ = 81 bis 85 dB(A)</th></tr>
<tr><td rowspan="2">Küchenräume der Küchenanlagen von Beherbergungsstätten, Krankenhäusern, Sanatorien, Gaststätten, Imbissstuben und dergleichen (bis 22:00 Uhr in Betrieb)</td><td>Decken, Wände</td><td colspan="2">55</td><td>–</td></tr>
<tr><td>Fußböden</td><td>–</td><td>–</td><td>43</td></tr>
<tr><td rowspan="2">Küchenräume wie Zeile 3, jedoch auch nach 22:00 Uhr in Betrieb</td><td>Decken, Wände</td><td colspan="2">57[d]</td><td>–</td></tr>
<tr><td>Fußböden</td><td colspan="2">–</td><td>33</td></tr>
<tr><td rowspan="2">Gasträume, nur bis 22:00 Uhr in Betrieb</td><td>Decken, Wände</td><td>55</td><td>57</td><td>–</td></tr>
<tr><td>Fußböden</td><td>–</td><td>–</td><td>43</td></tr>
<tr><td rowspan="2">Gasträume $L_{AF,max} \leq$ 85 dB, auch nach 22:00 Uhr in Betrieb</td><td>Decken, Wände</td><td colspan="2">62</td><td>–</td></tr>
<tr><td>Fußböden</td><td>–</td><td>–</td><td>33</td></tr>
<tr><td rowspan="2">Räume von Kegelbahnen</td><td>Decken, Wände</td><td colspan="2">67</td><td>–</td></tr>
<tr><td>Fußböden
• Keglerstube
• Bahn</td><td>
–
–</td><td>
–
–</td><td>
33
13</td></tr>
<tr><td rowspan="2">Gasträume 85 dB $\leq L_{AF,max} \leq$ 95 dB</td><td>Decken, Wände</td><td colspan="2">72</td><td>–</td></tr>
<tr><td>Fußböden</td><td>–</td><td>–</td><td>28</td></tr>
</table>

Art der Räume	**Bauteile**	**Bewertetes Schalldämm–Maß** erf. R'_w dB		**Bewerteter Norm–Tritt-schallpegel** zul. $L'_{n,w}$ [a, b] dB
		Schalldruck-pegel $L_{AF,max}$ = 75 bis 80 dB(A)	Schalldruck-pegel $L_{AF,max}$ = 81 bis 85 dB(A)	

[a] Jeweils in Richtung der Schallausbreitung.

[b] Die für Maschinen erforderliche Körperschalldämmung ist mit diesem Wert nicht erfasst; hierfür sind ggf. weitere Maßnahmen erforderlich. Ebenso kann je nach Art des Betriebes ein niedrigeres $L'_{n,w}$ notwendig sein; dies ist im Einzelfall zu überprüfen. Wegen der verstärkten Übertragung tiefer Frequenzen können zusätzliche Maßnahmen zur Schalldämmung erforderlich sein.

[c] Nicht erforderlich, wenn geräuscherzeugende Anlagen ausreichend körperschallgedämmt aufgestellt werden; eventuelle Anforderungen nach Tab. O.2.1 bleiben hiervon unberührt.

[d] Handelt es sich um Großküchenanlagen und darüberliegende Wohnungen als schutzbedürftige Räume, gilt erf. R'_w = 62 dB.

Tab. O.5.2: Durchflussklassen (n. DIN 4109-1:2018-01, Tab. 12)

Durchflussklasse	**Maximaler Durchfluss** *Q*, in l/s (bei einem Fließdruck von 0,3 MPa)
Z	0,15
A	0,25
S	0,33
B	0,42
C	0,50
D	0,63

O.6 Maximal zulässige Schalldruckpegel in fremden schutzbedürftigen Räumen nach DIN 4109-1 (2018)

Maximal zulässige Schalldruckpegel in fremden schutzbedürftigen Räumen sind in Tab. O.6.1 angegeben.

Tab. O.6.1: Maximal zulässige A-bewertete Schalldruckpegel in fremden schutzbedürftigen Räumen, erzeugt von gebäudetechnischen Anlagen und baulich mit dem Gebäude verbundenen Betrieben (n. DIN 4109-1:2018-01, Tab. 9)

Geräuschquellen		**Maximal zulässige A-bewertete Norm-Schalldruckpegel** dB(A)	
Sanitärtechnik/Wasserinstallationen (Wasserversorgungs- und Abwasseranlagen gemeinsam)		$L_{AF,max,n} \leq 30$ [a,b,c]	$L_{AF,max,n} \leq 35$ [a,b,c]
Sonstige hausinterne, fest installierte technische Schallquellen der technischen Ausrüstung, Ver- und Entsorgung sowie Garagenanlagen		$L_{AF,max,n} \leq 30$ [c]	$L_{AF,max,n} \leq 35$ [c]
Gaststätten einschließlich Küchen; Verkaufsstätten, Betriebe u.Ä.	tags 6:00 Uhr bis 22:00 Uhr	$L_r \leq 35$ $L_{AF,max} \leq 45$	$L_r \leq 35$ $L_{AF,max} \leq 45$
	nachts 22:00 Uhr bis 6:00 Uhr	$L_r \leq 25$ $L_{AF,max} \leq 35$	$L_r \leq 35$ $L_{AF,max} \leq 45$

[a] Einzelne kurzzeitige Geräuschspitzen, die beim Betätigen der Armaturen und Geräte nach Tab. O.7.1 (Öffnen, Schließen, Umstellen, Unterbrechen) entstehen, sind nicht zu berücksichtigen.

[b] Werkvertragliche Voraussetzungen zur Erfüllung des zulässigen Schalldruckpegels:
- Die Ausführungsunterlagen müssen die Anforderungen des Schallschutzes berücksichtigen, d.h., zu den Bauteilen müssen die erforderlichen Schallschutznachweise vorliegen.
- Außerdem muss die verantwortliche Bauleitung benannt und zu einer Teilabnahme vor dem Verschließen bzw. Bekleiden der Installation hinzugezogen werden.

[c] Abweichend von DIN EN ISO 10052:2010-10, 6.3.3 wird auf Messung in der lautesten Raumecke verzichtet (siehe auch DIN 4109-4).

O.7 Anforderungen an Armaturen und Geräte der Trinkwasser-Installation nach DIN 4109-1 (2018)

Anforderungen an Armaturen und Geräte der Trinkwasser-Installation sind in Tab. O.7.1 festgelegt. Durchflussklassen in Abhängigkeit vom maximalen Durchfluss sind in Tab. O.7.2 definiert.

Tab. O.7.1: Anforderungen an Armaturen und Geräte der Trinkwasser-Installation (n. DIN 4109-1:2018-01, Tab. 11)

<table>
<tr><th>Armaturen</th><th>Armaturengeräuschpegel L_{ap} [a]
für kennzeichnenden Fließdruck oder Durchfluss n. DIN EN ISO 3822-1 bis DIN EN ISO 3822-4 [b]
dB(A)</th><th>Armaturengruppe</th></tr>
<tr><td>Auslaufarmaturen
Anschlussarmaturen
• Geräte-Anschlussarmaturen
• Magnetventile für elektronisch gesteuerte Armaturen
Druckspüler
Spülkästen
Durchflusswassererwärmer</td><td>≤ 20 [c]</td><td>I</td></tr>
<tr><td>Durchgangsarmaturen, wie
• Absperrventile
• Eckventile
• Rückflussverhinderer
Drosselarmaturen, wie
• Vordrosseln
• Eckventile
Druckminderer
Duschköpfe</td><td>≤ 30 [c]</td><td>II</td></tr>
<tr><td rowspan="2">Auslaufvorrichtungen, die direkt an die Auslaufarmatur angeschlossen werden, wie
• Strahlregler
• Durchflussbegrenzer
• Kugelgelenke
• Rohrbelüfter
• Rückflussverhinderer</td><td>≤ 15</td><td>I</td></tr>
<tr><td>≤ 25</td><td>II</td></tr>
<tr><td colspan="3">[a] Die Messungen von L_{ap} müssen bei 0,3 MPa und 0,5 MPa erfolgen.
[b] Dieser Wert darf bei dem in DIN EN ISO 3822-1 bis DIN EN ISO 3822-4 für die einzelnen Armaturen genannten oberen Fließdruck von 0,5 MPa oder Durchfluss Q 1 um bis zu 5 dB überschritten werden.
[c] Geräuschspitzen, die beim Betätigen der Armaturen entstehen (Öffnen, Schließen, Umstellen, Unterbrechen u.a.), werden bei der Prüfung nach DIN EN ISO 3822-1 bis DIN EN ISO 3822-4 im Allgemeinen nicht erfasst. Der A-bewertete Schallpegel dieser Geräusche, gemessen mit der Zeitbewertung FAST, wird erst dann zur Bewertung herangezogen, wenn es die Messverfahren nach einer nationalen oder europäischen Norm zulassen.</td></tr>
</table>

O.8 Empfehlungen für maximale A-bewertete Schalldruckpegel im eigenen Wohn- und Arbeitsbereich nach DIN 4109-1 (2018)

Empfehlungen für den eigenen Wohn- und Arbeitsbereich sind in Tab. O.8.1 festgelegt.

Tab. O.8.1: Empfehlungen für maximale A-bewertete Schalldruckpegel in schutzbedürftigen Räumen in der eigenen Wohnung, erzeugt von heiztechnischen Anlagen im eigenen Wohnbereich (n. DIN 4109-1:2018-01, Tab. B.1)

Geräuschquellen	**Empfehlungen für den maximalen A-bewerteten Norm-Schalldruckpegel** dB(A)	
	Wohn- und Schlafräume	Küchen
Fest installierte technische Schallquellen von heiztechnischen Anlagen im eigenen Wohnbereich	$L_{AF,max,n} \leq 30$ [a, b, c]	$L_{AF,max,n} \leq 33$ [a, b, c]

[a] Einzelne, kurzzeitige Geräuschspitzen, die beim Ein- und Ausschalten der Anlagen auftreten (z.B. Zündgeräusche bei Heizanlagen), dürfen die genannten Empfehlungen um maximal 5 dB überschreiten.

[b] Voraussetzungen zur Erfüllung des zulässigen Schalldruckpegels:
- Die Ausführungsunterlagen müssen die Empfehlungen des Schallschutzes berücksichtigen, d.h., zu den Bauteilen müssen die erforderlichen Schallschutznachweise vorliegen.
- Außerdem muss die verantwortliche Bauleitung benannt und zu einer Teilabnahme vor dem Verschließen bzw. Bekleiden der Installation hinzugezogen werden.

[c] Abweichend von DIN EN ISO 10052:2010-10, 6.3.3 wird auf Messung in der lautesten Raumecke verzichtet (siehe auch DIN 4109-4).

P Erhöhte Anforderungen an den Schallschutz im Hochbau nach DIN 4109-5 (2020)

Die DIN 4109-5:2020-08 legt gegenüber der DIN 4109-1 erhöhte Anforderungen an die Schalldämmung von Bauteilen schutzbedürftiger Räume in folgenden Gebäuden fest:

- Wohngebäude und Gebäude mit Wohn- und Arbeitsbereichen;
- Hotels und Beherbergungsstätten;
- Krankenhäuser und Sanatorien.

Die folgende Auflistung gibt eine Übersicht über die hier aufgeführten Anforderungswerte:

- Abschnitt P.1 – Luft- und Trittschalldämmung in Gebäuden mit Wohn- und Arbeitsbereichen,
- Abschnitt P.2 – Luft- und Trittschalldämmung in Nichtwohngebäuden,
- Abschnitt P.3 – Erhöhter Schallschutz vor Geräuschen aus gebäudetechnischen Anlagen,
- Abschnitt P.4 – Schallschutz vor Geräuschen aus raumlufttechnischen Anlagen im eigenen Wohnbereich.

P.1 Luft- und Trittschalldämmung in Gebäuden mit Wohn- und Arbeitsbereichen nach DIN 4109-5 (2020)

P.1.1 Erhöhte Anforderungen an die Schalldämmung in Mehrfamilienhäusern und in gemischt genutzten Gebäuden nach DIN 4109-5 (2020)

Tab. P.1 enthält erhöhte Anforderungen an die Schalldämmung in Mehrfamilienhäusern und in gemischt genutzten Gebäuden.

Tab. P.1: Erhöhte Anforderungen an die Schalldämmung in Mehrfamilienhäusern und in gemischt genutzten Gebäuden (n. DIN 4109-5:2020-08, Tab. 1)

Zeile		Bauteile	Anforderungen		Bemerkungen
			R'_w dB	$L'_{n,w}$ dB	
1	Decken	Decken unter allgemein nutzbaren Dachräumen, z.B. Trockenböden, Abstellräumen und ihren Zugängen	≥ 56	≤ 47	–
2	Decken	Wohnungstrenndecken (auch Treppen)	≥ 57	≤ 45	Wohnungstrenndecken sind Bauteile, die Wohnungen voneinander oder von fremden Arbeitsräumen trennen.
3	Decken	Trenndecken (auch Treppen) zwischen fremden Arbeitsräumen bzw. vergleichbaren Nutzungseinheiten	–	–	nicht Gegenstand des Anwendungsbereichs des Dokuments
4	Decken	Decken über Kellern, Hausfluren, Treppenräumen unter Aufenthaltsräumen	≥ 55	≤ 45[a]	Die Anforderung an die Trittschalldämmung gilt für die Trittschallübertragung in fremde Aufenthaltsräume in alle Schallausbreitungsrichtungen.
5	Decken	Decken über Durchfahrten, Einfahrten von Sammelgaragen u.Ä. unter Aufenthaltsräumen	≥ 58	≤ 45	
6	Decken	Decken unter[b]/über Spiel- oder ähnlichen Gemeinschaftsräumen	≥ 58	≤ 41	Wegen der verstärkten Übertragung tiefer Frequenzen können zusätzliche Maßnahmen zur Schalldämmung erforderlich sein.
7	Decken	Decken unter Terrassen und Loggien über Aufenthaltsräumen	–	≤ 45	–

Zeile		Bauteile	Anforderungen		Bemerkungen
			R'_w dB	$L'_{n,w}$ dB	
8		Decken unter Laubengängen	–	≤ 48	Die Anforderung an die Trittschalldämmung gilt für die Trittschallübertragung in fremde Aufenthaltsräume in alle Schallausbreitungsrichtungen.
8.1		Balkone	–	≤ 58[c]	Die Anforderung an die Trittschalldämmung gilt für die Trittschallübertragung in fremde Aufenthaltsräume in alle Schallausbreitungsrichtungen.
9		Decken und Treppen innerhalb von Wohnungen, die sich über zwei Geschosse erstrecken	–	≤ 45	Die Anforderung an die Trittschalldämmung gilt für die Trittschallübertragung in fremde Aufenthaltsräume, in alle Schallausbreitungsrichtungen.
10		Decken unter[b] WC und Bad ohne/mit Bodenablauf	≥ 57	≤ 47	
11		Decken unter[b] Hausfluren	–	≤ 47	-
12	Treppen	Treppenläufe und -podeste	–	≤ 47	-
13	Wände	Wohnungstrennwände und Wände zwischen fremden Arbeitsräumen	≥ 56	–	Wohnungstrennwände sind Bauteile, die Wohnungen voneinander oder von fremden Arbeitsräumen trennen.
14		Treppenraumwände und Wände neben Hausfluren	≥ 56	–	Für Wände mit Türen gilt die Anforderung: R'_w (Wand) = R_w (Tür) + 15 dB. Darin bedeutet R_w (Tür) die erforderliche Schalldämmung der Tür nach Zeile 18 oder Zeile 19.

Zeile		Bauteile	Anforderungen		Bemerkungen
			R'_w dB	$L'_{n,w}$ dB	
15		Wände neben Durchfahrten, Sammelgaragen, einschließlich Einfahrten	≥ 58	–	-
16		Wände von Spiel- oder ähnlichen Gemeinschaftsräumen	≥ 58	–	-
17		Schachtwände von Aufzugsanlagen an Aufenthaltsräumen	≥ 57[c]	–	-
18	Türen	Türen, die von Hausfluren oder Treppenräumen in geschlossene Flure und Dielen von Wohnungen und Wohnheimen oder von Arbeitsräumen führen	≥ 32	–	Bei Türen gilt R_w n. DIN 4109-1.
19	Türen	Türen, die von Hausfluren oder Treppenräumen unmittelbar in Aufenthaltsräume – außer Flure und Dielen – von Wohnungen führen	≥ 42[d]	–	Bei Türen gilt R_w n. DIN 4109-1.

[a] Es gibt keine Anforderungen an den Trittschallpegel, der ausgehend von einem angrenzenden Raum in den Keller eingetragen wird, sofern der Kellerraum kein schutzbedürftiger Raum ist. Die Anforderungen an die Trittschalldämmung an Decken, z.B. über Kellern, gelten, um die horizontale Trittschallübertragung zwischen den über Kellern liegenden schutzbedürftigen Räumen zu begrenzen. Daraus folgt, dass es nach DIN 4109-1:2018-01 keine Anforderungen an die Trittschallübertragung z.B. aus dem nichtschutzbedürftigen Keller in angrenzende schutzbedürftige Räume gibt.

[b] Gilt auch für die Bodenplatte unter diesen Räumen.

[c] Entspricht den Werten aus DIN 4109-1:2018-01.

[d] Die Anforderung beträgt ≥ 40 dB unter der Voraussetzung, dass durch gleichwertige schallschutztechnische Maßnahmen Schallschleusen, offene Dielen im Eingangsbereich, der Schallschutz zwischen Treppenraum und Aufenthaltsraum verbessert wird.

P.1.2 Erhöhte Anforderungen zwischen Einfamilien-Reihenhäusern und zwischen Doppelhaushälften nach DIN 4109-5 (2020)

Tab. P.2 enthält erhöhte Anforderungen an die Luftschalldämmung R'_{w} und die Trittschalldämmung $L'_{n,w}$ zwischen Einfamilien-Reihenhäusern und zwischen Doppelhaushälften.

Tab. P.2: Erhöhte Anforderungen an die Luft- und Trittschalldämmung zwischen Einfamilien-Reihenhäusern und zwischen Doppelhaushälften (n. DIN 4109-5:2020-08, Tab. 2)

Zeile		**Bauteile** R'_{w} dB	**Anforderungen**		**Bemerkungen**
			$L'_{n,w}$ dB		
1	Decken	Decken	-	≤ 36	Die Anforderung an die Trittschalldämmung gilt nur für die Trittschallübertragung in fremde Aufenthaltsräume in waagerechter oder schräger Richtung.
2		Bodenplatte auf Erdreich bzw. Decke über Kellergeschoss	-	≤ 41	
3	Treppen	Treppenläufe und -podeste	-	≤ 41	Die Anforderung an die Trittschalldämmung gilt nur für die Trittschallübertragung in fremde Aufenthaltsräume in waagerechter oder schräger Richtung.
4	Wände	Haustrennwände zu Aufenthaltsräumen, die im untersten Geschoss (erdberührt oder nicht) eines Gebäudes gelegen sind	≥ 62	-	-
5		Haustrennwände zu Aufenthaltsräumen, unter denen mindestens ein Geschoss (erdberührt oder nicht) des Gebäudes vorhanden ist	≥ 67[a]	-	

[a] Wird eine Unterkellerung als Weiße Wanne mit durchlaufenden flankierenden Außenwänden ausgeführt, gilt $R'_{w} \geq 64$ dB.

P.2 Luft- und Trittschalldämmung in Nichtwohngebäuden nach DIN 4109-5 (2020)

P.2.1 Hotels und Beherbergungsstätten

Tab. P.3 enthält erhöhte Anforderungen an die Luftschalldämmung R'_w und die Trittschalldämmung $L'_{n,w}$ für Hotels und Beherbergungsstätten.

Tab. P.3: Erhöhte Anforderungen an die Luft- und Trittschalldämmung in Hotels und Beherbergungsstätten (n. DIN 4109-5:2020-08, Tab. 3)

Zeile		Bauteile	Anforderungen		Bemerkungen
			R'_w dB	$L'_{n,w}$ dB	
1		Decken, einschließlich Decken unter Fluren	≥ 57	≤ 45	Die Anforderung an die Trittschalldämmung gilt für die Trittschallübertragung in Aufenthaltsräume in alle Schallausbreitungsrichtungen.
2	Decken[a]	Decken unter/über Schwimmbädern, Spiel- oder ähnlichen Gemeinschaftsräumen zum Schutz gegenüber Schlafräumen	≥ 58	≤ 41	Wegen verstärkten tieffrequenten Schalls können zusätzliche Maßnahmen zur Körperschalldämmung erforderlich sein.
3		Decken unter Bad und WC ohne/mit Bodenentwässerung	≥ 57	≤ 41	Die Anforderung an die Trittschalldämmung gilt für die Trittschallübertragung in Aufenthaltsräume in alle Schallausbreitungsrichtungen.
4	Treppen[a]	Treppenläufe und -podeste	–	≤ 48	–
5	Wände	Wände zwischen Übernachtungsräumen sowie Fluren und Übernachtungsräumen	≥ 52	–	Gilt auch für Trennwände mit Türen zwischen fremden Übernachtungsräumen.
6	Türen	Türen zwischen Fluren und Übernachtungsräumen	≥ 37	–	Bei Türen gilt R_w n. DIN 4109-1.

[a] Weich federnde Bodenbeläge dürfen für den Nachweis des Trittschallschutzes angerechnet werden.

P.2.2 Krankenhäuser und Sanatorien

Tab. P.4 enthält erhöhte Anforderungen an die Luftschalldämmung R'_w und die Trittschalldämmung $L'_{n,w}$ für Krankenhäuser und Sanatorien.

Tab. P.4: Erhöhte Anforderungen an die Luft- und Trittschalldämmung zwischen Räumen in Krankenhäusern und Sanatorien (n. DIN 4109-5:2020-08, Tab. 4)

Zeile		**Bauteile**	**Anforderungen**		**Bemerkungen**
			R'_w dB	$L'_{n,w}$ dB	
1	Decken	Decken, einschließlich Decken unter Fluren	≥ 57	≤ 46	Die Anforderung an die Trittschalldämmung gilt für die Trittschallübertragung in fremde Aufenthaltsräume in alle Schallausbreitungsrichtungen.
2		Decken unter/über Schwimmbädern, Spiel- oder ähnlichen Gemeinschaftsräumen	≥ 58	≤ 46	Wegen verstärkten Entstehens tieffrequenten Schalls können zusätzliche Maßnahmen zur Körperschalldämmung erforderlich sein. Weich federnde Bodenbeläge dürfen für den Nachweis des Trittschallschutzes angerechnet werden.
3		Decken unter WCs und Bädern ohne/mit Bodenablauf	≥ 57	≤ 46	Die Anforderung an die Trittschalldämmung gilt für die Trittschallübertragung in fremde Aufenthaltsräume in alle Schallausbreitungsrichtungen.
4	Treppen[a]	Treppenläufe und -podeste	–	≤ 48	–
5	Wände	Wände zwischen Krankenräumen, Fluren und Krankenräumen, Untersuchungs- bzw. Sprechzimmern, Krankenräumen und Arbeits- und Pflegeräumen	≥ 52	–	–

Zeile		Bauteile	Anforderungen		Bemerkungen
			R'_w dB	$L'_{n,w}$ dB	
6		Wände zwischen Räumen mit Anforderungen an erhöhtes Ruhebedürfnis und besondere Vertraulichkeit (Diskretion)	≥ 55	–	–
7		Wände zwischen Operations- bzw. Behandlungsräumen, Fluren und Operations- bzw. Behandlungsräumen	≥ 42[b]	–	–
8		Wände zwischen Fluren und Räumen der Intensivpflege	≥ 42	–	–
9	Türen	Türen zwischen Untersuchungs- bzw. Sprechzimmern, Fluren und Untersuchungs- bzw. Sprechzimmern	≥ 40	–	Bei Türen gilt R_w n. DIN 4109-1:2018-01, Tab. 1, Fußnote c (hier: Tab. O.1.1).
10		Türen zwischen Räumen mit Anforderungen an erhöhtes Ruhebedürfnis und besondere Vertraulichkeit (Diskretion)	≥ 40	–	
11		Türen zwischen Fluren und Krankenräumen, Operations- bzw. Behandlungsräumen, Fluren und Operations- bzw. Behandlungsräumen	≥ 37	–	

[a] Weich federnde Bodenbeläge dürfen für den Nachweis des Trittschallschutzes angerechnet werden.
[b] Entspricht den Werten aus DIN4109-1:2018-01.

P.3 Erhöhter Schallschutz vor Geräuschen aus gebäudetechnischen Anlagen nach DIN 4109-5 (2020)

Tab. P.5: Erhöhte Anforderungen an zulässige maximale A-bewertete Norm-Schalldruckpegel in fremden schutzbedürftigen Räumen, erzeugt von gebäudetechnischen Anlagen (n. DIN 4109-5:2020-08, Tab. 5)

Zeile	**Geräuschquellen**	**Zulässiger maximaler A-bewerteter Norm-Schalldruckpegel** $L_{AF,max,n}$ dB	
		Wohn- und Schlafräume in Mehrfamilienhäusern	Wohn- und Schlafräume in Einfamilien-Reihen- und -Doppelhäusern
1	Sanitärtechnik/Wasserinstallationen (Wasserversorgungs- und Abwasseranlagen gemeinsam)	≤ 27[a,b,c]	≤ 25[a,b,c]
2	sonstige hausinterne, fest installierte technische Schallquellen der technischen Gebäudeausrüstung, Ver- und Entsorgung sowie Garagenanlagen	≤ 27[c]	≤ 25[c]

[a] Einzelne kurzzeitige Geräuschspitzen, die beim Betätigen der Armaturen und Geräte (Öffnen, Schließen, Umstellen, Unterbrechen) entstehen, dürfen die Kennwerte um nicht mehr als 10 dB überschreiten.

[b] Voraussetzungen zur Erfüllung des zulässigen Schalldruckpegels: Die Ausführungsunterlagen müssen die Anforderungen des Schallschutzes berücksichtigen, d.h., zu den Bauteilen müssen die erforderlichen Schallschutznachweise vorliegen. Außerdem muss die verantwortliche Bauleitung benannt und zu einer Teilabnahme vor dem Verschließen bzw. Bekleiden der Installation hinzugezogen werden.

[c] Abweichend von DIN EN ISO 10052:2010-10, 6.3.3 wird auf eine Messung in der schallhärtesten Raumecke verzichtet (siehe auch DIN 4109-4).

P.4 Schallschutz vor Geräuschen aus raumlufttechnischen Anlagen im eigenen Wohnbereich nach DIN 4109-5 (2020)

Tab. P.6: Erhöhte Anforderungen an zulässige maximale A-bewertete Norm-Schalldruckpegel in schutzbedürftigen Räumen in der eigenen Wohnung, erzeugt von raumlufttechnischen Anlagen im eigenen Wohnbereich (n. DIN 4109-5:2020-08, Tab. 6)

Zeile	Geräuschquellen	Zulässiger maximaler A-bewerteter Norm-Schalldruckpegel $L_{AF,max,n}$ dB **Wohn- und Schlafräume**
1	Fest installierte technische Schallquellen der Raumlufttechnik im eigenen Wohnbereich	≤ 27[a,b,c,d,e]

[a] Einzelne, kurzzeitige Geräuschspitzen, die beim Ein- und Ausschalten der Anlagen auftreten, dürfen den Wert um höchstens 5 dB überschreiten.

[b] Voraussetzungen zur Erfüllung des zulässigen Schalldruckpegels: Die Ausführungsunterlagen müssen die Anforderungen an den Schallschutz berücksichtigen, d.h., zu den Bauteilen müssen die erforderlichen Schallschutznachweise vorliegen. Außerdem muss die verantwortliche Bauleitung benannt und zu einer Teilabnahme vor dem Verschließen bzw. Bekleiden der Installation hinzugezogen werden.

[c] Abweichend von DIN EN ISO 10052:2010-10, 6.3.3 wird auf eine Messung in der schallhärtesten Raumecke verzichtet (siehe auch DIN 4109-4).

[d] Es sind um 3 dB höhere Werte zulässig, sofern es sich um Dauergeräusche ohne auffällige Einzeltöne handelt.

[e] Die Anforderung gilt nachts bei erforderlichem Luftvolumenstrom für die jeweilige lüftungstechnische Maßnahme nach z.B. DIN 1946-6; beispielsweise 15 m^3/h/Person für Schlafzimmer.

Q Anforderungen an den Schallschutz im Hochbau – Wohnungen nach VDI 4100 (2012)

Anforderungen an den Schallschutz im Hochbau (Wohnungen) nach VDI 4100 (2012) sind in den folgenden Tabellen (Tab. Q.1 bis Tab. Q.7) angegeben.

Tab. Q.1: Empfohlene Schallschutzwerte der Schallschutzstufen (SSt) in Mehrfamilienhäusern (n. VDI 4100:2012-10, Tab. 2)

Schallschutzkriterium			**Kennzeichnende akustische Größe** dB	**SSt I**	**SSt II**	**SSt III**
Luftschallschutz	Mehrfamilienhaus		$D_{nT,w}$	≥ 56	≥ 59	≥ 64
Luftschallschutz	Mehrfamilienhaus	Treppenraumwand mit Tür	$D_{nT,w}$ [a]	≥ 45	≥ 50	≥ 55
Trittschallschutz	Mehrfamilienhaus	vertikal, horizontal oder diagonal	$L'_{nT,w}$ [b]	≤ 51	≤ 44	≤ 37
Gebäudetechnische Anlagen (einschließlich Wasserversorgungs- und Abwasseranlagen gemeinsam)	Mehrfamilienhaus		$L_{AF,max,nT}$ [c]	≤ 30	≤ 27	≤ 24
Luftschallschutz gegen Außenlärm in schutzbedürftigen Räumen	Mehrfamilienhaus		res. R'_w [f] (res. $D_{nT,w}$) [e]	[d]	[d]	[d] +5 dB

[a] Die Empfehlungen beziehen sich auf den Schallschutz vom Treppenraum zum nächsten Aufenthaltsraum; wohnungsinterne Türen dürfen im Fall eines dazwischenliegenden Raums mit einem pauschalen Normschallpegeldifferenz-Abschlag von 10 dB berücksichtigt werden.

[b] Gilt auch für die Trittschallübertragung von Balkonen, Loggien, Laubengängen und Terrassen in fremde schutzbedürftige Räume.

[c] Einzelne kurzzeitige Geräuschspitzen, die beim Betätigen (Öffnen, Schließen, Umstellen, Unterbrechen u.Ä.) der Armaturen und Geräte der Wasserinstallation entstehen, sollen die Kennwerte der SSt II und SSt III um nicht mehr als 10 dB übersteigen. Dabei wird eine bestimmungsgemäße Benutzung vorausgesetzt.

[d] Siehe Regelungen in DIN 4109:1989-11, Abschnitt 5.

[e] Ohne Korrektur n. DIN 4109:1989-11, Abschnitt 5.2, Tab. 9.

[f] Mit Bezug auf Außenbauteile, die aus mehreren Teilflächen unterschiedlicher Schalldämmung bestehen.

Tab. Q.2: Empfohlene Schallschutzwerte der Schallschutzstufen (SSt) in Einfamilien-Doppel- und Einfamilien-Reihenhäusern (n. VDI 4100:2012-10, Tab. 3)

Schallschutzkriterium			**Kennzeichnende akustische Größe** dB	**SSt I**	**SSt II**	**SSt III**
Luftschallschutz	Einfamilien-Doppel- und Einfamilien-Reihenhäuser		$D_{nT,w}$	≥ 65	≥ 69	≥ 73
Trittschallschutz	Einfamilien-Doppel- und Einfamilien-Reihenhäuser	horizontal oder diagonal	$L'_{nT,w}$ [a]	≤ 46	≤ 39	≤ 32
Gebäudetechnische Anlagen (einschließlich Wasserversorgungs- und Abwasseranlagen gemeinsam)	Einfamilien-Doppel- und Einfamilien-Reihenhäuser		$L_{AF,max,nT}$ [b]	≤ 30	≤ 25	≤ 22
Luftschallschutz gegen Außenlärm in schutzbedürftigen Räumen	Einfamilien-Doppel- und Einfamilien-Reihenhäuser		res. R'_{w} [e] (res. $D_{nT,w}$) [d]	[c]	[c]	[c] +5 dB

[a] Gilt auch für die Trittschallübertragung von Balkonen, Loggien, Laubengängen und Terrassen in fremde schutzbedürftige Räume.

[b] Einzelne kurzzeitige Geräuschspitzen, die beim Betätigen (Öffnen, Schließen, Umstellen, Unterbrechen u.Ä.) der Armaturen und Geräte der Wasserinstallation entstehen, sollen die Kennwerte der SSt II und SSt III um nicht mehr als 10 dB übersteigen. Dabei wird eine bestimmungsgemäße Benutzung vorausgesetzt.

[c] Siehe Regelungen in DIN 4109:1989-11, Abschnitt 5.

[d] Ohne Korrektur n. DIN 4109:1989-11, Abschnitt 5.2, Tab. 9.

[e] Mit Bezug auf Außenbauteile, die aus mehreren Teilflächen unterschiedlicher Schalldämmung bestehen.

Tab. Q.3: Empfohlene Schallschutzwerte für höheren Schallschutz innerhalb von Wohnungen und Einfamilienhäusern (n. VDI 4100:2012-10, Tab. 4)

Schallschutzkriterium		**Kennzeichnende akustische Größe** dB	**SSt EB I**	**SSt EB II**
Luftschallschutz	horizontal (Wände, Türen) und vertikal	$D_{nT,w}$	48	52
Luftschallschutz	bei offenen Grundrissen, Wand mit Tür zum getrennten Raum	$D_{nT,w}$	26	31
Trittschallschutz	Decken, Treppen im abgetrennten Treppenraum [b]	$L'_{nT,w}$	53	46
Gebäudetechnische Anlagen einschließlich Wasserversorgungs- und Abwasseranlagen gemeinsam für die Ver- und Entsorgung des eigenen Bereichs		$L_{AF,max,nT}$ [a,c]	35	30

[a] Dies gilt nicht für Geräusche von im eigenen Bereich fest installierten technischen Schallquellen (Heizungs-, Lüftungs- und Klimaanlagen), die – im üblichen Betrieb – vom Bewohner beeinflusst, d.h. selbst betätigt bzw. in Betrieb gesetzt werden. Bei offenen Grundrissen kann nicht sichergestellt werden, dass im schutzbedürftigen Raum $L_{AF,max,nT}$ = 35 dB eingehalten werden.
[b] Oben und unten abgeschlossen.
[c] Einzelne kurzzeitige Geräuschspitzen, die beim Betätigen (Öffnen, Schließen, Umstellen, Unterbrechen u.Ä.) der Armaturen und Geräte der Wasserinstallation entstehen, sollen die empfohlenen Schallschutzwerte der SSt EB I und SSt EB II um nicht mehr als 10 dB übersteigen. Dabei wird eine bestimmungsgemäße Benutzung vorausgesetzt.

Tab. Q.4: A-bewertete Schallleistungspegel L_{WA} üblicher Sprechgeräusche (n. VDI 4100:2012-10, Tab. 6)

Schallquelle (Sprache)	L_{WA} dB
Ruhige Sprechweise	58 bis 63
Mittlere Sprechweise	63 bis 73
Angehobene Sprechweise	68 bis 78
Mehrere Personen bei angeregter Unterhaltung	80

Tab. Q.5: Übliche abendliche A-bewertete Grundgeräuschpegel L_{GA} in Wohnungen, geschlossene und dichte Fenster mit ausreichender Luftschalldämmung vorausgesetzt (n. VDI 4100:2012-10, Tab. 7)

Wohnsituation	L_{GA} dB
Ruhige ländliche Einzelwohnlage	15
Wohngebiete ohne stärkere Einwirkung von Außenlärm	20
Wohnungen mit erhöhter Außenlärmbelastung, z.B. in Kern- und Mischgebieten und im Einwirkungsbereich lauter Straßen	25
Wohnungen an lauten Straßen	30

Tab. Q.6: Hör- und Verstehbarkeit von Sprache im Empfangsraum bei unterschiedlichen Differenzen ΔL zwischen dem Grundgeräuschpegel und dem Sprechgeräuschpegel (Vertraulichkeitskriterium) (n. VDI 4100:2012-10, Tab. 8)

Hör- und Verstehbarkeit der aus der Nachbarwohnung eindringenden Sprache	ΔL dB
Einwandfrei zu verstehen	–10
Noch zu verstehen	0
Im Allgemeinen nicht mehr zu verstehen, aber noch zu hören (Mindestwert zur Wahrung der Vertraulichkeit)	3
Nicht verstehbar	7
Nicht zu verstehen, kaum zu hören	10
Nicht zu hören	15

Tab. Q.7: Geltende Regelwerke zur Überprüfung der Schallschutz- und Schalldämmwerte (n. VDI 4100:2012-10, Tab. 5)

Kennzeichnende akustische Größe	**Messverfahren**
Bewertete Standard-Schallpegeldifferenz $D_{nT,w}$ von Decken und Wänden (auch Wände und Türen), ggf. bewertetes Bau-Schalldämm-Maß	DIN EN ISO 140-4 DIN EN ISO 717-1
Bewertetes Schalldämm-Maß von Fenstern und Türen	DIN EN ISO 140-4 oder DIN EN ISO 140-5 oder DIN 4109-11 DIN EN ISO 717-1
Bewerteter Standard-Trittschallpegel $L'_{nT,w}$, ggf. bewerteter Norm-Trittschallpegel $L'_{n,w}$ von Decken, Balkonen, Loggien, Laubengänge und Terrassen	DIN EN ISO 140-7 DIN EN ISO 717-2

<table>
<tr><th>Kennzeichnende akustische Größe</th><th>Messverfahren</th></tr>
<tr><td>A-bewerteter Schalldruckpegel von Installationsgeräuschen L_{In} und von haustechnischen Anlagen $L_{AF,max}$</td><td>DIN EN ISO 10052 [a]
DIN 4109-11</td></tr>
<tr><td>Beurteilungspegel L_r von gewerblichen Anlagen</td><td>TA-Lärm in Verbindung mit DIN EN ISO 10052
DIN 4109-11</td></tr>
<tr><td>Resultierendes bewertetes Schalldämm-Maß</td><td>DIN 4109 Beiblatt 1</td></tr>
<tr><td colspan="2">[a] Die Messungen erfolgen in Anlehnung an DIN 4109-11 und DIN EN ISO 10052, d.h. mit erfolgter Fremdgeräuschpegelkorrektur und Bezug auf $A_0 = 10\ m^2$ bzw. $T_0 = 0{,}5$. In Anlehnung bedeutet hier, dass Messungen abweichend von DIN EN ISO 10052 auch nur an einem Messpunkt, etwa in Raummitte, durchgeführt werden können.</td></tr>
</table>

R Korrektur- und Zuschlagswerte für den Schallschutz nach DIN 4109 (2016)

Korrektur- und Zuschlagswerte nach DIN 4109-2:2018-01 sind in den folgenden Tabellen angegeben. Im Einzelnen handelt es sich um folgende Werte:

- Zuschlagswerte für zweischalige Haustrennwände (Tab. R.1);
- Korrekturwerte für die Flankenübertragung bei zweischaligen massiven Haustrennwänden (Tab. R.2);
- Korrekturwerte für die Flankenübertragung bei Massivdecken ohne Unterdecke (Tab. R.3);
- Korrekturwerte für die Flankenübertragung bei Massivdecken mit Unterdecke (Tab. R.4);
- Korrekturwerte zur Ermittlung des bewerteten Norm-Trittschallpegels für verschiedene räumliche Zuordnungen von mit Normhammerwerk angeregter Decke und Empfangsraum (Tab. R.5);
- Korrektursummand K_1 zur Berücksichtigung der Flankenübertragung auf dem Weg Df (Tab. R.6);
- Korrektursummand K_2 zur Berücksichtigung der Flankenübertragung auf dem Weg DFf (Tab. R.7).

Tab. R.1: Zuschlagswerte $\Delta R_{w,Tr}$ für zweischalige Haustrennwände [a, b, c] (n. DIN 4109-2:2018-01, Tab. 1)

Zeile	**Situation**	**Beschreibung**	**Zuschlagswert** $\Delta R_{w,Tr}$ dB
1	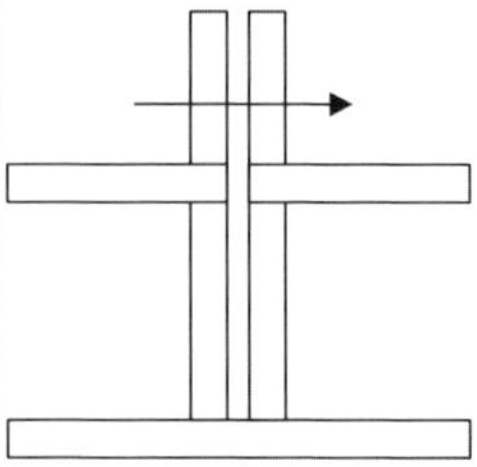	vollständige Trennung der Schalen bis zur Bodenplatte	12
2	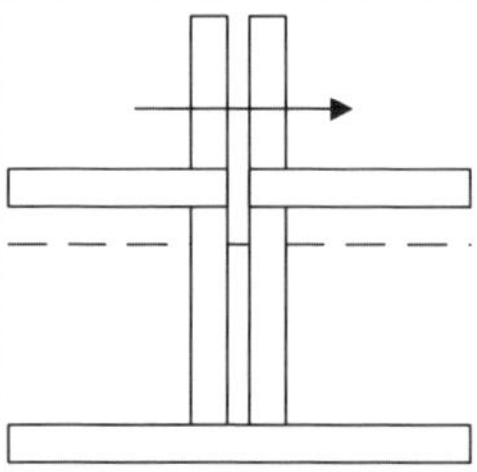	Kelleraußenwände durchgehend mit $m' \geq 575$ kg/m² (Weiße Wanne)	9

Zeile	**Situation**	**Beschreibung**	**Zuschlagswert** $\Delta R_{w,Tr}$ dB
3	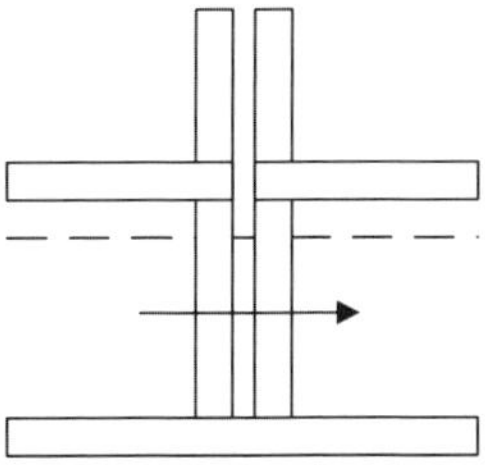	Kelleraußenwände durchgehend mit $m' \geq 575$ kg/m² (Weiße Wanne) Bodenplatte durchgehend mit $m' \geq 575$ kg/m²	3
4	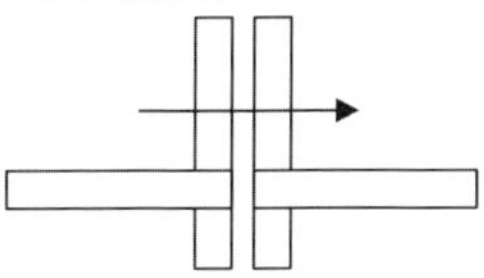	Außenwände getrennt Bodenplatte getrennt	9
5	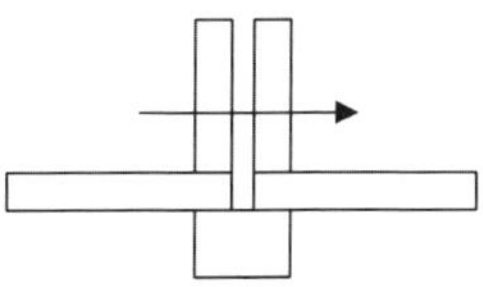	Außenwände getrennt Bodenplatte getrennt auf gemeinsamem Fundament	6[d]
6	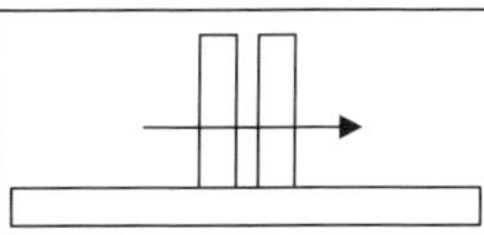	Außenwände getrennt Bodenplatte durchgehend mit $m' \geq 575$ kg/m²	6[d]

[a] Falls die einzelnen Schalen nicht schwerer als 200 kg/m² sind, können die Zuschlagswerte $\Delta R_{w,Tr}$ für zweischalige Haustrennwände aus Porenbeton für die Zeilen 1, 2, 3 und 4 um 3 dB und für die Zeilen 5 und 6 um 6 dB erhöht werden.

[b] Falls die einzelnen Schichten nicht schwerer als 250 kg/m² sind, können die Zuschlagswerte $\Delta R_{w,Tr}$ für zweischalige Haustrennwände aus Leichtbeton um 2 dB erhöht werden, wenn die Steinrohdichte ≤ 800 kg/m³ ist.

[c] Falls der Schalenabstand mindestens 50 mm beträgt und der Fugenhohlraum mit dicht gestoßenen und vollflächig verlegten mineralischen Dämmplatten (siehe DIN EN 13162 in Verbindung mit DIN 4108-10, Anwendungstyp WTH) ausgefüllt wird, können die Zuschlagswerte $\Delta R_{w,Tr}$ bei allen Materialien in den Zeilen 1, 2 und 4 um 2 dB erhöht werden.

[d] Für eine Haustrennwand, bestehend aus zwei Schalen mit je 17,5 cm Porenbeton der Rohdichteklasse 0,60 (oder größer) mit einem Schalenabstand von mindestens 50 mm, verfüllt mit dicht gestoßenen mineralischen Dämmplatten Typ WTH nach DIN EN 13162, kann insgesamt ein $\Delta R_{w,Tr}$ von +14 dB angesetzt werden. Zuschläge nach Fußnote a sind in diesem Zuschlag bereits berücksichtigt.

Tab. R.2: Korrektur K für die Flankenübertragung bei zweischaligen massiven Haustrennwänden, in dB (n. DIN 4109-2:2013-11, Tab. 2)

Flächenbezogene Masse $m'_{Tr,1}$ der empfangsseitigen Schale der zweischaligen Haustrennwand kg/m²	**Mittlere flächenbezogene Masse $m'_{f,m}$ der empfangsraumseitigen flankierenden Bauteile, die nicht mit Vorsatzkonstruktionen belegt sind** kg/m²								
	100	150	200	250	300	350	400	450	500
100	1	0	0	0	0	0	0	0	0
150	1	1	0	0	0	0	0	0	0
200	2	1	1	0	0	0	0	0	0
250	2	1	1	1	0	0	0	0	0
300	3	2	1	1	1	0	0	0	0
350	3	2	1	1	1	1	0	0	0
400	4	2	2	1	1	1	1	0	0
450	4	3	2	2	1	1	1	1	0
500	4	3	2	2	1	1	1	1	1

Tab. R.3: Korrekturwert K für die Flankenübertragung bei Massivdecken ohne Unterdecke, in dB (n. DIN 4109-2:2013-11, Tab. 3)

Flächenbezogene Masse m'_s der Trenndecke kg/m²	**Mittlere flächenbezogene Masse $m'_{f,m}$ der homogenen massiven Bauteile, die nicht mit Vorsatzkonstruktionen belegt sind** kg/m²							
	100	150	200	250	300	350	400	< 450
100	1	0	0	0	0	0	0	0
150	1	1	0	0	0	0	0	0
200	2	1	1	0	0	0	0	0
250	2	1	1	1	0	0	0	0
300	3	2	1	1	1	0	0	0
350	3	2	1	1	1	1	0	0
400	4	2	2	1	1	1	1	0
450	4	3	2	2	1	1	1	1
500	4	3	2	2	1	1	1	1
600	5	4	3	2	2	1	1	1
700	5	4	3	3	2	2	1	1

Flächenbezogene Masse m'_s der Trenndecke kg/m²	**Mittlere flächenbezogene Masse $m'_{f,m}$ der homogenen massiven Bauteile, die nicht mit Vorsatzkonstruktionen belegt sind** kg/m²							
	100	150	200	250	300	350	400	< 450
800	6	4	4	3	2	2	2	1
900	6	5	4	3	3	2	2	2
Anmerkung: m'_s ist die flächenbezogene Masse der Trenndecke ohne schwimmende Auflagen oder Unterdecken.								

Tab. R.4: Korrekturwert K für die Flankenübertragung bei Massivdecken mit Unterdecken, in dB (n. DIN 4109-2:2013-11, Tab. 4)

Flächenbezogene Masse m'_s der Trenndecke mit Unterdecke kg/m²	**Mittlere flächenbezogene Masse $m'_{f,m}$ der homogenen massiven flankierenden Bauteile, die nicht mit Vorsatzschalen belegt sind** kg/m²								
	100	150	200	250	300	350	400	450	500
100	–3	–6	–9	–9	–9	–9	–9	–9	–9
150	–3	–5	–7	–8	–9	–9	–9	–9	–9
200	–2	–4	–6	–7	–8	–8	–9	–9	–9
250	–1	–3	–5	–6	–7	–7	–8	–8	–8
300	0	–2	–4	–5	–6	–7	–7	–8	–8
350	0	–2	–3	–4	–5	–6	–6	–7	–7
400	1	–1	–2	–3	–5	–5	–6	–6	–6
450	1	0	–2	–3	–4	–5	–5	–6	–6
500	2	0	–1	–2	–3	–4	–5	–5	–5
600	3	1	0	–1	–2	–3	–4	–5	–5
700	4	2	1	0	–2	–3	–3	–4	–4
800	5	3	2	0	–1	–2	–2	–3	–3
900	6	4	2	1	0	–1	–2	–3	–3
Anmerkung: m'_s ist die flächenbezogene Masse der Trenndecke ohne schwimmende Auflagen oder Unterdecken.									

Tab. R.5: Korrekturwerte K_T zur Ermittlung des bewerteten Norm-Trittschallpegels $L'_{n,w,R}$ für verschiedene räumliche Zuordnungen von mit Normhammerwerk[a] angeregter Decke und Empfangsraum (ER) (n. DIN 4109-2:2018-01, Tab. 2)

Zeile	Lage der Empfangsräume (ER)		K_T dB
	Normhammerwerk n. DIN EN ISO 10140-5, Anhang E		
1	neben oder schräg unter der angeregten Decke	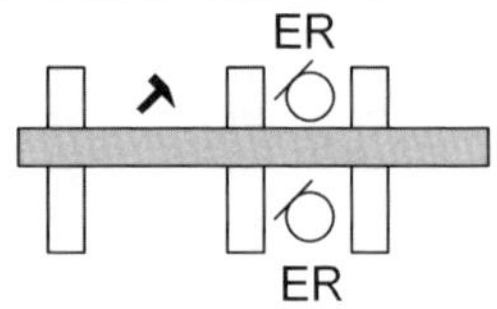	+5[b]
2	wie vor, jedoch ein Raum dazwischen-liegend	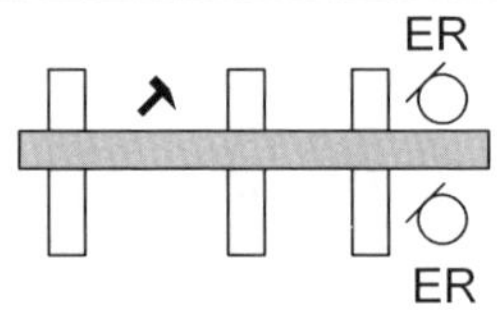	+10[b]
3	über der angeregten Decke (Gebäude mit tragenden Wänden)	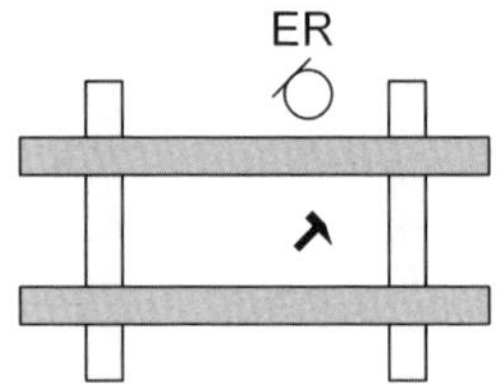	+10[c]
4	über der angeregten Decke (Skelettbau)	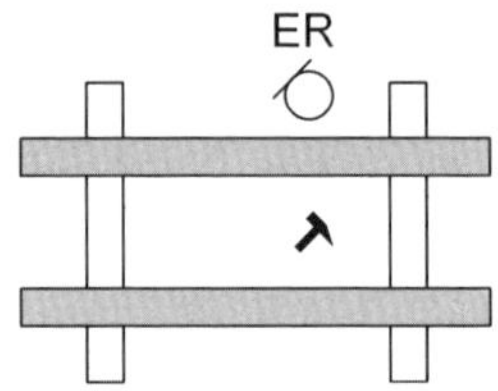	+20

[a] Normhammerwerk n. DIN EN ISO 10140-5:2014-09, Anhang E.
[b] Voraussetzung: Zur Sicherstellung einer ausreichenden Stoßstellendämmung müssen die Wände zwischen angeregter Decke und Empfangsraum starr angebunden sein und eine flächenbezogene Masse $m' \geq 150$ kg/m² haben.
[c] Dieser Korrekturwert gilt sinngemäß auch für Bodenplatten.

Tab. R.6: Korrektursummand K_1 zur Berücksichtigung der Flankenübertragung auf dem Weg Df (n. DIN 4109-2:2016-07, Tab. 3)

			Deckenaufbau				
			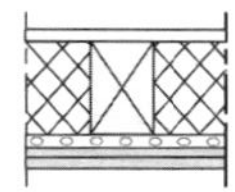	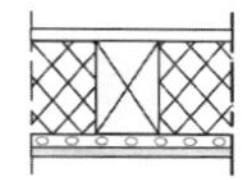	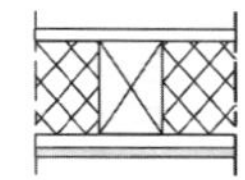	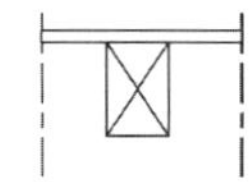	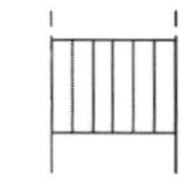
			2 x GK an FS	1 x GK an FS	GK-Lattung oder direkt	offene HBD	BSD oder HKD
Wandaufbau im Empfangsraum	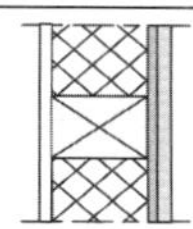	GK + HW	K_1 = 6 dB	K_1 = 3 dB	K_1 = 1 dB		
	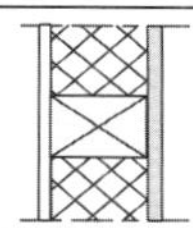	GF	K_1 = 7 dB	K_1 = 4 dB	K_1 = 1 dB		
	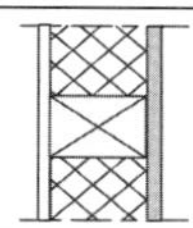	HW	K_1 = 9 dB	K_1 = 5 dB	K_1 = 4 dB		
	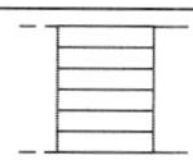	Holz- oder HS-Element					

Abkürzungen:

GK	9,5-mm- bis 12,5-mm-Gipsplatte n. DIN 18180/DIN EN 520, Rohdichte von $\rho \geq 680$ kg/m³, mechanisch verbunden
GF	12,5-mm- bis 15-mm-Gipsfaserplatte n. DIN EN 15283-2, Rohdichte von $\rho \geq 1100$ kg/m³, mechanisch verbunden
HW	13-mm- bis 22-mm-Holzwerkstoffplatte, Rohdichte von $\rho \geq 650$ kg/m³, mechanisch verbunden
HBD	Holzbalkendecke
FS	Federschiene
Holz- oder HW-Element	Massivholzelemente oder 80-mm- bis 100-mm-Holzwerkstoffplatte, $m' \geq 50$ kg/m²
GK-Lattung oder direkt	HBD mit Unterdecke an Lattung oder GK + HW direkt montiert
Offene HBD	Holzbalkendecke mit sichtbarer Balkenlage
BSD oder HKD	Brettstapel-, Brettschichtholz- oder Hohlkastendecke

Tab. R.7 Korrektursummand K_2 zur Berücksichtigung der Flankenübertragung auf dem Weg DFf (n. DIN 4109-2:2018-01, Tab. 4)

Wandaufbau im Sende- u. im Empfangs-raum	Estrichaufbau	**Trittschallübertragung** auf dem Weg Dd + Df: Ln,w + K1 dB																						$L_{n,DFf,w}$ dB
		35	36	37	38	39	40	41	42	43	44	45	46	47	48	49	50	51	52	53	54	55	> 55	
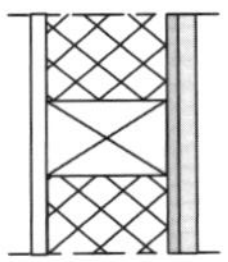 GK + HW  GK	a)	10	9	8	7	6	5	5	4	4	3	3	2	2	1	1	1	1	1	1	0	0	0	44
	b)	6	5	5	4	4	3	3	2	2	1	1	1	1	1	1	0	0	0	0	0	0	0	40
	c)	5	4	4	3	3	2	2	1	1	1	1	1	1	0	0	0	0	0	0	0	0	0	38
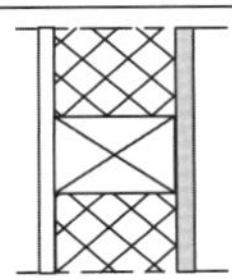 HW 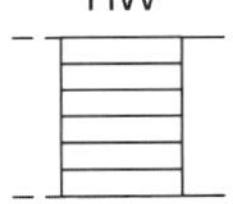 Holz- oder HW-Element	a)	11	10	10	9	8	7	6	5	5	4	4	3	3	2	2	1	1	1	1	1	1	0	46
	b)	10	10	9	8	7	6	5	5	4	4	3	3	2	2	1	1	1	1	1	1	0	0	45
	c)	8	7	6	5	5	4	4	3	3	2	2	1	1	1	1	1	1	0	0	0	0	0	42

GK	9,5-mm- bis 12,5-mm-Gipsplatte n. DIN EN 520, Rohdichte von $\rho \geq 680$ kg/m³, mechanisch verbunden
GF	12,5-mm- bis 15-mm-Gipsfaserplatte n. DIN EN 15283-2, Rohdichte von $\rho \geq 1100$ kg/m³, mechanisch verbunden
HW	13-mm- bis 22-mm-Holzwerkstoffplatte, Rohdichte von $\rho \geq 650$ kg/m³, mechanisch verbunden
Holz- oder HW-Element	Massivholzelemente oder 80-mm- bis 100-mm-Holzwerkstoffplatte, m' ≥ 50 kg/m²

S Eingangsdaten für die rechnerischen Nachweise des Schallschutzes (Bauteilkatalog) nach DIN 4109 (2016)

Eingangsdaten für die rechnerischen Nachweise des Schallschutzes (Bauteilkatalog) nach DIN 4109 (2016) sind in folgenden Teilen der Norm geregelt:

- Teil 31: Rahmendokument und Grundlagen (DIN 4109-31:2016-07);
- Teil 32: Massivbau (DIN 4109-32:2016-07);
- Teil 33: Holz-, Leicht- und Trockenbau, flankierende Bauteile (DIN 4109-33:2016-07);
- Teil 34: Vorsatzkonstruktionen vor massiven Bauteilen (DIN 4109-34:2016-07);
- Teil 35: Elemente, Fenster, Türen, Vorhangfassaden (DIN 4109-35:2016-07);
- Teil 36: Gebäudetechnische Anlagen (DIN 4109-36:2016-07).

Nachfolgend wird wegen des erheblichen Umfangs des Bauteilkatalogs nur eine Auswahl der Eingangsdaten angegeben.

S.1 Massivbau

Eingangsdaten für Bauteile des Massivbaus sind in den folgenden Tabellen angegeben:

- Wandrohdichten und Rohdichte von Mauermörteln (Tab. S.1.1);
- Rohdichte von Putzen (Tab. S.1.2);
- Bewertetes Schalldämm-Maß für massive Baustoffe und Materialien (Tab. S.1.3);
- Bewerteter Norm-Trittschallpegel von Massivdecken (Tab. S.1.4);
- Äquivalenter bewerteter Norm-Trittschallpegel $L_{n,w,eq}$ und bewerteter Norm-Trittschallpegel $L'_{n,w}$ für verschiedene Ausführungen von massiven Treppenläufen und Treppenpodesten unter Berücksichtigung der Ausbildung der Treppenraumwand (Tab. S.1.5).

Tab. S.1.1: Wandrohdichten und Rohdichte von Mauermörteln (n. DIN 4109-32:2016-07)

Mauerwerk	**Wandrohdichte** kg/m³	
Mauerwerk mit Normalmörtel	$\rho_w = 900 \cdot RDK + 100$	$(2{,}2 \geq RDK \geq 0{,}35)$
Mauerwerk mit Leichtmörtel	$\rho_w = 900 \cdot RDK + 50$	$(1{,}0 \geq RDK \geq 0{,}35)$
Mauerwerk mit Dünnbettmörtel	$\rho_w = 1000 \cdot RDK - 100$	$(RDK > 1{,}0)$
	$\rho_w = 1000 \cdot RDK - 50$ (Klassenbreite der RDK 100 kg/m³ und RDK ≤ 1,0)	
	$\rho_w = 1000 \cdot RDK - 25$ (Klassenbreite der RDK 50 kg/m³ und RDK ≤ 1,0)	

Mauerwerk	**Wandrohdichte** kg/m³
RDK: Rohdichteklasse	
Sofern Hohlblocksteine nach DIN 20000-402, DIN V 18151 und DIN V 18153 umgekehrt vermauert und die Hohlräume satt mit Sand oder Normalmörtel ausgefüllt werden, darf die Rohdichteklasse um 0,4 erhöht werden.	

Tab. S.1.2: Rohdichte von Putzen (n. DIN 4109-32:2016-07)

Putz	**Rohdichte**
Gips- und Dünnlagenputze	$\rho_{Putz} = 1000\ kg/m^3$
Kalk- und Kalkzementputze	$\rho_{Putz} = 1600\ kg/m^3$
Leichtputze	$\rho_{Putz} = 900\ kg/m^3$
Wärmedämmputze	$\rho_{Putz} = 250\ kg/m^3$

Tab. S.1.3: Bewertetes Schalldämm-Maß für massive Baustoffe und Materialien (n. DIN 4109-32:2016-07)

Baustoff, Material	**Bewertetes Schalldämm-Maß** R_w dB
Beton, Betonsteine, Kalksandstein, Mauerziegel, Verfüllsteine	$R_w = 30{,}9\log(m'_{ges} / m'_0) - 22{,}2$ für $65\ kg/m^2 < m'_{ges} < 720\ kg/m^2$
Leichtbeton	$R_w = 30{,}9\log(m'_{ges} / m'_0) - 20{,}2$ für $140\ kg/m^2 < m'_{ges} < 480\ kg/m^2$
Porenbeton	Für $50\ kg/m^2 < m'_{ges} < 150\ kg/m^2$: $R_w = 32{,}6\log(m'_{ges} / m'_0) - 22{,}5$ Für $150\ kg/m^2 < m'_{ges} < 300\ kg/m^2$: $R_w = 26{,}1\log(m'_{ges} / m'_0) - 8{,}4$
$m'_0 = 1\ kg/m^2$ (Bezugsgröße)	

Tab. S.1.4: Bewerteter Norm-Trittschallpegel von Massivdecken (n. DIN 4109-32:2016-07)

Beschreibung	**Berechnung**
Äquivalenter bewerteter Norm-Trittschallpegel von Massivdecken (für 100 kg/m² ≤ m' ≤ 720 kg/m²)	$L_{n,eq,0,w} = 164 - 35\log\frac{m'}{[1\ kg/m^2]}$
Bewerteter Norm-Trittschallpegel einer gebrauchsfertigen Massivdecke	$L'_{n,w} = L_{n,eq,0,w} - \Delta L_w + K$

m' flächenbezogene Masse, in kg/m²
ΔL_w bewertete Trittschallminderung durch eine Deckenauflage, in dB
K Korrekturwert für die Trittschallübertragung über die flankierenden Bauteile, in dB

Tab. S.1.5: Äquivalenter bewerteter Norm-Trittschallpegel $L_{n,w,eq}$ und bewerteter Norm-Trittschallpegel $L'_{n,w}$ für verschiedene Ausführungen von massiven Treppenläufen und Treppenpodesten unter Berücksichtigung der Ausbildung der Treppenraumwand (n. DIN 4109-32:2016-07, Tab. 6)

Treppen und Treppenraumwand	**Äquivalenter bewerteter Norm-Trittschallpegel** $L_{n,w,eq}$ dB	**Bewerteter Norm-Trittschallpegel** $L'_{n,w}$ dB
Treppenpodest [a], fest verbunden mit einschaliger, biegesteifer Treppenraumwand (flächenbezogene Masse ≥ 380 kg/m²)	63	67
Treppenlauf [a], fest verbunden mit einschaliger, biegesteifer Treppenraumwand (flächenbezogene Masse ≥ 380 kg/m²)	63	67
Treppenlauf [a], abgesetzt von einschaliger, biegesteifer Treppenraumwand	60	64
Treppenpodest [a], fest verbunden mit Treppenraumwand und durchgehender Gebäudetrennfuge	≤ 50	≤ 47
Treppenlauf [a], abgesetzt von Treppenraumwand und durchgehender Gebäudetrennfuge	≤ 43	≤ 40
Treppenlauf [a], abgesetzt von Treppenraumwand und durchgehender Gebäudetrennfuge, auf Treppenpodest elastisch gelagert	35	39

[a] Gilt für Stahlbetonpodest oder -treppenlauf mit einer Dicke $d \geq 120$ mm.

S.2 Holz-, Leicht- und Trockenbau, flankierende Bauteile

Eingangsdaten für Bauteile des Holz-, Leicht- und Trockenbaus sowie für flankierende Bauteile sind in den folgenden Tabellen angegeben:

- Bewertete Schalldämm-Maße R_w für Metallständerwände mit Gipsplatten (Tab. S.2.1);
- Bewertete Schalldämm-Maße R_w von Innenwänden in Holztafelbauweise ohne Vorsatzschalen (Tab. S.2.2).

Tab. S.2.1: Bewertete Schalldämm-Maße R_w für Metallständerwände mit Gipsplatten (n. DIN 4109-33:2016-07, Tab. 2)

Ausführungsbeispiele					Bewertetes Schalldämm-Maß R_w dB
Querschnitt	Konstruktionsdetails				
	Beplankung [c] s_B mm	Metallständerprofil [b] mm	Mindestschalenabstand s mm	Mindestdämmschichtdicke[a] s_D mm	
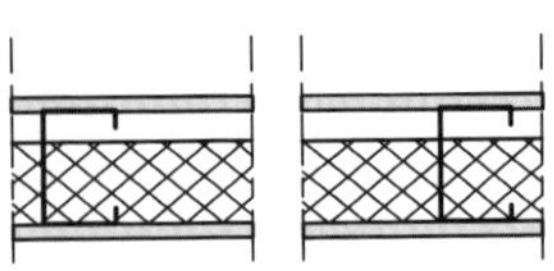	GK 12,5	CW 50	50	40	41
		CW 75	75	60	42
		CW 100	100	40	43
				60	44
				80	45
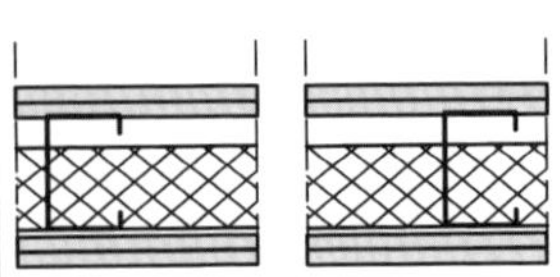	GK 2 x 12,5	CW 50	50	40	48
		CW 75	75	40	48
				60	51
		CW 100	100	40	49
				60	51
				80	52
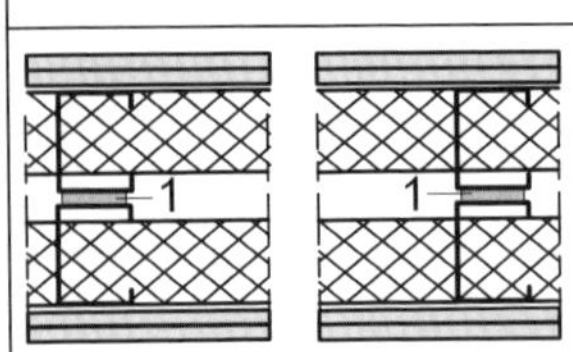	GK 2 x 12,5	2 x CW 50	105	2 x 40	60
		2 x CW 100	205	80	61

[a] MW: Mineralwolle oder
WF: Holzwolle, Übermaß des Dämmstoffes ist zu vermeiden.
[b] W: C-Wandprofil, Achsabstand ≥ 600 mm.
[c] GK: Gipsplatte.
[1] Elastischer Abstandhalter mit d = 5 mm.

Tab. S.2.2: Bewertete Schalldämm-Maße R_w von Innenwänden in Holztafelbauweise ohne Vorsatzschalen (n. DIN 4109-33:2016-07, Tab. 3)

Ausführungsbeispiel Querschnitt	**Mindest-dämm-schicht-dicke**[a] s_D mm	**Holz-ständer**[b] b/h mm	**Mindest-schalen-abstand** s mm	**Beplan-kung**[c] s_B mm	**Bewer-tetes Schall-dämm-Maß** R_w dB
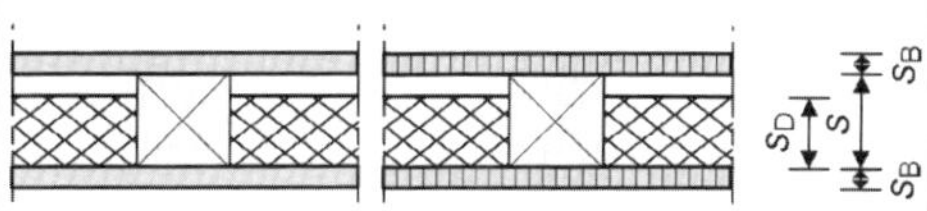	40	60/60	40	GK 12,5	38 (–3; –8)
				GF 12,5	42 (–1; –5)
				HW 15	34 (–2; –6)
				SP 13	40
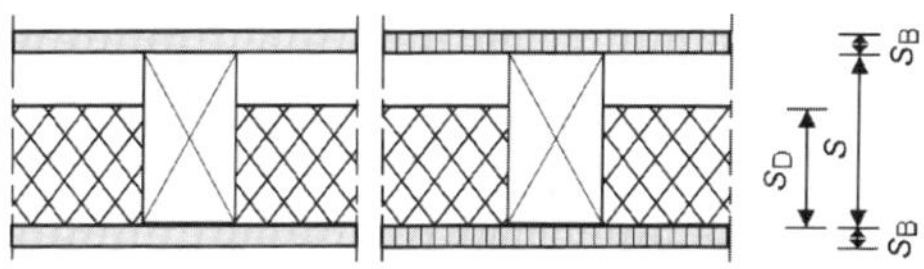	120	60/140	120	GK 12,5	41 (–2; –7)
				GF 12,5	44 (–2; –4)
				HW 15	36 (–2; –7)
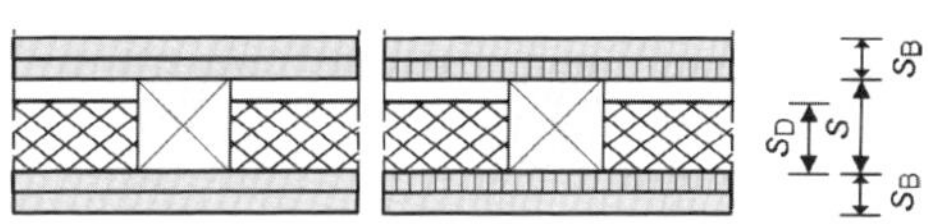	40	60/60	40	GK 12,5+ GK 12,5	43 (–1; –5)
				GF 12,5+ GF 10	47 (–2; –5)
				GK 9,5+ SP 13	48
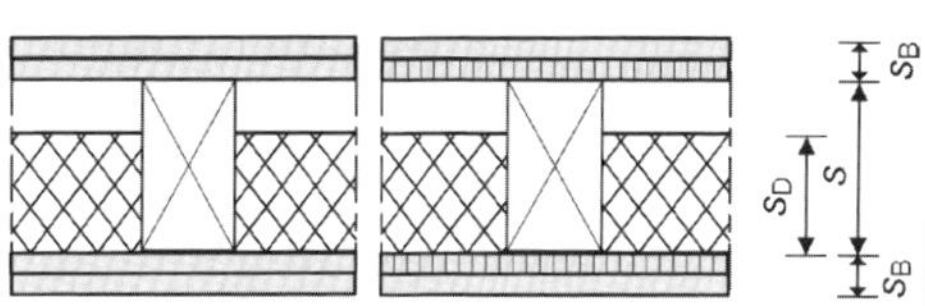	120	60/140	120	GF 10+ GF 12,5	47 (–2; –6)
				GF 10+ HW 15	47 (–2; –6)
				GK 9,5+ HW 15	43 (–2; –8)
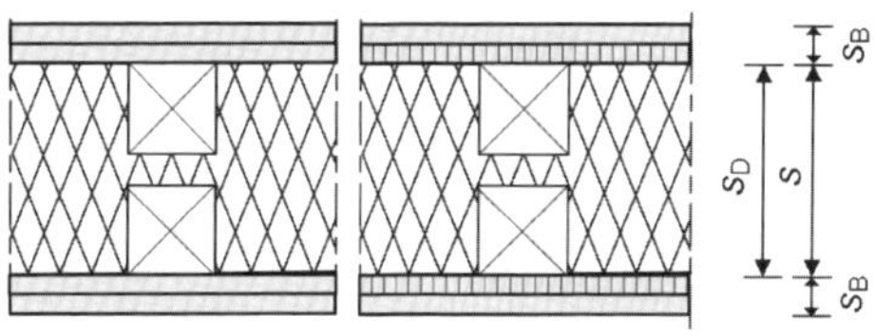	140	2 x 60/60[d]	140	GK 12,5 HW 13	54 (–2; –5)
				GF 10 GF 12,5	54 (–2; –5)
		2 x 60/60[e]		GF 10 GF 12,5	66 (–3; –7)
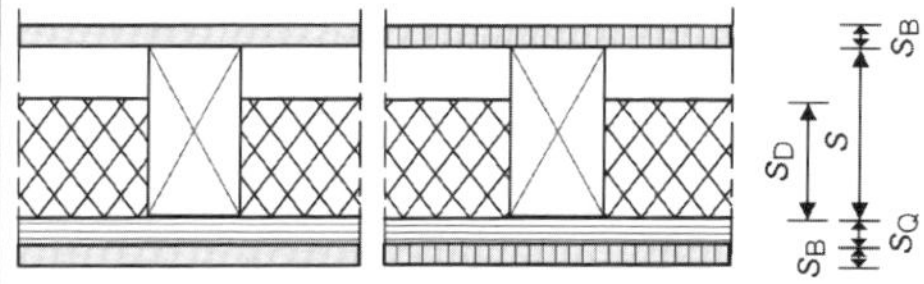	60[f]	60/80	105	GK 12,5	43
				SP 13	45

Ausführungsbeispiel					Bewertetes Schalldämm-Maß
Querschnitt	Mindestdämmschichtdicke[a] s_D mm	Holzständer[b] b/h mm	Mindestschalenabstand s mm	Beplankung[c] s_B mm	R_w dB
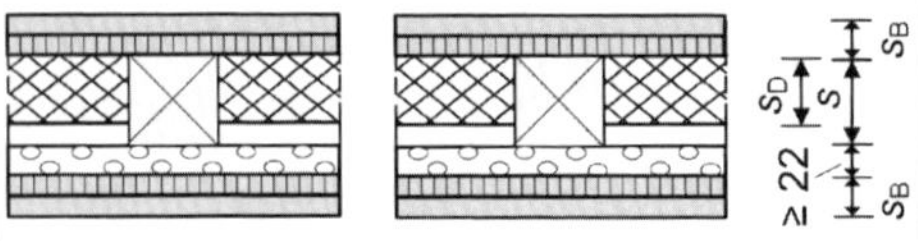	40[g]	80/80	105	GK 12,5 SP 13	58 (–4; –11)

[a] MW: Mineralwolle oder
WF: Holzwolle, Übermaß des Dämmstoffes ist zu vermeiden.

[b] Holzständer, Achsabstand ≥ 600 mm; der angegebene Wert für *b* ist ein Höchstwert, für *h* ein Mindestwert.

[c] GF: Gipsfaserplatte.
GK: Gipsplatte.
HW: Holzwerkstoffplatte, eine Erhöhung der Plattendicke bis 16 mm ist zulässig.
SP: Spanplatte, eine Erhöhung der Plattendicke bis 16 mm ist zulässig.

[d] Rähm durchlaufend.

[e] Rähm und Schwelle getrennt.

[f] Querlattung mit s_Q ≥ 22 mm und mit Achsabstand ≥ 500 mm.

[g] Federschiene mit Achsabstand 500 mm.

T Raumakustische Kennwerte und Anforderungsgrößen

T.1 Anforderungsgrößen

Tab. T.1.1: Sollwerte der Nachhallzeit im Frequenzbereich zwischen 500 Hz und 1000 Hz bei kleinen und mittleren Räumen (n. DIN 18041:2016-03)

Vorwiegende Nutzungsart	**Sollwert der Nachhallzeit T_{soll}** s	**Raumvolumen**
A1 „Musik“	$T_{soll,A1} = \left(0{,}45\lg\left(\frac{V}{m^3}\right) + 0{,}07\right)s$	$30\ m^3 \leq V \leq 1000\ m^3$
A2 „Sprache/Vortrag“	$T_{soll,A2} = \left(0{,}37\lg\left(\frac{V}{m^3}\right) - 0{,}14\right)s$	$50\ m^3 \leq V \leq 5000\ m^3$
A3 „Unterricht/Kommunikation“ (bis 1000 m³) sowie „Sprache/Vortrag inklusiv“ (bis 5000 m³)	$T_{soll,A3} = \left(0{,}32\lg\left(\frac{V}{m^3}\right) - 0{,}17\right)s$	$30\ m^3 \leq V \leq 5000\ m^3$
A4 „Unterricht/Kommunikation inklusiv“	$T_{soll,A4} = \left(0{,}26\lg\left(\frac{V}{m^3}\right) - 0{,}14\right)s$	$30\ m^3 \leq V \leq 500\ m^3$
A5 „Sport“	$T_{soll,A5} = \left(0{,}75\lg\left(\frac{V}{m^3}\right) - 1{,}00\right)s$	$200\ m^3 \leq V \leq 10000\ m^3$
	$T_{soll,A5} = 2{,}0s$	$V \geq 10000\ m^3$

Tab. T.1.2: Volumenkennzahl k für verschiedene Hauptnutzungen eines Raumes (n. DIN 18041:2016-03, Tab. 4)

Art der Hauptnutzung	**Volumenkennzahl** k m³/Platz	**Bemerkung**
Sprachdarbietung	4 bis 6	Sporthallen mit Publikum
Musik- und Sprachdarbietung	6 bis 8	Mehrzweckhallen mit Musikdarbietungen
Musikdarbietung	7 bis 12	Hallen, die vorwiegend für Musikdarbietungen genutzt werden
Berechnung des Raumvolumens V		
Es gilt: $V = n\,k$ mit: n Anzahl der Plätze		
Hinweis: Bei Musikdarbietungen werden nur die Zuschauer, nicht jedoch die Darsteller in die Zahl der Plätze eingerechnet.		

T.2 Schallabsorptionsgrade

Tab. T.2.1: Schallabsorptionsgrade für ausgewählte technische Absorber (Werte aus: a) Fasold, Veres: Schallschutz und Raumakustik in der Praxis, 2. Aufl. 2003, Huss-Medien Gmbh Verlag Bauwesen, Berlin; b) eigene Recherchen)

Absorber	**Schallabsorptionsgrad** α **für die Oktavband-Mittenfrequenz** Hz					
	125	250	500	1000	2000	4000
Akustikputz (20 mm)	0,10	0,20	0,60	0,90	0,80	0,70
Mineralfaserplatte (40 mm) mit Abdeckung aus Faservlies (30 bis 50 kg/m³)	0,25	0,45	0,80	0,95	1,00	1,00
Gipskartonlochplatte (9,5 mm) und Mineralfaserplatte (30 mm), Wandabstand 20 cm (30 bis 40 kg/m³)	0,40	0,95	0,90	0,70	0,65	0,65
Lochgipskassette (30 mm) und Mineralfaserplatte (20 mm) (60 kg/m³), Wandabstand 5 cm	0,30	0,70	0,80	0,75	0,60	0,50
Metalllochkassette (0,5 mm) und Mineralfaserplatte (40 mm) (80 kg/m³), Wandabstand 20 cm	0,20	0,65	0,75	0,85	0,90	0,80

Absorber	**Schallabsorptionsgrad α für die Oktavband-Mittenfrequenz** Hz					
	125	250	500	1000	2000	4000
Metalllochkassette (0,5 mm) und Schaumstoffeinlage (5 ... 10 mm) (25 kg/m³), Wandabstand 5 cm	0,50	0,70	0,50	0,70	0,70	0,70
Vorhang aus Baumwollstoff (Plüsch), Dicke 1,6 mm, hängend, zweifach gefaltet, Abstand zur Wand 7 cm	0,02	0,20	0,70	0,95	0,95	1,00
Akustiktrapezblech [a)]	0,45	0,90	0,70	0,40	0,25	0,20
Prallschutz [a)]	0,05	0,25	0,70	0,85	0,95	0,98

[a)] Exemplarische Anhaltswerte; für genauere Werte wird auf Herstellerangaben verwiesen.

Tab. T.2.2: Beispiele für den Schallabsorptionsgrad a für eine frequenzabhängige Dimensionierung (n. DIN 18041:2016:03, Tab. G.1)

Kurzbeschreibung Schallabsorber	**Frequenz** Hz					
	125	250	500	1000	2000	4000
Mauerziegelwand, unverputzt, Fugen ausgestrichen	0,03	0,03	0,03	0,04	0,05	0,06
Mauerwerk, Hohllochziegel, Löcher sichtbar, 60 mm vor Massivwand	0,11	0,22	0,34	0,35	0,51	0,43
Glattputz	0,02	0,02	0,03	0,03	0,04	0,06
Kalkzementputz	0,03	0,03	0,02	0,04	0,05	0,05
Tapete auf Kalkzementputz	0,02	0,03	0,04	0,05	0,07	0,08
Spiegel, vor der Wand	0,12	0,10	0,05	0,04	0,02	0,02
Tür, Holz, lackiert	0,10	0,08	0,06	0,05	0,05	0,05
Stuckgips, unverputzter Beton	0,02	0,02	0,03	0,04	0,05	0,05
Marmor, Fliesen, Klinker	0,01	0,01	0,02	0,02	0,03	0,03
Fenster (Isolierverglasung)	0,28	0,20	0,11	0,06	0,03	0,02
Parkettfußboden, aufgeklebt	0,04	0,04	0,05	0,06	0,06	0,06
Parkettfußboden, auf Blindboden	0,20	0,15	0,10	0,09	0,06	0,10
Parkettfußboden, hohl liegend	0,15	0,08	0,07	0,06	0,06	0,06
Teppichboden, bis 6 mm Florhöhe, auf massivem Untergrund	0,02	0,04	0,07	0,19	0,29	0,35

Kurzbeschreibung Schallabsorber	**Frequenz** Hz					
	125	250	500	1000	2000	4000
Teppichboden, 7 mm bis 10 mm Florhöhe, auf massivem Untergrund	0,04	0,07	0,14	0,30	0,51	0,78
Nadelfilz 7 mm, auf massivem Untergrund	0,02	0,04	0,12	0,20	0,36	0,57
5 mm Teppich mit 5 mm Filzunterlage, auf massivem Untergrund	0,07	0,21	0,57	0,68	0,81	0,72
PVC-Fußbodenbelag (2,5 mm), auf Betonboden	0,01	0,02	0,01	0,03	0,05	0,05
Linoleum auf Beton	0,02	0,02	0,03	0,03	0,04	0,04
Fungierte Holz- oder Spanplatte dicht vor festem Untergrund	0,04	0,04	0,05	0,06	0,06	0,06
4 mm Hartfaserplatte, kassettiert ohne Dämmstoff, Wandabstand 60 mm	0,22	0,19	0,13	0,07	0,05	0,05
4 mm Hartfaserplatte, kassettiert mit 40 mm Mineralwollplatte, Wandabstand 60 mm	0,63	0,25	0,14	0,08	0,06	0,05
4 mm Hartfaserplatte, kassettiert ohne Dämmstoff, Wandabstand 120 mm	0,26	0,15	0,07	0,05	0,05	0,05
4 mm Sperrholzplatte, 40 mm Mineralwolle, Wandabstand 120 mm	0,77	0,33	0,16	0,08	0,07	0,03
Gipsplatte, 9,5 mm stark, Wandabstand 25 mm	0,27	0,17	0,10	0,09	0,11	0,12
Gipsplatte 9,5 mm stark, Wandabstand 60 mm, Hohlraum kassettiert	0,30	0,10	0,05	0,07	0,09	0,08
Kino-Bildwand	0,10	0,13	0,36	0,31	0,29	0,20
Bühnenöffnung mit Dekoration	0,40	0,43	0,57	0,70	0,80	0,80
Bücherregal in Bibliotheken (je m^2 Oberfläche)	0,30	0,39	0,39	0,31	0,29	0,21
Lochsteine (vorsichtige Annahme)	0,10	0,20	0,44	0,55	0,44	0,22
3,5 mm Hartfaserplatte, 40 mm Mineralwolle, 30 mm Holzleisten, 750 mm x 500 mm Kasten	0,61	0,26	0,19	0,07	0,07	0,03
15 mm Mineralplatte mit Vlieskaschierung, 200 mm zur Rohdecke, ohne rückseitige Zusatzmaßnahmen	0,50	0,65	0,70	0,85	1,00	1,00

Kurzbeschreibung Schallabsorber	**Frequenz** Hz					
	125	250	500	1000	2000	4000
15 mm Mineralplatte fein genadelt, 200 mm zur Rohdecke, ohne rückseitige Zusatzmaßnahmen	0,35	0,55	0,65	0,70	0,65	0,60
15 mm Mineralplatte ungenadelt, 200 mm zur Rohdecke, ohne rückseitige Zusatzmaßnahmen	0,15	0,15	0,10	0,15	0,15	0,10
Gelochte Metallkassette, 16 % Lochflächenanteil, 2,5 mm Lochdurchmesser, Akustikvlies, 200 mm zur Rohdecke, ohne rückseitige Zusatzmaßnahmen	0,35	0,70	0,85	0,75	0,75	0,75
20 mm Recycle-Glaswollplatte mit mikroporöser Farbbeschichtung, 200 mm zur Rohdecke, 100 mm rückseitiger Tieftonabsorber	0,75	0,95	0,95	1,00	1,00	1,00
15 mm Recycle-Glaswollplatte, Vliesbeschichtung, 200 mm zur Rohdecke, ohne rückseitige Zusatzmaßnahmen	0,40	0,85	1,00	0,90	1,00	1,00
Spanndecke, mikroperforiert, 100 mm Abstand bzw. Luftschicht, kein Akustikvlies im Hohlraum	0,09	0,25	0,65	0,80	0,61	0,60
Spanndecke, mikroperforiert, 100 mm Abstand bzw. Luftschicht, 40 mm Akustikvlies direkt an Rückwand	0,28	0,69	1,00	0,89	0,75	0,71
Gipsplatten Rasterdecke 8/18 Rundlochung, 15,5 % Lochflächenanteil, 200 mm zur Rohdecke, Akustikvlies, ohne Mineralwollauflage	0,45	0,60	0,70	0,60	0,55	0,65
Gipsplatten Rasterdecke 8/18 Rundlochung, 15,5 % Lochflächenanteil, 200 mm zur Rohdecke, Akustikvlies, 20 mm Mineralwollauflage	0,50	0,65	0,70	0,65	0,60	0,70
Gipsplatten Rasterdecke 12/25 Quadratlochung, 7,8 % Lochflächenanteil, 200 mm zur Rohdecke, Akustikvlies, 20 mm Mineralwollauflage	0,45	0,50	0,50	0,40	0,35	0,35

Kurzbeschreibung Schallabsorber	**Frequenz** Hz					
	125	250	500	1000	2000	4000
Gipsplatten Rasterdecke 12/25 Quadratlochung, 7,8 % Lochflächenanteil, 65 mm zur Rohdecke, Akustikvlies, 20 mm Mineralwollauflage	0,40	0,45	0,50	0,45	0,40	0,30
Holzwolle-Leichtbauplatten 35 mm, direkt auf Wand	0,08	0,17	0,70	0,71	0,64	0,64
Holzwolle-Leichtbauplatten 25 mm, Hohlraum leer, Wandabstand 50 mm	0,13	0,42	0,54	0,45	0,70	0,73
Melaminharz-Schaumstoff, Rohdichte 8 kg/m^3 bis 10 kg/m^3, 30 mm dick	0,12	0,31	0,66	0,86	0,87	0,92
Melaminharz-Schaumstoff, Rohdichte 8 kg/m^3 bis 10 kg/m^3, 50 mm dick	0,16	0,56	0,87	0,96	0,97	0,97
40 mm Mineralwollmatte (20 kg/m^3), ohne Lochblechabdeckung	0,11	0,36	0,68	0,88	0,89	0,97
40 mm Mineralwollmatte (20 kg/m^3), mit Lochblechabdeckung (18 %)	0,11	0,36	0,69	0,95	0,81	0,70
Gipsplatte 9,5 mm, 8/18 Rundlochung, 15 % Lochflächenanteil, mit Faservlies hinterlegt, Abstand 100 mm	0,12	0,28	0,75	0,50	0,38	0,30
Gipsplatte, geschlitzt, 8,8 % offene Fläche, mit Faservlies hinterlegt, Abstand 100 mm	0,11	0,28	0,66	0,38	0,28	0,30
Gelochte Langfeld-Metallkassette, 20 % Lochflächenanteil, 3 mm Lochdurchmesser, Akustikfilz, 300 mm Abstand	0,38	0,65	0,59	0,75	0,77	0,61

Tab: T.2.3: Beispiele für die Schallabsorptionsfläche A_{obj} in m^2 für eine frequenzabhängige Dimensionierung (n. DIN 18041:2016:03, Tab. G.2)

Beispiele	**Frequenz** Hz					
	125	250	500	1000	2000	4000
Männliche Person im Anzug, sitzend	0,15	0,25	0,55	0,80	0,90	0,90
Weibliche Person im Sommerkleid, sitzend	0,05	0,10	0,15	0,35	0,45	0,60
Einfacher Polsterstuhl mit Kunstleder bezogen	0,05	0,15	0,20	0,10	0,03	0,03

Beispiele	**Frequenz** Hz					
	125	250	500	1000	2000	4000
Einfacher Polsterstuhl mit Textilbezug	0,15	0,25	0,30	0,35	0,40	0,40
Einzelne Person in einer Gruppe, sitzend oder stehend, 1 je 6 m^2 Fläche; typischer Mindestwert	0,05	0,10	0,20	0,35	0,50	0,65
Schrank mit schallabsorbierender Jalousie, ohne Rückwand, 1200 mm breit, 5 Ordnerhöhen (1,75 m) hoch, frei im Raum stehend	1,63	1,84	1,31	1,63	1,54	1,56
Schrank mit glatter Jalousie, ohne Rückwand, 1200 mm breit, 5 Ordnerhöhen (1,75 m) hoch, frei im Raum stehend	0,83	0,76	0,52	0,48	0,41	0,45
Schrank 5 Ordnerhöhen (1,75 m) hoch, gelochte Tür und absorbierende Rückwand, 1200 mm breit, 435 mm tief, frei im Raum stehend	1,95	2,00	2,44	2,85	2,84	2,43
Stellwand gering absorbierend, 1024 mm x 1590 mm x 63 mm, frei im Raum stehend	0,51	0,78	1,22	1,72	2,43	2,83
Stellwand hoch absorbierend, 1024 mm x 1590 mm x 63 mm, frei im Raum stehend	0,43	1,13	1,99	2,96	2,73	2,56
Schrank 4 Ordnerhöhen (1,4 m) hoch, 1400 mm breit, 435 mm tief, akustisch wirksame Schiebetür, akustisch wirksame Rückwand, direkt vor Wand stehend	1,93	2,10	1,60	1,59	1,32	1,31
Schrank 4 Ordnerhöhen (1,4 m) hoch, 1400 mm breit, 435 mm tief, akustisch wirksame Schiebetür, akustisch wirksame Rückwand, direkt vor Wand stehend	1,55	1,19	0,82	0,91	0,76	0,74
Schrank 3 Ordnerhöhen (1,05 m) hoch, 1500 mm breit, 350 mm tief, Seitenwand, Rückwand und Frontklapptüren unperforiert, frei im Raum stehend	1,35	0,61	0,52	0,26	0,14	0,10

Beispiele	**Frequenz** Hz					
	125	250	500	1000	2000	4000
Schrank 3 Ordnerhöhen (1,05 m) hoch, 1500 mm breit, 350 mm tief, Seitenwand, Rückwand und Frontklapptüren perforiert (Vlieseinlage), frei im Raum stehend	2,50	2,22	2,60	2,60	2,45	2,62
Schrank 3 Ordnerhöhen (1,05 m) hoch, 1500 mm breit, 350 mm tief, Seitenwand, Rückwand perforiert (Vlieseinlage), Frontklapptüren unperforiert, frei im Raum stehend	2,50	2,40	1,80	1,73	1,59	1,58
Deckensegel aus recycelter Glaswolle mit mikroporöser Farbbeschichtung, 2400 mm x 1200 mm, 40 mm dick, 200 mm zur Rohdecke abgehängt	0,90	2,40	3,40	4,00	4,10	3,80

Stichwortverzeichnis

Z